U0150264

电力与能源系统优化调度

林舜江　刘明波　著

科 学 出 版 社

北　京

内 容 简 介

本书共 12 章。第 1 章介绍基本概念和理论基础，包括电力与能源系统优化调度的概念和面临的挑战，以及多目标优化方法、不确定优化方法及分布式优化方法的基本原理。第 2～5 章介绍规模化新能源并网电力系统优化调度方法，包括多目标优化调度方法、高维多目标机组组合方法、基于近似动态规划算法的随机经济调度方法及基于场景解耦算法的随机经济调度方法。第 6～11 章介绍电力与能源系统中各组成部分的优化调度方法，包括海上风电集群并网系统、主动配电系统、微电网、区域综合能源系统的优化调度方法，以及考虑管道能量传输动态的区域综合能源系统优化调度方法和区域综合能源系统最优能量流计算方法。第 12 章介绍电力与能源系统中的协调优化调度方法，主要是输配系统协调优化调度方法。本书对所提出的各种算法均从模型建立、算法实现等方面进行了详细推导；在算例分析中，不仅采用了国际通用的标准试验系统作为算例，且采用了真实的省级电网、中心城市电网和配电网的实际运行数据作为算例。

本书可供各级从事电力系统分析运行与控制的工程技术人员、高等学校的研究生和科研院所的科研人员参考。

图书在版编目（CIP）数据

电力与能源系统优化调度 / 林舜江，刘明波著. — 北京：科学出版社，2023.12

ISBN 978-7-03-075598-8

Ⅰ. ①电… Ⅱ. ①林… ②刘… Ⅲ. ①电力系统调度-系统优化 ②能源管理系统-系统优化 Ⅳ. ①TM73 ②TK018

中国国家版本馆 CIP 数据核字（2023）第 092406 号

责任编辑：陈 静 高慧元 / 责任校对：胡小洁
责任印制：赵 博 / 封面设计：迷底书装

科 学 出 版 社 出版

北京东黄城根北街 16 号
邮政编码：100717
http://www.sciencep.com

涿州市般润文化传播有限公司印刷

科学出版社发行 各地新华书店经销

*

2023 年 12 月第 一 版 开本：720×1000 1/16
2024 年 9 月第二次印刷 印张：27 1/4 插页：4
字数：546 000

定价：268.00 元

（如有印装质量问题，我社负责调换）

前　言

电力工业正经历着深度的转型和变革，新能源场站的规模化并网和综合能源系统的推广应用正在重塑我国能源版图。截至 2021 年底，全国发电装机容量 2.37692×10^9kW，其中新能源装机达 6.3504×10^8kW，占总装机容量的 26.72%，并网风电装机容量 3.2848×10^8kW，占总装机容量的 13.82%；并网光伏发电装机容量 3.0656×10^8kW，占总装机容量的 12.90%。2021 年，我国年总发电量 8.53425×10^{12}kW·h，新能源发电量 9.8186×10^{11}kW·h，占总发电量的 11.5%。预计 2030 年全国电源装机总容量将达到 3.9×10^9kW 左右，非化石能源发电量占比有望达到 50%左右。与此同时，主动配电、用电/微网/综合能源园区也得到了快速发展。例如，根据《国家能源局关于公布首批多能互补集成优化示范工程的通知》（国能规划〔2017〕37 号），建设 23 个项目，其中，终端一体化集成供能系统 17 个、风光水火储多能互补系统 6 个；根据《国家能源局综合司关于公布整县（市、区）屋顶分布式光伏开发试点名单的通知》（国能综通新能〔2021〕84 号），建设覆盖全国 676 个县（市、区）、总规模高达 1.7×10^8kW 左右的分布式光伏。可见，传统电力系统正逐步演变为结构更加复杂的电力与能源系统。其优化调度仍然是系统优化运行和能量管理的基本内容，具体可描述为以新能源和负荷预测为基础，制订各种电源（冷源/热源/气源）的出力计划，以满足负荷的供应和系统的安全运行要求，同时预留足够的旋转备用容量以抵消负荷预测功率和新能源预测功率的误差。

与传统电力系统相比，电力与能源系统调度运行面临着前所未有的挑战，具体表现为：一是风力和光伏发电等新能源或集中接入输电网，或分布接入配电网、微电网和综合能源园区微网，其出力受天气因素影响具有强随机性、波动性和间歇性；二是与常规电源不同，风电场和光伏电站位于室外，易受到极端天气的影响，世界范围内已发生了多起由极端天气引起的负荷中断供能和新能源场站停运事故，例如，2021 年 2 月 14～16 日，美国得克萨斯州出现了极端寒冷天气，连续多天的大风雪造成了约 1.2×10^7kW 风电机组因冰冻无法转动而停运，光伏发电出力因大雪覆盖光伏板而比预报值降低了约 1.8×10^6kW，导致了大量用户停电及中断供热的严重事故；三是电网企业不仅需要关心其运行的安全性和经济效益，还需要密切配合国家正在实施的节能减排战略，尽量节约一次能源消耗和减少温室气体和污染气体的排放；四是配电网由被动给用户分配电能转变为主动自律运行及与输电网协同运行，以及微电网的自治与并网运行；五是园区微网中电/气/冷/热多种能源的互补运行与并网互动，气/冷/热管道的能量传输慢动态特性和储能特性，导致气/冷/热源与负荷及网损不满足实时平衡。针对上述技术挑战，亟须以数学优化理论为基础发展相关的优化调度方法，为电力与能源系统优化调度问题提供理论和技术上的解决方案。

基于上述考虑，自 2011 年起，我们开始涉足电力与能源系统优化调度领域，致力于将先进数学优化方法应用于求解电力与能源系统优化调度领域的相关问题，已发表相关学术论文 80 余篇。全书共分 12 章，从内容划分上可归为四部分。第 1 章介绍电力与能源系统优化调度的概念和面临的挑战，以及多目标、不确定和分布式优化方法的基本原理。第 2～5 章介绍规模化新能源并网电力系统的多目标优化调度方法和随机经济调度方法。第 6～11 章介绍海上风电集群并网系统、主动配电系统、微电网、区域综合能源系统的优化调度方法，以及考虑管道能量传输动态的区域综合能源系统的优化调度方法和区域综合能源系统最优能量流计算方法。第 12 章介绍输配系统协调优化调度方法。本书对所提出的各种调度方法均从模型建立到算法实现等方面进行了详细推导；在算例分析中，不仅采用了国际通用的标准试验系统作为算例，且采用了真实的省级电网、中心城市电网和配电网的实际运行数据作为算例。

本书成果得到了国家自然科学基金项目(编号：52077083、51977080 和 51207056)、广东省自然科学基金项目(编号：2022A1515010332 和 2015A030313233)、国家重点基础研究发展计划项目课题(编号：2013CB228205)和国家高技术研究发展计划项目课题(编号：2012AA050209)的资助。在此感谢参与这些科研项目并为本书研究成果做出贡献的研究生，他们是杨柳青、黄庶、颜远、吴悔、简淦杨、黄启文、冯祥勇、梁宇涛、杨悦荣、刘洁、何森、梁俊文、王雅平、刘翠平、杨智斌、陈鸿琳、唐智强、梁炜焜、谢煜铨、范官盛等。在研究过程中，还得到了华南理工大学李立浧院士、朱继忠教授、余涛教授、张勇军教授、陈皓勇教授，中国南方电网有限责任公司超高压输电公司王奇科长/教授级高级工程师，南方电网科学研究院有限责任公司姚文峰副所长/教授级高级工程师，贵州电网有限责任公司电力调度控制中心赵维兴主任/教授级高级工程师，深圳供电局有限公司卢艺高级工程师，广东电网有限责任公司广州南沙供电局黎洪光副局长、陈文炜主任的指导和帮助，在此一并表示感谢。另外，研究生王琼、刘万彬、潘越、杨梓晴、盛煊等也为本书的撰写和编辑付出了很多辛勤工作。感谢华南理工大学电力学院给作者提供了良好的教学和科研环境，使作者能够完成本书相关课题的研究。此外，还要感谢本书作者的家人所给予的理解、鼓励和支持。

由于作者水平有限，书中疏漏之处在所难免，恳请广大读者给予批评和指正。

作　者

2023年8月于广州

缩略词表

缩略词	外文全称	中文全称
AA	affine arithmetic	仿射算术
ACPF	alternating current power flow	交流潮流
ADMM	alternating direction method of multiplier	交替方向乘子法
ADN	active distribution network	主动配电网
ADP	approximate dynamic programming	近似动态规划
AIPEM	AA-based IPEM	基于仿射算术的区间点估计法
APC	active power curtailment	削减有功控制
APP	auxiliary problem principle	辅助问题原理法
ARMS	average root mean square	平均均方根
ATC	analytical target cascading	目标级联分析法
AVF	approximate value function	近似值函数
AWS	adaptive weighted sum	自适应加权和
BFM	branch flow model	支路潮流模型
BS	battery storage	蓄电池储能
C&CG	column-and-constraint generation	列与约束生成
CAC	constant active power control	定有功控制
CCHP	combined cooling, heating and power	冷热电联供
CDF	cumulative distribution function	累积分布函数
CF-VT	constant flow and variable temperature	恒流变温
CHP	combined heat and power	热电联产
COS	compromise optimal solution	折中最优解
CRADP	centralized risk-averse ADP	集中式风险规避近似动态规划
CVaR	conditional value-at-risk	条件风险价值
DCPF	direct current power flow	直流潮流
DMC	double-layer Monte Carlo	双层蒙特卡罗
DR	demand response	需求响应
DRADP	distributed risk-averse ADP	分布式风险规避近似动态规划
DRO	distributionally robust optimization	分布鲁棒优化
DROD	distributionally robust optimal dispatch	分布鲁棒优化调度
ESD	energy storage device	储能装置

续表

缩略词	外文全称	中文全称
GAMS	general algebraic modeling system	通用代数建模系统
GBD	generalized Benders decomposition	广义 Benders 分解
HOU	higer-order uncertainty	高阶不确定性
IA	interval arithmetic	区间算术
ICM	interval cumulant method	区间半不变量法
ICM_AAIA	ICM based on AA and IA	基于区间算术与仿射算术的区间半不变量法
ICM_ISIA	ICM based on interval subdivision and IA	基于区间分割法和区间算术的区间半不变量法
IIPEM	interval arithmetic-based IPEM	基于区间算术的区间点估计法
INM	improved Nelder-Mead	改进的 Nelder-Mead
IPEF	interval probabilistic energy flow	区间概率能量流
IPEM	interval point estimation method	区间点估计法
LPF	linear power flow	线性化潮流
MESV	mobile energy storage vehicles	移动储能车
MICP	mixed integer convex programming	混合整数凸规划
MILP	mixed integer linear programming	混合整数线性规划
MINNP	mixed integer nonlinear nonconvex programming	混合整数非线性非凸规划
MIQCP	mixed integer quadratically constrained programming	混合整数二次约束规划
MIQP	mixed integer quadratic programming	混合整数二次规划
MISOCP	mixed integer second order cone programming	混合整数二阶锥规划
MOOD	multi-objective optimal dispatch	多目标优化方法
NBI	normal boundary intersection	法线边界交叉
NNC	normalized normal constraint	规格化法平面约束
OEF	optimal energy flow	最优能量流
OID-F	optimal inverter dispatch with a lower bound on power factor	含功率因数限制的最优逆变器控制
OID-J	optimal inverter dispatch with joint control of real and reactive power	有功无功联合最优逆变器控制
OWF	offshore wind farm	海上风电场
p-box	probability box	概率盒
PDE	partial differential equation	偏微分方程
PDF	probability density function	概率密度函数
PF	Pareto frontier	帕累托前沿
PSH	pumped-storage hydro	抽水蓄能
QAPF	quadratic active power flow	二次有功潮流
RES	renewable energy source	可再生能源

续表

缩略词	外文全称	中文全称
RIES	regional integrated energy system	区域综合能源系统
RPC	reactive power control	无功控制
RQAPF	relaxed QAPF	凸包松弛后的二次有功潮流
SCUC	security constrained unit commitment	考虑安全约束的机组组合
SED	stochastic economic dispatch	随机经济调度
SOCP	second-order cone programming	二阶锥规划
SOOD	single-objective optimal dispatch	单目标优化调度
SPAR	successive projective approximation routine	逐次投影近似路径
SSADP	state space approximate dynamic programming	状态空间近似动态规划
VaR	value-at-risk	风险价值
VFADP	value function approximate dynamic programming	值函数近似动态规划
VSC-MTDC	multi-terminal voltage source converter-based high-voltage direct current	基于电压源型换流器的多端高压直流
WF	wind farm	风电场
WT	wind turbine	风力发电机

目 录

第 1 章　电力与能源系统优化调度基础

本章主要概述电力与能源系统优化调度相关的基础知识和几种典型优化方法的基本原理，如多目标优化算法、不确定优化算法和分布式优化算法。

1.1 基 础 知 识

1.1.1　电力与能源系统的构成

电力系统由发电、输电、配电、用电四大环节组成。随着经济和社会的快速发展，一方面，我国发输电侧电力系统正在呈现进一步扩展的趋势，除常规发电机组外，集中式风电场(wind farm，WF)和光伏电站、储能电站也在规模化地持续接入[1]；另一方面，在配网系统中，用户需求的能源种类多样，多种能源互联的系统可以有效提高能源利用效率，以电热气耦合系统为代表的综合能源系统得到了越来越多的关注[2]。从而，当前电力与能源系统的发展呈现出两端并进的态势，一是发输电侧大规模电力系统得到了进一步扩展；二是配电网侧综合能源系统的构建正逐渐向前推进。图 1-1 展示了电力与能源系统的简要示意图。

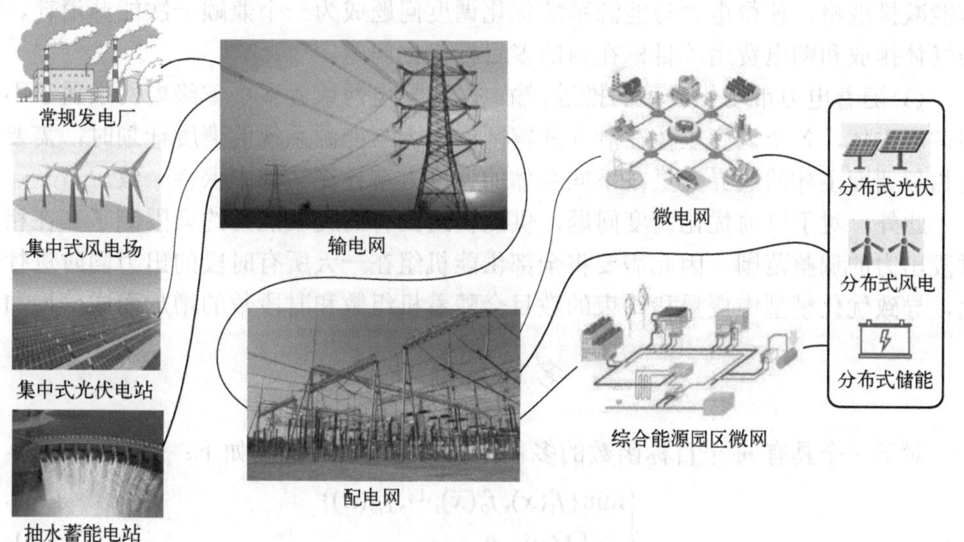

图 1-1　电力与能源系统示意图

1.1.2　电力与能源系统优化调度的基本内容及难点

电力与能源系统的优化调度问题是其优化运行和能量管理的基本内容，具体指在给定负荷预测功率和新能源预测功率的条件下，如何制订各种电源(冷源/热源/气源)的出力计划，以满足负荷的供应和系统的安全运行要求，同时预留足够的备用容量以应对负荷预测功率和新能源预测功率的误差。此问题具有多目标、多约束、多时段等特点，模型维数高、约束复杂，求解难度很大。按照时间尺度划分，优化调度问题包括年度调度、月度调度、日前调度、日内调度和实时调度。本节重点关注日前调度问题，包括日前机组组合(unit commitment，UC)和日前发电调度。其中，日前机组组合是指在满足预测的负荷功率和新能源功率以及其他约束条件下，制订调度周期内(如一天)成本最低的机组发电计划，包括机组的启停状态和出力大小等。日前发电调度是指在已知机组启停状态安排的前提下，在满足预测的负荷功率和新能源功率以及其他约束条件下，制订调度周期内(如一天)成本最低的机组发电出力计划。

随着规模化风电、光伏等新能源的大量接入，降低二氧化碳和其他有害气体排放的要求也日益严格，对电力与能源系统优化调度问题的建模和求解提出了很大挑战，目前面临的主要困难表现在以下几点。

(1)风电场、光伏电站等新能源场站的出力受到风速、光照强度等天气因素频繁变化的影响，具有强不确定性，使得电力与能源系统优化调度问题成为一个含有随机变量的不确定优化问题。

(2)电网企业不仅需要关心其运行的经济效益，还需要密切配合国家正在实施的节能减排战略，使得电力与能源系统优化调度问题成为一个兼顾一次能源消耗、污染气体排放和购电费用等目标在内的多目标优化问题。

(3)随着电力市场化改革的推进，输电网和配电网或者多个省级电网隶属于不同的调度主体，各个调度主体在制订其辖区内电力与能源系统的调度计划时，需要保证相邻调度主体的边界变量在不同主体的调度方案计算结果中保持一致。

此外，对于日前优化调度问题，供能机组固有的爬坡能力约束限制了其在相邻时段出力的调整范围，因此需要将全部供能机组在一天所有时段的出力同时进行优化，导致优化模型中变量和约束的数目会随着机组数和时段数的增加而成倍增加。

1.2　多目标优化算法

对于一个具有 m 个目标函数的多目标优化问题，可描述如下：

$$\begin{cases}\min\{f_1(\boldsymbol{x}),f_2(\boldsymbol{x}),\cdots,f_m(\boldsymbol{x})\}\\ \text{s.t.}\begin{cases}\boldsymbol{h}(\boldsymbol{x})=\boldsymbol{0}\\ \boldsymbol{g}(\boldsymbol{x})\leqslant\boldsymbol{0}\end{cases}\end{cases}\tag{1-1}$$

对于上述多目标优化问题，由于各个目标函数之间存在冲突，它们对应的单目标优化问题的最优解一般是不同的，即一般不存在同时使得各个目标函数都达到最优的解。因此，当同时对多个优化目标进行优化计算时，如何求解此优化问题并进行多目标优化决策，是运筹学领域中的一个重要问题。为了求解多目标优化问题，引入了 Pareto 最优解的概念。

1.2.1 Pareto 最优解

(1)可行解：对于 $\boldsymbol{x}$，如果满足多目标优化模型(式(1-1))中的所有约束条件，那么 $\boldsymbol{x}$ 称为多目标优化问题(式(1-1))的可行解。

(2)Pareto 支配关系：假设 $\boldsymbol{x}_1$ 和 $\boldsymbol{x}_2$ 均为可行解，且对任一目标函数都存在 $f_i(\boldsymbol{x}_1) \leqslant f_i(\boldsymbol{x}_2)$ $(i=1,2,\cdots,m)$，且至少有某一个目标函数 $f_k(\boldsymbol{x})$ 使得 $f_k(\boldsymbol{x}_1) < f_k(\boldsymbol{x}_2)$，则称 $\boldsymbol{x}_1$ 支配 $\boldsymbol{x}_2$。

(3)Pareto 最优解(非支配解)：若不存在任何一个可行解支配 $\boldsymbol{x}_1$，则称 $\boldsymbol{x}_1$ 为 Pareto 最优解或非支配解。

(4)Pareto 最优解集：所有 Pareto 最优解组成的集合称为 Pareto 最优解集或非支配解集。

(5)Pareto 前沿：Pareto 最优解集中所有解对应的目标向量集合组成的曲线或曲面称为 Pareto 前沿。

例如，对于两目标优化问题，Pareto 最优解和 Pareto 前沿如图 1-2 所示。其中，解空间中的每个点的坐标值即为可行域中每个可行解对应的两个目标函数值。可以看到，两目标优化问题的 Pareto 前沿是一个曲线，而分别对这两个目标函数单独优化的单目标优化问题的最优解构成了 Pareto 前沿曲线的两个端点。

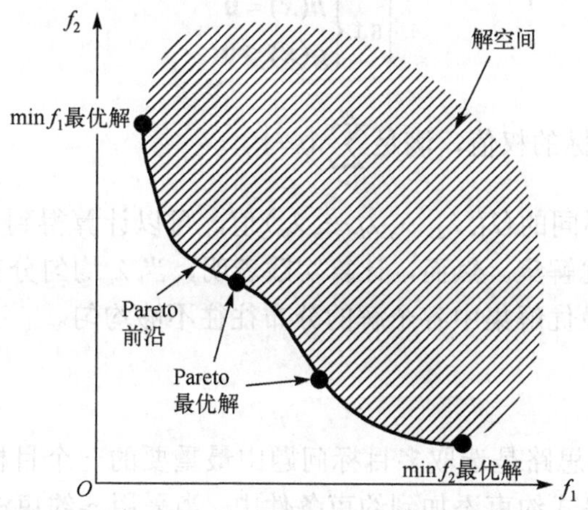

图 1-2　Pareto 最优解和 Pareto 前沿

求解多目标优化问题的Pareto最优解集的方法包括标量化方法和矢量化方法两种，标量化方法将多目标优化问题转化为一系列单目标优化问题求解，得到多个Pareto最优解组成Pareto最优解集，有加权和(weighted sum)法和ε-约束(ε-constraint)法等经典算法[3]，以及近些年发展起来的法线边界交叉(normal boundary intersection，NBI)法[4]和规格化法平面约束(normalized normal constraint，NNC)法[5,6]等算法。标量化方法基于数学理论推导，获得的各个Pareto最优解的最优性较有保障，且计算效率较高。矢量化方法主要是各种进化类算法，从多个初始可行解出发，通过选择、交叉、变异和非支配排序等操作，直接在可行解空间中搜索多个Pareto最优解(非支配解)组成Pareto最优解集，有非支配排序遗传算法(non-dominated sorting genetic algorithm，NSGA)[7]、多目标粒子群优化(multi-objective particle swarm optimization，MOPSO)算法和多目标微分进化(multi-objective differential evolution，MODE)算法等。进化类算法计算结果的不确定性较大，获得的各个Pareto最优解的最优性较难保障，且计算效率较低，难以应用于实际大规模电力与能源系统优化调度问题。标量化方法更适合应用于大规模电力与能源系统多目标优化问题的求解，因此本章主要介绍各种标量化方法。

1.2.2 加权和法

加权和法的基本思路是给每个目标分配权值，再对所有带有权值的目标求和作为优化目标。当采用加权和法时，式(1-1)的多目标优化模型可以转化为

$$\begin{cases} \min \sum_{i=1}^{m} \lambda_i f_i(\boldsymbol{x}) \\ \text{s.t.} \begin{cases} \boldsymbol{h}(\boldsymbol{x}) = \boldsymbol{0} \\ \boldsymbol{g}(\boldsymbol{x}) \leqslant \boldsymbol{0} \end{cases} \end{cases} \tag{1-2}$$

式中，λ_i为第i个目标的权值，满足$\sum_{i=1}^{m} \lambda_i = 1$。

通过给定多组不同的$(\lambda_1, \lambda_2, \cdots, \lambda_i, \cdots, \lambda_m)$值，可以计算得到多个Pareto最优解，从而组成Pareto最优解集。然而，计算实践表明，当λ_i均匀分布取值时，加权和法计算得到的Pareto最优解集中各个解的分布往往不够均匀。

1.2.3 ε-约束法

ε-约束法的基本思路是选取多目标问题中最重要的一个目标作为优化对象，将其余目标转化后不等式约束添加到约束条件中。当采用ε-约束法，则式(1-1)的多目标优化模型可以转化为

$$\begin{cases}\min f_i(\boldsymbol{x}) \\ \text{s.t.}\begin{cases}\boldsymbol{h}(\boldsymbol{x})=\boldsymbol{0} \\ \boldsymbol{g}(\boldsymbol{x})\leqslant\boldsymbol{0} \\ f_1(\boldsymbol{x})\leqslant\varepsilon_1,\cdots,f_{i-1}(\boldsymbol{x})\leqslant\varepsilon_{i-1},f_{i+1}(\boldsymbol{x})\leqslant\varepsilon_{i+1},\cdots,f_m(\boldsymbol{x})\leqslant\varepsilon_m\end{cases}\end{cases} \tag{1-3}$$

通过给定多组不同的$(\varepsilon_1,\cdots,\varepsilon_{i-1}, \varepsilon_{i+1},\cdots,\varepsilon_m)$值，可以计算得到多个 Pareto 最优解，从而组成 Pareto 最优解集。然而，计算实践表明，当$(\varepsilon_1,\cdots,\varepsilon_{i-1}, \varepsilon_{i+1},\cdots,\varepsilon_m)$中各元素均匀分布取值时，$\varepsilon$-约束法计算得到的 Pareto 最优解集中各个解的分布往往不够均匀。

1.2.4　法线边界交叉法

法线边界交叉(NBI)法通过在乌托邦线(乌托邦面)上均匀取点，并对每个点沿着乌托邦线(乌托邦面)的法线方向计算其对应的 Pareto 最优解。例如，对于如式(1-4)所示的两目标优化问题，采用 NBI 法求解其 Pareto 最优解集的原理如图 1-3 所示。首先，分别求解两个单目标优化问题 $\min f_1(\boldsymbol{x})$和 $\min f_2(\boldsymbol{x})$得到最优解 $\boldsymbol{x}^{1*}$和 $\boldsymbol{x}^{2*}$，从而可以得到 Pareto 前沿的两个端点$(f_1(\boldsymbol{x}^{1*}), f_2(\boldsymbol{x}^{1*}))$和$(f_1(\boldsymbol{x}^{2*}), f_2(\boldsymbol{x}^{2*}))$，连接两个端点的线段称为乌托邦线；为了避免目标函数之间量纲和数量级的差异，需要对目标函数进行规格化处理，使之控制在区间[0,1]以内，规格化后的变量用上划线“—”区分，规格化后的两个目标函数如式(1-5)所示。可以看到，规格化后的两个端点为(0,1)和(1,0)。接着，将乌托邦线均匀划分为 n 等份，则第 j 个分点 p_j 的坐标为$(j/n,\ 1-j/n)$，则从点 p_j 开始沿着乌托邦线的法线方向的射线上的任意点的坐标可以表示成式(1-6)，其中 d_j 表示法线方向的射线上的点与点 p_j 之间的距离。最后，通过在可行域中寻找法线方向的射线上与点 p_j 之间的距离最大的点，即可得到 Pareto 前沿上的最优解点 A_j。因此，通过求解如式(1-7)所示的单目标优化问题，即可得到点 A_j。

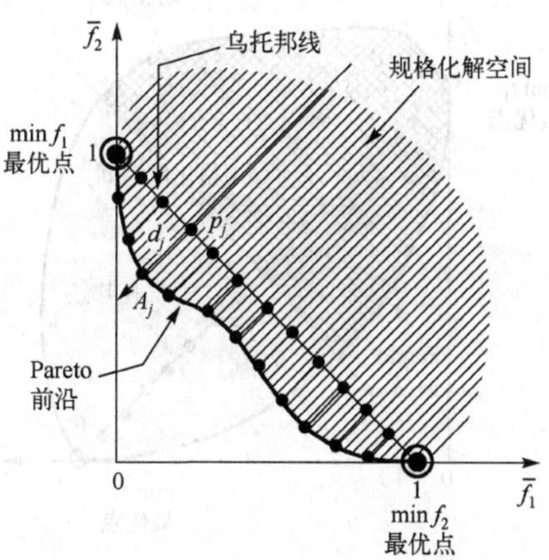

图 1-3　NBI 法求解 Pareto 最优解集

$$\begin{cases}\min\{f_1(\boldsymbol{x}),f_2(\boldsymbol{x})\}\\ \text{s.t.}\begin{cases}\boldsymbol{h}(\boldsymbol{x})=\boldsymbol{0}\\ \boldsymbol{g}(\boldsymbol{x})\leqslant\boldsymbol{0}\end{cases}\end{cases}\tag{1-4}$$

$$(\overline{f}_1(\boldsymbol{x}),\overline{f}_2(\boldsymbol{x}))=\left(\frac{f_1(\boldsymbol{x})-f_1(\boldsymbol{x}^{1*})}{f_{1\max}-f_1(\boldsymbol{x}^{1*})},\ \frac{f_2(\boldsymbol{x})-f_2(\boldsymbol{x}^{2*})}{f_{2\max}-f_2(\boldsymbol{x}^{2*})}\right)\tag{1-5}$$

式中，$f_{i\max}=\max\{f_i(\boldsymbol{x}^{1*}),f_i(\boldsymbol{x}^{2*})\}$，$i=1,2$。

$$(\overline{f}_1(\boldsymbol{x}),\overline{f}_2(\boldsymbol{x}))=(j/n,1-j/n)+d_j(-\sqrt{2}/2,-\sqrt{2}/2)\tag{1-6}$$

$$\begin{cases}\min\,(-d_j)\\ \text{s.t.}\begin{cases}\boldsymbol{h}(\boldsymbol{x})=\boldsymbol{0}\\ \boldsymbol{g}(\boldsymbol{x})\leqslant\boldsymbol{0}\\ (\overline{f}_1(x),\overline{f}_2(x))=(j/n,1-j/n)+d_j(-\sqrt{2}/2,-\sqrt{2}/2)\end{cases}\end{cases}\tag{1-7}$$

通过给定多个不同的 j 值，即 $j=1,2,\cdots,n-1$，可以计算得到多个 Pareto 最优解，从而组成 Pareto 最优解集。计算实践表明，NBI 法通过在乌托邦线上均匀取点并计算每个点对应的 Pareto 最优解，其得到的 Pareto 最优解集中各个解的分布比较均匀。

1.2.5 规格化法平面约束法

类似于 NBI 法，规格化法平面约束(NNC)法通过在乌托邦线(乌托邦面)上均匀取点并对每个点沿着乌托邦线(乌托邦面)的法线方向计算其对应的 Pareto 最优解。不过，与 NBI 法采用添加等式约束来求得 Pareto 最优解不同，NNC 法是通过添加不等式约束来求得 Pareto 最优解。例如，对于如式(1-4)所示的两目标优化问题，采用 NNC 法求解其 Pareto 最优解集的原理如图 1-4 所示。对于乌托邦线上的第 j 个等

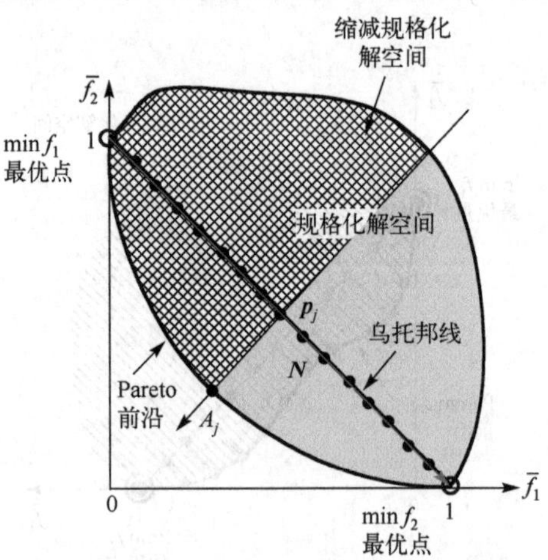

图 1-4 NNC 法求解 Pareto 最优解集

分点 $\boldsymbol{p}_j$，通过添加不等式约束来缩小解空间的可行域，则计算点 $\boldsymbol{p}_j$ 对应的 Pareto 最优解点 A_j 的单目标优化问题如式(1-8)所示。

$$\begin{cases} \min f_2(\boldsymbol{x}) \\ \text{s.t.} \begin{cases} \boldsymbol{h}(\boldsymbol{x}) = \boldsymbol{0} \\ \boldsymbol{g}(\boldsymbol{x}) \leqslant \boldsymbol{0} \\ \boldsymbol{N}(\overline{\boldsymbol{f}}(\boldsymbol{x}) - \boldsymbol{p}_j) \leqslant 0 \end{cases} \end{cases} \tag{1-8}$$

式中，$\boldsymbol{N}$ 表示由端点 (0,1) 指向端点 (1,0) 的向量，即 $\boldsymbol{N} = (1,0) - (0,1) = (1,-1)$；$\overline{\boldsymbol{f}}(\boldsymbol{x}) - \boldsymbol{p}_j$ 表示由乌托邦线上的点 $\boldsymbol{p}_j$ 指向任意一点的向量，$\overline{\boldsymbol{f}}(\boldsymbol{x}) = (\overline{f}_1(\boldsymbol{x}), \overline{f}_2(\boldsymbol{x}))$，具体表达式如式(1-5)所示。加入的不等式约束中两个向量的内积≤0，表示这两个向量之间的夹角≥90°，即式(1-8)中最后一个不等式的加入，使得将多目标优化问题的解空间减小为图 1-4 中的阴影区域。通过在阴影区域寻找目标函数 $f_2(\boldsymbol{x})$ 最小的解，即求解式(1-8)的单目标优化问题，可得到 Pareto 前沿上的最优解点 A_j。

1.2.6　进化类算法

下面以带精英策略的非支配排序遗传算法(NSGA-II)为例简单介绍进化类算法求解多目标优化问题的流程和步骤。NSGA-II 算法求解多目标优化问题的 Pareto 最优解集的流程图如图 1-5 所示，求解步骤可以简要描述如下。

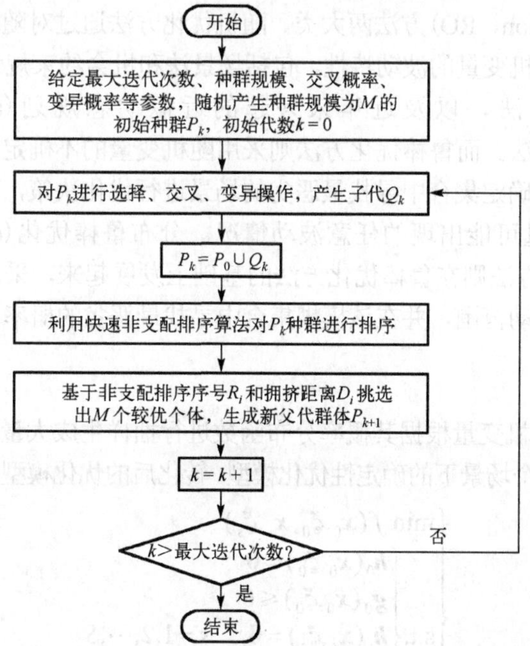

图 1-5　NSGA-II 算法求解多目标优化问题的 Pareto 最优解集的流程图

(1)给定最大迭代次数(进化代数)、种群规模、交叉概率、变异概率等参数；随机生成满足多目标优化模型(式(1-1))的约束条件的初始种群 P_0，包含 M 个个体，设置迭代次数(进化代数) $k=0$。

(2) 在种群 P_k 中进行选择、交叉、变异操作，得到子代种群 Q_k。

(3) 合并种群 P_k 和 Q_k，得到临时种群 R_k，其包含 $2M$ 个个体。根据 R_k 中每个个体对应的多目标优化模型(式(1-1))的各个目标函数值，对 R_k 进行快速非支配排序，并求出个体拥挤度，得到每个个体的非支配排序序号 R_i 和拥挤距离 D_i，基于这两个指标从 R_k 中选出前 M 个个体作为新的父代 P_{k+1}，并令 $k=k+1$。

(4) 判断迭代次数(进化代数)是否满足要求，若满足则输出最后一代 P_{k+1}，否则返回步骤(2)。

1.3 不确定优化算法

对于不确定优化问题可描述如下：

$$\begin{cases}\min f(\boldsymbol{x},\boldsymbol{\xi}) \\ \text{s.t.}\begin{cases}\boldsymbol{h}(\boldsymbol{x},\boldsymbol{\xi})=\boldsymbol{0} \\ \boldsymbol{g}(\boldsymbol{x},\boldsymbol{\xi})\leqslant \boldsymbol{0}\end{cases}\end{cases} \tag{1-9}$$

式中，$\boldsymbol{x}$ 为决策变量组成的向量；$\boldsymbol{\xi}$ 为随机变量组成的向量。

求解不确定优化问题的方法主要有随机优化(stochastic optimization，SO)方法和鲁棒优化(robust optimization，RO)方法两大类。随机优化方法通过对随机变量进行抽样生成大量的场景来反映随机变量的波动特性，包括场景法和机会约束规划(chance-constrained programming，CCP)法，以及近年来兴起的近似动态规划(approximate dynamic programming，ADP)法。而鲁棒优化方法则采用随机变量的不确定集合来描述其可能的波动范围，并在该不确定集合中寻找最恶劣的场景进行优化决策，以确保最终的决策结果能够适应随机变量可能出现的任意波动情况。分布鲁棒优化(distributionally robust optimization，DRO)方法则在鲁棒优化方法的基础上发展起来，采用随机变量的模糊集合来描述其可能的波动范围，并在该模糊集合中寻找最恶劣的概率分布进行优化决策。

1.3.1 场景法

场景法通过对随机变量根据其概率分布函数进行抽样生成大量的场景，从而将不确定优化模型转化为多个场景下的确定性优化模型。转化后的优化模型可表示为如下形式[8]：

$$\begin{cases}\min f(\boldsymbol{x}_0,\boldsymbol{\xi}_0,\boldsymbol{x}_s,\boldsymbol{\xi}_s) \\ \text{s.t.}\begin{cases}\boldsymbol{h}_0(\boldsymbol{x}_0,\boldsymbol{\xi}_0)=\boldsymbol{0} \\ \boldsymbol{g}_0(\boldsymbol{x}_0,\boldsymbol{\xi}_0)\leqslant \boldsymbol{0} \\ \boldsymbol{h}_s(\boldsymbol{x}_s,\boldsymbol{\xi}_s)=\boldsymbol{0}, & s=1,2,\cdots,S \\ \boldsymbol{g}_s(\boldsymbol{x}_s,\boldsymbol{\xi}_s)\leqslant \boldsymbol{0}, & s=1,2,\cdots,S \\ \boldsymbol{g}_c(\boldsymbol{x}_0,\boldsymbol{x}_s)\leqslant \boldsymbol{0}, & s=1,2,\cdots,S\end{cases}\end{cases} \tag{1-10}$$

式中，ξ_0和ξ_s分别为随机变量ξ的预测场景和第s个误差场景；x_0和x_s分别为预测场景和第s个误差场景下的决策变量；S为抽样生成的误差场景个数。

式(1-10)中，目标函数可以为预测场景下的目标值，也可以为预测场景下的目标值与各个误差场景下的目标值的期望值。约束条件中，第一和第二个式子分别为预测场景下的等式和不等式约束，第三个和第四个式子分别为每个误差场景下的等式和不等式约束，第五个式子为预测场景与每个误差场景之间的场景转移约束。

在场景法求解过程中，需要对随机变量进行抽样生成一系列的误差场景。常见的场景生成方法主要为蒙特卡罗(Monte Carlo)法及其改进方法(如拉丁超立方抽样法)。可以看到，转化后的优化模型的变量数和约束数基本上与场景数呈正比增长。而为了保证具有足够的计算精度，该算法通常需要生成大量的场景才能比较准确地反映随机变量的不确定波动情况，这导致转化后的优化模型规模很大，计算效率较低。因而该算法在实际应用过程中，为提高计算效率，通常需要采用一些方法来减少误差场景的数量，常见的方法有极限场景法和场景削减法。

1.3.2 机会约束规划法

机会约束规划法是另一种随机优化方法，用于处理约束条件中含有随机变量的优化问题，该方法的基本思想是允许所作优化决策在一定程度上不满足约束条件，但该优化决策应使约束条件成立的概率不小于某一给定的置信水平。通过给定约束条件成立的最小置信水平，即要求在约束条件在该置信水平上成立的基础上，寻找优化模型的最优解。其数学模型如下所示[9]：

$$\begin{cases}\min f(\boldsymbol{x},\boldsymbol{\xi}) \\ \text{s.t.}\begin{cases}\boldsymbol{h}(\boldsymbol{x},\boldsymbol{\xi})=\boldsymbol{0} \\ \Pr(g(\boldsymbol{x},\boldsymbol{\xi})\leqslant 0)\geqslant\alpha\end{cases}\end{cases} \tag{1-11}$$

式中，α为给定的置信水平，运行人员可以根据运行经验选取合适的置信水平，兼顾优化结果的经济性与保守性。

在电力与能源系统优化问题中，除了必须满足的约束(如节点功率平衡约束)之外，机会约束规划法允许电压上下限、电流上下限等软约束在较小概率的极端场景下可以违反，避免了为应对极端场景所导致的优化决策结果过于保守的问题。目前机会约束规划法主要有两种求解思路。第一种是将随机优化问题转化为确定性优化问题，即将机会约束转化为确定性约束。对于已知随机变量所服从的概率分布类型的机会约束规划模型，可以通过历史数据统计等方法获取随机变量概率分布函数的解析表达式，进而可通过相关的数学推导来实现机会约束向确定性约束的转化。为了方便推导，假设式(1-11)中的$g(\boldsymbol{x},\boldsymbol{\xi})$可进行变量分离，使得$g(\boldsymbol{x},\boldsymbol{\xi})=\boldsymbol{c}^{\mathrm{T}}\boldsymbol{\xi}+q(\boldsymbol{x})$，则机会约束可以写成以下形式：

$$\Pr(\boldsymbol{c}^{\mathrm{T}}\boldsymbol{\xi}+q(\boldsymbol{x})\leqslant 0)\geqslant\alpha \tag{1-12}$$

假设随机变量 $\boldsymbol{\xi}$ 服从某一经验分布，则可推导出一维随机变量 $\boldsymbol{c}^{\mathrm{T}}\boldsymbol{\xi}$ 的累积分布函数(cumulative distribution function，CDF)，并记为 $\mathrm{CDF}(\boldsymbol{c}^{\mathrm{T}}\boldsymbol{\xi})$，从而可利用概率论的分位数概念将式(1-12)转化为包含分位数的确定性约束：

$$-q(\boldsymbol{x})\geqslant \mathrm{CDF}_{\boldsymbol{c}^{\mathrm{T}}\boldsymbol{\xi}}^{-1}(\alpha) \tag{1-13}$$

式中，$\mathrm{CDF}_{\boldsymbol{c}^{\mathrm{T}}\boldsymbol{\xi}}^{-1}(\alpha)$ 表示随机变量 $\boldsymbol{c}^{\mathrm{T}}\boldsymbol{\xi}$ 的概率为 α 的分位数。

因此，机会约束规划模型(式(1-11))可以转化为以下的确定性优化模型：

$$\begin{cases}\min f(\boldsymbol{x},\boldsymbol{\xi})\\ \text{s.t.}\begin{cases}\boldsymbol{h}(\boldsymbol{x},\boldsymbol{\xi})=\boldsymbol{0}\\ -q(\boldsymbol{x})\geqslant \mathrm{CDF}_{\boldsymbol{c}^{\mathrm{T}}\boldsymbol{\xi}}^{-1}(\alpha)\end{cases}\end{cases} \tag{1-14}$$

第二种求解思路是针对 $g(\boldsymbol{x},\boldsymbol{\xi})$ 与 $\boldsymbol{\xi}$ 之间关系的函数比较复杂以致难以获得随机变量 $g(\boldsymbol{x},\boldsymbol{\xi})$ 所服从概率分布函数的解析表达式的情况，此时机会约束规划模型难以直接通过数学推导转化为确定性优化模型。因此，第二种求解思路是通过对随机变量 $\boldsymbol{\xi}$ 进行抽样产生大量样本，并采用粒子群优化算法或遗传算法等智能算法进行求解。但是，智能算法通常存在计算效率较低的问题，难以应用于大规模电力与能源系统随机优化问题的求解。

1.3.3 近似动态规划法

动态规划(dynamic programming，DP)法是求解多阶段决策问题的常用方法，动态规划模型主要有五个元素：阶段、状态、决策、状态转移和值函数。如图 1-6 所示，假设优化问题包括 T 个阶段，如日前优化调度问题包括一天 T 个时段；在第 t 时段存在 $r(t)$ 种状态：$S_{t,1}\sim S_{t,r(t)}$；假设状态 S_{t,k_1} ($k_1\in[1,2,\cdots,r(t)]$)转移到下一时段状态共有 $m(k_1)$ 个可行决策，可执行决策 $x_{t,p}(p\in[1,2,\cdots,m(k_1)])$ 使其状态转移到 S_{t+1,k_2} ($k_2\in[1,2,\cdots,r(t+1)]$)；值函数表征的是当前决策对后续的状态和目标函数的影响，即某个时段某种状态到最后一个时段的目标函数之和的最优值。

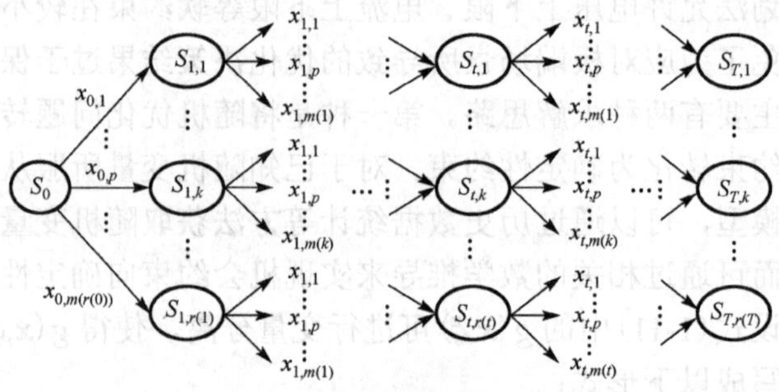

图 1-6 动态规划过程

根据最优性原理，即多阶段决策过程的最优决策序列具有这样的性质：无论初始状态和初始决策如何，对于前面决策所造成的某一状态而言，其后各阶段的决策序列必然构成最优策略。这一原理可以表示成具有如下递推关系的 Bellman 方程：

$$V_t(S_t)=\min_{x_t}\{C_t(S_t,x_t)+V_{t+1}(S_{t+1})\} \tag{1-15}$$

式中，$V_t(S_t)$ 和 $V_{t+1}(S_{t+1})$ 分别表示 t 时段和 t+1 时段的值函数。

对于随机动态规划问题，由于受到随机因素的影响，相邻时段状态之间的转移存在对应的概率，因此，根据 Bellman 方程，值函数计算还需考虑相邻时段状态之间转移概率的影响，表示成如式(1-16)所示的含数学期望运算的形式。

$$V_t(S_t)=\min_{x_t}(C_t(S_t,x_t)+E(V_{t+1}(S_{t+1}|S_t,W_{t+1}))) \tag{1-16}$$

式中，$E(\cdot)$ 表示对随机函数进行数学期望运算，W_{t+1} 为 t+1 时段的外部随机变量。

对于传统的动态规划法的决策过程，需要先将各时段状态变量都离散化为有限个离散值，采用从后往前递推的方式计算每一时段各个状态的值函数，则当前时段某一个状态的值函数的计算需要遍历下一时段所有状态的值函数并进行评估。此时，随着状态数、决策数和时段数的增加，值函数的计算规模将会呈现指数式增长现象，即面临“维数灾难”问题。另外，在随机动态规划问题的决策中，对随机函数的期望值运算也将会大大增加精确值函数计算的难度。

为了解决传统动态规划法决策过程的“维数灾难”问题，产生了近似动态规划(ADP)算法。该方法最早由 Werbos 在 20 世纪 70 年代提出并将其应用于控制领域。近年来，美国普林斯顿大学的 CASTLE 实验室对 ADP 算法进行了系统研究，并已成功应用于卡车实时调度等交通工具的实际调度案例中[10,11]。近年来，国内外学者开始应用近似动态规划算法于含新能源电力系统调度、微电网调度等问题，并获得了很好的计算性能和效率。ADP 算法通过近似估计代价函数或代价对状态变量的微分函数从而有效提高决策的计算效率，避免了对每个阶段内所有状态与控制变量的精确计算，是高效求解随机动态规划问题的有力工具。ADP 算法包括值函数近似动态规划(value function approximate dynamic programming，VFADP)法、策略函数近似动态规划法、状态空间近似动态规划(state space approximate dynamic programming，SSADP)法和费用函数近似动态规划法等，在电力与能源系统优化调度问题中具有广泛的应用前景。

1.3.4　鲁棒优化法

鲁棒优化法是另一个常用的不确定性优化方法，其通过给定随机变量的波动范围，旨在找出对优化目标而言最恶劣的极端场景，并确保在随机变量的波动范围内，所有的约束条件都能满足的优化解[12]。鲁棒优化问题一般是两阶段优化问题，此时决策变量可以分为第一阶段变量和第二阶段变量两部分，第一阶段在最恶劣的场景下对第一阶段变量进行最优决策，第二阶段则在给定的不确定集合中寻找最恶劣场景。两阶段鲁棒优化的数学模型可以写为如下形式：

$$\begin{cases}\min\limits_{x_1}(f_1(\boldsymbol{x}_1)+\max\limits_{\xi\in C}\min\limits_{x_2} f_2(\boldsymbol{x}_2,\xi)) \\ \text{s.t.}\begin{cases}\boldsymbol{h}_1(\boldsymbol{x}_1)=\boldsymbol{0} \\ \boldsymbol{g}_1(\boldsymbol{x}_1)\leqslant\boldsymbol{0} \\ \boldsymbol{h}_2(\boldsymbol{x}_1,\boldsymbol{x}_2,\xi)=\boldsymbol{0} \\ \boldsymbol{g}_2(\boldsymbol{x}_1,\boldsymbol{x}_2,\xi)\leqslant\boldsymbol{0}\end{cases}\end{cases} \tag{1-17}$$

式中，C 是描述随机变量 ξ 不确定波动范围的不确定集；$\boldsymbol{x}_1$ 是第一阶段决策变量；$\boldsymbol{x}_2$ 是第二阶段决策变量，其含义是在随机变量 ξ 的最恶劣场景下系统的再调度决策方案；$\boldsymbol{h}_1(\boldsymbol{x}_1)$ 和 $\boldsymbol{g}_1(\boldsymbol{x}_1)$ 分别表示只与第一阶段决策变量相关的等式和不等式约束；$\boldsymbol{h}_2(\boldsymbol{x}_1,\boldsymbol{x}_2,\xi)$ 和 $\boldsymbol{g}_2(\boldsymbol{x}_1,\boldsymbol{x}_2,\xi)$ 分别表示同时与两个阶段变量相关的等式和不等式约束。

从式(1-17)可以看出，鲁棒优化在随机变量的最恶劣场景下进行优化决策，因此其决策结果往往是比较保守的。鲁棒优化模型通常是一个 min-max-min 问题，其求解方法主要有两种。第一种是基于 Benders 分解法求解。Benders 分解法将此两阶段优化问题分解成主问题和子问题来交替迭代，在每次迭代中，主问题的最优解作为参数传递至子问题，子问题求解完毕后向主问题添加新的最优割集或可行性割集，直到迭代过程收敛。首先利用强对偶理论，将第二阶段 max-min 问题的内层 min 问题对偶化为 max 问题，如式(1-18)所示，从而可将 max-min 问题转化为单层的 max 问题求解：

$$\begin{cases}\max\limits_{\xi\in C}\min\limits_{x_2} f_2(\boldsymbol{x}_2,\xi) \\ \text{s.t.}\begin{cases}\boldsymbol{h}_2(\boldsymbol{x}_{1*},\boldsymbol{x}_2,\xi)=\boldsymbol{0} \\ \boldsymbol{g}_2(\boldsymbol{x}_{1*},\boldsymbol{x}_2,\xi)\leqslant\boldsymbol{0}\end{cases}\end{cases} \Rightarrow \begin{cases}\max\limits_{\xi\in C,\lambda,\eta} f_{\text{dual}}(\boldsymbol{x}_{1*},\boldsymbol{\lambda},\boldsymbol{\eta},\xi) \\ \text{s.t.}\begin{cases}\boldsymbol{d}(\boldsymbol{\lambda},\boldsymbol{\eta})=\boldsymbol{0} \\ \boldsymbol{\eta}\geqslant\boldsymbol{0}\end{cases}\end{cases} \tag{1-18}$$

式中，$\boldsymbol{\lambda}$ 和 $\boldsymbol{\eta}$ 分别表示原模型等式约束和不等式约束对应的对偶变量向量；$f_{\text{dual}}(\cdot)$ 表示内层 min 问题的对偶问题的目标函数；$\boldsymbol{d}(\boldsymbol{\lambda},\boldsymbol{\eta})=\boldsymbol{0}$ 表示对偶变量需要满足的等式约束。此时第二阶段的单层 max 问题即为 Benders 分解法的子问题。在子问题中，第一阶段决策变量 $\boldsymbol{x}_{1*}$ 为由求解主问题得到的最优解传递过来的固定参数。而主问题可表示如下：

$$\begin{cases}\min\limits_{x_1}(f_1(\boldsymbol{x}_1)+L) \\ \text{s.t.}\begin{cases}\boldsymbol{h}_1(\boldsymbol{x}_1)=\boldsymbol{0} \\ \boldsymbol{g}_1(\boldsymbol{x}_1)\leqslant\boldsymbol{0} \\ L\geqslant f_{\text{dual}}(\boldsymbol{x}_1,\boldsymbol{\lambda}_{k*},\boldsymbol{\eta}_{k*},\xi_{k*}),\quad k=1,2,\cdots,K\end{cases}\end{cases} \tag{1-19}$$

式中，$\boldsymbol{\lambda}_{k*}$ 和 $\boldsymbol{\eta}_{k*}$ 分别为第 k 次迭代中由子问题向主问题传递的最优对偶变量；ξ_{k*} 为第 k 次迭代中子问题得到随机变量的最优解并传递给主问题，此时在主问题中作为固定参数；K 为当前迭代次数。

第二种求解方法为列与约束生成(column and constraint generation，C&CG)算法。C&CG 算法同样将此两阶段优化问题分解成主问题和子问题进行交替迭代求解。C&CG 算法的子问题与 Benders 分解法的子问题形式相同，而 C&CG 算法的主问题可表示如下：

$$\begin{cases}\min\limits_{\boldsymbol{x}_1,\boldsymbol{x}_{2k}}(f_1(\boldsymbol{x}_1)+L)\\ \text{s.t.}\begin{cases}\boldsymbol{h}_1(\boldsymbol{x}_1)=\boldsymbol{0}\\ \boldsymbol{g}_1(\boldsymbol{x}_1)\leqslant\boldsymbol{0}\\ \boldsymbol{h}_2(\boldsymbol{x}_1,\boldsymbol{x}_{2k},\boldsymbol{\xi}_{k*})=\boldsymbol{0}, & k=1,2,\cdots,K\\ \boldsymbol{g}_2(\boldsymbol{x}_1,\boldsymbol{x}_{2k},\boldsymbol{\xi}_{k*})\leqslant\boldsymbol{0}, & k=1,2,\cdots,K\\ L\geqslant f_2(\boldsymbol{x}_{2k},\boldsymbol{\xi}_{k*}), & k=1,2,\cdots,K\end{cases}\end{cases}\tag{1-20}$$

式中，$\boldsymbol{x}_{2k}$ 为第 k 次迭代在主问题中添加的变量。

在 C&CG 算法中，每次迭代中子问题都会向主问题添加新的约束和变量。实际上，C&CG 算法中的约束生成是指在主问题中生成割集，通过不断切割解空间来不断逼近原问题的最优解。Benders 分解法属于一种约束生成算法，而列生成是指在主问题中添加新的变量。C&CG 算法在主问题中保留了第二阶段的连续变量，使得主问题的下界更紧，而 Benders 分解法仅仅为主问题提供了割集约束，因此，C&CG 算法往往比 Benders 分解法更加容易收敛。但是，由于 C&CG 算法的主问题中包含大量的新增约束和变量，其求解时间往往比 Benders 分解法的主问题更长。

1.3.5　分布鲁棒优化法

随机优化方法假设随机变量服从特定的经验分布，然而真实分布往往与所假设的经验分布相差较大，因此随机优化得到的决策结果尽管经济性较好，但是同时也具有很大的盲目性。而鲁棒优化方法忽略随机变量的概率信息，仅给定随机变量的波动范围，并在该范围内寻找最恶劣场景下的最优决策，其决策结果往往过于保守。近年来，分布鲁棒优化方法同时结合了随机优化方法和鲁棒优化方法的优点，既考虑了随机变量的概率分布信息，又保证了决策结果的鲁棒性[13]。两阶段分布鲁棒优化问题的数学模型可写成如下形式：

$$\begin{cases}\min\limits_{\boldsymbol{x}_1}(f_1(\boldsymbol{x}_1)+\max\limits_{\boldsymbol{p}(\boldsymbol{\xi})\in\boldsymbol{D}}E(\min\limits_{\boldsymbol{x}_2}f_2(\boldsymbol{x}_2,\boldsymbol{\xi})))\\ \text{s.t.}\begin{cases}\boldsymbol{h}(\boldsymbol{x}_1,\boldsymbol{x}_2,\boldsymbol{\xi})=\boldsymbol{0}\\ \boldsymbol{g}(\boldsymbol{x}_1,\boldsymbol{x}_2,\boldsymbol{\xi})\leqslant\boldsymbol{0}\end{cases}\end{cases}\tag{1-21}$$

式中，$\boldsymbol{p}(\boldsymbol{\xi})$ 为随机变量 $\boldsymbol{\xi}$ 所服从的真实分布；$E(\cdot)$ 为数学期望运算；$\boldsymbol{D}$ 为描述随机变量各种可能的真实概率分布组成的模糊集。

与两阶段鲁棒优化模型不同，分布鲁棒优化模型的第一阶段是在随机变量的最恶劣概率分布下对第一阶段变量进行优化决策，而第二阶段则是在给定的随机变量模糊集内寻求使得期望成本最大的随机变量的最恶劣概率分布，其决策结果的鲁棒性比随机优化方法的更好，同时改善了鲁棒优化方法决策结果的保守性，兼顾了经济性和保守性。构建分布鲁棒优化模型的关键是构建合理的随机变量真实概率分布的模糊集。根据模糊集中所包含的概率分布信息，可以将分布鲁棒优化方法分为基于距离的分布鲁棒优化方法和基于矩信息的分布鲁棒优化方法。

基于距离的分布鲁棒优化方法通过度量随机变量的真实概率密度函数(probability density function，PDF)和参考概率密度函数之间的距离并给定该距离的阈值来构建模糊集，其中参考概率分布可以通过大量历史数据来统计获得。根据所采用的距离度量方法，又可以将基于距离的分布鲁棒优化方法分为基于范数、基于 Wasserstein 距离、基于 Kullback-Leibler(简称 KL)散度的分布鲁棒优化方法。而基于矩信息的分布鲁棒优化方法利用有限的历史数据得到随机变量的均值和方差等概率特性信息，并在特定的矩信息下进行优化。其可以分为基于确定性矩和基于矩不确定性的分布鲁棒优化方法，前者假设得到的矩信息是准确的，而后者进一步考虑了矩信息的不确定性。分布鲁棒优化方法与鲁棒优化方法在模型求解方面较为相似，大多数都采用了强对偶理论、Benders 分解法、C&CG 算法等方法。其中，基于矩不确定性的分布鲁棒优化方法相较于基于距离的分布鲁棒优化方法的求解更加复杂，这是因为基于矩不确定性的分布鲁棒优化方法中考虑的二阶矩不确定性往往使得优化模型成为半定规划模型，求解计算相对复杂。

1.4 分布式优化算法

对于多区域优化问题，可通过分布式优化算法将其分解为多个区域子优化问题的迭代计算，直至满足边界变量的一致性条件。分布式优化算法既能够降低每次求解的优化模型的规模，又能够保持各个区域内部信息的私密性，在电力与能源系统优化调度问题中具有广阔的应用前景。例如，某个两区域优化问题可描述如下：

$$\begin{cases} \min f_1(\boldsymbol{x}_1) + f_2(\boldsymbol{x}_2) \\ \text{s.t.} \begin{cases} \boldsymbol{h}_1(\boldsymbol{x}_1) = \boldsymbol{0} \\ \boldsymbol{g}_1(\boldsymbol{x}_1) \leqslant \boldsymbol{0} \\ \boldsymbol{h}_2(\boldsymbol{x}_2) = \boldsymbol{0} \\ \boldsymbol{g}_2(\boldsymbol{x}_2) \leqslant \boldsymbol{0} \\ \boldsymbol{h}_{12}(\boldsymbol{x}_{1b}, \boldsymbol{x}_{2b}) = \boldsymbol{A}\boldsymbol{x}_{1b} - \boldsymbol{x}_{2b} = \boldsymbol{0} \end{cases} \end{cases} \tag{1-22}$$

式中，$\boldsymbol{x}_1$ 和 $\boldsymbol{x}_2$ 分别为由区域 1 和区域 2 中变量构成的列向量；$f_1(\boldsymbol{x}_1)$ 和 $f_2(\boldsymbol{x}_2)$ 分别为区域 1 和区域 2 子优化问题的目标函数；$\boldsymbol{h}_1(\boldsymbol{x}_1)$、$\boldsymbol{g}_1(\boldsymbol{x}_1)$ 和 $\boldsymbol{h}_2(\boldsymbol{x}_2)$、$\boldsymbol{g}_2(\boldsymbol{x}_2)$ 分别为区域 1 和区域 2 所满足的等式、不等式约束条件；最后一个等式为区域 1 和区域 2 的边界变量 $\boldsymbol{x}_{1b}$ 和 $\boldsymbol{x}_{2b}$ 需要满足的边界变量一致性约束，此约束一般为线性约束。

对于多区域的优化问题，常用的分布式优化算法有拉格朗日松弛(Lagrangian

relaxation) 法、分析目标级联 (analytical target cascade) 法、交替方向乘子法 (alternating direction method of multiplier，ADMM) 等。

1.4.1　拉格朗日松弛法

拉格朗日松弛法是最早应用于分散优化调度的分解算法，其基本思想是将边界变量耦合约束松弛到目标函数中，从而实现对多区域优化问题的解耦计算。假定边界变量耦合约束对应的拉格朗日 (Lagrange) 乘子为 $\boldsymbol{y}$，则区域 1 需要求解的子优化问题为

$$\boldsymbol{x}_1^{k+1} = \arg\begin{cases} \min f_1(\boldsymbol{x}_1) + (\boldsymbol{y}^k)^{\mathrm{T}}(\boldsymbol{A}\boldsymbol{x}_{1b} - \boldsymbol{x}_{2b}^k) \\ \text{s.t.} \begin{cases} \boldsymbol{h}_1(\boldsymbol{x}_1) = \boldsymbol{0} \\ \boldsymbol{g}_1(\boldsymbol{x}_1) \leqslant \boldsymbol{0} \end{cases} \end{cases} \tag{1-23}$$

在每次迭代求解式 (1-23) 前，需要先对拉格朗日乘子 $\boldsymbol{y}$ 进行修正，最常用的方法是次梯度法，通过对拉格朗日函数求取次梯度获得，表示如下：

$$\boldsymbol{y}^{k+1} = \boldsymbol{y}^k + \alpha^k (\boldsymbol{A}\boldsymbol{x}_{1b}^{k+1} - \boldsymbol{x}_{2b}^{k+1}) \Big/ \left\| \boldsymbol{A}\boldsymbol{x}_{1b}^{k+1} - \boldsymbol{x}_{2b}^{k+1} \right\| \tag{1-24}$$

式中，α^k 是步长，且需要满足 $\lim\limits_{k\to\infty}\alpha^k \to 0$ 和 $\sum\limits_{k=1}^{\infty}\alpha^k \to \infty$，为此，可选择 $\alpha^k = 1/(A+Bk)$，且 A 和 B 都是正的常数。

需要注意的是，次梯度法需要对计算步长的参数 A 和 B 进行调节，以确保优化问题能够以较少的迭代次数收敛。

1.4.2　分析目标级联法

为提高拉格朗日松弛法的收敛性，减少拉格朗日乘子迭代过程中边界变量偏差的振荡幅度，在拉格朗日松弛算法的基础上，引入边界变量耦合约束的二次罚函数项 $(\rho/2)\|\boldsymbol{A}\boldsymbol{x}_{1b} - \boldsymbol{x}_{2b}\|_2^2$，构造如下增广拉格朗日函数：

$$L_\rho(\boldsymbol{x}_1, \boldsymbol{x}_2, \boldsymbol{y}) = f_1(\boldsymbol{x}_1) + f_2(\boldsymbol{x}_2) + \boldsymbol{y}^{\mathrm{T}}(\boldsymbol{A}\boldsymbol{x}_{1b} - \boldsymbol{x}_{2b}) + (\rho/2)\|\boldsymbol{A}\boldsymbol{x}_{1b} - \boldsymbol{x}_{2b}\|_2^2 \tag{1-25}$$

式中，$\boldsymbol{y}$ 为拉格朗日乘子；ρ 为惩罚因子。

分析目标级联法是一种双层迭代格式，在已构造的增广拉格朗日函数的基础上，通过增加辅助的虚拟变量，用上标 ^ 加以区分，将增广拉格朗日函数(式(1-25))分解为一个主问题和多个区域子问题迭代求解，并使用边界变量一致性约束的二次惩罚松弛来确保子问题的可行性[14]。其分布式迭代求解步骤如下：

$$(\hat{\boldsymbol{x}}_{1b}^{(k+1)}, \hat{\boldsymbol{x}}_{2b}^{(k+1)}) = \arg\begin{cases} \min \boldsymbol{\alpha}_1^{(k)}(\hat{\boldsymbol{x}}_{1b} - \boldsymbol{x}_{1b}^{(k)}) + \boldsymbol{\beta}_1^{(k)}\left\|\hat{\boldsymbol{x}}_{1b} - \boldsymbol{x}_{1b}^{(k)}\right\|^2 + \boldsymbol{\alpha}_2^{(k)}(\hat{\boldsymbol{x}}_{2b} - \boldsymbol{x}_{2b}^{(k)}) + \boldsymbol{\beta}_2^{(k)}\left\|\hat{\boldsymbol{x}}_{2b} - \boldsymbol{x}_{2b}^{(k)}\right\|^2 \ (\text{主问题}) \\ \text{s.t.}\ \ \boldsymbol{h}_{12}(\hat{\boldsymbol{x}}_{1b}, \hat{\boldsymbol{x}}_{2b}) = \boldsymbol{0} \end{cases} \tag{1-26}$$

$$
\boldsymbol{x}_{1b}^{(k+1)}=\arg\begin{cases}\min f_1(\boldsymbol{x}_1)+\boldsymbol{\alpha}_1^{(k)}(\boldsymbol{x}_{1b}-\hat{\boldsymbol{x}}_{1b}^{(k)})+\boldsymbol{\beta}_1^{(k)}\left\|\boldsymbol{x}_{1b}-\hat{\boldsymbol{x}}_{1b}^{(k)}\right\|^2\\ \text{s.t.}\begin{cases}\boldsymbol{h}_1(\boldsymbol{x}_1)=\boldsymbol{0}\\ \boldsymbol{g}_1(\boldsymbol{x}_1)\leqslant\boldsymbol{0}\end{cases}\end{cases}\quad\text{(区域 1 子问题)}\tag{1-27}
$$

$$
\boldsymbol{x}_{2b}^{(k+1)}=\arg\begin{cases}\min f_2(\boldsymbol{x}_2)+\boldsymbol{\alpha}_2^{(k)}(\boldsymbol{x}_{2b}-\hat{\boldsymbol{x}}_{2b}^{(k)})+\boldsymbol{\beta}_2^{(k)}\left\|\boldsymbol{x}_{2b}-\hat{\boldsymbol{x}}_{2b}^{(k)}\right\|^2\\ \text{s.t.}\begin{cases}\boldsymbol{h}_2(\boldsymbol{x}_2)=\boldsymbol{0}\\ \boldsymbol{g}_2(\boldsymbol{x}_2)\leqslant\boldsymbol{0}\end{cases}\end{cases}\quad\text{(区域 2 子问题)}\tag{1-28}
$$

$$
\begin{cases}\boldsymbol{\alpha}_1^{(k+1)}=\boldsymbol{\alpha}_1^{(k)}+2(\boldsymbol{\beta}_1^{(k)})^2(\boldsymbol{x}_{1b}^{(k+1)}-\hat{\boldsymbol{x}}_{1b}^{(k+1)})\\ \boldsymbol{\alpha}_2^{(k+1)}=\boldsymbol{\alpha}_2^{(k)}+2(\boldsymbol{\beta}_2^{(k)})^2(\boldsymbol{x}_{2b}^{(k+1)}-\hat{\boldsymbol{x}}_{2b}^{(k+1)})\\ \boldsymbol{\beta}_1^{(k+1)}=\lambda\boldsymbol{\beta}_1^{(k)}\\ \boldsymbol{\beta}_2^{(k+1)}=\lambda\boldsymbol{\beta}_2^{(k)}\end{cases}\quad\text{(乘子更新)}\tag{1-29}
$$

式中，$\boldsymbol{\alpha}$ 和 $\boldsymbol{\beta}$ 为罚函数一次项与二次项的乘子；λ 为罚函数乘子更新系数。

分析目标级联法是一种适合多层系统的分层分解协调优化算法，其简化形式为两层架构，目前已成功应用于分布式求解经济调度(economic dispatch，ED)和机组组合问题。

1.4.3 交替方向乘子法

1. 异步型交替方向乘子法

对于如式(1-22)所示的目标函数可分离且边界变量耦合约束为线性的优化问题，可采用交替方向乘子法(ADMM)求解。通过构建如式(1-25)所示的增广拉格朗日函数，由此可以得到如下 ADMM 算法的迭代方程：

$$
\boldsymbol{x}_1^{k+1}=\arg\begin{cases}\min L_\rho(\boldsymbol{x}_1,\boldsymbol{x}_2^k,\boldsymbol{y}^k)\\ \text{s.t. }\boldsymbol{h}_1(\boldsymbol{x}_1)=\boldsymbol{0},\quad \boldsymbol{g}_1(\boldsymbol{x}_1)\leqslant\boldsymbol{0}\end{cases}\quad\text{(区域 1 子问题)}\tag{1-30}
$$

$$
\boldsymbol{x}_2^{k+1}=\arg\begin{cases}\min L_\rho(\boldsymbol{x}_1^{k+1},\boldsymbol{x}_2,\boldsymbol{y}^k)\\ \text{s.t. }\boldsymbol{h}_2(\boldsymbol{x}_2)=\boldsymbol{0},\quad \boldsymbol{g}_2(\boldsymbol{x}_2)\leqslant\boldsymbol{0}\end{cases}\quad\text{(区域 2 子问题)}\tag{1-31}
$$

$$
\boldsymbol{y}^{k+1}=\boldsymbol{y}^k+\boldsymbol{\rho}(\boldsymbol{A}\boldsymbol{x}_{1b}^{k+1}-\boldsymbol{x}_{2b}^{k+1})\quad\text{(乘子更新)}\tag{1-32}
$$

由于原始变量 $\boldsymbol{x}_1$ 和 $\boldsymbol{x}_2$ 之间的交替迭代优化计算更新，所以称为交替方向。ADMM 算法的收敛判据表示为

$$
\varGamma^k=\left\|\begin{matrix}\boldsymbol{A}\boldsymbol{x}_{1b}^{k+1}-\boldsymbol{x}_{2b}^{k+1}\\ \boldsymbol{x}_{2b}^{k+1}-\boldsymbol{x}_{2b}^{k}\end{matrix}\right\|\tag{1-33}
$$

当 $\varGamma^k$ 满足在 $[10^{-5},10^{-3}]$ 范围时，可认为迭代过程结束，得到优化模型(1-22)的

最优解。

以上形式的 ADMM 算法称为异步型交替方向乘子法(asynchronous ADMM，A-ADMM)，因其优化迭代过程中原始变量的交替计算过程以及拉格朗日乘子的更新过程都是串行的，所以 GS-ADMM 算法属于异步型分布式迭代算法。

2．同步型交替方向乘子法

由于 A-ADMM 算法的分布式优化求解过程是各个子问题异步迭代求解的过程，每个子问题的优化计算都只有在与本区域相邻区域的子问题完成本次迭代的优化计算后将边界变量的更新值传输过来后才能进行，无法实现对各个子问题进行同步并行优化计算。并且，在每一次迭代计算中，需要一个中央协调器收集各个子问题优化计算后的边界变量更新值来更新拉格朗日乘子，然后将此更新值返回给各个子问题，准备下一次迭代计算时使用。因此，除了收敛速度慢与计算效率低，A-ADMM 算法往往还需要在惩罚因子数值的调整上耗费大量的尝试与计算。针对 A-ADMM 算法的种种不足，可在 A-ADMM 算法的基础上进行改进，得到不需要任何中央协调器的同步型交替方向乘子法(synchronous ADMM，S-ADMM)，以实现在每次迭代中不同子问题的同步并行计算。将优化问题式(1-22)中的矩阵 $\boldsymbol{A}$ 取为单位矩阵 $\boldsymbol{E}$，则可将式(1-22)简化成以下形式：

$$\begin{cases}\min f_1(\boldsymbol{x}_1)+f_2(\boldsymbol{x}_2)\\ \text{s.t.}\begin{cases}\boldsymbol{h}_1(\boldsymbol{x}_1)=\boldsymbol{0}\\ \boldsymbol{g}_1(\boldsymbol{x}_1)\leqslant\boldsymbol{0}\\ \boldsymbol{h}_2(\boldsymbol{x}_2)=\boldsymbol{0}\\ \boldsymbol{g}_2(\boldsymbol{x}_2)\leqslant\boldsymbol{0}\\ \boldsymbol{x}_{1b}=\boldsymbol{x}_{2b}\end{cases}\end{cases} \tag{1-34}$$

则对应的增广拉格朗日函数为以下形式：

$$L_\rho(\boldsymbol{x}_1,\boldsymbol{x}_2,\boldsymbol{y})=f_1(\boldsymbol{x}_1)+f_2(\boldsymbol{x}_2)+\boldsymbol{y}^{\mathrm{T}}(\boldsymbol{x}_{1b}-\boldsymbol{x}_{2b})+(\rho/2)\left\|\boldsymbol{x}_{1b}-\boldsymbol{x}_{2b}\right\|_2^2 \tag{1-35}$$

根据文献[15]，可在 A-ADMM 算法的迭代过程类似式(1-30)～式(1-32)的基础上，推导出 S-ADMM 算法各个区域优化计算的迭代格式。每个子问题在本次(第 k+1 次)迭代优化计算时只需要上一次(第 k 次)迭代优化后自身变量更新值以及相邻子问题的变量更新值来计算出固定参考值，因而就可以实现各个子问题的同步并行优化计算。S-ADMM 算法的迭代计算过程如下：

$$\begin{cases}\boldsymbol{x}_1^{k+1}=\arg\begin{cases}\min\left(f_1(\boldsymbol{x}_1)+\dfrac{\rho}{2}\left\|\boldsymbol{x}_{1b}-\boldsymbol{K}_1^k+\boldsymbol{u}_1^k\right\|^2\right)\\ \text{s.t. }\boldsymbol{h}_1(\boldsymbol{x}_1)=\boldsymbol{0},\quad \boldsymbol{g}_1(\boldsymbol{x}_1)\leqslant\boldsymbol{0}\end{cases}\\ \boldsymbol{x}_2^{k+1}=\arg\begin{cases}\min\left(f_2(\boldsymbol{x}_2)+\dfrac{\rho}{2}\left\|\boldsymbol{x}_{2b}-\boldsymbol{K}_2^k+\boldsymbol{u}_2^k\right\|^2\right)\\ \text{s.t. }\boldsymbol{h}_2(\boldsymbol{x}_2)=\boldsymbol{0},\quad \boldsymbol{g}_2(\boldsymbol{x}_2)\leqslant\boldsymbol{0}\end{cases}\end{cases} \tag{1-36a}$$

$$\begin{cases} \boldsymbol{K}_1^{k+1} = \lambda \boldsymbol{x}_{1b}^{k+1} + (1-\lambda)\boldsymbol{x}_{2b}^{k+1}, \\ \boldsymbol{K}_2^{k+1} = \lambda \boldsymbol{x}_{2b}^{k+1} + (1-\lambda)\boldsymbol{x}_{1b}^{k+1} \end{cases} \quad 0<\lambda<1 \tag{1-36b}$$

$$\begin{cases} \boldsymbol{u}_1^{k+1} = \boldsymbol{u}_1^{k} + (\boldsymbol{x}_{1b}^{k+1} - \boldsymbol{K}_1^{k+1}) \\ \boldsymbol{u}_2^{k+1} = \boldsymbol{u}_2^{k} + (\boldsymbol{x}_{2b}^{k+1} - \boldsymbol{K}_2^{k+1}) \end{cases} \tag{1-36c}$$

对于固定参考值 $\boldsymbol{K}_1$ 和 $\boldsymbol{K}_2$ 的设定并不是任意的，改进后的算法必须满足原有的收敛条件，在迭代收敛时的解需要满足 $\boldsymbol{x}_{1b}^k=\boldsymbol{x}_{2b}^k$。因此，要求固定参考值在优化迭代结束时要满足：

$$\boldsymbol{K}_1^k = \boldsymbol{K}_2^k = \boldsymbol{x}_{1b}^k = \boldsymbol{x}_{2b}^k \tag{1-37}$$

而式(1-36b)中权重 λ 的设定最简单的为直接取 $\lambda=0.5$，即取算术平均值。而由式(1-36c)可知，各个子问题对应的广义拉格朗日乘子 $\boldsymbol{u}_1$ 和 $\boldsymbol{u}_2$ 的迭代更新是独立计算的，不需要任何中央协调器的加入。至此，得到了一种完全同步并行迭代的、迭代过程中只需要相邻区域间进行边界变量交换的、不需要任何中央协调器的分布式优化算法——S-ADMM 算法。

1.5　小　　结

电力与能源系统优化调度是其优化运行和能量管理的基本内容，面临的主要问题包括考虑新能源出力不确定性的优化、多个目标的协调优化和多个调度主体的协调优化。电力与能源系统优化调度的多目标优化算法能够将多目标优化调度问题转化为多个单目标优化问题以获得多个满足 Pareto 最优性的调度方案，不确定优化算法能够将不确定优化调度问题转化为确定性优化问题以获得满足在新能源出力不确定性波动条件下保持系统安全运行的调度方案，分布式优化算法能够将多区域优化调度问题转化为多个区域子优化问题的交替迭代计算以获得多区域协调优化调度方案。

参考文献

[1] 吴文传，李志刚，王中冠. 可再生能源发电集群控制与优化调度. 北京：科学出版社，2020.

[2] 孙宏斌，等. 能源互联网. 北京：科学出版社，2020.

[3] Nezhad A E, Javadi M S, Rahimi E. Applying augmented ε-constraint approach and lexicographic optimization to solve multi-objective hydrothermal generation scheduling considering the impacts of pumped-storage units. International Journal Electrical Power Energy Systems, 2014, 55: 195-204.

[4] Das I, Dennis J E. Normal-boundary intersection: A new method for generating the Pareto surface

in nonlinear multicriteria optimization problems. SIAM Journal on Optimization, 1998, 8(3): 631-657.

[5] Messac A, Ismail-Yahaya A, Mattson C A. The normalized normal constraint method for generating the Pareto frontier. Structural and Multidisciplinary Optimization, 2003, 25(2): 86-98.

[6] Li Q, Liu M, Liu H. Piecewise normalized normal constraint method applied to minimization of voltage deviation and active power loss in an AC-DC hybrid power system. IEEE Transactions on Power System, 2015, 30(3): 1243-1251.

[7] Deb K, Pratap A, Agarwal S, et al. A fast and elitist multiobjective genetic algorithm: NSGA-II. IEEE Transactions on Evolutionary Computation, 2002, 6(2): 182-197.

[8] 颜拥, 文福拴, 杨首晖, 等. 考虑风电出力波动性的发电调度(英文). 电力系统自动化, 2010, 34(6): 79-88.

[9] Wang Z, Shen C, Liu F, et al. Chance-constrained economic dispatch with non-Gaussian correlated wind power uncertainty. IEEE Transactions on Power System, 2017, 32(6): 4880-4893.

[10] Powell W B. Approximate Dynamic Programming, Solving the Curses of Dimensionality. 2nd ed. Hoboken: John Wiley & Sons, 2011.

[11] Powell W B, Meisel S. Tutorial on stochastic optimization in energy—Part I: Modeling and policies. IEEE Transactions on Power System, 2016, 31(2): 1459-1467.

[12] Bertsimas D, Gupta V, Kallus N. Data-driven robust optimization. Mathematical Programming, 2018, 167(2): 235-292.

[13] Esfahani P M, Kuhn D. Data-driven distributionally robust optimization using the Wasserstein metric: Performance guarantees and tractable reformulations. Mathematical Programming, 2018, 171(1/2): 115-166.

[14] Tosserams S, Etman L, Papalambros P Y, et al. An augmented Lagrangian relaxation for analytical target cascading using the alternating direction method of multipliers. Structural & Multidisciplinary Optimization, 2006, 31(3): 176-189.

[15] Boyd S, Parikh N, Chu E, et al. Distributed optimization and statistical learning via the alternating direction method of multipliers. Foundations and Trends Machine Learning, 2011, 3(1): 1-122.

第 2 章　规模化新能源并网电力系统多目标优化调度

本章提出了规模化新能源并网电力系统多目标优化调度模型及其解耦算法，以及考虑网络安全约束的多目标优化调度模型及其求解算法。

2.1　多目标优化调度模型及其解耦算法

电力系统动态优化调度问题，是指在满足系统功率平衡、机组出力上下限、机组爬坡约束和系统备用约束等众多约束的条件下，合理地分配在网运行发电机组一定时期的计划有功出力，从而使发电成本等目标最低[1]。随着社会经济和电力工业的发展，规模化新能源电站的大量并网发电，电力系统发电调度模式也逐渐发展。目前，国内外形成了四种典型的发电调度模式，分别是经济调度、市场竞争调度、计划电量调度和节能发电调度[2]。

2.1.1　多目标优化调度模型

1. 优化目标

节能发电调度模式以降低能源消耗指标和污染气体排放指标为目的确定机组的发电计划方案[3]，而市场竞争调度模式是运用市场价格机制来权衡发电资源的优化配置[4]，两者必然存在一定的冲突。结合这两种调度模式，针对风电规模化接入的大型电力系统，构建以总发电燃料耗量、污染气体排放量和购电费用的最小化为目标的多目标动态优化调度模型，实现同时兼顾电网公司自身经济效益和国家节能减排战略的发电调度模式[5]。于是，目标函数可表示如下。

1) 总燃料耗量

风能和水能均属于清洁能源，在发电过程中不消耗煤和燃气等化石燃料，故优化调度的总燃料耗量 f_1 仅由燃煤机组和燃气机组的一次能源消耗量组成，可表示为

$$f_1 = \sum_{t=1}^{T}\sum_{i=1}^{N}(A_{i,2}P_{i,t}^2 + A_{i,1}P_{i,t} + A_{i,0}) \tag{2-1}$$

式中，$P_{i,t}$ 为机组 i 在时段 t 的输出功率；T 为调度周期总的时段数；N 为总的常规发电机组个数；对于燃煤机组，$A_{i,2}$、$A_{i,1}$ 和 $A_{i,0}$ 分别为第 i 台常规机组的耗量特性系数；对于燃气机组，常采用线性拟合，有 $A_{i,2}$=$A_{i,0}$=0；对于水电机组，有 $A_{i,2}$=$A_{i,1}$=$A_{i,0}$=0。

2) 污染气体排放量

污染气体排放主要来自燃煤机组，对环境的污染主要为发电排放的二氧化硫，可将二氧化硫排放量 f_2 表示为机组输出功率的二次函数：

$$f_2 = \sum_{t=1}^{T} \sum_{i=1}^{N} (B_{i,2} P_{i,t}^2 + B_{i,1} P_{i,t} + B_{i,0}) \tag{2-2}$$

式中，$B_{i,2}$、$B_{i,1}$ 和 $B_{i,0}$ 分别为第 i 台燃煤机组的二氧化硫排放量特性系数。

3) 购电费用

电网一天的购电费用 f_3 可表示为

$$f_3 = \sum_{t=1}^{T} \left(\sum_{i=1}^{N} (C_i P_{i,t}) + C_w \sum_{i=1}^{N_W} P_{Wi,t} \right) \tag{2-3}$$

式中，C_i 为电网向常规机组 i 的购电电价，假设机组的上网电价不同，并且同一机组在不同时刻的上网电价相同；C_w 为电网向风电场的购电电价，本书取 0.61 元/(kW·h)；$P_{Wi,t}$ 为风电场 i 在时段 t 的有功出力；N_W 为总的风电场个数。由于抽水蓄能(pumped-storage hydro，PSH)机组属于电网公司所有，因此购电费用中不需考虑抽水蓄能机组与电网交换功率的费用。

2. 约束条件

1) 系统功率平衡约束(忽略网损)

$$\sum_{i=1}^{N} P_{i,t} + \sum_{i=1}^{N_W} P_{Wi,t} + \sum_{i=1}^{N_{PS}} P_{pgi,t} = P_{Load,t} \tag{2-4}$$

式中，$P_{Load,t}$ 为系统在第 t 时段的负荷预测值；$P_{pgi,t}$ 为第 i 台抽水蓄能机组在时段 t 的发电/抽水功率，抽水功率为负数；N_{PS} 为总的抽水蓄能机组个数。

2) 机组出力约束

常规机组的出力约束为

$$\underline{P_i} \leqslant P_{i,t} \leqslant \overline{P_i} \tag{2-5}$$

式中，$\overline{P_i}$ 和 $\underline{P_i}$ 分别为机组 i 的最大和最小发电功率。

风电场的出力约束为

$$0 \leqslant P_{Wi,t} \leqslant P_{WAi,t} \tag{2-6}$$

式中，$P_{WAi,t}$ 为风电场 i 在时段 t 的最大可获得出力，由对风速随机变量的预测值得到。

3) 机组爬坡约束

机组爬坡约束要求机组在相邻时段的出力变化必须控制在一定范围内。常规机组的爬坡约束为

$$\begin{cases} P_{i,t-1} - P_{i,t} \leqslant r_{di}\Delta T \\ P_{i,t} - P_{i,t-1} \leqslant r_{ui}\Delta T \end{cases} \tag{2-7}$$

式中，r_{di} 和 r_{ui} 分别为机组 i 的向下和向上爬坡率；ΔT 为一个调度时段的时间长度，对于日前调度一般为 1h 或 15min。

4) 旋转备用约束

为了保证电力系统安全、可靠运行，需要在系统中保留一定的旋转备用容量以应对大规模风电功率不确定性和负荷预测误差带来的影响[6]。

利用正旋转备用容量补偿因高估风电功率或低估系统负荷带来的影响，正旋转备用容量约束可表示为式(2-8)；同理，利用负旋转备用容量补偿因低估风电功率或高估系统负荷带来的影响，负旋转备用容量约束可表示为式(2-9)。

$$S_{u,t} = \sum_{i=1}^{N} s_{ui,t} \geqslant P_{\text{Load},t} \times L_{+}\% + w_u\% \times \sum_{i=1}^{N_W} P_{Wi,t} \tag{2-8}$$

$$S_{d,t} = \sum_{i=1}^{N} s_{di,t} \geqslant P_{\text{Load},t} \times L_{-}\% + w_d\% \times \sum_{i=1}^{N_W} (P_{WAi,t} - P_{Wi,t}) \tag{2-9}$$

式中，$S_{u,t}/S_{d,t}$ 为系统在时段 t 的正/负旋转备用容量；$L_{+}\%/L_{-}\%$ 为系统负荷波动对系统正/负旋转备用容量的需求系数；$w_u\%/w_d\%$ 为风电功率波动对系统正/负旋转备用容量的需求系数。$s_{ui,t}/s_{di,t}$ 为机组 i 在时段 t 所能提供的正/负旋转备用容量，可表示为

$$\begin{cases} 0 \leqslant s_{ui,t} \leqslant \min(\overline{P}_i - P_{i,t}, r_{ui}T_{10}) \\ 0 \leqslant s_{di,t} \leqslant \min(P_{i,t} - \underline{P}_i, r_{di}T_{10}) \end{cases} \tag{2-10}$$

式中，T_{10} 表示负荷或风电波动时要求机组旋转备用动作的响应时间，即 10min。

5) 抽水蓄能约束

对于抽水蓄能机组，在实际运行中，需要确保一天中的发电量和抽水量匹配，即抽水消耗电量和用水发出电量要平衡。事实上，在抽水蓄能机组的短期运行中抽水量与用水量可以有一定的偏差，但从长期运行的角度要求两者一致，引入机组效率 ξ 描述一天中发电量和抽水量平衡的关系，表示如下：

$$\sum_{t\in T_g} P_{\text{pg}i,t} + \xi \times \sum_{t\in T_p} P_{\text{pg}i,t} = 0, \quad i = 1,2,\cdots,N_{\text{PS}} \tag{2-11}$$

式中，ξ 为抽水蓄能机组的能量转换效率，通常取 75%；T_p 和 T_g 分别为一天中的抽水时段集合和发电时段集合。

抽水蓄能机组的出力上下限约束如下：

$$\begin{cases} 0 \leqslant P_{\mathrm{pg}i,t} \leqslant \overline{P_{\mathrm{pg}i}}, & t \in T_g \\ -\overline{P_{\mathrm{pp}i}} \leqslant P_{\mathrm{pg}i,t} \leqslant 0, & t \in T_p \end{cases} \tag{2-12}$$

式中，$\overline{P_{\mathrm{pg}i}}$ 和 $\overline{P_{\mathrm{pp}i}}$ 分别为第 i 台抽水蓄能机组的最大发电和抽水功率。

2.1.2 计算三目标优化问题 Pareto 最优解集的 NBI 法

1. 三目标优化的法线边界交叉法

2.1.1 节的三目标优化模型可以写成如下紧凑形式：

$$\begin{cases} \min\limits_{x \in C} \ \{f_1(\boldsymbol{x}), f_2(\boldsymbol{x}), f_3(\boldsymbol{x})\} \\ C = \{\boldsymbol{x} : \boldsymbol{h}(\boldsymbol{x}) = \boldsymbol{0}, \underline{\boldsymbol{g}} \leqslant \boldsymbol{g}(\boldsymbol{x}) \leqslant \overline{\boldsymbol{g}}\} \end{cases} \tag{2-13}$$

式中，$f_1(\boldsymbol{x})$ 代表总燃料耗量；$f_2(\boldsymbol{x})$ 代表污染气体排放量；$f_3(\boldsymbol{x})$ 代表购电费用；$\boldsymbol{h}(\boldsymbol{x})$ 和 $\boldsymbol{g}(\boldsymbol{x})$ 分别代表式(2-4)～式(2-12)中的等式约束和不等式约束；$\underline{\boldsymbol{g}}$ 和 $\overline{\boldsymbol{g}}$ 分别代表 $\boldsymbol{g}(\boldsymbol{x})$ 的下限和上限。

当仅考虑总燃料耗量 $f_1(\boldsymbol{x})$ 最小化时进行单目标优化，得到最优解 $\boldsymbol{x}^{1*} \in C$，对应于目标函数空间坐标系下的点 $f^{1*}(f_1(\boldsymbol{x}^{1*}), f_2(\boldsymbol{x}^{1*}), f_3(\boldsymbol{x}^{1*}))$；同理可得到分别仅考虑最小化 $f_2(\boldsymbol{x})$ 和 $f_3(\boldsymbol{x})$ 时得到的单目标优化最优解 $\boldsymbol{x}^{2*}$ 和 $\boldsymbol{x}^{3*}$，分别对应于点 $f^{2*}(f_1(\boldsymbol{x}^{2*}), f_2(\boldsymbol{x}^{2*}), f_3(\boldsymbol{x}^{2*}))$ 和 $f^{3*}(f_1(\boldsymbol{x}^{3*}), f_2(\boldsymbol{x}^{3*}), f_3(\boldsymbol{x}^{3*}))$。在各个目标函数构成的坐标空间中，点 f^{1*}、f^{2*} 和 f^{3*} 构成 Pareto 前沿的 3 个端点，它们共同确定的平面称为乌托邦面，如图 2-1 所示。

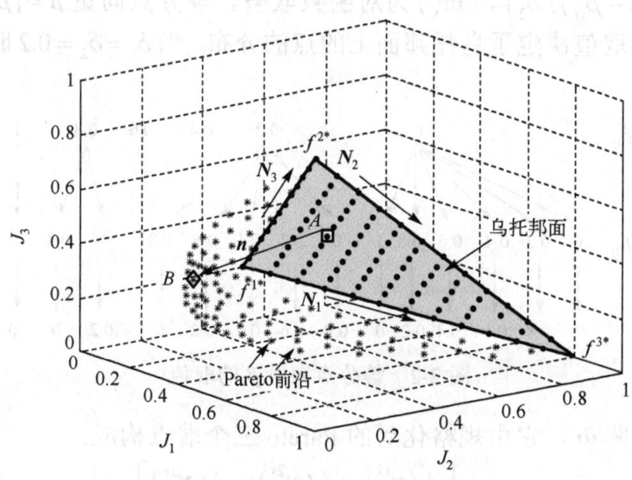

图 2-1　乌托邦面与 Pareto 前沿

1) 对各个目标函数进行规格化处理

目标函数进行规格化处理的计算如下：

$$(J_1(\boldsymbol{x}), J_2(\boldsymbol{x}), J_3(\boldsymbol{x})) = \left(\frac{f_1(\boldsymbol{x}) - f_1(\boldsymbol{x}^{1*})}{f_{1\max} - f_1(\boldsymbol{x}^{1*})}, \frac{f_2(\boldsymbol{x}) - f_2(\boldsymbol{x}^{2*})}{f_{2\max} - f_2(\boldsymbol{x}^{2*})}, \frac{f_3(\boldsymbol{x}) - f_3(\boldsymbol{x}^{2*})}{f_{3\max} - f_3(\boldsymbol{x}^{2*})} \right) \tag{2-14}$$

式中，$f_{i\max}=\max\{f_i(\boldsymbol{x}^{1*}), f_i(\boldsymbol{x}^{2*}), f_i(\boldsymbol{x}^{3*})\}, i=1, 2, 3$。

可见，规格化后的乌托邦点位于原点，并且 3 个端点规格化后的所有目标函数值都在[0,1]范围。规格化后的 3 个端点分别表示为 $J^{1*}(J_1(\boldsymbol{x}^{1*}), J_2(\boldsymbol{x}^{1*}), J_3(\boldsymbol{x}^{1*}))$、$J^{2*}(J_1(\boldsymbol{x}^{2*}), J_2(\boldsymbol{x}^{2*}), J_3(\boldsymbol{x}^{2*}))$和$J^{3*}(J_1(\boldsymbol{x}^{3*}), J_2(\boldsymbol{x}^{3*}), J_3(\boldsymbol{x}^{3*}))$，如图 2-1 所示。

2) 生成乌托邦面上均匀分布的点

假设由点 J^{1*}指向点 J^{3*}的向量为 $\boldsymbol{N}_1$，由点 J^{2*}指向点 J^{3*}的向量为 $\boldsymbol{N}_2$，由点 J^{1*}指向点 J^{2*}的向量为 $\boldsymbol{N}_3$，如图 2-1 所示。$\boldsymbol{N}_k$被分为 m_k 等份，则每等份单位长度 $\delta_k = 1/m_k$，k=1,2,3。乌托邦面上的任一点均可由端点 J^{1*}、J^{2*}和 J^{3*}的线性组合表示，以第 j 个点 A 为例，可表示为

$$\boldsymbol{p}_j = \sum_{i=1}^{3} \beta_{ij} J^{i*} \tag{2-15}$$

式中

$$\begin{cases} \beta_{1j} = [0,1,\cdots,m_1]\delta_1 \\ \beta_{2j} = [0,1,\cdots,m_2']\delta_2 \\ \beta_{3j} = 1 - \beta_{1j} - \beta_{2j} \end{cases} \tag{2-16}$$

其中，$m_2' = \mathrm{In}((1-\beta_{1j})/\delta_2)$，$\mathrm{In}(\cdot)$ 为对函数取整。等分点向量 $\boldsymbol{\beta} = [\beta_{1j}, \beta_{2j}, \beta_{3j}]^{\mathrm{T}}$，参数 $\beta_{ij}(i=1,2,3)$ 的取值决定了乌托邦面上的点的分布。当 $\delta_1 = \delta_2 = 0.2$ 时，β_{ij} 的取值如图 2-2 所示。

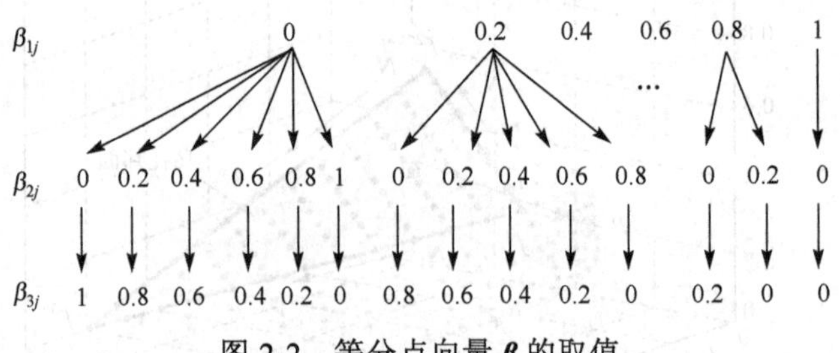

图 2-2 等分点向量 $\boldsymbol{\beta}$ 的取值

引入支付矩阵 $\boldsymbol{\Phi}$，它由规格化后的 Pareto 三个端点构成：

$$\boldsymbol{\Phi} = \begin{bmatrix} J_1(\boldsymbol{x}^{1*}) & J_1(\boldsymbol{x}^{2*}) & J_1(\boldsymbol{x}^{3*}) \\ J_2(\boldsymbol{x}^{1*}) & J_2(\boldsymbol{x}^{2*}) & J_2(\boldsymbol{x}^{3*}) \\ J_3(\boldsymbol{x}^{1*}) & J_3(\boldsymbol{x}^{2*}) & J_3(\boldsymbol{x}^{3*}) \end{bmatrix} \tag{2-17}$$

$\boldsymbol{p}_j$又可以写成 $\boldsymbol{\Phi}$ 和等分点向量 $\boldsymbol{\beta}$ 相乘的形式，表示如下：

$$p_j = \boldsymbol{\Phi}\boldsymbol{\beta} = \begin{bmatrix} J_1(\boldsymbol{x}^{1*}) & J_1(\boldsymbol{x}^{2*}) & J_1(\boldsymbol{x}^{3*}) \\ J_2(\boldsymbol{x}^{1*}) & J_2(\boldsymbol{x}^{2*}) & J_2(\boldsymbol{x}^{3*}) \\ J_3(\boldsymbol{x}^{1*}) & J_3(\boldsymbol{x}^{2*}) & J_3(\boldsymbol{x}^{3*}) \end{bmatrix} \begin{bmatrix} \beta_{1j} \\ \beta_{2j} \\ \beta_{3j} \end{bmatrix} \tag{2-18}$$

3) 求 Pareto 最优解

NBI 法通过求解乌托邦面的法线向量与目标函数空间对应可行域边界的交点来获得均匀分布的 Pareto 前沿曲面。三维空间中乌托邦面的法线的表达式比较复杂，不便于计算。显然，只要有一组与乌托邦面相交的间隔均匀的接近法线方向的平行线，其与目标函数空间对应可行域边界的交点也可获得均匀分布的 Pareto 前沿曲面。故采用准法线法以简化计算[7]，准法线向量 $\boldsymbol{n}$ 的表达式如式(2-19)所示，如图 2-1 所示由乌托邦面上的点 A 指向对应的 Pareto 前沿上的点 B 的向量，即

$$\boldsymbol{n} = -\boldsymbol{\Phi}\boldsymbol{e} \tag{2-19}$$

式中，$\boldsymbol{e} = [1,1,\cdots,1]^{\mathrm{T}}$。

式(2-19)表示的准法线向量形式比乌托邦面的法线向量简单得多，有利于简化计算。因此，Pareto 前沿上的点 B 可由式(2-20)确定：

$$J(\boldsymbol{x}) = \boldsymbol{\Phi}\boldsymbol{\beta} + D_j\boldsymbol{n} = \boldsymbol{\Phi}(\boldsymbol{\beta} - D_j\boldsymbol{e}) \tag{2-20}$$

式中，D_j 为距离参数，$D_j|\boldsymbol{n}|$ 代表乌托邦面上的 j 个点到对应的 Pareto 前沿上的点之间的距离。随着 $D_j|\boldsymbol{n}|$ 的增大，由 $\boldsymbol{\Phi}\boldsymbol{\beta} + D_j\boldsymbol{n}$ 确定的可行解对应的各目标函数逐渐得到改善，当 $D_j|\boldsymbol{n}|$ 增大到最大值时，各目标函数达到 Pareto 最优。由于 $|\boldsymbol{n}|$ 是一个常数，当 D_j 达到最大值时，$D_j|\boldsymbol{n}|$ 也达到最大值，也就是说，当 D_j 增大到最大值时，各目标函数达到 Pareto 最优。

因此，在给定等分点向量 $\boldsymbol{\beta}$ 下，如式(2-13)所示多目标优化问题可转换为以距离参数 D_j 最大为目标的单目标优化问题，即

$$\begin{cases} \min\ (-D_j) \\ \text{s.t.} \begin{cases} J(\boldsymbol{x}) = \boldsymbol{\Phi}\boldsymbol{\beta} + D_j\boldsymbol{n} = \boldsymbol{\Phi}(\boldsymbol{\beta} - D_j\boldsymbol{e}) \\ \boldsymbol{h}(\boldsymbol{x}) = \boldsymbol{0} \\ \underline{\boldsymbol{g}} \leqslant \boldsymbol{g}(\boldsymbol{x}) \leqslant \overline{\boldsymbol{g}} \end{cases} \end{cases} \tag{2-21}$$

随着对 $\boldsymbol{\beta}$ 不同取值的遍历，多目标优化问题就转换为一系列单目标优化问题，可采用非线性原对偶内点法对这一系列单目标优化问题进行求解，而通过对一系列单目标优化问题的求解便可获得一系列均匀分布的 Pareto 最优点，构成 Pareto 最优解集。

2. 多目标优化决策

根据 Pareto 前沿上的 M 个最优点数据建立模型，并进行综合评价，其步骤如下所述。

(1) 建立评价矩阵。

针对本节 3 个目标函数，M 个 Pareto 最优解，建立评价矩阵 $\boldsymbol{R}'$。

$$\boldsymbol{R}' = \begin{bmatrix} r'_{11} & r'_{12} & \cdots & r'_{1j} & \cdots & r'_{1M} \\ r'_{21} & r'_{22} & \cdots & r'_{2j} & \cdots & r'_{2M} \\ r'_{31} & r'_{32} & \cdots & r'_{3j} & \cdots & r'_{3M} \end{bmatrix} \tag{2-22}$$

式中，当 i 分别取 1,2,3 时，r'_{ij} 为第 j 个 Pareto 最优解对应的第 i 个目标函数值。

对于第 i 个目标来说，r'_{ij} 的差别越大，那么该目标在综合评价中所起的作用也就越大。特别地，如果所有 Pareto 最优解的某个目标函数值都相等，即 $\boldsymbol{R}'$ 的某一行全部相等，那么这个目标函数在综合评价中就不起作用。

(2) 数据的规格化处理。

由于目标函数之间存在量纲和数量级差异，为了便于比较，需要对原始数据进行规格化处理，使之控制在区间[0,1]内，可按照式(2-23)进行处理：

$$r_{ij} = \frac{\max\limits_j(r'_{ij}) - r'_{ij}}{\max\limits_j(r'_{ij}) - \min\limits_j(r'_{ij})} \tag{2-23}$$

式中，r_{ij} 为规格化后第 j 个 Pareto 最优解对应的第 i 个目标函数值；$\max\limits_j(r'_{ij})$ 和 $\min\limits_j(r'_{ij})$ 分别为 $\boldsymbol{R}'$ 中第 i 行的最大值和最小值。

r'_{ij} (i=1,2,3) 越小，说明目标函数越优。因此，r_{ij} (i=1,2,3) 越大，目标函数越优。那么，规格化后的评价矩阵 $\boldsymbol{R}$ 可表示为

$$\boldsymbol{R} = \begin{bmatrix} r_{11} & r_{12} & \cdots & r_{1j} & \cdots & r_{1M} \\ r_{21} & r_{22} & \cdots & r_{2j} & \cdots & r_{2M} \\ r_{31} & r_{32} & \cdots & r_{3j} & \cdots & r_{3M} \end{bmatrix} \tag{2-24}$$

(3) 计算各目标函数的熵权 $\boldsymbol{\alpha} = [\alpha_1, \alpha_2, \alpha_3]^{\mathrm{T}}$。熵权的大小由该目标下不同解的差异程度决定，代表了该目标提供的信息量大小。熵权的计算公式如下：

$$\begin{cases} \alpha_i = (1-e_i) \Big/ \sum\limits_{j=1}^{3}(1-e_j), \quad i=1,2,3 \\ e_i = -\left(\sum\limits_{j=1}^{M} \left(\left(r_{ij} \Big/ \sum\limits_{j=1}^{M} r_{ij} \right) \ln \left(r_{ij} \Big/ \sum\limits_{j=1}^{M} r_{ij} \right) \right) \right) \Big/ \ln M \end{cases} \tag{2-25}$$

(4) 假设调度人员根据运行经验确定一个主观权重 λ_i (i=1,2,3)，根据 λ_i 对各目标函数的熵权进行修正，得到修正权系数 $\omega_i = \alpha_i\lambda_i \Big/ \sum\limits_{i=1}^{3}\alpha_i\lambda_i$，$i$=1,2,3。

可见，ω_i 既考虑了调度人员的实际运行经验，又计及了反映 Pareto 前沿上不同

解的差异程度的熵权。

(5)建立加权的规格化评价矩阵 $\hat{\boldsymbol{R}}$ 。

$$\hat{\boldsymbol{R}}=\begin{bmatrix} \omega_1 r_{11} & \omega_1 r_{12} & \cdots & \omega_1 r_{1j} & \cdots & \omega_1 r_{1M} \\ \omega_2 r_{21} & \omega_2 r_{22} & \cdots & \omega_2 r_{2j} & \cdots & \omega_2 r_{2M} \\ \omega_3 r_{31} & \omega_3 r_{32} & \cdots & \omega_3 r_{3j} & \cdots & \omega_3 r_{3M} \end{bmatrix} \tag{2-26}$$

可见，$\hat{\boldsymbol{R}}$ 中第 i 行的最大值和最小值分别对应于第 i 个目标的最理想情况和最不理想情况。

(6)确定双基点。

正理想点 F^{+}和负理想点 F^{-}分别表示如下：

$$F^{+}=(f_1^{+},f_2^{+},f_3^{+}),\quad f_i^{+}=\max(\hat{\boldsymbol{R}}_{i1},\hat{\boldsymbol{R}}_{i2},\cdots,\hat{\boldsymbol{R}}_{in}) \tag{2-27a}$$

$$F^{-}=(f_1^{-},f_2^{-},f_3^{-}),\quad f_i^{-}=\min(\hat{\boldsymbol{R}}_{i1},\hat{\boldsymbol{R}}_{i2},\cdots,\hat{\boldsymbol{R}}_{in}) \tag{2-27b}$$

(7)计算所有 Pareto 最优解的相对贴近度，第 j 个 Pareto 最优解的相对贴近度 TJ_j 可计算如下：

$$\begin{cases} \mathrm{TJ}_j=\dfrac{d_j^{-}}{d_j^{+}+d_j^{-}} \\ d_j^{+}=\sqrt{\displaystyle\sum_{i=1}^{3}(\omega_i r_{ij}-f_i^{+})^2} \\ d_j^{-}=\sqrt{\displaystyle\sum_{i=1}^{3}(\omega_i r_{ij}-f_i^{-})^2} \end{cases} \tag{2-28}$$

式中，d_j^{+} 和 d_j^{-} 分别为第 j 个解到正理想点和负理想点的欧氏距离，代表了第 j 个解靠近理想点和远离理想点的程度。

显然，当第 j 个 Pareto 解与正理想点重合时，$d_j^{+}=0$，此时 $\mathrm{TJ}_j=1$；当第 j 个 Pareto 解与负理想点重合时，$d_j^{-}=0$，此时 $\mathrm{TJ}_j=0$。因此，$\mathrm{TJ}_j\in[0,1]$，并且相对贴近度数值越大的解，离正理想点越近，离负理想点越远。根据所有 Pareto 最优解的相对贴近度对这些解进行排列，由于相对贴近度数值越大，解越理想，故可选取相对贴近度最大的 Pareto 最优解作为折中最优解(compromise optimal solution，COS)。

2.1.3　三目标优化调度 Pareto 最优解集的双层解耦算法

1. 将多目标优化模型转化为单目标优化模型并求解

对 2.1.1 节提出的考虑风电接入的大电网多目标动态优化调度问题的约束条件进行重新排列，将其划分成与多个时段有关的动态部分和仅与单个时段有关的静态部分。那么，重新排列后的优化模型如下所述。

(1) 优化目标：

$$\min\begin{cases} f_1=\sum_{t=1}^{T}\sum_{i=1}^{N}(A_{i,2}P_{i,t}^2+A_{i,1}P_{i,t}+A_{i,0}) \\ f_2=\sum_{t=1}^{T}\sum_{i=1}^{N}(B_{i,2}P_{i,t}^2+B_{i,1}P_{i,t}+B_{i,0}) \\ f_3=\sum_{t=1}^{T}\left(\sum_{i=1}^{N}(C_iP_{i,t})+C_{\text{wind}}\sum_{i=1}^{N_W}P_{Wi,t}\right) \end{cases} \tag{2-29}$$

(2) 静态约束：

$$\begin{cases} \sum_{i=1}^{N}P_{i,t}+\sum_{i=1}^{N_W}P_{Wi,t}+\sum_{i=1}^{N_{\text{PS}}}P_{\text{pg}i,t}=P_{\text{Load},t} \\ \underline{P_i}\leqslant P_{i,t}\leqslant \overline{P_i} \\ S_{u,t}=\sum_{i=1}^{N}s_{ui,t}\geqslant P_{\text{Load},t}\times L_+\%+w_u\%\times\sum_{i=1}^{N_W}P_{Wi,t} \\ S_{d,t}=\sum_{i=1}^{N}s_{di,t}\geqslant P_{\text{Load},t}\times L_-\%+w_d\%\times\sum_{i=1}^{N_W}(P_{WAi,t}-P_{Wi,t}) \\ 0\leqslant s_{ui,t}\leqslant\min(\overline{P_i}-P_{i,t},r_{ui}T_{10}) \\ 0\leqslant s_{di,t}\leqslant\min(P_{i,t}-\underline{P_i},r_{di}T_{10}) \end{cases} \tag{2-30}$$

(3) 动态约束：

$$\begin{cases} \sum_{t\in T_g}P_{\text{pg}i,t}+\xi\times\sum_{t\in T_p}P_{\text{pg}i,t}=0, \quad i=1,2,\cdots,N_{\text{PS}} \\ -r_{di}\Delta T\leqslant P_{i,t}-P_{i,t-1}\leqslant r_{ui}\Delta T, \quad t=2,\cdots,T \end{cases} \tag{2-31}$$

需要注意的是，式(2-30)中第二个式子的机组上下限约束已包含了式(2-6)的风电场的出力上下限约束和式(2-12)的抽水蓄能机组功率上下限约束。对于上面的三目标动态优化调度模型，根据 NBI 法的原理，通过引入乌托邦面上的点与对应的 Pareto 前沿上的点之间的距离参数 D_j，以及 3 个描述乌托邦面的法线向量与目标函数空间对应可行域边界交点的等式约束，将多目标优化问题(式(2-29)～式(2-31))转换为 M 个以最大化 D_j $(j=1,2,\cdots,M)$ 为目标的单目标优化问题，M 为乌托邦面上取的点数，通过对分点参数 β_{ij} 进行不同赋值来决定乌托邦面上解的分布[8]。对于转换后的每个单目标优化问题，可写成如下紧凑形式：

$$\begin{cases}\min\limits_{x\in C} \ -D_j \\ C=\{\boldsymbol{x}:\boldsymbol{h}(\boldsymbol{x})=\boldsymbol{0},\boldsymbol{h}_2(\boldsymbol{x},D_j)=\boldsymbol{0},\underline{\boldsymbol{g}_1}(\boldsymbol{x})\leqslant\boldsymbol{g}_1(\boldsymbol{x})\leqslant\overline{\boldsymbol{g}_1}(\boldsymbol{x}),\underline{\boldsymbol{g}_2}(\boldsymbol{x})\leqslant\boldsymbol{g}_2(\boldsymbol{x})\leqslant\overline{\boldsymbol{g}_2}(\boldsymbol{x})\}\end{cases} \tag{2-32}$$

式中，$\boldsymbol{x}$ 为所有时段控制变量和状态变量构成的向量，$\boldsymbol{x}=[\boldsymbol{x}_1;\boldsymbol{x}_2;\cdots;\boldsymbol{x}_t;\cdots;\boldsymbol{x}_T]$，$\boldsymbol{x}_t=[P_1(t),s_{u1}(t),s_{d1}(t),P_2(t),s_{u2}(t),s_{d2}(t),\cdots,P_N(t),s_{uN}(t),s_{dN}(t)]^{\mathrm{T}}$；$\boldsymbol{h}(\boldsymbol{x})$和$\boldsymbol{h}_2(\boldsymbol{x},D_j)$分别为静态等式约束和动态等式约束，动态等式约束是指采用 NBI 法将多目标优化问题转化为单目标时引入的 3 个等式约束和式(2-31)中抽水蓄能机组的发电量和抽水量平衡的关系约束；$\boldsymbol{g}_1(\boldsymbol{x})$和 $\boldsymbol{g}_2(\boldsymbol{x})$分别为静态不等式约束和动态不等式约束，动态不等式约束是指式(2-31)中的机组爬坡约束。

如式(2-32)所示的单目标优化问题可采用非线性原对偶内点法求解。首先，引入松弛变量将不等式约束化为等式约束，并形成如下拉格朗日函数：

$$\begin{aligned}\boldsymbol{L}=&-D_j-\boldsymbol{y}^{\mathrm{T}}\boldsymbol{h}(\boldsymbol{x})-\boldsymbol{y}_d^{\mathrm{T}}\boldsymbol{h}_2(\boldsymbol{x},D_j)-\boldsymbol{y}_u^{\mathrm{T}}(\boldsymbol{g}_1(\boldsymbol{x})+\mathbf{sc}_u-\overline{\boldsymbol{g}_1}(\boldsymbol{x}))-\boldsymbol{y}_l^{\mathrm{T}}(\boldsymbol{g}_1(\boldsymbol{x})-\mathbf{sc}_l-\underline{\boldsymbol{g}_1}(\boldsymbol{x}))\\&-\boldsymbol{y}_{du}^{\mathrm{T}}(\boldsymbol{g}_2(\boldsymbol{x})+\mathbf{sc}_{du}-\overline{\boldsymbol{g}_2}(\boldsymbol{x}))-\boldsymbol{y}_{dl}^{\mathrm{T}}(\boldsymbol{g}_2(\boldsymbol{x})-\mathbf{sc}_{dl}-\underline{\boldsymbol{g}_2}(\boldsymbol{x}))\\&-\mu\left(\sum_{i=1}^{r_1}\ln(\mathbf{sc}_{li})+\sum_{i=1}^{r_1}\ln(\mathbf{sc}_{ui})+\sum_{i=1}^{r_2}\ln(\mathbf{sc}_{dli})+\sum_{i=1}^{r_2}\ln(\mathbf{sc}_{dui})\right)\end{aligned} \tag{2-33}$$

式中，$\mathbf{sc}_u$、$\mathbf{sc}_l$ 和 $\mathbf{sc}_{du}$、$\mathbf{sc}_{dl}$ 分别为各时段的静态和动态不等式约束对应的松弛变量，且 $\mathbf{sc}_u$、$\mathbf{sc}_l$、$\mathbf{sc}_{du}$、$\mathbf{sc}_{dl}>0$；$\boldsymbol{y}$ 和 $\boldsymbol{y}_d$ 分别为 T 个时段的静态等式约束和 4 个动态等式约束对应的拉格朗日乘子；$\boldsymbol{y}_u$、$\boldsymbol{y}_l$ 和 $\boldsymbol{y}_{du}$、$\boldsymbol{y}_{dl}$ 分别为各时段的静态和动态不等式约束对应的拉格朗日乘子，且 $\boldsymbol{y}_l$、$\boldsymbol{y}_{dl}>0,\boldsymbol{y}_u$、$\boldsymbol{y}_{du}<0$；$\mu$为对数壁垒参数且非负；$r_1$ 和 r_2 分别为关于 $\boldsymbol{h}_1(\boldsymbol{x})$和 $\boldsymbol{h}_2(\boldsymbol{x})$对应的不等式约束的个数。

其次，获得式(2-33)的 KKT 条件，采用牛顿-拉夫逊法(简称牛拉法)求解 KKT 条件获得其对应的线性修正方程，并通过线性变换消去以下修正量——$\Delta\boldsymbol{y}_u$、$\Delta\boldsymbol{y}_l$、$\Delta\boldsymbol{y}_{du}$、$\Delta\boldsymbol{y}_{dl}$、$\Delta\mathbf{sc}_u$、$\Delta\mathbf{sc}_l$、$\Delta\mathbf{sc}_{du}$、$\Delta\mathbf{sc}_{dl}$，保留静态修正量 $\Delta\boldsymbol{z}_t=[\Delta\boldsymbol{x}_t,\Delta\boldsymbol{y}_t]^{\mathrm{T}}$ (t=1,2,⋯,T)、距离变量 D_j 和动态修正量 $\Delta\boldsymbol{y}_d$，形成以分块矩阵形式表示的降阶修正方程如式(2-34)所示。显然，如果按照内点法的一般处理方法，只保留状态变量和等式约束拉格朗日乘子的修正量，那么爬坡约束关联了相邻时段的变量，这种时段之间的耦合导致式(2-34)中系数矩阵具有带状对角加边结构，不能按时间段进行解耦计算。式(2-34)中线性修正方程组的维数高达(3N+1)T+5，例如，对于 100 台发电机组、96 个时段，方程组维数高达 28901，而如果调度计划精确到 5min 一个时段时方程组维数会增加到原来的 3 倍左右，这将难以求解，且会耗费大量计算时间。因此，实现各时段变量的解耦求解，进而将高维线性修正方程组分解成多个低维方程组是一种有效的求解方法。

$$\begin{bmatrix} \boldsymbol{a}_{(1,1)} & \boldsymbol{a}_{(1,2)} & \mathbf{0} & \mathbf{0} & \mathbf{0} & \mathbf{0} & \boldsymbol{a}_{(1,n)} \\ \boldsymbol{a}_{(2,1)} & \boldsymbol{a}_{(2,2)} & \boldsymbol{a}_{(2,3)} & \mathbf{0} & \mathbf{0} & \mathbf{0} & \boldsymbol{a}_{(2,n)} \\ \mathbf{0} & \boldsymbol{a}_{(3,2)} & \boldsymbol{a}_{(3,3)} & \boldsymbol{a}_{(3,4)} & \mathbf{0} & \mathbf{0} & \boldsymbol{a}_{(3,n)} \\ \mathbf{0} & \mathbf{0} & \ddots & \ddots & \ddots & \mathbf{0} & \vdots \\ \mathbf{0} & \mathbf{0} & \mathbf{0} & \boldsymbol{a}_{(T,T-1)} & \boldsymbol{a}_{(T,T)} & \mathbf{0} & \boldsymbol{a}_{(T,n)} \\ \mathbf{0} & \mathbf{0} & \mathbf{0} & \mathbf{0} & \mathbf{0} & a_{D_j} & \boldsymbol{a}_{(D_j,n)} \\ \boldsymbol{a}_{(n,1)} & \boldsymbol{a}_{(n,2)} & \boldsymbol{a}_{(n,3)} & \cdots & \boldsymbol{a}_{(n,T)} & \boldsymbol{a}_{(n,D_j)} & \boldsymbol{a}_{(n,n)} \end{bmatrix} \begin{bmatrix} \Delta z_1 \\ \Delta z_2 \\ \Delta z_3 \\ \vdots \\ \Delta z_T \\ \Delta D_j \\ \Delta \boldsymbol{y}_d \end{bmatrix} = \begin{bmatrix} \boldsymbol{b}_1 \\ \boldsymbol{b}_2 \\ \boldsymbol{b}_3 \\ \vdots \\ \boldsymbol{b}_T \\ b_{D_j} \\ \boldsymbol{b}_n \end{bmatrix} \tag{2-34}$$

2. 高维线性修正方程的解耦计算

式(2-34)修正方程系数矩阵的带状加边结构是由机组的爬坡约束引起的，如何尽量减少爬坡约束的影响，从而使修正方程的系数矩阵化成具有分块对角加边的特殊结构，就是本节解耦算法所要研究的问题。解耦处理的步骤如下所述。

(1)采用牛拉法将式(2-33)的 KKT 条件线性化得到修正方程，表示如下：

$$\begin{bmatrix} \boldsymbol{U} & \boldsymbol{Y}_U & \mathbf{0} & \mathbf{0} & \mathbf{0} & \mathbf{0} & \mathbf{0} & \mathbf{0} & \mathbf{0} & \mathbf{0} & \mathbf{0} \\ \mathbf{0} & \boldsymbol{I} & \mathbf{0} & \mathbf{0} & \mathbf{0} & \mathbf{0} & \mathbf{0} & \mathbf{0} & \nabla_X^{\mathrm{T}} \boldsymbol{g}_1(\boldsymbol{X}) & \mathbf{0} & \mathbf{0} \\ \mathbf{0} & \mathbf{0} & \boldsymbol{L} & \boldsymbol{Y}_L & \mathbf{0} & \mathbf{0} & \mathbf{0} & \mathbf{0} & \mathbf{0} & \mathbf{0} & \mathbf{0} \\ \mathbf{0} & \mathbf{0} & \mathbf{0} & -\boldsymbol{I} & \mathbf{0} & \mathbf{0} & \mathbf{0} & \mathbf{0} & \nabla_X^{\mathrm{T}} \boldsymbol{g}_1(\boldsymbol{X}) & \mathbf{0} & \mathbf{0} \\ \mathbf{0} & \mathbf{0} & \mathbf{0} & \mathbf{0} & \boldsymbol{D}_U & \boldsymbol{Y}_{DU} & \mathbf{0} & \mathbf{0} & \mathbf{0} & \mathbf{0} & \mathbf{0} \\ \mathbf{0} & \mathbf{0} & \mathbf{0} & \mathbf{0} & \mathbf{0} & \boldsymbol{I} & \mathbf{0} & \mathbf{0} & \nabla_X^{\mathrm{T}} \boldsymbol{g}_2(\boldsymbol{X}) & \mathbf{0} & \mathbf{0} \\ \mathbf{0} & \mathbf{0} & \mathbf{0} & \mathbf{0} & \mathbf{0} & \mathbf{0} & \boldsymbol{D}_L & \boldsymbol{Y}_{DL} & \mathbf{0} & \mathbf{0} & \mathbf{0} \\ \mathbf{0} & \mathbf{0} & \mathbf{0} & \mathbf{0} & \mathbf{0} & \mathbf{0} & \mathbf{0} & -\boldsymbol{I} & \nabla_X^{\mathrm{T}} \boldsymbol{g}_2(\boldsymbol{X}) & \mathbf{0} & \mathbf{0} \\ \nabla_X \boldsymbol{g}_1(\boldsymbol{X}) & \mathbf{0} & \nabla_X \boldsymbol{g}_1(\boldsymbol{X}) & \mathbf{0} & \nabla_X \boldsymbol{g}_2(\boldsymbol{X}) & \mathbf{0} & \nabla_X \boldsymbol{g}_2(\boldsymbol{X}) & \mathbf{0} & \boldsymbol{H} & \nabla_X \boldsymbol{h}(\boldsymbol{X}) & \nabla_X \boldsymbol{h}_2(\boldsymbol{X}) \\ \mathbf{0} & \mathbf{0} & \mathbf{0} & \mathbf{0} & \mathbf{0} & \mathbf{0} & \mathbf{0} & \mathbf{0} & \nabla_X^{\mathrm{T}} \boldsymbol{h}(\boldsymbol{X}) & \mathbf{0} & \mathbf{0} \\ \mathbf{0} & \mathbf{0} & \mathbf{0} & \mathbf{0} & \mathbf{0} & \mathbf{0} & \mathbf{0} & \mathbf{0} & \nabla_X^{\mathrm{T}} \boldsymbol{h}_2(\boldsymbol{X}) & \mathbf{0} & \mathbf{0} \end{bmatrix}$$

$$\cdot \begin{bmatrix} \Delta \boldsymbol{y}_u \\ \Delta \mathbf{sc}_u \\ \Delta \boldsymbol{y}_l \\ \Delta \mathbf{sc}_l \\ \Delta \boldsymbol{y}_{du} \\ \Delta \mathbf{sc}_{du} \\ \Delta \boldsymbol{y}_{dl} \\ \Delta \mathbf{sc}_{dl} \\ \Delta \boldsymbol{X} \\ \Delta \boldsymbol{y} \\ \Delta \boldsymbol{y}_d \end{bmatrix} = \begin{bmatrix} -\boldsymbol{L}_u \\ -\boldsymbol{L}_{yu} \\ -\boldsymbol{L}_l \\ -\boldsymbol{L}_{yl} \\ -\boldsymbol{L}_{du} \\ -\boldsymbol{L}_{ydu} \\ -\boldsymbol{L}_{dl} \\ -\boldsymbol{L}_{ydl} \\ \boldsymbol{L}_X \\ -\boldsymbol{L}_y \\ -\boldsymbol{L}_{yd} \end{bmatrix} \tag{2-35}$$

式中，$\boldsymbol{X}=[\boldsymbol{x};D_j]$；$\boldsymbol{U}$、$\boldsymbol{Y}_U$、$\boldsymbol{L}$、$\boldsymbol{Y}_L$、$\boldsymbol{D}_U$、$\boldsymbol{Y}_{DU}$、$\boldsymbol{D}_L$、$\boldsymbol{Y}_{DL}$ 分别为以 $\mathbf{sc}_u$、$\boldsymbol{y}_u$、$\mathbf{sc}_l$、$\boldsymbol{y}_l$、$\mathbf{sc}_{du}$、

$\boldsymbol{y}_{du}$、$\mathbf{sc}_{dl}$、$\boldsymbol{y}_{dl}$ 的分量为对角元素的对角矩阵；$-\boldsymbol{L}_u$、$-\boldsymbol{L}_{yu}$、$-\boldsymbol{L}_l$、$-\boldsymbol{L}_{yl}$、$-\boldsymbol{L}_{du}$、$-\boldsymbol{L}_{ydu}$、$-\boldsymbol{L}_{dl}$、$-\boldsymbol{L}_{ydl}$、$\boldsymbol{L}_X$、$-\boldsymbol{L}_y$、$-\boldsymbol{L}_{yd}$ 分别为式(2-33)对 $\mathbf{sc}_u$、$\boldsymbol{y}_u$、$\mathbf{sc}_l$、$\boldsymbol{y}_l$、$\mathbf{sc}_{du}$、$\boldsymbol{y}_{du}$、$\mathbf{sc}_{dl}$、$\boldsymbol{y}_{dl}$、$\boldsymbol{x}$、$\boldsymbol{y}$、$\boldsymbol{y}_d$ 的一阶偏导数，且：

$$\boldsymbol{H}=-(\nabla_X^2 f(\boldsymbol{x})-\nabla_X^2\boldsymbol{h}(\boldsymbol{x})\boldsymbol{y}-\nabla_X^2\boldsymbol{h}_2(\boldsymbol{x},D_j)\boldsymbol{y}_d-\nabla_X^2\boldsymbol{g}_1(\boldsymbol{x})(\boldsymbol{y}_u+\boldsymbol{y}_l)-\nabla_X^2\boldsymbol{g}_2(\boldsymbol{x})(\boldsymbol{y}_{du}+\boldsymbol{y}_{dl})) \tag{2-36}$$

(2) 修正方程(2-35)的系数矩阵维数太高，为简化计算，需要对其进行降阶处理。

$\Delta\boldsymbol{y}_{dl}$ 可以用 $\Delta\boldsymbol{y}_{du}$ 表示，故可消去 $\Delta\boldsymbol{y}_{dl}$，得到用 $\Delta\boldsymbol{y}_{du}$ 表示的 $\Delta\boldsymbol{y}_{dl}$，表示如下：

$$\Delta\boldsymbol{y}_{dl}=-\boldsymbol{D}_L^{-1}\boldsymbol{Y}_{DL}\boldsymbol{Y}_{DU}^{-1}\boldsymbol{D}_U\Delta\boldsymbol{y}_{du}+\boldsymbol{D}_L^{-1}\boldsymbol{Y}_{DL}(\boldsymbol{L}_{ydu}-\boldsymbol{L}_{ydl}-\boldsymbol{Y}_{DU}^{-1}\boldsymbol{L}_{du})-\boldsymbol{D}_L^{-1}\boldsymbol{L}_{dl} \tag{2-37}$$

进一步消去修正量 $\Delta\boldsymbol{y}_u$、$\Delta\boldsymbol{y}_l$、$\Delta\mathbf{sc}_u$、$\Delta\mathbf{sc}_l$、$\Delta\mathbf{sc}_{du}$、$\Delta\mathbf{sc}_{dl}$，则修正方程变为

$$\begin{bmatrix}\boldsymbol{H}' & \nabla_X\boldsymbol{h}(\boldsymbol{x}) & \nabla_X\boldsymbol{h}_2(\boldsymbol{x}) & \nabla_X\boldsymbol{g}_2(\boldsymbol{X})(1-\boldsymbol{D}_L^{-1}\boldsymbol{Y}_{DL}\boldsymbol{Y}_{DU}^{-1}\boldsymbol{D}_U)\\ \nabla_X^{\mathrm{T}}\boldsymbol{h}(\boldsymbol{X}) & \boldsymbol{0} & \boldsymbol{0} & \boldsymbol{0}\\ \nabla_X^{\mathrm{T}}\boldsymbol{h}_2(\boldsymbol{X}) & \boldsymbol{0} & \boldsymbol{0} & \boldsymbol{0}\\ \nabla_X\boldsymbol{g}_2(\boldsymbol{X})(1-\boldsymbol{D}_L^{-1}\boldsymbol{Y}_{DL}\boldsymbol{Y}_{DU}^{-1}\boldsymbol{D}_U) & \boldsymbol{0} & \boldsymbol{0} & -(\boldsymbol{Y}_{DU}^{-1}\boldsymbol{D}_U)(1-\boldsymbol{D}_L^{-1}\boldsymbol{Y}_{DL}\boldsymbol{Y}_{DU}^{-1}\boldsymbol{D}_U)\end{bmatrix}\cdot\begin{bmatrix}\Delta\boldsymbol{X}\\ \Delta\boldsymbol{y}\\ \Delta\boldsymbol{y}_d\\ \Delta\boldsymbol{y}_{du}\end{bmatrix}=\begin{bmatrix}\boldsymbol{L}_X'\\ -\boldsymbol{L}_y\\ -\boldsymbol{L}_{yd}\\ -\boldsymbol{L}_{ydu}'\end{bmatrix} \tag{2-38}$$

式中

$$\begin{cases}\boldsymbol{H}'=\boldsymbol{H}-\nabla_X\boldsymbol{g}_1(\boldsymbol{X})(\boldsymbol{L}^{-1}\boldsymbol{Y}_L-\boldsymbol{U}^{-1}\boldsymbol{Y}_U)\nabla_X^{\mathrm{T}}\boldsymbol{g}_1(\boldsymbol{X})\\ \boldsymbol{L}_X'=\boldsymbol{L}_X+\nabla_X\boldsymbol{g}_1(\boldsymbol{X})(\boldsymbol{L}^{-1}(\boldsymbol{L}_l+\boldsymbol{Y}_L\boldsymbol{L}_{yl})+\boldsymbol{U}^{-1}(\boldsymbol{L}_u-\boldsymbol{Y}_U\boldsymbol{L}_{yu}))\\ \qquad+\nabla_X\boldsymbol{g}_2(\boldsymbol{X})(\boldsymbol{D}_L^{-1}\boldsymbol{L}_{dl}-\boldsymbol{D}_L^{-1}\boldsymbol{Y}_{DL}(\boldsymbol{L}_{ydu}-\boldsymbol{L}_{ydl}-\boldsymbol{Y}_{DU}^{-1}\boldsymbol{L}_{du}))\\ \boldsymbol{L}_{ydu}'=(1-\boldsymbol{D}_L^{-1}\boldsymbol{Y}_{DL}\boldsymbol{Y}_{DU}^{-1}\boldsymbol{D}_U)(\boldsymbol{L}_{ydu}-\boldsymbol{Y}_{DU}^{-1}\boldsymbol{L}_{du})\end{cases} \tag{2-39}$$

由于 $\boldsymbol{g}_1(\boldsymbol{X})$ 中的每一个静态不等式约束仅与同时段的变量有关，且 $\boldsymbol{X}$ 的每个分量严格按照时间顺序排列，可知矩阵 $\nabla_X\boldsymbol{g}_1(\boldsymbol{X})\cdot\nabla_X^{\mathrm{T}}\boldsymbol{g}_1(\boldsymbol{X})$ 由 T 个分块对角矩阵构成，因此矩阵 $\boldsymbol{H}'$ 也是由 T 个分块对角矩阵构成。

(3) 将修正方程(2-38)的修正量分为静态和动态两部分，静态部分包括 T 个时段的 $\Delta\boldsymbol{x}_t$ 和 $\Delta\boldsymbol{y}_t$ $(t=1,2,\cdots,T)$，记为 $\Delta\boldsymbol{z}_t=[\Delta\boldsymbol{x}_t,\Delta\boldsymbol{y}_t]^{\mathrm{T}}$ $(t=1,2,\cdots,T)$ 以及 D_j，动态部分包括 $\Delta\boldsymbol{y}_d$ 和 $\Delta\boldsymbol{y}_{du}$，记为 $\Delta\boldsymbol{Y}_n=[\Delta\boldsymbol{y}_d,\Delta\boldsymbol{y}_{du}]^{\mathrm{T}}$。对式(2-38)的修正量和方程进行重新排列得到式(2-40)。

$$\begin{bmatrix}\boldsymbol{A}_{(1,1)} & \boldsymbol{0} & \boldsymbol{0} & \boldsymbol{0} & \boldsymbol{0} & \boldsymbol{A}_{(1,n)}\\ \boldsymbol{0} & \boldsymbol{A}_{(2,2)} & \boldsymbol{0} & \boldsymbol{0} & \boldsymbol{0} & \boldsymbol{A}_{(2,n)}\\ \boldsymbol{0} & \boldsymbol{0} & \ddots & \boldsymbol{0} & \boldsymbol{0} & \vdots\\ \boldsymbol{0} & \boldsymbol{0} & \boldsymbol{0} & \boldsymbol{A}_{(T,T)} & \boldsymbol{0} & \boldsymbol{A}_{(T,n)}\\ \boldsymbol{0} & \boldsymbol{0} & \boldsymbol{0} & \boldsymbol{0} & A_{D_j} & \boldsymbol{A}_{(D_j,n)}\\ \boldsymbol{A}_{(n,1)} & \boldsymbol{A}_{(n,2)} & \cdots & \boldsymbol{A}_{(n,T)} & \boldsymbol{A}_{(n,D_j)} & \boldsymbol{A}_{(n,n)}\end{bmatrix}\begin{bmatrix}\Delta\boldsymbol{z}_1\\ \Delta\boldsymbol{z}_2\\ \vdots\\ \Delta\boldsymbol{z}_T\\ \Delta D_j\\ \Delta\boldsymbol{Y}_n\end{bmatrix}=\begin{bmatrix}\boldsymbol{B}_1\\ \boldsymbol{B}_2\\ \vdots\\ \boldsymbol{B}_T\\ B_{D_j}\\ \boldsymbol{B}_n\end{bmatrix} \tag{2-40}$$

可见，线性修正方程(2-40)的系数矩阵具有分块对角加边结构，除了对角部分的 T 个 $\boldsymbol{A}_{(t,t)}$ 矩阵和一个 1 阶矩阵 A_{D_j}，以及最后一行、一列外，其他元素全部为零。

比较式(2-34)和式(2-40)可知，式(2-40)保留了 $\Delta\boldsymbol{y}_{du}$ 及式(2-33)对 $\boldsymbol{y}_{du}$ 的偏导数在初始点附近的泰勒(Taylor)级数展开的一阶项，从而将爬坡约束的影响体现在修正方程系数矩阵的最后一行、一列两条边上，而系数矩阵的核心部分由 T+1 个分块对角块构成。

(4)充分利用修正方程(2-40)系数矩阵的结构特点，对其进行解耦计算。用块矩阵形式将式(2-40)展开，得

$$\begin{cases}\boldsymbol{A}_{(t,t)}\Delta\boldsymbol{z}_t+\boldsymbol{A}_{(t,n)}\Delta\boldsymbol{Y}_n=\boldsymbol{B}_t, \quad t=1,2,\cdots,T\\ A_{D_j}\Delta D_j+\boldsymbol{A}_{(D_j,n)}\Delta\boldsymbol{Y}_n=B_{D_j}\\ \sum\limits_{t=1}^{T}\boldsymbol{A}_{(n,t)}\Delta\boldsymbol{z}_t+\boldsymbol{A}_{(n,D_j)}\Delta D_j+\boldsymbol{A}_{(n,n)}\Delta\boldsymbol{Y}_n=\boldsymbol{B}_n\end{cases} \tag{2-41}$$

消去 $\Delta\boldsymbol{z}_t$ 和 ΔD_j 得

$$\boldsymbol{A}_{ss}\Delta\boldsymbol{Y}_n=\boldsymbol{B}_s \tag{2-42}$$

$$\begin{cases}\boldsymbol{A}_{ss}=\boldsymbol{A}_{(n,n)}-\sum\limits_{t=1}^{T}\boldsymbol{A}_{(n,t)}\boldsymbol{A}_{(t,t)}^{-1}\boldsymbol{A}_{(t,n)}-\boldsymbol{A}_{(n,D_j)}A_{D_j}^{-1}\boldsymbol{A}_{(D_j,n)}\\ \boldsymbol{B}_s=\boldsymbol{B}_n-\sum\limits_{t=1}^{T}\boldsymbol{A}_{(n,t)}\boldsymbol{A}_{(t,t)}^{-1}\boldsymbol{B}_t-\boldsymbol{A}_{(n,D_j)}A_{D_j}^{-1}B_{D_j}\end{cases} \tag{2-43}$$

先根据式(2-42)解出 $\Delta\boldsymbol{Y}_n$，然后将其代入式(2-41)中的前 2 个等式分别解出各时段的静态变量 $\Delta\boldsymbol{z}_t$ 和 ΔD_j。因此，维数为 $(3N+1)T+5$ 的大型线性方程组解耦为 T 个维数为 $3N+1$ 和 1 个维数为 $4+(T-1)N$ 的线性方程组，有效降低了方程组的规模。此外，解耦前维数为 $(3N+1)T+5$ 的系数矩阵必须整体进行存储，而解耦后系数矩阵中各分块矩阵 $\boldsymbol{A}_{(t,t)}$、$\boldsymbol{A}_{(t,n)}$、$\boldsymbol{A}_{(n,t)}$、$\boldsymbol{A}_{(D_j,n)}$、$\boldsymbol{A}_{(n,D_j)}$、$\boldsymbol{A}_{(n,n)}$ $(t=1,2,\cdots,T)$ 可以独立存储，有效减少了占用的内存。特别是对于发电机台数较多的大系统，整体存储系数矩阵时若发生内存溢出，则只能采用分块存储。

求解 $\Delta\boldsymbol{z}_t(t=1,2,\cdots,T)$ 和 ΔD_j 的方程式相互独立，能够借助 MATLAB 并行计算平台，在一台多核计算机上启用多个进程，分配在多个进行上计算，实现对各时段静态变量 $\Delta\boldsymbol{z}_t$ 和 ΔD_i 的并行计算，如图 2-3(a)所示。

由于不同的 Pareto 最优解的计算相互独立，因此，在求取 Pareto 前沿时也可以采用并行计算，而且每个 Pareto 最优解之间不存在通信问题，即主进程和从进程之间不存在变量传递，那么，对 Pareto 前沿进行并行求取将大幅度提高算法的计算效率，如图 2-3(b)所示。通常根据并行计算机的核数和台数，将 Pareto 前沿上所有最

优解的计算进行若干等分，尽量使计算机服务器的各个 worker 计算的 Pareto 解点数接近。

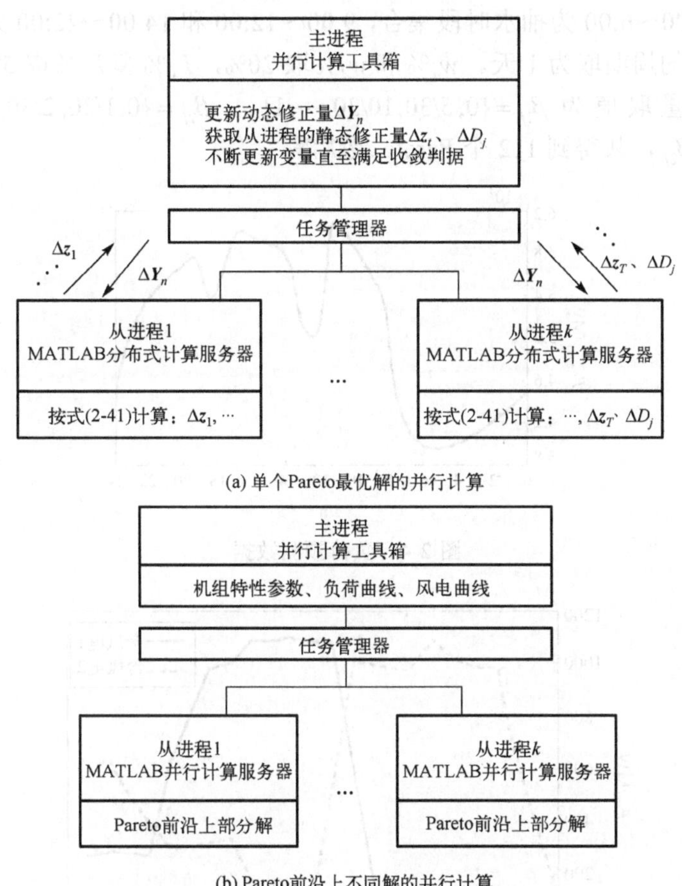

图 2-3　动态优化调度并行计算分解过程

2.1.4　算例分析

采用某省级电网数据进行仿真计算。仿真软件采用 MATLAB 2009b，计算机硬件环境为 Intel Core 2 Duo E7500（2.93GHz、内存为 4.0GB）。内点法迭代的收敛条件为补偿间隙 Gap 小于 10^{-6} 且等式约束最大偏差 $g_{\max}$ 小于 10^{-3}。

1. 某省级电网介绍

为了验证所提出算法的有效性，以某省级电网2012年5月的数据为例进行分析。该电网的详细参数，包括网络拓扑结构图、发电机参数等可参见附录 B。负荷预测数据如图 2-4 所示，风电预测数据考虑下列两种情况：风电功率与负荷变化正关联和负关联，分别对应于图 2-5 中的"含风电 1"和"含风电 2"两条曲线，它是基于实际风电场的出力曲线放大得到的。对于抽水蓄能机组，根据蓄能电厂实际运行情况，分别取 0:00～6:00 为抽水时段集合，9:00～12:00 和 14:00～22:00 为发电时段集合。动态调度的周期取为 1 天。$w_u\%$ 和 $w_d\%$ 取 20%，$L_+\%$ 和 $L_-\%$ 取 5%。等分点向量 $\boldsymbol{\beta}$ 的各分量取值为 $\beta_{1j}=\{0,5/30,10/30,\cdots,1\}$，$\beta_{2j}=\{0,1/30,2/30,\cdots,1-\beta_{1j}\}$，$\beta_{3j}=1-\beta_{1j}-\beta_{2j}$，共得到 112 个 Pareto 最优解。

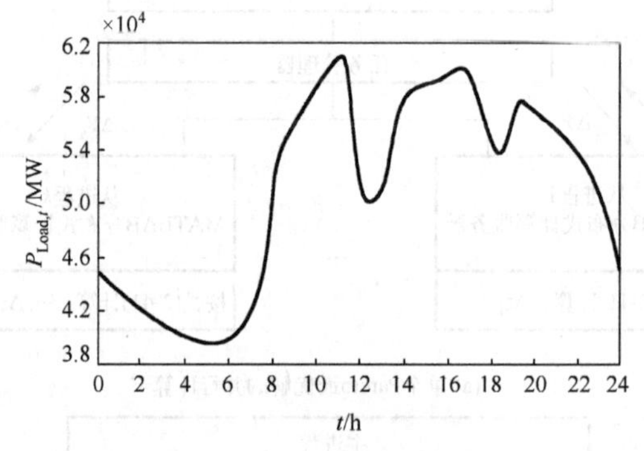

图 2-4　负荷预测数据

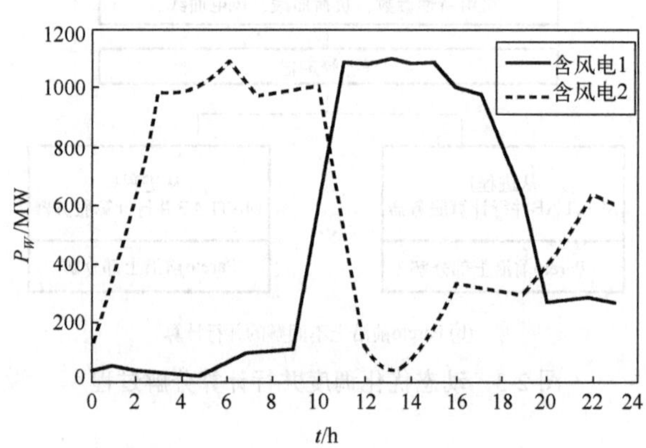

图 2-5　风电功率预测数据

2. 得到的 Pareto 前沿分析

先按照间隔 1h 将 1 天分成 24 个时段进行优化计算。采用 NBI 法得到的风电接入前后多目标动态优化调度的 Pareto 前沿曲面如图 2-6 所示，3 个端点对应的各个目标函数值如表 2-1 所示。

分别采用 NBI 法和权重法求解 "含风电 1" 的多目标动态优化调度问题，得到的 Pareto 前沿曲面比较如图 2-7 所示。权重法求解多目标优化问题是通过给定权重对各目标函数加权求和，从而将原问题转换为单目标优化问题进行求解。其中，各

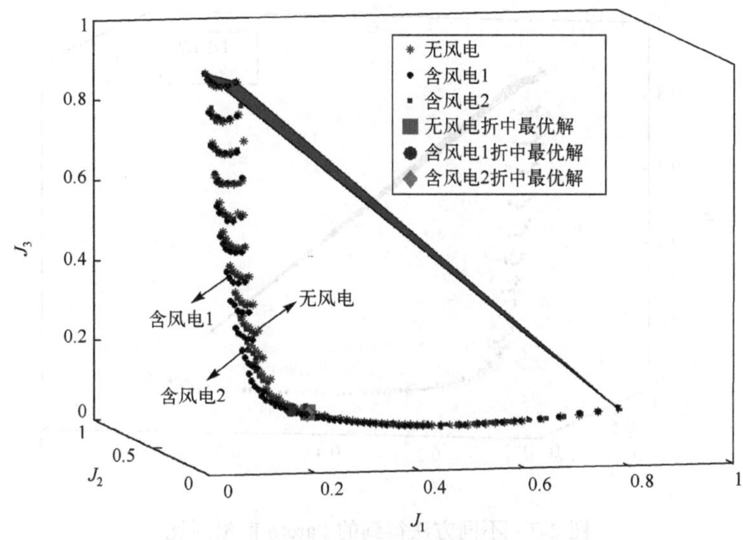

图 2-6　得到的 Pareto 前沿曲面(见彩图)

目标函数的权重限制在 0～1，总和为 1，且步长取 0.1。由图 2-7 可知，由权重法得到的 Pareto 最优解基本位于同一平面，且分布较为分散；而 NBI 法得到的 Pareto 最优解在三维空间上均匀分布，能够满足在系统不同的运行状态下，调度人员都能从中方便选出一个最符合实际运行需要的最优解作为运行解。

表 2-1　风电接入前后的 Pareto 前沿端点

系统	端点	耗量/(10^5t)	排放/(10^2t)	购电费用/亿元
无风电	耗量最少	4.7537	6.8825	6.1516
	排放最少	4.8014	6.8186	6.1419
	购电费用最少	5.7105	8.3430	5.6076
含风电 1	耗量最少	4.6359	6.7113	6.1636
	排放最少	4.6842	6.6412	6.1532
	购电费用最少	5.6382	8.2414	5.589
含风电 2	耗量最少	4.6404	6.7118	6.1652
	排放最少	4.6860	6.6439	6.1553
	购电费用最少	5.6068	8.1985	5.6071

3. 熵权双基点法折中最优解分析

主观权重λ可根据调度人员的偏好进行选取，假设$\lambda=[1/3,1/3,1/3]^{\mathrm{T}}$，由熵权双基点法确定的风电接入前后各目标函数的修正权系数ω_i见表 2-2。可见，三个目标函数中，购电费用所引起的 Pareto 最优解各点的差距最大，则该目标在综合评价中所起的作用最大，那么折中最优解的选择会倾向于购电费用较小的点。

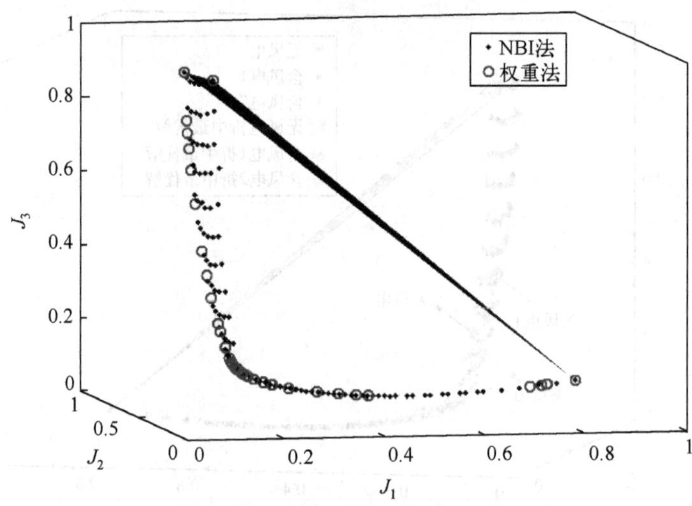

图 2-7　不同方法得到的 Pareto 前沿对比

表 2-2　各目标函数的修正权系数

系统	耗量	排放	购电费用
无风电	0.2175	0.2171	0.5654
含风电 1	0.2243	0.2231	0.5526
含风电 2	0.226	0.2242	0.5498

对所有 Pareto 最优解进行优劣排序，并选取相对贴近度最大的 Pareto 最优解作为折中最优解。折中最优解在 Pareto 前沿上的位置如图 2-6 所示，其对应的各目标函数值见表 2-3。与表 2-1 中的 Pareto 前沿端点对比，对于无风电系统，折中最优解对应的购电费用 5.6734 亿元比最小购电费用 5.6076 亿元高出 1.173%，而耗量和排放比最小耗量和最小排放分别高出 4.647%和 4.568%；对于“含风电 1”，折中最优解对应的购电费用 5.6661 亿元比最小购电费用 5.589 亿元高出 1.379%，而耗量和排放比最小耗量和最小排放分别高出 4.07%和 3.864%；对于“含风电 2”，折中最优解对应的耗量、排放和购电费用比最小耗量、最小排放和最小购电费用分别高出 4.808%、4.785%和 1.2%；显然，折中最优解与理想的乌托邦点距离都比较近，是 Pareto 前沿上质量较高的优化解。

表 2-3　折中最优解对应的各目标函数值

系统	耗量/(10^5t)	排放/(10^2t)	购电费用/亿元
无风电	4.9746	7.1301	5.6734
含风电 1	4.8246	6.8978	5.6661
含风电 2	4.8635	6.9618	5.6744

由燃料耗量和燃料价格可确定发电生产成本，通过转让污染气体排放权可获得排放权交易收益。取煤价 800 元/t、液化天然气价 3500 元/t、排放权交易价格为 1294 元/t，以“含风电 1”的计算结果为例，列出 Pareto 前沿的 3 个端点和折中最优解处以经济费用形式表示的各目标函数值见表 2-4。排放污染气体产生的成本可理解为购买污染气体排放权而必须付出的费用。对比发现，折中最优解对应的发电调度方案的总经济费用最低，与三个端点相比分别节约 0.3869 亿元、0.4148 亿元和 0.2097 亿元以上，综合经济效益明显，且符合电网公司节能减排及降低购电费用的实际要求。

表 2-4　“含风电 1”的各个 Pareto 解对应各目标函数的经济费用

最优解	生产成本/亿元	排放权交易费用/亿元	购电费用/亿元	总成本/亿元
耗量最少	5.1194	0.00868	6.1636	11.29168
排放最少	5.1578	0.00859	6.1532	11.31959
费用最少	5.5148	0.01066	5.589	11.11446
折中最优解	5.2297	0.00893	5.6661	10.90473

4. Pareto 前沿的求解时间分析

仍然取$\beta_{1j}=\{0,5/30,10/30,\cdots,1\}$，$\beta_{2j}=\{0,1/30,2/30,\cdots,1-\beta_{1j}\}$，$\beta_{3j}=1-\beta_{1j}-\beta_{2j}$，共计算 112 个 Pareto 最优解，以“含风电 1”的计算结果为例，调度周期总时段数 T=24 和 T=96 时得到的 Pareto 曲面比较如图 2-8 所示。可见，分别采用解耦算法与未解耦算法求解三目标优化调度模型时，得到的各个 Pareto 最优解基本一致。因而验证了所提出的解耦算法所得到结果的正确性。

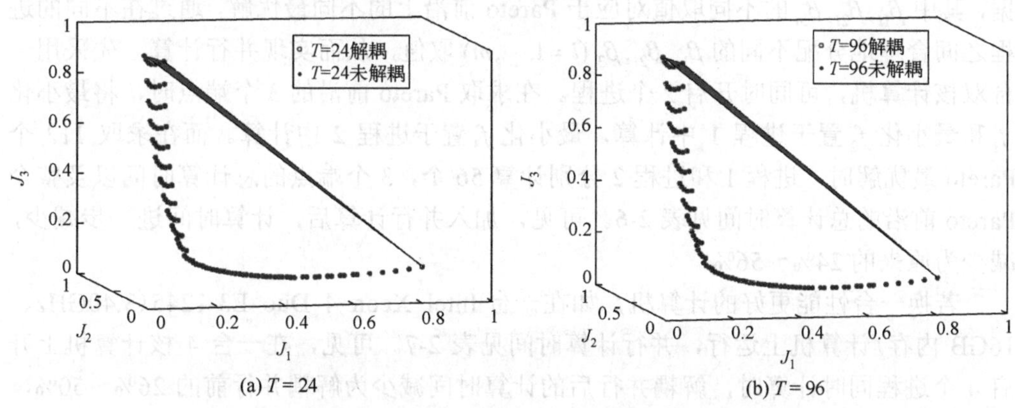

图 2-8　解耦与未解耦算法得到的 Pareto 前沿比较(见彩图)

Pareto 前沿的 3 个端点求解所需的迭代次数和计算时间如表 2-5 所示。可以看到，无论总时段数 T=24 还是 T=96，虽然解耦后每个端点求解到达收敛所需的迭代次数与未解耦时差不多，但是由于解耦后平均每次迭代所需的时间小于后者，因而解耦后每个端点的总计算时间均小于未解耦的情况，减少为未解耦时的 40%～50%。此外，分析计算过程发现，解耦后每一步迭代的时间非常接近，而未解耦时，在迭代初期计算速度较快，随着迭代次数增加到一定程度，修正方程系数矩阵的条件数非常大，矩阵接近奇异，导致求取修正量的耗时较长，整体计算速度下降。因而验证了本书提出的解耦算法能够有效地提高计算速度。另外，由表 2-5 可知，24 个时段的解耦计算效率提高效果比 96 个时段更为明显，这主要是由于单个时段的持续时间较长时，一个时段内机组允许的爬坡功率较大，使得不同时段变量的耦合关系较弱，因而解耦计算的效果也更好。

表 2-5　Pareto 端点的迭代次数和计算时间

算法	端点	迭代次数		平均每次迭代的计算时间/s		总计算时间/s	
		T=24	T=96	T=24	T=96	T=24	T=96
未解耦	$f_{1,\min}$	38	47	2.407	7.969	91.464	374.545
	$f_{2,\min}$	43	56	1.790	4.682	76.986	262.205
	$f_{3,\min}$	52	73	1.989	6.670	103.440	486.911
解耦	$f_{1,\min}$	41	45	0.801	3.532	32.839	158.933
	$f_{2,\min}$	44	49	0.796	3.541	35.007	173.519
	$f_{3,\min}$	53	71	0.807	3.549	42.791	252.003

本章采用单程序多份数据(single program multiple data，SPMD)的并行计算结构及图 2-3 的并行计算方法对 Pareto 前沿上的端点和其他 Pareto 最优解进行求解计算，将机组特性参数、负荷曲线、风电曲线及分点参数 $\beta_{1i},\beta_{2i},\beta_{3i}(i=1,\cdots,m)$ 作为输入数据，其中 $\beta_{1i},\beta_{2i},\beta_{3i}$ 的不同取值对应于 Pareto 前沿上的不同最优解，通过在不同的进程之间合理地分配不同的 $\beta_{1i},\beta_{2i},\beta_{3i}(i=1,\cdots,m)$ 取值，从而实现并行计算。先采用一台双核计算机，可同时开启 2 个进程。在求取 Pareto 前沿的 3 个端点时，将最小化 f_1 和最小化 f_2 置于进程 1 中计算，最小化 f_3 置于进程 2 中计算。而在求取 112 个 Pareto 最优解时，进程 1 和进程 2 分别计算 56 个，3 个端点的总计算时间以及整个 Pareto 前沿的总计算时间见表 2-6。可见，加入并行计算后，计算时间进一步减少，减少为原来的 24%～56%。

若换一台性能更好的计算机，如在一台 Intel Xeon 4 Duo E3-1245(3.40GHz、16GB 内存)计算机上运行，并行计算时间见表 2-7。可见，在一台 4 核计算机上开启 4 个进程同时计算时，解耦并行后的计算时间减少为解耦并行前的 26%～50%，并且是表 2-5“未解耦未并行”情况下计算时间的 7%～15%。对于 T=24 和 T=96，解耦并行后的计算 Pareto 前沿所有解的时间分别为 730.83s 和 4210.60s。可以预见，如果采用 32 核的服务器进行并行计算，即使对于 96 个时段的情况，也能在 10min 内获得整个 Pareto 前沿，从而实现对大电网多目标动态优化调度问题的快速有效求解，满足运行调度人员在线使用以编制日前计划的要求。

表 2-6　采用两个进程并行计算时间

优化计算解	T	进程 1/s	进程 2/s	总时间/s	未解耦未并行/s	节省时间/s
Pareto 前沿端点	24	72.36	47.49	72.54	297.29	224.75
	96	363.45	271.08	363.64	1211.70	848.06
Pareto 前沿所有解	24	2240.61	2406.68	2406.83	9486.39	7079.56
	96	14418.01	15412.66	15414.32	27233.51	11819.19

表 2-7　采用四个进程并行计算时间

优化计算解	T	进程 1/s	进程 2/s	进程 3/s	进程 4/s	总时间/s	未解耦未并行/s	节省时间/s
Pareto 前沿端点	24	16.59	17.70	21.73	—	21.86	82.56	60.70
	96	79.28	86.46	135.88	—	135.97	271.19	135.22
Pareto 前沿所有解	24	529.37	700.40	730.61	622.41	730.83	3449.32	2718.49
	96	2647.14	4209.81	3758.91	3632.19	4210.60	10983.15	6772.55

Pareto 前沿的各个最优解内点法收敛所需的迭代次数见表 2-8，可以看到，对于 112 个 Pareto 最优解，大多数解的迭代次数在 100 次以内。

表 2-8　Pareto 前沿各个最优解的迭代次数

迭代次数	1～50		51～100		101～200		201～300	
	24	96	24	96	24	96	24	96
未解耦	73	12	36	97	3	3	0	0
解耦	83	34	29	69	0	7	0	2

5. 修正方程系数矩阵规模分析

对同一个电厂特性完全相同的发电机组进行合并，合并后的发电机台数 $n_g'=78$，并对合并后的发电机进行参数修正。当对 l 个发电机进行合并时，其耗量和排放的二次项系数在原有基础上除以 l，一次项系数不变，常数项在原有基础上乘以 l，且 $r_{di}'=l\times r_{di}$、$r_{ui}'=l\times r_{ui}$。

未解耦算法（式(2-34)）的系数矩阵规模为 $(3n_g'+1)T+5$。

$$T=24:\quad (3\times 78+1)\times 24+5=5645$$

$$T=96:\quad (3\times 78+1)\times 96+5=22565$$

解耦算法（式(2-40)）的系数矩阵规模为 $(3n_g'+1)T+5+(T-1)n_g'$。

$$T=24:\quad (3\times 78+1)\times 24+5+23\times 78=7439$$

$$T=96:\quad (3\times 78+1)\times 96+5+95\times 78=29975$$

虽然式(2-40)的系数矩阵规模较大，但是各块相对独立，可以采用分块存储和解耦并行计算。分块后的主要矩阵 $\boldsymbol{A}_{(t,t)}$ 和 $\boldsymbol{A}_{ss}$ 的规模分别为 $3n_g'+1$ 和 $4+(T-1)n_g'$。

因此，当 T=24 和 T=96 时，解耦算法占用的最大内存块分别为 1798×1798 和 7414×7414，比解耦前减少了约 2/3，因而能够有效地提高计算速度，同时避免了计算机内存溢出问题。对应的修正方程系数矩阵的结构如图 2-9 和图 2-10 所示。可见，解耦前修正方程的系数矩阵具有带状加边的结构，不能进行解耦。而经本书方法处理后，修正方程的系数矩阵具有明显的分块对角加边结构，虽然边比较宽，但可以进行分块存储和解耦并行计算，使得计算效率得到大幅度提升。

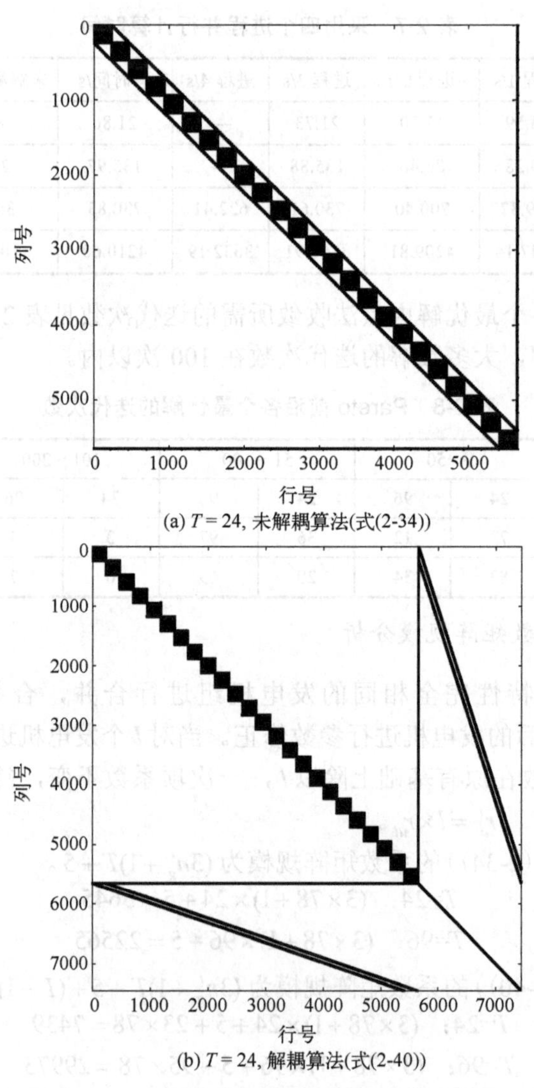

图 2-9 $T = 24$ 对应的修正方程系数矩阵结构

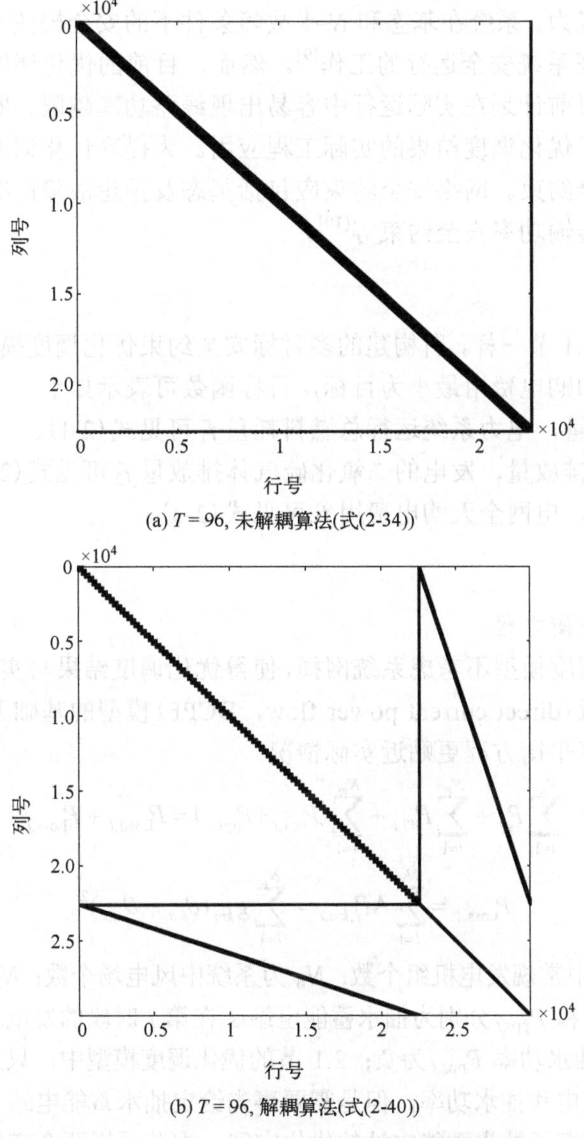

(a) $T = 96$, 未解耦算法(式(2-34))

(b) $T = 96$, 解耦算法(式(2-40))

图 2-10　$T = 96$ 对应的修正方程系数矩阵结构

2.2　多目标安全约束优化调度算法

2.2.1　多目标安全约束优化调度模型

安全性是电力系统运行的最基本要求，安全是指在系统受到外界扰动后，不中断对用户供电的能力，系统在基态和 N–1 故障条件下的安全校核是电力系统运行调度中最常用的保证系统安全运行的工作[9]。然而，目前的优化调度方法对安全约束考虑不足，使得日前计划在实际运行中容易出现线路功率越限、断面功率越限等不安全问题，制约了优化调度结果的实际工程应用。为提高优化调度结果的实用性，必须考虑网络安全约束。网络安全约束应包括基态及预想故障情况下的线路、变压器及输电断面的传输功率安全约束等[10]。

1. 优化目标

目标函数和 2.1 节一样，所构建的多目标安全约束优化调度模型以总燃料耗量、污染气体排放量和购电费用最小为目标，目标函数可表示如下。

(1)总燃料耗量，电力系统运行总燃料耗量 f_1 可见式(2-1)。

(2)污染气体排放量，发电的二氧化硫气体排放量 f_2 可见式(2-2)。

(3)购电费用，电网全天购电费用 f_3 可见式(2-3)。

2. 约束条件

1)系统功率平衡方程

一般的优化调度模型不考虑系统网损，使得优化调度结果与实际情况存在偏差。本模型在直流潮流(direct current power flow，DCPF)模型的基础上，考虑了系统网损的影响，使功率平衡方程更贴近实际情况。

$$\sum_{i=1}^{N_{\mathrm{NU}}} P_{i,t} + \sum_{i=1}^{N_W} P_{Wi,t} + \sum_{s=1}^{N_{\mathrm{PS}}} (P_{\mathrm{pg}s,t} + P_{\mathrm{pp}s,t}) = P_{\mathrm{Load},t} + P_{\mathrm{Loss},t} \tag{2-44}$$

$$P_{\mathrm{Loss},t} = \sum_{l=1}^{N_L} \Delta P_{l,km,t} = \sum_{l=1}^{N_L} g_{km} (\theta_{k,t} - \theta_{m,t})^2 \tag{2-45}$$

式中，N_{NU} 为系统中常规发电机组个数；N_W 为系统中风电场个数；N_{PS} 为系统中抽水蓄能电站个数；$P_{\mathrm{pg}s,t}$ 和 $P_{\mathrm{pp}s,t}$ 分别为抽水蓄能电站 s 在第 t 时段的发电和抽水功率，发电功率 $P_{\mathrm{pg}s,t}$ 为正，抽水功率 $P_{\mathrm{pp}s,t}$ 为负；2.1 节的优化调度模型中，只采用一个变量描述抽水蓄能电站的发电和抽水功率，但是需要事先给定抽水蓄能电站一天中的抽水和发电时段集合，这压缩了抽水蓄能电站的优化空间，本节采用两个变量分别描述发电和抽水功率，可以同时对抽水蓄能电站的有功出力和运行模式进行优化，具体描述见后面抽水蓄能电站约束部分；$P_{\mathrm{Load},t}$ 为系统在第 t 时段的负荷预测值；$P_{\mathrm{Loss},t}$ 为第 t 时段系统网损；N_L 为系统中支路个数；$\Delta P_{l,km,t}$ 为节点 k 和 m 之间支路 l 在 t 时刻的有功损耗；g_{km} 为节点 k 和 m 之间支路 l 的电导；$\theta_{k,t}$ 和 $\theta_{m,t}$ 为节点 k 和 m 在第 t 时段的电压相角。

2)机组出力上下限和爬坡/滑坡约束

机组的出力上下约束见式(2-5)和式(2-6)，爬坡/滑坡约束见式(2-7)。

3) 系统旋转备用约束

为保证电力系统安全可靠运行，在系统中需要留有一定的旋转备用容量以应对大规模风电功率不确定性和负荷预测误差带来的影响。当考虑风电场并网时，系统随机性变大，系统的旋转备用容量除了考虑负荷预测误差的影响，还应当包括风电功率预测误差的影响，负荷日前预测误差为 3%～5%，风电功率日前预测误差为 10%～25%。利用正旋转备用容量平衡因高估风电出力和低估系统负荷水平带来的影响。系统的正旋转备用容量约束见式(2-8)，负旋转备用容量约束见式(2-9)。机组 i 在时段 t 所能提供的正/负旋转备用容量见式(2-10)。

4) 基态下的网络安全约束

根据直流潮流计算模型，线路传输功率约束如下：

$$\begin{cases} P_{l,km,t} = \dfrac{\theta_{k,t} - \theta_{m,t}}{x_{km}} \\ -\overline{P}_{l,km} \leqslant P_{l,km,t} \leqslant \overline{P}_{l,km} \end{cases} \tag{2-46}$$

式中，l 为需要考虑的线路，如果需要考虑输电断面安全，则需要将输电断面的组成线路功率的绝对值累加起来；x_{km} 为节点 k 和 m 之间支路 l 的电抗值；$P_{l,km,t}$ 为 t 时段节点 k 和 m 之间支路 l 的传输功率；$\overline{P}_{l,km}$ 为 $P_{l,km,t}$ 的上限值。

5) N–1 故障条件下的网安全约束

与基态下的网络安全约束保持一致，但由于断线后，系统阻抗矩阵会发生变化，所以每断一条线路，需要重新形成阻抗矩阵，形成方法采用直流潮流的断线模型，断开一条线路相当于在线路两端并联一条与原来电抗互为相反数的电抗，再用节点阻抗矩阵的支路追加法来形成新的节点阻抗矩阵，然后用新的阻抗矩阵来计算线路功率。如果断开的线路会造成系统解列，则新的阻抗矩阵不存在，通过此种方式还可以方便地找出网络中那些开断后会引起系统解列的线路，对于这些线不能直接进行断线分析。断线后其余线路的功率约束表达式如下：

$$\begin{cases} P_{l-b,km,t} = \dfrac{\theta_{k,t}^{l-b} - \theta_{m,t}^{l-b}}{x_{km}^{l-b}} \\ -\overline{P}_{l,km} \leqslant P_{l-b,km,t} \leqslant \overline{P}_{l,km}, \quad b \in B \end{cases} \tag{2-47}$$

式中，B 为预想的 N–1 断线故障集；带有标记“$l-b$”的变量为线路 b 发生 N–1 断线故障后，线路 l 的状态量。

式(2-45)～式(2-47)中均出现了变量 θ，采用直流潮流模型，可将其转换成只含决策变量 $P_{i,t}$ 的函数，如式(2-48)～式(2-50)所示。

$$P_{\text{Loss},t} = \sum_{l=1}^{N_L} g_{km} \left(\sum_{i \in \psi} (X_{ki} - X_{mi}) P_{i,t} - \sum_{j \in \Omega_{Ld}} (X_{ks} - X_{ms}) P_{\text{Load},j,t} \right)^2 \tag{2-48}$$

$$P_{l,km,t}=\sum_{i\in\psi}\left(\frac{X_{ki}-X_{mi}}{x_{km}}\right)P_{i,t}-\sum_{j\in\Omega_{Ld}}\left(\frac{X_{ks}-X_{ms}}{x_{km}}\right)P_{\text{Load},j,t} \tag{2-49}$$

$$P_{l-b,km,t}=\sum_{i\in\psi}\left(\frac{X_{ki}^{l-b}-X_{mi}^{l-b}}{x_{km}^{l-b}}\right)P_{i,t}-\sum_{j\in\Omega_{Ld}}\left(\frac{X_{ks}^{l-b}-X_{ms}^{l-b}}{x_{km}^{l-b}}\right)P_{\text{Load},j,t} \tag{2-50}$$

式中，X_{ki} 和 X_{mi} 分别为正常状态下直流潮流模型的节点阻抗矩阵的第 k 行 i 列元素和第 m 行 i 列元素；X_{ki}^{l-b} 和 X_{mi}^{l-b} 分别为线路 b 发生 N–1 断线故障后的节点阻抗矩阵的对应元素；ψ 为发电机节点集合，包括常规发电机组并网节点、风电场并网节点和抽水蓄能电站并网节点；Ω_{Ld} 为负荷节点集合；$P_{\text{Load},j,t}$ 为 t 时段负荷节点 j 的有功功率。

6) 抽水蓄能机组的运行约束

抽水蓄能机组的运行特性不同于普通发电机组，可在发电和抽水两种模式下运行。因此，对于抽水蓄能机组，可在发电调度中同时优化有功出力和运行模式。为了避免使用相关的离散变量，这里引入了两个表示为发电功率和抽水功率的连续变量来描述抽水蓄能机组的运行特性。由于采用了这些变量，可以将连续优化算法应用于上述多目标安全约束优化调度模型。因此，与引入离散变量的情况相比，该模型更容易求解。为了避免在给定抽水蓄能站中同一时段存在某些机组以发电模式运行而其他机组以抽水模式运行的情况，假设同一个抽水蓄能站的不同机组的发电功率或抽水功率相等，从而 $P_{\text{pg}s,t}$ 或 $P_{\text{pp}s,t}$ 可以表示抽水蓄能站内所有机组在时段 t 内的总功率输出。由于抽水蓄能电站可以快速调整有功出力大小，所以可以省略爬坡/滑坡约束，则抽水蓄能电站的有功出力约束如下：

$$\begin{cases}0\leqslant P_{\text{pg}s,t}\leqslant \overline{P}_{ps}\\ \underline{P}_{ps}\leqslant P_{\text{pp}s,t}\leqslant 0\end{cases} \tag{2-51}$$

式中，$\overline{P}_{ps}$ 和 $\underline{P}_{ps}$ 分别为抽水蓄能电站 s 的最大发电和抽水功率。

由于抽水蓄能电站同一时刻只能处于抽水或发电一种模式，需要加入运行模式互补约束：

$$P_{\text{pg}s,t}\times P_{\text{pp}s,t}=0,\quad s=1,2,\cdots,N_{\text{PS}};t=1,2,\cdots,T \tag{2-52}$$

为满足式(2-52)，$P_{\text{pg}s,t}$ 和 $P_{\text{pp}s,t}$ 两者必须至少有一个为 0，这就保证了不会出现同一时刻既抽水又发电的情况。另外，为延长机组寿命，抽水蓄能机组在两种运行模式切换时需要满足一定的时间限制，根据实际工程情况，假定切换时间为半小时。如果一天分为 T=96 个时段，每个时段为 15min，则需要 2 个时段的切换时间，即需要满足如下约束：

$$\begin{cases}P_{\text{pg}s,t}\times P_{\text{pp}s,t+1}=0,\quad t=1,2,\cdots,(T-1)\\ P_{\text{pg}s,t}\times P_{\text{pp}s,t+2}=0,\quad t=1,2,\cdots,(T-2)\\ P_{\text{pg}s,t+1}\times P_{\text{pp}s,t}=0,\quad t=1,2,\cdots,(T-1)\\ P_{\text{pg}s,t+2}\times P_{\text{pp}s,t}=0,\quad t=1,2,\cdots,(T-2)\end{cases},\quad s=1,2,\cdots,N_{\text{PS}} \tag{2-53}$$

抽水蓄能机组在实际运行中，还要满足电力电量平衡和水库水量平衡约束，本书采取日电量平衡模式，即一天中抽水消耗电量和发电发出电量要平衡，从而保证电站的上水库水位基本不变。

$$\sum_{t=1}^{T} P_{\mathrm{pgs},t} + \xi \times \sum_{t=1}^{T} P_{\mathrm{pps},t} = 0, \quad s = 1,2,\cdots,N_{\mathrm{PS}} \tag{2-54}$$

2.2.2 抽水蓄能电站的运行模式等效约束

对于一个抽水蓄能电站，因为 $P_{\mathrm{pgs},t} \geqslant 0$ 且 $P_{\mathrm{pps},t} \leqslant 0$，则

$$P_{\mathrm{pgs},t} \times P_{\mathrm{pps},t} \leqslant 0, \quad s = 1,2,\cdots,N_{\mathrm{PS}}; t = 1,2,\cdots,T \tag{2-55}$$

因此，一天的抽水蓄能站的运行模式互补约束(式(2-52))可以写成

$$\sum_{t=1}^{T} (P_{\mathrm{pgs},t} \times P_{\mathrm{pps},t}) = 0, \quad s = 1,2,\cdots,N_{\mathrm{PS}} \tag{2-56}$$

显然，在不等式(2-55)成立的前提下，式(2-56)和式(2-52)在数学上是等价的。然而，式(2-56)是一个更简洁的表达式，其中全天只需要一个运行工况互补约束。与式(2-52)相比，等式约束的数量减少了 T−1 个，这有助于提升优化调度模型求解的计算效率。类似地，由式(2-53)给出的运行模式切换时间约束也可以简化成如下形式：

$$\begin{cases} \sum_{t=1}^{T-1} (P_{\mathrm{pgs},t} \times P_{\mathrm{pps},t+1}) = 0 \\ \sum_{t=1}^{T-2} (P_{\mathrm{pgs},t} \times P_{\mathrm{pps},t+2}) = 0 \\ \sum_{t=1}^{T-1} (P_{\mathrm{pgs},t+1} \times P_{\mathrm{pps},t}) = 0 \\ \sum_{t=1}^{T-2} (P_{\mathrm{pgs},t+2} \times P_{\mathrm{pps},t}) = 0 \end{cases}, \quad s = 1,2,\cdots,N_{\mathrm{PS}} \tag{2-57}$$

因此，对于每个抽水蓄能站，等式约束的数量减少了 95+94×2+93×2=469 个。因此，对于含有大量抽水蓄能站的电力系统，多目标安全约束优化调度模型的规模将会得到有效的降低。

2.2.3 网络安全约束的处理

按照《电力系统安全稳定导则》(GB 38755—2019)[11]有关定义，N–1 准则是指在正常运行方式下电力系统中任意一元件(如线路、发电机、变压器等)无故障或因

故障断开后，电力系统应能保持稳定运行和正常供电，其他元件不过载，电压和频率均在允许范围内。实际大型电网中线路数众多，需要校验的 $N-1$ 开断故障数也很多，如果把基态和所有 $N-1$ 开断故障后电网所有线路的 T 个时段的输电功率安全约束一起加入优化调度模型中求解，会导致优化模型的规模过大，求解困难。例如，假设有 N_f 个 $N-1$ 开断故障，将会产生 $(N_L \times T + N_f \times N_L \times T)$ 个不等式约束。取时段 $T=96$，开断故障 $N_f=300$，线路 $N_L=500$，则将会产生 500×96+300×500×96=14448000 个网络安全不等式约束。针对 $N-1$ 故障安全约束的计算量过大的特点，在模型求解过程中采用 $N-1$ 故障安全约束的校验–添加法进行处理。

考虑到实际电网的运行情况，在 $N-1$ 开断故障发生时，很多线路并不过载，所以很多约束都是不起作用的约束。为了提高优化模型的求解效率，采用“校验—添加—再校验—再添加”的思想进行求解，即首先对不加入线路输电功率安全约束的优化模型求解一次，得到一组解；然后用这组解进行基态和 $N-1$ 故障后的安全校验，把不通过安全校验的故障的线路或断面输电功率约束加入到优化模型中，重新求解一次优化模型得到最优解；如果还不能满足所有安全校验，再将新增的不通过安全校验的故障的线路或断面输电功率约束加入到优化模型当中，再求解一次得到最优解，然后进行安全校验，以此类推，直至所得到的解满足所有故障的安全校验为止。求解过程可用图 2-11 来描述。

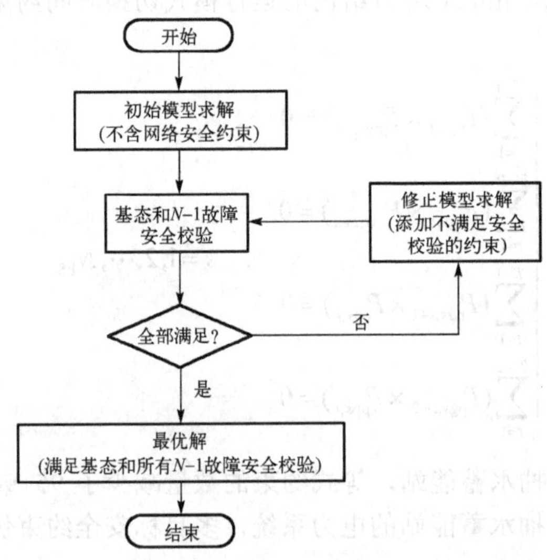

图 2-11　处理基态和 $N-1$ 约束条件下安全约束的“校验—添加”求解流程

用此方法求解，能有效降低每次求解的优化模型的规模，提高求解速度，但求解优化模型的次数至少要在 2 次以上，而且最终求出来的解只是满足所有 $N-1$ 安全约束的较优的解，并不一定真正地满足所有 $N-1$ 安全约束的最优解，其正确有效性还有待具体算例检验。

2.2.4 计算三目标优化问题完整 Pareto 解集的 NNC 法

所提出的三目标安全约束优化调度优化模型可以简写为如式(2-13)所示的紧凑形式。在获得 Pareto 前沿的 3 个端点 $f^{1*}(f_1(\boldsymbol{x}^{1*}),f_2(\boldsymbol{x}^{1*}),f_3(\boldsymbol{x}^{1*}))$、$f^{2*}(f_1(\boldsymbol{x}^{2*}),f_2(\boldsymbol{x}^{2*}),f_3(\boldsymbol{x}^{2*}))$ 和 $f^{3*}(f_1(\boldsymbol{x}^{3*}),f_2(\boldsymbol{x}^{3*}),f_3(\boldsymbol{x}^{3*}))$ 以及由它们构成的平面称为乌托邦面后，采用 NNC 法[12]求解三目标优化问题的完整 Pareto 前沿的步骤如下所述。

1. 目标函数的规格化

对 3 个目标函数进行规格化的计算见式(2-14)。规格化处理后，Pareto 前沿的 3 个端点分别表示为 $J^{1*}(J_1(\boldsymbol{x}^{1*}), J_2(\boldsymbol{x}^{1*}), J_3(\boldsymbol{x}^{1*}))$、$J^{2*}(J_1(\boldsymbol{x}^{2*}), J_2(\boldsymbol{x}^{2*}), J_3(\boldsymbol{x}^{2*}))$ 和 $J^{3*}(J_1(\boldsymbol{x}^{3*}), J_2(\boldsymbol{x}^{3*}), J_3(\boldsymbol{x}^{3*}))$。

2. 生成乌托邦面上均匀分布的点

如图 2-12 所示，假设向量 $\boldsymbol{N}_1$ 是由点 J^{1*} 指向点 J^{3*} 的有向线段，向量 $\boldsymbol{N}_2$ 是由点 J^{2*} 指向点 J^{3*} 的有向线段，向量 $\boldsymbol{N}_3$ 是由点 J^{1*} 指向点 J^{2*} 的有向线段，其表达式如下：

$$\begin{cases}\boldsymbol{N}_1=[J_1(\boldsymbol{x}^{3*})-J_1(\boldsymbol{x}^{1*}) \quad J_2(\boldsymbol{x}^{3*})-J_2(\boldsymbol{x}^{1*}) \quad J_3(\boldsymbol{x}^{3*})-J_3(\boldsymbol{x}^{1*})]^{\mathrm{T}} \\ \boldsymbol{N}_2=[J_1(\boldsymbol{x}^{3*})-J_1(\boldsymbol{x}^{2*}) \quad J_2(\boldsymbol{x}^{3*})-J_2(\boldsymbol{x}^{2*}) \quad J_3(\boldsymbol{x}^{3*})-J_3(\boldsymbol{x}^{2*})]^{\mathrm{T}} \\ \boldsymbol{N}_3=[J_1(\boldsymbol{x}^{2*})-J_1(\boldsymbol{x}^{1*}) \quad J_2(\boldsymbol{x}^{2*})-J_2(\boldsymbol{x}^{1*}) \quad J_3(\boldsymbol{x}^{2*})-J_3(\boldsymbol{x}^{1*})]^{\mathrm{T}}\end{cases} \tag{2-58}$$

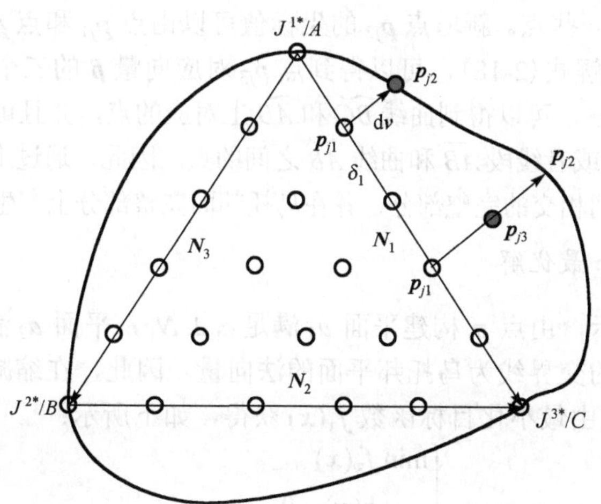

图 2-12　可行解空间中完整的乌托邦面

假设向量 $\boldsymbol{N}_k$ 被分割成 m_k 条等长线段，那么每个线段的单位长度为 $\delta_k=1/m_k$，k=1,2,3。并且，乌托邦面上的任何一点 $\boldsymbol{p}_j$ 都可以用三个端点 J^{1*}、J^{2*} 和 J^{3*} 的线性

组合表示，见式(2-15)。记点 J^{1*}、J^{2*}和 J^{3*}分别为点 A、B 和 C。在式(2-15)中，如果点 $\boldsymbol{p}_j$ 在三角形 ABC 内部，则 β_{ij} 的取值见式(2-16)。

如果 β_{ij} 的取值由式(2-16)计算，则生成的点 $\boldsymbol{p}_j$ 仅在三角形 ABC 之中，无法覆盖三目标优化问题的可行解空间中完整的乌托邦面，如图 2-12 所示。因此，以此为基础得到的 Pareto 前沿也是不完整的，不能提供三个目标函数协调优化结果的全部信息[13]。为了得到完整的 Pareto 前沿，首先需要得到乌托邦面与可行解空间相交的完整部分。因此，有必要得到乌托邦面与可行解空间相交部分的边界曲线，即如图 2-12 所示的曲线 $\widetilde{AC}$、$\widetilde{BC}$ 和 $\widetilde{AB}$。

给定线段 $\overline{AC}$ 上的某个等分点 $\boldsymbol{p}_{j1}$，在乌托邦面上与可行解空间相交的部分中，通过求解一个以距离 d 最大化为目标的优化问题，就可以得到曲线 $\widetilde{AC}$ 上对应的点 $\boldsymbol{p}_{j2}$，此优化问题如式(2-59)所示。

$$
\begin{cases}
\min\ (-d) \\
\text{s.t.}\begin{cases}
\boldsymbol{J}(\boldsymbol{x}) = \boldsymbol{\Phi\beta} + d\boldsymbol{v} \\
\boldsymbol{h}(\boldsymbol{x}) = \boldsymbol{0} \\
\boldsymbol{g}_{\min} \leqslant \boldsymbol{g}(\boldsymbol{x}) \leqslant \boldsymbol{g}_{\max}
\end{cases}
\end{cases}
\tag{2-59}
$$

式中，$\boldsymbol{J}(\boldsymbol{x}) = [J_1(\boldsymbol{x}), J_2(\boldsymbol{x}), J_3(\boldsymbol{x})]^{\mathrm{T}}$；$\boldsymbol{v}$ 是乌托邦面上过点 $\boldsymbol{p}_{j1}$ 垂直于线段 $\overline{AC}$ 的向量，指向乌托邦面上的曲线 $\widetilde{AC}$。

在获得了曲线 $\widetilde{AC}$ 上的若干个点后，向量 $d\boldsymbol{v}$ 的长度可以用来判断乌托邦平面上的线段 $\overline{AC}$ 和曲线 $\widetilde{AC}$ 之间是否需要增加一些点。如果 $|d\boldsymbol{v}| \leqslant \delta_1$，那么不需要增加点；反之，则需要新增一些点。新增点 $\boldsymbol{p}_{j3}$ 的坐标值可以由点 $\boldsymbol{p}_{j1}$ 和点 $\boldsymbol{p}_{j2}$ 的坐标值计算得到。并且，通过求解式(2-18)，可以得到点 $\boldsymbol{p}_{j3}$ 对应向量 $\boldsymbol{\beta}$ 的三个元素值。

采用同样的方法，可以得到曲线 $\widetilde{BC}$ 和 $\widetilde{AB}$ 上对应的点，并且可以判断和增加线段 $\overline{BC}$ 和曲线 $\widetilde{BC}$ 之间或者线段 $\overline{AB}$ 和曲线 $\widetilde{AB}$ 之间的点。因此，通过上述方法，可获得乌托邦面与可行解空间相交的完整部分，并在乌托邦面完整部分上产生均匀分布的点。

3. 求解 Pareto 最优解

如图 2-13 所示，由点 $\boldsymbol{p}_j$ 构建平面 a_1 满足 $a_1 \perp \boldsymbol{N}_1$，平面 a_2 满足 $a_2 \perp \boldsymbol{N}_2$，使得平面 a_1 和平面 a_2 的交界线为乌托邦平面的法向量。因此，在缩减的可行解空间中，Pareto 最优解 $\boldsymbol{\mu}_j$ 可由最小化目标函数 $f_3(\boldsymbol{x})$ 获得，如下所示：

$$
\begin{cases}
\min f_3(\boldsymbol{x}) \\
\text{s.t.}\begin{cases}
\boldsymbol{h}(\boldsymbol{x}) = \boldsymbol{0} \\
\boldsymbol{g}_{\min} \leqslant \boldsymbol{g}(\boldsymbol{x}) \leqslant \boldsymbol{g}_{\max} \\
\boldsymbol{N}_1^{\mathrm{T}}(\boldsymbol{J}(\boldsymbol{x}) - \boldsymbol{p}_j) \leqslant \boldsymbol{0} \\
\boldsymbol{N}_2^{\mathrm{T}}(\boldsymbol{J}(\boldsymbol{x}) - \boldsymbol{p}_j) \leqslant \boldsymbol{0}
\end{cases}
\end{cases}
\tag{2-60}
$$

式中，根据可行解空间中的平面 a_1 和 a_2，在优化模型中增加两个不等式约束可以形成缩减的可行解空间。已知向量 $\boldsymbol{\beta}$ 的 3 个元素的值，可通过求解如式(2-60)所示的单目标优化问题得到 Pareto 最优解。非线性原对偶内点算法具有良好的收敛性，适用于大规模电力系统优化问题，因此采用此方法求解式(2-60)。如上所述，向量 $\boldsymbol{\beta}$ 在乌托邦平面上的均匀分布值保证了所获得的一系列均匀分布的 Pareto 最优解。

在获得 Pareto 最优解集后，可采用考虑主观权重修正的熵权双基点法从 Pareto 最优解集中选出 3 个目标的优化程度都较好的解作为折中最优解，为电网运行调度人员提供决策指导。

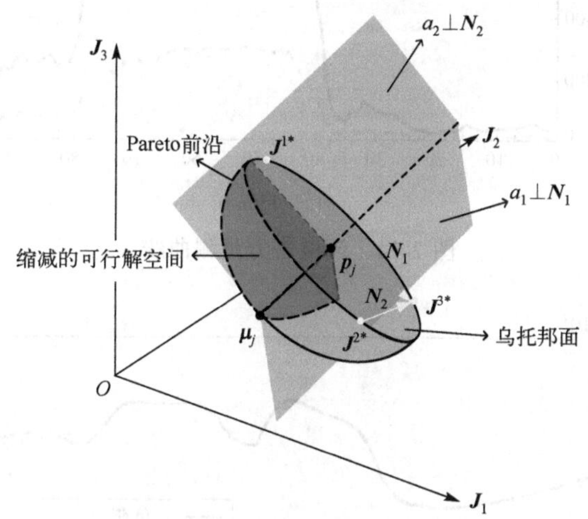

图 2-13　用于求解 Pareto 最优解的 NNC 法

由于在给定向量 $\boldsymbol{\beta}$ 的 3 个元素的值后，不同 Pareto 最优解的计算是相互独立的。因此，可采用并行计算技术提高获得整个 Pareto 最优解集的计算效率。

2.2.5　算例分析

测试系统为某实际的省级电网，该电网的详细参数，包括网络拓扑结构图，发电机参数等可参考附录 B。包括两个风电场，一个连接在 SHANTOU 变电站的 220kV 侧母线，容量为 1000MW；另外一个连接在 GUOAN 变电站的 220kV 侧母线，容量为 300MW，其预测的出力曲线如图 2-14 所示。假设预测总负荷曲线和相邻省级电网的总输入功率曲线如图 2-15 所示。由于目前各节点的预测负荷功率难以获取，根据电网夏季典型运行方式数据中各负荷节点功率占总负荷的百分比，将总负荷曲线每一时段值按比例分配得到各负荷节点功率曲线。

除去某些支路断开后会使系统解列的 N–1 故障，且考虑到网络中的并联双回或多回线路，断开其中一回线路与断开另外一回线路的效果一样，故系统中设置了 N–1

安全校验故障共 642 个。发生 N–1 断线故障时，除要考虑其余所有线路不过载外，还需要考虑调度运行部门关注的 4 个关键输电断面安全约束不越限，如表 2-9 所示。动态调度周期取 1 天，分成 96 个时段。风电场出力预测误差的备用需求数 w_u%和 w_d%均取 20%，负荷预测误差的备用需求系数 L_u%取 3%，L_d%取 1%。

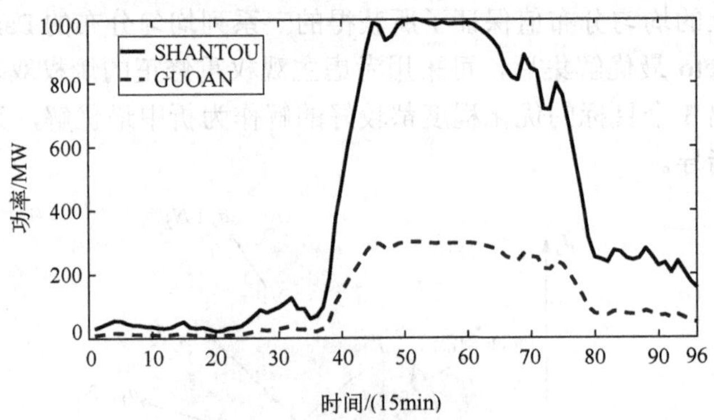

图 2-14　风电出力预测曲线

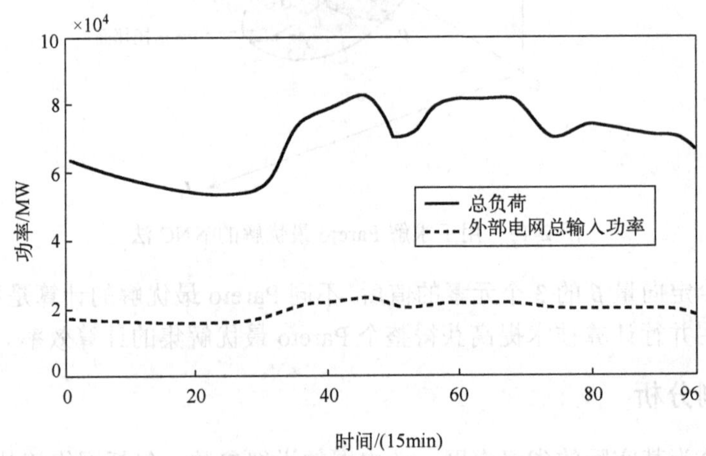

图 2-15　预测总负荷需求曲线和相邻省级电网的总输入功率曲线

表 2-9　关键安全断面约束

断面	断面组成线路	断面极限功率/MW
断面 1	HUIMAOI、II、III+JIASHANGI、II	4200
断面 2	LINGSHENI、II	3360
断面 3	ZHANCHII、II+ZHANPOI、II	630
断面 4	HAIBAI、II+HAIYUI、II+GUODA	1365

假定 $\beta_{1j}=\{0,1/8,2/8,\cdots,1\}$，$\beta_{2j}=\{0,1/8,2/8,\cdots,1-\beta_{1j}\}$ 和 $\beta_{3j}=1-\beta_{1j}-\beta_{2j}$，网络

anq 约束采用“校验—添加—再校验—再添加”的处理方案，一共得到 85 个 Pareto 最优解，所构成的 Pareto 前沿曲面如图 2-16 所示，获得折中最优解(COS)如图中圆点所示。折中最优解与三个端点目标函数值的比较如表 2-10 所示。加粗数值为单目标优化计算的最优值。

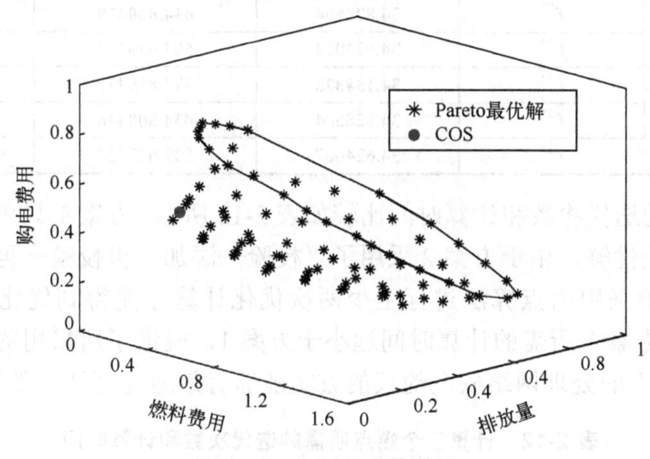

图 2-16　Pareto 最优前沿

表 2-10　Pareto 前沿端点与折中最优解

Pareto 最优解	$f_1/(10^4\text{t})$	f_2/t	$f_3/(10^6$ 元)
f^{1*}	**34.1584**	473.8595	541.0658
f^{2*}	34.8285	**434.8004**	547.7292
f^{3*}	34.6240	507.6275	**534.0996**
折中最优解	**34.2348**	**456.5539**	**539.8472**

从图 2-16 可以看出，Pareto 前沿面上的所有点分布非常均匀。从表 2-10 可以看出，对于每个目标函数值，折中最优解的值都比其他两个端点的值更接近此目标函数对应端点的值。因此，折中最优解是三个目标函数的协同优化结果中三个目标函数的优化程度都比较高的解。

在优化调度模型中直接加入所有网络安全约束，则需要引入(1+642)×(745+4)×96 = 46234272 个不等式约束。将上述处理方案称为方案 1，并将其计算时间与求解优化模型的“校验—添加—再校验—再添加”的处理方案(方案 2)的计算时间进行比较。由于采用方案 1 需要耗费大量的时间来计算所有的 Pareto 解，因此只比较三个端点的计算，结果如表 2-11 所示，加粗数值为单目标优化计算的最优值。可以看出，两种方案得到的端点的三个目标函数值几乎相等。此外，两种方案得到的每个端点的发电机有功输出也几乎相等，最大差异小于 0.3MW。上述结果验证了所采用方案 2 得到的计算结果的正确性。

表 2-11 两种求解方案得到的端点目标函数值

求解方法	端点	目标函数值		
		$f_1/(10^4\text{t})$	f_2/t	$f_3/(10^6$ 元)
方案 1	f^{1*}	**34.158375**	473.859693	541.065775
	f^{2*}	34.828504	**434.800439**	547.729193
	f^{3*}	34.624014	507.629260	**534.099568**
方案 2	f^{1*}	**34.158375**	473.859476	541.065767
	f^{2*}	34.828504	**434.800440**	547.729192
	f^{3*}	34.624007	507.627528	**534.099578**

两种方案的迭代次数和计算时间比较如表 2-12 所示。方案 1 只采用一次内点法优化计算得到最优解。由于方案 2 采用了“校验—添加—再校验—再添加”的处理方案，因此必须采用内点算法进行至少两次优化计算才能得到优化模型的解。由表 2-12 可知，方案 2 所需的计算时间远小于方案 1，验证了所采用的“检查—添加—检查-再添加”的处理网络安全约束的方案能够有效地提高计算效率。

表 2-12 计算三个端点所需的迭代次数和计算时间

求解方法	端点	迭代次数			每次迭代平均时间/s	总计算时间/h
		第一次	第二次	第三次		
方案 1	f^{1*}	134	—	—	2418	90.67
	f^{2*}	117	—	—	2413	78.42
	f^{3*}	164		—	2429	110.7
方案 2	f^{1*}	29	81	79	3.49	0.18
	f^{2*}	50	72	78	2.69	0.15
	f^{3*}	40	92	91	3.72	0.23

采用并行计算方法来计算所有的 85 个 Pareto 最优解，并将并行计算时间与串行计算时间进行比较，如表 2-13 所示。这里，获得 Pareto 前沿端点所需的计算时间表示为 CTE，获得乌托邦面与可行解空间相交部分的边界曲线上 Pareto 最优解所需的计算时间表示为 CTB，而获得其他所有 Pareto 最优点所需的计算时间表示为 CTP。对于刀片机服务器，首先采用 3 个线程来并行地计算三个端点，接着采用 21 个线程并行地计算 21 个边界曲线上 Pareto 最优解，然后采用 61 个线程并行地计算剩下其他 61 个 Pareto 最优点。从表 2-13 中可以看出，85 个 Pareto 最优解的并行计算比串行计算快 9.618 倍(即加速比)。此外，所采用的并行计算策略的总计算时间基本上取决于最大 CTE、CTB 和 CTP 值。因此，加速比将随着 Pareto 最优解数目的增加而增加。通过并行计算，所有 85 个 Pareto 最优解的计算时间减少到 3.170h，这对于实际电网日前优化调度来说是可以接受的，从而验证了所提出的求解方法应用于求解实际大规模电力系统多目标安全约束优化调度模型的实用价值。

表 2-13　串行和并行计算时间比较

计算模式	最大 CTE/h	最小 CTB/h	最大 CTB/h	最小 CTP/h	最大 CTP/h	总计算时间/h	加速比
串行计算	0.230	0.133	0.740	0.127	1.178	30.490	1
并行计算	0.236	0.223	1.338	0.198	1.300	3.170	9.618

2.3　小　　结

电力系统动态优化调度问题是一个高维、非线性、多约束的优化问题，求解难度大，风电规模化并网进一步增加了问题的难度。本章针对风电接入的大型电力系统，综合考虑经济性和环保性，建立了考虑风电接入的多目标大电网动态优化调度模型，采用 NBI 法将多目标优化问题转换为一系列单目标优化问题，并采用原对偶内点法对这一系列单目标优化问题进行求解。仿真结果表明：采用所提出的各时段解耦的多目标并行算法得到的 Pareto 前沿与解耦前基本一致，验证了算法的正确性；由熵权双基点法确定的折中解具有较高的综合优化程度，对应的日前机组出力计划符合电网实际运行中对节能减排和提高经济效益多目标协调优化的需求，具有较高的工程实用价值。

此外，本章从提高发电调度计划实用性的角度出发，构建多目标安全约束有功优化调度模型，考虑基态和多个 N-1 故障下的网络安全约束，并对抽水蓄能机组各时段的发电/抽水工况进行优化，采用 N-1 故障约束校验添加法处理 N-1 安全约束，采用 NNC 法求解多目标优化问题。仿真计算结果表明：采用校验添加法处理 N-1 故障安全约束，得到的调度方案能通过所有 N-1 故障的安全运行校验，且模型求解的计算效率明显提高。

参 考 文 献

[1] Chowdhury E H, Rahrnan S. A review of recent advances in economic dispatch. IEEE Transactions on Power Systems, 1990, 5(4): 1248-1259.

[2] Wang J, Shahidehpour M, Li Z. Security-constrained unit commitment with volatile wind power generation. IEEE Transactions on Power Systems, 2008, 23(3): 1319-1327.

[3] Roman C, Rosehart W. Evenly distributed Pareto points in multi-objective optimal power flow. IEEE Transactions on Power Systems, 2006, 21(2): 1011-1012.

[4] 周玮，彭昱，孙辉，等. 含风电场的电力系统动态经济调度. 中国电机工程学报，2009, 29(25): 13-18.

[5] 夏澍，周明，李庚银. 含大规模风电场的电力系统动态经济调度. 电力系统保护与控制, 2011, 3(13): 71-77.

[6] 沈伟，吴文传，张伯明，等. 消纳大规模风电的在线滚动调度策略与模型. 电力系统自动化，2011, 35(22): 136-140.

[7] 柳璐，程浩忠，马则良，等. 考虑全寿命周期成本的输电网多目标规划. 中国电机工程学报，2012, 32(22): 46-54.

[8] 韩学山，柳焯. 考虑机组爬坡速度和网络安全约束的经济调度解耦算法. 电力系统自动化，2002, 26(13): 32-37.

[9] 黄庶，林舜江，刘明波. 含风电场和抽水蓄能电站的多目标安全约束动态优化调度. 中国电机工程学报，2016, 36(1): 112-121.

[10] 杨柳青，林舜江，刘明波. 大电网多目标动态优化调度的解耦算法及并行计算. 电工技术学报，2016, 31(6): 177-186.

[11] 国家能源局. 电力系统安全稳定导则(GB 38755—2019). 北京：中国标准出版社，2019: 12.

[12] 杨柳青，林舜江，刘明波，等. 考虑风电接入的大型电力系统多目标动态优化调度. 电工技术学报，2014, 29(10): 286-295.

[13] Lin S J, Liu M B, Li Q F, et al. Normalised normal constraint algorithm applied to multi-objective security-constrained optimal generation dispatch of large-scale power systems with wind farms and pumped-storage hydroelectric stations. IET Generation, Transmission & Distribution, 2017, 11(6): 1539-1548.

第3章 规模化新能源并网电力系统高维多目标机组组合

在电力系统日前调度问题中，除了需要确定各个机组的出力大小外，往往还需要确定各个机组的启停状态，这就是机组组合问题。本章着重研究四个及以上目标的高维多目标机组组合问题，提出了规模化新能源并网电力系统四目标安全约束机组组合模型及其求解算法，以及考虑灵活性的规模化新能源并网电力系统五目标安全约束机组组合模型及其求解算法。

3.1 四目标安全约束机组组合

由于电能具有即发即用、难以大量存储的特性，这对风电等新能源的大量接入和电力市场的发展有很大的限制[1]。近些年来，抽水蓄能电站和蓄电池储能(battery storage，BS)电站大量建设和接入电力系统运行。因此，安全约束机组组合(security constrained unit commitment，SCUC)模型中需要考虑储存电能的抽水蓄能机组和蓄电池储能机组的运行特性。本节建立了以最小化系统运行成本、购电费用、网络损耗和污染气体排放量为目标的四目标SCUC模型，在考虑各类发电机组运行特性和网络安全约束的基础上，制订了兼顾各方面运行目标的机组日前启停和出力调度计划。

3.1.1 优化模型

1．优化目标

1)系统运行费用 f_1

系统运行费用 f_1 包含各类机组的运行费用及弃风惩罚费用，如式(3-1)所示：

$$f_1=\sum_{t=1}^{T}\left(\sum_{i=1}^{N_1}(F_{i,t}+C_{iU,t}+C_{iD,t})+\sum_{s=1}^{N_2}(C_{sU,t}+C_{sD,t})+\sum_{b=1}^{N_3}F_{b,t}+\sum_{w=1}^{N_w}Q_{w,t}\right) \tag{3-1}$$

式中，T 为总时段数，本节以15min为一个时段，将一天划分为96个时段；N_1 为火电机组总个数；$F_{i,t}$ 为火电机组 i 在 t 时段的发电燃料费用；$C_{iU,t}/C_{iD,t}$ 为火电机组 i 在 t 时段的开/停机费用；N_2 为抽水蓄能机组总个数；$C_{sU,t}/C_{sD,t}$ 为抽水蓄能机组 s 在 t 时段的开/停机费用；N_3 为储能机组总个数；$F_{b,t}$ 为蓄电池储能机组 b 在 t 时段的运行费用；N_w 为风电场总个数；$Q_{w,t}$ 为风电场 w 在 t 时段的弃风惩罚费用。

$F_{i,t}$ 可由式(3-2)表示：

$$F_{i,t} = A_{i,2}P_{i,t}^2 + A_{i,1}P_{i,t} + A_{i,0}I_{i,t} \tag{3-2}$$

式中，$P_{i,t}$ 为机组 i 在 t 时段的出力；$A_{i,2}$、$A_{i,1}$、$A_{i,0}$ 为火电机组 i 燃料费用系数；$I_{i,t}$ 为机组 i 在 t 时段的启停状态，1/0 表示运行/停机状态。上述二次等式可近似表示为如式(3-3)所示的分段线性不等式：

$$F_{i,t} \geqslant \alpha_{i,k}P_{i,t} + \beta_{i,k}I_{i,t}, \quad k = 1,2,\cdots,M \tag{3-3}$$

式中，$\alpha_{i,k}/\beta_{i,k}$ 为机组 i 发电燃料费用曲线第 k 段的斜率/截距；M 为曲线的总分段数。

启停费用可用式(3-4)表示：

$$\begin{cases} C_{iU,t} \geqslant K_i(I_{i,t} - I_{i,t-1}), & C_{iU,t} \geqslant 0 \\ C_{sU,t} \geqslant K_s(Z_{s,t} - Z_{s,t-1}), & C_{sU,t} \geqslant 0 \\ C_{iD,t} \geqslant J_i(I_{i,t-1} - I_{i,t}), & C_{iD,t} \geqslant 0 \\ C_{sD,t} \geqslant J_s(Z_{s,t-1} - Z_{s,t}), & C_{sD,t} \geqslant 0 \end{cases} \tag{3-4}$$

式中，K_i/J_i 为火电机组 i 的单次开/停机费用；K_s/J_s 为抽水蓄能机组 s 的单次开/停机费用；$Z_{s,t}$ 为抽水蓄能机组 s 在 t 时段的启停状态，启动状态为 1，停机状态为 0。

蓄电池储能机组的运行成本包括充电成本和放电成本，可用式(3-5)表示：

$$F_{b,t} = C_{\text{dis},b}P_{\text{dis},b,t} + (-C_{\text{ch},b}P_{\text{ch},b,t}) \tag{3-5}$$

式中，$P_{\text{dis},b,t}/P_{\text{ch},b,t}$ 为储能机组 b 在 t 时段的发/充电功率，其中 $P_{\text{dis},b,t}$ 为正数，$P_{\text{ch},b,t}$ 为负数；$C_{\text{dis},b}/C_{\text{ch},b}$ 为储能机组 b 的单位发/充电成本。

弃风惩罚费用可用式(3-6)表示：

$$Q_{w,t} = \lambda_w(\hat{P}_{w,t} - P_{w,t}) \tag{3-6}$$

式中，λ_w 为风电场 w 的弃风惩罚费用系数；$\hat{P}_{w,t}$ 和 $P_{w,t}$ 为风电场 w 在 t 时段的预测出力和实际出力。

2) 网络损耗 f_2

系统的网络损耗 f_2 可用式(3-7)表示：

$$f_2 = \sum_{t=1}^{T}\sum_{l=1}^{N_L} P_{\text{Los},l,t} \tag{3-7}$$

式中，N_L 为系统总支路数；$P_{\text{Los},l,t}$ 为 t 时段支路 l 的网络损耗，可用式(3-8)表示：

$$P_{\text{Los},l,t} = g_{km}\left(\sum_{i\in\psi}(X_{ki} - X_{mi})P_{\text{in},i,t} - \sum_{j\in\Omega_{Ld}}(X_{kj} - X_{mj})P_{\text{Load},j,t}\right)^2 \tag{3-8}$$

式中，k 和 m 为支路 l 两端节点；g_{km} 为支路 l 的电导值；X_{ki}、X_{mi}、X_{kj}、X_{mj} 为节点阻抗矩阵元素；ψ 为功率注入节点集合；Ω_{Ld} 是负荷节点集合；$P_{\text{in},i,t}$ 为在 t 时段节点 i 注入系统的功率，对于火电机组，$P_{\text{in},i,t}=P_{i,t}$；对于抽水蓄能机组，$P_{\text{in},i,t}=P_{\text{pg},s,t}-P_{\text{pp},s,t}$，$P_{\text{pg},s,t}/P_{\text{pp},s,t}$ 为抽水蓄能机组 s 在 t 时段的发电/抽水功率；对于蓄电池储能机组，$P_{\text{in},i,t}=P_{\text{dis},b,t}-P_{\text{ch},b,t}$；$P_{\text{Load},j,t}$ 为节点 j 在 t 时段的负荷。

3) 购电费用 f_3

模型考虑火电机组和风电场的购电费用，f_3 可用式(3-9)表示：

$$f_3=\sum_{t=1}^{T}\left(\sum_{i=1}^{N_1}C_{i,t}P_{i,t}+\sum_{w=1}^{N_w}C_{w,t}P_{w,t}\right) \tag{3-9}$$

式中，$C_{i,t}$ 和 $C_{w,t}$ 分别为 t 时段电网从火电机组和风电场 w 购电的电价。

4) 污染气体排放量 f_4

模型中的污染气体主要考虑燃煤机组在燃煤过程中产生的二氧化硫，其排放总量 f_4 可用式(3-10)表示：

$$f_4=\sum_{t=1}^{T}\sum_{i=1}^{N_1}(B_{i,1}P_{i,t}+B_{i,0}I_{i,t}) \tag{3-10}$$

式中，$B_{i,1}$、$B_{i,0}$ 为机组 i 的污染气体排放系数。考虑到燃气电厂的二氧化硫排放量很小，因此对应系数 $B_{i,1}=B_{i,0}=0$。

2．基本约束

(1) 系统功率平衡约束：

$$\sum_{i=1}^{N_1}P_{i,t}+\sum_{s=1}^{N_2}(P_{\text{pg},s,t}+P_{\text{pp},s,t})+\sum_{b=1}^{N_3}(P_{\text{dis},b,t}+P_{\text{ch},b,t})+\sum_{w=1}^{N_w}P_{w,t}=P_{\text{Load},t}+\sum_{l=1}^{N_L}P_{\text{Los},l,t} \tag{3-11}$$

式中，$P_{\text{Load},t}$ 为 t 时段总负荷。

(2) 机组出力上下限约束：

$$\begin{cases}I_{i,t}P_{i,\min}\leqslant P_{i,t}\leqslant I_{i,t}P_{i,\max}\\ 0\leqslant P_{w,t}\leqslant \hat{P}_{w,t}\end{cases} \tag{3-12}$$

式中，$P_{i,\max}/P_{i,\min}$ 为火电机组 i 的出力上/下限。

(3) 机组爬坡/滑坡约束：

$$\begin{cases}P_{i,t}-P_{i,t-1}\leqslant r_{ui}T_{15}I_{i,t-1}+P_{i,\min}(I_{i,t}-I_{i,t-1})\\ P_{i,t-1}-P_{i,t}\leqslant r_{di}T_{15}I_{i,t}+P_{i,\min}(I_{i,t-1}-I_{i,t})\end{cases} \tag{3-13}$$

式中，r_{ui}/r_{di} 为机组 i 的爬/滑坡率；T_{15} 为每个时段的长度，即 15min。

(4) 机组最小开停机时间约束：

$$\begin{cases} I_{i,t}=1, \quad t\in[1,\ U_i], \quad U_i=\min\{T,\ (T_{\text{on}i}-X_{\text{on}i,0})I_{i,0}\} \\ \sum\limits_{n=t}^{t+T_{\text{on}i}-1} I_{i,n}\geqslant T_{\text{on}i}(I_{i,t}-I_{i,t-1}), \quad t\in[U_i+1,\ T-T_{\text{on}i}+1] \\ \sum\limits_{n=t}^{T}(I_{i,n}-(I_{i,t}-I_{i,t-1}))\geqslant 0, \quad t\in[T-T_{\text{on}i}+2,\ T] \\ I_{i,t}=0, \quad t\in[1,\ D_i], \quad D_i=\min\{T,\ (T_{\text{off}i}-X_{\text{off}i,0})(1-I_{i,0})\} \\ \sum\limits_{n=t}^{t+T_{\text{off}i}-1}(1-I_{i,n})\geqslant T_{\text{off}i}(I_{i,t-1}-I_{i,t}), \quad t\in[D_i+1,\ T-T_{\text{off}i}+1] \\ \sum\limits_{n=t}^{T}(1-I_{i,n}-(I_{i,t-1}-I_{i,t}))\geqslant 0, \quad t\in[T-T_{\text{off}i}+2,\ T] \end{cases} \tag{3-14}$$

式中，U_i/D_i 为机组 i 调度开始时必须开/停机时间；$T_{\text{on}i}/T_{\text{off}i}$ 为机组 i 的最小开/停机时间；$X_{\text{on}i,0}/X_{\text{off}i,0}$ 为机组 i 连续开/停机的时间。

3．网络安全约束

根据直流潮流模型，网络安全约束可用式(3-15)表示：

$$\begin{cases} P_{l,km,t}=\sum\limits_{i\in\psi}\left(\dfrac{X_{ki}-X_{mi}}{x_{km}}\right)P_{\text{in},i,t}-\sum\limits_{j\in\Omega_{Ld}}\left(\dfrac{X_{kj}-X_{mj}}{x_{km}}\right)P_{\text{Load},j,t} \\ -\bar{P}_{l,km}\leqslant P_{l,km,t}\leqslant\bar{P}_{l,km} \end{cases} \tag{3-15}$$

式中，$P_{l,km,t}$ 为 t 时段支路 l 的传输功率；x_{km}、X_{ki} 和 X_{mi} 的物理意义见 2.2 节；$\bar{P}_{l,km}$ 为支路 l 的最大传输功率；$P_{\text{Load},j,t}$ 为 t 时段负荷节点 j 的有功功率。

4．抽水蓄能机组运行约束

(1)出力上下限约束：

$$\begin{cases} 0\leqslant P_{\text{pg},s,t}\leqslant P_{\text{pg},s,\max}\cdot Z_{\text{pg},s,t} \\ P_{\text{pp},s,\max}\cdot Z_{\text{pp},s,t}\leqslant P_{\text{pp},s,t}\leqslant 0 \end{cases} \tag{3-16}$$

式中，$P_{\text{pg},s,\max}/P_{\text{pp},s,\max}$ 为抽水蓄能机组 s 的发电/抽水功率上限，$P_{\text{pp},s,\max}$ 为负数；$Z_{\text{pg},s,t}/Z_{\text{pp},s,t}$ 为抽水蓄能机组 s 在 t 时段的发电/抽水状态，为 1 时表示处于对应状态。

(2)运行工况互补约束：

$$Z_{s,t}=Z_{\text{pg},s,t}+Z_{\text{pp},s,t}\leqslant 1 \tag{3-17}$$

(3)日电量平衡约束：

$$\sum_{t=1}^{T}P_{\text{pg},s,t}+\xi\cdot\sum_{t=1}^{T}P_{\text{pp},s,t}=0 \tag{3-18}$$

(4)发电/抽水状态的切换时间约束：

$$\begin{cases} Z_{\text{pg},s,t} + Z_{\text{pp},s,t+1} \leqslant 1, & t = 1,2,\cdots,(T-1) \\ Z_{\text{pg},s,t} + Z_{\text{pp},s,t+2} \leqslant 1, & t = 1,2,\cdots,(T-2) \\ Z_{\text{pp},s,t} + Z_{\text{pg},s,t+1} \leqslant 1, & t = 1,2,\cdots,(T-1) \\ Z_{\text{pp},s,t} + Z_{\text{pg},s,t+2} \leqslant 1, & t = 1,2,\cdots,(T-2) \end{cases} \tag{3-19}$$

5．蓄电池储能机组运行约束

(1) 充放电功率约束：

$$\begin{cases} 0 \leqslant P_{\text{dis},b,t} \leqslant P_{\text{dis},b,\max} \cdot Z_{\text{dis},b,t} \\ P_{\text{ch},b,\max} \cdot Z_{\text{ch},b,t} \leqslant P_{\text{ch},b,t} \leqslant 0 \end{cases} \tag{3-20}$$

式中，$P_{\text{dis},b,\max}/P_{\text{ch},b,\max}$ 为储能机组 b 的最大发电/充电功率，$P_{\text{ch},b,\max}$ 为负数；$Z_{\text{dis},b,t}/Z_{\text{ch},b,t}$ 为储能机组 b 在 t 时段的发/充电状态，处于对应状态时为 1。

(2) 充放电状态互补约束：

$$Z_{b,t} = Z_{\text{dis},b,t} + Z_{\text{ch},b,t} \leqslant 1 \tag{3-21}$$

(3) 相邻时段储能机组剩余电量变化约束：

$$E_{b,t} = E_{b,t-1} + (-P_{\text{dis},b,t} / \eta_{\text{dis},b} - P_{\text{ch},b,t}\eta_{\text{ch},b}) \cdot T_{15} \tag{3-22}$$

式中，$\eta_{\text{dis},b}/\eta_{\text{ch},b}$ 为储能机组 b 的发/充电效率；$E_{b,t}$ 为储能机组 b 在 t 时段存储的剩余电量。

(4) 储能机组剩余电量约束：

$$0 \leqslant E_{b,t} \leqslant E_{b,\max} \tag{3-23}$$

式中，$E_{b,\max}$ 为储能机组 b 的最大剩余电量，假定初始剩余电量 $E_{b,0}=0.5E_{b,\max}$。

6．旋转备用约束

负荷和风电功率的预测误差会对系统的安全稳定运行造成影响，需要在系统中预留足够的旋转备用容量来平衡负荷和风电功率的预测误差。各机组的旋转备用容量约束可用式(3-24)表示：

$$\begin{cases} 0 \leqslant s_{ui,t} \leqslant \min(P_{i,\max} I_{i,t} - P_{i,t}, r_{ui} T_{10} I_{i,t}) \\ 0 \leqslant s_{di,t} \leqslant \min(P_{i,t} - P_{i,\min} I_{i,t}, r_{di} T_{10} I_{i,t}) \\ 0 \leqslant s_{us,t} \leqslant P_{\text{pg},s,\max} Z_{\text{pg},s,t} - P_{\text{pg},s,t} - P_{\text{pp},s,t} \\ 0 \leqslant s_{ds,t} \leqslant P_{\text{pg},s,t} + P_{\text{pp},s,t} - P_{\text{pp},s,\max} Z_{\text{pp},s,t} \\ 0 \leqslant s_{ub,t} \leqslant P_{\text{dis},b,\max} - (P_{\text{dis},b,t} + P_{\text{ch},b,t}) \\ 0 \leqslant s_{db,t} \leqslant P_{\text{dis},b,t} + P_{\text{ch},b,t} - P_{\text{ch},b,\max} \end{cases} \tag{3-24}$$

式中，$s_{ui,t}/s_{di,t}$、$s_{us,t}/s_{ds,t}$ 和 $s_{ub,t}/s_{db,t}$ 分别为火电机组 i、抽水蓄能机组 s 和储能机组 b 在 t 时段能提供的正/负旋转备用容量；T_{10} 为机组旋转备用的响应时间，即 10min。

系统的旋转备用容量约束可用式(3-25)表示：

$$\begin{cases}\sum_{i=1}^{N_1} s_{ui,t} + \sum_{s=1}^{N_2} s_{us,t} + \sum_{b=1}^{N_3} s_{ub,t} \geqslant L_u\%P_{\text{Load},t} + w_u\%\sum_{w=1}^{N_w} P_{w,t} \\ \sum_{i=1}^{N_1} s_{di,t} + \sum_{s=1}^{N_2} s_{ds,t} + \sum_{b=1}^{N_3} s_{db,t} \geqslant L_d\%P_{\text{Load},t} + w_d\%\sum_{w=1}^{N_w} (\hat{P}_{w,t} - P_{w,t})\end{cases} \tag{3-25}$$

式中，$L_u\%/L_d\%$和 $w_u\%/w_d\%$分别为负荷和风电预测偏差的正/负旋转备用需求系数。

3.1.2 网络损耗表达式的凸化处理

上述式(3-1)～式(3-25)表示的 SCUC 模型，由于含有机组启停状态这种离散决策变量，且式(3-7)和式(3-11)中的网络损耗为由式(3-8)表示的二次等式约束，因此该模型是一个混合整数非线性非凸规划(mixed integer nonlinear nonconvex programming, MINNP)模型。MINNP 属于 NP-hard 问题，求解难度很大。对于实际大型电网，待求解的优化模型规模非常大，若采用成熟商业软件 GAMS(general algebraic modeling system)中的 DICOPT 或 SBB 等 MINNP 求解器直接求解，不仅计算速度非常慢，还不能保证求得的解是全局最优解。最近研究表明，可通过凸松弛技术将 MINNP 模型转化为混合整数凸规划(mixed integer convex programming, MICP)模型以降低模型的求解难度。为使凸松弛后优化模型的计算结果对于原优化模型具有较高精度，需要寻找原优化模型的紧凸松弛优化模型，而凸包松弛方法能够有效地寻找原优化模型的紧凸松弛优化模型。为此，采用凸包松弛方法将此二次等式非凸约束转化为凸约束。

由于上述 SCUC 模型的功率平衡约束式(3-11)中 $P_{\text{Los},l,t}$ 与决策变量的关系为二次等式，需要进行如下凸化处理。以式(3-26)所示的以 x 为变量的二次等式约束为例：

$$y = ax^2 + bx + c, \quad a > 0 \tag{3-26}$$

可将其等价表示为式(3-27)和式(3-28)。其中式(3-27)为凸约束，不需要进行处理；而式(3-28)为非凸约束，需要进行凸化处理。

$$y \geqslant ax^2 + bx + c, \quad a > 0 \tag{3-27}$$

$$y \leqslant ax^2 + bx + c, \quad a > 0 \tag{3-28}$$

通常实际情况下 x 的最小值 $x_{\min}$ 和最大值 $x_{\max}$ 已知，对应 y 的取值为 $y_{\min}$ 和 $y_{\max}$，已知两点($x_{\min}$,$y_{\min}$)和($x_{\max}$,$y_{\max}$)，过这两点可以确定一条如式(3-29)所示的直线：

$$y - y_{\min} = \frac{y_{\max} - y_{\min}}{x_{\max} - x_{\min}} \cdot (x - x_{\min}) \tag{3-29}$$

因此，式(3-28)可以凸松弛为如式(3-30)所示的线性不等式约束：

$$y \leqslant y_{\min} + \frac{y_{\max} - y_{\min}}{x_{\max} - x_{\min}} \cdot (x - x_{\min}) \tag{3-30}$$

综上，二次等式约束(3-26)的凸包松弛为如式(3-27)和式(3-30)所示的凸不等式约束。网损表达式(3-8)可以写成如式(3-31)所示的形式：

$$\begin{cases} P_{\text{Los},l,t}=g_{km}\theta_{km,t}^2 \\ \theta_{km,t}=\sum_{i\in\psi}(X_{ki}-X_{mi})P_{\text{in},i,t}-\sum_{j\in L}(X_{kj}-X_{mj})P_{\text{Load},j,t} \end{cases} \tag{3-31}$$

因此，式(3-31)的第一个式子可以采用凸包松弛表示为式(3-32)的凸约束：

$$\begin{cases} P_{\text{Los},l,t}\geqslant g_{km}\theta_{km,t}^2 \\ P_{\text{Los},l,t}\leqslant P_{\text{Los},l,t,\min}+\dfrac{P_{\text{Los},l,t,\max}-P_{\text{Los},l,t,\min}}{\theta_{km,\max}-\theta_{km,\min}}(\theta_{km,t}-\theta_{km,\min}) \end{cases} \tag{3-32}$$

通过上述凸松弛处理过程，可将 SCUC 模型由原来的 MINNP 模型转化为 MICP 模型，从而可采用成熟的商业优化软件 GAMS 中的 GUROBI 求解器实现对 MICP 模型的高效求解。

3.1.3　四目标优化问题 Pareto 最优解集的求解

对于上述四目标 SCUC 问题，首先，基于斯皮尔曼(Spearman)相关系数和 ε-约束法相结合的方法将其转化为一系列三目标 SCUC 问题，再采用 NNC 法[2,3]求解每个三目标优化问题，得到多个完整的 Pareto 前沿曲面；接着用颜色柱表示第四个目标，将所得的多个 Pareto 前沿曲面汇总展示在同一个三维坐标系中，从而构成三维空间中四目标 SCUC 问题的 Pareto 前沿曲面簇[4,5]。

1. 将四目标 SCUC 问题转化为一系列三目标 SCUC 问题

先对四目标 SCUC 问题的四个目标函数之间的相关关系进行分析。采用 Spearman 相关系数法，利用两个变量的秩次值对变量间的相关关系进行分析，并且对变量形式及其取值分布没有任何要求。而电力系统中的优化问题包含的目标函数可能有非线性、非连续的，采集的样本也可能不服从正态分布，因此采用 Spearman 相关系数分析变量间的相关关系是可行的。以变量 a 和 b 为例，其 Spearman 相关系数的计算如式(3-33)所示：

$$\begin{cases} \rho_{ab}=1-\dfrac{6\times\sum_{j=1}^{n}d_j^2}{n(n^2-1)} \\ d_j=\text{rank}_{aj}-\text{rank}_{bj} \end{cases} \tag{3-33}$$

式中，ρ_{ab} 是变量 a 和 b 之间的 Spearman 相关系数，ρ_{ab} 的取值范围为[-1,1]，当 ρ_{ab} 为正时表示变量 a 和 b 之间关系和谐，而当 ρ_{ab} 为负时表示变量 a 和 b 之间存在冲

突；rank_{aj} 和 rank_{bj} 是变量 a 和 b 的第 j 个解在 n 个解中的秩次值；d_j 是变量 a 和 b 的第 j 个解的秩次值之差。

通过采用四个单目标优化解对应的各个目标函数值来计算各个优化目标之间的 Spearman 相关系数，找出所有目标中与其他目标最冲突的一个作为次优目标。根据得到的 Spearman 相关系数矩阵，矩阵中负数个数最多的一列对应的目标函数与其他目标函数冲突最多，表明当该列对应目标的值变大时，有较多目标的值会变小，计算经验表明此时四目标优化问题的 Pareto 前沿可以形成一系列分布层次清晰的曲面簇，如果选择其他目标作为次优目标，则四目标优化问题的 Pareto 前沿中各个曲面分布的层次没那么分明。因此，将与其他三个目标冲突最大的一个目标选为次优目标，得到的 Pareto 前沿曲面簇中各个解的分布会比较均匀。

选出一个次优目标后，可基于 ε-约束法将四目标优化模型转化为三目标优化模型。具体过程如下，首先四目标 SCUC 模型可写为如式(3-34)所示的形式：

$$\begin{cases}\min\ \{f_1(\boldsymbol{x}), f_2(\boldsymbol{x}), f_3(\boldsymbol{x}), f_4(\boldsymbol{x})\} \\ \text{s.t.}\begin{cases}\boldsymbol{h}(\boldsymbol{x})=\boldsymbol{0} \\ \underline{\boldsymbol{g}} \leqslant \boldsymbol{g}(\boldsymbol{x}) \leqslant \overline{\boldsymbol{g}}\end{cases}\end{cases} \tag{3-34}$$

假定 f_4 为选出的冲突目标，其余目标 f_1、f_2 和 f_3 作为优化对象，则转化步骤如下所述。

(1) 求解 $\min f_4(\boldsymbol{x})$ 和 $\max f_4(\boldsymbol{x})$ 两个单目标优化问题以确定上层目标函数 f_4 的最小值 $f_{4\min}$ 和最大值 $f_{4\max}$，并计算 f_4 的取值范围$\Delta f_4 = f_{4\max} - f_{4\min}$。

(2) 将 f_4 的取值范围 Δf_4 进行 q 等分，从而得到 $q+1$ 个网格点，f_4 的第 j 个网格点的值为 $f_{4,j} = f_{4\min} + j\Delta f_4/q$，$j=0, 1, \cdots, q$。

(3) 可将求解式(3-34)的四目标优化问题转化为求解一系列如式(3-35)所示的三目标优化问题：

$$\begin{cases}\min\{f_1(\boldsymbol{x})+l_0\, v_{4,j}^a\big/\Delta f_4,\ f_2(\boldsymbol{x})+l_0\, v_{4,j}^a\big/\Delta f_4,\ f_3(\boldsymbol{x})+l_0\, v_{4,j}^a\big/\Delta f_4\} \\ \text{s.t.}\begin{cases}f_4(\boldsymbol{x}) = f_{4,j} + v_{4,j}^a, \quad v_{4,j}^a \geqslant 0 \\ f_4(\boldsymbol{x}) \leqslant f_{4,j+1} \\ \boldsymbol{h}(\boldsymbol{x})=\boldsymbol{0} \\ \underline{\boldsymbol{g}} \leqslant \boldsymbol{g}(\boldsymbol{x}) \leqslant \overline{\boldsymbol{g}}\end{cases}\end{cases} \tag{3-35}$$

式中，l_0 为一常数；$v_{4,j}^a$ 为辅助变量，引入的目的是在相邻网格点间找到可行的解。通过逐次改变网格点 $f_{4,j}$ 取值并采用 NNC 法逐次求解对应的三目标优化模型，得到的各个三目标优化模型的 Pareto 前沿曲面即可组成原四目标 SCUC 问题的 Pareto 前沿曲面簇。

2. 求取四目标优化问题的 Pareto 前沿和折中最优解

采用2.2节中的NNC法求取降维后三目标优化模型式(3-35)的Pareto前沿曲面，求解的基本思路为选取一个目标作为优化目标，再将其余两个目标作为约束条件添加到模型中，构成一系列新的单目标优化模型(类似于式(2-60))，通过求解各个单目标模型即可得到三目标优化模型式(3-35)的完整 Pareto 前沿曲面。

根据四目标 ε-约束法和 NNC 法求解出四目标 SCUC 问题的 Pareto 前沿曲面簇后，可以采用模糊隶属度和熵权法从 Pareto 前沿曲面簇中选出一个解作为折中最优解，为运行调度人员提供决策参考。

模糊隶属度的大小反映了目标函数取值的优化程度，选取梯形函数作为四个目标函数的隶属度函数，则第 j 个 Pareto 最优解对应的第 i 个目标函数的模糊隶属度可表示为

$$\mu_{ij}=\frac{f_{i\max}-f_{ij}}{f_{i\max}-f_{i\min}},\quad i=1,2,3,4;\quad j=1,2,\cdots,m \tag{3-36}$$

式中，m 为 Pareto 前沿上解的个数；f_{ij} 为第 j 个 Pareto 最优解的第 i 个目标函数值；$f_{i\max}$ 和 $f_{i\min}$ 分别为 Pareto 前沿上所有解的第 i 个目标函数值的最大值和最小值。

由于人为确定各个目标的权重往往具有很大的主观性，本章采用熵权法计算各个目标函数的权重。熵权的大小由该目标下不同解的差异程度决定，代表了该目标提供信息量的大小。熵权的计算公式如下：

$$\begin{cases}\omega_i=\dfrac{1-e_i}{(1-e_1)+(1-e_2)+(1-e_3)+(1-e_4)}\\[2ex] e_i=-\dfrac{1}{\ln m}\displaystyle\sum_{j=1}^{m}p_{ij}\ln p_{ij}\\[2ex] p_{ij}=\dfrac{\mu_{ij}}{\displaystyle\sum_{j=1}^{m}\mu_{ij}}\end{cases},\quad i=1,2,3,4;\quad j=1,2,\cdots,m \tag{3-37}$$

式中，p_{ij} 表示第 i 个目标函数下第 j 个 Pareto 最优解占所有 Pareto 最优解的比例；e_i 表示第 i 个目标函数的熵值；ω_i 表示第 i 个目标函数的熵权，显然，有 $\sum_{i=1}^{4}\omega_i=1$。

在各个目标函数的模糊隶属度和熵权值确定后，可通过计算隶属度加权和来作为第 j 个 Pareto 最优解的综合优化程度，见式(3-38)：

$$\lambda_j=\sum_{i=1}^{4}\omega_i\mu_{ij} \tag{3-38}$$

显然，λ_j 值最大的 Pareto 最优解即为四个目标协调优化的折中最优解，可作为系统的运行调度方案。

3.1.4　算例分析

1. 修改的 IEEE 9 节点系统

修改的 IEEE 9 节点系统结构如图 3-1 所示，包括 1 台抽水蓄能机组、1 台燃煤机组、1 台燃气机组、1 台蓄电池储能机组和 1 个风电场。机组的出力上下限、爬坡/滑坡率以及单次启停费用见表 3-1，风电出力和总负荷预测曲线如图 3-2 和图 3-3 所示，按照原 IEEE 9 节点系统运行数据中每个节点负荷占比来分配总负荷，得到各个节点负荷预测曲线。电网从燃煤机组 2 和燃气机组 3 购电的单价分别为 0.17 元/(kW·h) 和 0.21 元/(kW·h)；电网从风电场购电的单价为 0.51 元/(kW·h)，λ_w 为 2.6 元/(kW·h)；储能机组额定功率 5MW，额定电量 10MW·h，充放电效率均为 96%，充放电费用为 0.8 元/(kW·h)；L_u%取 3%，L_d%取 1%，w_u%和 w_d%均取 20%。

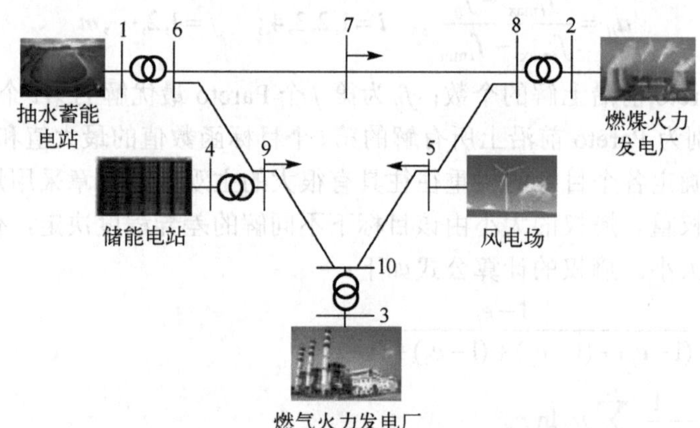

图 3-1　修改的 IEEE 9 节点系统结构

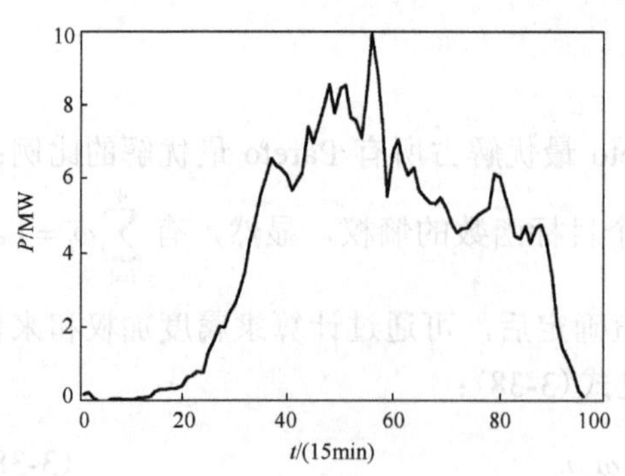

图 3-2　风电场功率预测曲线

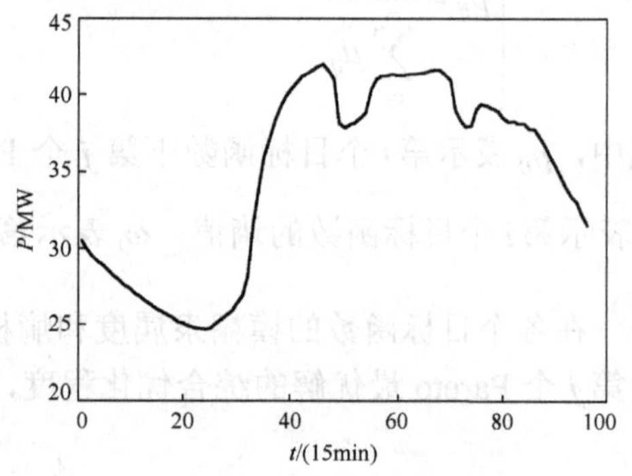

图 3-3　总负荷预测曲线

表 3-1　机组部分特性参数

机组类型	节点编号	最大出力/MW	最小出力/MW	爬坡/滑坡率/(MW/(15min))	单次启动费用/万元	单次停机费用/万元
抽水蓄能	1	8	−8	999	3	1.5
燃煤	2	30	10	0.2	10	8
燃气	3	18	5	10	5	3
储能	4	5	−5	999	0	0

先验证网损凸化方法的准确性。分别以 f_1、f_2、f_3、f_4 为优化目标，求解网损二次等式凸化后的单目标优化模型，并将优化解得到的网损值和采用优化解的机组出力代入式(3-8)计算得到的“实际”网损值进行对比，结果如表 3-2 所示。可以看出，采用的凸化方法得到的网损值与“实际”网损值相差很小，相对误差的最大值仅为 0.029%，验证了所采用凸包松弛方法得到的 MICP 模型具有较高的计算精度。另外，采用 SBB 求解器对凸化前的模型进行求解，与采用 GUROBI 求解器对凸化后模型进行求解的计算时间对比如表 3-3 所示，可以看出，凸化后模型的求解速度明显比凸化前的模型要快，计算耗时降低了 93%以上，从而验证了所提出凸化算法的计算高效性。

表 3-2　单目标优化的凸化网损和“实际”网损对比

优化目标	凸化值/(MW·h)	“实际”值/(MW·h)	相对误差/%
f_1	3.460	3.459	0.029
f_2	2.405	2.406	0.000
f_3	3.577	3.576	0.028
f_4	3.919	3.918	0.026

表 3-3　凸化前后优化模型的计算时间对比

优化目标	凸化前/s	凸化后/s	节省时间/%
f_1	92.401	5.577	93.964
f_2	173.088	8.372	95.163
f_3	77.401	2.883	96.275
f_4	95.823	5.499	94.261

再对凸化后的四目标优化模型进行求解。先求解 Pareto 前沿 4 个端点对应的单目标优化问题，得到每个端点对应的各个目标函数值如表 3-4 所示。采用 4 个端点计算各个目标函数之间的 Spearman 相关系数以及各个目标函数的负相关系数总和，结果如表 3-5 所示。可见，f_4 与其他三个目标的 Spearman 相关系数都为负数，表明 f_4 与其他三个目标之间均为负相关关系，且其负相关系数总和的绝对值最大。因此，选择 f_4 作为上层目标将能够得到三维空间中一系列随着 f_4 增大而逐渐向原点靠拢的 Pareto 前沿曲面，而选择另外三个目标作为上层目标则可能无法达到这种效果。因

此，选择最冲突目标污染气体排放量f_4作为上层目标。另外，需要说明的是，由于本算例中燃气机组单位电能输出所需的燃料费用比燃煤机组大，而燃煤机组的污染气体排放系数比燃气机组大，因而计算得到的运行费用f_1与污染气体排放量f_4之间是负相关关系。

表 3-4　单目标解对应的各个目标函数值

优化目标	运行费用/万元	网损/(MW·h)	购电费用/万元	污染排放/t
f_1	43.683	3.460	17.978	398.147
f_2	85.917	2.405	18.865	331.472
f_3	100.032	3.577	14.581	410.654
f_4	101.454	3.919	18.942	212.282

表 3-5　四个目标之间的 Spearman 相关系数

优化目标	f_1	f_2	f_3	f_4
f_1	1.0	0.8	0.4	−0.4
f_2	0.8	1.0	0.2	−0.2
f_3	0.4	0.2	1.0	−1.0
f_4	−0.4	−0.2	−1.0	1.0
负相关系数总和	−0.4	−0.2	−1.0	−1.6

将上层目标f_4作为约束条件加入优化模型中，通过划分网格点依次改变f_4的值求解三目标优化模型。首先取q=3，求得f_4最小值 212.282t 和最大值 411.000t 作为f_4的基准值$f_{4\min}$和$f_{4\max}$，并对$f_{4,j}$规格化得到$\bar{f}_{4,j}$。求取每个$\bar{f}_{4,j}$取值对应三目标优化模型的 Pareto 前沿曲面并汇总得到三维空间中的 Pareto 前沿曲面簇。除去所有支配解后形成的四目标 SCUC 问题的 Pareto 前沿曲面簇如图 3-4 所示。其中前三个目标用三维坐标系表示，第四个目标用颜色柱表示，不同颜色对应不同数值。可以看到，求得的 Pareto 前沿上的点分布均匀。另外，得到的折中最优解如图 3-4 所示的黑色圆形圈出的点。

取q=6 再重复一次上述过程，得到的 Pareto 前沿曲面簇和折中最优解如图 3-5 所示。对比图 3-4 和图 3-5 可以看出，q取值较大时求得的 Pareto 前沿上的点更多，因而供决策的点也更多。接着又分别求得了取q=9 和q=12 时的 Pareto 前沿曲面簇和折中最优解，各个q取值下对应的折中最优解计算结果对比如表 3-6 所示。可以看到，随着q的增大，折中最优解的隶属度加权和λ_j值逐渐增大，表明随着网格点的增多，得到的折中最优解的优化程度变得更高，但所需的计算时间也在增大，且q取 9 和 12 时折中最优解的λ_j值增长量已非常小。因此，在实际应用中网格点数的选取要根据折中最优解的优化程度和所需的计算时间两方面综合考虑。

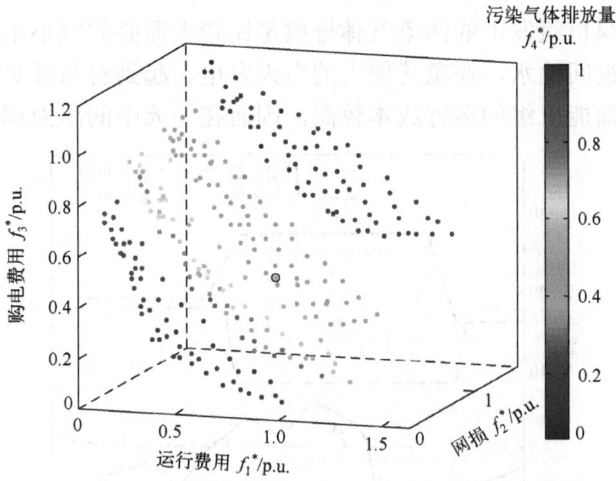

图 3-4　q=3 时得到的 Pareto 前沿曲面簇(见彩图)

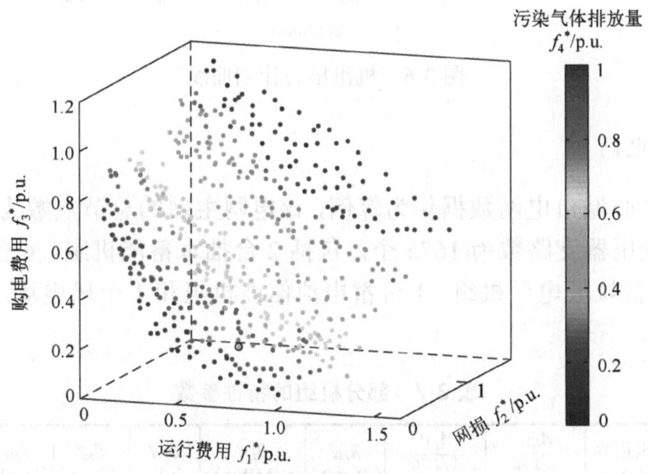

图 3-5　q=6 时得到的 Pareto 前沿曲面簇(见彩图)

表 3-6　折中最优解的比较

q	运行费用/万元	网损/(MW·h)	购电费用/万元	污染排放/t	计算时间/min	λ_j
3	86.419	2.971	16.563	317.321	50.719	0.6134
6	85.858	2.547	15.569	353.742	69.215	0.6159
9	85.296	2.825	16.164	340.163	103.178	0.6175
12	85.534	2.773	15.894	335.208	133.172	0.6178

折中最优解对应的各个机组出力计划曲线如图 3-6 所示。可以看到，燃煤机组不再像传统的以最小化系统运行费用为目标计算得到的结果一样常处于最大出力状态，由于考虑了污染气体排放量，燃煤机组出力有所减小，特别是在凌晨负荷较低

的时段，由于燃煤机组发电的污染气体排放量比较大而必须减小出力。抽水蓄能机组在负荷较小的夜间抽水，在负荷较大的白天发电，起到对系统负荷曲线的削峰填谷作用；蓄电池储能机组的运行成本较高，因而在一天中的出力都比较小。

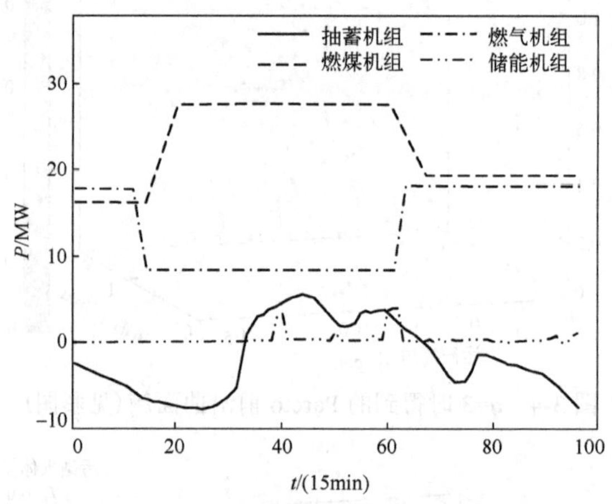

图 3-6　机组出力计划曲线

2. 某实际电网

以某实际中心城市电网数据作为算例，该电网主网的总节点数为 1563 个，线路数为 733 个，变压器支路数为 1675 个，包括 2 台抽水蓄能机组，6 台燃煤机组，32 台燃气机组，4 台垃圾电厂机组，1 台蓄电池储能机组和 1 个风电场，部分机组的特性参数见表 3-7。

表 3-7　部分机组的特性参数

机组类型	机组名称	机组容量/MW	$A_{i,2}$/(万元/(MW²·h))	$A_{i,1}$/(万元/(MW·h))	$A_{i,0}$/(万元/h)	$B_{i,1}$/(t/(MW·h))	$B_{i,0}$/(t/h)	T_{on}/(15min)	T_{off}/(15min)	$K_{i/s}$/万元	$J_{i/s}$/万元
抽水蓄能	深蓄 1	306	0	0	0	0	0	1	1	8	4
	深蓄 2	306	0	0	0	0	0	1	1	8	4
燃煤	妈湾 1	320	0.000003	0.0270	0.9198	0.237	10.29	96	12	80	18
	妈湾 2	320	0.000003	0.0270	0.9198	0.237	10.29	96	12	80	18
	妈湾 3	330	0.000003	0.0279	0.9198	0.237	10.29	96	12	80	18
燃气	前湾 1	390	—	0.0582	—	0	0	2	2	15	5
	前湾 2	390	—	0.0582	—	0	0	2	2	15	5
	宝昌 1	132	—	0.0723	—	0	0	2	1	10.5	5.5
	宝昌 2	66	—	0.0723	—	0	0	4	1	0	0
	南山 5	120	—	0.0723	—	0	0	2	1	10	5
	南山 6	63	—	0.0723	—	0	0	4	1	0	0

该电网与外电网间有 5 条联络线，各联络线的送受电计划曲线及总负荷预测曲线如图 3-7 和图 3-8 所示。风电场出力预测曲线如图 3-9 所示。旋转备用需求系数取值同前面 9 节点算例。在 110kV 潭头变电站的 10kV 母线侧接有蓄电池储能机组，额定功率为 5MW，额定电量为 10MW·h，充放电费用为 0.8 元/(kW·h)，充放电效率为 96%。

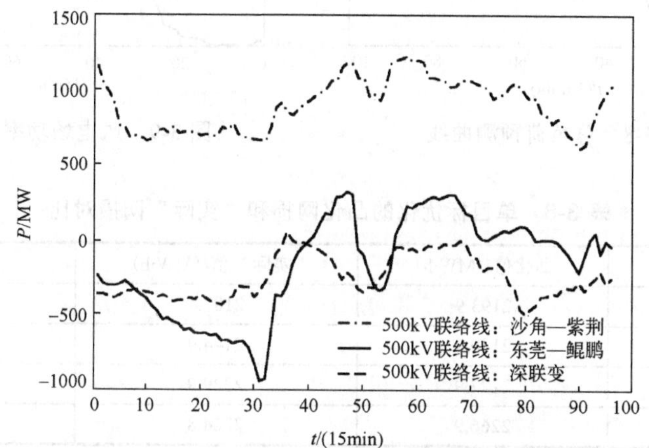

(a) 500kV联络线功率计划曲线

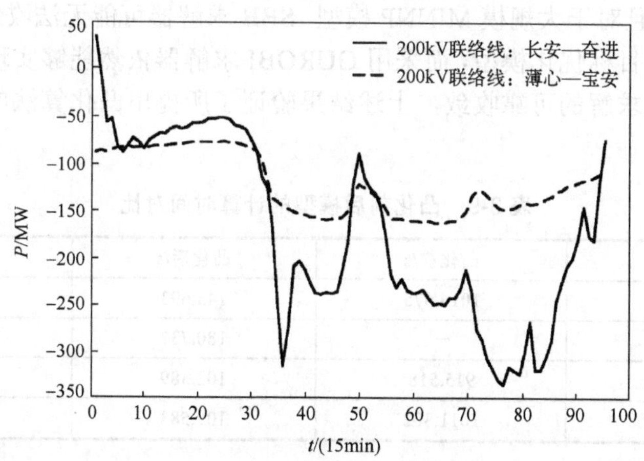

(b) 220kV联络线功率计划曲线

图 3-7　联络线的功率计划曲线

首先验证网损凸化方法的准确性，由 4 个端点对比网损值的结果如表 3-8 所示。可以看到，该实际大电网算例中网损相对误差的最大值为 0.297%，相比小型系统算例的相对误差有所增大，但仍在 0.3%内，验证了所采用的凸包松弛方法得到的 MICP 模型在实际大电网中同样具有较高的计算精度。

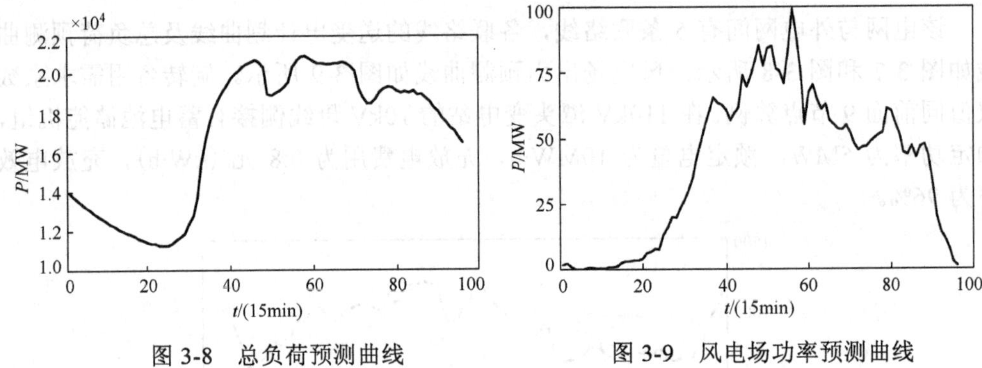

图 3-8 总负荷预测曲线

图 3-9 风电场功率预测曲线

表 3-8 单目标优化的凸化网损和“实际”网损对比

优化目标	凸化值/(MW·h)	“实际”值/(MW·h)	相对误差/%
f_1	2193.9	2187.4	0.297
f_2	2149.9	2144.9	0.233
f_3	2227.9	2229.9	0.090
f_4	2266.9	2264.8	0.093

凸化前后模型的计算时间对比如表 3-9 所示，可看到求解凸化后模型的时间降低了 85%以上。且对于大规模 MINNP 模型，SBB 求解器可能无法收敛，如求解以 f_2 为目标函数的单目标优化模型，而采用 GUROBI 求解器依然能够实现对于凸化后大规模 MICP 模型求解的可靠收敛，上述结果验证了所提出凸化算法的高效性和收敛可靠性。

表 3-9 凸化前后模型的计算时间对比

优化目标	凸化前/s	凸化后/s	节省时间/%
f_1	1014.675	145.693	85.641
f_2	—	180.737	—
f_3	915.518	102.389	88.816
f_4	1011.302	109.583	89.164

再求解凸化后的四目标优化模型，由 Pareto 前沿 4 个端点的目标值计算各个目标间的 Spearman 相关系数，结果与表 3-5 相同，同样选择污染气体排放量 f_4 作为上层目标。将上层目标 f_4 作为约束条件加入模型中并划分网格点，取 q=3，以 f_4 的最小值 6907.271t 和最大值 12516.480t 作为基准 $f_{4\min}$ 和 $f_{4\max}$，并将 $f_{4,j}$ 规格化得到 $\bar{f}_{4,j}$。求取各个 $\bar{f}_{4,j}$ 取值对应三目标优化模型的 Pareto 前沿曲面，并汇总得到了三维空间中四目标 SCUC 模型的 Pareto 前沿曲面簇如图 3-10 所示，得到的折中最优解用黑色圆形圈出，可以看到，得到的 Pareto 前沿曲面簇上的各点同样分布均匀。

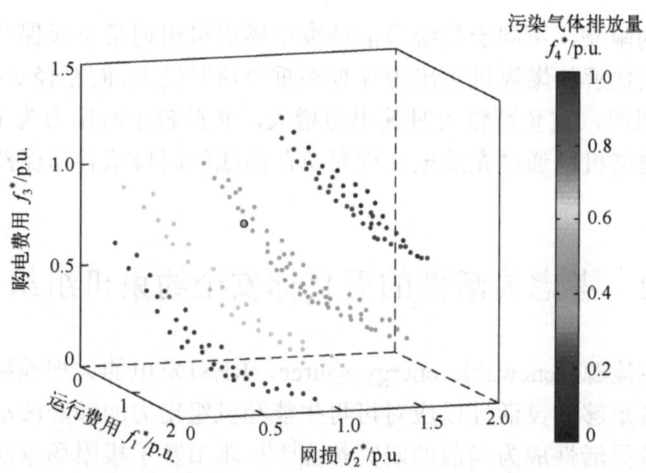

图 3-10　四目标优化的 Pareto 前沿曲面簇(见彩图)

单目标解和折中最优解的比较如表 3-10 所示。可以看到，折中最优解对应的 λ_j 值要明显大于 4 个单目标解，表明所得到的折中最优解比 4 个单目标优化解的优化程度更高。

表 3-10　单目标解和折中最优解比较

优化解	运行费用/万元	网损/(MW·h)	购电费用/万元	污染排放/(10^3t)	λ_j
f_1	6449.819	2193.9	4132.668	11.395	0.5732
f_2	7948.363	2149.9	4486.287	10.424	0.5765
f_3	8217.612	2227.9	3960.279	12.280	0.3739
f_4	9020.546	2266.9	4544.148	6.907	0.5513
折中最优解	7222.875	2220.2	4345.001	8.777	0.6359

折中最优解对应的部分机组出力曲线如图 3-11 所示。可以看到，深蓄 1 在夜间抽水白天发电，符合抽水蓄能机组的运行特性；妈湾 3 为燃煤机组，受到污染气体

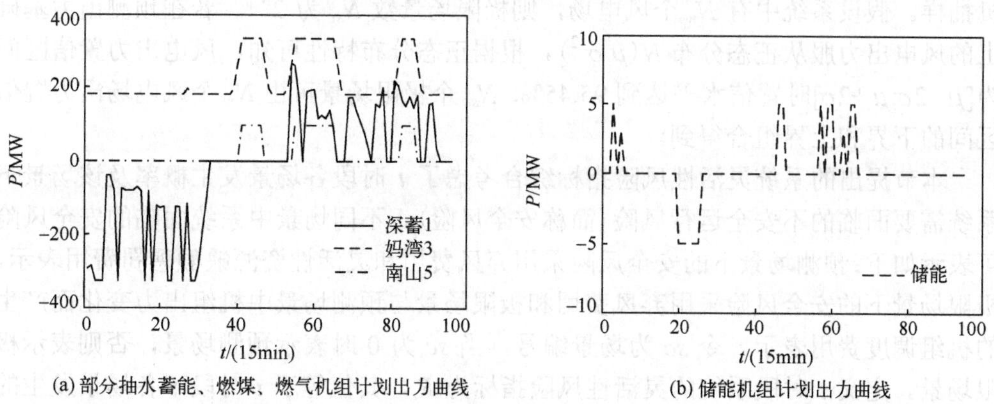

(a) 部分抽水蓄能、燃煤、燃气机组计划出力曲线　　(b) 储能机组计划出力曲线

图 3-11　部分机组的出力计划曲线

排放量 f_4 目标的限制，不同于传统日前调度中燃煤机组通常全天保持最大出力，多目标优化折中最优解的燃煤机组出力计划在重负荷时较大，而在轻负荷时出力减小；南山 5 为燃气机组，在负荷较大时其出力增大，负荷较小时出力为 0，能够快速响应负荷变化；储能机组通过充放电实现对负荷曲线的削峰填谷和保持火电机组出力平稳运行。

3.2 考虑灵活性的五目标安全约束机组组合

随着可再生能源(renewable energy source，RES)发电的大规模接入，电力系统运行时需要具备足够的灵活性以应对可再生能源机组出力的频繁波动，如何量化评估以及提高系统灵活性成为当前的研究热点[6,7]。本节基于极限场景法提出了系统灵活性风险指标，用于体现系统在运行中当净负荷出现偏差时，由于灵活性调节资源不足而给系统造成的不安全运行风险。接着构建了以最小化系统灵活性风险、网络损耗、运行费用、购电费用和污染气体排放量为目标的五目标 SCUC 模型，并提出了一种求解此五目标 SCUC 模型的算法[8,9]。

3.2.1 电力系统灵活性风险指标

3.1 节中的 SCUC 模型中通过预留正/负旋转备用容量应对风电和负荷预测功率的偏差，虽然计算简单快捷，但旋转备用需求系数的给定具有一定主观性，导致计算结果往往偏于保守，难以体现各时段净负荷波动时电力系统的灵活性需求大小。而场景法能较好地模拟风电出力偏差，根据风电出力预测值和误差的概率分布生成一系列误差场景，常规机组在各场景下的启停状态相同但出力大小不同，以此平衡风电出力波动。但是，传统基于随机抽样的场景法，其计算时间随着模型规模的增大呈指数级上升，且难以应对极端场景，因此本章采用极限场景法来替代大量的随机抽样。假设系统中有 N_w 个风电场，则极限场景数 N_{sc} 为 2^{N_w}，若在预测出力基础上的风电出力服从正态分布 $N(\mu,\sigma^2)$，根据正态分布特性可知，风电出力置信区间为$[\mu-2\sigma,\mu+2\sigma]$时置信水平达到 95.45%。$N_{sc}$ 个极限场景可由 N_w 个风电场出力置信区间的下界和上界组合得到。

本节提出的系统灵活性风险指标综合考虑了 t 时段各场景发生概率及该场景下系统需要面临的不安全运行风险(简称安全风险)。不同场景中系统面临的安全风险可表示如下：预测场景下的安全风险采用弃风费用和灵活性资源缺额惩罚费用表示，极限场景下的安全风险采用弃风费用和极限场景与预测场景中机组出力变化而产生的机组调度费用表示。令 sc 为场景编号，当 sc 为 0 时表示预测场景，否则表示极限场景。定义 t 时段系统的灵活性风险指标为 R_t，其值等于 t 时段下各场景发生的概率与对应场景下系统安全风险乘积的总和。R_t 可用式(3-39)表示：

$$R_t=\sum_{w=1}^{N_w}Q_{w,t}^0+Q_{\text{lack},t}^0+\sum_{sc=1}^{N_{sc}}p^{sc}\left(\sum_{w=1}^{N_w}Q_{w,t}^{sc}+\sum_{i=1}^{N_1}D_{i,t}^{sc}+\sum_{b=1}^{N_3}D_{b,t}^{sc}\right),\quad sc=1,\cdots,N_{sc} \tag{3-39}$$

式中，$Q_{w,t}^{sc}$ 为场景 sc 下风电场 w 在 t 时段的弃风惩罚费用；$Q_{\text{lack},t}^0$ 为预测场景下系统的灵活性资源缺额惩罚费用；p^{sc} 为极限场景 sc 发生的概率，假定每个极限场景发生的概率均为$1/N_{sc}$，即 p^{sc} 均为$1/2^{N_w}$；$D_{i,t}^{sc}/D_{b,t}^{sc}$ 分别为极限场景 sc 下火电机组 i/蓄电池机组 b 在 t 时段的灵活性调度费用。由于各场景下抽水蓄能机组的启停状态相同，而本节只考虑抽水蓄能机组的启停费用，故调节其出力的灵活性调度费用为0。

预测场景下的弃风费用和灵活性缺额惩罚费用可用式(3-40)表示：

$$\begin{cases}Q_{w,t}^0=\lambda_w(\hat{P}_{w,t}^0-P_{w,t}^0)\\Q_{\text{lack},t}^0=\lambda_{\text{lack}}(\Delta P_{\text{lack}u,t}^0+\Delta P_{\text{lack}d,t}^0)\end{cases} \tag{3-40}$$

式中，$\hat{P}_{w,t}^0$ 和 $P_{w,t}^0$ 分别为预测场景下风电场 w 在 t 时段的预测出力和调度出力；λ_{lack} 为灵活性资源缺额惩罚费用系数；$\Delta P_{\text{lack}u,t}^0/\Delta P_{\text{lack}d,t}^0$ 为预测场景下系统在 t 时段的上调/下调灵活性缺额容量。

极限场景下的弃风费用和灵活性资源调度费用可用式(3-41)表示：

$$\begin{cases}Q_{w,t}^{sc}=\lambda_w(\hat{P}_{w,t}^{sc}-P_{w,t}^{sc})\\D_{i,t}^{sc}\geqslant F_{i,t}^{sc}-F_{i,t}^0,\ \ D_{i,t}^{sc}\geqslant 0,\quad sc=1,\cdots,N_{sc}\\D_{b,t}^{sc}\geqslant F_{b,t}^{sc}-F_{b,t}^0,\ \ D_{b,t}^{sc}\geqslant 0\end{cases} \tag{3-41}$$

式中，$\hat{P}_{w,t}^{sc}$ 为极限场景 sc 下风电场 w 在 t 时段的极限出力，即置信区间$[\mu-2\sigma,\mu+2\sigma]$对应的风电出力边界；$P_{w,t}^{sc}$ 为场景 sc 下风电场 w 在 t 时段的调度出力；$F_{i,t}^{sc}$ 为场景 sc 下火电机组 i 在 t 时段发电燃料费用；$F_{b,t}^{sc}$ 为场景 sc 下蓄电池机组 b 在 t 时段的运行费用。

$F_{i,t}^{sc}$ 可采用类似式(3-2)的二次函数表示，并且可近似表示为如下分段线性不等式：

$$F_{i,t}^{sc}\geqslant\alpha_{i,k}P_{i,t}^{sc}+\beta_{i,k}I_{i,t},\quad k=1,2,\cdots,M \tag{3-42}$$

式中，$P_{i,t}^{sc}$ 为场景 sc 下机组 i 在 t 时段的出力。

$F_{b,t}^{sc}$ 可用式(3-43)表示：

$$F_{b,t}^{sc}=C_{\text{dis},b}P_{\text{dis},b,t}^{sc}+(-C_{\text{ch},b}P_{\text{ch},b,t}^{sc}) \tag{3-43}$$

式中，$P_{\text{dis},b,t}^{sc}/P_{\text{ch},b,t}^{sc}$ 为场景 sc 下储能机组 b 在 t 时段的发/充电功率。

3.2.2　五目标 SCUC 模型

基于风电出力极限场景建立了考虑灵活性的五目标 SCUC 模型，模型中需要同时考虑预测场景下和极限场景下的各项约束及场景之间的转移约束[10]。

1．优化目标

由于在灵活性风险指标中考虑了弃风惩罚费用，因此系统运行成本不含弃风惩罚费用，除此之外系统运行费用没有变化，网络损耗、购电费用和污染气体排放量与 3.1 节一样都为预测场景下的值。

(1) 灵活性风险 z_1：

$$z_1 = \sum_{t=1}^{T} R_t \tag{3-44}$$

式中，R_t 为 t 时段系统灵活性风险指标，由式(3-39)计算。

(2) 网络损耗 z_2：

$$z_2 = \sum_{t=1}^{T}\sum_{l=1}^{N_L} P_{\mathrm{Los},l,t}^{0} \tag{3-45}$$

式中，$P_{\mathrm{Los},l,t}^{0}$ 为预测场景下支路 l 在 t 时段的网损，可用式(3-46)表示：

$$P_{\mathrm{Los},l,t}^{0} = g_{km}\left(\sum_{i\in\psi}(X_{ki}-X_{mi})P_{\mathrm{in},i,t}^{0} - \sum_{j\in\Omega_{Ld}}(X_{kj}-X_{mj})P_{\mathrm{Load},j,t}\right)^2 \tag{3-46}$$

(3) 运行费用 z_3：

$$z_3 = \sum_{t=1}^{T}\left(\sum_{i=1}^{N_1}(F_{i,t}^{0} + C_{iU,t} + C_{iD,t}) + \sum_{s=1}^{N_2}(C_{sU,t} + C_{sD,t}) + \sum_{b=1}^{N_3} F_{b,t}^{0}\right) \tag{3-47}$$

(4) 购电费用 z_4：

$$z_4 = \sum_{t=1}^{T}\left(\sum_{i=1}^{N_1} C_{i,t}P_{i,t}^{0} + \sum_{w=1}^{N_w} C_{w,t}P_{w,t}^{0}\right) \tag{3-48}$$

(5) 污染气体排放量 z_5：

$$z_5 = \sum_{t=1}^{T}\sum_{i=1}^{N_1}(B_{i,1}P_{i,t}^{0} + B_{i,0}I_{i,t}) \tag{3-49}$$

2．基本约束

(1) 系统功率平衡约束，包括预测场景和极限场景下的功率平衡约束，表示如下：

$$\sum_{i=1}^{N_1} P_{i,t}^{sc} + \sum_{s=1}^{N_2}(P_{\mathrm{pg},s,t}^{sc} + P_{\mathrm{pp},s,t}^{sc}) + \sum_{b=1}^{N_3}(P_{\mathrm{dis},b,t}^{sc} + P_{\mathrm{ch},b,t}^{sc}) = P_{\mathrm{netload},t}^{sc} + \sum_{l=1}^{N_L} P_{\mathrm{Los},l,t}^{sc} \tag{3-50}$$

式中，$P_{\mathrm{pg},s,t}^{sc} / P_{\mathrm{pp},s,t}^{sc}$ 为场景 sc 下抽水蓄能机组 s 在 t 时段的发电/抽水功率；$P_{\mathrm{dis},b,t}^{sc} / P_{\mathrm{ch},b,t}^{sc}$ 为场景 sc 下储能机组 b 在 t 时段的放/充电功率；$P_{\mathrm{Los},l,t}^{sc}$ 为场景 sc 下支路 l 在 t 时段的网损；$P_{\mathrm{netload},t}^{sc}$ 为场景 sc 下 t 时段的系统净负荷，其大小等于 t 时段负荷预测值 $P_{\mathrm{Load},t}$

与场景 sc 下的总风电出力值之差，可用式(3-51)表示。

$$P_{\text{netload},t}^{sc} = P_{\text{Load},t} - \sum_{w=1}^{N_w} P_{w,t}^{sc} \tag{3-51}$$

网损 $P_{\text{Los},l,t}^{sc}$ 可用式(3-52)计算：

$$P_{\text{Los},l,t}^{sc} = g_{km}\left(\sum_{i\in\psi}(X_{ki}-X_{mi})P_{\text{in},i,t}^{sc} - \sum_{j\in\Omega_{Ld}}(X_{kj}-X_{mj})P_{\text{Load},j,t}\right)^2 \tag{3-52}$$

(2) 机组出力上下限约束：

$$\begin{cases} I_{i,t}P_{i,\min} \leqslant P_{i,t}^{sc} \leqslant I_{i,t}P_{i,\max} \\ 0 \leqslant P_{w,t}^{sc} \leqslant \hat{P}_{w,t}^{sc} \end{cases}, \quad sc = 0,1,\cdots,N_{sc} \tag{3-53}$$

(3) 机组爬坡/滑坡约束：

$$\begin{cases} P_{i,t}^{sc} - P_{i,t-1}^{sc} \leqslant r_{ui}T_{15}I_{i,t-1} + P_{i,\min}(I_{i,t} - I_{i,t-1}) \\ P_{i,t-1}^{sc} - P_{i,t}^{sc} \leqslant r_{di}T_{15}I_{i,t} + P_{i,\min}(I_{i,t-1} - I_{i,t}) \end{cases}, \quad sc = 0,1,\cdots,N_{sc} \tag{3-54}$$

(4) 场景转移约束：

$$\begin{cases} P_{i,t}^{0} - P_{i,t}^{sc} \leqslant r_{ui}T_{15}I_{i,t} \\ P_{i,t}^{sc} - P_{i,t}^{0} \leqslant r_{di}T_{15}I_{i,t} \end{cases}, \quad sc = 1,\cdots,N_{sc} \tag{3-55}$$

(5) 机组最小开停机时间约束，如式(3-14)所示。

3．网络安全约束

$$\begin{cases} P_{l,km,t}^{sc} = \sum_{i\in\psi}\left(\dfrac{X_{ki}-X_{mi}}{x_{km}}\right)P_{\text{in},i,t}^{sc} - \sum_{j\in\Omega_{Ld}}\left(\dfrac{X_{kj}-X_{mj}}{x_{km}}\right)P_{\text{Load},j,t} \\ -\overline{P}_{l,km} \leqslant P_{l,km,t}^{sc} \leqslant \overline{P}_{l,km} \end{cases}, \quad sc = 0,1,\cdots,N_{sc} \tag{3-56}$$

式中，$P_{l,km,t}^{sc}$ 为场景 sc 下支路 l 在 t 时段的传输功率。

4．抽水蓄能机组运行约束

(1) 出力上下限约束：

$$\begin{cases} 0 \leqslant P_{\text{pg},s,t}^{sc} \leqslant P_{\text{pg},s,\max}\cdot Z_{\text{pg},s,t} \\ P_{\text{pp},s,\max}\cdot Z_{\text{pp},s,t} \leqslant P_{\text{pp},s,t}^{sc} \leqslant 0 \end{cases}, \quad sc = 0,1,\cdots,N_{sc} \tag{3-57}$$

(2) 运行工况互补约束，如式(3-17)所示。

(3) 日电量平衡约束：

$$\sum_{t=1}^{T} P_{\text{pg},s,t}^{sc} + \xi\cdot\sum_{t=1}^{T} P_{\text{pp},s,t}^{sc} = 0, \quad sc = 0,1,\cdots,N_{sc} \tag{3-58}$$

(4) 运行工况切换时间约束，如式(3-19)所示。

5．蓄电池储能机组运行约束

(1) 充放电功率约束：

$$\begin{cases} 0 \leqslant P_{\text{dis},b,t}^{sc} \leqslant P_{\text{dis},b,\max} \cdot Z_{\text{dis},b,t} \\ P_{\text{ch},b,\max} \cdot Z_{\text{ch},b,t} \leqslant P_{\text{ch},b,t}^{sc} \leqslant 0 \end{cases}, \quad sc = 0,1,\cdots,N_{sc} \tag{3-59}$$

(2) 充放电状态互补约束，如式(3-21)所示。

(3) 蓄电池电量约束：

$$\begin{cases} E_{b,t}^{sc} = E_{b,t-1}^{sc} + (-P_{\text{dis},b,t}^{sc} / \eta_{\text{dis},b} - P_{\text{ch},b,t}^{sc} \eta_{\text{ch},b}) \cdot T_{15} \\ 0 \leqslant E_{b,t}^{sc} \leqslant E_{b,\max} \end{cases}, \quad sc = 0,1,\cdots,N_{sc} \tag{3-60}$$

式中，$E_{b,t}^{sc}$ 为场景 sc 下储能电站 b 在 t 时段存储的剩余电量。

6．系统灵活性约束

式(3-39)的 R_t 表达式中预测场景下灵活性资源缺额可由系统灵活性约束得出。

(1) 系统灵活性需求约束。

系统的灵活性需求既要考虑各时段负荷和风电出力的不确定性，也要考虑相邻时段净负荷的变化，因此系统的上调/下调灵活性需求约束如式(3-61)所示：

$$\begin{cases} (P_{\text{netload},t+1}^{0} - P_{\text{netload},t}^{0}) + L_u\% P_{\text{Load},t+1} + w_u\% \sum_{w=1}^{N_w} P_{w,t+1}^{0} \leqslant \Delta P_{\sup u,t}^{0} + \Delta P_{\text{lack}\, u,t}^{0} \\ (P_{\text{netload},t}^{0} - P_{\text{netload},t+1}^{0}) + L_d\% P_{\text{Load},t+1} + w_d\% \sum_{w=1}^{N_w} (\hat{P}_{w,t+1}^{0} - P_{w,t+1}^{0}) \leqslant \Delta P_{\sup d,t}^{0} + \Delta P_{\text{lack}\, d,t}^{0} \end{cases} \tag{3-61}$$

式中，$L_u\%/L_d\%$为负荷预测偏差对上调/下调灵活性资源的需求百分比；$w_u\%/w_d\%$为风电预测偏差对上调/下调灵活性资源的需求百分比；$\Delta P_{\text{sup}u,t}^{0} / \Delta P_{\text{sup}d,t}^{0}$ 为预测场景下系统 t 时段的上调/下调灵活性供给能力。

(2) 系统灵活性供给能力约束。

系统在 t 时段能够提供的灵活性为所有机组在 t 时段能够提供的灵活性之和，如式(3-62)所示：

$$\begin{cases} \Delta P_{\text{sup}u,t}^{0} = \sum_{i=1}^{N_1} \Delta P_{u,i,t}^{0} + \sum_{s=1}^{N_2} \Delta P_{u,s,t}^{0} + \sum_{b=1}^{N_3} \Delta P_{u,b,t}^{0} \\ \Delta P_{\text{sup}d,t}^{0} = \sum_{i=1}^{N_1} \Delta P_{d,i,t}^{0} + \sum_{s=1}^{N_2} \Delta P_{d,s,t}^{0} + \sum_{b=1}^{N_3} \Delta P_{d,b,t}^{0} \end{cases} \tag{3-62}$$

式中，$\Delta P_{u,i,t}^{0} / \Delta P_{u,s,t}^{0} / \Delta P_{u,b,t}^{0}$ 为预测场景下火电机组 i/抽水蓄能机组 s/蓄电池机组 b 在 t 时段能够提供的上调灵活性；$\Delta P_{d,i,t}^{0} / \Delta P_{d,s,t}^{0} / \Delta P_{d,b,t}^{0}$ 为预测场景下火电机组 i/抽水蓄

能机组 s/蓄电池机组 b 在 t 时段能够提供的下调灵活性。

各类机组能够提供的上调和下调灵活性可由式(3-63)表示：

$$\begin{cases} 0 \leqslant \Delta P_{u,i,t}^{0} \leqslant \min(P_{i,\max} I_{i,t} - P_{i,t}^{0}, r_{ui} T_{10} I_{i,t}) \\ 0 \leqslant \Delta P_{d,i,t}^{0} \leqslant \min(P_{i,t}^{0} - P_{i,\min} I_{i,t}, r_{di} T_{10} I_{i,t}) \\ 0 \leqslant \Delta P_{u,s,t}^{0} \leqslant P_{\text{pg},s,\max} Z_{\text{pg},s,t} - P_{\text{pg},s,t}^{0} - P_{\text{pp},s,t}^{0} \\ 0 \leqslant \Delta P_{d,s,t}^{0} \leqslant P_{\text{pg},s,t}^{0} + P_{\text{pp},s,t}^{0} - P_{\text{pp},s,\max} Z_{\text{pp},s,t} \\ 0 \leqslant \Delta P_{u,b,t}^{0} \leqslant P_{\text{dis},b,\max} - P_{\text{dis},b,t}^{0} - P_{\text{ch},b,t}^{0} \\ 0 \leqslant \Delta P_{d,b,t}^{0} \leqslant P_{\text{dis},b,t}^{0} + P_{\text{ch},b,t}^{0} - P_{\text{ch},b,\max} \end{cases} \tag{3-63}$$

式中，T_{10} 为机组灵活性调节出力的响应时间，这里假定为 10min。

3.2.3　五目标优化问题 Pareto 最优解集的求解

首先采用 3.1 节中的网损凸包松弛方法对优化模型进行凸化，再求解凸化后的五目标 SCUC 模型。五目标 SCUC 模型的降维要选择出两个上层优化目标，为了使得所选取的优化目标包含更多的信息，本节会根据目标选择算法选出一个最冲突目标集合：先计算各目标之间 Spearman 相关系数，再分析各目标的关系，选择出上层优化目标。并提出了两种求解五目标优化问题的 Pareto 前沿的方法，分别是基于上层两目标网格取值的五目标 ε-约束法和基于上层两目标 Pareto 前沿曲线取值的五目标 ε-约束法。

1. 基于 Spearman 相关系数的目标选择算法

提出如下的高维多目标优化模型的降维方法：通过目标选择算法将选出的最冲突目标作为上层优化目标，剩下的目标作为下层优化目标，结合 ε-约束法将上层优化目标通过逐点取值并放到约束条件中，从而将原高维多目标优化模型转化为一系列由下层优化目标组成的低维多目标优化模型。基于 Spearman 相关系数的目标选择算法的伪代码如算法 3-1 所示。

算法 3-1　基于 Spearman 相关系数的目标选择算法

输入：C^M：Spearman 相关系数矩阵

M：目标个数

$S_t=[1{:}M]$：中间集合

$S_c=\varnothing$：初始矛盾目标集

N_t：要求选出的最冲突目标数，本章设为 2

步骤：**while** $S_t \neq \varnothing$ **or** size$(S_c)<N_t$ **do**

if C^M 所有元素为正

$J=\text{argmax}(\text{sum}(C^M(1{:}M,j)))$；找出最具代表性的目标；

else

$J=\text{argmin}(\text{sum}(C^M(i,j)))$, $C^M(i,j)<0$ 且 $1\leqslant i\leqslant M$；找出最冲突目标；

end if

将目标 f_J 写入 S_c 中，并从 S_t 中剔除元素 J；

end while

输出：S_c：符合要求的最冲突目标集

其中，S_t 为中间集合，用于存放未被选择目标的信息；S_c 为选出的最冲突目标集合。首先根据各个目标函数之间的 Spearman 相关系数矩阵选出与其他目标最为冲突的目标，即负相关系数总和的绝对值最大的目标；然后将该最冲突目标加入 S_c 中，并在 S_t 中删除该最冲突目标对应的元素；接着继续在剩下的目标中选择最冲突目标，重复该选择过程直至达到循环终止条件。采用目标选择算法选择两个最冲突目标作为上层优化目标，其余三个目标作为下层优化目标，以实现高维多目标优化模型的分层降维。

2. 基于上层两目标网格取值的五目标 ε-约束法

对 3.1 节中的四目标 ε-约束法进行拓展，提出基于上层两目标网格取值的五目标 ε-约束法，利用目标选择算法选出第一个最冲突目标为一级冲突目标，再在剩余目标中选出第二个最冲突目标为二级冲突目标，由这两个目标划分网格点并添加到约束条件中，从而可以将五目标优化模型转化为一系列三目标优化模型。具体过程如下。式(3-44)～式(3-63)、式(3-14)、式(3-17)、式(3-19)和式(3-21)组成的五目标 SCUC 模型可写为如式(3-64)所示的紧凑形式：

$$\begin{cases}\min\ \{z_1(\boldsymbol{x}),z_2(\boldsymbol{x}),z_3(\boldsymbol{x}),z_4(\boldsymbol{x}),z_5(\boldsymbol{x})\}\\ \text{s.t.}\begin{cases}\boldsymbol{h}(\boldsymbol{x})=\boldsymbol{0}\\ \underline{\boldsymbol{g}}\leqslant\boldsymbol{g}(\boldsymbol{x})\leqslant\overline{\boldsymbol{g}}\end{cases}\end{cases}\tag{3-64}$$

假定 z_5 为选出的一级冲突目标，z_4 为选出的二级冲突目标，另外三目标 z_1、z_2 和 z_3 作为下层优化目标，则转化步骤如下所述。

(1) 求解 $\min z_5(\boldsymbol{x})$ 和 $\max z_5(\boldsymbol{x})$ 两个单目标优化问题以确定一级冲突目标 z_5 的最小值 $z_{5\min}$ 和最大值 $z_{5\max}$，并计算 z_5 的取值范围 $\Delta z_5 = z_{5\max} - z_{5\min}$。

(2) 将目标函数 z_5 的取值范围 Δz_5 进行 q_1 等分，从而得到 q_1+1 个分点，z_5 的第 k 个分点的值为 $z_{5k} = z_{5\min} + k\,\Delta z_5/q_1,\ k = 0, 1, \cdots, q_1$。

(3) 在 z_5 的第 k 个分点 z_{5k} 上求解二级冲突目标 z_4 的范围，分别求出其最小值 $z_{4\min,5k}$ 和最大值 $z_{4\max,5k}$，并计算该分点上 z_4 的取值范围 $\Delta z_{4,5k} = z_{4\max,5k} - z_{4\min,5k}$。

求解 $z_{4\max,5k}$ 的优化模型如式(3-65)所示：

$$\begin{cases}\max\ \left(z_4(\boldsymbol{x})-l_0 v_{5k}^b/\Delta z_5\right)\\ \text{s.t.}\begin{cases}z_5(\boldsymbol{x})=z_{5k}+v_{5k}^b,\quad v_{5k}^b\geqslant 0\\ \boldsymbol{h}(\boldsymbol{x})=\boldsymbol{0}\\ \underline{\boldsymbol{g}}\leqslant\boldsymbol{g}(\boldsymbol{x})\leqslant\overline{\boldsymbol{g}}\end{cases}\end{cases}\tag{3-65}$$

求解 $z_{4\min,5k}$ 的优化模型如式(3-66)所示：

$$\begin{cases}\min\ (z_4(\boldsymbol{x})+l_0\, v_{5k}^b/\Delta z_5)\\ \text{s.t.}\begin{cases}z_5(\boldsymbol{x})=z_{5k}+v_{5k}^b,\quad v_{5k}^b\geqslant 0\\ \boldsymbol{h}(\boldsymbol{x})=\boldsymbol{0}\\ \underline{\boldsymbol{g}}\leqslant \boldsymbol{g}(\boldsymbol{x})\leqslant \overline{\boldsymbol{g}}\end{cases}\end{cases} \tag{3-66}$$

式中，l_0 为常数，取值在 10^{-3}～10^{-1}；v_{5k}^b 为对目标 z_5 引入的辅助变量，引入的目的是在相邻分点间找到可行的目标函数解，为了使得到的解对应的 z_5 值尽量落在所选取的分点 z_{5k} 上，v_{5k}^b 的值必须尽可能小即尽可能接近 0，因此，式(3-65)最大化问题的目标函数中 $l_0\, v_{5k}^b/\Delta z_5$ 项前面为负号，式(3-66)最小化问题的目标函数中 $l_0\, v_{5k}^b/\Delta z_5$ 项前面为正号。

(4) 在分点 z_{5k} 上将目标函数 z_4 的取值范围 $\Delta z_{4,5k}$ 进行 q_2 等分，从而得到 q_2+1 个分点，z_{5k} 上第 j 个点的值为 $z_{4j,5k}= z_{4\min,5k}+j\,\Delta z_{4,5k}/q_2$，$j=0,1,\cdots,q_2$。

(5) 求解在第 k 个分点上，第 j 个网格点 $z_{4j,5k}$ 的 Pareto 前沿的下层优化模型如式(3-67)所示：

$$\begin{cases}\min\ \{z_1(\boldsymbol{x})+l_0\,(v_{4j,5k}^b/\Delta z_{4,5k}+v_{5k}^b/\Delta z_5),\ z_2(\boldsymbol{x})+l_0\,(v_{4j,5k}^b/\Delta z_{4,5k}+v_{5k}^b/\Delta z_5),\\ \qquad z_3(\boldsymbol{x})+l_0\,(v_{4j,5k}^b/\Delta z_{4,5k}+v_{5k}^b/\Delta z_5)\}\\ \text{s.t.}\begin{cases}z_5(\boldsymbol{x})=z_{5k}+v_{5k}^b,\quad v_{5k}^b\geqslant \boldsymbol{0}\\ z_4(\boldsymbol{x})=z_{4j,5k}+v_{4j,5k}^b,\quad v_{4j,5k}^b\geqslant 0\\ \boldsymbol{h}(\boldsymbol{x})=0\\ \underline{\boldsymbol{g}}\leqslant \boldsymbol{g}(\boldsymbol{x})\leqslant \overline{\boldsymbol{g}}\end{cases}\end{cases} \tag{3-67}$$

式中，$v_{4j,5k}^b$ 为对选定的最冲突目标引入的辅助变量，引入的目的是在相邻网格点间找到可行的目标函数解，并且，为了使得解尽量落在所选取的网格点上，其值应该尽可能接近 0。

通过逐次改变 z_5 和 z_4 的不同分点构成的网格点取值，并求解对应的下层三目标优化模型对应的Pareto 前沿曲面，就可得到原五目标优化模型的 Pareto 前沿曲面簇。

3. 基于上层两目标曲线取值的五目标 ε-约束法

基于上层两目标曲线取值的 ε-约束法的基本思路是首先依据目标间的 Spearman 相关系数分析目标间的相关关系，选出两个最冲突目标构成上层目标集，剩下的三个目标构成下层目标集，将五目标优化问题分解为上下两层的低维多目标优化子问题，先求解上层两目标优化模型得到其 Pareto 前沿曲线，再将曲线上的每个 Pareto 点对应的上层两个目标函数值作为约束条件添加到下层三目标优化模型中，从而将五目标优化模型转化为一系列三目标优化模型。求解每个下层三目标优化模型的 Pareto 前沿曲面，就得到原五目标优化模型的 Pareto 前沿曲面簇。显然，相比于基于网格点取值的方法，基于上层两目标 Pareto 前沿曲线取值法的计算量更小，能有效地提升计算效率。仍以式(3-64)所示的五目标优化模型为例，假定 z_4 和 z_5 为选出的冲突目标集，将其作为上层优化目标，另外三目标 z_1、z_2 和 z_3 作为下层优化目标，则模型的转化步骤如下所述。

(1)首先根据 NNC 法求解上层两目标优化模型，得到 m 个均匀分布的 Pareto 最优解组成 Pareto 前沿曲线。上层两目标优化模型可用式(3-68)表示：

$$\begin{cases} \min\ \{z_4(\boldsymbol{x}), z_5(\boldsymbol{x})\} \\ \text{s.t.} \begin{cases} \boldsymbol{h}(\boldsymbol{x}) = \boldsymbol{0} \\ \underline{\boldsymbol{g}} \leqslant \boldsymbol{g}(\boldsymbol{x}) \leqslant \overline{\boldsymbol{g}} \end{cases} \end{cases} \tag{3-68}$$

(2)计算上层 Pareto 前沿曲线上 z_4 和 z_5 的取值范围 $\Delta z_4 = z_{4\max} - z_{4\min}$，$\Delta z_5 = z_{5\max} - z_{5\min}$，并以 z_4 为横坐标、z_5 为纵坐标绘制两目标 Pareto 曲线点图，并对点进行排序，以 y 轴上的端点作为第一个点，x 轴上的端点作为最后一个点，当点序增大时，z_4 增大，z_5 减小，第 k 个曲线点的坐标为 $(z_{4,k}, z_{5,k})$。

(3)按点的顺序求解各个上层曲线点对应的下层三目标优化模型的 Pareto 前沿曲面，第 k 个上层曲线点对应的下层三目标优化模型如式(3-69)所示：

$$\begin{cases} \min\ \{z_1(\boldsymbol{x}) + l_1(u_{4,k}^a/\Delta z_4 + u_{5,k}^a/\Delta z_5),\ z_2(\boldsymbol{x}) + l_1(u_{4,k}^a/\Delta z_4 + u_{5,k}^a/\Delta z_5), \\ \qquad z_3(\boldsymbol{x}) + l_1(u_{4,k}^a/\Delta z_4 + u_{5,k}^a/\Delta z_5)\} \\ \text{s.t.} \begin{cases} z_4(\boldsymbol{x}) = z_{4,k} + u_{4,k}^a, \quad u_{4,k}^a \geqslant 0, \quad 1 \leqslant k \leqslant m \\ z_5(\boldsymbol{x}) = z_{5,k} - u_{5,k}^a, \quad u_{5,k}^a \geqslant 0, \quad 1 \leqslant k \leqslant m \\ \boldsymbol{h}(\boldsymbol{x}) = \boldsymbol{0} \\ \underline{\boldsymbol{g}} \leqslant \boldsymbol{g}(\boldsymbol{x}) \leqslant \overline{\boldsymbol{g}} \end{cases} \end{cases} \tag{3-69}$$

式中，l_1 为一常数，取值在 10^{-3}～10^{-1}；$u_{4,k}^a$、$u_{5,k}^a$ 为辅助变量，其引入的目的同样是在 Pareto 前沿曲线的相邻点处求得可行的目标函数解。随着点序 k 的增大，z_4 增大，z_5 减小，因而在式(3-69)模型新添加的约束条件中 $u_{4,k}^a$ 项前面为正号，而 $u_{5,k}^a$ 项前面为负号。

4. 求取五目标优化问题的 Pareto 前沿和折中最优解

对五目标优化模型进行降维处理后，采用 2.2 节中的 NNC 法，可求解得到降维后每个三目标优化模型的 Pareto 前沿曲面，并且采用颜色柱表示上层两目标集以得到三维空间中五目标优化模型的 Pareto 前沿曲面簇。最后，采用与 3.1.3 节相同的模糊隶属度和熵权法，即可从 Pareto 前沿曲面簇中获得一个五目标综合优化程度较高的解，从而得到五目标 SCUC 模型的折中最优解。

3.2.4　算例分析

1. 修改的 IEEE 9 节点系统

修改的 IEEE 9 节点系统各参数数据以及风电和负荷的预测曲线参见 3.1.4 节。求解网损表达式凸包松弛处理后的五目标 SCUC 模型，首先需要分析各目标函数间的相关性，分别求解五个端点对应的单目标优化问题，得到各端点对应的目标函数值如表 3-11 所示。可以看到，当单独最小化某个目标函数时，得到的最优解对应的其他目标函数值就会比较大，因此，这五个目标函数之间都存在一定的冲突，需要进行协调优化。

表 3-11　单目标优化解对应的各个目标函数值

优化目标	灵活性风险/万元	网损/(MW·h)	运行费用/万元	购电费用/万元	污染排放/t
z_1	4.303	3.126	96.154	19.020	354.327
z_2	12.647	2.406	85.050	18.865	331.482
z_3	8.492	3.275	43.517	17.702	395.077
z_4	39.863	3.569	66.750	14.575	410.951
z_5	11.592	3.859	97.249	19.074	211.448

再采用五个端点的目标函数值来计算各个优化目标之间的 Spearman 相关系数和各目标的负相关系数总和，结果如表 3-12 所示。由目标选择算法计算得出最冲突目标集 $S_c = [z_4, z_5]$，即选择 z_4 和 z_5 为上层优化目标，其中 z_5 为一级冲突目标，z_4 为二级冲突目标。

表 3-12　5 个目标之间的 Spearman 相关系数

优化目标	z_1	z_2	z_3	z_4	z_5
z_1	1.0	0.2	−0.2	−0.5	0.2
z_2	0.2	1.0	0.2	0.1	0.0
z_3	−0.2	0.2	1.0	0.9	−0.8
z_4	−0.5	0.1	0.9	1.0	−0.9
z_5	0.2	0.0	−0.8	−0.9	1.0
负相关系数总和	−0.7	0.0	−1.0	−1.4	−1.7

再分别采用所提出的两种 ε-约束法方法以及 NSGA-II 算法求解该算例。因为不同 Pareto 前沿曲面要合成同一坐标空间中的曲面簇，所以要选取统一的基准值，z_4 和 z_5 基准值根据上层两个单目标优化计算结果得出，即为 $z_{4\min}$=14.575 万元，$z_{4\max}$ = 19.074 万元，$z_{5\min}$ = 211.448t，$z_{5\max}$ = 410.951t；z_1、z_2 和 z_3 基准值根据下层三个单目标优化结果得出，即为 $z_{1\min}$ = 4.303 万元，$z_{1\max}$ = 12.647 万元，$z_{2\min}$ = 2.406MW·h，$z_{2\max}$ =

3.859MW·h，$z_{3\min}=43.517$ 万元，$z_{3\max}=97.249$ 万元。令颜色柱坐标 $k=z_4/z_5$，考虑到不同目标函数的量纲差异，取为 k 的标幺值 $k^*=z_4^*/z_5^*$，即 $k^*=(z_4/z_{4\min})/(z_5/z_{5\min})$。

1) 基于上层两目标网格取值的 ε-约束法

将负相关系数较大的污染气体排放量 z_5 作为一级上层优化目标，购电费用 z_4 作为二级上层优化目标。首先以 z_5 为目标求出 $z_{5\max}$ 和 $z_{5\min}$，取 $q_1=3$，划分得到 z_5 的 4 个分点。再根据式(3-65)和式(3-66)求出第 k 个分点上 z_4 的最大值 $z_{4\max,5k}$ 和最小值 $z_{4\min,5k}$，取 $q_2=3$，划分得到每个点 z_{5k} 对应的 z_4 的 4 个分点，总共得到上层两目标的 16 个网格点；再分别求解每个网格点对应的如式(3-67)所示的下层三目标优化模型得到其 Pareto 前沿曲面。去掉求得的解中的支配解，得到由非支配解构成的 Pareto 前沿曲面簇及折中最优解如图 3-12 所示。

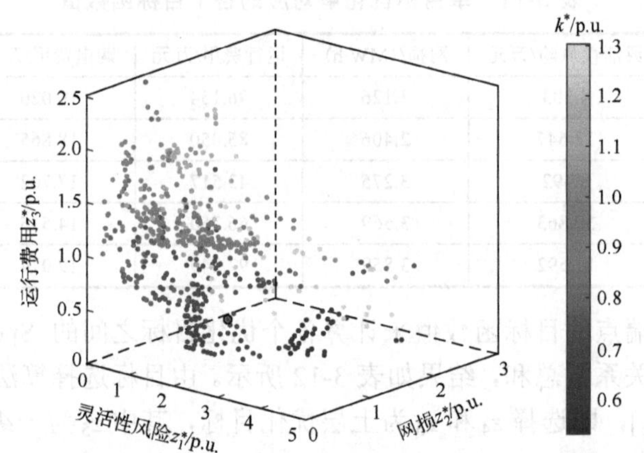

图 3-12 基于网格的 ε-约束法求解的 Pareto 前沿曲面簇(见彩图)

2) 基于上层两目标曲线取值的 ε-约束法

采用 NNC 法对如式(3-68)所示的上层两目标优化模型进行求解，令 $m=11$，求出的 Pareto 前沿曲线的最优解点如图 3-13 所示，得到了上层的 11 个分点。

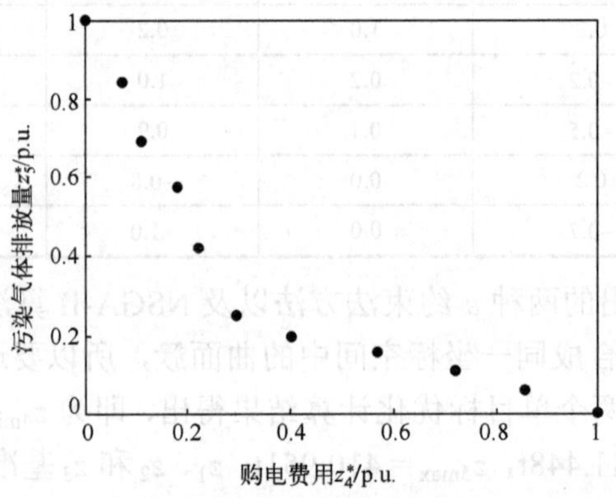

图 3-13 上层两目标 SCUC 问题的 Pareto 前沿曲线

将 Pareto 前沿曲线上第 k 个点($z_{4,k}$, $z_{5,k}$)作为约束条件加入如式(3-69)所示的下层三目标优化模型中即可求出第 k 个点对应的 Pareto 前沿曲面。依次求解各点对应的三目标优化模型的 Pareto 前沿曲面，去掉求得的解中的支配解，得到由非支配解构成的 Pareto 前沿曲面簇和折中最优解如图 3-14 所示。

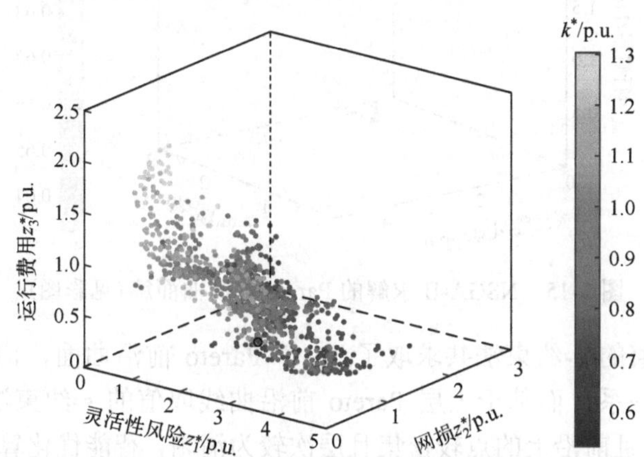

图 3-14　基于曲线的 ε-约束法求解的 Pareto 前沿曲面簇(见彩图)

可以看出，相比于基于网格点取值的 ε-约束法，基于 Pareto 前沿曲线取值的 ε-约束法求解 Pareto 前沿曲面得到的非支配解较多，各个曲面分布也更紧凑，分层渐进关系也更好。这是因为虽然基于网格的 ε-约束法应用于五目标优化问题的降维处理时，需要选出 2 个最冲突目标并对其划分网格点，而网格点分层划分的过程虽然看似均匀，但是实则忽略了选出的两个冲突目标之间的关系，例如，一级冲突目标 z_5 处于 $k=0$ 的分点时，将 $z_{4,k}$ 从 $j=0$ 到 $j=3$ 均取点进行计算，这是不必要的。相比之下，基于曲线的 ε-约束法的取点更加合理，所以求解得到的结果也更好。

3)基于智能优化算法 NSGA-II

采用 NSGA-II 对该算例进行计算，得到由 100 个非支配解组成的 Pareto 前沿，如图 3-15 所示。

将三种算法得到的折中解及各单目标优化解进行对比，结果如表 3-13 所示，分别从求解时间、Pareto 前沿和折中最优解三个方面进行分析。首先是求解时间，由于对模型进行了凸化处理，所以各个单目标模型求解的计算时间很短，本章提出的两种算法求解速度较快，其中基于 Pareto 前沿曲线取点的 ε-约束法比基于网格取点的 ε-约束法更快，因为上层模型取点较少且取点更合理，说明基于 Pareto 前沿曲线取点更有利于模型的快速可靠求解，而 NSGA-II 所需时间很长，这是因为所提出的五目标 SCUC 模型的约束条件多且较为复杂，NSGA-II 求解的难度较大，这也表明了其难以应用在实际电网的发电调度计划编制中。在 Pareto 前沿上最优解点的分布

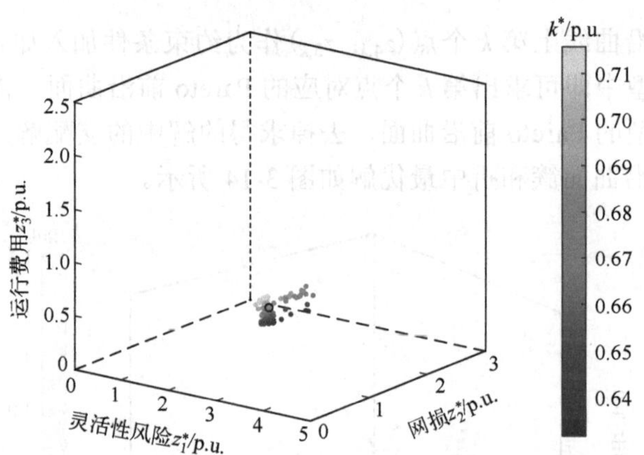

图 3-15　NSGA-II 求解的 Pareto 前沿曲面簇(见彩图)

上，基于网格取值的 ε-约束法共求取了 16 个 Pareto 前沿曲面，但各曲面间没有很明显的逻辑层次关系，而基于上层 Pareto 前沿曲线取值的 ε-约束法共求取了 11 个 Pareto 前沿曲面，且前沿上的点较密集且层次较为清晰，智能优化算法 NSGA-II 得到的 Pareto 前沿上的点较为集中。最后分析各 Pareto 最优解的 λ 值，由表 3-13 可以看出基于 Pareto 前沿曲线取值的 ε-约束法对应折中最优解的 λ_j 值最大，表明该方法得到的折中最优解的优化程度最好。上述结果均表明，基于上层两目标 Pareto 前沿曲线取值的 ε-约束法能够更加有效地获得五目标 SCUC 模型的 Pareto 前沿和折中最优解。

表 3-13　单目标解和折中最优解的比较

优化目标		灵活性风险/万元	网损/(MW·h)	运行费用/万元	购电费用/万元	污染排放/t	求解时间/s	λ_j
z_1		4.303	3.126	96.154	19.020	354.327	12.239	0.415
z_2		12.647	2.406	85.050	18.865	331.482	25.702	0.432
z_3		8.492	3.275	43.517	17.702	395.077	24.995	0.530
z_4		39.863	3.569	66.750	14.575	410.951	13.136	0.366
z_5		11.592	3.859	97.249	19.074	211.448	37.817	0.327
折中解	网格法	19.130	3.488	67.391	17.139	367.603	7260.439	0.711
	曲线法	22.773	3.371	59.887	16.217	373.966	4570.952	0.753
	NSGA-II	26.825	3.392	71.801	16.916	359.184	117618.003	0.686

基于上层两目标曲线取值的 ε-约束法得到的折中最优解对应的各个机组出力计划曲线如图 3-16 所示。可以看到，费用系数较小的燃煤机组一直处于接近最大出力状态运行，燃气机组在负荷高峰时段会快速增加出力，抽水蓄能和蓄电池储能机组在负荷较小的夜间抽水/充电，在负荷较大的白天发电/放电，起到对系统负荷曲线的削峰填谷作用。

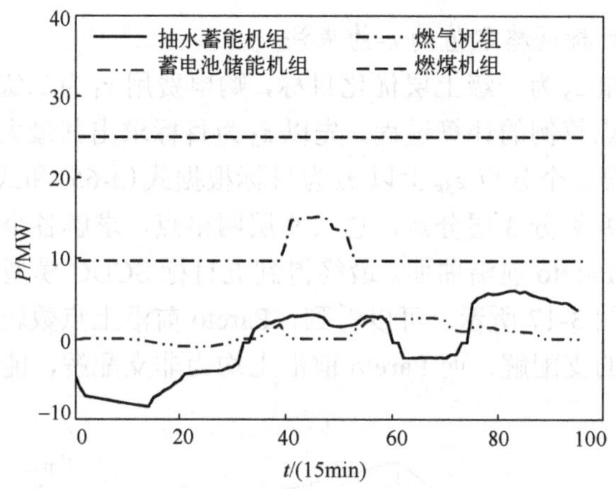

图 3-16　各个机组出力计划曲线

2. 某个实际电网

某个实际电网系统各参数及风电和负荷的预测曲线参见 3.1.4 节。求解网损表达式凸包松弛处理后的五目标 SCUC 模型。首先分析各个目标函数之间的相关性，计算得到各个优化目标之间的 Spearman 相关系数及各目标的负相关系数总和，如表 3-14 所示。可以看出，该算例的 Spearman 相关系数矩阵中 z_4 和 z_5 的负相关系数总和的绝对值较大，因此令 $S_c = [z_4, z_5]$，选择 z_4 和 z_5 为上层优化目标，其中 z_4 与 z_1 和 z_5 两个目标都负相关，而 z_5 与 z_2、z_3、z_4 三个目标都负相关，因此，令 z_5 为一级冲突目标，z_4 为二级冲突目标。

表 3-14　5 个目标函数之间的 Spearman 相关系数

优化目标	z_1	z_2	z_3	z_4	z_5
z_1	1.0	0.1	0.0	−0.6	0.0
z_2	0.1	1.0	0.7	0.5	−0.1
z_3	0.0	0.7	1.0	0.8	−0.5
z_4	−0.6	0.5	0.8	1.0	−0.4
z_5	0.0	−0.1	−0.5	−0.4	1.0
负相关系数总和	−0.6	−0.1	−0.5	−1.0	−1.0

由于采用 NSGA-II 无法求解此大规模电网的五目标 SCUC 模型，因此本节采用两种方法对该大算例进行求解并对结果进行对比分析。由单目标优化解选取基准值，z_4 和 z_5 基准值为 $z_{4\min} = 3961.590$ 万元，$z_{4\max} = 5149.155$ 万元，$z_{5\min} = 6981\text{t}$，$z_{5\max} = 12281\text{t}$；$z_1$、$z_2$ 和 z_3 基准值为 $z_{1\min} = 304.824$ 万元，$z_{1\max} = 1527.128$ 万元，$z_{2\min} = 2126.807\text{MW·h}$，$z_{2\max} = 2324.816\text{MW·h}$，$z_{3\min} = 6305.338$ 万元，$z_{3\max} = 8682.374$ 万元。颜色柱坐标为 k 的标幺值，即 $k^* = z_4^* / z_5^*$。

1)基于上层两目标网格取值的 ε-约束法

污染气体排放量 z_5 为一级上层优化目标，购电费用 z_4 为二级上层优化目标。取 $q_1 = q_2 = 2$，同 9 节点算例的计算过程，先以 z_5 为目标求出其最大值和最小值，并划分 3 层分点，再在第 k 个分点 z_{5k} 上以 z_4 为目标根据式(3-65)和式(3-66)求出第 k 个分点上 z_4 的范围，并划分 3 层分点，总共 9 层网格点，求解各个网格点对应的下层三目标优化模型的 Pareto 前沿曲面。最终得到五目标 SCUC 模型的 Pareto 前沿曲面簇和折中最优解如图 3-17 所示。可以看到，Pareto 前沿上点数较少，这是因为求解的结果中存在大量的支配解，而 Pareto 前沿上均为非支配解，能够保留下来的非支配解较少。

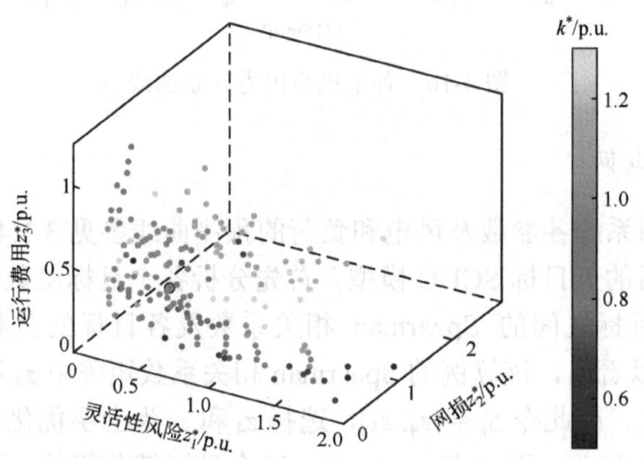

图 3-17　基于网格的 ε-约束法求解的 Pareto 前沿曲面簇(见彩图)

2)基于上层两目标曲线取值的 ε-约束法

首先采用 NNC 法对上层两目标优化模型进行求解，令 m=6，得到上层两目标优化模型的 6 个 Pareto 最优解点组成的 Pareto 前沿曲线，如图 3-18 所示。

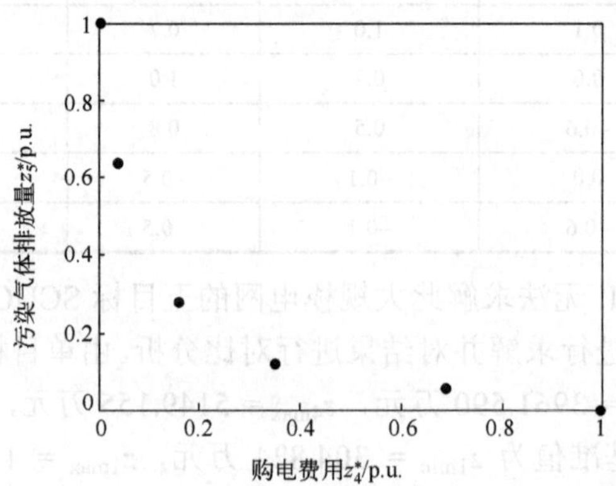

图 3-18　上层两目标 SCUC 问题的 Pareto 前沿曲线

将得到的 Pareto 前沿曲线点作为约束条件加入式(3-69)的下层三目标优化模型中，采用 NNC 法求出各曲线点对应下层三目标优化模型的 Pareto 前沿曲面，得到的五目标 SCUC 模型的 Pareto 前沿曲面簇如图 3-19 所示，同样可以看出，得到的 Pareto 前沿曲面簇上面的非支配解较多，各个曲面分布也更紧凑，分层渐进关系也更清晰。

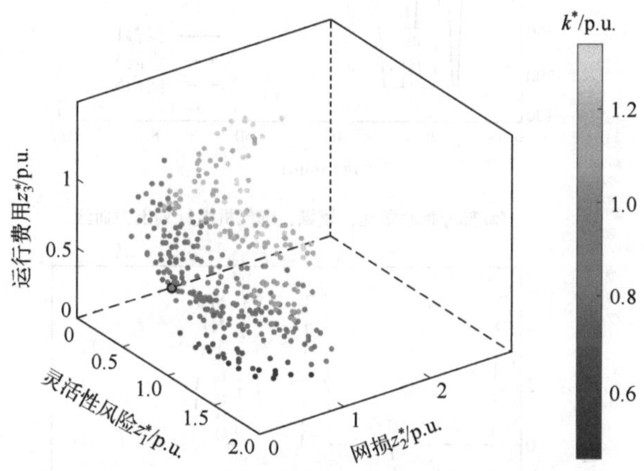

图 3-19　五目标优化的 Pareto 前沿曲面簇

两种方法获得的折中最优解和单目标优化解的对比如表 3-15 所示，不难看出，基于 Pareto 前沿曲线取值的 ε-约束法得到的折中最优解的优化程度更好。算例结果表明所提出的基于上层两目标 Pareto 曲线取值的五目标 ε-约束法能更加有效地求解实际大规模高维多目标 SCUC 问题。

表 3-15　单目标解和折中最优解比较

目标		灵活性风险/万元	网损/(MW·h)	运行费用/万元	购电费用/万元	污染排放/(10^3t)	λ_j
z_1		304.824	2324.816	8682.374	5304.227	11.856	0.416
z_2		1527.128	2126.807	7859.857	4788.636	10.278	0.498
z_3		1388.067	2191.674	6305.338	4262.701	11.310	0.532
z_4		3196.283	2297.921	7200.336	3961.590	12.281	0.383
z_5		2888.827	2346.977	9629.219	5149.155	6.981	0.351
折中解	网格法	545.263	2281.855	7346.926	4512.276	8.902	0.636
	曲线法	627.635	2214.980	7221.109	4451.038	9.469	0.688

基于上层两目标曲线取值的 ε-约束法得到的折中最优解对应的部分机组出力计划曲线如图 3-20 所示。

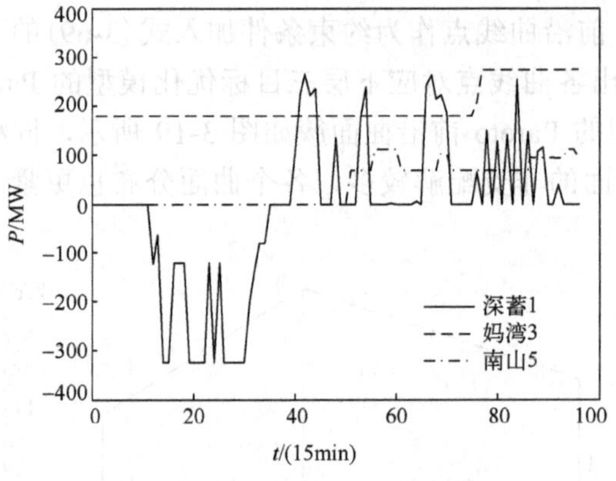

(a) 部分抽水蓄能、燃煤、燃气机组计划出力曲线

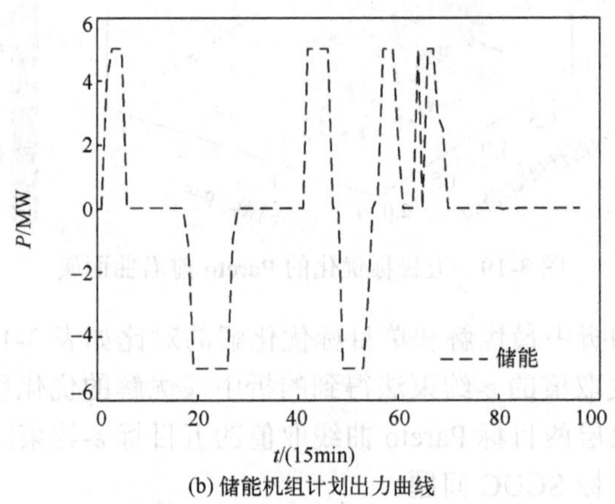

(b) 储能机组计划出力曲线

图 3-20　部分机组出力计划曲线

3.3　小　结

本章提出了含风电场、火电厂、抽水蓄能电站和蓄电池储能电站的电力系统四目标 SCUC 模型，运用凸包松弛方法将 SCUC 问题的 MINNP 模型转化为 MICP 模型，并提出了基于 Spearman 相关系数的四目标 ε-约束法将四目标优化问题转化为多个三目标优化问题，再利用 NNC 法求解得到四目标 SCUC 模型的 Pareto 前沿曲面簇。算例表明该算法收敛性好、精度高，且求解速度远快于原始 MINNP 模型，具有良好的工程实用价值，能够为电网调度人员提供决策参考。此外，本章还研究了如何评估电力系统运行的灵活性，提出了基于风电出力极限场景的系统灵活性风险指标，该指标考虑了各场景下系统的不安全运行风险，能够量化评估电力系统在面对负荷和风电出力偏差时的灵活性大小。提出了考虑灵活性的五目标 SCUC 模型，并根据目标选择算法和 ε-约束法，实现了对五目标优化模型的降维，提出了基于上

层两目标网格取值的五目标 ε-约束法和基于上层两目标曲线取值的五目标 ε-约束法来计算五目标 SCUC 模型的 Pareto 前沿。

显然，本章所提出的方法得到的四目标或五目标 SCUC 模型的 Pareto 前沿曲面簇只是实际 Pareto 前沿的一部分，并不是完整的 Pareto 前沿。由于人类日常生活在三维空间中，很难想象出四维及以上空间中的对象的整体形状。因此，如何得到电力系统四目标及以上的高维多目标优化问题的完整 Pareto 前沿，有待进一步深入研究。

参考文献

[1] Reddy S S, Bijwe P, Abhyankar A R. Real-time economic dispatch considering renewable power generation variability and uncertainty over scheduling period. IEEE Systems Journal, 2015, 9(4): 1440-1451.

[2] Lin S J, Liu M B, Li Q F, et al. Normalised normal constraint algorithm applied to multi-objective security-constrained optimal generation dispatch of large-scale power systems with wind farms and pumped-storage hydro electric stations. IET Generation, Transmission & Distribution, 2017, 11(6): 1539-1548.

[3] Li Q, Liu M B, Liu H Y. Piecewise normalized normal constraint method applied to minimization of voltage deviation and active power loss on an AC-DC hybrid power system. IEEE Transactions on Power Systems, 2015, 30(3): 1243-1251.

[4] Deb K, Jain H. An evolutionary many-objective optimization algorithm using reference-point-based non-dominated sorting approach part I: Solving problems with box constraints. IEEE Transactions on Evolution Computation, 2014, 18(4): 577-601.

[5] Kou Y N, Zheng J H, Li Z G, et al. Many-objective optimization for coordinated operation of integrated electricity and gas network. Journal of Modern Power Systems and Clean Energy, 2017, 5(3): 350-363.

[6] 鲁宗相，李海波，乔颖. 含高比例可再生能源电力系统灵活性规划及挑战. 电力系统自动化, 2016, 40(13): 147-158.

[7] 刘建昌，李飞，王洪海，等. 进化高维多目标优化算法研究综述. 控制与决策, 2018, 33(5): 114-122.

[8] 王晗，徐潇源，严正. 考虑柔性负荷的多目标安全约束机组组合优化模型及求解. 电网技术, 2017, 41(6): 1904-1911.

[9] 吴悔，林舜江，范官盛. 含风电的高维多目标安全约束机组组合问题求解方法. 电网技术, 2021, 45(2): 542-553.

[10] Lin S J, Wu H, Liu J, et al. A solution method for many-objective security constrained unit commitment considering flexibility. Frontiers in Energy Research, Section Smart Grids, 2022, 10: 1-14.

第 4 章　基于近似动态规划算法的电力系统随机经济调度

近年来，风力发电作为一种可再生的清洁电源，越来越多地接入到电力系统中，以应对化石能源面临枯竭和环境污染问题。但是，风力发电出力的随机性给系统优化调度带来了很大的挑战。抽水蓄能电站是一种技术成熟、运行成本低、响应速度快的输电网层级的大容量储能装置(energy storage device，ESD)，能够在一定程度上减轻风力发电出力随机性对系统安全运行的消极影响，充分消纳可再生能源。本章针对含多个风电场和抽水蓄能电站的电力系统安全约束随机经济调度(stochastic economic dispatch，SED)问题，从模型构建和算法设计方面展开了研究，并采用某实际省级电网和修改的IEEE 39 节点系统两个算例对所提出模型和算法的正确有效性进行分析和验证。

4.1　安全约束随机经济调度模型

实际电力系统中常常含有多个风电场和抽水蓄能电站，如果优化调度模型不考虑网络安全约束，可以将风电场合并为一个，抽水蓄能电站合并为一个，主要考虑系统的功率平衡问题，对随机动态经济调度进行求解。考虑到实际电网运行中线路传输功率具有一定的上限，即受到网络安全约束的限制，各风电场和抽水蓄能电站所处位置不同，对电网各个线路传输功率的影响也就不同，不可随意将它们做简单的合并处理。此外，风电与负荷预测不完全准确，要求系统中留有旋转备用。风电实际出力与预测出力偏差较大，即出现突变时，还要求系统能从当前运行状态安全地转移到另一个运行状态，这类约束称为场景转移约束。下面对考虑这些约束的实际电力系统随机经济调度的存储器模型进行描述。

设全网有 N_{TU} 台火电机组、N_{WF} 个风电场、N_{PS} 个抽水蓄能电站、N_{LD} 个负荷节点和 N_L 条线路，调度周期共有 T 个时段，相邻两个时段的间隔为 ΔT。

4.1.1　目标函数

从经济调度的角度，以系统中发电总成本最小化作为目标。用 P_{gt} 表示第 g 台火电机组 t 时段的出力；火电机组燃煤消耗速率采用 P_{gt} 的二次多项式形式，二次项、一次项系数和常数项分别为 a_g、b_g 和 c_g，单位分别为 t/(MW^2·h)、t/(MW·h) 和 t/h，标准煤单价为 p，单位为元/t。分别用 W_{wt} 和 y_{wt} 表示第 w 个风电场 t 时段的最大可获得出力值和调度出力值；受可再生能源发电保障性收购制度的驱使，需在目标函

数中考虑弃风惩罚，惩罚系数为 q，单位为元/(MW·h)，则 t 时段发电成本为

$$C_t(\boldsymbol{S}_t,\boldsymbol{u}_t)=\left(p\sum_{g=1}^{N_{\mathrm{TU}}}f_{gt}+q\sum_{w=1}^{N_{\mathrm{WT}}}(W_{wt}-y_{wt})\right)\Delta T \tag{4-1}$$

式中，$f_{gt}=a_gP_{gt}^2+b_gP_{gt}+c_g$ 为煤耗速率，单位为 t/h，是关于 P_{gt} 的二次函数；$\boldsymbol{S}_t$ 为系统状态变量；$\boldsymbol{u}_t$ 为决策变量(包括各火电机组出力 $\boldsymbol{P}_t$、各风电场出力 $\boldsymbol{y}_t$ 和各抽水蓄能电站出力 $\boldsymbol{z}_t$)，在系统约束下，其可行域为 ψ_t。

为了使模型简化，可将机组的煤耗速率通过以下分段线性不等式的形式表示：

$$f_{gt}\geqslant k_{ig}P_{gt}+I_{ig},\quad ig=1,2,\cdots,M_g \tag{4-2}$$

式中，k_{ig} 和 I_{ig} 分别是第 ig 个分段直线的斜率和纵轴截距；M_g 是第 g 台火电机组出力区间范围的分段数。该线性化可用图 4-1 表示，图中分段数 M_g=3，l_1、l_2 和 l_3 表示第 1、2 和 3 个分段的直线。可以看到，当 P_{gt} 落在第 k 个分段时，$\arg\max\limits_{ig\in M_g}(k_{ig}P_{gt}+I_{ig})=k$。因此，当优化问题中 f_{gt} 与 P_{gt} 之间的二次函数关系对应于 P_{gt} 落在第 k 个分段时，由式(4-2)可知，相当于用第 k 个分段对应的线段来近似代替。

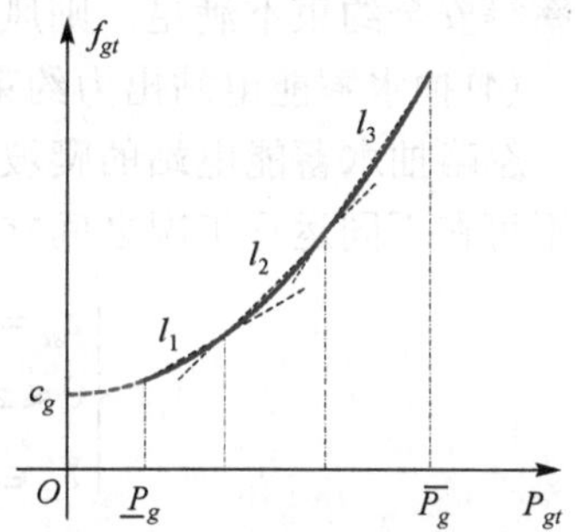

图 4-1　目标函数的分段线性化

由于风电场出力的随机性，随机动态经济调度的目标函数可表达为发电成本期望值最小：

$$\min_{\pi\in\Pi}E\left\{\sum_{t=1}^{T}C_t(\boldsymbol{S}_t,U_t^{\pi}(\boldsymbol{S}_t))\right\} \tag{4-3}$$

式中，$E\{\bullet\}$ 表示数学期望运算。系统状态按转移方程 $\boldsymbol{S}_{t+1}=S^M(\boldsymbol{S}_t,\boldsymbol{u}_t,\boldsymbol{W}_{t+1})$ 进行演化；$U_t^{\pi}(\boldsymbol{S}_t)$ 表示在策略 π 的指引下，从状态 $\boldsymbol{S}_t$ 到可行决策 $\boldsymbol{u}_t\in\psi_t$ 的映射关系；决策向量 $\boldsymbol{u}_t$ 包括各火电机组、风电场和抽水蓄能电站在 t 时段的有功出力；本问题的目标是在可行策略集合 Π 中，找出最优的策略 π，使得在随机环境下依据此策略所做出的决策获得的发电成本的期望值最小。

4.1.2　约束条件

(1)系统功率平衡约束：

$$\sum_{g=1}^{N_{\mathrm{TU}}}P_{gt}+\sum_{w=1}^{N_{\mathrm{WF}}}y_{wt}+\sum_{s=1}^{N_{\mathrm{PS}}}z_{st}=(1+\sigma)\sum_{m=1}^{N_{\mathrm{LD}}}d_{mt} \tag{4-4}$$

式中，σ 为有功损耗率，本书采用经验值。

有功损耗可以通过 B 系数法计算[1]，也可以用各线段传输功率值 P_{tl} 的分段线性形式求和表达[2]，但这样做会使问题更复杂。而本书的焦点并不在损耗计算上，故

采用了实际工程中的经验值，将损耗率 σ 简化为常数。

(2) 火电机组出力约束：

$$\begin{cases} \underline{P}_g \leqslant P_{gt} \leqslant \overline{P}_g \\ -r_{gd}\Delta T \leqslant P_{gt} - P_{g,t-1} \leqslant r_{gu}\Delta T, \quad t \neq 1 \end{cases} \tag{4-5}$$

式中，$\overline{P}_g$ 和 $\underline{P}_g$ 为机组出力上下限；r_{gu} 和 r_{gd} 为机组单位时间爬坡/滑坡率。

(3) 风电场出力约束：

$$0 \leqslant y_{wt} \leqslant W_{wt} \tag{4-6}$$

式(4-6)说明，尽管电网有义务优先消纳风电，但如果全额消纳会造成线路传输功率等安全约束不满足，则风电场的出力不得不压低，进行弃风。

(4) 抽水蓄能电站出力约束。

忽略抽水蓄能电站的爬坡率约束，认为其出力在同一运行工况下可快速调节，但不可在不同运行工况之间立即切换：

$$\begin{cases} z_{st} = z'_{st} - z''_{st} \\ 0 \leqslant z'_{st} \leqslant Y'_{st}\overline{z}_s, \quad 0 \leqslant z''_{st} \leqslant Y''_{st}\underline{z}_s \\ Y'_{st} \in \{0,1\}, \quad Y''_{st} \in \{0,1\}, \quad Y'_{st} + Y''_{st} \leqslant 1 \end{cases} \tag{4-7}$$

式中，Y'_{st} 和 Y''_{st} 分别为第 s 个抽水蓄能电站 t 时段运行在发电和抽水工况的二进制变量，1 表示“是”，0 表示“否”，它们不能同时为 1；z'_{st} 和 z''_{st} 为对应发电功率和抽水功率；z_{st} 为抽水蓄能电站对电网的实际出力，为负时表示抽水。

(5) 抽水蓄能电站水库约束。

为了简化，将水库储水量转化为等价电量，将其作为存储量，并认为存储电量和水量是线性关系，水位受到上下限约束，并要求运行一天后，水位不发生变化：

$$\begin{cases} \underline{R}_s \leqslant R_{st} \leqslant \overline{R}_s \\ R_{sT} = R_{s0} \end{cases} \tag{4-8}$$

式中，$\overline{R}_s$ 和 $\underline{R}_s$ 分别为第 s 个抽水蓄能电站的存储量上下限。

随着时间的推进，抽水蓄能电站的存储量变化公式为

$$R_{st} = R_{s,t-1} - z'_{st}\Delta T + \eta_s z''_{st}\Delta T \tag{4-9}$$

式中，η_s 为第 s 个抽水蓄能电站的循环效率。

(6) 网络传输功率安全约束。

线路在传输功率过程中，受到热稳定极限限制：

$$-P_{l\max} \leqslant P_{lt} \leqslant P_{l\max} \tag{4-10}$$

式中，P_{lt} 为第 l 条线路在第 t 时段的传输功率；$P_{l\max}$ 为线路传输功率的极限值，采

用直流潮流的形式表达[3]：

$$P_{lt}=\sum_{g=1}^{N_{\mathrm{TU}}}G_{lg}x_{gt}+\sum_{w=1}^{N_{\mathrm{WF}}}J_{lw}y_{wt}+\sum_{s=1}^{N_{\mathrm{PS}}}H_{ls}z_{st}-\sum_{m=1}^{N_{\mathrm{LD}}}D_{lm}d_{mt} \tag{4-11}$$

式中，d_{mt} 为第 m 个负荷节点在第 t 时段消耗的有功功率；G_{lg}、J_{lw}、H_{ls} 和 D_{lm} 分别为对应火电机组、风电场、抽水蓄能电站和负荷节点对线路 l 的功率传输因子。

实际大型电力系统中含有大量的输电线路，这将使得优化问题的规模急剧增大，求解速度显著减慢。本章采用“求解模型—检测线路约束是否满足—添加未满足的线路约束到模型中”循环计算[4]（简称“求解—检测—添加”循环计算）的方法来处理网络安全约束，循环计算终止条件为所有线路安全约束得到满足，这样不但可以减少计算量，还能找出影响网络传输安全的关键输电线路。

(7) 旋转备用约束。

考虑到风电实际出力和负荷实际值偏离预测值，系统必须预留足够的正、负旋转备用，表示如下：

$$\begin{cases}\displaystyle\sum_{g=1}^{N_{\mathrm{TU}}}P_{gt}^{+}+\sum_{s=1}^{N_{\mathrm{PS}}}z_{st}^{+}\geqslant\varepsilon_d\sum_{m=1}^{N_{\mathrm{LD}}}d_{mt}+\varepsilon_w\sum_{w=1}^{N_{\mathrm{WF}}}W_{wt}\\ \displaystyle\sum_{g=1}^{N_{\mathrm{TU}}}P_{gt}^{-}+\sum_{s=1}^{N_{\mathrm{PS}}}z_{st}^{-}\geqslant\varepsilon_d\sum_{m=1}^{N_{\mathrm{LD}}}d_{mt}+\varepsilon_w\sum_{w=1}^{N_{\mathrm{WF}}}(\overline{W}_{wt}-W_{wt})\end{cases} \tag{4-12}$$

式中，P_{gt}^{+}、P_{gt}^{-} 分别为第 g 台火电机组提供的正、负旋转备用；z_{st}^{+}、z_{st}^{-} 分别为第 t 时段第 s 个抽水蓄能电站提供的正、负旋转备用；$\overline{W}_{wt}$ 为第 w 个风电场在第 t 时段的出力预测值；ε_w 和 ε_d 分别为风电预测和负荷预测的相对预测误差。

式(4-12)中火电机组和抽水蓄能电站提供的旋转备用值可以分别表达为

$$\begin{cases}P_{gt}^{+}=\min\{\overline{P}_g-P_{tg},r_{gu}\Delta T\}\\ P_{gt}^{-}=\min\{P_{tg}-\underline{P}_g,r_{gd}\Delta T\}\end{cases} \tag{4-13}$$

$$\begin{cases}z_{st}^{+}=z_{st}'^{+}+z_{st}''^{+}+z_{st}^{0+},\quad z_{st}^{-}=z_{st}'^{-}+z_{st}''^{-}+z_{st}^{0-}\\ z_{st}'^{+}=Y_{st}'\overline{z}_s-z_{st}',\quad z_{st}'^{-}=z_{st}'\\ z_{st}''^{+}=z_{st}'',\quad z_{st}''^{-}=Y_{st}''\underline{z}_s-z_{st}''\\ z_{st}^{0+}=(1-Y_{st}'-Y_{st}'')\overline{z}_s,\quad z_{st}^{0-}=(1-Y_{st}'-Y_{st}'')\underline{z}_s\end{cases} \tag{4-14}$$

式(4-13)说明火电机组提供的旋转备用受到机组爬坡/滑坡率约束。式(4-14)表达了抽水蓄能电站在不同工况下，所提供的旋转备用不一样：$z_{st}'^{+}$、$z_{st}'^{-}$ 分别为抽水蓄能工作在发电状态下的正、负旋转备用；$z_{st}''^{+}$、$z_{st}''^{-}$ 为抽水状态下的正、负旋转备用；z_{st}^{0+}、z_{st}^{0-} 为不发电不抽水状态下的正、负旋转备用。

在风电场最大可获得出力 $\boldsymbol{W}_t$ 的随机影响以及系统功率平衡的要求下，火电机组和抽水蓄能电站出力都成为随机变量。火电机组出力 $\boldsymbol{x}_t$ 的随机性，使得燃料费用 f_t 成为随机变量，而风电场最大可获得出力 $\boldsymbol{W}_t$ 的随机性，使风电场调度出力 $\boldsymbol{y}_t$ 也成为随机变量，从而弃风惩罚项也成为随机变量，所以需要对目标函数(总发电成本)进行数学期望计算。抽水蓄能电站出力相关的变量，即 z_t' 和 z_t'' 的随机性致使存储量 $\boldsymbol{R}_t$ 也为随机变量。同时，其余从属变量，如线路传输功率、旋转备用等变量均成为随机变量。实际电力系统中，决策变量是高维的，且该问题中含有逻辑变量 $\boldsymbol{Y}_t'$ 和 $\boldsymbol{Y}_t''$，随着时间的推移，组合情况有 $2^{N_{PS}T}$ 种，再加上问题的随机性，使得问题的准确解难以获得。若将系统 t 时段状态向量选取为 $\boldsymbol{S}_t=(\boldsymbol{W}_t,\boldsymbol{R}_t)$，决策变量选为 $\boldsymbol{u}_t=(\boldsymbol{f}_t,\boldsymbol{x}_t,\boldsymbol{y}_t,\boldsymbol{Y}_t',\boldsymbol{Y}_t'',\boldsymbol{z}_t',\boldsymbol{z}_t'')$，则随机经济调度问题可当作随机存储模型。这样做既能降低问题的维数，也可以利用存储器的性质，将随机动态经济调度问题的目标转化为求取在随机因素影响下使得成本期望值最小的最优存储策略，并利用存储理论和近似动态规划法进行近似求解。

4.2　求解随机经济调度模型的近似动态规划算法

4.2.1　决策前和决策后状态与值函数

本节采用近似动态规划算法求解上面所建立的随机存储模型。将已构建的存储模型写成 Bellman 方程的递归形式[5]：

$$V_t(\boldsymbol{S}_t)=\min_{\boldsymbol{u}_t\in\psi_t}\{C_t(\boldsymbol{S}_t,\boldsymbol{u}_t)+\gamma E(V_{t+1}(\boldsymbol{S}_{t+1})\mid\boldsymbol{S}_t)\} \tag{4-15}$$

式中，$V_t(\boldsymbol{S}_t)$ 为第 t 时段系统状态为 $\boldsymbol{S}_t$ 时的值函数，其边界条件为 $V_T(\boldsymbol{S}_T)=0$；$V_{t+1}(\boldsymbol{S}_{t+1})|\boldsymbol{S}_t$ 反映 $\boldsymbol{u}_t$ 对系统状态 $\boldsymbol{S}_{t+1}$ 及后续状态 $\boldsymbol{S}_k(k\geqslant t+2)$ 的影响；γ 为折扣因子，$0<\gamma\leqslant 1$。

用 $\boldsymbol{S}_t=(\boldsymbol{W}_t,\boldsymbol{R}_t)$ 表示决策前状态，$\boldsymbol{S}_t^u=(\boldsymbol{W}_t,\boldsymbol{R}_t^u)$ 表示决策后状态，将观测随机变量 $\boldsymbol{W}_t$ 和执行决策 $\boldsymbol{u}_t$ 分成两个阶段。则式(4-9)所示的状态转移方程可以转化为由决策前存储量 R_{st} 和决策后存储量 R_{st}^u 表示的形式：

$$R_{st}=R_{s,t-1}^u+\hat{R}_{st}(\boldsymbol{W}_t) \tag{4-16}$$

$$R_{st}^u=R_s^u(\boldsymbol{S}_t,\boldsymbol{u}_t)=R_{st}-z_{st}'\Delta T+\eta_s z_{st}''\Delta T-\hat{R}_{st}(\boldsymbol{W}_t) \tag{4-17}$$

式中，$\hat{R}_{st}(\boldsymbol{W}_t)$ 为第 t 时段决策前第 s 个抽水蓄能电站存储量的假想变化量。第 t 时段初，一旦观测到随机变量的值 $\boldsymbol{W}_t$，就假设 $\boldsymbol{W}_t$ 相对于 $\boldsymbol{y}_{t-1}$ 的变化直接影响抽水蓄能电站的存储量。其中第 s 个抽水蓄能电站受到的影响即为 $\hat{R}_{st}(\boldsymbol{W}_t)$，可表达为

$$\hat{R}_{st}(\boldsymbol{W}_t)=\begin{cases}\varphi_s\sum_{w=1}^{N_{\mathrm{WF}}}\upsilon_{wt}\Delta T, & \sum_{w=1}^{N_{\mathrm{WF}}}\upsilon_{wt}<0\\ \eta_s\varphi_s\sum_{w=1}^{N_{\mathrm{WF}}}\upsilon_{wt}\Delta T, & \sum_{w=1}^{N_{\mathrm{WF}}}\upsilon_{wt}\geqslant 0\end{cases} \tag{4-18}$$

式中，φ_s 表示第 s 个抽水蓄能电站应对系统随机性的相对责任(单位%)；$\upsilon_{wt}=W_{wt}-y_{t-1,w}$ 表示观测到该时段第 w 个风电场出力的突然变化量。

引入决策前状态和决策后状态后，它们的值函数可分别表示为[6]

$$V_{t-1}^{u}(\boldsymbol{W}_{t-1},\boldsymbol{R}_{t-1}^{u})=E(V_t(\boldsymbol{W}_t,\boldsymbol{R}_t)\,|\,(\boldsymbol{W}_{t-1},\boldsymbol{R}_{t-1}^{u})) \tag{4-19}$$

$$V_t(\boldsymbol{W}_t,\boldsymbol{R}_t)=\min_{\boldsymbol{u}_t\in\psi_t}(C_t(\boldsymbol{W}_t,\boldsymbol{R}_t,\boldsymbol{u}_t)+\gamma V_t^{u}(\boldsymbol{W}_t,\boldsymbol{R}_t^{u})) \tag{4-20}$$

因此，只要获得了决策后状态的值函数 $V_t^{u}(\boldsymbol{W}_t,\boldsymbol{R}_t^{u})$，就可以用式(4-20)替代 Bellman 方程(4-15)，这样就能从形式上消除对数学期望值的运算。因此，随机经济调度问题求解的焦点就转移到关于决策后值函数 $V_t^{u}(\boldsymbol{W}_t,\boldsymbol{R}_t^{u})$ 的求取上。上述状态转移过程以及值函数的关系可用图 4-2 表示。

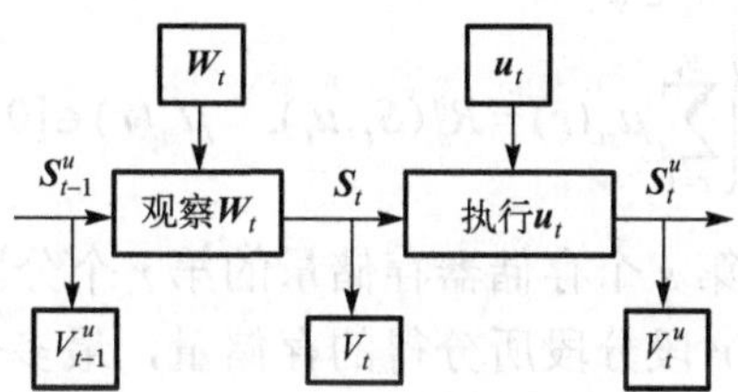

图 4-2　决策后状态和决策前状态及其值函数

4.2.2　近似值函数的形式

数学上已经证明，在含有单一存储器的目标函数最大化存储器问题中，决策后状态的值函数相对于决策后存储量呈现凹性。反之亦然，在目标函数最小化的存储器问题中，决策后状态的值函数相对于决策后存储量呈现凸性。本章为了使目标函数的意义更为明确，直接选发电费用为目标函数，即为最小化问题。决策后状态 $\boldsymbol{S}_t^{u}(\boldsymbol{W}_t,\boldsymbol{R}_t^{u})$ 的值函数 $V_t^{u}(\boldsymbol{W}_t,\boldsymbol{R}_t^{u})$ 可近似表达为相对于各存储器存储量的分段线性凸函数的线性组合。用 $V_{st}^{u}(\boldsymbol{W}_t,R_{st}^{u})$ 表示第 s 个存储器第 t 时段的值函数，因其相对于 R_{ts}^{π} 呈凸函数形式，可将第 s 个存储器的存储量分成 B_s 段，用分段线性函数近似表示 $V_{st}^{u}(\boldsymbol{W}_t,R_{st}^{u})$。则值函数 $V_t^{u}(\boldsymbol{W}_t,\boldsymbol{R}_t^{u})$ 可以表示为各存储器的分段线性凸函数 $V_{st}^{u}(\boldsymbol{W}_t,R_{st}^{u})$ 的线性组合，见式(4-21)。图 4-3 画出了当系统中含有 2 个存储器时，决策后状态的近似值函数(approximate value function，AVF)的分段线性凸函数的图像。

$$V_t^{u}(\boldsymbol{W}_t,\boldsymbol{R}_t^{u})=\sum_{s=1}^{N_{\mathrm{PS}}}\theta_s V_{st}^{u}(\boldsymbol{W}_t,R_{st}^{u})=\sum_{s=1}^{N_{\mathrm{PS}}}\theta_s(V_{st,0}+\boldsymbol{v}_{st}^{\mathrm{T}}\boldsymbol{\mu}_{st}) \tag{4-21}$$

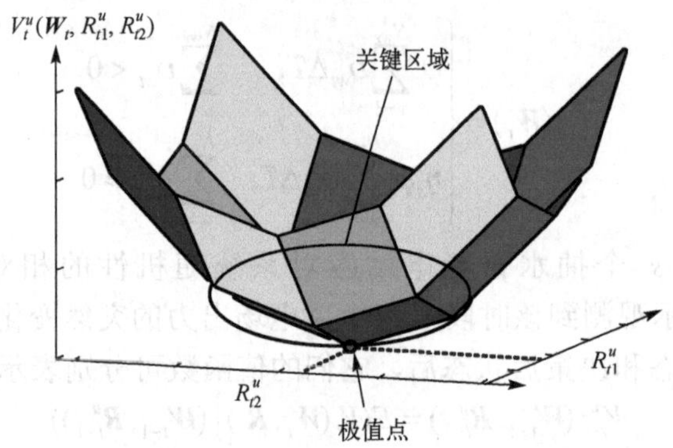

图 4-3　含有 2 个存储器时第 t 时段的近似值函数

通过对决策后状态值函数的近似，Bellman 方程(4-20)可以转化为以下的优化问题：

$$\begin{cases} F_t = \min\limits_{\boldsymbol{u}_t,\boldsymbol{\mu}_{st}(\forall s)} C_t(\boldsymbol{S}_t,\boldsymbol{\pi}_t) + \gamma \sum\limits_{s=1}^{N_{\mathrm{PS}}} \theta_s (V_{st,0} + \boldsymbol{v}_{st}^{\mathrm{T}} \boldsymbol{\mu}_{st}) \\ \text{s.t.} \begin{cases} \boldsymbol{u}_t \in \psi_t \\ \sum\limits_{r=1}^{B_s} \mu_{st}(r) = R_s^u(\boldsymbol{S}_t,\boldsymbol{u}_t), \quad \mu_{st}(r) \in [0, \rho_s] \end{cases} \end{cases} \tag{4-22}$$

式中，$r \in \{1,2,\cdots,B_s\}$ 表示第 s 个存储器存储量的第 r 个分段；$\mu_{st}(r)$ 表示第 s 个存储器在第 t 时段存储量的第 r 段分段所分得的存储量，最多分得 ρ_s，每段存储量组成向量 $\boldsymbol{\mu}_{st} = [\mu_{st}(1), \mu_{st}(2), \cdots, \mu_{st}(B_s)]^{\mathrm{T}}$；$\boldsymbol{v}_{st} = [\boldsymbol{v}_{st}(\boldsymbol{W}_t,1), \boldsymbol{v}_{st}(\boldsymbol{W}_t,2), \cdots, \boldsymbol{v}_{st}(\boldsymbol{W}_t,B_s)]^{\mathrm{T}}$ 表示每段斜率；$V_{st,0}$ 表示当 $\boldsymbol{\mu}_{st} = \mathbf{0}$ 时的纵轴截距；θ_s 为第 s 个存储器在值函数中所占的权重，与式(4-18)中应对随机性的责任 φ_s 一致。

若能寻找出近似值函数，即可将近似值函数和系统物理约束联合起来，构成随机经济调度的近似最优策略。日前调度的机组出力方案，可通过将预测场景代入如式 (4-22)所示的规划问题，依次求解得到各时段的最优决策 $\boldsymbol{u}_t^*$ $(t=1,2,\cdots,T)$。需要注意的是，该最优决策是针对系统参数以及风电场日前预测曲线等特定条件而得到的，可适用于不同误差场景，若实际运行过程中出现偏离预测场景的误差场景，调度人员仍可将误差场景代入式(4-22)求解得到近似最优决策。式(4-22)为混合整数线性规划(mixed integer linear programming，MILP)模型，可采用 GAMS 软件中的 CPLEX 求解器进行高效求解。

4.2.3　近似值函数的构建

近似动态规划法的关键是找到近似值函数，下面将介绍对于含有多个随机源和多个存储器的随机存储问题，如何初始化近似值函数，并对其进行训练。

1. 近似值函数的初始化

值函数的初始化对近似动态规划法中值函数的收敛和有效性影响很大，必须合理地进行值函数的初始化。待初始化的元素包括：值函数的极值点 $R_{st}^{u,0}$、斜率 $\boldsymbol{v}_{st}$、截距 $V_{st,0}$ 和权重 θ_s。下面讲述如何一步步地对它们进行初始化。

首先，在预测场景下，求取确定性优化模型，可以得到各存储器在一天之内各个时段的最优存储量 $R_{st}^{u,0}$，可将此选为各时段初始近似值函数 $\overline{V}_{st}(\boldsymbol{W}_t, R_{st}^u)$ 的极值点(图 4-3)。此外，还可计算出各时段初始值函数的最小值 $V_{t_k}^0$：

$$V_{t_k}^0 = \sum_{t=t_k+1}^{T}\left(p\sum_{g=1}^{N_{\text{TU}}} f_{gt}^0 + q\sum_{w=1}^{N_{\text{WF}}}(W_{wt}^0 - y_{wt}^0)\right)\Delta T \tag{4-23}$$

式中，f_{gt}^0、y_{wt}^0 和 W_{wt}^0 均为预测场景下第 t 时段的变量，分别表示第 g 台火电机组的燃料消耗速率、第 w 个风电场的调度出力和第 w 个风电场的预测最大出力。

接着，初始化值函数的斜率，使值函数满足凸函数的特性，且斜率的幅值应该和燃料费用具有可比性。极值点两侧的斜率至关重要，因此该区域也称为值函数的关键区域(图 4-3)。为了满足凸性，极值点两侧的初始斜率应该符号相反。至于合理的幅值，可以选取系统特有信息作为极值点两侧的斜率绝对值，如现行电价，单位元/(MW·h)。其他段的斜率，可以根据凸性设置成斜率向量总体随着 r 的增大而单调递增(或非单调递减)。有了初始值函数的极值点和斜率，仍须想办法求出式(4-21)中的纵轴截距 $V_{st,0}$，使得式(4-24)满足。

$$\sum_{s=1}^{N_{\text{PS}}} \theta_s (V_{st,0} + \boldsymbol{v}_{st}^{\text{T}}\boldsymbol{\mu}_{st}) = V_t^0 \tag{4-24}$$

各存储器权重 θ_s 仍未知的情况下，式(4-24)并不足以确定 $V_{st,0}$，可以利用 $\sum_{s=1}^{N_{\text{PS}}} \theta_s = 1$ 的性质，选取一组无论 θ_s 值为多少，总是能满足式(4-24)的 $V_{st,0}$ 特解，表示如下：

$$V_{st,0} = V_t^0 - \boldsymbol{v}_{st}^{\text{T}}\boldsymbol{\mu}_{st} \tag{4-25}$$

需要说明的是，截距 $V_{st,0}$ 为常数项，它的值并不影响如式(4-22)所示规划问题的决策结果，但确定下来有利于明确值函数的物理意义，方便决策者对不同方法得到的优化调度方案进行比较。

最后要初始化的是值函数中各存储器的权重 θ_s，由于近似动态规划法对 θ_s 的精度要求不高，当存储器数量 N_{PS} 不多时，可以使用取一定间隔进行遍历的方法来确定。例如，当 $N_{\text{PS}}=2$ 时，可以令 θ_1 从 0.1～0.9，步长取 0.1 单调递增，相应地 $\theta_2=1-\theta_1$，进行多个组合的尝试。通过比较不同的 θ_s 组合情况下，值函数在预测场景下求取规划问题(式(4-22))所得目标函数值的表现，来确定最佳组合。对于含有更多存储器的情形，可通过直接搜索算法来寻找使得式(4-22)的目标函数值最小的各个存储器的 θ_s 组合。

2. 近似值函数的训练

场景抽样是不确定性的一种很好的体现方式，通过抽取大量的场景来覆盖尽可能多的情况，使得最后的决策能够充分考虑到这些情况。采用逐次投影近似路径(successive projective approximation routine，SPAR)算法进行近似值函数的训练。SPAR算法通过场景抽样构建近似值函数 $\overline{V}_t(\boldsymbol{W}_t,\boldsymbol{R}_t^u)$ 来逼近难以确切知道的真实值函数 $V_t^*(\boldsymbol{W}_t,\boldsymbol{R}_t^u)$。如前所述，第 t 时段第 s 个存储器的近似值函数 $\overline{V}_{st}(\boldsymbol{W}_t,R_{st}^u)$ 相对于其决策后存储量 R_{st}^u 为凸函数，可表示成如图 4-4 所示的分段线性函数形式。ADP 算法的目标就是通过不断对大量抽样所得误差场景进行观测，并根据观测结果来更新斜率向量 $\overline{\boldsymbol{v}}_{st}^n(\boldsymbol{W}_t,R_{st}^u)$ 的值，达到逐步逼近真实值函数的效果。观测的过程实际上就是扫描不同误差场景的过程，观测结果即不同误差场景下依次求解规划问题(式(4-22))的结果。每一次观测既是利用上一次所得斜率，也是探索并得到更新斜率的过程，如图 4-5 所示。

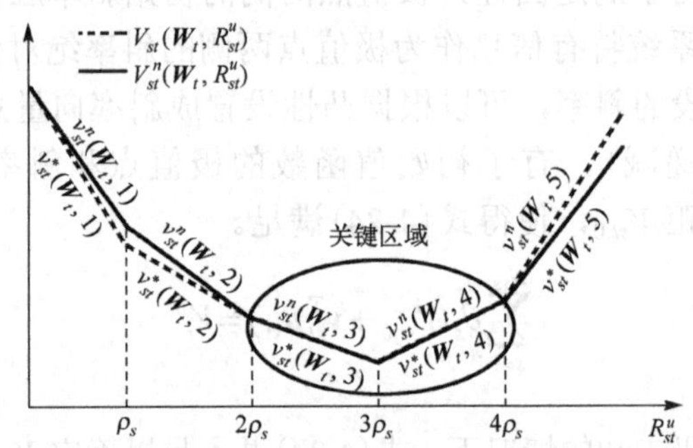

图 4-4 采用 SPAR 算法逼近值函数 $V_{st}^*(\boldsymbol{W}_t,R_{st}^u)$ 的过程

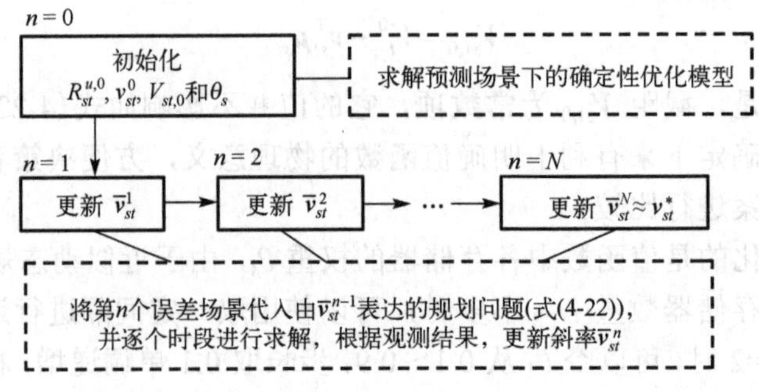

图 4-5 采用 SPAR 算法更新近似斜率 $\overline{v}_{st}$ 的过程

采用 SPAR 算法训练形成每一时段的近似值函数并以此获得近似最优决策的计

算步骤，如图 4-6 所示。此近似值函数构建方法的收敛性能将在后面的算例分析中进行检验。因此，通过采用 CPLEX 求解器从 $t=1$ 由前往后到 $t=T$ 逐一时段递推求解如式(4-22)所示的 MILP 模型，即可实现对于近似值函数的训练和获得预测场景下的机组出力方案的快速求解[7]。

(1)初始化近似值函数和训练参数。

①假设 $\boldsymbol{W}_t$ 为预测场景下的值，求解该确定性经济调度模型，得到初始的 $\boldsymbol{u}_t^0$、$\boldsymbol{R}_t^{u,0}$ 和 V_t^0。

②根据步骤①的求解结果初始化 $\bar{v}_{st}^0(\boldsymbol{W}_t,r)$ 和 $V_{st,0}$，使其满足式(4-25)。

③结合步骤②，遍历不同权重 θ_s 组合构成多组初始值函数，构成不同的规划问题(式(4-22))，通过评价它们在预测场景下(忽略场景转移约束)求得的目标函数值，来确定最佳的 θ_s 组合。

④基于预测场景，利用蒙特卡罗抽样法产生 N 个误差场景 $\boldsymbol{W}_t^n$。初始化 $n=1$、$t=1$ 和初始储能 $R_{s0}^{u,n}=r_{s0}\rho_s$。

(2)通过扫描抽样所得的误差场景对近似值函数进行训练。

Do for $n=1,2,\cdots,N$

Do for $t=1,2,\cdots,T$

①计算决策前存储状态：$R_{st}^n=R_{s,t-1}^{u,n}+\hat{R}_{st}(\boldsymbol{W}_t^n)$。

②依次求取 MILP 问题(式(4-22))，得到场景 n 下的最优决策 $\boldsymbol{u}_t^n$ 和对应的值函数值。

③计算决策后存储状态：$R_{st}^{u,n}=R_s^u(\boldsymbol{S}_t^n,\boldsymbol{u}_t^n)$。

④更新斜率：

(a)计算关键区域的斜率观测值 $\hat{v}_{t+1,s}^n$ (分别对 $R=R_{st}^{u,n}$ 和 $R=R_{st}^{u,n}+\rho_s$ 进行)：

$$\hat{v}_{s,t+1}^n(\boldsymbol{W}_t,r)=(\bar{V}_{st}^{n-1}(\bar{\boldsymbol{v}}_{s,t+1}^{n-1},\boldsymbol{W}_{t+1}^n,R+\hat{R}_{s,t+1}(\boldsymbol{W}_{t+1}^n))-\bar{V}_{st}^{n-1}(\bar{\boldsymbol{v}}_{s,t+1}^{n-1},\boldsymbol{W}_{t+1}^n,R+\hat{R}_{s,t+1}(\boldsymbol{W}_{t+1}^n)-\rho_s))/\rho_s$$

式中，$r=\lceil R/\rho_s\rceil$ 表示存储量 R 所对应的分段数。

(b)计算临时斜率值：

$$\tilde{v}_{st}^n(\boldsymbol{W}_t,r)=(1-\bar{\alpha}_t^n(\boldsymbol{W}_t,R))\bar{v}_{st}^{n-1}(\boldsymbol{W}_t,r)+\bar{\alpha}_t^n(\boldsymbol{W}_t,R)\hat{v}_{s,t+1}^n(\boldsymbol{W}_t,r)$$

式中，α_t^n 为修正斜率所用的步长：

$$\bar{\alpha}_t^n(\boldsymbol{W}_t,r)=\alpha_t^n 1_{\{W_t=W_t^n\}}(1_{\{R=R_t^{u,n}\}}+1_{\{R=R_t^{u,n}+\rho_s\}})$$

(c)对临时斜率进行投影操作，以恢复第 n 个场景扫描后近似值函数 $\bar{V}_{st}(\boldsymbol{W}_t,R_{st}^u)$ 的凸性：$\bar{v}_{st}^n=\Pi_C(\tilde{v}_{st}^n)$。

(3)在预测场景下，求解 $\bar{v}_{st}^*=\bar{v}_{st}^N$ 时近似值函数对应的 MILP 模型(式(4-22))，得到决策 $\boldsymbol{u}_t^*$ 和值函数值 V_t^*。

终止

图 4-6　SPAR 算法的计算步骤

3. ADP 算法和 DP 算法的计算复杂性比较

对于动态规划(DP)算法，系统状态变量为 $\boldsymbol{S}_t=(\boldsymbol{W}_t,\boldsymbol{R}_t)$。如果每个 PSH 站的存储量被离散为 h 个存储状态，并且每个风电场的最大可获得有功出力被离散为 k 个状态，那么 DP 算法将在每个时间间隔产生 $N_s = h^{N_{\mathrm{PS}}} \times k^{N_{\mathrm{WF}}}$ 个状态变量的组合。在从 $t = T$ 由后往前到 $t = 1$ 计算每个离散状态的值函数的过程中，相邻时段之间的状态转换次数为 N_s^2，这意味着需要求解 N_s^2 次确定性经济调度模型来计算每个时段的所有离散状态的值函数，总数为 $N_s^2 \times T$。在求解预测情景下从 $t = 1$ 由前往后到 $t = T$ 的最优决策 $\boldsymbol{u}_t^*$ 的过程中，每个时段需要遍历 $h^{N_{\mathrm{PS}}}$ 个存储状态的值函数。因此，需要求解 $h^{N_{\mathrm{PS}}}$ 次确定性经济调度模型，以获得每个时段的决策，总数量为 $h^{N_{\mathrm{PS}}} \times T$。为了确保决策的准确性，$h$ 和 k 都需要设置为相对较大的值，因此 N_s 将非常大，这将导致巨大的计算量，即面临“维数灾难”问题。

对于所提出的 ADP 算法，在近似值函数的构建中，初始化近似值函数需要求解预测场景的优化模型，如图 4-6 中的步骤(1)所示，训练近似值函数需要依次求解每个采样场景和每个时段的优化模型，如图 4-6 步骤(2)下的步骤②所示。总数为 $N \times T$。在获得预测场景下的最优决策的过程中，只需要连续求解预测场景下每个时段的优化模型，如图 4-6 中的步骤(3)。因此，在训练近似值函数获得最优决策的计算步骤中，求解单时段确定性经济调度模型式(4-22)的次数分别为 $N \times T$ 和 T。因此，所提出的 ADP 算法可以避免 DP 算法的维数灾难问题，并有效降低求解随机经济调度问题的计算复杂性。

4.3　算 例 分 析

本节采用某实际省级电网和修改的 IEEE 39 节点系统进行算例测试，验证所提出的模型和算法的正确有效性。采用的计算机为戴尔 T1700 台式工作站，CPU 为 Intel Xeon E3-1245 v3 处理器(4 核心)(主频 3.40GHz、内存为 32GB)。仿真软件为 MATLAB 2017a 和 GAMS 23.9.5，通过 MATLAB 语言和 GAMS 语言混合编程[8,9]。

4.3.1　实际省级电网

实际省级电网系统的拓扑接线图、发电机参数等可参考附录 B。算例中，日前经济调度的时段数为 $T = 96$，则时段间隔 $\Delta T = 15\mathrm{min}$。两个风电场的额定出力为 $\overline{W}_1$=1000MW 和 $\overline{W}_2$=500MW，出力预测曲线如图 4-7 所示。负荷预测曲线如图 4-8 所示。两个抽水蓄能电站的参数为 $\overline{z}_1 = \underline{z}_1 = \overline{z}_2 = \underline{z}_2$=2400MW，$\overline{R}_1$=16456MW·h，$\overline{R}_2$=27252MW·h，$R_{01} = 0.5\overline{R}_1$，$R_{02} = 0.5\overline{R}_2$，$\eta_1 = 77.1\%$，$\eta_2 = 76.0\%$。其他参数如下：$p$=545.35 元/t，$q$=650 元/(MW·h)，$\varepsilon_d$=3%，$\varepsilon_w$=20%，$M_g$=4（$\forall g$），$B_s$=200（$s$=1, 2）。系统当天的运行方式为 2013 年 8 月 6 日的实际情况，外部馈入线路送电功率曲线按照日前计划变化，核电机组也按日前计划进行发电，水电机组按丰水期以水定电的方式，尽量满发，这三类功率均视作负的负荷，不参与优化计算。

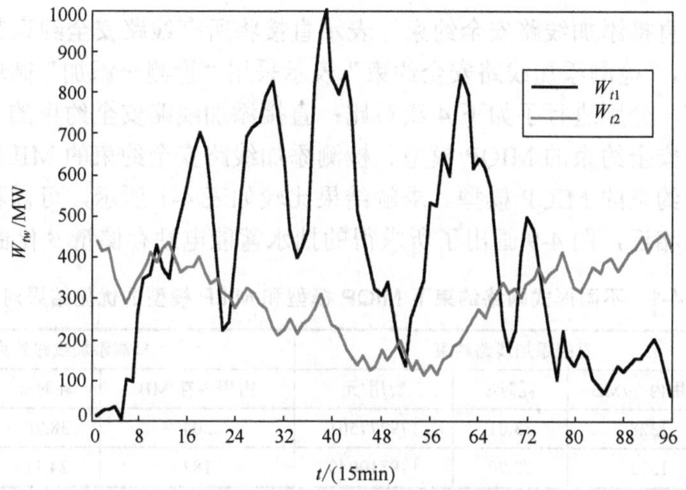

图 4-7　风电场出力预测曲线

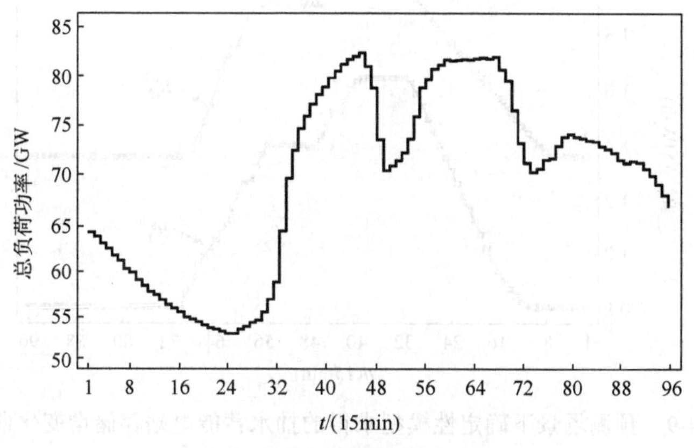

图 4-8　系统总负荷预测曲线

1. 值函数初始化

1) 预测场景下确定性经济调度模型的求解

先在预测场景下求解确定性经济调度模型，为近似值函数的初始化建立基础，同时对目标函数分段线性化和对网络安全约束的逐次“检测—添加”法的计算效果进行考查。

火电机组的燃料耗量特性未线性化时，确定性经济调度模型为混合整数二次规划(mixed integer quadratic programming，MIQP)模型；将燃料耗量速率 f_{gt} 与机组出力 P_{gt} 的关系按式(4-2)和图 4-1 所示的方法进行线性化以后，确定性经济调度模型转化为 MILP 模型。MIQP 和 MILP 模型均可采用 GAMS 软件的 CPLEX 求解器进行求解。用“直接添加线路安全约束”表示直接将所有线路安全约束都添加到优化模型一次求解，“检测添加线路安全约束”表示采用“检测—添加”循环的方式处理线路安全约束。分别进行了如下 4 次对比：直接添加线路安全约束的 MILP 模型、直接添加线路安全约束的 MIQP 模型、检测添加线路安全约束的 MILP 模型、检测添加线路安全约束的 MIQP 模型。求解结果比较如表 4-1 所示，可以看到，求解得到的发电费用相近，图 4-9 画出了所求得的抽水蓄能电站存储量变化曲线。

表 4-1　不同形式网络约束下 MIQP 模型和 MILP 模型的优化结果对比

模型类型	直接添加线路约束			检测添加线路约束		
	占用内存/MB	耗时/s	费用/元	占用内存/MB	耗时/s	费用/元
MIQP	1328	33.01	179777501	204	38.78	179777410
MILP	1515	23.90	179810040	182	24.11	179810040

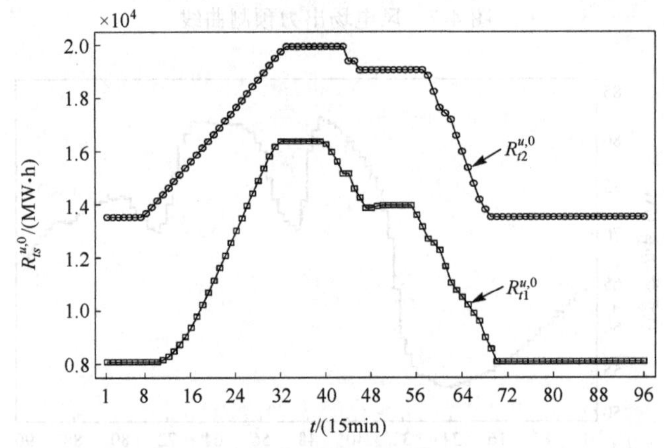

图 4-9　预测场景下确定性模型求得的抽水蓄能电站存储量变化曲线

从表 4-1 可以看出，MILP 和 MIQP 模型相比，目标函数稍有增加，但求解速度更快。同一个模型下，两种对网络安全约束的处理方式求得费用结果几乎相等，但“检测添加线路安全约束”的方式所占用的计算机内存显著减少，耗时会因检测次数不同而异，检测次数较多时，会比“直接添加线路安全约束”耗时更多，如表 4-1 就是这种情形。“检测添加线路安全约束”的方式还有一个优点，就是可以在值函数初始化时识别出该确定性优化模型对应的关键线路。在以后的值函数训练以及应用训练后值函数求解近似决策模型时，可以继承已遇到过的关键线路，避免后续过程中再对线路约束做过多的检测次数，显著节省了计算时间。如本例中，在“检测添加线路安全约束”来求解预测场景下确定性模型时，从不添加任何线路约束开始，对第一次求解结果检测，发现有 5 条线路越限；将所发现的 5 个关键线路约束加到模型中，进行第二次求解，又发现了 1 个关键线路；再将已发现的 6 个线路约束同时添加到模型中，进行第三次求解，所得结果就能满足所有线路约束。则在程序的后续计算过程中，可以继承使用这 6 个关键线路，而不是每次都从完全不添加线路安全约束开始。

2) 初始化值函数斜率和纵轴截距

选取预测场景下确定性模型所求得各时段存储量 $R_{ts}^{u,0}$（图 4-9）作为各时段值函数 $\bar{V}_{ts}(\boldsymbol{W},R_{ts}^{u})$ 的极小值点，极小值点两侧关键区域斜率可根据当时电价（624 元/(MW·h)）进行初始化，以便于跟单位电量(MW·h)所需燃料费用具有可比性，其余分段的斜率可依据近似值函数的凸性要求进行设置。换句话说，$R_{ts}^{u,0}$ 处左边一段的斜率为−624，$R_{ts}^{u,0}$ 右边一段的斜率为 624，其余斜率满足凸性，每段的绝对值变化关键斜率的 0.1%，直至所有段的斜率都初始化完毕。斜率初始化以后，可以根据式(4-25)对近似值函数的纵轴截距 $V_{ts,0}$ 进行求取。

3) 选取各存储器占值函数的权重

为了确定各存储器占值函数的权重 θ_s，结合 $\theta_1+\theta_2=1$，使用一维搜索方法求解包含预测场景下初始近似值函数的 MILP 模型(4-22)，给定 θ_s 的上限为 0.9，下限为 0.1。收敛过程如表 4-2 所示。在系统总运行成本误差限值为 10^{-3} 的情况下，$\theta_1=0.6357$ 和 $\theta_2=0.3643$ 是最终得到的权重组合，在预测情景下采用该组合求解模型(4-22)得到的系统总运行成本最小。

表 4-2　预测场景下不同权重组合求得的总运行成本对比

θ_1	0.5944	0.7111	0.6390	0.6665	0.6357
θ_2	0.4056	0.2889	0.3610	0.3335	0.3643
总运行成本/元	179935542	179696264	179675126	179669653	179593258

2. 场景抽样和值函数的训练

基于如图 4-7 所示的风电场出力预测值，假定风电场出力归一化误差符合 $N(0,0.25)$ 的正态分布，且最大误差不超过风电场额定出力的 30%，通过蒙特卡罗法抽样产生 200 个误差场景，通过扫描这些误差场景对近似值函数进行训练，其中，修正斜率的步长 α_t^n 计算如下：

$$\alpha_t^n=\frac{\lambda}{\lambda+(n+1)^{\beta}-1} \tag{4-26}$$

式中，λ 和 β 是与抽样场景数有关的参数[10]。例如，当 N=200 时，λ=5, β=1。

3. 算法和决策结果分析

训练得到的近似值函数可用于在预测场景下逐次递推求解 MILP 模型(4-22)（从 $t=1$ 到 $t=T$）以获得最优决策[11,12]。为了测试算法的性能，使用不同数量的场景来训练 AVF，并求解预测场景下的经济调度模型以获得最优决策和总运行成本，如图 4-10 所示。值得注意的是，当场景数量较少时，得到的预测场景下决策的最优总运行成本相对较大，ADP 算法表现不佳。随着训练过程所采用场景数量的增加，AVF 的斜率逐渐收敛，而得到的预测场景下决策的最优总运行成本逐渐降低，当场景数量约为 140 时，最终收敛到约 1.7979×10^8 元。采用每个场景训练各个时段的近似值函数的计算大约需要 110s。

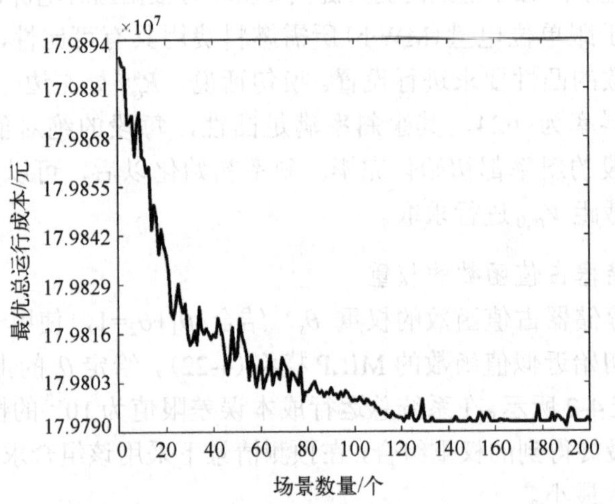

图 4-10　经过不同数量场景训练后获得的最优总运行成本

当用于训练近似值函数的误差场景数量为 200 时，在预测场景下获得的最优决策中，两个抽水蓄能电站的有功输出如图 4-11 所示。可以看出，抽水蓄能电站在运

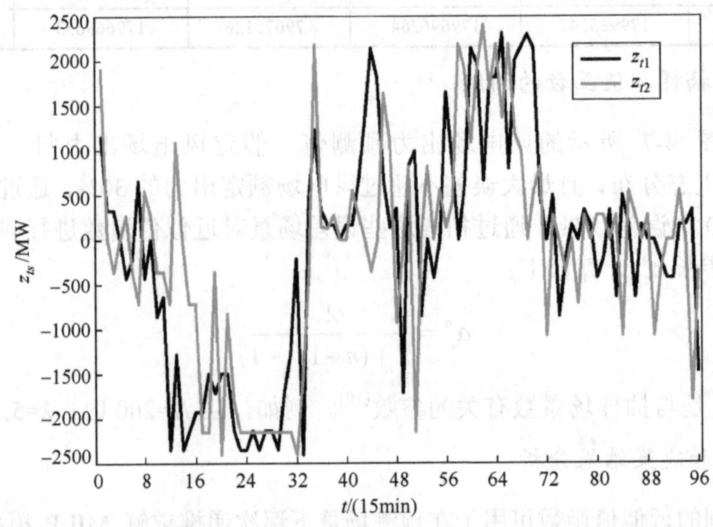

图 4-11　考虑风电场有功输出随机性的预测场景下抽水蓄能电站的最优有功输出计划

行中对负荷曲线的削峰填谷起着重要作用，并提供足够的旋转储备以应对风电场有功输出的随机波动，这有助于火电机组的高效运行并降低总发电成本。由于抽水蓄能电站的大存储量、高发电容量和快速响应特性，可以确保风电场最大限度安全地并入电网。得到的最优期望总运行成本为 1.7979×10^8 元。随机经济调度模型的总运行成本比确定性经济调度模型的总运行成本稍大一点(0.2%)，这是合理的，因为随机经济调度模型的决策结果通过训练的近似值函数考虑了风电场有功输出的多个场景的影响，并准备再调度以应对风电场有功输出的随机波动。

4. 风电场有功出力和抽水蓄能电站水库水位对优化调度结果的影响分析

在上述分析中，风电的渗透率仍然很低，因此没有发生弃风。随着更多的风电场的接入，表 4-3 中列出了系统中两个风电场的不同额定出力下的运行成本比较结果。假设风电场的预测有功出力增加的比例与额定出力相同。可以看到，随着风电额定出力的增加，火电机组的发电成本下降，但出现了弃风惩罚成本，这可能会增加系统总运行成本。所以，随着风电接入容量的增大，系统中需要配置更多的抽水蓄能电站来平衡风电场出力的随机波动，进而减少弃风。

表 4-3　不同风电装机容量的成本分析

$\overline{W}_1$ /MW	$\overline{W}_2$ /MW	发电成本/元	弃风惩罚成本/元	总运行成本/元
1000	500	179793120	0	179793120
1500	1000	178118408	28015	178146423
2000	2000	176868153	5698271	182566423
2500	2500	176467571	10426000	186893571

为了分析抽水蓄能电站的上水库蓄水量对优化调度结果的影响，表 4-4 列出了两个抽水蓄能电站不同的上水库最高水位 $\overline{R}_1$ 和 $\overline{R}_2$ 取值下随机经济调度结果的总运行成本比较。假设两个风电场的额定出力均设置为 2500MW。两个抽水蓄能电站 $\overline{R}_1$ 和 $\overline{R}_2$ 的基准值为原来的上水库最高水位。可以看到，随着上水库最高水位的增大，火电机组的燃料成本和风力发电的惩罚成本都会下降，从而降低总运行成本。这是因为抽水蓄能电站有更大的容量来平衡风电场出力的随机波动，进而能减少弃风和使火电机组运行在发电成本更优的出力状态。

表 4-4　不同最高水库水位的成本分析

$\overline{R}_1$ /p.u.	$\overline{R}_2$ /p.u.	发电成本/元	弃风惩罚成本/元	总运行成本/元
0.9	0.9	177343088	10540751	187883839
0.95	0.95	176937014	10500568	187437582
1.0	1.0	176467571	10426000	186893571
1.05	1.05	176011082	10386175	186397257
1.1	1.1	175618716	10342599	185961315

5. ADP 算法与基于场景的方法和机会约束规划法的比较

为了进一步比较 ADP 算法与基于场景的方法和机会约束规划(CCP)法的计算性能和结果，从 200 个误差场景中随机选择 10、50、100 和 150 个误差场景。其中，CPLEX 求解器用于求解场景法的优化模型；在 CCP 法中，使用粒子群优化算法来求解优化模型，机会约束满足的置信水平设置为 1.0。对于场景法，需要同时确定所有机组在预测场景和所有误差场景下所有时段的发电机输出，即 $\boldsymbol{u}_t$ ($\forall t$) 和 $\boldsymbol{u}_t^n$ ($\forall t, \forall n$)，这使得优化模型的规模十分庞大，因为变量的维数较高，约束较多。如表 4-5 所示，当误差场景的数量增加时，场景法的模型的规模将迅速增大，这将导致计算困难。ADP 算法可以通过将问题分解为用 N 个误差场景训练 AVF 的 $N\times T$ 个小规模 MILP 问题和在预测场景下利用训练后的 AVF 获得最优决策的 T 个小规模 MILP 问题来改善这种情况。因此，它可以有效地降低求解随机经济调度问题的计算复杂度。对于 CCP 法，由于每次迭代中变量和约束的数量与粒子群的大小和误差场景数呈比例增长，变量和约束的数量也很大。

表 4-5 ADP 与场景法和 CCP 法的模型大小比较

统计项		方法		
		场景法	CCP(每次迭代)	ADP(每个阶段)
变量数	离散变量	192	192	2
	连续变量	52800+13632N	52800N_{size}+13632N	552
约束数	等式约束	98+96N	98N_{size}+13632N	5
	不等式约束	105712+78832N+192(1+N)N_{Lcr}	105712N_{size}+78832N+192(1+N)N_{Lcr}	1504+2N_{Lcr}

注：N_{Lcr} 是检测到的关键线路数；N_{size} 是粒子群的大小。

三种方法的计算性能比较如表 4-6 所示。由于 CCP 法的每一次计算都可能产生不同的结果，为了避免局部最优解，CCP 法的计算时间和总成本都是 20 次重复计算的平均值。结果表明，场景法的内存占有量和计算时间消耗随着采样场景数 N 的增加而稳定增长，当 N=200 时会出现内存溢出。当 N=200 时，CCP 法由于模型的规模太大无法获得优化解。然而，当 N 增加时，ADP 算法表现稳定。当 N=10 时，ADP 算法花费更多的计算时间才能获得最优解，因为大部分时间用于初始化和训练近似值函数。然而，随着误差场景数的增加，ADP 算法可以比其他两种方法占用更少的内存资源和耗费更少的计算时间，获得最优日前调度方案，并且当 N=200 时，它依然可以可靠地获得最优日前调度方案，ADP 算法在不同误差场景数下的总运行成本与场景法和 CCP 法都很接近，这可以验证其正确性。在 ADP 算法中，在获得近似值函数后，通过在预测场景下从 $t=1$ 到 $t=T$ 逐一时段递推求解 MILP 模型(式(4-22))来获得最优日前调度方案所消耗的计算时间为约 110s。因此，当离线训练得到的近似值函数直接用于电力系统最优调度的在线决策时，ADP 算法将具有明显的优势。

表 4-6　ADP 与基于场景和机会约束规划法的计算性能比较

N	内存占有量/MB			计算时间/s			总运行成本/元		
	场景法	CCP 法	ADP 算法	场景法	CCP 法	ADP 算法	场景法	CCP 法	ADP 算法
10	1995	626	424	836	732	1179	179777540	179794732	179793023
50	9092	1620	2082	7448	5275	5523	179777585	179794771	179792906
100	13232	4834	4160	32927	15509	13213	179777566	179794628	179793107
150	16753	7089	6123	95628	31723	19732	179777598	179794719	179793088
200	溢出	10829	8174	—	—	23127	—	不可行	179793120

通过值函数近似的 ADP 算法的优点之一是获得近似值函数，这有助于在风电场有功出力的随机性下做出决策。通过模拟风电场有功出力的不同场景，训练得到各个时段的近似值函数，使近似值函数能够适应风电场有功出力的随机波动。因此，即使实际风电场有功出力与预测的不同，所有时段的近似值函数也可以用于未来的决策。然而，场景法和 CCP 法只能获得一个特定的决策。在实际中，需要增加采样场景的数量以覆盖尽可能多的风电场有功出力的随机波动情况，这将造成场景法和 CCP 法对应优化模型的规模显著增加。然而，ADP 算法可以方便地处理许多采样场景，从而有效地减少所占用的内存和所耗费的计算时间。因此，就考虑风电场有功出力随机性的经济调度问题而言，ADP 算法在求解大型电力系统的随机经济调度问题方面表现出了明显的优势。

4.3.2　修改的 IEEE 39 节点系统

修改的 IEEE 39 节点系统的电气接线图、线路参数、发电机参数可参见附录 A。预测总负荷曲线的形状通过对图 4-8 中的曲线进行归一化获得，然后根据该形状曲线并将标准 IEEE 39 节点系统的总负荷设置为曲线的峰值负荷，以给出预测总负荷曲线，其中各节点的实际负荷根据标准 IEEE 39 节点系统中的各节点负荷的大小比例来进行分配。类似地，根据图 4-7 和风电场装机容量得到了两个风电场有功出力的预测曲线。其他系统参数可以在标准 IEEE 39 节点系统中找到。p、q、ε_d、ε_w 和 M_g 的值与 4.3.1 小节中的值相同。

由于在实际的大规模电力系统中用 DP 算法求解随机经济调度问题面临“维数灾难”问题而难以求解，在修改的 IEEE 39 节点系统中对 ADP 算法、DP 算法、场景法和 CCP 法进行比较分析。在求解经济调度问题时，标准 DP 算法需要对每个时段的状态变量进行离散化，使得每一时段不同状态变量组合得到的状态维数非常大，这是由于大规模电力系统中含有大量的状态变量，其状态变量为由爬坡约束耦合的每一时段的所有火电机组的有功出力。此外，风电场有功出力的随机性使得状态空间的维数更大。因此，标准 DP 算法很难在众多可能的机组有功出力计划中找到最优的机组有功出力计划。

如前所述，以 $\boldsymbol{S}_t=(\boldsymbol{W}_t,\boldsymbol{R}_t)$ 作为状态向量。则对于 DP 算法，将 1600MW·h 的存储量离散为 40 个分段($B_s=40$)，即每个抽水蓄能电站包含 41 个离散存储状态，并将每个时段每个风电场的有功出力根据其波动范围离散为 7 个状态，这将在每个时段产生 $41^2\times7^2$=82369 个状态组合。DP 算法求解过程中需要逐个时段求解，记录下该时段每个状态的值函数值以及对应的决策，最终每个时段形成一个值函数值与状态之间关系的查询表作为策略，其计算量会随着时段数的增加而成指数增加。为了减少 DP 算法的计算负担，这里选取时段数 $T=24(\Delta T=1\text{h})$。对于 ADP 算法、场景法和 CCP 法，采样场景的数量为 N=100。CCP 法中机会约束满足的置信水平设置为 1.0。

四种方法的计算结果比较如表 4-7 所示。CCP 法的成本和计算时间均为 20 次重复计算结果的平均值。可以看到，四种算法得到的最优解对应的总运行成本很接近。虽然场景法和 CCP 法的总运行成本最小，但它们只能获得一个特定的决策。此外，当优化模型的规模增加时，场景法和 CCP 法的计算性能会迅速下降，甚至无法求解。对于 DP 算法，系统状态离散化近似引起的误差导致得到的最优解对应的总运行成本较高；对于 ADP 算法，采用近似值函数来近似精确值函数存在的误差导致得到的最优解对应的总运行成本较高。DP 算法和 ADP 算法获得的策略分别是每个时段的查询表和近似值函数，它们不仅可以用于获得日前经济调度方案的具体决策结果，而且可以用于在风电场有功出力的实时预测值已知的条件下获得日内实时经济调度方案的在线决策结果。虽然 DP 算法能够获得策略，但即使对于这样的小规模系统，也需要耗费相当多的计算时间。相对而言，ADP 算法是在获得策略和减少计算时间之间的最佳折中方法。

表 4-7　ADP 算法与 DP 算法、场景法和机会约束规划法的比较

算法	计算时间/s	总成本/元	获得决策方式
ADP	370.28	30162028	近似值函数
DP	10323529	30167124	查询表
场景法	37.30	30160429	直接求解
CCP 法	405.23	30160436	直接求解

4.4 小　结

本章考虑了电力系统网络安全约束，建立含多个风电场和抽水蓄能电站的电力系统随机经济调度模型，并提出了求解此随机经济调度模型的 ADP 算法，验证了该方法能够应用于求解实际大型电力系统的随机经济调度模型。含多个风电场和抽水蓄能电站的电力系统随机经济调度模型是一种天然的存储器模型，可以根据随机存储模型理论并采用 ADP 算法求解以避免模型的“维数灾难”问题。采用 SPAR 算法训练含多个存储器的近似值函数，并基于训练得到的近似值函数可以高效地获得近似最优的日前经济调度方案。通过某实际省级电网和修改的 IEEE 39 节点系统两个算例，并与场景法、机会约束规划法和简化 DP 算法的计算结果进行比较，验证了所提出算法的正确有效性。

参考文献

[1] Meyer W S, Albertson V D. Improved loss formula computation by optimally ordered elimination techniques. IEEE Transactions on Power Apparatus and Systems, 1971, 90(1): 62-69.

[2] Zhang H, Vittal V, Heydt G T, et al. A mixed-integer linear programming approach for multi-stage security-constrained transmission expansion planning. IEEE Transactions on Power Systems, 2012, 27(2): 1125-1133.

[3] Scott B, Jorge J, Ongun A. DC power flow revisited. IEEE Transactions on Power Systems, 2009, 24(3): 1290-1300.

[4] Fu Y, Shahidehpour M. Fast SCUC for large-scale power systems. IEEE Transactions on Power Systems, 2007, 22(4): 2144-2151.

[5] Bellman R E. Dynamic Programming. Princeton: Princeton University Press, 1957: 7-9.

[6] Nascimento J, Powell W B. An optimal approximate dynamic programming algorithm for concave, scalar storage problems with vector-valued controls. IEEE Transactions on Automatic Control, 2013, 58(12): 2995-3010.

[7] Wang J, Shahidehpour M, Li Z. Security-constrained unit commitment with volatile wind power generation. IEEE Power Systems, 2008, 23(3): 1319-1327.

[8] GAMS Development Corporation. GAMS: The Solver Manuals. Washington: GAMS Development Corporation, 2012: 85-102.

[9] Ferris M C, Jain R, Dirkse S. GDXMRW: Interfacing GAMS and MATLAB. Madison: University of Wisconsin, 2011.

[10] Powell W B. Approximate Dynamic Programming, Solving the Curses of Dimensionality. 2nd ed. New York: Wiley, 2011: 304-316.

[11] Lin S, Fan G, Jian G, et al. Stochastic economic dispatch of power system with multiple wind farms and pumped-storage hydro stations using approximate dynamic programming. IET Renewable Power Generation, 2020, 14(13): 2507-2516.

[12] 简淦杨，刘明波，林舜江. 随机动态经济调度问题的存储器建模及近似动态规划算法. 中国电机工程学报, 2014, 34(9): 4333-4340.

第 5 章　基于场景解耦算法的电力系统随机经济调度

随机动态经济调度问题，是指在电力系统动态经济调度的基础上应对新能源场站出力的随机波动性，即在考虑各种系统约束和机组约束的前提下，通过调度常规机组以适应新能源场站出力的不确定性对系统运行的影响。当采用场景法描述经济调度问题中风电场出力的随机波动性时，由于需要大量场景才能准确反映风电场出力的随机波动性，这造成了转化后的随机经济调度(SED)模型的规模很大，难以直接求解，尤其是对于实际大型电力系统，如何高效求解更具挑战性。因此，需要研究基于场景法的随机经济调度模型的高效求解算法。

本章首先基于场景法建立考虑风电场出力随机波动性的电力系统随机动态经济调度的多场景模型，将随机规划问题转化为大规模的确定性规划问题。然后运用 Dantzig-Wolfe(简称 DW)分解算法对多场景模型进行分解降维，引入对应场景转移约束的 Lagrange 乘子向量，将多场景的调度模型分解为子问题模型和主问题模型，并且在主问题和子问题的交替迭代计算中采用次梯度法改善了算法的收敛性。最后，在 GAMS 平台上利用网格计算工具箱(grid computing facility，GCF)对算法中多个独立的子问题进行并行求解。通过修改的 IEEE 39 节点系统和某个实际省级电力系统的算例分析，结果表明 Dantzig-Wolfe 分解模型可以得到与集中式模型完全一致的最优解，该算法能够大幅度降低计算机内存需求，使难以直接求解的原问题得以有效求解，并且通过并行计算技术能够显著提高计算效率。

5.1　多场景随机动态经济调度模型

由于风电场出力的随机波动性，风电场的实际出力常常与预测出力存在一定的误差，必须基于风电场出力的预测曲线考虑其随机波动性。本章定义预测场景为预测的风电场出力场景，定义误差场景为风电场实际出力与预测值存在误差的场景，误差场景通过随机抽样生成。假设风电场出力偏离预测值的随机波动服从正态分布 $P \sim N(\mu, \sigma^2)$，μ为风电场的预测出力，σ反映风电出力的波动情况[1]。由此，基于场景法建立随机动态经济调度模型，求解模型可以得到各个场景下的优化调度解[2]，其中预测场景对应的调度解是日前调度方案，求得的各个误差场景对应的调度解可保证机组具备应对风电场出力随机波动性的旋转备用容量，且保证在机组旋转备用容量动作以平衡风电场出力随机波动时，对应的系统运行状态能够满足安全运行要求。

5.1.1　优化目标

以最小化各个场景下所有机组发电成本之和的数学期望值为目标，即

$$\min f = \frac{1}{1+N_S}\sum_{s=0}^{N_S}\sum_{t=1}^{T}\sum_{g=1}^{N_G}(a_g(P_{g,t}^s)^2 + b_g P_{g,t}^s + c_g) \tag{5-1}$$

式中，$P_{g,t}^s$ 为场景 s 中常规发电机组 g 在时段 t 的出力，$s=0$ 表示预测场景，$s \neq 0$ 表示误差场景；N_S 为误差场景数目；N_G 为常规发电机组数目；T 为日前调度的时段数，本章以 1 小时作为 1 个时段，即 $T=24$；a_g、b_g、c_g 为机组 g 的燃料耗量特性系数。

5.1.2　预测场景下的约束条件

1. 系统功率平衡约束

当忽略网损时，预测场景下的系统功率平衡方程可表示如下：

$$\sum_{g=1}^{N_G} P_{g,t}^0 + \sum_{w=1}^{N_W} P_{w,t}^0 = P_{\mathrm{Load},t} \tag{5-2}$$

式中，N_W 为风电场数目；$P_{g,t}^0$ 为预测场景中常规机组 g 在时段 t 的出力；$P_{w,t}^0$ 为预测场景中风电场 w 在时段 t 的出力；$P_{\mathrm{Load},t}$ 为系统在时段 t 的负荷预测值。

2. 机组出力上下限约束

预测场景下各机组的出力上下限约束可表示为

$$P_{g,\min} \leqslant P_{g,t}^0 \leqslant P_{g,\max} \tag{5-3}$$

式中，$P_{g,\max}$ 和 $P_{g,\min}$ 为机组 g 的有功出力最大值和最小值。

3. 机组滑坡/爬坡特性约束

各机组出力的变化受到爬坡/滑坡速率的限制，可表示为

$$P_{g,t-1}^0 - P_{g,t}^0 \leqslant r_{dg}\Delta T \tag{5-4}$$

$$P_{g,t}^0 - P_{g,t-1}^0 \leqslant r_{ug}\Delta T \tag{5-5}$$

式中，r_{dg} 和 r_{ug} 分别为机组 g 的滑坡速率和爬坡速率；ΔT 为连续两个调度时段的间隔。

4. 线路传输容量约束

线路输电功率及其约束表示如下：

$$P_{l,t}^0 = \sum_{g=1}^{N_G} G_{l,g} P_{g,t}^0 + \sum_{w=1}^{N_W} G_{l,w} P_{w,t}^0 - \sum_{d=1}^{N_D} D_{l,d} P_{d,t} \tag{5-6}$$

$$-P_{l,\max} \leqslant P_{l,t}^0 \leqslant P_{l,\max}, \quad l=1,2,\cdots,N_L \tag{5-7}$$

式(5-6)为线路传输功率在采用直流潮流模型时的表达式[3]；$P_{l,t}^0$为预测场景中线路l在时段t的传输功率；$P_{d,t}$为负荷节点d在时段t的负荷预测值；N_D为负荷节点数目；$G_{l,g}$、$G_{l,w}$、$D_{l,d}$分别为线路l与机组g、风电场w、负荷d之间的有功功率传输因子。式(5-7)是线路传输容量约束；$P_{l,\max}$为线路l的最大传输容量；N_L为输电线路条数。

5.1.3 误差场景下的约束条件

1. 系统功率平衡约束

当忽略网损时，误差场景下的系统功率平衡方程可表示如下：

$$\sum_{g=1}^{N_G} P_{g,t}^s + \sum_{w=1}^{N_W} P_{w,t}^s = P_{\text{Load},t}, \quad s=1,2,\cdots,N_S \tag{5-8}$$

式中，$P_{w,t}^s$为场景s中风电场w在时段t的出力。

2. 机组出力上下限约束

误差场景下各机组的出力上下限约束可表示为

$$P_{g,\min} \leqslant P_{g,t}^s \leqslant P_{g,\max}, \quad s=1,2,\cdots,N_S \tag{5-9}$$

3. 机组滑坡/爬坡特性约束[4]

约束如下：

$$P_{g,t-1}^s - P_{g,t}^s \leqslant r_{dg}\Delta T, \quad s=1,2,\cdots,N_S \tag{5-10}$$

$$P_{g,t}^s - P_{g,t-1}^s \leqslant r_{ug}\Delta T, \quad s=1,2,\cdots,N_S \tag{5-11}$$

4. 线路传输容量约束

约束如下：

$$P_{l,t}^s = \sum_{g=1}^{N_G} G_{l,g} P_{g,t}^s + \sum_{w=1}^{N_W} G_{l,w} P_{w,t}^s - \sum_{d=1}^{N_D} D_{l,d} P_{d,t} \tag{5-12}$$

$$-P_{l,\max} \leqslant P_{l,t}^s \leqslant P_{l,\max}, \quad l=1,2,\cdots,N_L;\ s=1,2,\cdots,N_S \tag{5-13}$$

式中，$P_{l,t}^s$为场景s中线路l在时段t的传输功率。

5. 场景转移约束

场景转移约束精确表达旋转备用需求，使各个误差场景与预测场景之间存在耦合关系，是场景法转化后确定性优化模型的计算规模随场景数急剧增大的原因，它表示在同一时段内误差场景与预测场景之间机组出力的调节速率限制，如式(5-14)

所示：

$$\left|P_{g,t}^{s}-P_{g,t}^{0}\right|\leqslant \varDelta_{g},\quad s=1,2,\cdots,N_{S} \tag{5-14}$$

式中，$\varDelta_g$ 表示机组 g 在一个调度时段内可以调节的出力增量。

5.1.4　模型的紧凑形式

上述的随机动态经济调度的多场景模型中包含了预测场景和误差场景的发电成本和约束条件，其中预测场景的调度解用作日前调度方案，误差场景能够模拟风电的随机波动性。式(5-10)和式(5-11)表示同一个误差场景中的机组爬坡/滑坡约束，保证了风电场出力在下一个时段出现误差时，可以根据对应该场景的调度解来调度机组出力。式(5-14)表示同一时段内的场景转移约束，保证了风电场出力在该时段出现误差时，可以快速调节常规发电机组的出力以应对随机误差。以上三个约束保证了常规发电机组具备足够的旋转备用容量来应对风电场出力的随机波动性。

为了便于后面内容表达，将式(5-1)～式(5-14)描述的多场景模型写成如下紧凑形式：

$$\begin{cases}\min\ f=\sum\limits_{s=0}^{N_S}\boldsymbol{C}^s\boldsymbol{P}^s & (5\text{-}15)\\ \text{s.t.}\begin{cases}\sum\limits_{s=0}^{N_S}\boldsymbol{A}^s\boldsymbol{P}^s\leqslant\boldsymbol{R} & (5\text{-}16)\\ \boldsymbol{B}^s\boldsymbol{P}^s\leqslant\boldsymbol{b}^s,\quad s=1,2,\cdots,N_S & (5\text{-}17)\end{cases}\end{cases}$$

式中，$f(\cdot)$ 表示目标函数，发电成本二次函数可近似转换为线性表达式；$\boldsymbol{P}^s$ 为场景 s 中的机组出力向量，$s=0$ 表示预测场景，$s\neq 0$ 表示误差场景；$\boldsymbol{C}^s$ 为对应的成本系数；式(5-16)代表场景转移约束，即式(5-14)；$\boldsymbol{A}^s$ 为预测场景与误差场景 s 之间的场景转移约束系数矩阵；$\boldsymbol{R}$ 为对应约束中的常数向量；式(5-17)代表各个场景下的运行约束，即式(5-2)～式(5-13)，此约束中各个场景之间相互独立；$\boldsymbol{B}^s$ 为场景 s 中运行约束的系数矩阵；$\boldsymbol{b}^s$ 为场景 s 中运行约束中的常数向量。

5.2　Dantzig-Wolfe 分解及并行求解

5.2.1　模型的 Dantzig-Wolfe 分解

在随机动态经济调度的多场景模型中，场景转移约束为场景间耦合约束，各个场景下的运行约束为独立的场景内部约束，因此基于 Dantzig-Wolfe 分解原理可以实现对此模型的场景解耦[5]。对场景模型(式(5-15)～式(5-17))进行 Dantzig-Wolfe 分解，可以得到分解后的主问题模型和子问题模型：

1. 子问题模型

将场景转移约束通过 Lagrange 乘子松弛到目标函数，从而形成 1 个预测场景子问题模型和 N_S 个误差场景子问题模型。

(1) 预测场景子问题模型如下：

$$\begin{cases}\min\ f_{\mathrm{LR}} = \boldsymbol{CP} + \boldsymbol{\alpha AP} & (5\text{-}18)\\ \text{s.t.}\quad \boldsymbol{BP} \leqslant \boldsymbol{b} & (5\text{-}19)\end{cases}$$

(2) 误差场景子问题模型如下：

$$\begin{cases}\min\ f_{\mathrm{LR}}^{s} = \boldsymbol{C}^{s}\boldsymbol{P}^{s} + \boldsymbol{\alpha A}^{s}\boldsymbol{P}^{s} & (5\text{-}20)\\ \text{s.t.}\quad \boldsymbol{B}^{s}\boldsymbol{P}^{s} \leqslant \boldsymbol{b}^{s},\quad s=1,2,\cdots,N_S & (5\text{-}21)\end{cases}$$

2. 主问题模型

定义迭代求解子问题得到的解集为 J_n，根据多面体表示定理，场景 s 下的机组出力向量可表示为

$$\boldsymbol{P}^{s} = \sum_{j\in J_n} \boldsymbol{P}_{(j)}^{s}\lambda_{(j)}^{s} \tag{5-22}$$

$$\text{s.t.}\quad \sum_{j\in J_n} \lambda_{(j)}^{s} = 1 \tag{5-23}$$

$$\lambda_{(j)}^{s} \geqslant 0,\quad j\in J_n \tag{5-24}$$

式中，$\boldsymbol{P}_{(j)}^{s}$ 为第 j 次求解子问题得到的场景 s 下机组出力向量；$\lambda_{(j)}^{s}$ 为子问题模型优化解 $\boldsymbol{P}_{(j)}^{s}$ 对应的权重系数。

将式(5-22)～式(5-24)代入式(5-15)～式(5-17)，得到如下以 $\lambda_{(j)}^{s}$ 为变量的主问题模型：

$$\min \sum_{s=0}^{N_S}\sum_{j\in J_n}(\boldsymbol{C}^{s}\boldsymbol{P}_{(j)}^{s}\times\lambda_{(j)}^{s}) \tag{5-25}$$

$$\text{s.t.}\quad \sum_{s=0}^{N_S}\sum_{j\in J_n}\boldsymbol{A}^{s}\boldsymbol{P}_{(j)}^{s}\lambda_{(j)}^{s} \leqslant \boldsymbol{R} \qquad (\boldsymbol{\alpha}) \tag{5-26}$$

$$\sum_{j\in J_n}\lambda_{(j)}^{s} = 1,\quad s\in N_S \qquad (\boldsymbol{\beta}) \tag{5-27}$$

$$\lambda_{(j)}^{s} \geqslant 0,\quad s\in N_S;\ j\in J_n \tag{5-28}$$

式中，$\boldsymbol{\alpha}$、$\boldsymbol{\beta}$ 分别是关于场景转移约束和凸规划约束的 Lagrange 乘子向量。

采用 Dantzig-Wolfe 分解法求解随机动态经济调度多场景模型的迭代过程可表示为图 5-1，其中点画线框表示求解子问题模型得到各个场景的优化解，实线框表示形成第 j 次迭代的主问题解区域 $\boldsymbol{X}_{(j)}$，灰色虚线框表示求解主问题模型得到第 j 次迭代优化解并更新 Lagrange 乘子 $\boldsymbol{\alpha}$。这为我们提供了一种对大规模问题解耦降维的方法，即能够将原问题分解为如图 5-1 所示的主问题和子问题迭代模式，通过对其迭代求解得到原问题最优解。

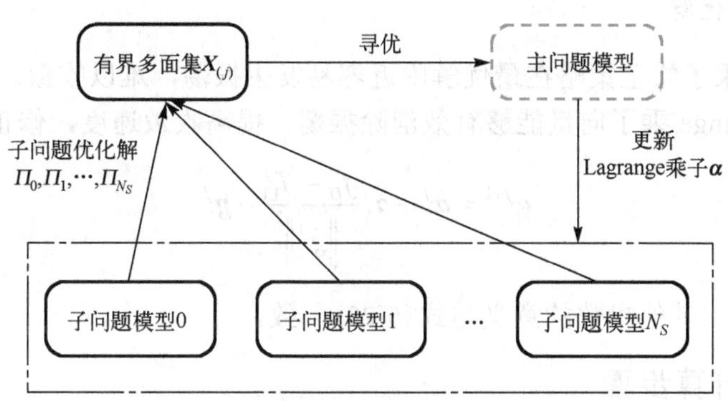

图 5-1　Dantzig-Wolfe 分解迭代过程

5.2.2　乘子修正策略

Lagrange 乘子向量 $\boldsymbol{\alpha}$ 的修正速度决定了算法的收敛速度，原始 Dantzig-Wolfe 分解算法通过求解主问题的对偶问题修正 $\boldsymbol{\alpha}$。当场景数量增加时，由于场景模型的维度随之指数式上升，直接采用 Dantzig-Wolfe 分解算法求解难以收敛，算法迭代次数不可控。因此，本章采用次梯度法，提出一种改进的三阶段 Lagrange 乘子向量修正方法，步骤如下所述。

1. *搜索初始可行解*

引入含放大系数的改进次梯度法，假设迭代进行到第 j 次，乘子向量按式(5-29)修正：

$$\boldsymbol{\alpha}^{j+1} = w\left(\boldsymbol{\alpha}^j + a_1 \frac{f_U - f_{\mathrm{LR}}^j}{\left\|\boldsymbol{g}^j\right\|^2} \cdot \boldsymbol{g}^j\right) \tag{5-29}$$

$$\boldsymbol{g}^j = \boldsymbol{A}\boldsymbol{x}^j - \boldsymbol{b} \tag{5-30}$$

式中，$\boldsymbol{g}^j$ 表示第 j 次迭代的梯度向量；w 表示放大系数，其取值对获取初始可行解的速度影响较大；a_1 表示一个标量，取值为 $0 \leqslant a_1 \leqslant 2$；$f_U$ 表示目标函数的预估上界；f_{LR}^j 表示第 j 次迭代的 Lagrange 函数值。

2. *Dantzig-Wolfe 分解算法迭代*

根据上一步骤的乘子向量修正方法迭代计算得到初始可行解后，根据Dantzig-Wolfe 分解算法的基本原理，通过直接求解主问题的对偶问题修正 Lagrange 乘子向量，根据修正后的乘子向量求解子问题，得到一组新的解，继续求解主问题的对偶问题，直至到达最优解附近。

3. *搜索最优解*

上一步的乘子修正策略在最优解附近容易发生振荡，难以收敛。此时通过次梯度法更新 Lagrange 乘子向量能够有效消除振荡，提高收敛速度，修正公式为

$$\boldsymbol{\alpha}^{j+1}=\boldsymbol{\alpha}^{j}+a_2\frac{f_U-f_{\mathrm{LR}}^{j}}{\left\|\boldsymbol{g}^{j}\right\|^2}\cdot\boldsymbol{g}^{j} \tag{5-31}$$

式中，$0\leqslant a_2\leqslant 2$，其他参数的意义与式(5-29)一致。

5.2.3 并行计算步骤

综上所述，可对随机动态经济调度多场景模型进行 Dantzig-Wolfe 分解，并采用乘子修正策略改善算法的收敛性。在此基础上，根据并行计算方法可对多个独立的子问题实现并行求解，Dantzig-Wolfe 分解算法的并行计算步骤如下所述。

(1)初始化：令迭代次数 j=1，给定迭代次数上限 iteration，令 $\boldsymbol{\alpha}=\mathbf{0}$，$\boldsymbol{\beta}=\mathbf{0}$，输入目标函数预估上界 f_U，次梯度法参数 w、a_1、a_2，判定算法迭代至最优解附近的精度 ε_1，算法收敛精度 ε_2。

(2)并行求解各个场景下的子问题模型，得到各个场景下的子问题的解，更新主问题的解区域。

(3)求解主问题模型，若：

①主问题可行，即得到原问题的可行解 $\boldsymbol{P}^s$，继续下一步；

②主问题不可行，则按照式(5-29)修正 $\boldsymbol{\alpha}$，返回步骤(2)。

(4)判断迭代是否进行至最优解附近，若：

①已到达最优解附近，继续下一步；

②未到达最优解附近，则按乘子修正策略的第(2)步修正 $\boldsymbol{\alpha}$ 和 $\boldsymbol{\beta}$，返回步骤(2)。

(5)按照式(5-31)修正 $\boldsymbol{\alpha}$，并行求解各个场景下的子问题模型，转入下一步。

(6)判断是否满足收敛判据，若：

①算法收敛，则输出原问题最优解，停止迭代；

②未收敛，更新主问题的解区域并求解主问题，返回步骤(5)。

图 5-2 给出了采用三阶段乘子修正策略的改进 Dantzig-Wolfe 分解算法流程图。

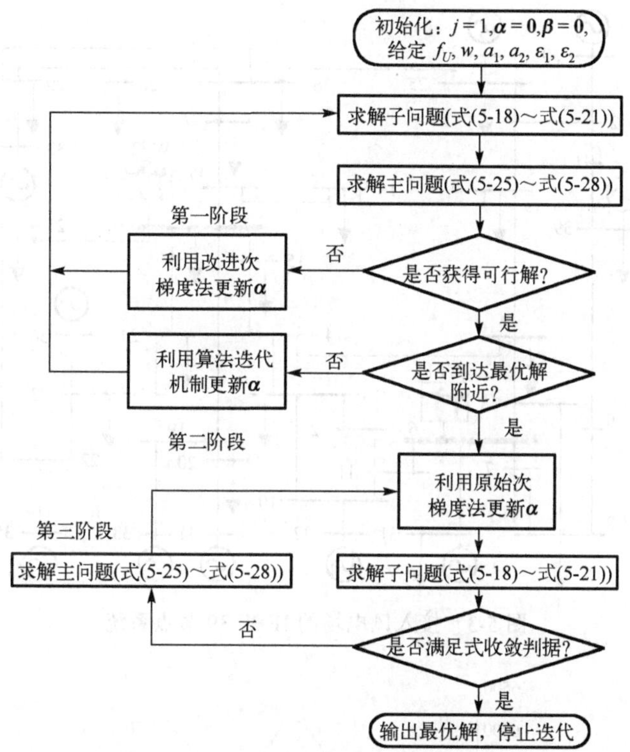

图 5-2　改进 Dantzig-Wolfe 算法流程图

5.3　算 例 分 析

通过两个算例验证本章所提出算法的有效性。算例 1 是如图 5-3 所示修改的 IEEE 39 节点系统，接入两座风电场；算例 2 是某个实际省级电力系统，接入两座大型风电场。所提方法在 GAMS 23.9.5 平台上进行建模计算，并行计算借助网格计算工具箱(GCF)实现，调用 CPLEX 求解器求解集中式多场景模型以进行对比。计算机采用 Intel Core i5 4570(3.20GHz、内存为 16GB)。日前有功调度取 24 个时段，设定算法收敛精度：$\varepsilon_1=10^{-4}$，$\varepsilon_2=10^{-6}$。

5.3.1　修改的 IEEE 39 节点系统

修改的 IEEE 39 节点系统中含有 10 台常规发电机组，各项参数可参见附录 A，两座风电场分别从节点 6 和节点 16 处接入电网，如图 5-3 所示。系统峰荷为 6150MW，谷荷为 4612MW，负荷预测曲线见图 5-4。两座并网风电场的容量分别为 360MW 和 280MW，风电最大出力占比为 10.41%，其预测出力曲线见图 5-5。

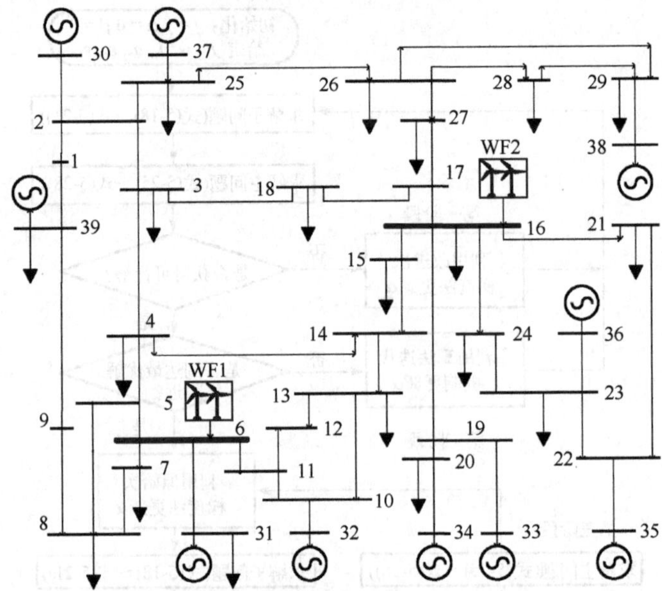

图 5-3　接入风电场的 IEEE 39 节点系统

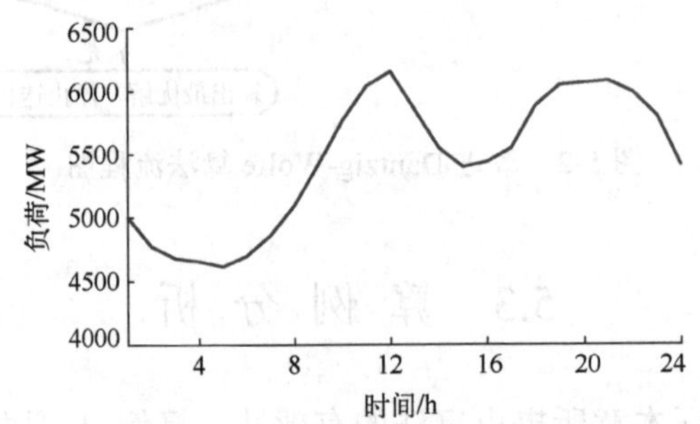

图 5-4　修改的 39 节点系统负荷预测数据

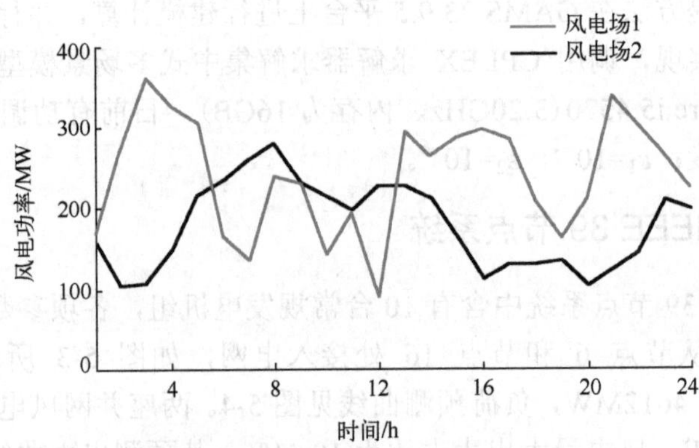

图 5-5　两个风电场预测出力曲线

假设风电场出力的随机波动服从正态分布 $P \sim N(\mu, \sigma^2)$，μ为风电出力的预测值，$\sigma = 0.1\mu$。采用蒙特卡罗抽样方法对图 5-5 中的“风电场 1”和“风电场 2”分别抽样，生成误差场景 10、100、1000 和 10000 个，其中风电场 1 的 10 个误差场景如图 5-6 所示，图中不同颜色的曲线表示不同误差场景下的风电功率变化趋势。

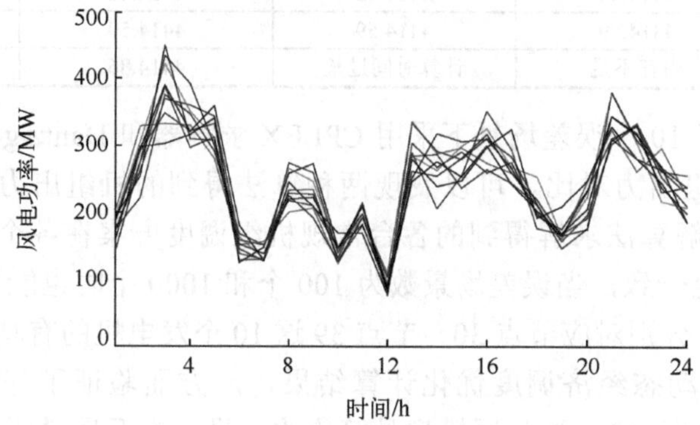

图 5-6　风电场 1 误差场景出力曲线(见彩图)

针对本章模型以及各误差场景数量的情况，选取 GAMS 平台上的 CPLEX 求解器(算法 1)、Dantzig-Wolfe 分解算法(算法 2)、本章提出的改进 Dantzig-Wolfe 分解并行算法(算法 3)和目前常用的 Benders 分解算法(算法 4)，分别求解随机动态经济调度场景模型，其中 Benders 分解算法的主问题求解预测场景下的机组出力方案，各个子问题求解误差场景下的出力方案[6]。表 5-1 列出了修改的 39 节点系统随机动态经济调度的集中计算模型和分解计算模型的计算规模，可以看出，分解计算模型的规模得到了有效降低，且误差场景数越多，对应的降维程度也越高。分解计算模型子问题规模不随场景数量变化，其中变量数为 $N_G \times T = 240$，约束数量为 $T+N_G \times T \times 2+N_G \times (T-1)+N_G \times (T-1)+N_L \times T \times 2=2596$。

表 5-1　修改的 39 节点系统两种模型的规模

误差场景数	集中计算模型的变量数/约束数	分解计算模型主问题的变量数/约束数	分解计算模型子问题的变量数/约束数
10	2640 / 33356	4811 / 11	240 / 2596
100	24240 / 310196	48101 / 101	240 / 2596
1000	240240 / 3078596	481001 / 1001	240 / 2596
10000	2400240 / 30762596	4810001 / 10001	240 / 2596

分别采用四种算法求解多场景模型时，得到的结果中目标函数比较如表 5-2 所示。可以看到，在不同误差场景数的情况下四种算法求解结果中目标函数值均相等，验证了所提出的分解计算方法的准确性。当抽样场景数量增加时，目标函数略有上升，说明风电场出力的随机波动性增加了经济调度的成本。

表 5-2　优化结果对比(一)

误差场景数	发电成本/万元			
	算法 1	算法 2	算法 3	算法 4
10	4414.17	4414.17	4414.17	4414.17
100	4414.42	4414.42	4414.42	4414.42
1000	4414.59	4414.59	4414.59	4414.59
10000	内存不足	计算时间过长	4414.86	4414.86

图 5-7 给出了 10 个误差场景下采用 CPLEX 求解器和 Dantzig-Wolfe(DW)分解算法求得的各机组出力对比，可以发现两种算法得到的机组出力曲线完全重合，Dantzig-Wolfe 分解算法求解得到的各台常规机组调度方案在各个时刻与集中计算模型的结果均完全一致，当误差场景数为 100 个和 1000 个时也能得到相同的结果。图中，Pg30～Pg39 分别对应节点 30～节点 39 这 10 个发电机的有功出力，结合表 5-2 和图 5-7 的随机动态经济调度优化计算结果，一方面验证了基于多场景模型的 Dantzig-Wolfe 分解计算模型与原模型是等价的，另一方面也说明了 Dantzig-Wolfe 分解算法可以得到多场景模型的最优解，证明了算法的正确性。

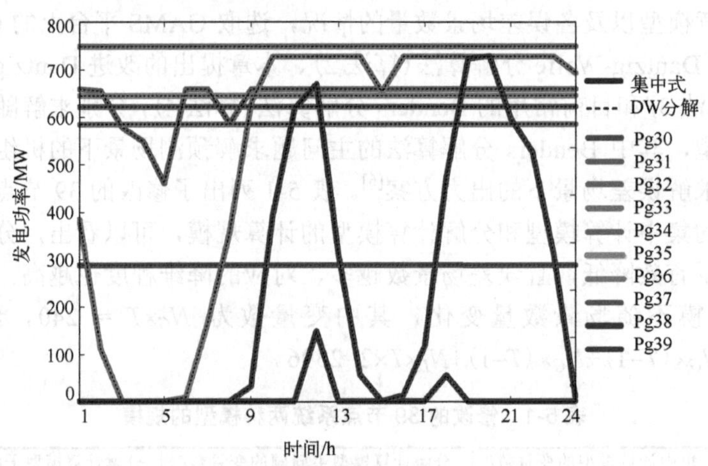

图 5-7　常规机组出力对比(见彩图)

表 5-3 和表 5-4 还给出了四种算法的计算机内存需求和计算时间比较，其中加速比为算法 2 与算法 3 的计算时间之比，即加速比=未采用并行计算的 Dantzig-Wolfe 分解算法计算时间/并行计算的 Dantzig-Wolfe 分解算法计算时间。由表 5-3 可以发现，随着误差场景数的增加，算法 1 计算时会提示内存不足，无法计算，算法 2 的计算时间过长，而算法 3 和算法 4 可以成功求解。对比表 5-4 中算法 2 和算法 3 的结果，可以发现运用并行计算技术能够有效地实现提速，在求解不同误差场景数的问题时有不同的加速比。随着抽样的误差场景数的增加，问题规模指数式增大，并行计算的效率也越来越高。

表 5-3　内存需求对比(一)

误差场景数	内存需求/MB			
	算法 1	算法 2	算法 3	算法 4
10	19	7	8	6
100	146	56	57	19
1000	1421	475	476	253
10000	内存不足	计算时间过长	4728	3024

表 5-4　计算时间对比(一)

误差场景数	计算时间/s				
	算法 1	算法 2	算法 3	算法 4	加速比
10	0.38	5.17	2.62	2.72	1.97
100	3.91	87.98	29.72	45.66	2.96
1000	128	2944	610	975	4.83
10000	内存不足	> 259200	16513	26638	>15

5.3.2 实际省级电力系统

为了进一步验证所提算法的准确性和实际工程应用性能，将 Dantzig-Wolfe 分解的并行算法应用于求解某实际省级电力系统。该电网有 161 台常规机组，装机容量为 67027MW，有 2 座风电场(WF)。在 220kV/500kV 输电网中有 2333 个连接节点，图 5-8

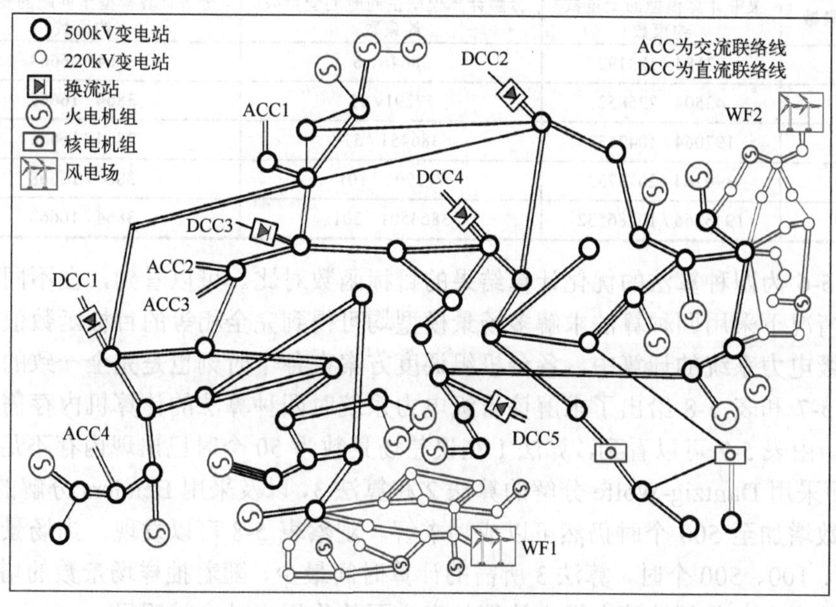

图 5-8　某省级电力系统 500kV 网络和风电场附近的 220kV 网络拓扑结构

为该省级电网的 500kV 网络和风电场附近的 220kV 网络拓扑结构。最大负荷为 57395MW，负荷预测曲线如图 5-9 所示。对两座风电场的最大功率分别取 1440MW 和 1120MW 进行研究，其预测出力曲线的变化情况分别与图 5-5 中的曲线对应。

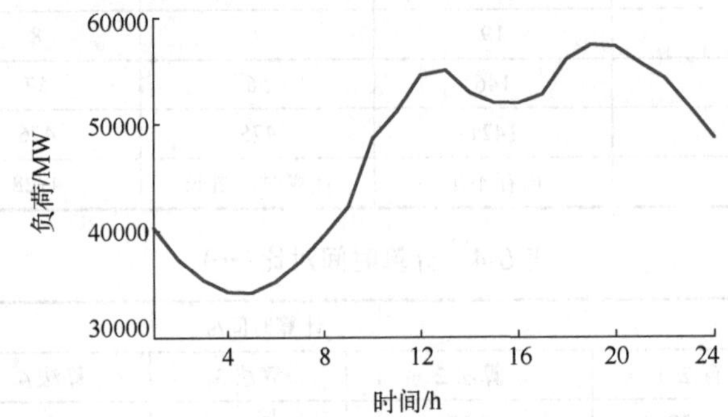

图 5-9　某省级电力系统的负荷预测数据

假设风电出力随机误差服从正态分布，对于风电场 1 和 2，通过 Monte Carlo 抽样方法为每个风电场生成误差场景 5、10、50、100 和 500 个。表 5-5 列出了该省级电力系统随机动态经济调度的集中计算模型和分解计算模型主问题的计算规模，分解计算模型子问题的变量数为 3864，约束数量为 16668。主问题和子问题的规模比集中计算模型都有了明显的降低。

表 5-5　某省级电力系统两种模型的规模

误差场景数	集中计算模型的变量数/约束数	分解计算模型主问题的变量数/约束数	分解计算模型子问题的变量数/约束数
5	23184 / 123192	38646 / 6	3864 / 16668
10	42504 / 225852	77291 / 11	3864 / 16668
50	197064 / 1047132	386451 / 51	3864 / 16668
100	390264 / 2073732	772901 / 101	3864 / 16668
500	1935864 / 10286532	3864501 / 501	3864 / 16668

表 5-6 为四种算法的优化计算结果的目标函数对比。可以看到，在不同误差场景数的情况下采用四种算法求解多场景模型均可得到完全相等的目标函数值。另外，在该省级电力系统的计算中，各台机组调度方案在各个时刻也是完全一致的。

表 5-7 和表 5-8 给出了求解该省级电力系统时四种算法的计算机内存需求和计算时间。由表 5-7 可以看到，算法 1 在误差场景数为 50 个时已出现内存不足，无法求解；而采用 Dantzig-Wolfe 分解的算法 2 和算法 3，以及采用 Benders 分解的算法 4 在场景数增加至 500 个时仍然可以成功求解。观察表 5-8 可以发现，当场景数量增加至 50、100、500 个时，算法 3 所需的计算时间最少，随着抽样场景数的增加，问题规模的增大，并行计算在提高计算效率方面的作用也越来越明显。

表 5-6　优化结果对比(二)

误差场景数	发电成本/万元			
	算法 1	算法 2	算法 3	算法 4
5	39965.83	39965.83	39965.83	39965.83
10	39965.88	39965.88	39965.88	39965.88
50	内存不足	39965.92	39965.92	39965.92
100	内存不足	39965.96	39965.96	39965.96
500	内存不足	39966.71	39966.71	39966.71

表 5-7　内存需求对比(二)

误差场景数	内存需求/MB			
	算法 1	算法 2	算法 3	算法 4
5	2147	355	345	351
10	4079	368	369	360
50	内存不足	575	577	550
100	内存不足	1133	1135	872
500	内存不足	5596	5599	4176

表 5-8　计算时间对比(二)

误差场景数	计算时间/h				
	算法 1	算法 2	算法 3	算法 4	加速比
5	0.016	0.060	0.033	0.043	1.82
10	0.03	0.117	0.051	0.099	2.29
50	内存不足	0.750	0.233	1.227	3.22
100	内存不足	2.637	0.723	2.667	3.65
500	内存不足	13.333	3.317	23.517	4.02

可见，Dantzig-Wolfe 分解算法有效地减小了问题规模，显著降低了求解维度，在此基础上，通过并行计算技术能够进一步提高计算效率。许多研究已表明，随着问题规模的增大，集中计算模型的求解会遇到“维数灾难”，Dantzig-Wolfe 分解的并行算法能够较好地应对这一问题，并且通过模型降维与并行计算在提速方面的优势随着问题规模的增大而更加明显。

5.4　小　　结

本章首先采用 Monte-Carlo 模拟方法抽样出风电场出力的多个随机波动场景，建立了考虑风电场出力不确定波动的随机动态经济调度问题的多场景模型，将电力系统随机调度问题转化为大规模的确定性优化问题。然后对多场景模型进行Dantzig-Wolfe 分解，采用三阶段的乘子修正策略改善了算法的收敛性，并给出了Dantzig-Wolfe 分解算法在 GAMS 平台上的并行计算步骤。最后，针对含规模化风电接入的 IEEE 39 节点系统和某实际省级电力系统，成功求解了具有上千万个变量与约束的大规模优化问题，验证了 Dantzig-Wolfe 分解算法和并行策略的有效性，并得到以下结论。

(1)采用场景转移约束精确表达旋转备用需求，能够更准确地模拟风电场出力随机性对系统运行的影响，Dantzig-Wolfe 分解模型可以得到与集中计算的多场景模型完全一致的最优解。

(2)通过 Dantzig-Wolfe 分解算法将高维集中计算模型转化为一系列低维子问题模型，大幅降低了计算机内存需求，避免了集中计算的“维数灾难”，能够有效地解决原来无法求解的大规模优化问题。

(3)采用并行计算技术提高了多场景模型求解的计算效率，且误差场景数目越多，提速效果越明显，从而提升了所提出算法应用于众多随机场景、大规模电力系统时的计算能力，有一定的工程应用价值。

参 考 文 献

[1] Xu Y, Hu Q R, Li F X. Probabilistic model of payment cost minimization considering wind power and its uncertainty. IEEE Transactions on Sustainable Energy, 2013, 4(3): 716-724.

[2] Wang J, Shahidehpour M, Li Z. Security-constrained unit commitment with volatile wind power generation. IEEE Transactions on Power Systems, 2008, 23(3): 1319-1327.

[3] Stott B, Jardim J, Alsaç O. DC power flow revisited. IEEE Transactions on Power Systems, 2009, 24(3): 1290-1300.

[4] 陈鸿琳，刘明波. 交流潮流约束机组组合的部分代理割方法. 中国电机工程学报，2018, 38(9): 2540-2550.

[5] Mcnamara P, Mcloone S. Hierarchical demand response for peak minimization using Dantzig-Wolfe decomposition. IEEE Transactions on Smart Grid, 2015, 6(6): 2807-2815.

[6] 黄启文，陆文甜，刘明波. 随机动态经济调度问题的 Dantzig-Wolfe 分解及其并行算法.电网技术, 2019, 43(12): 4398-4406.

第 6 章　海上风电集群并网的优化调度

近几年海上风电技术的发展十分迅速，对于风资源丰富的海域，经常采用大规模集中开发多个风电场的方式，并将地理位置邻近的多个海上风电场(offshore wind farm，OWF)，通过交流输电或多端柔性直流输电方式集中并网，形成并网容量较大的海上风电集群。合理制订海上风电集群内部各个机组的启停和出力计划，对于跟踪集群与电网间的总出力计划和提高集群内部运行的经济性，都具有重要作用。同时，随着越来越多的 OWF 接入电网，风速的不确定性极大地影响了 OWF 的有功输出，给含多个 OWF 的电力系统安全经济运行带来很大挑战[1,2]。针对上述问题，本章 6.1 节建立了考虑详细的集电网络特性的海上风电集群的分布鲁棒优化调度(distributionally robust optimal dispatch，DROD)模型，并提出了一种求解此分布鲁棒优化调度模型的高效算法。6.2 节建立了含多个海上风电场的电力系统风险规避随机经济调度(SED)模型，并提出了一种基于失真风险价值(GlueVaR)的风险规避 ADP 算法来求解所建立的模型，引入 ADMM 法进一步将单时段经济调度(ED)模型解耦为输电系统和多个 OWF 之间的分布式计算，以保证各个调度主体之间信息的隐私性。最后，6.3 节为本章小结。

6.1　海上风电集群并网的分布鲁棒优化调度

本节提出一种考虑风速时空相关性的基于电压源型换流器的多端高压直流(multi-terminal voltage source converter-based high-voltage direct current，VSC-MTDC)并网海上风电场集群的分布鲁棒优化调度方法，所建立的 DROD 模型的第一阶段寻找在风速最恶劣概率分布下最小化风电机组的机械损耗总成本的风机启停组合，第二阶段寻找风速不确定集中的最恶劣概率分布及该概率分布下使发电偏差惩罚费用和集电网络损耗费用之和最小的风机有功出力。

6.1.1　考虑风速时空相关性的概率分布模糊集的构建

假设 OWF 风速的真实概率分布是离散的。对于任意相邻时段的多个 OWF 的风速，可以利用历史数据驱动方法生成相关的多维联合分布。假设向量 $\boldsymbol{v}_t$ 表示时段 t 中 M 个风电场的风速，即 $\boldsymbol{v}_t=(v_{1,t},\cdots,v_{m,t},\cdots,v_{M,t})$，其中 $v_{m,t}$ 为风电场 m 在时段 t 的风速，则时段 t 的 M 个风电场风速的 M 维离散型联合分布 $p(v_{1,t},\cdots,v_{m,t},\cdots,v_{M,t})$ 可以表示为 $\overline{\boldsymbol{p}}(\boldsymbol{v}_t)$，时段 t 和时段 t+1 的 M 个风电场风速的 2M 维离散型联合分布可表示为

$p(\boldsymbol{v}_t,\boldsymbol{v}_{t+1})$，则构建基于 KL 散度距离的联合概率分布模糊集见式(6-1)。

$$\begin{cases} D_{\mathrm{KL}}\{p(\boldsymbol{v}_t,\boldsymbol{v}_{t+1})\parallel p_0(\boldsymbol{v}_t,\boldsymbol{v}_{t+1})\}=\sum_{l=1}^{N_{(t,t+1)}} p_{(t,t+1),l}\ln\dfrac{p_{(t,t+1),l}}{p_{0(t,t+1),l}}, \quad t=1,2,\cdots,T-1 \\ D_{\mathrm{KL}}\leqslant\lambda \\ \sum_{l=1}^{N_{(t,t+1)}} p_{(t,t+1),l}=1, \quad p_{(t,t+1),l}\in[0,1] \end{cases} \tag{6-1}$$

式中，p_0 表示对应的参考联合概率分布，可由大量历史数据驱动方法得到；$D_{\mathrm{KL}}\{p(\boldsymbol{v}_t,\boldsymbol{v}_{t+1})\parallel p_0(\boldsymbol{v}_t,\boldsymbol{v}_{t+1})\}$ 表示联合概率分布 $p(\boldsymbol{v}_t,\boldsymbol{v}_{t+1})$ 和 $p_0(\boldsymbol{v}_t,\boldsymbol{v}_{t+1})$ 之间的 KL 散度距离；$p_{(t,t+1),l}$ 和 $p_{0(t,t+1),l}$ 分别为真实分布 $p(\boldsymbol{v}_t,\boldsymbol{v}_{t+1})$ 和参考分布 $p_0(\boldsymbol{v}_t,\boldsymbol{v}_{t+1})$ 的第 l 个离散场景的概率值；$N_{(t,t+1)}$ 为联合分布 $p(\boldsymbol{v}_t,\boldsymbol{v}_{t+1})$ 的总离散取值场景数；λ 为 KL 散度阈值。

下面以二维的联合概率分布为例，说明样本空间的构建过程。首先利用历史数据对风电场的风速进行统计，获得风速的波动区间范围$[v_{\min},v_{\max}]$；将该区间划分为有限个小区间，取每个小区间的中心值作为单个风速的离散取值场景，以 Ω_v 表示所有离散取值场景的集合；相邻两个时段风速联合概率分布的样本空间包括了两个风速 $v_{m,t}$ 和 $v_{m,t+1}$ 所有离散取值的任意组合，一种取值组合构成了一个离散取值场景。如图 6-1 所示，此时联合分布的一个离散场景对应于图中的一个小方格。统计历史数据样本落在各小方格的频数，则可以得到频率直方图，如图 6-2 所示。

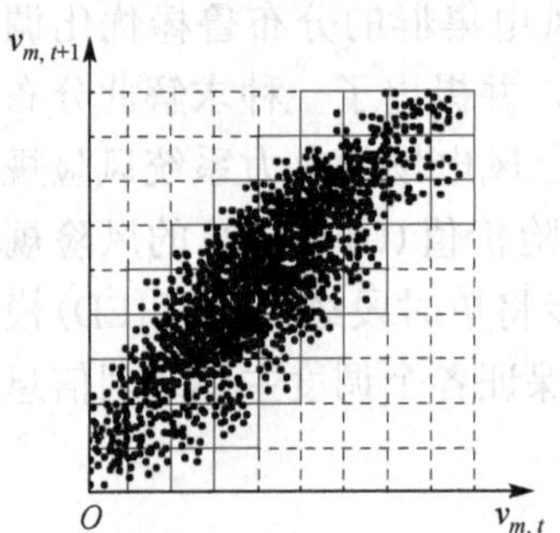

图 6-1　某个风电场相邻时段二维风速取值分布图

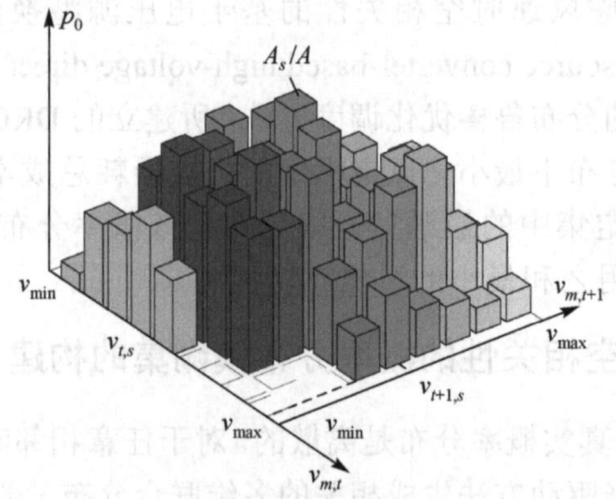

图 6-2　某个风电场相邻时段二维风速联合频率直方图

当样本数目足够大时，可取各个离散场景出现的频率为概率，则可以根据各样本点的概率来构建该联合分布的样本空间。如图 6-1 所示虚线区域对应的离散取值场景的频数为 0，即概率为 0，可作为不可能事件，只选取实线区域中对应的各离散取值场景作为该联合分布的样本空间。假设该样本空间中第 s 个离散取值场景的频数为 A_s，历史数据的样本总数为 A，则该场景的统计参考概率为

$$p_0\{v_{m,t}=v_{t,s},v_{m,t+1}=v_{t+1,s}\}=A_s/A \tag{6-2}$$

若已知邻近多个风电场相邻两时段风速联合概率分布 $p(\boldsymbol{v}_t,\boldsymbol{v}_{t+1})$，则时段 t、t+1 内邻近多个风电场风速联合概率分布 $\overline{\boldsymbol{p}}(\boldsymbol{v}_t)$、$\overline{\boldsymbol{p}}(\boldsymbol{v}_{t+1})$ 可以根据边缘分布律分别求得

$$\overline{p}_{t+1,s}=\sum_{l=1}^{N_{(t,t+1)}}A_{t+1,l,s}\cdot p_{(t,t+1),l},\quad t=1,2,\cdots,T-1 \tag{6-3}$$

$$\overline{p}_{t,s}=\sum_{l=1}^{N_{(t,t+1)}}A_{t,l,s}\cdot p_{(t,t+1),l},\quad t=1,2,\cdots,T-1 \tag{6-4}$$

式中，$\overline{p}_{t,s}$、$\overline{p}_{t+1,s}$ 分别是时段 t、t+1 内多风电场风速联合概率分布 $\overline{\boldsymbol{p}}(\boldsymbol{v}_t)$、$\overline{\boldsymbol{p}}(\boldsymbol{v}_{t+1})$ 的第 s 个离散场景的概率值；$A_{t,l,s}$ 为两时段联合分布 $p(\boldsymbol{v}_t,\boldsymbol{v}_{t+1})$ 与单时段联合分布 $\overline{\boldsymbol{p}}(\boldsymbol{v}_t)$ 的关联系数，当 $p(\boldsymbol{v}_t,\boldsymbol{v}_{t+1})$ 中的第 l 个离散场景关联于 $\overline{\boldsymbol{p}}(\boldsymbol{v}_t)$ 中的第 s 个离散场景时，$A_{t,l,s}$ 取 1，否则取 0；$A_{t+1,l,s}$ 为两时段联合分布 $p(\boldsymbol{v}_t,\boldsymbol{v}_{t+1})$ 与单时段联合分布 $\overline{\boldsymbol{p}}(\boldsymbol{v}_{t+1})$ 的关联系数，当 $p(\boldsymbol{v}_t,\boldsymbol{v}_{t+1})$ 中的第 l 个离散场景对应 $\overline{\boldsymbol{p}}(\boldsymbol{v}_{t+1})$ 中的第 s 个离散场景时，$A_{t+1,l,s}$ 取 1，否则取 0。

6.1.2　海上风电集群的分布鲁棒优化调度模型

1. 目标函数

所建立的经 VSC-MTDC 并网的海上风电集群 DROD 模型为两阶段三层优化模型：第一阶段在最恶劣的风速概率分布下对风机启停计划进行优化，得到最优的风机启停组合，此阶段的启停变量由 $\boldsymbol{x}$ 表示；第二阶段优化风机的有功出力，在风机启停状态不变的情况下，求取使运行成本的期望值最大的风速最恶劣概率分布，第二阶段变量由 $\boldsymbol{y}$ 表示，此时风电机组的出力可以根据风速不确定波动而灵活调整，以获得最优的风机出力决策。DROD 模型的目标函数如式(6-5)和式(6-6)：

$$\min_{\boldsymbol{x},\boldsymbol{y}} f_1(\boldsymbol{x})+\max_{p\in\Psi}E[f_2(\boldsymbol{y},\boldsymbol{v})] \tag{6-5}$$

$$f_1(\boldsymbol{x})=\sum_{t=1}^{T}\sum_{g=1}^{N_g}(a_g z_{g,t}+b_g u_{g,t}+c_g I_{g,t}+d_g(1-I_{g,t})) \tag{6-6}$$

式中，$E(\cdot)$ 表示期望运算；$\boldsymbol{v}$ 表示随机波动的海上风速取值；T 表示一天调度周期的总时段数，本章取 $T=24$；N_g 表示集群内风机的总数量；a_g、b_g、c_g、d_g 分别表示风

机 g 的开机成本系数、停机成本系数、运行成本系数和闲置成本系数；$I_{g,t}$ 表示在时段 t 内风机 g 的运行状态变量，取“1”表示风机运行，否则取“0”；$z_{g,t}$ 表示在时段 t 内风机 g 的启动变量，取“1”表示风机启动，否则取“0”；$u_{g,t}$ 表示在时段 t 内风机 g 的停机变量，取“1”表示风机停机，否则取“0”。

考虑到风速概率分布是离散型的，由模糊集的联合概率分布可以得到数学期望的计算如下：

$$E[f_2(\boldsymbol{y},\boldsymbol{v})]=\min_{\boldsymbol{y}}\left(\left(\sum_{t=1}^{T-1}\sum_{l=1}^{N_{(t,t+1)}}p_{(t,t+1),l}\cdot F_{(t,t+1),l}\right)+\Delta F\right) \tag{6-7}$$

$$\Delta F=\left(\sum_{s=1}^{N_1}\overline{p}_{1,s}\cdot Q(\boldsymbol{y}_{1,s},\boldsymbol{v}_1)+\sum_{s=1}^{N_T}\overline{p}_{T,s}\cdot Q(\boldsymbol{y}_{T,s},\boldsymbol{v}_T)\right)/2 \tag{6-8}$$

$$F_{(t,t+1),l}=\left(\sum_{s=1}^{N_t}A_{t,l,s}Q(\boldsymbol{y}_{t,s},\boldsymbol{v}_t)+\sum_{s=1}^{N_{t+1}}A_{t+1,l,s}Q(\boldsymbol{y}_{t+1,s},\boldsymbol{v}_{t+1})\right)/2 \tag{6-9}$$

$$Q(\boldsymbol{y}_{t,s},\boldsymbol{v}_t)=C_1\left|P_{\Sigma,t,s}-P_{d,t}\right|+C_2\sum_{ij\in\Omega_E}r_{ij}\tilde{I}_{ij,t,s} \tag{6-10}$$

式中，$\overline{p}_{1,s}$ 和 $\overline{p}_{T,s}$ 分别是在时段 1 和 T 内多风场联合分布 $\overline{\boldsymbol{p}}(\boldsymbol{v}_1)$ 和 $\overline{\boldsymbol{p}}(\boldsymbol{v}_T)$ 的第 s 个离散概率值，由式(6-3)和式(6-4)求得；N_1 和 N_T 分别是 $p(\boldsymbol{v}_1)$ 和 $p(\boldsymbol{v}_T)$ 样本空间的场景总数，而 N_t 是 $\overline{\boldsymbol{p}}(\boldsymbol{v}_t)$ 样本空间的场景总数；C_1 和 C_2 分别是发电偏差惩罚费用系数和网损费用系数；$P_{\Sigma,t,s}$ 表示风电集群在时段 t 的第 s 个离散场景下的净有功输出；$P_{d,t}$ 表示电网调度中心下发给风电集群的有功调度计划值；Ω_E 表示集群中的支路集合；r_{ij} 表示支路 ij 的电阻值；$\tilde{I}_{ij,t,s}$ 表示在时段 t 的第 s 个离散场景下流过线路 ij 的电流平方值；$Q(\boldsymbol{y}_{t,s},\boldsymbol{v}_t)$ 中包括 $p(\boldsymbol{v}_t)$ 的第 s 个离散场景对应的发电偏差惩罚费用和网损费用，其中包含绝对值运算，可用式(6-11)～式(6-13)等效包含绝对值运行的式(6-10)。

$$P_{\Sigma,t,s}-P_{d,t}=P_{t,s}^{+}-P_{t,s}^{-} \tag{6-11}$$

$$P_{t,s}^{+}\geqslant 0,\quad P_{t,s}^{-}\geqslant 0 \tag{6-12}$$

$$Q(\boldsymbol{y}_{t,s},\boldsymbol{v}_t)=C_1(P_{t,s}^{+}+P_{t,s}^{-})+C_2\sum_{ij\in\Omega_E}r_{ij}\tilde{I}_{ij,t,s} \tag{6-13}$$

2. 约束条件

1) 交流集电网络运行约束

海上风电场的交流集电网络通常为辐射状网络，可用支路潮流模型(branch flow

model，BFM)描述为

$$\sum_{k\in\delta(j)} P_{jk,t,s} = \sum_{i\in\pi(j)} (P_{ij,t,s} - r_{ij}\tilde{I}_{ij,t,s}) + P_{gj,t,s} \tag{6-14a}$$

$$\sum_{k\in\delta(j)} Q_{jk,t,s} = \sum_{i\in\pi(j)} (Q_{ij,t,s} - x_{ij}\tilde{I}_{ij,t,s}) + b_j\tilde{U}_{j,t,s} + Q_{gj,t,s} \tag{6-14b}$$

$$\tilde{U}_{j,t,s} = \tilde{U}_{i,t,s} - 2(r_{ij}P_{ij,t,s} + x_{ij}Q_{ij,t,s}) + (r_{ij}^2 + x_{ij}^2)\tilde{I}_{ij,t,s} \tag{6-14c}$$

$$\tilde{I}_{ij,t,s}\tilde{U}_{i,t,s} = (P_{ij,t,s})^2 + (Q_{ij,t,s})^2 \tag{6-14d}$$

式中，$\delta(j)/\pi(j)$表示父节点/子节点为j的节点集合；x_{ij} 为线路 ij 的电抗值；b_j为节点j的对地电纳，由于海底电缆的对地电容比较大，需要考虑节点的对地电纳；$P_{jk,t,s}$ 和 $Q_{jk,t,s}$ 分别为线路 jk 在时段 t 场景 s 下的首端有功和无功功率，$P_{ij,t,s}$ 和 $Q_{ij,t,s}$ 的定义与 $P_{jk,t,s}$ 和 $Q_{jk,t,s}$ 类似；$\tilde{U}_{j,t,s}$ 为节点 j 在时段 t 场景 s 下电压幅值的平方；$P_{gj,t,s}$ 和 $Q_{gj,t,s}$ 为风机 g 在时段 t 场景 s 下的有功和无功输出。对于非凸的二次等式约束(式 (6-14d))，可采用二阶锥松弛法将其转化为如式(6-15)所示的凸约束。

$$\left\| \begin{matrix} 2P_{ij,t,s} \\ 2Q_{ij,t,s} \\ \tilde{I}_{ij,t,s} - \tilde{U}_{i,t,s} \end{matrix} \right\|_2 \leqslant \tilde{I}_{ij,t,s} + \tilde{U}_{i,t,s} \tag{6-15}$$

2) 直流网络潮流约束

海上风电集群的直流送出网络一般呈辐射状结构，因此，与交流集电网络的支路潮流方程相似，直流网络潮流方程可表示为

$$\tilde{U}^D_{j,t,s} = \tilde{U}^D_{i,t,s} - 2P^D_{ij,t,s}r_{ij} + \tilde{I}^D_{ij,t,s}r_{ij}^2 \tag{6-16a}$$

$$\sum_{k\in\delta(j)} P^D_{jk,t,s} = \sum_{i\in\pi(j)} (P^D_{ij,t,s} - \tilde{I}^D_{ij,t,s}r_{ij}) \tag{6-16b}$$

$$(P^D_{ij,t,s})^2 = \tilde{U}^D_{i,t,s}\tilde{I}^D_{ij,t,s} \tag{6-16c}$$

式中，P^D、$\tilde{U}^D$ 和 $\tilde{I}^D$ 是直流网络变量，它们的定义与交流网络的相应变量类似。二次等式约束(式(6-16c))可松弛为如下二阶锥约束：

$$\left\| \begin{matrix} 2P^D_{ij,t,s} \\ \tilde{U}^D_{i,t,s} - \tilde{I}^D_{ij,t,s} \end{matrix} \right\|_2 \leqslant \tilde{U}^D_{i,t,s} + \tilde{I}^D_{ij,t,s} \tag{6-17}$$

为了保证海上风电集群的集电和送出网络的安全运行，必须确保流过线路的电流不超过该线路允许的最大电流，同时也必须维持安全的电压水平，表示如下：

$$\begin{cases} 0 \leqslant \tilde{I}_{ij,t,s} \leqslant \tilde{I}_{ij,\max}, \quad 0 \leqslant \tilde{I}^D_{ij,t,s} \leqslant \tilde{I}^D_{ij,\max} \\ \tilde{U}_{j,\min} \leqslant \tilde{U}_{j,t,s} \leqslant \tilde{U}_{j,\max}, \quad \tilde{U}^D_{j,\min} \leqslant \tilde{U}^D_{j,t,s} \leqslant \tilde{U}^D_{j,\max} \end{cases} \tag{6-18}$$

式中，$\tilde{I}_{ij,\max}$、$\tilde{I}_{ij,\max}^{D}$ 为线路允许电流幅值平方的最大值；$\tilde{U}_{j,\min}$、$\tilde{U}_{j,\min}^{D}$ 和 $\tilde{U}_{j,\max}$、$\tilde{U}_{j,\max}^{D}$ 为允许的节点 j 电压幅值平方的最小和最大值。

3) VSC 换流站运行约束

VSC 换流站的稳态等效模型如图 6-3 所示，其内部阻抗用 $R_c^{\text{vsc}}+\text{j}X_c^{\text{vsc}}$ 来等效，节点 c 是虚拟节点，可以纳入交流网络进行潮流计算，则注入 VSC 换流站的功率和两侧的电压应满足式(6-19)：

$$P_{c,\min}^{\text{vsc}} \leqslant P_{c,t,s}^{\text{vsc}} \leqslant P_{c,\max}^{\text{vsc}} \tag{6-19a}$$

$$Q_{c,\min}^{\text{vsc}} \leqslant Q_{c,t,s}^{\text{vsc}} \leqslant Q_{c,\max}^{\text{vsc}} \tag{6-19b}$$

$$P_{c,t,s}^{\text{vsc}} = P_{c,t,s}^{\text{vsc},D} \tag{6-19c}$$

$$\tilde{U}_{c,t,s}^{\text{vsc}} = (\mu \cdot K_A / \sqrt{2})^2 \tilde{U}_{c,t,s}^{\text{vsc},D} \tag{6-19d}$$

式中，$P_{c,t,s}^{\text{vsc}}$ 和 $Q_{c,t,s}^{\text{vsc}}$ 分别表示在时段 t 场景 s 下交流侧网络注入 VSC 的有功功率和无功功率；$P_{c,t,s}^{\text{vsc},D}$ 表示在时段 t 场景 s 下 VSC 输出到直流网络的有功功率；$P_{c,\min}^{\text{vsc}}$ 和 $P_{c,\max}^{\text{vsc}}$ 分别表示注入 VSC 的有功下限和有功上限；$Q_{c,\min}^{\text{vsc}}$ 和 $Q_{c,\max}^{\text{vsc}}$ 分别表示 VSC 的无功下限和无功上限；$\tilde{U}_{c,t,s}^{\text{vsc}}$ 和 $\tilde{U}_{c,t,s}^{\text{vsc},D}$ 分别表示节点 c 交流侧和直流侧的电压幅值的平方；K_A 为调制比，变化范围为[0,1]；μ 是与脉宽调制方式相关的直流电压利用率，当采用 PWM 调制方式时，取常数 $\sqrt{3}/2$。式(6-19d)为关于 K_A 的非线性约束，根据 K_A 的变化范围可把原来的式(6-19d)简化为如式(6-20)所示的不等式约束：

$$0 \leqslant \tilde{U}_{c,t,s}^{\text{vsc}} \leqslant (\mu^2/2)\tilde{U}_{c,t,s}^{\text{vsc},D} \tag{6-20}$$

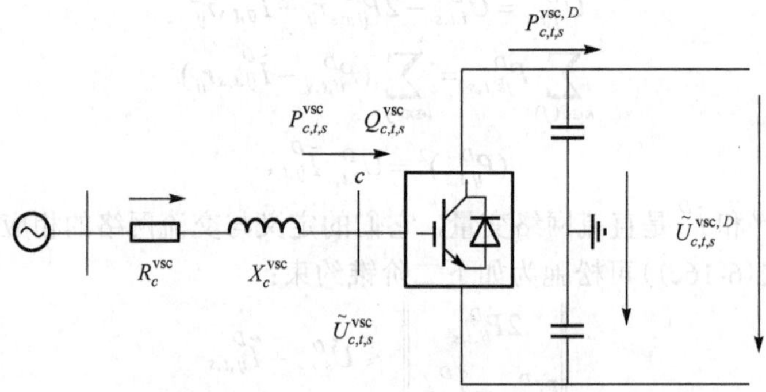

图 6-3 VSC 换流站的稳态等效模型

4) 风机启停和出力约束

风机的启动和停机变量与 $I_{g,t}$ 的关系可表示为

$$u_{g,t} - z_{g,t} = I_{g,t} - I_{g,t+1}, \quad \forall t \in [1, T-1] \tag{6-21}$$

$$z_{g,t}+u_{g,t}\leqslant 1,\quad z_{g,t},v_{g,t},I_{g,t}\in\{0,1\},\ \forall t\in[1,T] \tag{6-22}$$

在风电场正常运行时，风电机组的出力需满足以下关系：

$$P_{gj\min}\cdot I_{g,t}\leqslant P_{gj,t,s}\leqslant P_{gj\max,t,s}\cdot I_{g,t} \tag{6-23}$$

$$Q_{gj,t,s}=P_{gj,t,s}\cdot\tan\theta_g \tag{6-24}$$

式中，$P_{gj\min}$ 表示风机 g 的最小有功出力；$P_{gj\max,t,s}$ 表示在时段 t 场景 s 下风机 g 的最大可获得有功出力；θ_g 表示风机 g 的功率因数角。

5）风电场内机组最大可获得有功出力的计算

单台风机 g 的最大可获得有功出力可表示为

$$P_{gj\max}=\begin{cases}0, & v_g<v_{ci}\\ \dfrac{1}{2}\rho\pi R^2 v_g^3 C_{pg}, & v_{ci}\leqslant v_g\leqslant v_{\text{rated}}\\ P_{\text{rated}}, & v_{\text{rated}}<v_g\leqslant v_{co}\end{cases} \tag{6-25}$$

式中，C_{pg} 为风机 g 的风能利用系数；P_{rated} 为风机 g 的额定功率；ρ 为空气密度；R 为风机的转子半径；v_g 为风机 g 的流入风速；v_{ci}、v_{rated} 和 v_{co} 分别为风机 g 的切入、额定和切出风速。风电有功出力特性曲线如图 6-4 所示。

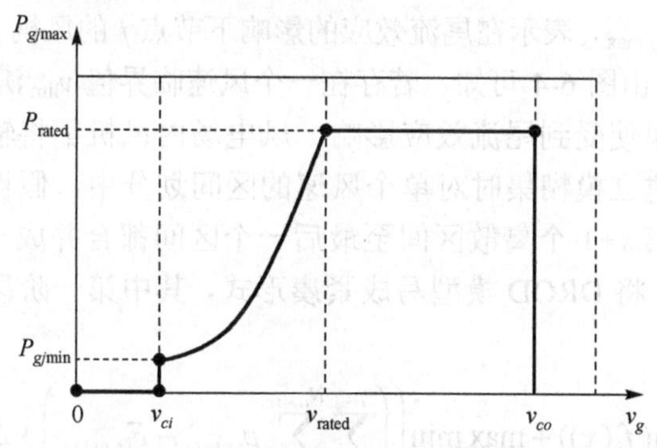

图 6-4　风机有功出力特性曲线

采用 Jensen 模型刻画尾流效应。假设风机 g 和风机 w 与风速方向在同一直线上，则可描述为

$$R_{wg}=R+\alpha X_{wg} \tag{6-26}$$

$$v_{wg}=\frac{v_0-v_0(1-\sqrt{1-C_{Tw}})(R/R_{wg})^2 S_{ov,wg}}{\pi R^2} \tag{6-27}$$

式中，R_{wg} 为风机 w 沿着风速方向在风机 g 处产生的尾流半径；X_{wg} 为风机 w 和 g

在风速方向上的距离；α 为尾流衰减因子，在海上风电场取为 0.04；C_{Tw} 为风机 w 的推力系数；v_0 为自然风速；v_{wg} 为风机 w 在风机 g 处产生的尾流风速；$S_{ov,wg}$ 为尾流区域与风轮区域相交面积，假设风机 w 在风速上游，风机 g 在其下游，则相交面积如下：

$$S_{ov,wg}=\arccos((R_{wg}^2+d^2-R^2)/(2R_{wg}d))\cdot R_{wg}^2+\arccos((R^2+d^2-R_{wg}^2)/(2Rd))\cdot R^2 -\sin(\arccos((R_{wg}^2+d^2-R^2)/(2R_{wg}d)))R_{wg}d \tag{6-28}$$

式中，d 表示尾流区域圆心与风轮区域圆心的距离。若风电机组 g 的风速上游有 G 台风电机组，则风机 g 处风速的计算公式：

$$v_g=v_0\left(1-\sqrt{\sum_{w=1}^{G}(1-v_{wg}/v_0)^2}\right) \tag{6-29}$$

在模糊集中确定了每个风电场风速的离散取值，则可以通过式(6-25)～式(6-29)计算在尾流效应下每个离散取值对应各台风机最大可获得有功出力的数值关系，假设在节点 j 的风机 g 位于风电场 m，则有式(6-30)：

$$P_{gj\max,t,s}=K_{g,t,s}v_{m,t,s} \tag{6-30}$$

式中，$v_{m,t,s}$ 表示第 s 个离散取值场景中风电场 m 的风速值；$K_{g,t,s}$ 是由式(6-25)～式(6-29)计算得到的参数；$P_{gj,\max,t,s}$ 表示在尾流效应的影响下节点 j 的风机 g 在风速 $v_{m,t,s}$ 下的最大可获得有功出力。由图 6-4 可知，若存在一个风速临界值 $v_{\lim}$ 满足 $v_{\text{rated}}<v_{\lim}<v_{co}$，当风速大于 $v_{\lim}$ 时，即使受到尾流效应影响，风电场内风机都将输出额定功率，则可根据这一特点，在建立模糊集时对单个风速的区间划分中，假设 $v_{\lim}$ 位于第 s 个离散区间，则可以将第 s+1 个离散区间至最后一个区间都合并成一个区间。

为了方便表示，将 DROD 模型写成紧凑形式，其中第一阶段和第二阶段的变量分别概括为 $\boldsymbol{x}$ 和 $\boldsymbol{y}$：

$$\min_{\boldsymbol{x}}(f_1(\boldsymbol{x}))+\max_{p\in\psi}\min_{\boldsymbol{y}}\left(\left(\sum_{t=1}^{T-1}\sum_{l=1}^{N_{(t,t+1)}}p_{(t,t+1),l}\cdot F_{(t,t+1),l}\right)+\Delta F\right) \tag{6-31a}$$

$$\text{s.t.}\begin{cases}\boldsymbol{h}(\boldsymbol{x})\leqslant\boldsymbol{0} & \text{(6-31b)}\\ \boldsymbol{g}(\boldsymbol{x},\boldsymbol{y})\leqslant\boldsymbol{0} & \text{(6-31c)}\\ \boldsymbol{R}(\boldsymbol{y},\boldsymbol{p})=\boldsymbol{0} & \text{(6-31d)}\\ \boldsymbol{G}(\boldsymbol{y})\leqslant\boldsymbol{0} & \text{(6-31e)}\\ \boldsymbol{D}(\boldsymbol{y})=\boldsymbol{0} & \text{(6-31f)}\end{cases}$$

式中，式(6-31a)表示如式(6-5)所示的目标函数；式(6-31b)表示启停约束

(式(6-21)和式(6-22))；式(6-31c)表示式(6-23)；式(6-31d)包括如式(6-7)～式(6-9)所示的约束；式(6-31e)包括如式(6-12)、式(6-15)、式(6-17)、式(6-18)、式(6-19a)～式(6-19b)、式(6-20)和式(6-23)所示的约束；式(6-31f)包括如式(6-11)、式(6-13)、式(6-14a)～式(6-14c)、式(6-16a)、式(6-16b)、式(6-19c)、式(6-24)和式(6-30)所示的约束；ψ 为风速不确定波动的模糊集，由式(6-1)、式(6-3)和式(6-4)组成。决策变量包括风机机组启停状态 $I_{g,t}$、$z_{g,t}$、$u_{g,t}$、有功出力 $P_{g,t,s}$ 和风速联合概率分布 $p_{(t,t+1),l}$，此模型是两阶段多层混合整数非线性规划(mixed integer non linear programming，MINLP)模型，难以直接求解。

6.1.3　模型的求解

1. *求解两阶段优化模型的列与约束生成算法*

对于两阶段优化模型，列与约束生成(C&CG)算法通过将原问题分解为主问题(C-MP)和子问题(C-SP)的交替迭代求解，并且具有很好的收敛特性。子问题(C-SP)的形式如下：

$$
\text{(C-SP)}:\begin{cases}\max\limits_{p\in\psi}\min\limits_{y}\left(\left(\sum\limits_{t=1}^{T-1}\sum\limits_{l=1}^{N_{(t,t+1)}}p_{(t,t+1),l}\cdot F_{(t,t+1),l}\right)+\Delta F\right)\\ \text{s.t.}\begin{cases}\boldsymbol{g}(\hat{\boldsymbol{x}},\boldsymbol{y})\leqslant\boldsymbol{0}\\ \boldsymbol{R}(\boldsymbol{y},\boldsymbol{p})=\boldsymbol{0}\\ \boldsymbol{G}(\boldsymbol{y})\leqslant\boldsymbol{0},\quad\boldsymbol{D}(\boldsymbol{y})=\boldsymbol{0}\end{cases}\end{cases}\tag{6-32}
$$

子问题求解风速的最恶劣分布 $\boldsymbol{p}$，其中风机的启停变量 $\hat{\boldsymbol{x}}$ 在子问题中作为已知的参数。因为外层的风速概率分布决策 $\boldsymbol{p}$ 与内层风机有功出力决策 $\boldsymbol{y}$ 相互独立，可以解耦计算，因而可以将 max-min 模型分成两步求解，表示如下：

$$
\text{(C-SP-1)}:\begin{cases}\min\limits_{y}\ Q(\boldsymbol{y},\boldsymbol{v})\\ \text{s.t.}\begin{cases}\boldsymbol{g}(\hat{\boldsymbol{x}},\boldsymbol{y})\leqslant\boldsymbol{0}\\ \boldsymbol{G}(\boldsymbol{y})\leqslant\boldsymbol{0},\quad\boldsymbol{D}(\boldsymbol{y})=\boldsymbol{0}\end{cases}\end{cases}\tag{6-33}
$$

$$
\text{(C-SP-2)}:\tau=\begin{cases}\max\limits_{p\in\psi}\left(\left(\sum\limits_{t=1}^{T-1}\sum\limits_{l=1}^{N_{(t,t+1)}}p_{(t,t+1),l}\cdot F_{(t,t+1),l}\right)+\Delta F\right)\\ \text{s.t.}\ \boldsymbol{R}(\hat{\boldsymbol{Q}},\boldsymbol{p})=\boldsymbol{0}\end{cases}\tag{6-34}
$$

先求解 C-SP-1，得到每个时段各个离散场景的最优目标函数值 $\hat{\boldsymbol{Q}}$，再将 $\hat{\boldsymbol{Q}}$ 传递至 C-SP-2 进行求解，得到使总期望值最大的风速概率分布 $\hat{\boldsymbol{p}}$。每求解一次子问题都得到一组新的概率分布 $\hat{\boldsymbol{p}}^k$，并作为已知参数传递至主问题，添加新的变量与约束。主问题(C-MP)的形式如下：

$$
(\text{C-MP}):\begin{cases}\min\limits_{x} f_1(\boldsymbol{x})+L \\ \text{s.t.}\begin{cases} L \geqslant \left(\sum\limits_{t=1}^{T-1}\sum\limits_{l=1}^{N_{(t,t+1)}} \hat{p}_{(t,t+1),l}^{k}\cdot F_{(t,t+1),l}^{k}\right)+\Delta F^{k}, \quad k=1,2,\cdots,K \\ \boldsymbol{h}(\boldsymbol{x})\leqslant \boldsymbol{0} \\ \boldsymbol{g}(\boldsymbol{x},\boldsymbol{y}^{k})\leqslant \boldsymbol{0} \\ \boldsymbol{R}(\boldsymbol{y}^{k},\boldsymbol{p}^{k})=\boldsymbol{0} \\ \boldsymbol{G}(\boldsymbol{y}^{k})\leqslant \boldsymbol{0} \\ \boldsymbol{D}(\boldsymbol{y}^{k})=\boldsymbol{0} \end{cases}\end{cases} \tag{6-35}
$$

式中，K 为 C&CG 算法的迭代次数；L 为添加的松弛变量。主问题(C-MP)是混合整数二阶锥规划(mixed integer second order cone programming，MISOCP)模型，可采用 GUROBI 求解器进行求解。

2. *求解主问题的广义 Benders 分解法*

主问题(C-MP)包含了大量的离散场景和风机启停离散决策变量，且 C&CG 算法每次迭代都向主问题(C-MP)添加新的约束和变量，导致主问题(C-MP)求解规模巨大，直接求解大规模 MISOCP 模型的效率低，计算耗时较长。下面采用广义 Benders 分解(generalized Benders decomposition，GBD)法求解主问题(C-MP)以进一步提高其计算效率。具体分解步骤如下所述。

(1) GBD 法的主问题(GB-MP)见式(6-36)，该模型只包含风机启停变量 $\boldsymbol{x}$，其中可行性割集和最优割集的具体表达式将在后面给出。

$$
(\text{GB-MP}):\begin{cases}\min\limits_{x} f_1(\boldsymbol{x})+\gamma \\ \text{s.t.}\begin{cases} \boldsymbol{h}(\boldsymbol{x})\leqslant \boldsymbol{0} \\ \boldsymbol{W}_{\text{FEA}}(\boldsymbol{x})\leqslant \boldsymbol{0} \\ \boldsymbol{W}_{\text{op}}(\boldsymbol{x})\leqslant \boldsymbol{0} \end{cases}\end{cases} \tag{6-36}
$$

式中，γ 是松弛变量；$\boldsymbol{W}_{\text{FEA}}(\boldsymbol{x})$ 和 $\boldsymbol{W}_{\text{op}}(\boldsymbol{x})$ 分别表示添加的可行性割集和最优割集约束。

(2) GBD 法的子问题(GB-SP)见式(6-37)：

$$
(\text{GB-SP}):\begin{cases}\min\ L \\ \text{s.t.}\begin{cases} L \geqslant \left(\sum\limits_{t=1}^{T-1}\sum\limits_{l=1}^{N_{(t,t+1)}} \hat{p}_{(t,t+1),l}^{k}\cdot F_{(t,t+1),l}^{k}\right)+\Delta F^{k}, \quad k=1,2,\cdots,K \\ \boldsymbol{g}(\boldsymbol{x},\boldsymbol{y}^{k})\leqslant \boldsymbol{0} \\ \boldsymbol{R}(\boldsymbol{y}^{k},\boldsymbol{p})=\boldsymbol{0} \\ \boldsymbol{G}(\boldsymbol{y}^{k})\leqslant \boldsymbol{0}, \quad \boldsymbol{D}(\boldsymbol{y}^{k})=\boldsymbol{0} \end{cases}\end{cases} \tag{6-37}
$$

式中，$\hat{\boldsymbol{x}}$ 是由求解 GB-MP 模型后传递至 GB-SP 的风机启停变量，在 GB-SP 中作为固定参数。

为了得到可行性割集和最优割集，需要推导 GB-SP 的对偶问题，先将 GB-SP 写成矩阵形式如下：

$$p^*=\min_{\boldsymbol{Y}} \boldsymbol{Q}^{\mathrm{T}}\boldsymbol{Y}$$
$$\text{s.t.}\begin{cases}\boldsymbol{EY}+\boldsymbol{b}=\boldsymbol{0}\\ \|\boldsymbol{B}_h\boldsymbol{Y}+\boldsymbol{A}_h\hat{\boldsymbol{X}}+\boldsymbol{e}_h\|_2\leqslant \boldsymbol{g}_h^{\mathrm{T}}\boldsymbol{Y}+\boldsymbol{c}_h^{\mathrm{T}}\hat{\boldsymbol{X}}+\boldsymbol{f}_h,\quad h=1,2,\cdots,H\end{cases} \tag{6-38}$$

式中，$\boldsymbol{X}$ 包含所有的第一阶段变量，上标^是在模型中作为已知参数，即 $\hat{\boldsymbol{X}}=\{\hat{\boldsymbol{x}}_t, t=1,\cdots,T\}$；$\boldsymbol{Y}$ 是包含除风机启停变量外的所有的连续变量；$\boldsymbol{Q}$ 对应目标函数的系数矩阵；$\boldsymbol{E}$、$\boldsymbol{b}$ 是等式约束的系数矩阵；$\boldsymbol{B}_h$、$\boldsymbol{A}_h$、$\boldsymbol{e}_h$、$\boldsymbol{g}_h$、$\boldsymbol{c}_h$、$\boldsymbol{f}_h$ 是对应第 h 个广义不等式的系数矩阵。可推导得到 GB-SP（式(6-40)）的对偶优化问题 GB-DSP 如下：

$$(\text{GB-DSP}):\begin{cases}d^*=\max\limits_{\boldsymbol{u},\boldsymbol{\lambda},\boldsymbol{\mu}}\sum\limits_{h=1}^{H}(\boldsymbol{u}_h^{\mathrm{T}}(\boldsymbol{A}_h\hat{\boldsymbol{X}}+\boldsymbol{e}_h)-\lambda_h(\boldsymbol{c}_h^{\mathrm{T}}\hat{\boldsymbol{X}}+\boldsymbol{f}_h))+\boldsymbol{\mu}^{\mathrm{T}}\boldsymbol{b}\\ \text{s.t.}\begin{cases}\boldsymbol{Q}+\sum\limits_{h=1}^{H}(\boldsymbol{B}_h^{\mathrm{T}}\boldsymbol{u}_h-\boldsymbol{g}_h\lambda_h)+\boldsymbol{E}^{\mathrm{T}}\boldsymbol{\mu}=\boldsymbol{0}\\ \|\boldsymbol{u}_h\|_2\leqslant\lambda_h,\quad h=1,\cdots,H\end{cases}\end{cases} \tag{6-39}$$

从式(6-39)可看出，二阶锥规划(second-order cone programming，SOCP)模型的对偶优化模型仍然是 SOCP 模型。当原问题严格可行时，$p^*=d^*$。在 GBD 法的迭代过程中，每次迭代求解子问题后需要向主问题添加可行性割集和最优割集。对 GB-SP 进行可行性检验是为了保证强对偶定理的成立，以保证原问题和其对偶问题的最优目标值一致。

若 GB-SP 无解，则向 GB-MP 添加可行性割集见式(6-40)：

$$0\geqslant\sum_{h=1}^{H}(\boldsymbol{u}_h^{\mathrm{T}}(\boldsymbol{A}_h\boldsymbol{X}+\boldsymbol{e}_h)-\lambda_h(\boldsymbol{c}_h^{\mathrm{T}}\boldsymbol{X}+\boldsymbol{f}_h))+\boldsymbol{\mu}^{\mathrm{T}}\boldsymbol{b} \tag{6-40}$$

若 GB-SP 有解，则采用 L 型算法生成向 GB-MP 添加的最优割集，见式(6-41)：

$$\gamma\geqslant\sum_{h=1}^{H}(\boldsymbol{u}_h^{\mathrm{T}}(\boldsymbol{A}_h\boldsymbol{X}+\boldsymbol{e}_h)-\lambda_h(\boldsymbol{c}_h^{\mathrm{T}}\boldsymbol{X}+\boldsymbol{f}_h))+\boldsymbol{\mu}^{\mathrm{T}}\boldsymbol{b} \tag{6-41}$$

通过 GBD 法，将 C-MP 分解成一个包含所有 0～1 变量的混合整数线性规划(MILP)模型(式(6-36))和一个只包含连续变量的 SOCP 模型(式(6-39))的交替迭代求解。当子问题的解满足可行性检验和最优性检验，则迭代收敛。

3. *算法步骤*

基于 C&CG 算法和 GBD 算法，提出了一种求解 DROD 模型的算法，该算法的流程图如图 6-5 所示，具体计算步骤如下所述。

(1)初始化：令 K=1，最低界限 LB 为$-\infty$，最高界限 UB 为$+\infty$。由给定的下一天风速预测值，进行确定性优化，得到初始的风机启停组合 $\hat{\boldsymbol{X}}$，依次求解 C-SP-1 和 C-SP-2，得到初始概率分布 $\hat{\boldsymbol{p}}^1$。

(2)利用 GBD 法求解 C-MP。

①求解 GB-MP，得到风机启停组合的解 $\hat{\boldsymbol{X}}$。

②将 GB-MP 求解得到的 $\hat{\boldsymbol{X}}$ 以参数的形式传递至 GB-SP 和 GB-DSP 进行求解。

③若 GB-SP 无解，则添加可行性割集至 GB-MP，并重复步骤①。若子问题有解，则进行最优性检验：(a)若 $d^* > \gamma$，说明 GB-DSP 并没有求出最优解，需要在 GB-SP 添加最优割集，返回步骤(2)下的①；(b)若 $d^* \leqslant \gamma$，则说明 GB-DSP 的解是最优解，此时风机启停组合 $\hat{\boldsymbol{X}}$ 为最优解并以 GB-MP 最优目标函数值更新最低界限 LB= $\max\{\text{LB}, f_1(\hat{\boldsymbol{x}})+\hat{\gamma}\}$。

(3)将风机启停组合 $\hat{\boldsymbol{X}}$ 代入 C-SP，依次求解 C-SP-1、C-SP-2，得到最恶劣的分布 $\hat{p}_{t,s}$，并以 C-SP 最优目标函数值更新最高界限 UB=$\min\{\text{UB}, \hat{\tau}+f_1(\hat{\boldsymbol{x}})\}$。

(4)判断$|\text{UB}-\text{LB}|/\text{UB} \leqslant \delta$ 是否满足，若满足则迭代结束，输出最优解 $\hat{\boldsymbol{X}}$；否则更新 C-MP 中风速最恶劣的概率分布 $\hat{\boldsymbol{p}}^{K+1} = \hat{\boldsymbol{p}}$，并定义新的变量 $\boldsymbol{y}^K$ 和添加与新变量相关的约束；令 $K=K+1$，返回步骤(2)继续迭代。

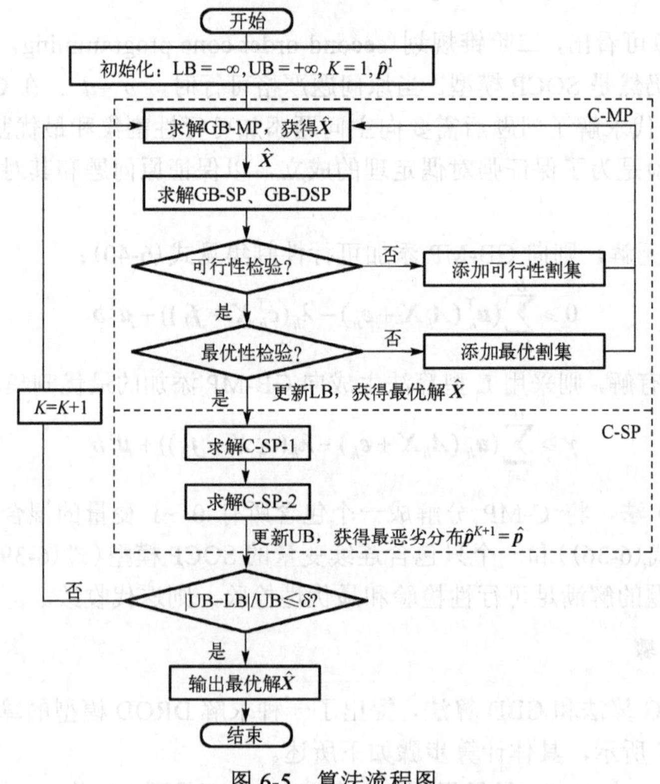

图 6-5 算法流程图

6.1.4 算例分析

以某个经 VSC-MTDC 并网的海上风电集群为例，验证所提出的两阶段 DROD 模型和求解算法的有效性。算例的测试系统硬件环境为 Intel Xeon E3-1270 (3.50GHz、32GB 内存)，操作系统为 Win10 64bit，在 GAMS 24.5.6 软件上编程。该海上风电集群包含三个风电场，集群的网络拓扑结构、电网下发的次日调度计划曲线、各风电场测风塔的相对位置、各风电场的风机相对位置分别如图 6-6～图 6-9 所示。其中 VSC1～VSC4 表示 4 个基于电压源换流器的换源站，BUS1～BUS3 表示 3 个风电场的 35kV 汇集母线。单台风机额定功率为 5.5MW，最小出力为 103 kW，切入风速、额定风速和切出风速分别为 3m/s、13m/s、25m/s。模型 C-SP-2 采用 CONOPT 求解器求解，其余模型都采用 GUROBI 求解器完成求解，算法收敛精度 δ 取 10^{-4}。以一年 365 天风速历史数据驱动构建考虑相关性的模糊集，统计历史风速波动区间为[4.5, 21.5]，每 2m/s 划分一个子区间，根据尾流效应和风机的出力特性计算得 $v_{\lim}\in[12.5,14.5)$，合并风速大于 $v_{\lim}$ 的子区间，共分为 6 个子区间，分别为 [4.5,6.5)、[6.5,8.5)、[8.5,10.5)、[10.5,12.5)、[12.5,14.5)、[14.5,21.5]。鉴于海上风速方向主要受季节性气候影响，本章取风电场次日风速方向为主导风向 ENE 方向，即东偏北 22.5°，在决策过程中保持不变。取 KL 散度阈值 λ=0.1。

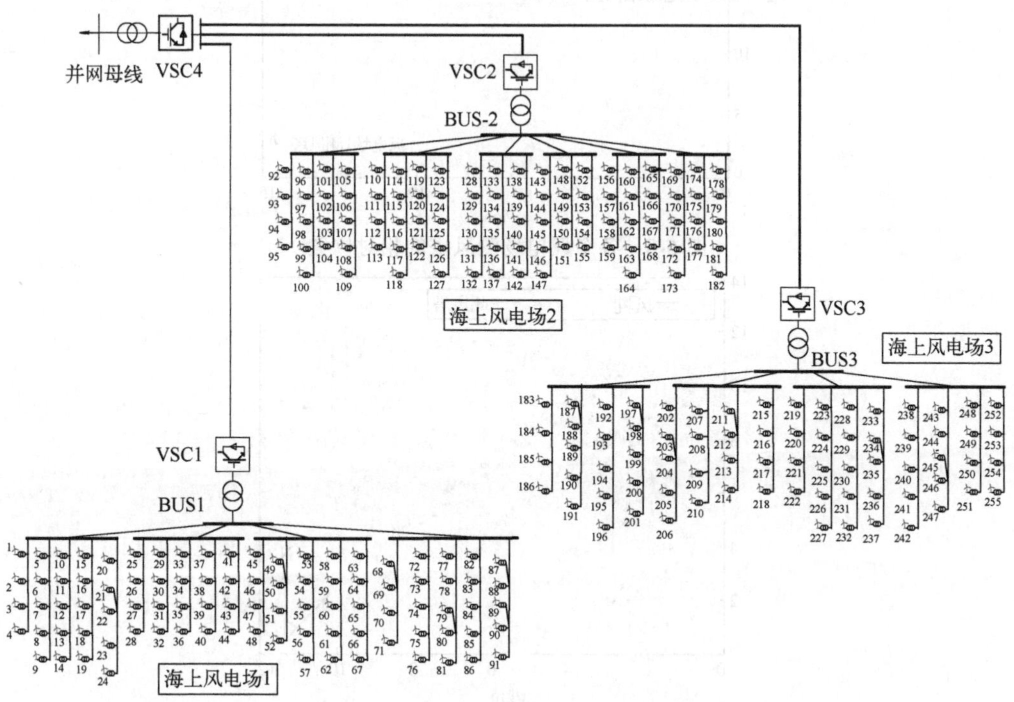

图 6-6 海上风电集群的网络拓扑结构图

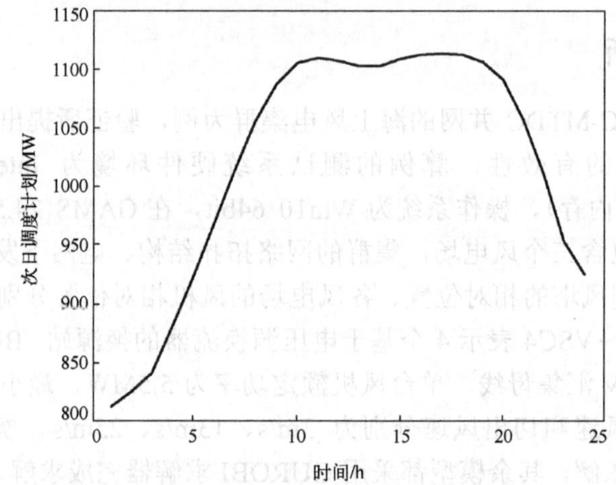

图 6-7　给定的集群日调度计划曲线

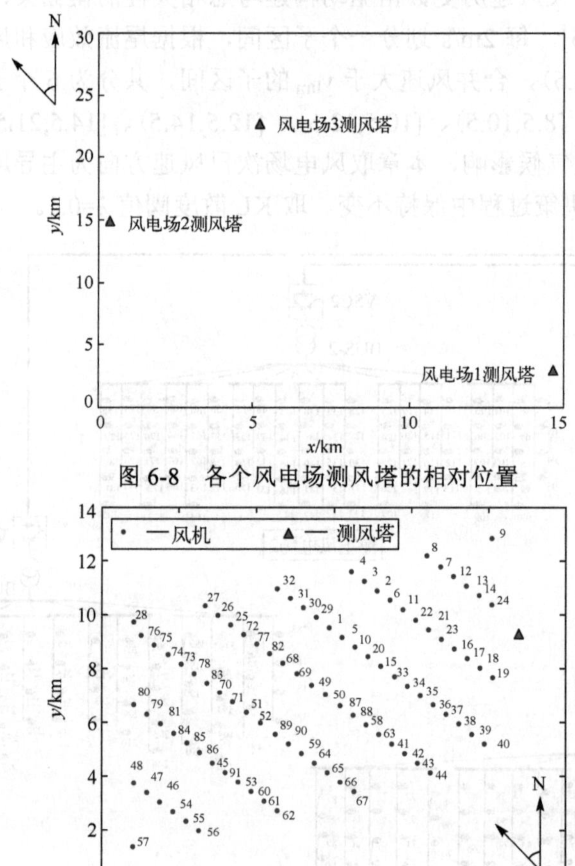

图 6-8　各个风电场测风塔的相对位置

(a) 风电场1

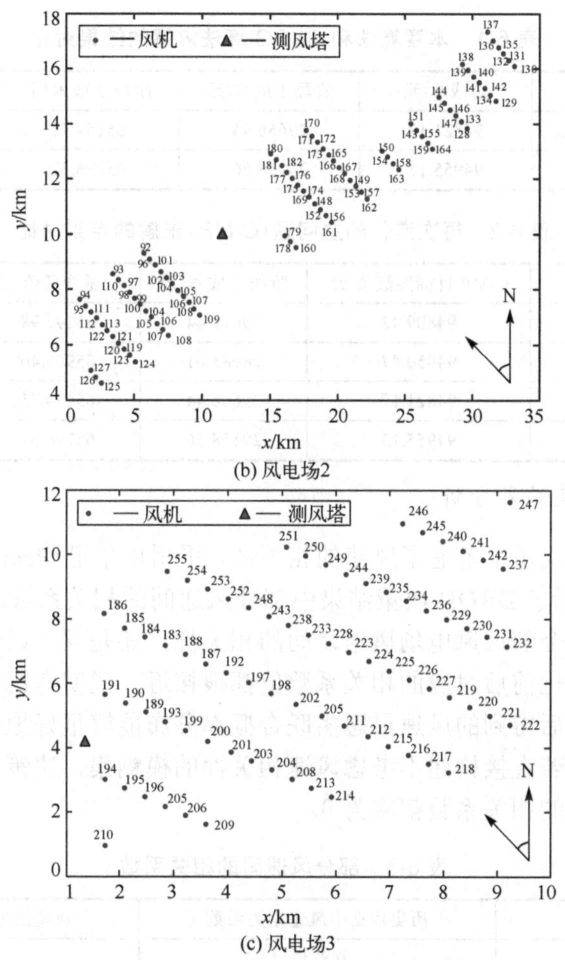

(b) 风电场2

(c) 风电场3

图 6-9　各个风电场中风机的相对位置

1. 算法的计算性能分析

所提出的对主问题进行 GBD 的求解算法和对主问题直接求解的 C&CG 算法求解海上风电集群 DROD 模型的结果对比如表 6-1 和表示 6-2 所示。表 6-1 和表 6-2 表明直接求解主问题(C-MP)的混合整数 SOCP 模型，由于含有大量离散变量，需要消耗大量的时间，特别是第二次迭代求解时外层主问题(C-MP)由于添加了变量和约束，消耗的时间急剧增加。而 GBD 法将主问题 C-MP 分解成 MILP 模型和连续 SOCP 模型的交替迭代求解，有效降低了模型的计算规模和计算复杂性，因而显著缩减了主问题 C-MP 的求解时间，因此，所提出的求解算法能够有效地提高计算效率，并快速有效地求解所提出的两阶段 DROD 模型。另外，两种算法计算结果的总成本相对误差小于 0.2%，表明所提出的求解算法的计算结果具有较高的精度。

表 6-1　本章算法和 C&CG 算法求解的结果对比

算法	总成本/元	阶段 1 成本/元	阶段 2 成本/元	求解时间
直接求解的 C&CG 算法	94821.17	29666.44	65154.73	9h28min
所提出算法	94955.13	29158.56	65796.57	39min38s

表 6-2　每次迭代的主问题(C-MP)求解的结果对比

K	算法	C-MP 目标函数值/元	阶段 1 成本/元	松弛变量值/元	求解时间
1	直接求解	94809.42	29611.44	65197.98	35min7s
	GBD 法求解	94950.47	28985.01	65965.46	6min40s
2	直接求解	94821.17	29666.44	65154.73	8h41min
	GBD 法求解	94955.13	29158.56	65796.57	21min21s

2. DROD 决策结果分析

为了验证优化决策中考虑了风速的相关性，采用皮尔逊(Pearson)相关系数来进行检验。表 6-3 展示了 DROD 决策结果中部分风速间的相关系数，从表中可以看出，无论是同一时段 3 个邻近风电场风速之间的相关性，还是同一风电场相邻时段风速之间的相关性，优化前后对应的相关系数值都很接近，说明考虑风速时空相关性构建的模糊集，决策后得到的风速最恶劣联合概率分布能够很好地保留历史数据中风速之间的相关性。若直接构建不考虑风速相关性的模糊集，决策后风速最恶劣概率分布对应风速之间的相关系数都将为 0。

表 6-3　部分风速间的相关系数

风速变量 $v_{m,t}$	历史数据中风速相关系数	决策结果中风速相关系数
$v_{1,1}$ 与 $v_{2,1}$	0.8217	0.8488
$v_{1,1}$ 与 $v_{3,1}$	0.8546	0.8619
$v_{2,1}$ 与 $v_{3,1}$	0.9136	0.9235
$v_{1,1}$ 与 $v_{1,2}$	0.8762	0.8954
$v_{2,1}$ 与 $v_{2,2}$	0.9124	0.9352
$v_{3,1}$ 与 $v_{3,2}$	0.9256	0.9458

优化结果中每个风电场运行的风机数量和总有功功率输出的数学期望如图 6-10 和图 6-11 所示。可以看出，在第 9～22 时段期间，风电场 1 和 2 中运行的风机数量均等于 91，而风电场 2 注入 VSC 换流站的有功功率期望值小于风电场 1，如图 6-11 所示，这表明风电场 2 的风速概率分布更加恶劣，使得场内各风机最大有功出力更低，因此风电场 2 有功功率期望值更低。而风电场 3 中运行的风机数量和注入 VSC 换流站的有功功率期望值最低则是因为风电场 3 中的风机数量最少。

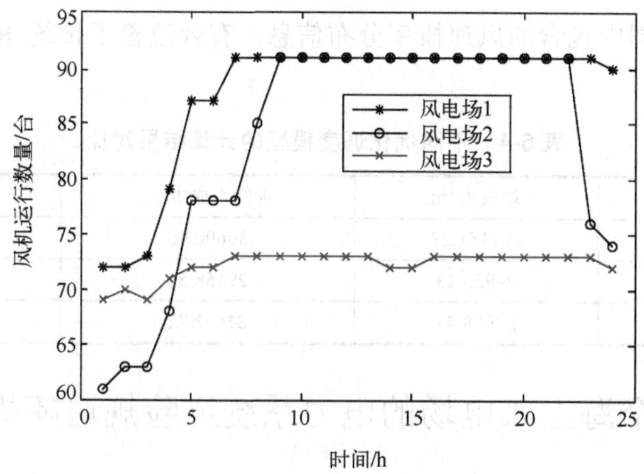

图 6-10　各个风电场风机运行数量

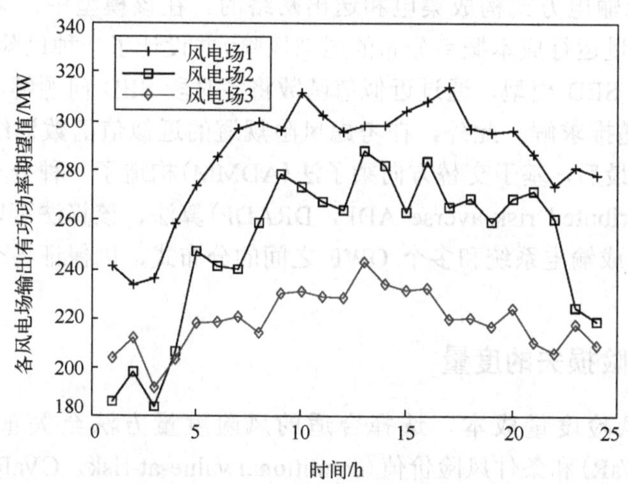

图 6-11　最恶劣概率分布下注入 VSC 站有功功率期望值

3. 不同优化模型的计算结果比较

将所提出的 DROD 模型与确定性优化调度模型及鲁棒优化调度(robust optimal dispatch，ROD)模型的计算结果目标函数比较，结果如表 6-4 所示。可以看出，所提出的 DROD 模型的决策结果比确定性优化调度模型更加保守，而比 ROD 模型更加经济。ROD 模型在风速最恶劣场景下进行优化决策，得到的决策结果是很保守的。ROD 模型得到的风机启停组合使得风电集群内所有机组都运行，增加了目标函数中的风机机械损耗成本，且在风速最恶劣场景下的集群发电量低，发电偏差惩罚费用大，使得总成本最大。而实际上最恶劣的场景很少发生，ROD 决策结果造成了没必要的风机运行成本。而所提出的 DROD 模型是在最恶劣分布下进行决策的，决策过程中考虑历史数据中包含的风速概率分布信息，有效改善了传统 ROD 决策结果过度保守的缺点。

表 6-4　不同优化调度模型的计算结果对比

优化模型	总成本/元	阶段 1 成本/元	阶段 2 成本/元
ROD	201151.28	30600.00	170551.28
所提出 DROD	94955.13	29158.56	65796.57
确定性优化调度	28608.45	24402.72	4205.73

6.2　含多个海上风电场的电力系统风险规避随机经济调度

本节提出了一种含多个 OWF 的电力系统风险规避 SED 模型。假定各个 OWF 中都是采用交流输电方式构成集电和送出网络的。在该模型中，采用了一种新的 GlueVaR 方法度量运行成本概率分布的尾部风险。并设计了一种风险规避 ADP 算法来求解所建立的 SED 模型，通过近似值函数将多时段 SED 问题解耦为一系列单时段 ED 问题的递推求解。此外，在考虑风险规避的近似值函数训练过程中引入了 GlueVaR 度量。最后，基于交替方向乘子法(ADMM)构造了一种分布式风险规避近似动态规划(distributed risk-averse ADP，DRADP)算法，该算法可以进一步将单时段 ED 模型解耦成输电系统和多个 OWF 之间的分布式，以保证各个调度主体之间信息的隐私性。

6.2.1　规避风险损失的度量

为了计算风险度量成本，选择合适的风险度量方法至关重要。风险价值(value-at-risk，VaR)和条件风险价值(conditional value-at-risk，CVaR)是最广泛使用的风险度量方法[3]。VaR 不考虑随机变量的概率密度函数(PDF)的尾部风险成本。CVaR 可以考虑 PDF 的尾部风险成本，并量化 VaR 之外的潜在风险，已在许多领域得到了广泛应用。VaR 和 CVaR 的计算如下：

$$\mathrm{VaR}_{\alpha}(X)=\inf_{u}\{P(X\leqslant u)\geqslant\alpha\} \tag{6-42}$$

$$\mathrm{CVaR}_{\alpha}(X)=\inf_{u}\left\{u+\frac{1}{1-\alpha}E((X-u)^{+})\right\} \tag{6-43}$$

式中，$\alpha\in[0,1]$为给定的置信水平；u 为待求的最小上界；$P(X\leqslant u)\geqslant\alpha$ 表明 X 低于上界 u 的概率大于 α；$(X-u)^{+}$表示当 $X>u$ 时，取值为 $X-u$，当 $X\leqslant u$ 时，取值为 0。

GlueVaR 是一种具有多个参数的风险度量方法，可以灵活方便地找到反映多个风险需求的适当参数组合[4]。通过选择合适的参数组合，可以涵盖各种风险度量方法，包括 VaR 和 CVaR。GlueVaR 风险度量 $\kappa_{\beta,\alpha}^{k_1,k_2}(X)$ 可以表示为三种风险度量的线性组合：置信水平 α 和 β 下的 CVaR 和置信水平 α 下的 VaR，具体如下：

$$\kappa_{\beta,\alpha}^{k_1,k_2}(X)=k_1\mathrm{CVaR}_{\beta}(X)+k_2\mathrm{CVaR}_{\alpha}(X)+k_3\mathrm{VaR}_{\alpha}(X) \tag{6-44}$$

VaR、CVaR 和 GlueVaR 之间的主要差异如图 6-12 所示。可以看到，与只能在单个参数下做出决策的 VaR 和 CVaR 不同，GlueVaR 在置信水平 α 和 β 给定时可以包括以下三个情况条件：①CVaR_{β} 的最保守情况；②CVaR_{α} 的一般保守情况；③VaR_{α} 的一般情况。因此，GlueVaR 能够考虑随机变量 PDF 尾部极端情景的风险成本。

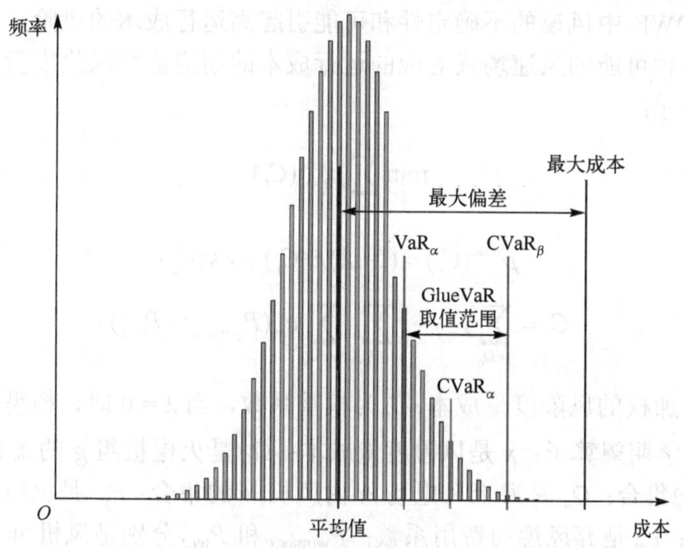

图 6-12　VaR、CVaR 和 GlueVaR 之间的差异示意图

给定置信水平 α 和 β，风险度量 GlueVaR 在特定参数取值范围内满足尾部的次可加性，成为一致性度量，由此可以推断 GlueVaR 的凸性。使 $\kappa_{\beta,\alpha}^{k_1,k_2}(X)$ 满足尾部次可加性的 (k_1,k_2) 取值范围如图 6-13 中的阴影所示。

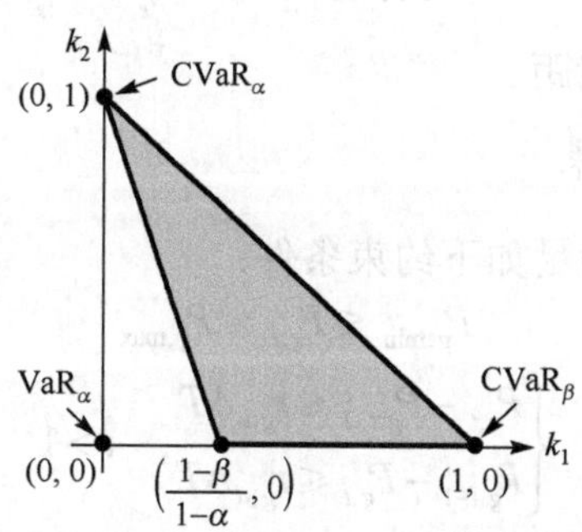

图 6-13　给定 α 和 β 后 (k_1,k_2) 的取值范围

6.2.2 风险规避随机经济调度模型

对于具有多个 OWF 的电力系统，输电系统中包括火电机组和 PSH 电站，OWF 中包括风力发电机(wind turbine，WT)和蓄电池储能(BS)站。这种系统的风险规避 SED 模型可如下描述。

1. 目标函数

风险规避 SED 模型的目标函数包括火电机组的运行成本和 OWF 中的弃风成本。考虑到 OWF 中风速的不确定性和可能引起高运行成本的风险，目标函数应表示为最小化各种可能的风速场景对应的运行成本的期望值和风险度量成本二者的加权和，如下所示：

$$\min\sum_{t=1}^{T}\rho_t^{\text{risk}}(C_t) \tag{6-45}$$

$$\rho_t^{\text{risk}}(C_t)=(1-\lambda)E(C_t)+\lambda\kappa(C_t) \tag{6-46}$$

$$C_t=\sum_{g\in\Omega_G}F_{g,t}+\sum_{m\in\Omega_{\text{OWF}}}\sum_{w\in\Omega_m}c_m(P_{wj\max,t}-P_{wj,t}) \tag{6-47}$$

式中，ρ_t^{risk} 是加权的风险度量成本；λ 为权重系数，当 $\lambda=0$ 时，模型变为风险中性模型；E 是数学期望算子；κ 是风险度量成本；Ω_G 是火电机组 g 的集合；Ω_{OWF} 是海上风电场 m 的集合；Ω_m 是海上风电场 m 内风机 w 的集合；$F_{g,t}$ 是火电机组 g 在时段 t 的运行成本；c_m 是弃风惩罚费用系数；$P_{wj\max,t}$ 和 $P_{wj,t}$ 分别是风机 w 在时段 t 的最大可获得有功出力和调度有功出力；$F_{g,t}$ 是关于火电机组有功出力的二次函数，可利用类似第 4 章的方法，通过分段线性不等式近似，以获得更高的计算效率[5]，见式(6-48)。

$$F_{g,t}\geqslant a_{l_g}P_{g,t}+e_{l_g},\quad l_g=1,2,\cdots,L \tag{6-48}$$

式中，$P_{g,t}$ 是火电机组 g 在时段 t 的有功出力；a_{l_g} 和 e_{l_g} 分别是火电机组 g 分段线性成本函数第 l_g 段的斜率和截距。

2. 火电机组的运行约束

火力发电机组运行需满足如下约束条件：

$$P_{g,\min}\leqslant P_{g,t}\leqslant P_{g,\max} \tag{6-49}$$

$$\begin{cases}P_{g,t}-P_{g,t-1}\leqslant r_{g,u}\Delta T\\ P_{g,t-1}-P_{g,t}\leqslant r_{g,d}\Delta T\end{cases},\quad t>1 \tag{6-50}$$

式中，$P_{g,\min}$ 和 $P_{g,\max}$ 分别是火电机组 g 的最小和最大有功出力；$r_{g,u}$ 和 $r_{g,d}$ 分别是火电机组 g 的向上和向下爬坡率。

3. PSH 电站的运行约束

$$R_{p,t}=R_{p,t-1}+P_{\mathrm{pp},t}\eta_p\Delta T-P_{\mathrm{pg},t}\Delta T \tag{6-51}$$

$$\begin{cases}R_{p,\min}\leqslant R_{p,t}\leqslant R_{p,\max}\\ R_{p,T}=R_{p,0}\end{cases} \tag{6-52}$$

$$\begin{cases}y_{\mathrm{pp},t}+y_{\mathrm{pg},t}\leqslant 1,\quad y_{\mathrm{pp},t}\in\{0,1\},\quad y_{\mathrm{pg},t}\in\{0,1\}\\ 0\leqslant P_{\mathrm{pp},t}\leqslant y_{\mathrm{pp},t}P_{\mathrm{pp,max}},\quad 0\leqslant P_{\mathrm{pg},t}\leqslant y_{\mathrm{pg},t}P_{\mathrm{pg,max}}\end{cases} \tag{6-53}$$

式中，$P_{\mathrm{pp},t}$ 和 $P_{\mathrm{pg},t}$ 分别是 PSH 电站 p 在时段 t 的抽水和发电功率；$R_{p,t}$ 是 PSH 电站 p 在时段 t 的存储量；$R_{p,\min}$ 和 $R_{p,\max}$ 分别是 $R_{p,t}$ 的最小值和最大值；η_p 是 PSH 电站 p 的能量转换效率；$y_{\mathrm{pp},t}$ 和 $y_{\mathrm{pg},t}$ 分别是用于表征 PSH 电站 p 在时段 t 的抽水和发电状态的二进制变量，若 PSH 电站 p 在时段 t 处于抽水/发电状态，则 $y_{\mathrm{pp},t}/y_{\mathrm{pg},t}=1$，否则 $y_{\mathrm{pp},t}/y_{\mathrm{pg},t}=0$；$P_{\mathrm{pp,max}}$ 和 $P_{\mathrm{pg,max}}$ 分别是 PSH 电站 p 的最大抽水和发电功率。

4. 支路有功潮流安全约束

采用直流潮流模型描述输电网侧的支路功率，如下所示：

$$P_{ij,t}=-b_{ij}\theta_{ij,t} \tag{6-54}$$

$$P_{i,t}=\sum_{j\in\Omega_i}P_{ij,t} \tag{6-55}$$

$$\begin{cases}P_{ij,\min}\leqslant P_{ij,t}\leqslant P_{ij,\max}\\ \theta_{ij,\min}\leqslant\theta_{ij,t}\leqslant\theta_{ij,\max}\end{cases} \tag{6-56}$$

式中，$P_{ij,t}$ 是时段 t 流过线路 ij 的有功功率；$P_{ij,\min}$ 和 $P_{ij,\max}$ 分别是 $P_{ij,t}$ 的最小值和最大值；$P_{i,t}$ 是节点 i 在时段 t 时的注入功率；$\theta_{ij}=\theta_i-\theta_j$ 是节点 i 和 j 之间的电压相角差，$\theta_{ij,\min}$ 和 $\theta_{ij,\max}$ 分别是 θ_{ij} 的最小值和最大值；Ω_i 是与节点 i 直接连接的节点集合。在式(6-55)中，如果节点 i 与火电机组连接，则 $P_{i,t}=P_{g,t}-P_{Li,t}$；如果节点 i 与 OWF m 连接，则 $P_{i,t}=P_{\Sigma mi,t}-P_{Li,t}$；如果节点 i 与 PSH 电站 p 连接，则 $P_{i,t}=P_{\mathrm{pg},t}-P_{\mathrm{pp},t}-P_{Li,t}$。

5. BS 站的运行约束

$$R_{b,t}=R_{b,t-1}+P_{bc,t}\eta_b\Delta T-P_{bd,t}\Delta T \tag{6-57}$$

$$\begin{cases}R_{b,\min}\leqslant R_{b,t}\leqslant R_{b,\max}\\ R_{b,T}=R_{b,0}\end{cases} \tag{6-58}$$

$$\begin{cases}y_{bc,t}+y_{bd,t}\leqslant 1,\quad y_{bc,t}\in\{0,1\},\quad y_{bd,t}\in\{0,1\}\\ 0\leqslant P_{bc,t}\leqslant y_{bc,t}P_{bc,\max},\quad 0\leqslant P_{bd,t}\leqslant y_{bd,t}P_{bd,\max}\end{cases} \tag{6-59}$$

式中，$P_{bc,t}$ 和 $P_{bd,t}$ 分别是 BS 站 b 时段 t 的充电和放电功率；$R_{b,t}$ 是 BS 站 b 时段 t 的存储量；η_b 是 BS 站 b 的能量转换效率；$R_{b,\min}$ 和 $R_{b,\max}$ 分别是 BS 站 b 可达到的最小和最大存储量；$y_{bc,t}$ 和 $y_{bd,t}$ 分别是用于表征 BS 站 b 在时段 t 充电和放电状态的二进制变量，当 BS 站 b 在时段 t 处于充电/放电状态时，$y_{bc,t}/y_{bd,t}=1$，否则 $y_{bc,t}/y_{bd,t}=0$；$P_{bc,\max}$ 和 $P_{bd,\max}$ 分别是 BS 站 b 的最大充电和放电功率。

6. OWF 中集电和送出网络的潮流方程

OWF 中交流集电和送出网络可通过支路潮流模型[6]描述如下：

$$\sum_{k\in\delta(j)} P_{jk,t} = \sum_{i\in\pi(j)} (P_{ij,t} - r_{ij}\tilde{I}_{ij,t}) + P_{j,t} \tag{6-60}$$

$$\sum_{k\in\delta(j)} Q_{jk,t} = \sum_{i\in\pi(j)} (Q_{ij,t} - x_{ij}\tilde{I}_{ij,t}) + b_j\tilde{U}_{j,t} + Q_{j,t} \tag{6-61}$$

$$\tilde{U}_{j,t} = \tilde{U}_{i,t} - 2(r_{ij}P_{ij,t} + x_{ij}Q_{ij,t}) + ((r_{ij})^2 + (x_{ij})^2)\tilde{I}_{ij,t} \tag{6-62}$$

$$\tilde{I}_{ij,t}\tilde{U}_{i,t} = (P_{ij,t})^2 + (Q_{ij,t})^2 \tag{6-63}$$

式中，如果节点 j 与 BS 站连接，则 $P_{j,t} = P_{bd,t} - P_{bc,t}$, $Q_{j,t} = 0$；如果节点 j 与风机 w 连接，则 $P_{j,t} = P_{wj,t}$，$Q_{j,t} = Q_{wj,t}$，$Q_{wj,t}$ 表示风机 g 在时段 t 的无功输出。

非凸二次方程(6-63)可以使用二阶锥松弛法转化为凸不等式约束[7]，如下所示：

$$\left\|2P_{ij,t};2Q_{ij,t};\tilde{I}_{ij,t} - \tilde{U}_{i,t}\right\|_2 \leqslant \tilde{I}_{ij,t} + \tilde{U}_{i,t} \tag{6-64}$$

为确保 OWF 集电网络的安全运行，支路电流和节点电压应满足以下约束：

$$\begin{cases} 0 \leqslant \tilde{I}_{ij,t} \leqslant \tilde{I}_{ij,\max} \\ \tilde{U}_{j,\min} \leqslant \tilde{U}_{j,t} \leqslant \tilde{U}_{j,\max} \end{cases} \tag{6-65}$$

式中，$\tilde{I}_{ij,\max}$ 为线路允许的电流平方的最大值；$\tilde{U}_{j,\min}$ 和 $\tilde{U}_{j,\max}$ 为节点 j 允许的电压幅值平方的最小和最大值。

7. 风机的功率输出约束

WT 的功率输出约束如下：

$$P_{wj\min} \leqslant P_{wj,t} \leqslant P_{wj\max,t} \tag{6-66}$$

$$P_{wj,t}\cdot\tan\varphi_{\min} \leqslant Q_{wj,t} \leqslant P_{wj,t}\cdot\tan\varphi_{\max} \tag{6-67}$$

式中，$P_{wj\min}$ 表示风机 w 的最小有功出力；$P_{wj\max,t}$ 为考虑尾流效应的影响下在时段 t 风机 w 的最大可获得有功出力；$\varphi_{\min}$ 和 $\varphi_{\max}$ 为风机 w 的最小和最大功率因数角。

因此，含多个 OWF 的电力系统的风险规避 SED 模型可以表示为式(6-45)～

式(6-62)和式(6-64)～式(6-67)。由于包含多个随机场景、多个时段和多个区域网络的变量，模型规模非常大，当应用于大型电力系统时，很难直接获得最优风险规避决策方案。因此，下面设计了一种 DRADP 算法来求解所提出的风险规避 SED 模型。

6.2.3 求解算法

1. 集中式风险规避 ADP(centralized risk-averse ADP，CRADP)算法

对于上述建立的风险规避 SED 模型，将 $R_{p,t}$、$R_{b,t}$ 视为存储量 $\boldsymbol{R}_t$，将 $v_{m,t}$ 视为外部不确定变量 $\boldsymbol{v}_t$，则系统状态可以定义为 $\boldsymbol{S}_t=(\boldsymbol{v}_t, \boldsymbol{R}_t)$，决策向量表示为 $\boldsymbol{x}_t=(P_{g,t}, P_{p,p,t}, P_{p,g,t}, P_{b,c,t}, P_{b,d,t}, P_{wj,t}, Q_{wj,t})$，状态转移方程见式(6-51)和式(6-57)。则可以通过 ADP 算法将多时段风险规避 SED 模型转化为一系列确定性单时段 ED 模型进行逐时段递推求解，算法的详细求解步骤如下介绍。

1)多时段模型的转化

根据风险规避 Bellman 递归方程[8]，当求解目标函数为式(6-45)～式(6-47)的多时段风险规避 SED 模型时，每个时段的最优解必须满足式(6-69)，时段 t 的即时成本为式(6-70)。

$$V_t(\boldsymbol{S}_t)=\min_{\boldsymbol{x}_t\in\boldsymbol{\Pi}_t} C_t(\boldsymbol{S}_t,\boldsymbol{x}_t)+\rho_t^{\text{risk}}(V_{t+1}(\boldsymbol{S}_{t+1})|\boldsymbol{S}_t) \tag{6-68}$$

$$C_t(\boldsymbol{S}_t,\boldsymbol{x}_t)=\sum_{g\in\Omega_G} F_{g,t}+\sum_{m\in\Omega_{\text{OWF}}}\sum_{w\in\Omega_m} c_m(P_{wj\max,t}-P_{wj,t}) \tag{6-69}$$

式中，$\rho_t^{\text{risk}}(V_{t+1}(\boldsymbol{S}_{t+1})|\boldsymbol{S}_t)$ 表示以下一时段值函数 $V_{t+1}(\boldsymbol{S}_{t+1})$ 为自变量计算的风险度量项；$\rho_t^{\text{risk}}(\cdot)$ 的表达式为式(6-46)。在值函数计算中包括了数学期望运算，这使得式(6-69)难以获得最优风险规避决策 $\boldsymbol{x}_t$。利用类似第 4 章中的方法，式(6-68)可以通过引入决策前状态 $\boldsymbol{S}_t=(\boldsymbol{v}_t, \boldsymbol{R}_t)$ 和决策后状态 $\boldsymbol{S}_t^x=(\boldsymbol{v}_t,\boldsymbol{R}_t^x)$ 来进行简化[9]，在观察到外部随机变量 $\boldsymbol{v}_t$ 后，状态将从 $\boldsymbol{S}_{t-1}^x$ 过渡到 $\boldsymbol{S}_t$，并且在执行决策变量 $\boldsymbol{x}_t$ 后，该状态将从 $\boldsymbol{S}_t$ 过渡到 $\boldsymbol{S}_t^x$。通过分别观察 $\boldsymbol{v}_t$ 和执行 $\boldsymbol{x}_t$，决策前和决策后状态的值函数分别写成式(6-70)和式(6-71)。

$$V_t(\boldsymbol{v}_t,\boldsymbol{R}_t)=\min_{\boldsymbol{x}_t\in\psi_t}(C_t(\boldsymbol{v}_t,\boldsymbol{R}_t,\boldsymbol{x}_t)+V_t^x(\boldsymbol{v}_t,\boldsymbol{R}_t^x)) \tag{6-70}$$

$$V_t^x(\boldsymbol{v}_t,\boldsymbol{R}_t^x)=\rho_t^{\text{risk}}(V_{t+1}(\boldsymbol{v}_{t+1},\boldsymbol{R}_{t+1})|(\boldsymbol{v}_t,\boldsymbol{R}_t^x)) \tag{6-71}$$

如果获得了 $V_t^x(\boldsymbol{v}_t,\boldsymbol{R}_t^x)$ 的解析表达式，则式(6-70)是确定性优化模型。这里，$V_t^x(\boldsymbol{v}_t,\boldsymbol{R}_t^x)$ 可以通过式(6-71)的风险度量项 $\rho_t^{\text{risk}}(V_{t+1}(\boldsymbol{S}_{t+1})|\boldsymbol{S}_t)$ 计算，但是，由于 $\boldsymbol{v}_{t+1}$ 的随机特性，难以获得精确值。如式(6-46)所示，$V_t^x(\boldsymbol{v}_t,\boldsymbol{R}_t^x)$ 等于考虑 $\boldsymbol{v}_{t+1}$ 的随机特性条件下 $V_{t+1}(\boldsymbol{v}_{t+1},\boldsymbol{R}_{t+1})$ 的期望值和 GlueVaR 度量成本的线性加权和，且 GlueVaR 测

度在给定如图 6-13 所示的(k_1, k_2)的适当取值范围内是凸的，故$V_t^x(\boldsymbol{v}_t,\boldsymbol{R}_t^x)$也是凸的。因此，可采用满足凸性的分段线性函数来近似值函数$V_t^x(\boldsymbol{v}_t,\boldsymbol{R}_t^x)$，表示如下：

$$V_t^x(\boldsymbol{v}_t,\boldsymbol{R}_t^x)=\sum_{s=1}^{N_s}\theta_s(V_{ts,0}+\boldsymbol{k}_{ts}^{\mathrm{T}}\boldsymbol{\mu}_{ts}) \tag{6-72}$$

式中，N_s为存储器的数量；θ_s为第 s 个存储器在值函数中所占的权重。因此，式(6-70)可以转化为以下表达式：

$$V_t(\boldsymbol{v}_t,\boldsymbol{R}_t)=\min_{\boldsymbol{x}_t\in\psi_t}C_t(\boldsymbol{v}_t,\boldsymbol{R}_t,\boldsymbol{x}_t)+\sum_{s=1}^{N_s}\theta_s(V_{ts,0}+\boldsymbol{k}_{ts}^{\mathrm{T}}\boldsymbol{\mu}_{ts}) \tag{6-73}$$

将多时段风险规避 SED 模型转化为单时段确定性 ED 模型递推求解，表示如下：

$$\begin{cases}\min\limits_{\boldsymbol{x}_t\in\psi_t}\ C_t(\boldsymbol{v}_t,\boldsymbol{R}_t,\boldsymbol{x}_t)+\sum\limits_{s=1}^{N_s}\theta_s(V_{ts,0}+\sum\limits_{r\in B_s}k_{ts,r}\mu_{ts,r})\\ \text{s.t.}\begin{cases}\text{式(6-47)}\sim\text{式(6-62)},\ \text{式(6-64)}\sim\text{式(6-67)}\\ \sum\limits_{r\in B_s}\mu_{ts,r}=R_{s,t}^x,\quad \mu_{ts,r}\in[0,R_{s,\max}/B_s],\quad s\in N_s\end{cases}\end{cases} \tag{6-74}$$

2) 算法流程

与传统 ADP 算法类似，为了获得分段线性风险规避近似值函数(AVF)，风险规避 ADP 算法还需要足够的场景来训练和更新风险规避型 AVF 的斜率和截距。风险规避 ADP 算法的具体步骤如下所述。

(1) 初始化。

求解预测场景下的确定性 ED 模型，获得每个时段的运行成本，则时段 t 的决策后状态的 AVF 的初始值应为从时段 t+1 到最终时段 T 的运行成本之和，表示如下：

$$V_t^0=\sum_{t'=t+1}^{T}C_{t'}(\boldsymbol{S}_{t'},\boldsymbol{x}_{t'}) \tag{6-75}$$

确定性ED模型求解得到的存储量被用作每个时段$\boldsymbol{R}_t^{x0}$的每个存储器的最佳存储量，并对存储量进行分段。初始斜率 $\boldsymbol{k}_{ts,0}$ 可以采用如第 4 章的方法给出，则初始截距 $V_{ts,0}$ 可计算如下：

$$V_{ts,0}=V_t^0-\boldsymbol{k}_{ts,0}^{\mathrm{T}}\boldsymbol{\mu}_{ts} \tag{6-76}$$

(2) 风险规避 AVF 的训练。

基于自然风速的预测场景$\boldsymbol{v}^0=(\boldsymbol{v}_1^0,\cdots,\boldsymbol{v}_T^0)$，通过蒙特卡罗抽样方法生成 N 个误差情景，$n=1\sim N$。并将误差场景随机分为 G 组，每组包含 num = N/G 个场景。接下来，在一组中的每个场景下，逐时段递推求解式(6-76)，以获得每个场景的运行成本。运行成本的累积分布函数(CDF)可以从组中每个场景的等概率值和运行成本中获得。这里利用分段线性插值法来计算近似风险度量成本，即风险规避 AVF。对于第 sc 组场景，假设向量$\bar{\boldsymbol{V}}_t$ 由每个场景的 t+1 时段到最后时段 T 的总运行成本组成，即$\bar{\boldsymbol{V}}_t=[\bar{V}_t^1,\bar{V}_t^2,\cdots,\bar{V}_t^{\mathrm{num}}]$，且$\bar{V}_t^1<\bar{V}_t^2<\cdots<\bar{V}_t^{\mathrm{num}}$。接下来，运行成本的期望值和累积概率值可以如下近似计算：

$$E(\bar{V}_t)=\sum_{i=1}^{\mathrm{num}}\bar{V}_t^i\Big/\mathrm{num} \tag{6-77}$$

$$\varphi(\bar{V}_t^i)=P(X\leqslant\bar{V}_t^i)=i/\mathrm{num},\quad i=1,2,\cdots,\mathrm{num} \tag{6-78}$$

接下来，可以获得如下 CDF 的离散逆函数：

$$\varphi^{-1}(P(X\leqslant\bar{V}_t^i))=\bar{V}_t^i,\quad i=1,2,\cdots,\mathrm{num} \tag{6-79}$$

基于上述离散逆函数，可以通过分段线性插值方法获得连续函数$\varphi^{-1}(\cdot)$。因此，可以采用式(6-80)～式(6-83)计算出 VaR_α、CVaR_α、CVaR_β 和 $\kappa_{\beta,\alpha}^{k_1,k_2}$。最新的风险规避 AVF 可根据式(6-84)计算所得。基于$\bar{V}_t^i$ 和 $\boldsymbol{R}_t^{x,i}$, i=1,2,⋯,num，可以获得$\bar{V}_t^i$ 和 $\boldsymbol{R}_t^{x,i}$之间的离散对应关系。然后，可以再次使用分段线性插值方法获得与$\tilde{V}_t^{sc}$ 对应的最佳存储量 $\boldsymbol{R}_t^{x,sc}$。风险规避 AVF 的斜率和截距由逐次投影近似路径(SPAR)算法更新，以逐渐接近精确值 $\rho_t^{\mathrm{risk}}(\boldsymbol{v}_t,\boldsymbol{R}_t^x)$。当两次相邻迭代的风险规避 AVF 在所有时段都接近时，风险规避 AVF 训练的迭代过程收敛。

$$\mathrm{VaR}_\alpha(\bar{V}_t)=\varphi^{-1}(\alpha) \tag{6-80}$$

$$\mathrm{CVaR}_\alpha(\bar{V}_t)=\int_\alpha^1\varphi^{-1}(u)\mathrm{d}u\Big/(1-\alpha) \tag{6-81}$$

$$\mathrm{CVaR}_\beta(\bar{V}_t)=\int_\beta^1\varphi^{-1}(u)\mathrm{d}u\Big/(1-\beta) \tag{6-82}$$

$$\kappa_{\beta,\alpha}^{k_1,k_2}(\bar{V}_t)=k_1\mathrm{CVaR}_\beta(\bar{V}_t)+k_2\mathrm{CVaR}_\alpha(\bar{V}_t)+k_3\mathrm{VaR}_\alpha(\bar{V}_t) \tag{6-83}$$

$$\tilde{V}_t^{sc}=(1-\lambda)E(\bar{V}_t)+\lambda\kappa_{\beta,\alpha}^{k_1,k_2}(\bar{V}_t) \tag{6-84}$$

集中式风险规避 ADP(CRADP)算法的伪代码如算法 6-1 所示。

算法 6-1　集中式风险规避 ADP 算法

1. 初始化 AVF 和参数 $\boldsymbol{x}_t^0$、$\boldsymbol{R}_t^{x,0}$、V_t^0、$\boldsymbol{v}_{ts}^0$、$\boldsymbol{k}_{ts,0}$、$V_{ts,0}$。
2. 使用蒙特卡罗抽样方法基于预测场景生成 N 个抽样情景，并将其划分为 G 组。
3. 开始训练风险规避 AVF。
4. 　　**for** sc=1,2,⋯,G, **do**
5. 　　(1) 并行求解在同一组内 n 个场景的 ED 模型（n = 1, 2,⋯, num）:

for $t=1,2,\cdots,T$, **do**

①计算决策前的存储量：$\boldsymbol{R}_t^n=\boldsymbol{R}_{t-1}^{x,n}+\Delta\boldsymbol{R}_t^{x,n}(\boldsymbol{v}_t^n)$；

式中，$\Delta\boldsymbol{R}_t^{x,n}$ 表示时段 t–1 决策后的存储器虚增量。

②求解在场景 n 下的单时段模型(式(6-74))，并获得最优决策 $\boldsymbol{x}_t^n$ 和 $\bar{V}_t^n$ 。

③计算决策后的存储量：$\boldsymbol{R}_t^{x,n}=\boldsymbol{R}_t^{x,n}(S_t^n, x_t^n)$。

分别给定存储量 $R_{s,t}^{x,n}-\rho_s$ 和 $R_{s,t}^{x,n}+\rho_s$，并计算对应的 $\bar{V}_{s,t}^n(\boldsymbol{R})$ 值。

end

(2) 计算风险规避 AVF $\tilde{V}_{s,t}^{sc}$ 以及它对应的存储量 $R_{st}^{x,sc}$ 。

(3) 更新斜率:

①观察临界区域的样本斜率 $\hat{k}_{s,t}^{sc}(\boldsymbol{v}_t,R_{s,t})$：

$$\hat{k}_{s,t+1}^{sc}(r)=(\tilde{V}_{s,t}^{sc}(k_{s,t+1}^{sc-1},R_{s,t}^{sc})-\tilde{V}_{s,t}^{sc}(k_{s,t+1}^{sc-1},R_{s,t}^{sc}-\rho_s))/\rho_s$$

②计算临时斜率：

$$\tilde{k}_{s,t}^{sc}(\boldsymbol{v}_t,r)=(1-\bar{\alpha}_t^{sc}(\boldsymbol{v}_t,r))k_{s,t}^{sc-1}(\boldsymbol{v}_t,r)+\bar{\alpha}_t^{sc}(\boldsymbol{v}_t,r)\hat{k}_{s,t+1}^{sc}(\boldsymbol{v}_t,r)$$

式中，$\bar{\alpha}_t^{sc}$ 为更新斜率的步长：

$$\bar{\alpha}_t^{sc}(\boldsymbol{v}_t,r)=\alpha_t^{sc}1_{\{\boldsymbol{v}_t=\boldsymbol{v}_t^{sc}\}}(1_{\{R=R_t^{x,sc}\}}+1_{\{R=R_t^{x,sc}-\rho_s\}})$$

式中，$1_{\{\cdot\}}$ 表示只有满足右下角大括号里的条件时才取为 1，否则取 0。

③执行投影运算以保持第 sc 组场景的斜率凸性：$k_{s.t}^{sc}=\prod_C(\tilde{k}_{s.t}^{sc})$

end

获得训练的 AVF 并用于求解预测场景的 ED 模型。

for $t=1, 2, \cdots, T$, **do**

求解在预测场景下的单时段模型(式(6-74))。

end

获得风险规避经济调度决策。

2. 基于 ADMM 的分布式风险规避 ADP 算法

上述具有多个 OWF 的电力系统的集中式单时段确定性 ED 模型(式(6-74))是凸规划模型，可通过采用同步型交替方向乘子法(S-ADMM)进行完全分布式方式求解。对于典型的两区域优化问题[10]，如式(6-85)所示：

$$\begin{cases}\min\limits_{\boldsymbol{x}_1,\boldsymbol{x}_2} f_1(\boldsymbol{x}_1)+f_2(\boldsymbol{x}_2)\\ \text{s.t.}\begin{cases}\boldsymbol{x}_1\in\psi_{1,t}, \quad \boldsymbol{x}_2\in\psi_{2,t}\\ x_{1,bc}=x_{2,bc}\end{cases}\end{cases} \tag{6-85}$$

式中，$\boldsymbol{x}_1$ 与 $\boldsymbol{x}_2$ 分别为区域 1 与区域 2 中的所有变量；$f_1(\boldsymbol{x}_1)$ 与 $f_2(\boldsymbol{x}_2)$ 分别为区域 1 与区域 2 的费用函数；$\psi_{1,t}$ 与 $\psi_{2,t}$ 分别为区域 1 与区域 2 中各变量的可行域；$x_{1,bc}$ 与 $x_{2,bc}$ 分别为区域 1 与区域 2 的边界耦合变量。对应第 k 次迭代中每个区域的增广

拉格朗日函数可表示如下：

$$L_1(\boldsymbol{x}_1, z_1^k, \lambda_1^k) = f_1(\boldsymbol{x}_1) + \lambda_1^k (x_{1,bc} - z_1^k) + \left(\frac{\rho}{2}\right) \left\| x_{1,bc} - z_1^k \right\|_2^2 \tag{6-86}$$

$$L_2(\boldsymbol{x}_2, z_2^k, \lambda_2^k) = f_2(\boldsymbol{x}_2) + \lambda_2^k (x_{2,bc} - z_2^k) + \left(\frac{\rho}{2}\right) \left\| x_{2,bc} - z_2^k \right\|_2^2 \tag{6-87}$$

式中，λ_1 与 λ_2 分别为区域 1 与区域 2 的增广拉格朗日乘子；$\rho>0$ 为惩罚因子；中间变量 $z_1^k = z_2^k = (x_{1,bc}^k + x_{2,bc}^k)/2$。

S-ADMM 算法中 $\boldsymbol{x}_1$、$\boldsymbol{x}_2$、λ_1 和 λ_2 的更新过程如式(6-88)～式(6-90)所示。当满足式(6-91)给出的收敛准则时，迭代过程终止并获得最优解。

$$\begin{cases} \boldsymbol{x}_1^{k+1} = \operatorname{argmin} L_1(\boldsymbol{x}_1, z_1^k, \lambda_1^k) \\ \boldsymbol{x}_2^{k+1} = \operatorname{argmin} L_2(\boldsymbol{x}_2, z_2^k, \lambda_2^k) \end{cases} \tag{6-88}$$

$$z_1^{k+1} = z_2^{k+1} = (x_{1,bc}^{k+1} + x_{2,bc}^{k+1})/2 \tag{6-89}$$

$$\begin{cases} \lambda_1^{k+1} = \lambda_1^k + \rho(x_{1,bc}^{k+1} - z_1^{k+1}) \\ \lambda_2^{k+1} = \lambda_2^k + \rho(x_{2,bc}^{k+1} - z_2^{k+1}) \end{cases} \tag{6-90}$$

$$\begin{cases} \varDelta_p = \left\| x_{1,bc}^{k+1} - x_{2,bc}^{k+1} \right\|_2 \leqslant \varepsilon_1 \\ \varDelta_d = \left\| x_{2,bc}^{k+1} - x_{2,bc}^{k} \right\|_2 \leqslant \varepsilon_2 \end{cases} \tag{6-91}$$

式中，$\varDelta_p$ 和 $\varDelta_d$ 分别是第 $k+1$ 次迭代的原始残差和对偶残差。

假设第 m 个 OWF 通过节点 cm 连接到输电系统。节点撕裂法可用于将 OWF 和输电系统解耦，如图 6-14 所示。节点 cm 注入输电系统的功率 P_{Wcm} 等于 OWF 输出到节点 cm 的 $P_{\Sigma cm}$。因此，P_{Wcm} 和 $P_{\Sigma cm}$ 可以定义为边界耦合变量，边界耦合约束为式(6-92)，以确保输电系统和第 m 个 OWF 的分布式求解结果的一致性。

$$P_{Wcm,t} = P_{\Sigma cm,t} \tag{6-92}$$

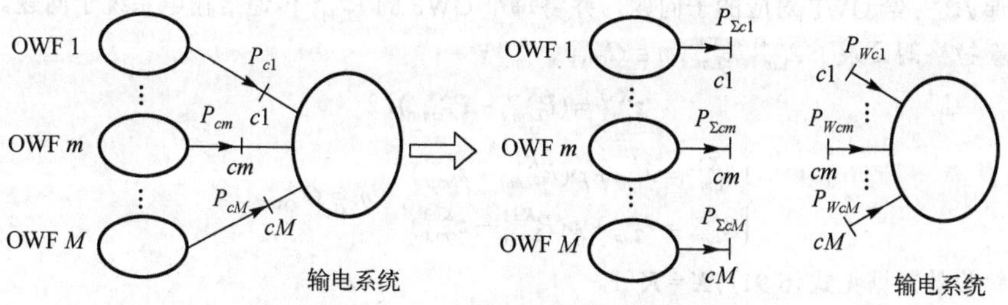

图 6-14　通过节点撕裂法解耦

因为式(6-74)中的运行成本和 AVF 在输电系统和每个 OWF 之间是可分离的，所以在单时段确定性 ED 模型的分布式求解中，第 K 次迭代的输电网络和第 m 个 OWF 的子问题可分别定义如下：

$$\begin{cases}\min\left(\sum_{g\in\Omega_G}F_{g,t}+\sum_{p\in N_{\mathrm{ps}}}\theta_p\left(V_{tps,0}+\sum_{r\in B_p}k_{tp,r}\mu_{tp,r}\right)\right.\\ \qquad\left.+\sum_{m\in\Omega_{\mathrm{OWF}}}\left(\lambda_{1,m}^K(P_{Wcm,t}-z_{cm,t}^K)+\frac{\rho}{2}\left\|P_{Wcm,t}-z_{cm,t}^K\right\|_2^2\right)\right)\\ \mathrm{s.t.}\begin{cases}式(6\text{-}48)\sim式(6\text{-}56)\\ \sum_{r\in B_p}\mu_{tp,r}=R_{p,t}^x,\quad \mu_{tp,r}\in[0,R_{p,\max}/B_p],\quad p\in N_{\mathrm{ps}}\end{cases}\end{cases}\tag{6-93}$$

$$\begin{cases}\min\left(\sum_{w\in\Omega_m}c_m(P_{wj\max,t}-P_{wj,t})+\sum_{b\in N_{\mathrm{bs},m}}\theta_b\left(V_{tbs,0}+\sum_{r\in B_b}k_{tb,r}\mu_{tb,r}\right)\right.\\ \qquad\left.+\lambda_{2,m}^K(P_{\Sigma cm,t}-z_{cm,t}^K)+\frac{\rho}{2}\left\|P_{\Sigma cm,t}-z_{cm,t}^K\right\|_2^2\right)\\ \mathrm{s.t.}\begin{cases}式(6\text{-}57)\sim式(6\text{-}62),\ 式(6\text{-}64)\sim式(6\text{-}67)\\ \sum_{r\in B_b}\mu_{tb,r}=R_{b,t}^x,\quad \mu_{tb,r}\in[0,R_{b,\max}/B_b],\quad b\in N_{\mathrm{bs},m}\end{cases}\end{cases}\tag{6-94}$$

式中，N_{ps} 和 N_{bs} 分别为 PSH 站和 BS 站的数量。算法 6-2 展示了 S-ADMM 算法分布式求解单时段 ED 模型的伪代码。

算法 6-2 S-ADMM 算法

1. 初始化 $z_{cm,1}^0$、$\lambda_{1,m}^0$、$\lambda_{2,m}^0$、ρ、Δ_{cv}，并设置 K=0, ε =1×10^{-4}。
2. **While** $\Delta_p\leqslant\varepsilon_1$ 和 $\Delta_d\leqslant\varepsilon_2$ 不满足时，**do**
3. (1) 并行求解模型式(6-93)和式(6-94)，获得 $P_{Wcm,t}^{K+1}$、$P_{\Sigma cm,t}^{K+1}$。
4. (2) 传递 $P_{Wcm,t}^{K+1}$ 给 OWF 对应的子问题，并将每个 OWF 的 $P_{\Sigma cm,t}^{K+1}$ 传递给输电系统子问题。
5. (3) 更新拉格朗日乘子 $\lambda_{1,m}^{K+1},\lambda_{2,m}^{K+1},m\in\Omega_{\mathrm{OWF}}$，$z_{cm,t}^{K+1}$：

$$z_{cm,t}^{K+1}=(P_{\Sigma cm,t}^{K+1}+P_{Wcm,t}^{K+1})/2$$

$$\begin{cases}\lambda_{1,m}^{K+1}=\lambda_{1,m}^K+\rho(P_{Wcm,t}^{K+1}-z_{cm,t}^{K+1})\\ \lambda_{2,m}^{K+1}=\lambda_{2,m}^K+\rho(P_{\Sigma cm,t}^{K+1}-z_{cm,t}^{K+1})\end{cases},\quad m\in\Omega_{\mathrm{OWF}}$$

6. (4) 计算收敛判据见式(6-91)，$K=K$+1。
7. **end**
8. 获得最优解。

下面将 S-ADMM 算法嵌入到风险规避 ADP 算法中 AVF 训练过程和最优决策求解过程，以实现分布式求解，保持输电系统和多个 OWF 之间的信息私密性。分布式风险规避 ADP(DRADP) 算法的流程如图 6-15 所示。

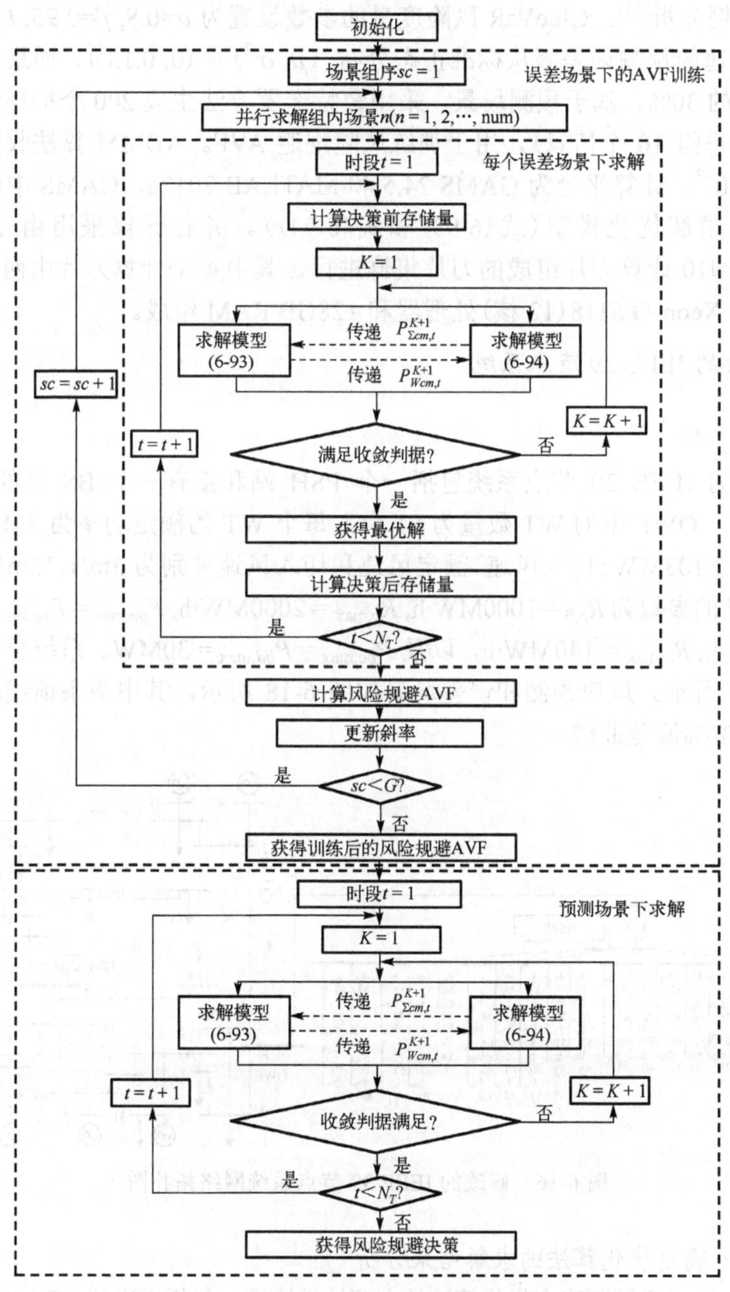

图 6-15　分布式风险规避 ADP 算法流程图

6.2.4 算例分析

对包含一个 OWF 的修改 IEEE 39 节点系统和包含四个 OWF 的实际省级电力系统进行了算例分析[11]。GlueVaR 风险度量的参数设置为 α=0.8, β=0.95, k_1 = 0.4, k_2 = 0.3。假设风速的预测误差服从标准正态分布 $(\mu, \sigma^2) = (0, 0.15^2)$，而最大偏差应小于预测风速的 30%。基于预测场景，采用蒙特卡罗方法生成 200 个抽样情景，随机分为 20 组(每组 10 个情景)，用于训练风险规避 AVF。ADMM 算法收敛的阈值设置为ε_1=ε_2=10^{-3}。计算平台为 GAMS 24.5 和 MATLAB 2017a，GAMS 中的 GUROBI 解算器用于求解优化模型(式(6-93)和式(6-94))。并行计算采用由 24 个 HPE BL460C GEN10 计算刀片组成的刀片集群进行，其中每个计算刀片由两个 2.30GHz Intel GEN10 Xeon-G 5118(12 核)处理器和 128GB RAM 组成。

1. 修改的 IEEE 39 节点系统

1)系统参数

修改后的 IEEE 39 节点系统包括一个 PSH 站和接有一个 BS 站的 OWF，如图 6-16 所示。OWF 中的 WT 数量为 91 台。每个 WT 的额定功率为 8MW，而最小功率输出为 0.103MW。切入风速、额定风速和切入风速分别为 3m/s、13m/s 和 25m/s。PSH 和 BS 站的参数为 $R_{p,0}$ = 1000MW·h, $R_{p,\max}$ = 2000MW·h, $P_{\mathrm{pp},\max} = P_{\mathrm{pg},\max}$ = 400MW, $R_{b,0}$ = 70MW·h, $R_{b,\max}$ = 140MW·h，以及 $P_{bc,\max} = P_{bd,\max}$ = 30MW。系统总有功负荷曲线如图 6-17 所示。风速预测和误差场景如图 6-18 所示，其中两条虚线表示预测风速曲线的±30%偏差曲线。

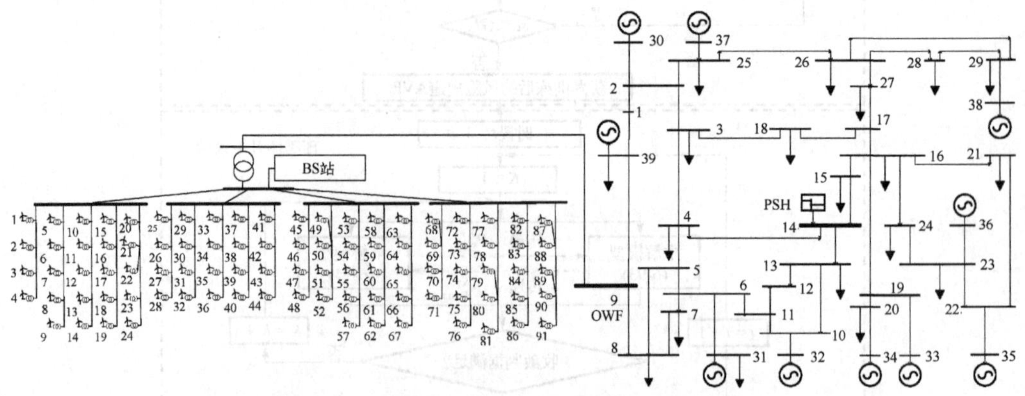

图 6-16　修改的 IEEE 39 节点系统网络拓扑图

2)不同不确定优化算法的求解结果分析

表 6-5 列出了不同不确定优化算法的求解结果比较，包括提出的 DRADP 和 CRADP

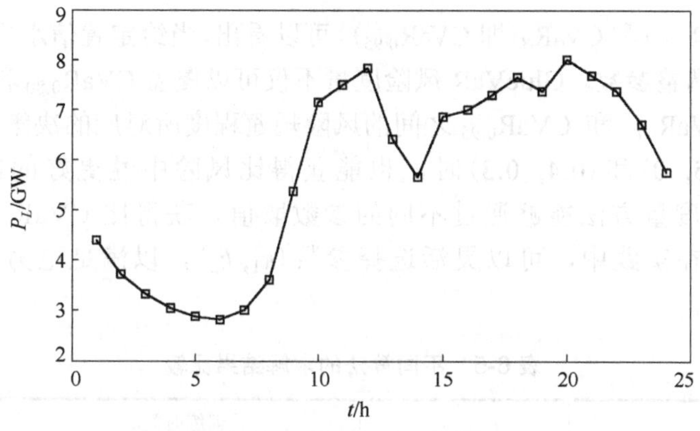

图 6-17 总有功负荷曲线

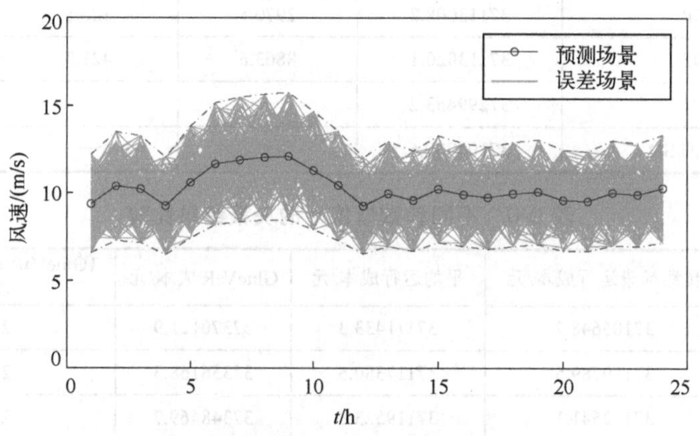

图 6-18 预测场景和误差场景的风速大小

算法、鲁棒优化(RO)算法和基于场景的随机优化(SO)算法。其中，基于场景的 SO 算法所采用的误差场景与 DRADP 算法的相同，这些误差场景中每个时段的最大和最小风速被视为 RO 算法中不确定性集的上下界。表 6-5 表明，RO 算法的结果是最保守的，总运行成本最大；而基于场景的 SO 算法的结果则是更乐观的，总运行成本最小。然而，基于场景的 SO 算法比所提出的 DRADP 和 CRADP 算法要消耗更多的决策时间，且基于场景的 SO 算法是风险中立的，当海上风速随机波动时存在产生高运行成本的风险。而所提出的 DRADP 和 CRADP 算法不仅求解速度快，而且能够获得规避海上风速随机波动带来的高运行成本风险的决策结果。

3) 不同风险度量参数下的求解结果比较

假设风速的预测误差服从 $N(0, 0.15^2)$，抽样生成 100 个新的误差场景，并用于验证在各种 (k_1, k_2) 取值下风险规避决策的性能。表 6-6 中给出了各种 (k_1, k_2) 取值的决策结果比较。当 (k_1, k_2) 的取值为 (0.0,1.0) 和 (1.0,0.0) 时，GlueVaR 分别等于

$CVaR_{\alpha}$(即 $CVaR_{0.80}$)和 $CVaR_{\beta}$(即 $CVaR_{0.95}$)。可以看出，当给定置信水平 $\alpha=0.8$，$\beta=0.95$ 时，通过适当调整参数，GlueVaR 风险度量不仅可以覆盖 $CVaR_{0.80}$ 和 $CVaR_{0.95}$，还可以获得在 $CVaR_{0.80}$ 和 $CVaR_{0.95}$ 之间的风险规避程度所对应的决策，而当(k_1, k_2)的取值为(0.25, 0)和(0.4, 0.3)时，也能获得比风险中性更好的决策，这表明 GlueVaR 风险度量方法能够通过不同的参数取值，获得比 CVaR 风险度量法更好的灵活性。在实践中，可以灵活选择参数(k_1, k_2)，以满足电力系统运行中的各种风险要求。

表 6-5 不同算法的求解结果比较

算法	总运行成本/元	训练时间/s		决策时间/s
		串行计算	并行计算	
CRADP	37113008.8	2970.5	326.8	6.8
DRADP	37113020.1	8863.6	421.3	21.8
RO	37299453.2	—	—	268.4
基于场景的 SO	37104789.6	—	—	8941.5

表 6-6 不同参数取值下的决策结果比较

(k_1, k_2)取值	预测场景运行成本/元	平均运行成本/元	GlueVaR 成本/元	(GlueVaR 成本 − 平均运行成本)/元
风险中立	37105648.7	37111433.3	37370121.9	258688.6
(0.25, 0)	37110789.5	37117380.5	37356168.3	238787.8
(0.0, 1.0)	37112541.1	37119523.3	37348469.7	228946.4
(0.4, 0.3)	37113020.1	37120104.8	37345485.6	225380.8
(1.0, 0.0)	37115034.8	37123159.8	37329657.6	206497.8

4)不同决策算法的求解结果对比分析

在提出的 DRADP 算法中，GlueVaR 用于考虑 AVF 训练过程中风速极端情景的风险成本，决策结果是保守但风险规避的。各种算法的比较结果如表 6-7 所示。其中，最佳离线决策是指假设未来可能发生的各个场景都是能准确预测到的，提前获得不确定性的完整信息并使总成本最小化，将各个场景分别代入确定性优化模型求取每个场景对应的最优决策。可以看到，尽管所提出的 DRADP 算法的预测场景运作成本和平均运行成本都高于传统 ADP 算法和最优离线解，但所提出的 DRADP 算法中的 GlueVaR 成本显著低于传统 ADP 方法，并且更接近最优离线解，这表明，尽管所提出的 DRADP 算法牺牲了预测场景的经济性，但它可以降低在出现极端场景时的风险成本，并减小了风电波动下系统运行成本的变化范围。

表 6-7　不同决策算法的求解结果对比

算法	预测场景运行成本/元	平均运行成本/元	GlueVaR 成本/元	(GlueVaR 成本 – 平均运行成本)/元
DRADP	37113020.1	37120104.8	37345485.6	225380.8
传统 ADP	37105963.0	37111841.7	37369865.2	258023.5
最优离线解	37081545.3	37104523.9	37309072.3	204548.4

2. 实际省级电力系统

实际省级电力系统的输电系统含有 2752 个节点和 3003 个线路，包括 178 个火电机组(122 个燃煤机组和 56 个燃气机组)、9 个核电机组、10 个水电机组和 4 个抽水蓄能(PSH)电站。4 个 OWF 连接到输电系统中。每个 OWF 在海上升压变电站配置一个蓄电池储能(BS)站。图 6-19 显示了具有 4 个 OWF 的系统 500kV 主网的拓扑结构，其中双大写字母表示部分厂站。PSH 电站和 BS 站的参数如表 6-8 所示，总有功负荷曲线、各 OWF 中风速的预测场景以及各 OWF 的拓扑结构分别如图 6-20～图 6-22 所示。

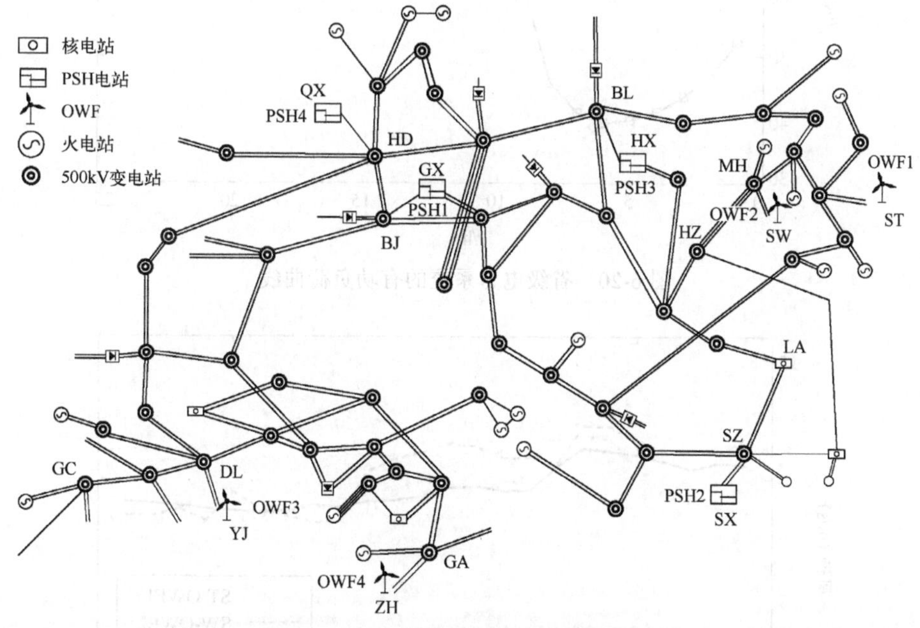

图 6-19　省级系统 500kV 主网的拓扑图

表 6-8　PSH 电站和 BS 站的参数

存储器	充电功率上限/MW	放电功率上限/MW	存储容量/(MW·h)	转换效率/%
PSH1	2400	2400	27252	77.1
PSH2	1200	1200	16456	76.0

续表

存储器	充电功率上限/MW	放电功率上限/MW	存储容量/(MW·h)	转换效率/%
PSH3	2400	2400	34065	78.0
PSH4	1280	1280	18000	76.0
OWF1 的 BS 站	60	60	640	90
OWF2 的 BS 站	40	40	560	90
OWF3 的 BS 站	50	50	600	90
OWF4 的 BS 站	32	32	500	90

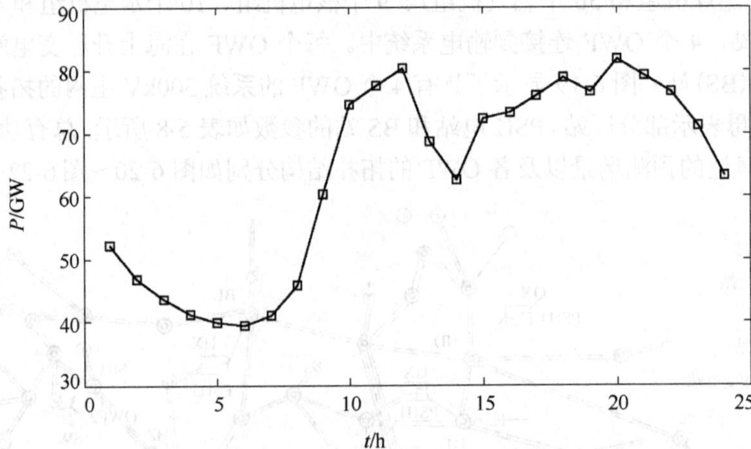

图 6-20 省级电力系统的有功负荷曲线

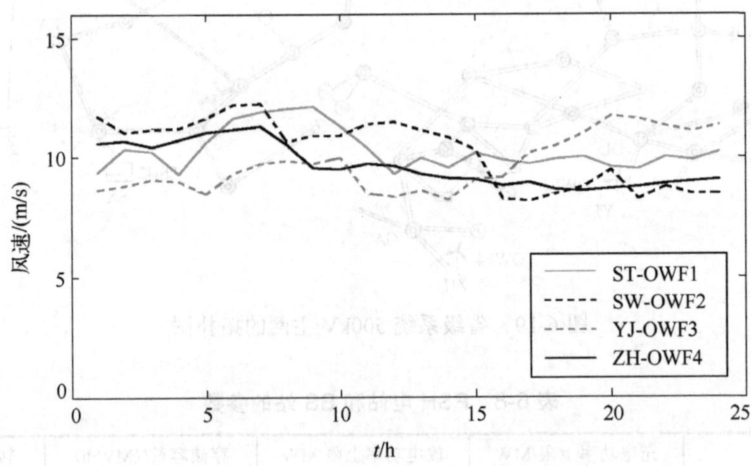

图 6-21 每个 OWF 预测场景各时段的风速大小

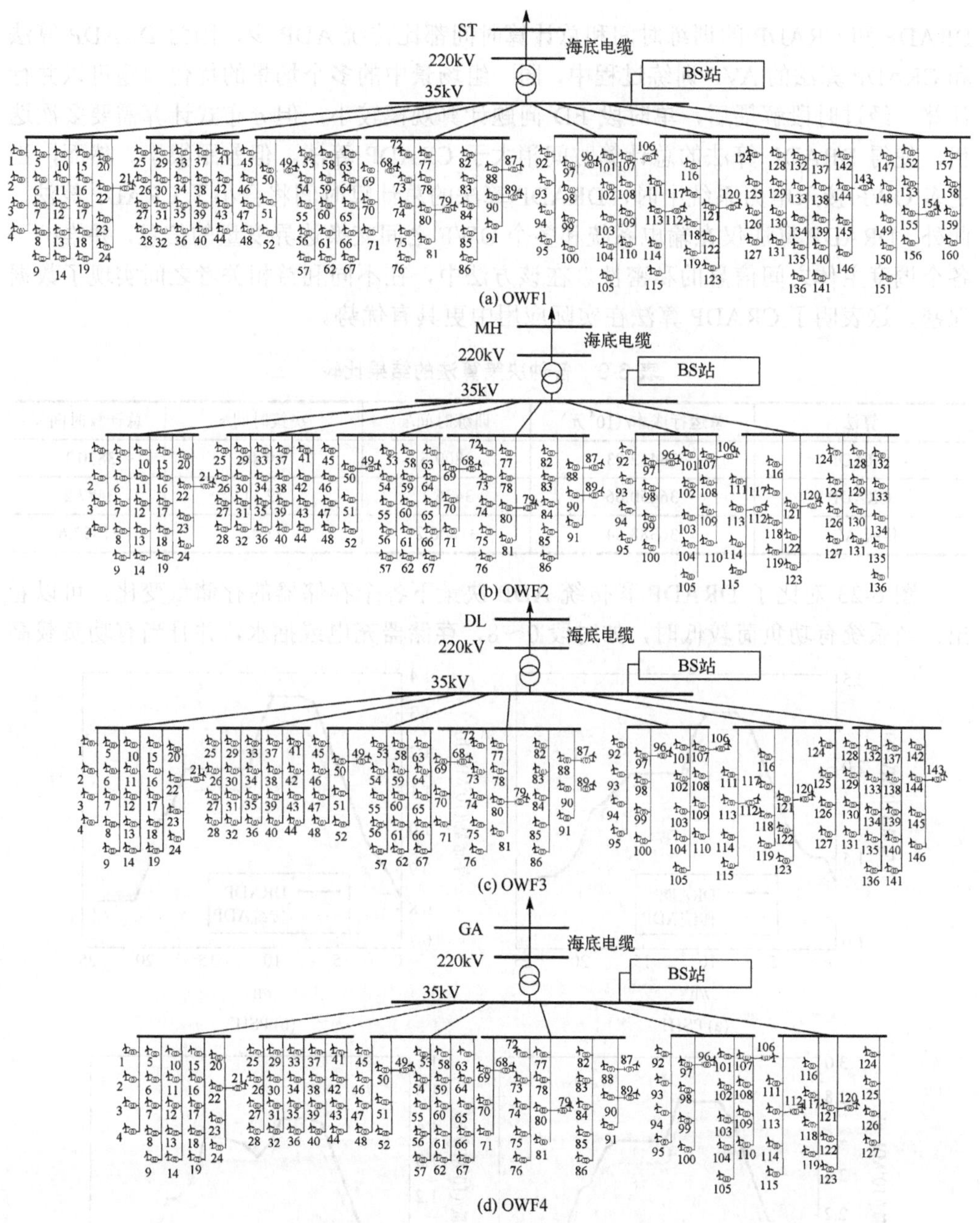

图 6-22　每个 OWF 的网络拓扑图

表 6-9 给出了 DRADP 算法、CRADP 算法和传统 ADP 算法的求解结果比较。DRADP 和 CRADP 决策的总运行成本接近，并且由于考虑了 AVF 训练期间极端场景的运行成本风险，其总运行成本高于传统 ADP 决策。就所消耗的计算时间而言，

DRADP 和 CRADP 的训练时间和总计算时间都比传统 ADP 少，因为 DRADP 算法和 CRADP 算法的 AVF 训练过程中，同一组场景中的多个场景的优化问题可以并行计算。经过时段解耦后，单时段 ED 问题计算规模较小，但分布式计算需要多次迭代，使得 DRADP 算法的总计算时间稍大于 CRADP 算法，但差距很小。然而，当更多 OWF 接入电力系统中时，DRADP 算法的总计算时间将会小于 CRADP 算法。此外，DRADP 算法仅在输电系统和多个 OWF 之间交换边界变量的信息，并维护了各个调度主体之间信息的私密性。在该方法中，在不同利益相关者之间实现了数据保密，这表明了 CRADP 算法在实际应用中更具有优势。

表 6-9　各种决策算法的结果比较

算法	总运行成本/(10^4 元)	训练时间/s	决策时间/s	总计算时间/s
DRADP	36452.93	3809.6	60.46	3870.1
CRADP	36450.66	3435.1	52.11	3487.2
传统 ADP	36388.84	31806.2	51.42	31857.6

图 6-23 对比了 DRADP 和传统 ADP 决策下各个存储器的存储量变化。可以看出，当系统有功负荷较低时，如时段 0～8，存储器充电或抽水，并且当有功负载高

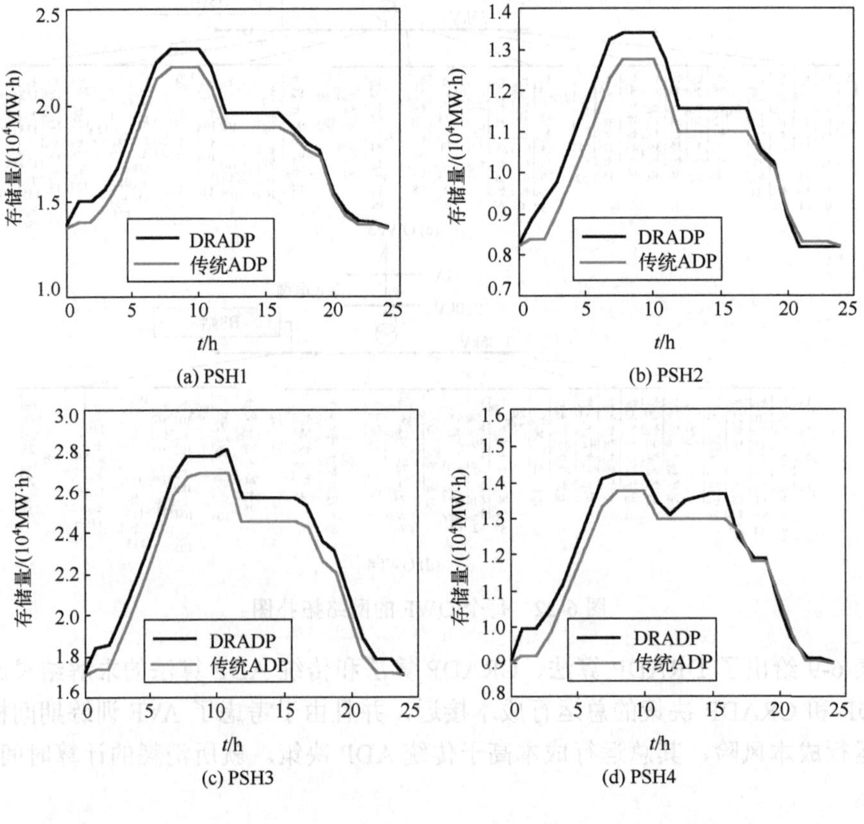

存储量/(10⁴MW·h)
DRADP
传统ADP
t/h
(a) PSH1
(b) PSH2
(c) PSH3
(d) PSH4

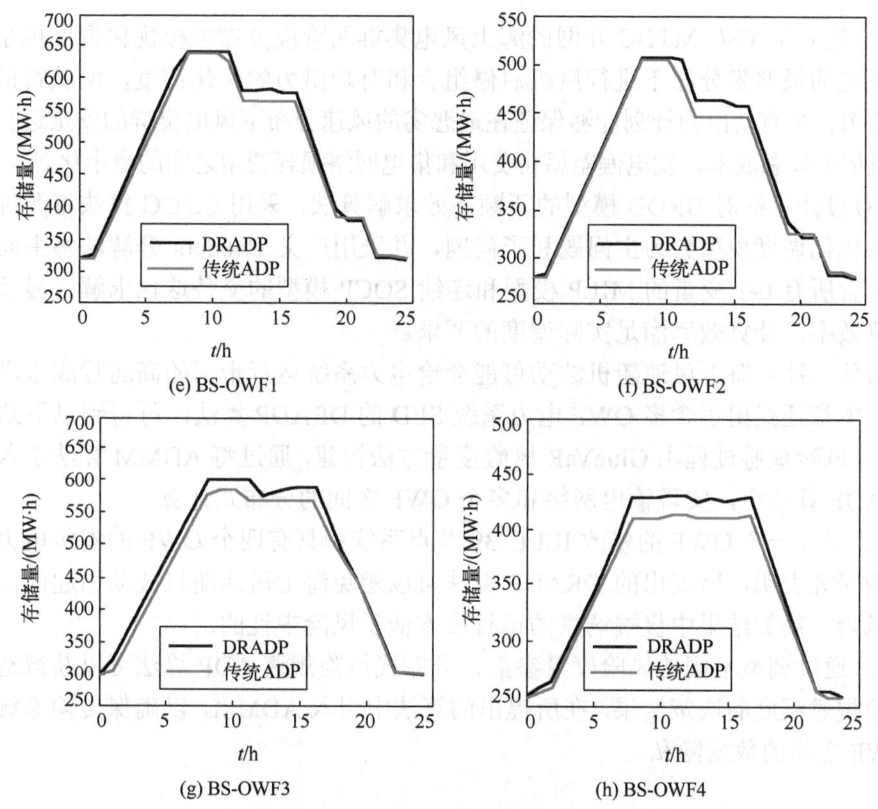

图 6-23　DRADP 和 ADP 决策下各个存储器的存储量变化比较

时放电或发电。存储量的变化表明了存储器在系统运行中对负荷调峰的积极作用。同时，DRADP 决策的存储量倾向于比传统 ADP 的存储量保留更多的存储量，以应对在高负荷期间海上风电输出突然下降的极端场景情况。由 DRADP 决策和传统 ADP 决策之间的存储量差异还可以看出，传统 ADP 决策为风险中性的，而 DRADP 决策是风险规避的。此时，由于预测场景中的火电机组不以最经济的状态运行，DRADP 决策的总运行成本会高于传统 ADP 决策。

6.3　小　　结

本章提出了考虑风速时空相关性的 VSC-MTDC 并网海上风电场集群 DROD 方法，并得到以下结论。

(1) 构建了考虑时空相关性的模糊集。采用 KL 散度度量风速实际联合分布与统计参考联合分布之间的概率距离，构建了数据驱动的考虑同一集群多个风电场风速之间时空相关性的模糊集。

(2) 建立了 VSC-MTDC 并网的海上风电集群两阶段分布鲁棒优化调度模型，能够在风速的最恶劣分布下进行风机启停组合和有功出力的优化调度，所获得的各风机启停组合和有功出力计划能够保证在最恶劣的风速分布下风电集群的安全运行和风机的机械损耗总成本、发电偏差惩罚费用和集电网络损耗费用之和的最小化。

(3) 设计了针对 DROD 模型的新颖高效求解算法，采用 C&CG 算法将两阶段分布鲁棒优化调度模型分为主问题和子问题，并采用广义 Benders 分解法将主问题分解为包含所有 0-1 变量的 MILP 模型和连续 SOCP 模型的交替迭代求解，显著提高了计算效率，计算效率满足实际调度的要求。

另外，针对海上风速随机波动可能会给电力系统运行带来的高运行成本风险的问题，本章还提出了含多 OWF 电力系统 SED 的 DRADP 算法，可得到以下结论。

(1) 风险规避过程由 GlueVaR 风险度量方法构建，通过将 ADMM 算法引入风险规避 ADP 算法中，实现输电网络和多个 OWF 之间的分布式计算。

(2) 对含一个 OWF 的修改 IEEE 39 节点系统和具有四个 OWF 的省级电力系统的算例研究表明，所提出的 DRADP 算法可以避免海上风速随机波动引起的高运行成本风险，决策结果中极端场景的运行成本低于风险中性的。

(3) 通过调整不同的风险度量参数，分布式风险规避 ADP 算法可以获得适应不同风险规避程度的决策结果。在所提出的算法中引入 ADMM，以确保传输系统和多个 OWF 之间的数据隐私。

参考文献

[1] Turk A, Wu Q, Zhang M, et al. Day-ahead stochastic scheduling of integrated multi-energy system for flexibility synergy and uncertainty balancing. Energy, 2020, 196: 117130.

[2] Zhao H, Wu Q, Hu S, et al. Review of energy storage system for wind power integration support. Applied Energy, 2015, 137: 545-553.

[3] Li Z, Wu L, Xu Y. Risk-averse coordinated operation of a multi-energy microgrid considering voltage/var control and thermal flow: An adaptive stochastic approach. IEEE Transactions on Smart Grid, 2021, 12(5): 3914-3927.

[4] Belles-Sampera J, Guillén M, Santolino M. Beyond value-at-risk: GlueVaR distortion risk measures. Risk Analysis, 2014, 34(1): 121-134.

[5] Zhang H, Vittal V, Heydt G T, et al. A mixed-integer linear programming approach for multi-stage security-constrained transmission expansion planning. IEEE Transactions on Power Systems, 2012, 27(2): 1125-1133.

[6] Feng X, Lin S, Liu W, et al. Distributionally robust optimal dispatch of offshore wind farm cluster connected by VSC-MTDC considering wind speed correlation. CSEE Journal of Power

and Energy Systems, 2023, 9 (3) : 1021-1035.

[7] Farivar M, Low S H. Branch flow model: Relaxations and convexification-Part I. IEEE Transactions on Power Systems, 2013, 28 (3) : 2554-2564.

[8] Ruszczynski A. Risk-averse dynamic programming for Markov decision processes. Mathematical Programming, 2010, 125 (2) : 235-261.

[9] Nascimento J, Powell W B. An optimal approximate dynamic programming algorithm for concave, scalar storage problems with vector-valued controls. IEEE Transactions on Automatic Control, 2013, 58 (12) : 2995-3010.

[10] Wang Y, Wu L, Wang S. A fully-decentralized consensus-based ADMM approach for DC-OPF with demand response. IEEE Transactions on Smart Grid, 2017, 8 (6) : 2637-2647.

[11] Feng X, Lin S J, Liang Y, et al. Distributed risk-averse approximate dynamic programming algorithm for stochastic economic dispatch of power system with multiple offshore wind farms. CSEE Journal of Power and Energy Systems, 2023, Early Access, doi: 10.17775/CSEEJPES. 2022. 038090.

第 7 章　主动配电系统优化调度

随着新能源发电技术的不断发展，风电和光伏等新电源大量就近分布式接入配电网，配电网从被动单向接收输电网电能的无源网络转变为功率双向流动的有源网络，具有一定的主动参与整个系统运行和控制的能力。采用主动策略来控制和管理配电网中的分布式可控资源成为系统运行方式优化以及提高新能源消纳的主要手段。因此，本章提出了考虑灵活性的含光伏配电网优化调度算法，含新能源配电网中移动储能车(mobile energy storage vehicle，MESV)多目标优化调度算法，以及主动配电网(active distribution network，ADN)鲁棒优化调度的分布式算法。

7.1　考虑灵活性的含光伏配电网优化调度

间歇性分布式光伏电站大量接入配电网增加了配电网运行的不确定性，给配电网运行中的灵活性需求带来了很大的挑战[1,2]。本节首先分析了配电网中，与主网联络点、储能和需求响应(demand response，DR)负荷所能够提供灵活性大小的计算方法。然后，建立了考虑灵活性的含分布式光伏配电网双层优化调度模型。此外，在实际运行中为满足出现概率很低的极端场景的灵活性要求往往需要付出较大的经济代价，针对此问题，引入了直觉模糊规划方法以得到运行费用与灵活性约束满足程度综合最优的调度方案。最后，以某个实际含光伏配电网为例，计算结果验证了所提出方法的正确有效性。

7.1.1　配电网运行灵活性的计算

光伏电站出力具有很强的波动性，会使得净负荷曲线也产生剧烈波动，这给配电网的运行调度带来很大的挑战。因此，灵活性主要体现在配电网中可调功率的爬坡能力上。若净负荷曲线的波动幅度超过了配电网中可调功率能够承受的最大爬坡速率，则配电网会出现由功率爬升/下降能力不足而导致切负荷或者弃光。因此，在配电网优化调度模型中必须加入相应的灵活性约束来保证可调功率的最大调整速率能够满足净负荷曲线的变化需求。

配电网中的可调功率包括与主网联络点、储能和需求响应的可调功率的总和，某时刻配电网可调功率的最大上升和下降爬坡速率如下：

$$R_{up,t}=R_{Bup,t}+\sum_{i=1}^{N_S}R_{Eupi,t}+\sum_{j=1}^{N_D}R_{Dupj,t} \tag{7-1}$$

$$R_{dn,t}=R_{Bdn,t}+\sum_{i=1}^{N_S}R_{Edni,t}+\sum_{j=1}^{N_D}R_{Ddnj,t} \tag{7-2}$$

式中，$R_{up,t}$ 和 $R_{dn,t}$ 分别为时段 t 整个配电网可调功率的最大上升和下降速率；$R_{Bup,t}$ 和 $R_{Bdn,t}$ 为时段 t 主网联络点能够提供给配电网的最大上升和下降速率；$R_{Eupi,t}$ 和 $R_{Edni,t}$ 为时段 t 第 i 个储能装置能够提供的最大上升和下降速率；$R_{Dupj,t}$ 和 $R_{Ddnj,t}$ 为时段 t 第 j 个 DR 负荷能够提供的最大上升和下降速率；N_S 和 N_D 分别为配电网中储能装置和 DR 负荷的总数。

1. 与主网联络点提供给配电网的灵活性

决定与主网联络点提供给配电网功率的最大爬坡速率的因素主要有两个：一是联络变压器的容量限制；二是从主网的角度出发，如果多个配电网联络点同时发生较为剧烈的功率波动，则主网有可能无法提供足够的爬坡能力，因而需要根据实际情况限定每个配电网与主网联络点功率的爬坡速率上限。综上，与主网联络点能够提供的最大爬坡速率为上述两方面限制的较小值，表示如下：

$$R_{Bup,t}=\min\{(S_{1\max}\cos\varphi-P_{\text{in},t})/\Delta t,R_{Bup\max}\} \tag{7-3}$$

$$R_{Bdn,t}=\min\{P_{\text{in},t}/\Delta t,\ R_{Bdn\max}\} \tag{7-4}$$

式中，$S_{1\max}$ 和 $\cos\varphi$ 为配电网连接到输电网的联络变压器的额定容量和额定功率因数；$P_{\text{in},t}$ 为时段 t 配电网与输电网联络点的注入有功功率；$R_{Bup\max}$ 和 $R_{Bdn\max}$ 分别为电网公司限定的配电网与主网联络点注入有功功率的最大上升和下降速率；Δt 为每个时段的时长。

2. 储能装置提供给配电网的灵活性

储能装置提供功率的最大爬坡速率由当前时段储能装置的剩余电量和充放电功率所决定，表示如下：

$$R_{Eupi,t}=\min\{(P_{di\max}-P_{di,t})/\Delta t,(E_{i,t}-E_{i\min})/\Delta t^2\} \tag{7-5}$$

$$R_{Edni,t}=\min\{(P_{ci\max}-P_{ci,t})/\Delta t,(E_{i\max}-E_{i,t})/\Delta t^2\} \tag{7-6}$$

式中，$P_{ci\max}$ 和 $P_{di\max}$ 分别为第 i 个储能装置的最大充电和放电功率；$P_{ci,t}$ 和 $P_{di,t}$ 分别为时段 t 第 i 个储能装置的充电和放电功率；$E_{i,t}$ 为时段 t 第 i 个储能装置的剩余电量；$E_{i\max}$ 和 $E_{i\min}$ 为 $E_{i,t}$ 的上限和下限。

3. DR 负荷提供给配电网的灵活性

DR 负荷所能提供的最大爬坡速率由两个因素决定：一是 DR 负荷的最大和最小可调功率，当前时段的爬坡速率不能使得 DR 负荷功率超过其可调功率限值；二是

DR 负荷全调度周期的总用电量限制，爬坡速率不能使得在当前及以前所有时段 DR 负荷之和大于全调度周期的总用电负荷。因此，DR 负荷提供的最大爬坡速率如下：

$$R_{Dupj,t} = (P_{Dj,t} - P_{Dj\min,t})/\Delta t \tag{7-7}$$

$$R_{Ddnj,t} = \min\{(P_{Dj\max,t} - P_{Dj,t})/\Delta t,\ (E_{Dj\Sigma}/\Delta t - (P_{Dj,1} + P_{Dj,2} + \cdots + P_{Dj,t}))/\Delta t\} \tag{7-8}$$

式中，$P_{Dj,t}$ 为时段 t 第 j 个 DR 负荷的有功功率；$P_{Dj,t\min}$ 和 $P_{Dj,t\max}$ 分别为 $P_{Dj,t}$ 可调范围的最小和最大值；$E_{Dj\Sigma}$ 为第 j 个 DR 负荷在全调度周期的总用电量。

7.1.2 考虑灵活性的含光伏配电网双层优化调度模型

为应对光伏出力的不确定波动，考虑灵活性的含分布式光伏配电网优化调度模型是一个双层优化模型，上层模型求解在某一场景下最小化配电网运行费用的调度方案，下层模型则求解在光伏出力波动范围内对应着最严峻净负荷曲线的极端场景。

1. 上层优化模型

1) 目标函数

优化目标为配电网运行费用，包括从主网的购电费用、储能装置的运行费用和 DR 负荷的调度费用，表示如下：

$$\min \sum_{t=1}^{N_T} \left(K_{n,t} P_{\text{in},t} + \sum_{i=1}^{N_S} (K_{ci} P_{ci,t} + K_{di} P_{di,t}) + \sum_{j=1}^{N_D} K_{Dj} \left| P_{Dj,t} - P_{Dj0,t} \right| \right) \Delta t \tag{7-9}$$

式中，N_T 为调度周期的时段总数；Δt 为每个时段的时长；$K_{n,t}$ 为时段 t 的单位购电费用；K_{ci} 和 K_{di} 分别为第 i 个储能装置充电和放电的成本系数；$P_{ci,t}$ 和 $P_{di,t}$ 分别为时段 t 第 i 个储能装置的充电和放电功率；K_{Dj} 为第 j 个 DR 负荷单位有功功率的调度成本；$P_{Dj0,t}$ 为时段 t 第 j 个 DR 负荷调度前的原始用电功率。

2) 配电网运行约束

(1) 节点功率平衡约束：

$$\begin{cases} P_{i,t} - e_{i,t} \sum_{j=1}^{n} (G_{ij} e_{j,t} - B_{ij} f_{i,t}) - f_{i,t} \sum_{j=1}^{n} (G_{ij} f_{j,t} + B_{ij} e_{j,t}) = 0 \\ Q_{i,t} - f_{i,t} \sum_{j=1}^{n} (G_{ij} e_{j,t} - B_{ij} f_{i,t}) + e_{i,t} \sum_{j=1}^{n} (G_{ij} f_{j,t} + B_{ij} e_{j,t}) = 0 \end{cases} \tag{7-10}$$

式中，$P_{i,t}$ 和 $Q_{i,t}$ 分别为 t 时段节点 i 的注入有功和无功功率；$e_{i,t}$ 和 $f_{i,t}$ 分别为时段 t 第 i 个节点的电压实部和虚部；G_{ij} 和 B_{ij} 分别为线路 ij 的电导和电纳。

(2) 节点电压安全约束：

$$V_{i\min} \leqslant V_{i,t} \leqslant V_{i\max} \tag{7-11}$$

式中，$V_{i,t}$ 为时段 t 节点 i 的电压；$V_{i\max}$ 和 $V_{i\min}$ 分别为 $V_{i,t}$ 的上限和下限。

(3) 线路有功安全约束：

$$\begin{cases} P_{ij,t} = e_{i,t}(B_{ij}(f_{i,t} - f_{j,t}) - G_{ij}(e_{i,t} - e_{j,t})) - f_{i,t}(B_{ij}(e_{i,t} - e_{j,t}) - G_{ij}(f_{i,t} - f_{j,t})) \\ -P_{ij\max} \leqslant P_{ij,t} \leqslant P_{ij\max} \end{cases} \tag{7-12}$$

式中，$P_{ij,t}$ 为时段 t 节点 i 和 j 之间线路传输的有功功率；$P_{ij\max}$ 为 $P_{ij,t}$ 的上限。

(4) 灵活性约束。

配电网中光伏出力波动范围内对应的最严峻净负荷曲线的上升和下降速率不能超过配电网中可调功率的最大上升和下降速率，表示如下：

$$-R_{dn,t}\Delta t \leqslant P_{se,t+1} - P_{se,t} \leqslant R_{up,t}\Delta t \tag{7-13}$$

式中，$P_{se,t}$ 为最严峻净负荷曲线在时段 t 的净负荷大小。最严峻净负荷曲线由下层优化模型求解得出。

3) 可控资源侧约束

(1) 配电网连接到输电网的联络变压器：

$$P_{\text{in},t}^2 + Q_{\text{in},t}^2 \leqslant S_{1\max}^2 \tag{7-14}$$

式中，$Q_{\text{in},t}$ 是时段 t 与主网联络点注入配电网无功功率。

(2) 储能装置：

$$\begin{cases} 0 \leqslant P_{ci,t} \leqslant P_{ci\max} \\ 0 \leqslant P_{di,t} \leqslant P_{di\max} \\ E_{i,t} = E_{i,t-1} + (P_{ci,t}\eta_{ci} - P_{di,t} / \eta_{di})\Delta t \\ E_{i\min} \leqslant E_{i,t} \leqslant E_{i\max} \\ P_{ci,t}P_{di,t} = 0 \end{cases} \tag{7-15}$$

式中，η_{ci} 和 η_{di} 为第 i 个储能装置充电和放电效率。

(3) DR 负荷：

$$\begin{cases} \sum_{t=1}^{N_T} P_{Dj,t}\Delta t = E_{Dj\Sigma} \\ E_{Dj,t\min} \leqslant P_{Dj,t}\Delta t \leqslant E_{Dj,t\max} \end{cases} \tag{7-16}$$

式中，$E_{Dj,t\min}$ 和 $E_{Dj,t\max}$ 分别为时段 t 第 j 个 DR 负荷用电量的下限和上限。

2. 下层优化模型

假定光伏实际出力在以预测出力为均值的某一误差水平范围内波动，如图 7-1 所示。由负荷曲线和光伏出力波动范围可得到净负荷曲线波动范围如图 7-2 所示，实际可能的净负荷曲线则在其波动范围内变化。

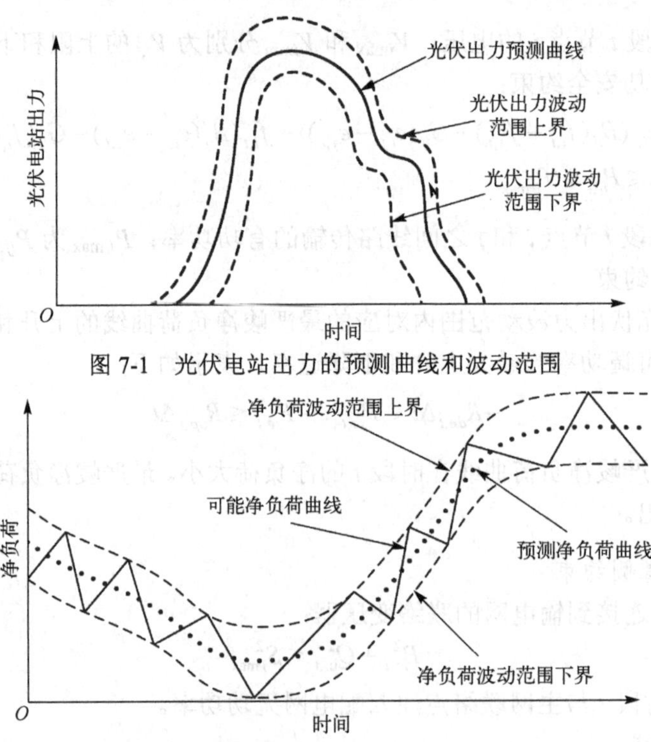

图 7-1　光伏电站出力的预测曲线和波动范围

图 7-2　预测净负荷曲线与可能净负荷曲线

定义某一调度方案下，最严峻的净负荷曲线为在净负荷曲线波动范围内，整个调度周期各个时段的爬坡速率超过配电网可调功率最大爬坡速率的部分之和最大的净负荷曲线，如图 7-3 所示。图中，实线为各个时段配电网可调功率的最大上升和下降爬坡速率，虚线为某一净负荷曲线在各个时段功率的爬坡速率。那么，黑色覆盖部分则是此净负荷曲线功率的爬坡速率超过配电网可调功率的最大上升和下降速率的部分。可以看出，黑色部分面积越大，就意味着该净负荷曲线超过配电网可调

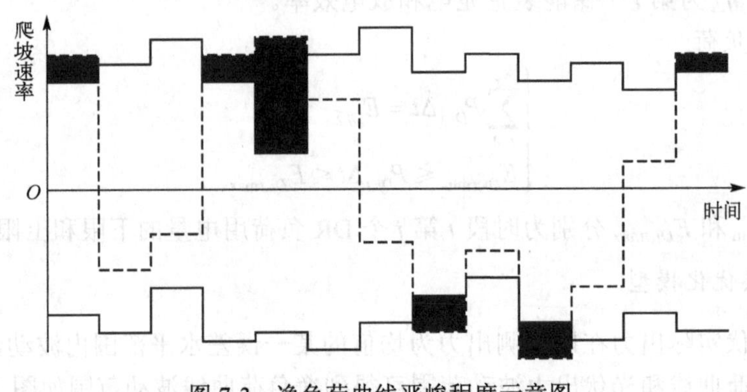

图 7-3　净负荷曲线严峻程度示意图

功率的最大上升和下降速率的部分越大。因此，定义黑色部分面积为对应净负荷曲线的严峻程度 S，如式(7-17)所示，S 最大的净负荷曲线为最严峻的净负荷曲线。

$$S=\sum_{t=1}^{N_T}(\max\{R_{se,t}-R_{up,t},0\}+\max\{-R_{se,t}-R_{dn,t},0\}) \tag{7-17}$$

在求解上层模型得到某一配电网调度方案后，可计算得到该调度方案对应的各时段配电网可调功率的最大上升和下降速率。下层优化模型是在净负荷曲线的波动范围内寻找最严峻的净负荷曲线，如式(7-18)所示。

$$\begin{cases}\max\limits_{P_{se,t}} S \\ \text{s.t.}\begin{cases}P_{\text{nl},t\min}\leqslant P_{se,t}\leqslant P_{\text{nl},t\max} \\ R_{se,t}=(P_{se,t+1}-P_{se,t})/\Delta t\end{cases}\end{cases} \tag{7-18}$$

式中，$R_{se,t}$ 为最严峻净负荷曲线在时段 t 功率的爬坡速率；$P_{\text{nl},t\min}$ 和 $P_{\text{nl},t\max}$ 为净负荷曲线在时段 t 功率波动范围的最小值和最大值，可由图 7-2 得到。

7.1.3　基于直觉模糊规划的求解方法

最严峻净负荷曲线对应的光伏出力极端场景在配电网实际运行中出现的概率并不高，而要满足极端场景下的灵活性需求，对应的调度方案往往需要付出很大的经济代价。为了解决这个矛盾，引入直觉模糊规划方法求解所提出的考虑灵活性的含分布式光伏配电网优化调度模型。

1. 直觉模糊集

传统的模糊集理论只从隶属度方面描述元素 x 对于一个集合 A 的隶属程度。而直觉模糊集则在传统的隶属度基础上，增加了一个非隶属度函数，用于描述元素 x 对于一个集合 A 的非隶属程度。隶属度和非隶属度函数从正反两方面分别描述了元素 x 与集合 A 的关系，可以提供更多的信息，更符合实际应用需求。设 X 为一个非空集合，则称满足式(7-19)的集合 A 为直觉模糊集。

$$A=\{(x,\mu_A(x),\nu_A(x))\big|x\in X\} \tag{7-19}$$

式中，$\mu_A(x)$ 和 $\nu_A(x)$ 分别为元素 x 在模糊集 A 上的隶属度和非隶属度函数。满足 $\mu_A(x)\in[0,1]$，$\nu_A(x)\in[0,1]$ 且 $0\leqslant\mu_A(x)+\nu_A(x)\leqslant 1$。

2. 直觉模糊规划

一般情况下，直觉模糊规划模型可描述为

$$\begin{cases}\min\limits_{x} f(x) \\ \text{s.t.}\begin{cases}H_1(x)\leqslant b \\ H_2(x)\leqslant \tilde{b}\end{cases}\end{cases} \tag{7-20}$$

式中，$H_1(x) \leqslant b$ 为一般约束；$H_2(x) \leqslant \tilde{b}$ 为直觉模糊约束。

假定第 i 个直觉模糊约束所对应的隶属度函数和非隶属度函数分别为 $\mu_i(x)$ 和 $\nu_i(x)$，采用线性的隶属度和非隶属度函数，则有

$$\mu_i(x)=\begin{cases}1, & H_{2i}(x) \leqslant \underline{b}_i \\ 1-(H_{2i}(x)-\underline{b}_i)/\underline{p}_i, & \underline{b}_i < H_{2i}(x) < \underline{b}_i+\underline{p}_i \\ 0, & H_{2i}(x) \geqslant \underline{b}_i+\underline{p}_i\end{cases} \tag{7-21}$$

$$\nu_i(x)=\begin{cases}0, & H_{2i}(x) \leqslant \overline{b}_i \\ (H_{2i}(x)-\overline{b}_i)/\overline{p}_i, & \overline{b}_i < H_{2i}(x) < \overline{b}_i+\overline{p}_i \\ 1, & H_{2i}(x) \geqslant \overline{b}_i+\overline{p}_i\end{cases} \tag{7-22}$$

式中，$\underline{b}_i$ 为 $\mu_i(x)$ 的阈值；$\underline{p}_i$ 为第 i 个模糊隶属度约束可接受的最大容差；$\overline{b}_i$ 为 $\nu_i(x)$ 的阈值；$\overline{p}_i$ 为第 i 个模糊非隶属度约束可接受的最大容差，如图 7-4 所示。

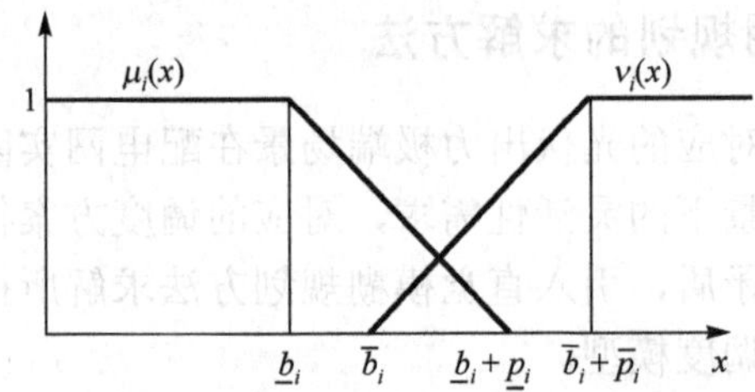

图 7-4　第 i 个约束的隶属度函数和非隶属度函数

利用隶属度函数和非隶属度函数，可将直觉模糊规划模型（式(7-20)）写成以下形式：

$$\begin{cases}\min\limits_x f(x) \\ \text{s.t.}\begin{cases}H_1(x) \leqslant b \\ \mu_i(x) \geqslant \alpha_i\end{cases}\end{cases} \tag{7-23}$$

$$\begin{cases}\min\limits_x f(x) \\ \text{s.t.}\begin{cases}H_1(x) \leqslant b \\ \nu_i(x) \leqslant \beta_i\end{cases}\end{cases} \tag{7-24}$$

式中，α_i 为第 i 个模糊约束需要满足的最小隶属度，也可称为第 i 个模糊约束需要满足的最小满意度；β_i 为第 i 个模糊约束需要满足的最大非隶属度，也可称为第 i 个模糊约束需要满足的最大不满意度。

可以看出，两个优化问题的最优解分别是在满意度大于某个值和不满意度小于某个值下的最优解，即这两个模型可分别从正反两方面来描述最优解对于模糊约束

的满足程度和不满足程度。利用式(7-21)和式(7-22)，可以进一步将模型(式(7-23)和式(7-24))写成式(7-25)和式(7-26)的形式。

$$\begin{cases}\min\limits_{x} f(x) \\ \text{s.t.}\begin{cases}H_1(x)\leqslant b \\ H_{2i}(x)\leqslant \underline{b}_i+(1-\alpha_i)\underline{p}_i\end{cases}\end{cases} \tag{7-25}$$

$$\begin{cases}\min\limits_{x} f(x) \\ \text{s.t.}\begin{cases}H_1(x)\leqslant b \\ H_{2i}(x)\leqslant \overline{b}_i+\beta_i\overline{p}_i\end{cases}\end{cases} \tag{7-26}$$

进一步将目标函数写成模糊形式。以式(7-25)优化模型为例，定义 z_0 为可接受范围内的最坏解，z_1 为可接受范围内的最优解，此时可以构造如下直觉模糊目标：

$$\mu_f(x)=\begin{cases}0, & f(x)>z_0 \\ 1-(z_1-f(x))/(z_1-z_0), & z_1\leqslant f(x)\leqslant z_0 \\ 1, & f(x)<z_1\end{cases} \tag{7-27}$$

故可写出式(7-25)优化模型的模糊形式如下：

$$\begin{cases}\max\alpha \\ \text{s.t.}\begin{cases}H_1(x)\leqslant b \\ H_{2i}(x)\leqslant \underline{b}_i+(1-\alpha_i)\underline{p}_i \\ f(x)\geqslant z_0+\alpha_0(z_1-z_0) \\ \alpha\leqslant\alpha_i,\quad i=0,1,2,\cdots\end{cases}\end{cases} \tag{7-28}$$

式中，α为整体满意度。

同理，可写出式(7-26)优化模型的模糊形式如下：

$$\begin{cases}\min\beta \\ \text{s.t.}\begin{cases}H_1(x)\leqslant b \\ H_{2i}(x)\leqslant \overline{b}_i+\beta_i\overline{p}_i \\ f(x)\geqslant y_0+(1-\beta_0)(y_1-y_0) \\ \beta\geqslant\beta_i,\quad i=0,1,2,\cdots\end{cases}\end{cases} \tag{7-29}$$

式中，β 为整体不满意度；y_0 和 y_1 分别为可接受范围内的最坏解和最优解。

如式(7-28)和式(7-29)所示的模型合称为模型(7-20)的直觉模糊形式。可以看出，如式(7-28)和式(7-29)所示的模型分别求取最大整体满意度和最小整体不满意度，分别从正反两方面衡量了决策方案。而且，在式(7-28)的模型中，变量的满意度和目标的满意度是互相制约的。因此，以整体满意度与整体不满意度之差的最大化为目标，则可以求取出目标和约束总体最满意的解。进一步，可以将如式(7-28)和式(7-29)所示的直觉模糊规划转化成以下的经典优化问题求解：

$$
\begin{cases}
\max \alpha-\beta \\
\text{s.t.}\begin{cases}
H_1(x)\leqslant b \\
H_{2i}(x)\leqslant \underline{b}_i+(1-\alpha_i)\underline{p}_i \\
H_{2i}(x)\leqslant \overline{b}_i+\beta_i\overline{p}_i \\
f(x)\geqslant z_0+\alpha_0(z_1-z_0) \\
f(x)\geqslant y_0+(1-\beta_0)(y_1-y_0) \\
\alpha\leqslant\alpha_i,\ \beta\geqslant\beta_i,\quad i=0,1,2,\cdots
\end{cases}
\end{cases}
\tag{7-30}
$$

3. 直觉模糊规划的应用

在 7.1.2 节提出的配电网优化调度模型中，若直接采用上下层优化模型交替迭代方法求解，所得出的最优解可以满足光伏出力极端场景下的灵活性要求。但是，这些极端场景在实际运行中出现的概率比较小，而要满足极端场景的灵活性需求往往要付出较大的经济代价。因此，利用直觉模糊规划可以求出目标与约束总体最满意解的特点，将 7.1.2 节中的模型转化为直觉模糊形式，以求出配电网运行费用与灵活性约束综合最满意的优化调度解。

在上层优化模型中，取如式(7-13)所示的灵活性约束为模糊约束，按模型(7-30)形式可写出对应的直觉模型形式：

$$
\begin{cases}
\max \alpha-\beta \\
\text{s.t.}\begin{cases}
F=\min\sum_{t=1}^{N_T}\left(K_{n,t}P_{\text{in},t}+\sum_{i=1}^{N_S}(K_{ci}P_{ci,t}+K_{di}P_{di,t})+\sum_{j=1}^{N_D}K_{Dj}\left|P_{Dj,t}-P_{Dj0,t}\right|\right)\Delta t \\
\text{式(7-1)}\sim\text{式(7-8)},\ \text{式(7-10)}\sim\text{式(7-16)} \\
P_{se,t+1}-P_{se,t}-R_{Dup,t}\Delta t\leqslant \underline{b}_{up,t}+(1-\alpha_{up,t})\underline{p}_{up,t} \\
-(P_{se,t+1}-P_{se,t}+R_{Ddn,t}\Delta t)\leqslant \underline{b}_{dn,t}+(1-\alpha_{dn,t})\underline{p}_{dn,t} \\
P_{se,t+1}-P_{se,t}-R_{Dup,t}\Delta t\leqslant \overline{b}_{up,t}+\beta_{up,t}\overline{p}_{up,t} \\
-(P_{se,t+1}-P_{se,t}+R_{Ddn,t}\Delta t)\leqslant \overline{b}_{dn,t}+\beta_{dn,t}\overline{p}_{dn,t} \\
F\geqslant z_0+\alpha_0(z_1-z_0) \\
F\geqslant y_0+(1-\beta_0)(y_1-y_0) \\
\alpha\leqslant\alpha_t,\beta\geqslant\beta_t,\quad t=0,1,2,\cdots
\end{cases}
\end{cases}
\tag{7-31}
$$

将上层优化模型转化为对应的直觉模糊规划形式(式(7-31))后，可将其代替原上层优化模型，并与下层优化模型进行交替迭代计算。具体的计算步骤如下。

(1)先忽略灵活性约束(式(7-13))，求解上层优化模型(式(7-1)～式(7-12)和式(7-14)～式(7-16))，得到初始优化调度方案。

(2)计算此调度方案对应的各时段配电网可调功率的最大上升和下降爬坡速率，求解下层优化模型(式(7-17)和式(7-18))，得到此时的最严峻净负荷曲线 $P_{se,t}$。

(3)利用最严峻净负荷曲线 $P_{se,t}$ 以及 z_0、z_1、y_0、y_1，求解直觉模糊规划模型(式(7-31))，得出此时的优化调度方案及对应的运行费用。

(4)比较此次运行费用以及上一次迭代得到的运行费用，若其绝对值之差小于某阈值，则认为迭代计算结束，得到最终的配电网优化调度方案；若其绝对值之差大于某阈值，则重复步骤(2)～(4)。

7.1.4 算例分析

以某个实际配电网为例对所提出的配电网优化调度算法进行验证。该配电网包括 180 个节点，179 条支路，网络接线见图 7-5。光伏电站出力预测曲线见图 7-6，光伏出力波动范围为预测出力的 ±20%。总负荷预测曲线见图 7-7。与主网联络点注入有功功率的最大上升和下降速率设置为最大负荷的一半。表 7-1 为配电网中两个储能装置的参数，表 7-2 为配电网从主网购电的分时电价。两个 DR 负荷主要指可平移负荷，调度费用取 K_x=0.32 元/(kW·h)，其在 t 时段的有功功率上下限分别取其预测有功功率的 1.5 倍和 50%。

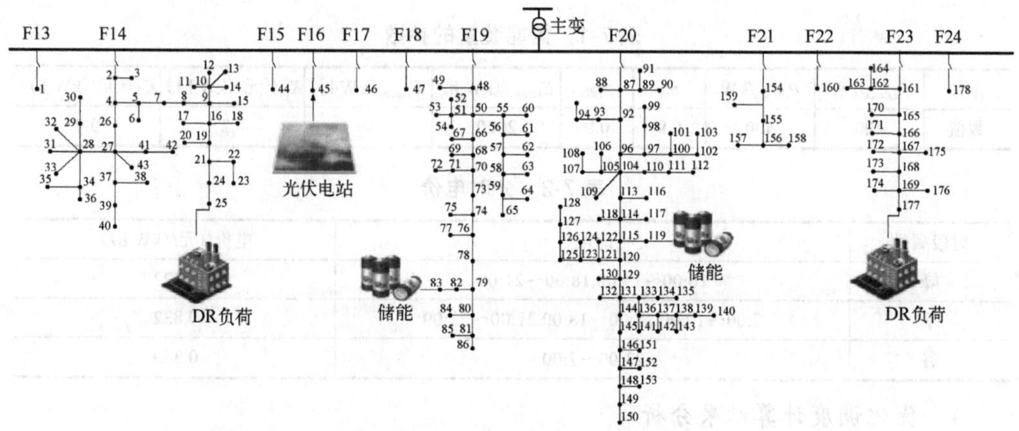

图 7-5　某实际配电网的网络接线

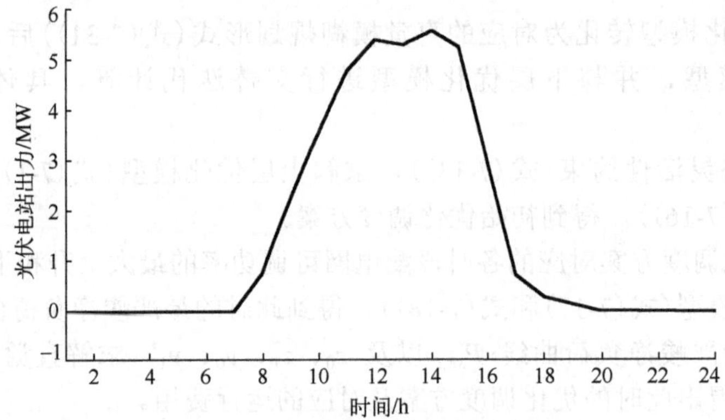

图 7-6　光伏电站出力预测曲线

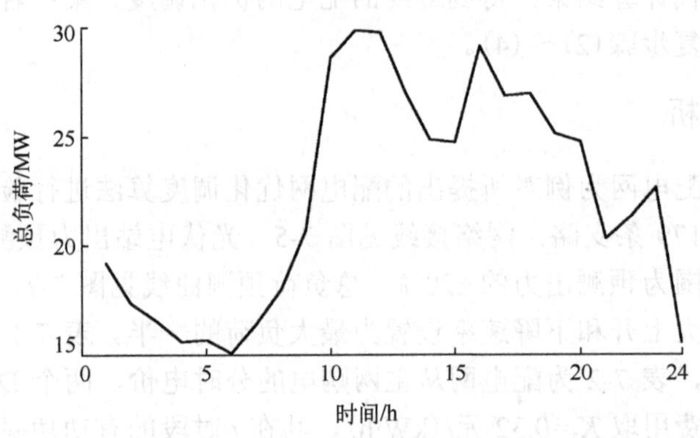

图 7-7　总负荷预测曲线

表 7-1　储能装置的参数

参数	$P_{ci\max}$/kW	$P_{di\max}$/kW	η_{ci}	η_{di}	$E_{i\max}$/(kW·h)	$E_{i\min}$/(kW·h)	K_{ci}/(元/(kW·h))	K_{di}/(元/(kW·h))
数值	400	400	0.9	0.9	2000	0	0.2	0.4

表 7-2　分时电价

时段属性	时段	电价/(元/(kW·h))
峰	10:00～15:00,18:00～21:00	1.322
平	7:00～10:00,15:00～18:00,21:00～23:00	0.832
谷	23:00～7:00	0.369

1. 优化调度计算结果分析

求解 7.1.2 节的考虑所有极端场景的灵活性需求的双层优化调度模型，以及没有考虑灵活性约束的上层优化调度模型；同时按照 7.1.3 节中的步骤，求解直觉模糊规划模型，此处选择最大容差为 0.3。计算结果见表 7-3。可以看出，当没有考虑灵活性约束时，配电网运行费用最小，但此时最严峻净负荷曲线的 S 值比较大，说明有较大的概率出现灵活性不足的情况，会给配电网的安全运行带来威胁。而当考虑所有极端场景的灵活性需求后，虽然此时的最严峻净负荷曲线的 S 值为 0，也就是在光伏电站出力波动范围内不会出现灵活性不足的情况，但是，此时的配电网运行费用要明显高于不考虑灵活性约束时的费用，这是因为考虑了出现概率很小的极端场景约束，需要付出较高的经济代价。而采用所提出的直觉模糊规划方法求解得出的优化调度方案，对应的运行费用只是稍稍高于不考虑灵活性约束时的费用，且最严峻曲线的 S 值很接近 0，说明此时在光伏电站出力波动范围内绝大多数场景的灵活性要求都能得到满足。也就是说，通过牺牲少量出现概率很小的极端场景的灵活性运行限制来换取比较高的经济效益，更符合实际配电网运行的需求，具有明显的实际工程应用价值。

表 7-3　不同模型最优方案的运行费用和最严峻曲线 S 值

优化模型	运行费用 F/元	最严峻曲线 S 值
不考虑灵活性约束	30626	0.688
考虑所有极端场景	31240	0
直觉模糊规划	30822	0.0019

下面分析最大容差不同取值对于直觉模糊规划模型求解结果的影响，计算结果见表 7-4。可以看出，随着最大容差取值的增大，优化调度方案的运行费用减小，而对应的最严峻净负荷曲线的严峻程度 S 值增加。这是因为最大容差代表着灵活性约束可以不被满足的程度，最大容差越大，可以不被满足的程度越高，因此就越接近不考虑灵活性约束的情况。当最大容差取 10 与 20 时，运行费用以及最严峻曲线的 S 值已经与不考虑灵活性约束时相同了，这是由于此时最大容差过大，灵活性约束已经不起作用了。因此，决策者可以通过改变最大容差取值，以获得运行费用 F 与最严峻净负荷曲线的严峻程度 S 值二者综合最优的配电网调度方案。

表 7-4　最大容差对直觉模糊规划最优解的影响

最大容差	运行费用 F/元	最严峻曲线 S 值
0.1	31225	0.0004
0.3	30822	0.0019
0.5	30749	0.0088
1	30680	0.079
10	30626	0.688
20	30626	0.688

2. 不同光伏出力波动幅度下的优化调度结果比较

下面分析光伏出力的波动幅度对于直觉模糊规划模型求解结果的影响，计算结果见表 7-5。可以看出，若不考虑灵活性约束，则随着光伏波动范围的增大，得到的优化调度方案对应的最严峻净负荷曲线的 S 值一直在增大，即配电网运行中越容易出现灵活性不足的情况。当考虑所有极端场景的灵活性需求约束，随着光伏波动范围的增大，得到的优化调度方案对应的运行费用明显增加。而当采用直觉模糊规划算法进行求解时，可以看出，随着光伏波动范围的增大，运行费用也在增加，但增加幅度较小，且一直小于考虑所有极端场景灵活性需求约束时的运行费用，且最严峻净负荷曲线的 S 值一直很接近于 0，表明直觉模糊规划算法在各个光伏波动幅值下都能获得同时兼顾运行费用和最严峻净负荷曲线的 S 值的优化调度方案，从而验证了所提出方法的有效性。

表 7-5 不同光伏出力波动幅度下的优化调度结果比较

光伏波动幅度	不考虑灵活性约束		直觉模糊规划		考虑所有极端场景	
	运行费用 F/元	最严峻曲线 S 值	运行费用 F/元	最严峻曲线 S 值	运行费用 F/元	最严峻曲线 S 值
10%	30626	0	30626	0	30626	0
15%	30626	0.460	30744	0.0005	30939	0
20%	30626	0.688	30822	0.0019	31240	0
25%	30626	0.916	31310	0.0033	32900	0
30%	30626	1.275	32488	0.0182	35058	0

7.2 含新能源配电网中移动储能车多目标优化调度

在主动配电网(ADN)中，移动储能车(MESV)除了具备储能电站降低网损、削峰填谷、改善电压质量以及消纳可再生能源(RES)的作用外，还可以接入任意节点运行，比固定的储能电站更加灵活[3,4]。本节首先以最小化配电网网损、弃风弃光量和总运行费用为目标函数，建立 ADN 中 MESV 三目标优化调度模型；然后提出一种直接求取三目标优化问题的 Pareto 最优解集中的折中最优解的方法；最后通过修改的 IEEE 33 节点配电网与一个实际 180 节点配电网的算例验证所提出模型及其求解方法的正确有效性。

7.2.1 移动储能车多目标优化调度模型

1. 目标函数

以最小化配电网网损、弃风弃光量和配电网运行费用为目标函数，考虑配电网运行约束与 MESV 运行约束，建立含新能源配电网中 MESV 三目标优化调度模型。

1) 最小化配电网网损

采用配电网中所有线路的电量损耗之和作为调度周期中配电网的网损电量。

$$f_1=\sum_{t=1}^{T}\sum_{i=1}^{N-1}\sum_{j=i+1}^{N} r_{ij}\frac{P_{ij,t}^2+Q_{ij,t}^2}{U_{i,t}}\cdot\Delta T \tag{7-32}$$

式中，r_{ij} 为线路 ij 的电阻；$P_{ij,t}$ 和 $Q_{ij,t}$ 分别为时段 t 线路 ij 首端的有功功率和无功功率；$U_{i,t}$ 为时段 t 节点 i 电压幅值的平方值；N 为配电网的总节点数；T 为调度周期的总时段数；ΔT 为每个时段的时间长度。

2) 最小化弃风弃光量

以风电场和光伏电站的预测出力值与调度计划出力值之差作为弃风弃光量。

$$f_2=\sum_{t=1}^{T}\left(\sum_{i=1}^{N_W}(P_{w,i,t}^f-P_{w,i,t})+\sum_{i=1}^{N_S}(P_{s,i,t}^f-P_{s,i,t})\right)\Delta T \tag{7-33}$$

式中，$P_{w,i,t}^f$ 和 $P_{w,i,t}$ 为时段 t 风机节点 i 的预测有功出力和调度计划出力；N_W 为风机节点总数；$P_{s,i,t}^f$ 和 $P_{s,i,t}$ 为时段 t 光伏节点 i 的预测有功出力和调度计划出力；N_S 为光伏节点总数。

3) ADN 总运行费用

ADN 总运行费用包括从输电网的购电费用 C_{grid}、从风电场和光伏电站的购电费用 C_{RES} 和 MESV 的运行费用 C_{MES}。

$$f_3=C_{\text{grid}}+C_{\text{RES}}+C_{\text{MES}} \tag{7-34a}$$

$$C_{\text{grid}}=\sum_{t=1}^{T}c_{\text{gd},t}P_{\text{in},t}\Delta T \tag{7-34b}$$

$$C_{\text{RES}}=\sum_{t=1}^{T}\left(\sum_{i=1}^{N_W}c_wP_{w,i,t}+\sum_{i=1}^{N_S}c_sP_{s,i,t}\right)\Delta T \tag{7-34c}$$

$$C_{\text{MES}}=\sum_{t=1}^{T}\sum_{m=1}^{N_{\text{MV}}}\sum_{a=1}^{N_{\text{MS}}}c_M(P_{cm,a,t}+P_{dm,a,t})\Delta T+\sum_{t=1}^{T}\sum_{m=1}^{N_{\text{MV}}}\sum_{a=1}^{N_{\text{MS}}}\sum_{b=1}^{N_{\text{MS}}}c_TD_{ab}L_{m,a,b,t}\Delta T \tag{7-34d}$$

式中，$c_{\text{gd},t}$ 为时段 t 从输电网购电的单位电价；c_w 和 c_s 为风电场和光伏电站上网的单位电价；$P_{cm,a,t}$ 和 $P_{dm,a,t}$ 分别为时段 t 第 m 台 MESV 的充电和放电功率；N_{MV} 为 MESV 的总数；N_{MS} 为移动储能站(mobile energy storage station，MESS)节点的总数；c_M 为 MESV 单位充放电功率的电池循环损耗费用；c_T 为 MESV 行驶的单位燃料消

耗费用；D_{ab} 为 MESS 节点 a 和 b 之间路径的距离；位置变量 $L_{m,a,b,t}$ 是判断 t 时段第 m 台 MESV 是否位于 MESS 节点 a 和 b 之间路径上行驶的二进制变量。

2. 配网运行约束

1) 功率平衡方程

采用支路潮流方程描述配电网中各节点的功率平衡约束。

$$\begin{cases}\sum_{k\in v(j)} P_{jk,t} = \sum_{i\in u(j)} \left(P_{ij,t} - r_{ij}\left(P_{ij,t}^2 + Q_{ij,t}^2\right)\big/U_{i,t}\right) - P_{l,j,t} + \left(P_{dm,a,t} - P_{cm,a,t}\right) + P_{w,j,t} + P_{s,j,t} \\ \sum_{k\in v(j)} Q_{jk,t} = \sum_{i\in u(j)} \left(Q_{ij,t} - x_{ij}\left(P_{ij,t}^2 + Q_{ij,t}^2\right)\big/U_{i,t}\right) - Q_{l,j,t} + Q_{w,j,t} + Q_{s,j,t} \\ U_{j,t} = U_{i,t} - 2\left(r_{ij}P_{ij,t} + x_{ij}Q_{ij,t}\right) + \left(r_{ij}^2 + x_{ij}^2\right)\left(P_{ij,t}^2 + Q_{ij,t}^2\right)\big/U_{i,t}\end{cases} \tag{7-35}$$

式中，$v(j)$ 为以 j 为首端节点的支路末端节点的集合；$u(j)$ 为以 j 为末端节点的支路首端节点的集合；x_{ij} 为支路 ij 的电抗；$P_{l,j,t}$ 和 $Q_{l,j,t}$ 分别为时段 t 节点 j 负荷的有功和无功功率。

2) 运行安全约束

为保证 ADN 的安全运行，各支路传输功率和各节点电压应在安全运行的上下限范围内：

$$-P_{ij\max} \leqslant P_{ij,t} \leqslant P_{ij\max} \tag{7-36}$$

$$\underline{U} \leqslant U_{i,t} \leqslant \overline{U} \tag{7-37}$$

式中，$\underline{U}$ 和 $\overline{U}$ 分别为节点电压下限和上限的平方值。

3. 新能源场站运行约束

新能源场站的运行约束如式(7-38)和式(7-39)所示。其中，风机节点以恒功率因数运行，光伏节点的无功出力可以在其运行允许的最大功率因数角范围内调节。

$$\begin{cases}0 \leqslant P_{w,i,t} \leqslant P_{w,i,t}^f \\ Q_{w,i,t} = P_{w,i,t}\tan\varphi_{w,i}\end{cases} \tag{7-38}$$

$$\begin{cases}0 \leqslant P_{s,i,t} \leqslant P_{s,i,t}^f \\ P_{s,i,t}^2 + Q_{s,i,t}^2 \leqslant S_{s,i}^2 \\ -P_{s,i,t}\tan\varphi_{s,i} \leqslant Q_{s,i,t} \leqslant P_{s,i,t}\tan\varphi_{s,i}\end{cases} \tag{7-39}$$

式中，$\varphi_{w,i}$ 为风机节点 i 的额定功率因数角；$S_{s,i}$ 为节点 i 光伏电源逆变器的额定容量；$\varphi_{s,i}$ 为运行中节点 i 光伏出力允许的最大功率因数角。

4. MESV 运行约束

1) 运行行驶路线约束

在任一时段 t，第 m 个 MESV 只能在 ADN 中的某一个节点上运行或者在两个不同的移动储能站(MESS)节点之间的路径上行驶。并且，其只能在 ADN 中的一条路径上行驶，如式(7-40)所示。

$$\sum_{a=1}^{N_{\mathrm{MS}}}\sum_{b=1}^{N_{\mathrm{MS}}} L_{m,a,b,t} = 1 \tag{7-40}$$

另外，第 m 台 MESV 在时段 t 运行的最终 MESS 节点必须和在时段 t+1 运行的初始 MESS 节点相同，如式(7-41)所示。

$$\sum_{a=1}^{N_{\mathrm{MS}}} L_{m,a,b,t} = \sum_{b=1}^{N_{\mathrm{MS}}} L_{m,a,b,t+1} \tag{7-41}$$

2) 车载蓄电池运行约束

对于任一时段，第 m 个 MESV 在移动行驶过程中不能进行充放电。只有当处于某一 MESS 节点时，才能在该节点上充电或放电，如式(7-42)所示。如果 $L_{m,a,a,t}=1$，意味着时段 t 第 m 个 MESV 在 MESS 节点 a 充电或放电；否则，第 m 个 MESV 的充电和放电功率 $P_{cm,a,t}$ 和 $P_{dm,a,t}$ 都等于 0。另外，第 m 个 MESV 不能同时进行充电和放电，如式(7-43)所示。

$$\begin{cases} 0 \leqslant P_{cm,a,t} \leqslant L_{m,a,a,t} P_{c\max} \\ 0 \leqslant P_{dm,a,t} \leqslant L_{m,a,a,t} P_{d\max} \end{cases} \tag{7-42}$$

$$P_{cm,a,t} \times P_{dm,a,t} = 0 \tag{7-43}$$

式中，$P_{c\max}$ 和 $P_{d\max}$ 分别为 MESV 的最大充电和放电功率。

车载蓄电池运行中还需满足相邻时段剩余电量的耦合约束，以及荷电状态(state of charge，SOC)的上下限约束，如式(7-44)和式(7-45)所示。

$$E_{m,t} = E_{m,t-1} + \eta_c \sum_{a=1}^{N_{\mathrm{MS}}} P_{cm,a,t} - \sum_{a=1}^{N_{\mathrm{MS}}} \frac{P_{dm,a,t}}{\eta_d} \tag{7-44}$$

$$\mathrm{SOC}_{\min} \leqslant \frac{E_{m,t}}{E_{\max}} \leqslant \mathrm{SOC}_{\max} \tag{7-45}$$

式中，$\mathrm{SOC}_{\min}$ 和 $\mathrm{SOC}_{\max}$ 分别为 MESV 的最小和最大荷电状态。

5. 模型转化

由式(7-32)～式(7-45)构成了 ADN 中 MESV 多目标优化调度模型。模型包含非线性约束，且存在二进制变量，故此优化模型为混合整数非线性非凸规划(MINNP)模型。若采用 GAMS 中的 DICOPT 或 SBB 求解器直接求解，计算效率很低。为了提高模型求解的计算效率，将非凸约束进行凸化处理。基于线性化支路潮流模型(linear branch power flow model，LBFM)，式(7-32)和式(7-35)可分别简化为式(7-46)与式(7-47)。

$$f_1=\sum_{t=1}^{T}\sum_{i=1}^{N-1}\sum_{j=i+1}^{N} r_{ij}(P_{ij,t}^2+Q_{ij,t}^2)\Delta T \tag{7-46}$$

$$\begin{cases}\sum\limits_{k\in v(j)} P_{jk,t}=\sum\limits_{i\in u(j)} P_{ij,t}-P_{l,j,t}+(P_{dm,a,t}-P_{cm,a,t})+P_{w,j,t}+P_{s,j,t}\\ \sum\limits_{k\in v(j)} Q_{jk,t}=\sum\limits_{i\in u(j)} Q_{ij,t}-Q_{l,j,t}+Q_{w,j,t}+Q_{s,j,t}\\ U_{j,t}=U_{i,t}-2(r_{ij}P_{ij,t}+x_{ij}Q_{ij,t})\end{cases} \tag{7-47}$$

对于式(7-43)，可采用大M法进行线性化，如式(7-48)所示。

$$\begin{cases}0\leqslant P_{cm,a,t}\leqslant M\cdot\zeta_{m,a,t}\\ 0\leqslant P_{dm,a,t}\leqslant M\cdot(1-\zeta_{m,a,t})\end{cases} \tag{7-48}$$

式中，M为一个极大的常数；$\xi_{m,a,t}$为大M法引入的辅助二进制变量。

经过简化后，MESV 多目标优化调度模型的目标函数为线性函数或二次凸函数，约束条件为线性约束或凸二次不等式约束，且变量中存在 0-1 整数变量，故简化后的优化模型为混合整数二次约束规划(mixed integer quadratically constrained programming，MIQCP)模型。将简化后的 MESV 多目标优化调度模型表示为式(7-49)中的紧凑形式。

$$\begin{cases}\min\{f_1(\boldsymbol{x}),f_2(\boldsymbol{x}),f_3(\boldsymbol{x})\}\\ \text{s.t.}\begin{cases}\boldsymbol{h}(\boldsymbol{x})=\boldsymbol{0}\\ \boldsymbol{g}(\boldsymbol{x})\leqslant\boldsymbol{0}\end{cases}\end{cases} \tag{7-49}$$

式中，$\boldsymbol{x}$为优化调度模型中的决策和状态变量，即$\boldsymbol{x}=(P_{cm,a,t}, P_{dm,a,t}, L_{m,a,b,t}, P_{ij,t}, Q_{ij,t}, U_{i,t}, P_{s,i,t}, Q_{s,i,t}, P_{w,i,t}, Q_{w,i,t}, E_{m,i,t}, \zeta_{m,a,t})$；$\boldsymbol{g}(\boldsymbol{x})$和$\boldsymbol{h}(\boldsymbol{x})$分别为优化调度模型中的等式约束与不等式约束。

7.2.2 考虑新能源出力不确定性的多目标优化调度模型

在实际 ADN 中，风电和光伏等新能源场站出力具有很强的随机波动特性，采用极限场景法求解考虑新能源出力不确定性下的 MESV 优化调度。考虑到新能源场站出力的波动需要其他决策变量快速调整进行平衡，而表示 MESV 所处位置的决策变量难以快速变化，极限场景下$L_{m,a,b,t}$与预测场景相同。因此，在极限场景下只调整 MESV 充放电功率与输电网注入 ADN 的功率。在极限场景下变量调整需满足的约束如式(7-50)所示：

$$\begin{cases}\left|P_{cm,a,t}^{s}-P_{cm,a,t}\right|\leqslant\Delta P_{\text{MV}}\\ \left|P_{dm,a,t}^{s}-P_{dm,a,t}\right|\leqslant\Delta P_{\text{MV}}\\ \left|P_{\text{in},t}^{s}-P_{\text{in},t}\right|\leqslant\Delta P_{\text{gd}}\end{cases} \tag{7-50}$$

式中，$P^{s}_{cm,a,t}$ 和 $P^{s}_{dm,a,t}$ 分别表示第 s 个极限场景下第 m 个 MESV 在 t 时段的充电和放电功率；$P^{s}_{\text{in},t}$ 表示第 s 个极限场景下输电网注入 ADN 的功率；ΔP_{MV} 表示第 m 个 MESV 一个时段内允许调整的最大充电/放电功率；ΔP_{gd} 表示 $P_{\text{in},t}$ 在一个时段内允许调整的最大值。

基于极限场景法的考虑风机与光伏发电出力不确定性的MESV三目标优化调度模型如式(7-51)所示。

$$\begin{cases}\min\{f_1(\boldsymbol{x}^0),f_2(\boldsymbol{x}^0),f_3(\boldsymbol{x}^0)\}\\ \text{s.t.}\begin{cases}\boldsymbol{h}_0(\boldsymbol{x}^0)=\boldsymbol{0},\boldsymbol{g}_0(\boldsymbol{x}^0)\leqslant\boldsymbol{0}\\ \boldsymbol{h}_s(\boldsymbol{x}^s)=\boldsymbol{0},\boldsymbol{g}_s(\boldsymbol{x}^s)\leqslant\boldsymbol{0}\\ \boldsymbol{T}_r(\boldsymbol{x}^0,\boldsymbol{x}^s)\leqslant\boldsymbol{0}\end{cases}\end{cases}\tag{7-51}$$

式中，$\boldsymbol{x}^0$ 表示预测场景下对应的变量；$\boldsymbol{x}^s$ 表示第 s 个极限场景下对应的变量；$\boldsymbol{h}_0(\boldsymbol{x}^0)$ 和 $\boldsymbol{g}_0(\boldsymbol{x}^0)$ 分别表示预测场景下的等式约束与不等式约束；$\boldsymbol{h}_s(\boldsymbol{x}^s)$ 和 $\boldsymbol{g}_s(\boldsymbol{x}^s)$ 分别表示第 s 个极限场景下的等式约束与不等式约束；$\boldsymbol{T}_r(\boldsymbol{x}^0,\boldsymbol{x}^s)$ 表示预测场景与第 s 个极限场景下变量的场景转移约束，如式(7-50)所示。

7.2.3　多目标优化模型折中最优解的直接求解方法

1. 直接求解三目标优化问题折中最优解的双层优化模型

对式(7-49)和式(7-51)的三目标优化模型，基于求解三目标优化问题的 Pareto 最优解集的 NNC 法，提出了一种直接求解三目标优化问题的折中最优解(COS)的方法。例如，对于式(7-49)的三目标优化模型，所提出的直接求解其 COS 的双层优化模型如式(7-52)所示：

$$\begin{cases}\min\limits_{\boldsymbol{\beta}_j} d=\sqrt{J_1^{\,2}(\boldsymbol{\beta}_j)+J_2^{\,2}(\boldsymbol{\beta}_j)+J_3^{\,2}(\boldsymbol{\beta}_j)}\\ \text{s.t.}\begin{cases}0\leqslant\beta_{1j},\beta_{2j},\beta_{3j}\leqslant1\\ \beta_{1j}+\beta_{2j}+\beta_{3j}=1\\ (J_1(\boldsymbol{\beta}_j),J_2(\boldsymbol{\beta}_j),J_3(\boldsymbol{\beta}_j))=(J_1(\boldsymbol{x}^*(\boldsymbol{\beta}_j)),J_2(\boldsymbol{x}^*(\boldsymbol{\beta}_j)),J_3(\boldsymbol{x}^*(\boldsymbol{\beta}_j)))\\ \boldsymbol{x}^*(\boldsymbol{\beta}_j)=\arg\begin{cases}\min\limits_{\boldsymbol{x}} f_3(\boldsymbol{x})\\ \text{s.t.}\begin{cases}\boldsymbol{h}(\boldsymbol{x})=\boldsymbol{0}\\ \boldsymbol{g}(\boldsymbol{x})\leqslant\boldsymbol{0}\\ \boldsymbol{N}_1^{\mathrm{T}}(\boldsymbol{J}(\boldsymbol{x})-\boldsymbol{p}_j(\boldsymbol{\beta}_j))\leqslant\boldsymbol{0}\\ \boldsymbol{N}_2^{\mathrm{T}}(\boldsymbol{J}(\boldsymbol{x})-\boldsymbol{p}_j(\boldsymbol{\beta}_j))\leqslant\boldsymbol{0}\end{cases}\end{cases}\end{cases}\end{cases}\tag{7-52}$$

式中，d 表示规格化目标函数空间中某个 Pareto 最优解与乌托邦点(原点)之间的欧氏距离。这个 Pareto 最优解对应的乌托邦面上点 $\boldsymbol{p}_j$ 的表达式(2-15)中三个权重为$(\beta_{1j},\beta_{2j},\beta_{3j})$。

在式(7-52)中，内层优化模型是采用 NNC 法计算一组权重$(\beta_{1j},\beta_{2j},\beta_{3j})$对应的 Pareto 最优解 $\boldsymbol{x}^*(\boldsymbol{\beta}_j)$。NNC 法的基本原理可参见 2.2.4 节，其中，$\boldsymbol{J}(\boldsymbol{x})=[J_1(\boldsymbol{x}), J_2(\boldsymbol{x}),J_3(\boldsymbol{x})]^{\mathrm{T}}$、向量 $\boldsymbol{N}_1$ 和 $\boldsymbol{N}_2$，以及乌托邦面上点 $\boldsymbol{p}_j$ 的表达式都可参见 2.2.4 节。式 (7-52) 中的外层优化模型是寻找一个与乌托邦点的欧氏距离最小的 Pareto 最优解作为 COS。乌托邦点是最理想的优化解，但是 f_1、f_2 和 f_3 往往无法同时取得最小值。对于内层优化模型传递的 Pareto 解 $\boldsymbol{x}^*(\boldsymbol{\beta}_j)$，若与乌托邦点的距离越近，则认为此解的综合优化程度更高。

传统计算 COS 的方法是在乌托邦面上均匀选取大量离散点，通过 NNC 法得到每个点对应的 Pareto 最优解，计算每个 Pareto 最优解到乌托邦点的距离，再选取距离最小的 Pareto 最优解作为 COS，计算量大。本章则提出一种改进的 Nelder-Mead(improved Nelder-Mead，INM)搜索算法，在乌托邦面上直接搜索某个点，该点对应的 Pareto 最优解与乌托邦点的距离最小，而不需要遍历大量离散取点并计算其对应的 Pareto 最优解。因此，可以显著提升获得 COS 的计算效率。并且，由于改进的 Nelder-Mead 搜索算法在乌托邦面上连续取点搜索，相比于传统方法在乌托邦面上离散取点，此方法能够获得更优的 COS 和对应的 MESV 优化调度方案。

2. *改进的 Nelder-Mead 算法求解双层优化模型*

所提出的采用改进的 Nelder-Mead 搜索算法直接在 Pareto 最优解集中搜索得到 COS，由于内层模型采用 NNC 法计算 Pareto 最优解，故称为 INM-NNC 法。所提出的 INM 算法的基本原理如图 7-8 所示。假定优化问题中含有 n 个独立变量，则选取可行域内 n+2 个点构成初始单纯形。接着求出单纯形中各点对应的目标函数值，并根据目标函数值的大小进行排序，获得最优点 X_L、最劣点 X_H，以及其他点 X_{G1} 和 X_{G2}。再通过反射、收缩方法得到可行域内的较优点，取代初始单纯形中的最劣点，得到新的单纯形。通过不断重复上述过程进行迭代计算，单纯形不断转移、缩小，逐渐逼近优化问题的最优解。当单纯形中各点目标函数值的差值小于设定值时，算法迭代过程结束，取此时单纯形中的最优点作为最优解。在传统 Nelder-Mead 算法的单纯形迭代过程中，仅选取最劣点指向形心 X_{C2} 的方向作为唯一的搜索方向，在此方向进行反射、收缩，得到的新点取代最劣点；而所提出的 INM 算法分别考虑了最劣点指向形心 X_{C1}、X_{C2}、X_{C3} 和 X_{C4} 的多个方向，从中选取目标函数值下降最快的方向作为搜索方向，在每一次的迭代过程中可以得到具有更优目标函数值的新点，并减少了到达最优解所需的单纯形迭代次数，提高了求解效率。

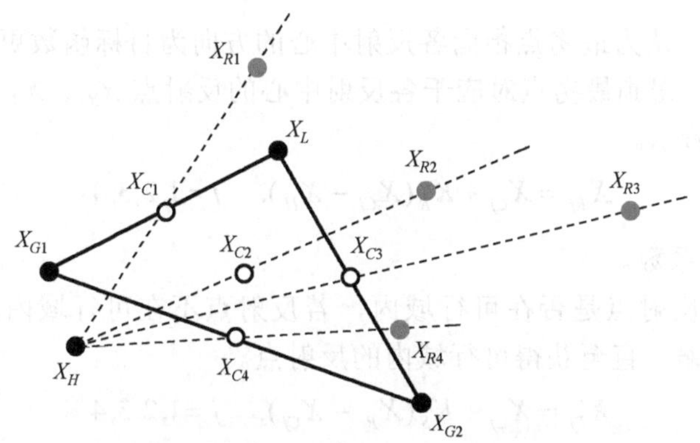

图 7-8　INM 法的多方向搜索

INM 算法直接求解 MESV 三目标优化调度问题 COS 的具体步骤如下所述。

(1) 生成初始单纯形。

由于权重 β_{1j}、β_{2j}、β_{3j} 之和为 1，取 $\beta_{3j}=1-\beta_{1j}-\beta_{2j}$，则外层优化模型中仅含 β_{1j}、β_{2j} 两个独立变量。故给定可行域内的 4 个点 $X_j(\beta_{1j},\beta_{2j})$ $(j=1,2,3,4)$ 构成初始单纯形。由式(2-15)确定 4 个点 X_j 对应乌托邦面上的 4 个点 $\boldsymbol{p}_j$，通过 NNC 法求解内层优化模型，得到对应的 4 个 Pareto 最优解。计算各点对应的 Pareto 最优解到乌托邦点的距离 $d(X_j)$。

(2) 单纯形迭代的收敛判断。

根据单纯形中各点对应的 Pareto 最优解到乌托邦点的距离 $d(X_j)$ 大小进行排序，从而确定最优点 X_L、最劣点 X_H 及其他点 X_{G1} 与 X_{G2}，如图 7-8 中黑色点所示。计算此时最优点、最劣点与其他点对应距离 $d(X_j)$ 的均方根值 RMS，如式(7-53)所示。当均方根值 RMS 小于给定精度 ε 时即迭代结束，此时的最优点 X_L 对应的 Pareto 最优解即为所求的 COS；否则，进入步骤(3)。

$$\begin{cases} \text{RMS}=\dfrac{1}{n}\sqrt{\displaystyle\sum_{j=1}^{4}(d(X_j)-\overline{d}(X_{\text{SP}}))^2} \\ \overline{d}(X_{\text{SP}})=\dfrac{1}{n}\displaystyle\sum_{j=1}^{4}d(X_j) \end{cases} \tag{7-53}$$

(3) 生成多个搜索方向。

采用式(7-54)计算单纯形中除最劣点外其余任意点之间的形心 X_{C1}、X_{C2}、X_{C3} 和 X_{C4}，并作为反射中心，如图 7-8 中圆圈所示。

$$\begin{cases} X_{C1}=(X_L+X_{G1})/2 \\ X_{C2}=(X_L+X_{G1}+X_{G2})/3 \\ X_{C3}=(X_L+X_{G2})/2 \\ X_{C4}=(X_{G1}+X_{G2})/2 \end{cases} \tag{7-54}$$

一般情况下，认为最劣点指向各反射中心的方向为目标函数更优的方向。根据反射公式(7-55)，得到最劣点对应于各反射中心的反射点 X_{R1}、X_{R2}、X_{R3} 和 X_{R4}，如图 7-8 中灰色点所示。

$$X_{Rj} = X_{Cj} + K_R(X_{Cj} - X_H), \quad j = 1,2,3,4 \tag{7-55}$$

式中，K_R 为反射系数。

依次检验各反射点是否在可行域内，若反射点不在可行域内，则根据收缩公式 (7-56)进行收缩，直至获得可行域内的反射点。

$$X'_{Rj} = X_{Cj} + K_S(X_{Rj} - X_{Cj}), \quad j = 1,2,3,4 \tag{7-56}$$

式中，K_S 为收缩系数。

(4)搜索方向探测判断。

对于反射点 X_{R1}、X_{R2}、X_{R3} 和 X_{R4}，由 NNC 法求解内层优化模型得到对应的 Pareto 最优解，计算各个 Pareto 最优解到乌托邦点的距离。根据距离的大小进行排序，距离最小点即为最优反射点 X_R，对应的方向即为最优搜索方向。

(5)生成新单纯形。

比较最优反射点对应的距离 $d(X_R)$ 与单纯形最劣点对应的距离 $d(X_H)$ 的大小，若 $d(X_R)>d(X_H)$，即此时所有反射点均劣于单纯形中的最劣点，则根据收缩公式计算新反射点，并返回步骤(4)；若 $d(X_R)< d(X_H)$，即此时最优反射点优于单纯形中的最劣点，则用最优反射点 X_R 替代最劣点 X_H，形成新的单纯形，并返回步骤(2)。

与传统 Nelder-Mead 法比较，INM 法在单纯形迭代过程中丰富了搜索方向，加快了收敛速度，避免了原方法搜索方向单一、易陷入局部最优的问题。

7.2.4 算例分析

采用修改的 IEEE 33 节点配电网和某个实际 180 节点配电网两个算例对所提出的 MESV 多目标优化调度模型和求解算法的正确有效性进行验证。两个算例中部分参数设置如表 7-6 所示，配电网从输电网购电的电价如图 7-9 所示。

表 7-6 MESV 多目标优化调度的输入数据

新能源站	$\cos\varphi_s = 0.95$, $\cos\varphi_w = 0.97$, $c_s = 0.45$元/(kW·h), $c_w = 0.45$元/(kW·h)
MESV	$E_{m,0} = 0.5$MW·h, $E_{\max} = 1$MW·h, $SOC_{\max} = 0.9$, $SOC_{\min} = 0.1$ $\eta_c = \eta_d = 0.9$, $P_{c\max} = P_{d\max} = 0.3$MW, $c_M = 0.15$元/(kW·h), $c_T = 10$元/km
INM	$\varepsilon = 10^{-3}$, $K_R = 1.2$, $K_S = 0.5$, $X_1(0.8,0.1)$, $X_2(0.1,0.8)$, $X_3(0.1,0.1)$, $X_4(0.4,0.4)$

1. 修改的 IEEE 33 节点系统

修改的 IEEE 33 节点配电网系统如图 7-10 所示，各线路最大传输功率都设置为 3MW，系统电压基准值为 10kV，平衡节点为节点 1，其电压设置为 1.03p.u.，各节

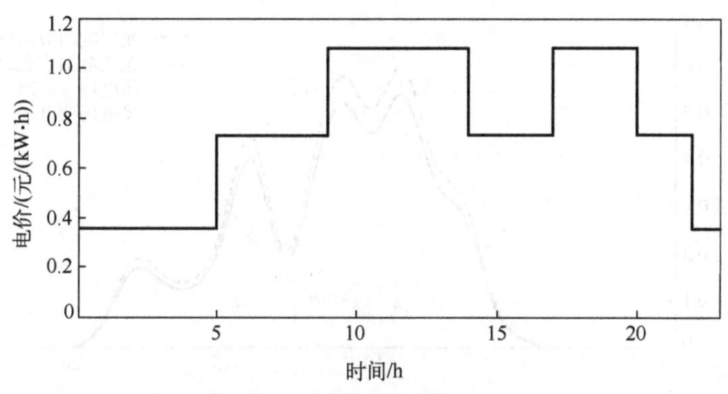

图 7-9　购电电价曲线

点电压允许的上下限分别为 1.07p.u.和 0. 95p.u.。节点 18 和 24 分别接入光伏电站，视在功率上限均为 0.6MV·A；节点 25 和 30 分别接入风电场 WF1 和 WF2，视在功率上限都为 0.8MV·A；各个 MESS 之间的距离如图 7-11 所示。各个光伏电站和风电场的有功出力预测曲线如图 7-12 所示。配备 2 台 MESV，分别记为 MESV1 和 MESV2。MESV1 的初始及结束位置为节点 5，MESV2 的初始及结束位置为节点 10。

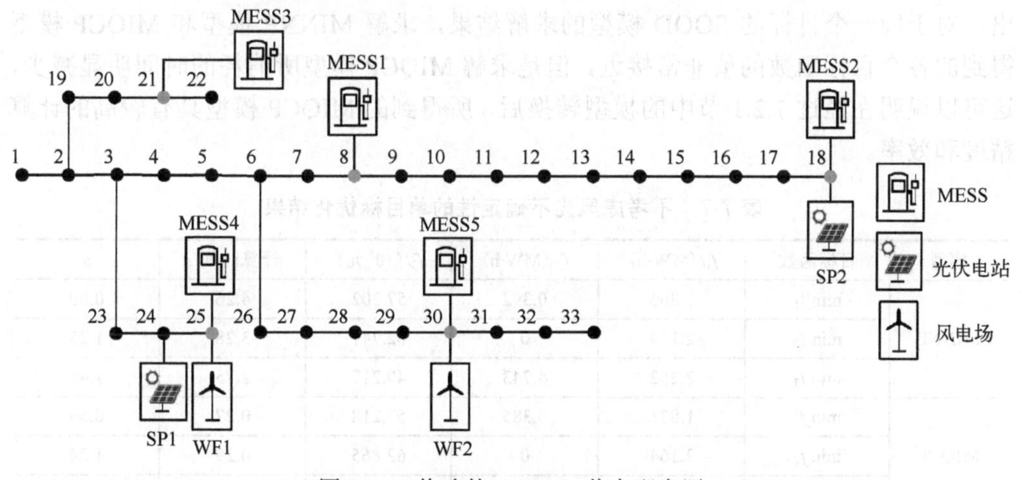

图 7-10　修改的 IEEE 33 节点配电网

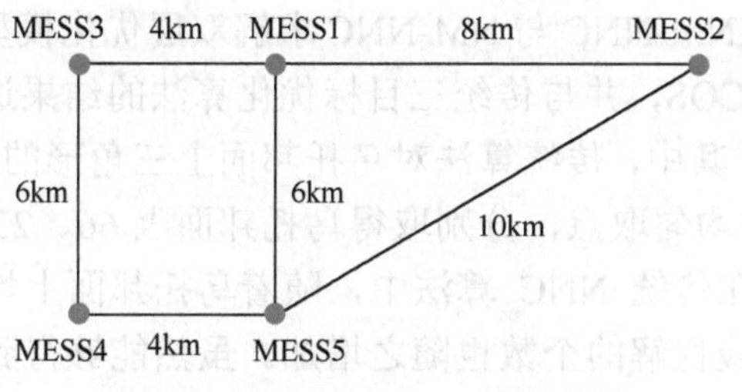

图 7-11　各个 MESS 之间的距离

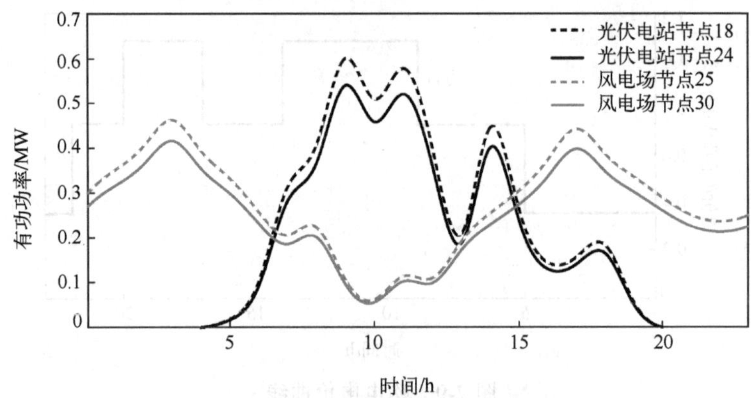

图 7-12　光伏电站和风电场的有功功率预测曲线

1) 不考虑新能源场站出力不确定性的计算结果

首先，分别求解 $f_1(\boldsymbol{x})$、$f_2(\boldsymbol{x})$ 和 $f_3(\boldsymbol{x})$ 对应的单目标优化调度(single-objective optimal dispatch，SOOD)模型，其中，对 MINNP 模型采用 SBB 求解器进行求解，而对 MIQCP 模型采用 GUROBI 求解器进行求解。计算结果如表 7-7 所示。可以看出，对于同一个目标的 SOOD 模型的求解结果，求解 MINNP 模型和 MIQCP 模型得到的各个目标函数的值非常接近，但是求解 MIQCP 模型所消耗的时间明显减少，这可以说明在经过 7.2.1 节中的模型转换后，所得到的 MIQCP 模型具有较高的计算精度和效率。

表 7-7　不考虑风光不确定性的单目标优化结果

模型	目标函数	f_1/(MW·h)	f_2/(MW·h)	f_3/(10^3 元)	计算时间/s	d
MINNP	min f_1	1.866	0.392	57.302	4.26	0.60
	min f_2	2.154	0	62.741	3.28	1.25
	min f_3	2.252	4.743	49.217	2.75	1.41
MIQCP	min f_1	1.871	0.385	57.218	0.27	0.59
	min f_2	2.164	0	62.865	0.29	1.24
	min f_3	2.267	4.734	49.362	0.16	1.41

接下来分别采用 INM-NNC 与 NM-NNC 求解双层优化模型(式(7-52))以直接获得三目标优化模型的 COS，并与传统三目标优化算法的结果进行对比，三种方法计算结果如表 7-8 所示。其中，传统算法对乌托邦面上三角形的每个边分别按照 10 等分、20 等分、40 等分均匀取点，分别取得乌托邦面上 66、231、861 个均匀分布的离散点。可以看出，在传统 NNC 算法中，随着乌托邦面上均匀取离散点个数的增加，所得到的 Pareto 最优解的个数也随之增加。虽然能够得到综合优化程度更高的 COS，但是其计算时间也会明显变长。而 INM-NNC 法与 NM-NNC 法从若干个初始

点出发直接搜索与乌托邦点距离最小的点作为 COS，避免了求取大量乌托邦面上的点对应的 Pareto 最优解，因而求解速度有了显著提升。并且，从得到的 COS 与乌托邦点的距离 d 可以看出，所提出的 INM-NNC 法与 NM-NNC 法求得的 COS 与乌托邦点的距离 d 均小于传统算法所求得的 COS，即得到解的综合优化程度更高。这是因为传统算法在乌托邦面上离散取点，容易遗漏掉离散点之间可能存在的优化程度更高的解，而 INM-NNC 法与 NM-NNC 法通过在乌托邦面上对 β_{ij} 在[0,1]区间中连续取点搜索 COS，覆盖了乌托邦面上取点的所有可能分布情况，显然可以获得优化程度更高的 COS。而且，从表 7-8 可以看出，所提出的 INM 方法得到的 COS 与乌托邦点之间的距离小于由 NM 方法得到的 COS，这说明所提出的 INM 方法能够获得更好的 COS。这是因为所提出的 INM 方法通过增加搜索方向，避免了 NM 方法容易陷入局部最优的问题。

表 7-8　不同方法的 COS 结果对比

方法	f_1/(MW·h)	f_2/(MW·h)	f_3/(10^3 元)	计算时间/s	β_1	β_2	β_3	d
NNC (10)	2.054	0.326	53.381	311.2	0.3	0.4	0.3	0.554
NNC (20)	2.043	0.237	52.942	1084.6	0.3	0.45	0.25	0.511
NNC (40)	2.018	0.214	52.137	3948.7	0.325	0.425	0.25	0.427
NM-NNC	2.013	0.167	52.146	124.5	0.324	0.418	0.258	0.415
INM-NNC	2.010	0.172	51.858	81.7	0.317	0.421	0.262	0.398

所提出的 INM 方法和 NM 方法在单纯形迭代过程中，优化模型(式(7-52))目标值的变化如图 7-13 所示。在初始单纯形和收敛精度都设置相同的情况下，所提出的 INM 方法需要 7 次迭代就能达到收敛，而 NM 方法需要 16 次迭代才能收敛。因此，与 NM 方法相比，所提出的 INM 方法可以有效地减少迭代次数并提高计算效率。这是因为在每次迭代中，所提出的 INM 方法都丰富了搜索方向，并选择了目标函数值下降最快的方向。通过所提出的 INM 方法获得的最佳反射点要优于通过 NM 方

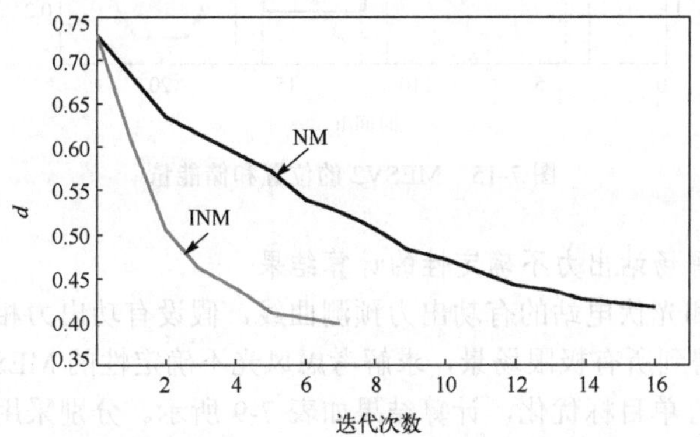

图 7-13　单纯形迭代过程中 NM 法和 INM 法的目标函数值随迭代次数的变化

法获得的反射点。因此，每次迭代的反射点与乌托邦点之间的距离也下降得更快，可以用更少的迭代次数达到最优解。

所提出的 INM-NNC 法求得的 COS 对应的 MESV 优化调度计划如图 7-14 和图 7-15 所示。可以看出，两辆 MESV 在低电价和低负荷的时段(1:00～6:00 和 14:00～17:00)充电，在高电价高负荷时段(7:00～14:00 和 18:00～21:00)放电，起到对负荷曲线削峰填谷和降低购电成本的作用。此外，在负荷快速增长时段，MESV1 在 MESS2(9:00～14:00)放电，MESV2 在 MESS4(7:00～11:00)放电，以满足高峰负荷时段的供电需求。当负荷快速下降，MESV1 在 MESS2(14:00～16:00)充电，MESV2 在 MESS5(1:00～3:00)充电，以降低弃风弃光量。因此，可以通过调度 MESV 以在低负荷时段消纳更多的 RES 功率，并提高主动配电网的运行灵活性。

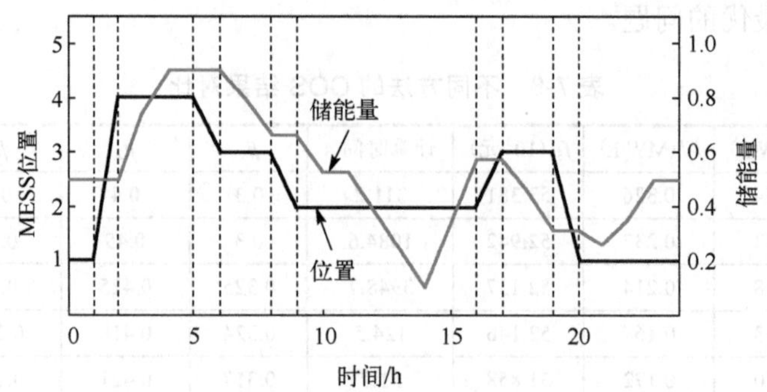

图 7-14　MESV1 的位置和储能量

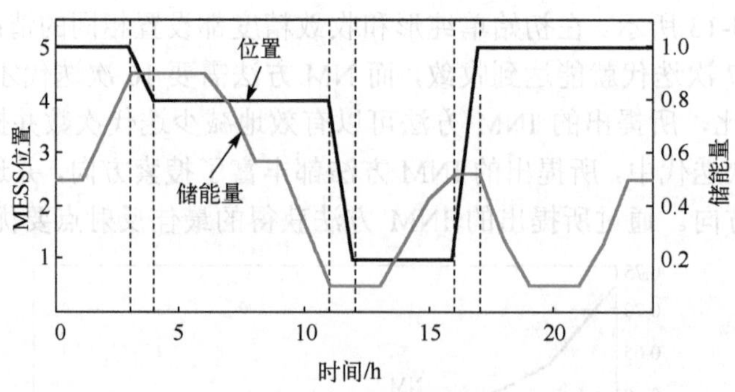

图 7-15　MESV2 的位置和储能量

2)考虑新能源场站出力不确定性的计算结果

基于风电场和光伏电站的有功出力预测曲线，假设有功出力相对于预测值的误差为±20%，以得到所有极限场景，求解考虑风光不确定性的 MESV 三目标优化调度模型。首先进行单目标优化，计算结果如表 7-9 所示。分别采用 INM-NNC 法、NM-NNC 法与传统三目标优化算法得到的 COS 的结果比较如表 7-10 所示。可以看出，所提出 INM-NNC 法得到的 COS 与乌托邦点的距离小于 NM-NNC 法和传统算法得到的 COS，即获得的 COS 的综合优化程度更高。并且，考虑了风光电站出力的不确定性后，无论单目标优化结果还是多目标优化结果，各个目标函数值均大于不考虑风光不确定性的优化结果。此外，由于增加了极限场景运行约束和场景转移约束，所耗费的计算时间明显更长，但 INM-NNC 法的计算效率仍然高于 NM-NNC 法和传统优化法，且由于优化问题规模的增大，所提出的 INM-NNC 法在提高计算效率方面的作用更为显著。

表 7-9　考虑风光不确定性的单目标优化

优化方案	f_1/(MW·h)	f_2/(MW·h)	f_3/(10^3 元)	计算时间/s	d
min f_1	2.0670	0.543	51.065	195.6	0.52
min f_2	2.2115	0	51.787	187.3	1.22
min f_3	2.2729	4.864	50.325	192.4	1.41

表 7-10　考虑风光不确定性的多目标优化的 COS

算法	f_1/(MW·h)	f_2/(MW·h)	f_3/(10^3 元)	计算时间/s	β_1	β_2	β_3	d
NNC（10）	2.176	0.531	57.483	5912	0.3	0.3	0.4	0.54
NNC（20）	2.148	0.518	57.391	19684	0.30	0.35	0.35	0.48
NNC（40）	2.132	0.506	56.827	76581	0.325	0.325	0.35	0.41
NM-NNC	2.121	0.492	56.152	1348	0.327	0.314	0.359	0.35
INM-NNC	2.118	0.488	55.734	836	0.318	0.321	0.361	0.32

3) MESV 在 ADN 中的作用分析

在不同的风光电站出力波动范围内，分别对有 MESV 和没有 MESV 的 ADN 的 MOOD 模型进行求解，并对计算所得的 COS 进行比较，比较结果如表 7-11 所示。在 MOOD 模型中，第三个目标函数 f_3 是 ADN 的总运行成本，它可以反映 ADN 的峰值负荷 $P_{in,max}$ 的大小。可以看出，在相同的风光电站出力波动范围下，有 MESV 的 MOOD 模型的 COS 的三个目标都要小于没有 MESV 的 COS，这表明了 MESV 能够降低配电网有功损耗、消纳更多的可再生能源功率和减少负荷曲线峰值。此外，随着可再生能源波动幅度的增加，MESV 在消纳更多可再生能源功率和调节负荷峰值方面更加有效。

2. 某个实际的 180 节点配电网

为了验证所提出算法的可扩展性，在一个实际的大型配电网上对所提出算法的正确有效性进行了验证，该系统是含有 12 个馈线的 180 节点配电网，其接线如

图 7-16 所示。平衡节点为节点 180，电压为 1.03p.u.，各节点电压的允许上下限分别为 1.07p.u.和 0.95p.u.。在节点 31、90、163 分别接入 3 个光伏电站，视在功率上限为 2.0MV·A；在节点 6、45、150 分别接入 3 个风电场，视在功率上限为 2.4MV·A；光伏电站和风电场有功出力预测曲线如图 7-17 所示。配备有 5 个 MESV，分别记为 $MESV_a$、$MESV_b$、$MESV_c$、$MESV_d$ 和 $MESV_e$。考虑到 180 节点配电网地理跨度较大，将系统进行分区如图 7-16 所示，各个 MESV 只在某个区域内的各个节点间运行，而不移动到其他区域的节点。其中，$MESV_a$ 在区域Ⅰ中运行，初始及结束位置为节点 10；$MESV_b$ 在区域Ⅱ中运行，初始及结束位置为节点 57；$MESV_c$ 在区域Ⅲ中运行，初始及结束位置为节点 93；$MESV_d$ 在区域Ⅳ中运行，初始及结束位置为节点 134；$MESV_e$ 在区域Ⅴ中运行，初始及结束位置为节点 160。

表 7-11　有无 MESV 的 MOOD 模型的 COS 比较结果

风光电站出力波动范围	模型	f_1/(MW·h)	f_2/(MW·h)	$P_{in,max}$/MW
0	不含 MESV	2.081	0.354	3.07
0	含 MESV	2.010	0.172	2.69
±10%	不含 MESV	2.137	0.469	3.15
±10%	含 MESV	2.053	0.293	2.78
±20%	不含 MESV	2.174	0.657	3.36
±20%	含 MESV	2.118	0.488	2.92
±30%	不含 MESV	2.196	0.796	3.47
±30%	含 MESV	2.142	0.615	3.04

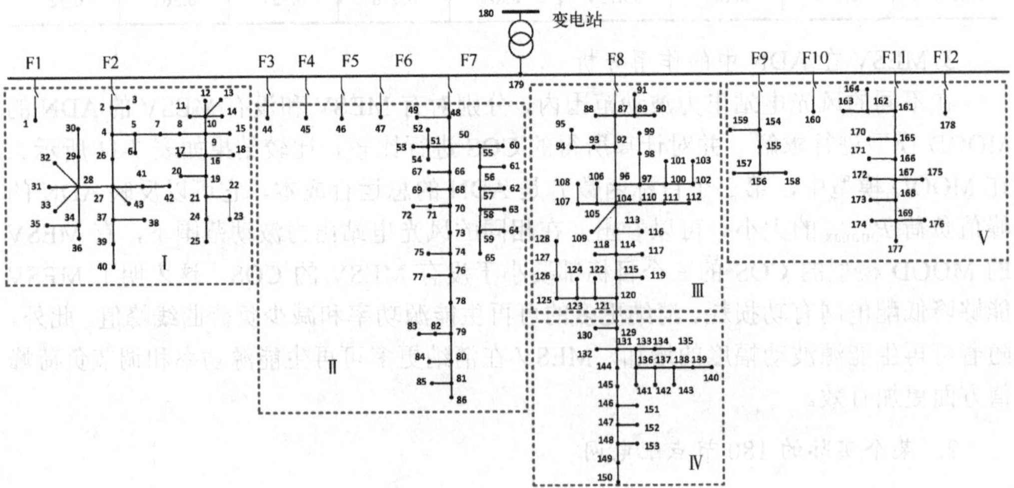

图 7-16　某个 180 节点实际配电网接线图

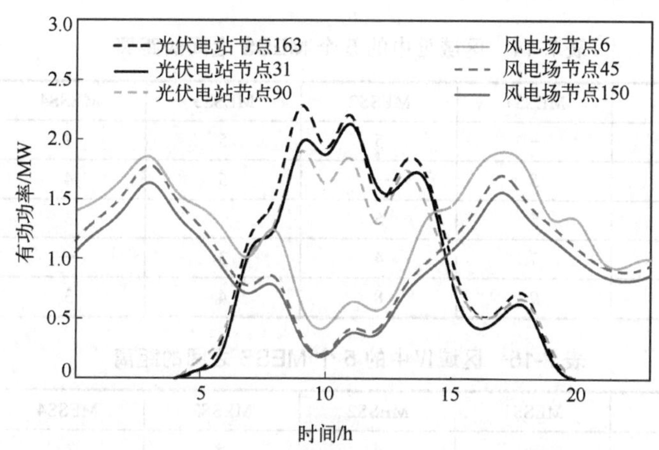

图 7-17　光伏电站和风电场有功功率的预测曲线

区域Ⅰ中的 5 个 MESS 位于母线 5,10,21,28,37，它们之间的距离如表 7-12 所示。区域Ⅱ中的 5 个 MESS 位于母线 46,51,57,70,79，它们之间的距离如表 7-13 所示。区域Ⅲ中的 5 个 MESS 位于母线 87,93,97,105,123，它们之间的距离如表 7-14 所示。区域Ⅳ中的 5 个 MESS 位于母线 131,134,138,146,150，它们之间的距离如表 7-15 所示。区域Ⅴ中的 5 个 MESS 位于母线 155,160,162,167,177，它们之间的距离如表 7-16 所示。

表 7-12　区域Ⅰ中的 5 个 MESS 之间的距离　　（单位：km）

移动储能站	MESS1	MESS2	MESS3	MESS4	MESS5
MESS1	—	6	8	5	7
MESS2	6	—	4	10	8
MESS3	8	4	—	8	7
MESS4	5	10	8	—	3
MESS5	7	8	7	3	—

表 7-13　区域Ⅱ中的 5 个 MESS 之间的距离　　（单位：km）

移动储能站	MESS1	MESS2	MESS3	MESS4	MESS5
MESS1	—	5	8	6	10
MESS2	5	—	4	3	6
MESS3	8	4	—	3	5
MESS4	6	3	3	—	3
MESS5	10	6	5	3	—

表 7-14　区域Ⅲ中的 5 个 MESS 之间的距离　（单位：km）

移动储能站	MESS1	MESS2	MESS3	MESS4	MESS5
MESS1	—	5	5	7	9
MESS2	5	—	5	4	8
MESS3	5	5	—	3	4
MESS4	7	4	3	—	3
MESS5	9	8	4	3	—

表 7-15　区域Ⅳ中的 5 个 MESS 之间的距离　（单位：km）

移动储能站	MESS1	MESS2	MESS3	MESS4	MESS5
MESS1	—	4	5	6	8
MESS2	4	—	2	5	7
MESS3	5	2	—	5	6
MESS4	6	5	5	—	2
MESS5	8	7	6	2	—

表 7-16　区域Ⅴ中的 5 个 MESS 之间的距离　（单位：km）

移动储能站	MESS1	MESS2	MESS3	MESS4	MESS5
MESS1	—	4	5	6	8
MESS2	4	—	2	4	7
MESS3	5	2	—	3	6
MESS4	6	4	3	—	4
MESS5	8	7	6	4	—

确定性优化模型和考虑新能源场站出力不确定性优化模型的三个单目标优化调度计算结果如表 7-17 所示。采用所提出的 INM-NNC 法、NM-NNC 法和传统优化算法求解得到的 COS 比较如表 7-18 所示。其中，传统算法对乌托邦面上的三角形每个边按照 20 等分取点。考虑风光出力不确定性时，由于配电网共含有 6 个新能源场站，共生成 64 个极限场景。从计算结果可以看出，所提出的 INM-NNC 法在求解大规模配电网的多目标优化问题中同样适用，所求得的 COS 是三个目标综合优化程度较高的解，且优于传统算法与 NM-NNC 法求得的 COS。相比于 33 节点配电网算例，180 节点配电网的求解时间普遍变长，这是因为系统规模的增大以及极限场景数目的增多。值得注意的是，由于所提出的 INM-NNC 法采取直接搜索 COS 的方式，与传统方法需要遍历计算乌托邦面上所有离散点相比，计算单个 Pareto 最优解所需时间越长，则所提出的 INM-NNC 法在计算时间上的优势就越明显。

表 7-17　单目标优化问题的计算结果

模型	目标函数	f_1/(MW·h)	f_2/(MW·h)	f_3/(10^3 元)	计算时间/s	d
没有考虑不确定性	min f_1	8.65	0.097	312.81	7.2	1.25
	min f_2	8.93	0	316.45	8.5	1.41
	min f_3	8.91	0.031	301.76	8.4	0.98
考虑不确定性	min f_1	8.67	0.098	314.12	1324	1.25
	min f_2	9.02	0	317.84	1485	1.41
	min f_3	8.94	0.046	303.13	1467	0.90

表 7-18　不同方法的 COS 结果对比

模型	方法	f_1/(MW·h)	f_2/(MW·h)	f_3/(10^3 元)	计算时间/s	d
没有考虑不确定性	NNC (20)	8.78	0.043	307.42	3374	0.75
	NM-NNC	8.76	0.015	306.83	531	0.55
	INM-NNC	8.75	0.013	306.24	297	0.49
考虑不确定性	NNC (20)	8.83	0.052	308.61	304872	0.79
	NM-NNC	8.80	0.036	307.24	22694	0.59
	INM-NNC	8.78	0.033	306.83	17428	0.52

7.3　主动配电网鲁棒优化调度的分布式计算方法

分布式可再生能源渗透率的增长使配电网运行的不确定性增大，加上分布式可再生能电源与配电网往往归属于不同利益主体，集中式的确定性优化调度方法已不能满足主动配电网的实际运行需求[5,6]。考虑可再生能源出力的不确定性，基于多利益主体分解协调计算的思想，提出了一种主动配电网鲁棒优化调度的分布式计算方法。首先将配电网潮流方程进行简化以获得节点电压和注入功率之间的近似线性关系，进而推导出节点电压安全和线路电流安全约束的近似线性表达式；其次通过对偶优化理论将鲁棒优化调度模型转化为不含不确定变量的二次规划模型；然后将二次规划模型分拆成配电网侧和可控资源侧的优化子问题，采用交替方向乘子法对各子问题进行分布式优化求解。最后以修改的 IEEE 69 节点系统为例，验证了该方法的正确性和有效性。

7.3.1　配电网潮流方程的线性化

将节点 i 注入电流 I_i 与电压 V_i 的函数 $I_i = S_i^* / V_i^*$ 在 V_1 处进行泰勒级数展开，可得到近似展开式 $I_i(V_1)$ 如式(7-57)所示：

$$I_i(V_1) = \frac{S_i^*}{V_i^*} = \frac{S_i^*}{(V_1 + \Delta V_i)^*} \approx \frac{S_i^*}{V_1} + \frac{o(\Delta V_i)}{V_1^2} \approx \frac{S_i^*}{V_1} \tag{7-57}$$

式中，S_i^* 为节点 i 注入功率的共轭复数。

将式(7-57)代入网络的节点电压方程式(7-58)中，可得到以 V_1 为电压基准时配电网节点电压和注入功率之间的近似线性关系，如式(7-59)所示。

$$\boldsymbol{YV}=\boldsymbol{I} \tag{7-58}$$

$$\hat{\boldsymbol{Y}}\boldsymbol{V}=\boldsymbol{S}^* \tag{7-59}$$

式中，$\boldsymbol{Y}$ 为节点导纳矩阵；$\hat{\boldsymbol{Y}}$ 为修正节点导纳矩阵，$\hat{\boldsymbol{Y}}$ 第一行修改为$[1,\cdots,0,\cdots,0]$，意义为使得配电网平衡节点 1 的电压值固定为 V_1；$\boldsymbol{V}=[V_1,\cdots,V_n]^{\mathrm{T}}$ 为节点电压向量；$\boldsymbol{S}$ 为修正节点注入功率向量，第一个元素为 V_1，第 $i(i=2,3,\cdots,n)$个元素为 $P_i-\mathrm{j}Q_i$，P_i 和 Q_i 分别为节点 i 的注入有功和无功。

将式(7-59)按实部和虚部拆分，可得

$$\begin{bmatrix}\boldsymbol{Y}_{\mathrm{re}} & -\boldsymbol{Y}_{\mathrm{im}}\\ -\boldsymbol{Y}_{\mathrm{im}} & -\boldsymbol{Y}_{\mathrm{re}}\end{bmatrix}\begin{bmatrix}\boldsymbol{V}_{\mathrm{re}}\\ \boldsymbol{V}_{\mathrm{im}}\end{bmatrix}=\begin{bmatrix}\boldsymbol{P}\\ \boldsymbol{Q}\end{bmatrix} \tag{7-60}$$

式中，$\boldsymbol{Y}_{\mathrm{re}}=\mathrm{Re}(\hat{\boldsymbol{Y}})$，$\boldsymbol{Y}_{\mathrm{im}}=\mathrm{Im}(\hat{\boldsymbol{Y}})$；$\boldsymbol{V}_{\mathrm{re}}=\mathrm{Re}(\boldsymbol{V})$，$\boldsymbol{V}_{\mathrm{im}}=\mathrm{Im}(\boldsymbol{V})$；$\boldsymbol{P}=[V_1,P_2,\cdots,P_i,\cdots,P_n]^{\mathrm{T}}$为修正的节点注入有功向量；$\boldsymbol{Q}=[0,Q_2,\cdots,Q_i,\cdots,Q_n]^{\mathrm{T}}$ 为修正的节点注入无功向量。

由式(7-60)可得到 ADN 线性化的潮流方程，如式(7-61)所示：

$$\begin{bmatrix}\boldsymbol{V}_{\mathrm{re}}\\ \boldsymbol{V}_{\mathrm{im}}\end{bmatrix}=\begin{bmatrix}\boldsymbol{Y}_{\mathrm{re}} & -\boldsymbol{Y}_{\mathrm{im}}\\ \boldsymbol{Y}_{\mathrm{im}} & -\boldsymbol{Y}_{\mathrm{re}}\end{bmatrix}^{-1}\begin{bmatrix}\boldsymbol{P}\\ \boldsymbol{Q}\end{bmatrix}=\begin{bmatrix}\boldsymbol{R} & \boldsymbol{X}\\ \boldsymbol{X} & -\boldsymbol{R}\end{bmatrix}\begin{bmatrix}\boldsymbol{P}\\ \boldsymbol{Q}\end{bmatrix} \tag{7-61}$$

式中，$\boldsymbol{R}$、$\boldsymbol{X}$ 分别为修正节点阻抗矩阵的实部和虚部。

根据线性化潮流(linear power flow，LPF)方程(7-61)，网络有功损耗可表示为

$$P_{\mathrm{loss}}=(\boldsymbol{AV}_{\mathrm{re}})^{\mathrm{T}}\boldsymbol{G}(\boldsymbol{AV}_{\mathrm{re}})+(\boldsymbol{AV}_{\mathrm{im}})^{\mathrm{T}}\boldsymbol{G}(\boldsymbol{AV}_{\mathrm{im}}) \tag{7-62}$$

式中，$\boldsymbol{A}$ 为配电网的节点支路关联矩阵，为 $m\times n$ 的矩阵；$\boldsymbol{G}$ 为各支路电导组成的 m 阶对角矩阵。

另外，基于上述线性化潮流方程，节点电压幅值和相角可近似表示为 $|\boldsymbol{V}|=\boldsymbol{V}_{\mathrm{re}}$，$\boldsymbol{\theta}=\boldsymbol{V}_{\mathrm{im}}$。

7.3.2 配电网鲁棒优化调度模型

1. 确定性优化调度模型

1) 目标函数

优化目标包括配电网侧和可控资源侧两部分，配电网侧优化目标 $C_{\mathrm{net}}(\boldsymbol{V})$包含 ADN 向主网购电的成本 C_1 和 ADN 的网络损耗费用 C_{los}，可控资源侧的优化目标 $C_{\mathrm{res}}(P_g,P_c,P_d,P_x)$为各可控资源的调度成本，表示如下：

$$F = \min C_{\text{net}}(\boldsymbol{V}) + \sum_{i \in N_k} C_{\text{res},i}(P_g, P_c, P_d, P_x) \tag{7-63}$$

$$C_{\text{net}}(\boldsymbol{V}) = C_1 + C_{\text{los}} = \sum_{t=1}^{N_T} K_{n,t} P_{1,t} \Delta t + \sum_{t=1}^{N_T} K_{n,t}((\boldsymbol{AV}_{\text{re},t})^{\text{T}} \boldsymbol{G}(\boldsymbol{AV}_{\text{re},t}) + (\boldsymbol{AV}_{\text{im},t})^{\text{T}} \boldsymbol{G}(\boldsymbol{AV}_{\text{im},t}))\Delta t \tag{7-64}$$

$$\begin{aligned} C_{\text{res},i}(P_g, P_c, P_d, P_x) &= C_{\text{gas}} + C_{\text{bat}} + C_{\text{dr}} \\ &= \sum_{t=1}^{N_T} K_g P_{g,t} \Delta t + \sum_{t=1}^{N_T} (K_c P_{c,t} + K_d P_{d,t}) \Delta t + \sum_{t=1}^{N_T} K_x \left| P_{x,t} - P_{x,t}^* \right| \Delta t \end{aligned} \tag{7-65}$$

式中，N_k 为可控资源接入的节点集合；N_T 为调度周期的时段总数；$K_{n,t}$ 为时段 t 的单位购电费用；$P_{1,t}$ 为时段 t 从主网注入配电网的有功功率；K_g 为成本系数；$P_{g,t}$ 为时段 t 燃气轮机的输出功率；$P_{c,t}$ 和 $P_{d,t}$ 分别为时段 t 储能的充电和放电功率；K_c 和 K_d 分别为储能的充电和放电成本系数；K_x 为 DR 负荷的单位调度成本；$P_{x,t}$ 和 $P_{x,t}^*$ 分别为 t 时段 DR 负荷的实际调度功率和原始用电功率。

2) 配电网侧约束条件

(1) 配电网潮流约束：式(7-61)。

(2) 电压安全约束：各节点电压不能超过安全运行允许范围。

$$\underline{\boldsymbol{V}} \leqslant \boldsymbol{V}_{\text{re},t} = \boldsymbol{RP}_t + \boldsymbol{XQ}_t \leqslant \overline{\boldsymbol{V}} \tag{7-66}$$

式中，$\overline{\boldsymbol{V}}$ 和 $\underline{\boldsymbol{V}}$ 分别为节点电压的上限和下限向量。

(3) 线路安全约束：为了避免线路过载，线路电流应满足线路容量约束。

$$\underline{\boldsymbol{I}}_b \leqslant \boldsymbol{I}_{b,t} = \boldsymbol{LAV}_{\text{re},t} = \boldsymbol{LA}(\boldsymbol{RP}_t + \boldsymbol{XQ}_t) \leqslant \overline{\boldsymbol{I}}_b \tag{7-67}$$

式中，$\boldsymbol{I}_{b,t}$ 为 t 时段支路电流向量；$\boldsymbol{L}$ 为各支路导纳绝对值组成的 $\boldsymbol{m}$ 阶对角矩阵；$\overline{\boldsymbol{I}}_b$ 和 $\underline{\boldsymbol{I}}_b$ 分别为支路电流上限和下限向量。

3) 可控资源侧约束条件

(1) 燃气轮机运行约束：包括发电功率上下限约束和爬坡约束。

$$\begin{aligned} &\underline{P}_g \leqslant P_{g,t} \leqslant \overline{P}_g \\ &\underline{Q}_g \leqslant Q_{g,t} \leqslant \overline{Q}_g \\ &-r_d \Delta t \leqslant P_{g,t} - P_{g,t-1} \leqslant r_u \Delta t \end{aligned} \tag{7-68}$$

式中，$\overline{P}_g$、$\underline{P}_g$、$\overline{Q}_g$、$\underline{Q}_g$ 分别为燃气轮机的有功和无功出力的上下限；r_u 和 r_d 分别为燃气轮机的爬坡和滑坡速率。

(2) 储能运行约束：同式(7-15)。

(3) DR 负荷约束：同式(7-16)。

可见，上述 ADN 确定性优化调度模型为二次目标函数和线性约束条件的二次规划模型，可采用成熟的优化求解器如 CPLEX，实现其高效可靠求解。

2. 鲁棒优化调度模型

上述 ADN 确定性优化调度模型中，可再生能源有功出力为预测值，得到的优化方案在可再生能源出力不确定波动条件下可能满足不了配电网安全运行要求。为此基于鲁棒优化方法，考虑可再生能源出力的不确定性建立 ADN 鲁棒优化调度模型，保证得到的优化调度方案在可再生能源出力不确定波动条件下配电网的安全运行。

1) 可再生能源出力不确定性的描述

将可再生能源实际出力与预测出力的偏差作为不确定变量，采用盒式不确定集合来描述这种不确定性，如式(7-69)所示：

$$\begin{cases}\tilde{\boldsymbol{P}}_{s,t}=\boldsymbol{P}_{s0,t}+\boldsymbol{\xi}_t\\ \underline{\boldsymbol{\xi}}_t\leqslant\boldsymbol{\xi}_t\leqslant\overline{\boldsymbol{\xi}}_t\end{cases}\tag{7-69}$$

式中，$\tilde{\boldsymbol{P}}_{s,t}$ 和 $\boldsymbol{P}_{s0,t}$ 分别为时段 t 间歇性可再生能源的实际出力和预测出力；$\boldsymbol{\xi}_t$ 为时段 t 实际出力与预测出力的偏差；$\overline{\boldsymbol{\xi}}_t$ 和 $\underline{\boldsymbol{\xi}}_t$ 为 $\boldsymbol{\xi}_t$ 的上限和下限。

2) 含不确定变量约束的鲁棒优化模型

ADN 鲁棒优化调度要求在间歇性可再生能源出力不确定性的最坏情况下，系统能满足节点电压安全和线路潮流安全约束条件。因而，不确定参数主要影响节点电压安全约束(式(7-66))和线路潮流安全约束(式(7-67))，可等价描述为式(7-70)和式(7-71)。

$$\begin{cases}\max\limits_{\boldsymbol{\xi}_t}\boldsymbol{R}(\tilde{\boldsymbol{P}}_{s,t}+\boldsymbol{P}_{k,t}-\boldsymbol{P}_{l,t})+\boldsymbol{X}(\boldsymbol{Q}_{k,t}-\boldsymbol{Q}_{l,t})\leqslant\overline{\boldsymbol{V}}\\ \min\limits_{\boldsymbol{\xi}_t}\boldsymbol{R}(\tilde{\boldsymbol{P}}_{s,t}+\boldsymbol{P}_{k,t}-\boldsymbol{P}_{l,t})+\boldsymbol{X}(\boldsymbol{Q}_{k,t}-\boldsymbol{Q}_{l,t})\geqslant\underline{\boldsymbol{V}}\end{cases}\tag{7-70}$$

$$\begin{cases}\max\limits_{\boldsymbol{\xi}_t}\boldsymbol{LA}(\boldsymbol{R}(\tilde{\boldsymbol{P}}_{s,t}+\boldsymbol{P}_{k,t}-\boldsymbol{P}_{l,t})+\boldsymbol{X}(\boldsymbol{Q}_{k,t}-\boldsymbol{Q}_{l,t}))\leqslant\overline{\boldsymbol{I}}_b\\ \min\limits_{\boldsymbol{\xi}_t}\boldsymbol{LA}(\boldsymbol{R}(\tilde{\boldsymbol{P}}_{s,t}+\boldsymbol{P}_{k,t}-\boldsymbol{P}_{l,t})+\boldsymbol{X}(\boldsymbol{Q}_{k,t}-\boldsymbol{Q}_{l,t}))\geqslant\underline{\boldsymbol{I}}_b\end{cases}\tag{7-71}$$

式中，$\boldsymbol{P}_{k,t}$ 和 $\boldsymbol{Q}_{k,t}$ 分别为时段 t 可控资源的有功出力和无功出力；$\boldsymbol{P}_{l,t}$ 和 $\boldsymbol{Q}_{l,t}$ 分别为时段 t 的有功负荷和无功负荷。

综上，ADN 鲁棒优化调度模型可写为式(7-72)：

$$\begin{cases}\text{obj. 式(7-63)}\sim\text{式(7-65)}\\ \text{s.t. 式(7-15)、式(7-16)、式(7-61)、式(7-68)和式(7-69)}\sim\text{式(7-71)}\end{cases}\tag{7-72}$$

3. 鲁棒对等转换

上述 ADN 鲁棒优化调度模型中，式(7-69)～式(7-71)均含有不确定变量，难以直接通过数学方法进行求解。本节运用对偶优化理论将含不确定变量的约束进行对等转换，从而将原模型(式(7-72))转换为可以直接求解的鲁棒对等模型。把 $\tilde{\boldsymbol{P}}_{s,t}=\boldsymbol{P}_{s0,t}+\boldsymbol{\xi}_t$ 代入式(7-70)和式(7-71)，整理可得式(7-73)和式(7-74)：

$$\begin{cases}\max\limits_{\boldsymbol{\xi}_t}\boldsymbol{R}\boldsymbol{\xi}_t\leqslant\overline{\boldsymbol{\Gamma}}_t\\ \min\limits_{\boldsymbol{\xi}_t}\boldsymbol{R}\boldsymbol{\xi}_t\geqslant\underline{\boldsymbol{\Gamma}}_t\\ \overline{\boldsymbol{\Gamma}}_t=\overline{\boldsymbol{V}}-\boldsymbol{R}(\boldsymbol{P}_{s0,t}+\boldsymbol{P}_{k,t}-\boldsymbol{P}_{l,t})-\boldsymbol{X}(\boldsymbol{Q}_{k,t}-\boldsymbol{Q}_{l,t})\\ \underline{\boldsymbol{\Gamma}}_t=\underline{\boldsymbol{V}}-\boldsymbol{R}(\boldsymbol{P}_{s0,t}+\boldsymbol{P}_{k,t}-\boldsymbol{P}_{l,t})-\boldsymbol{X}(\boldsymbol{Q}_{k,t}-\boldsymbol{Q}_{l,t})\end{cases}\tag{7-73}$$

$$\begin{cases}\max\limits_{\boldsymbol{\xi}_t}\boldsymbol{LAR}\boldsymbol{\xi}_t\leqslant\overline{\boldsymbol{\Omega}}_t\\ \min\limits_{\boldsymbol{\xi}_t}\boldsymbol{LAR}\boldsymbol{\xi}_t\geqslant\underline{\boldsymbol{\Omega}}_t\\ \overline{\boldsymbol{\Omega}}_t=\overline{\boldsymbol{I}}_b-\boldsymbol{LA}(\boldsymbol{R}(\boldsymbol{P}_{s0,t}+\boldsymbol{P}_{k,t}-\boldsymbol{P}_{l,t})-\boldsymbol{X}(\boldsymbol{Q}_{k,t}-\boldsymbol{Q}_{l,t}))\\ \underline{\boldsymbol{\Omega}}_t=\underline{\boldsymbol{I}}_b-\boldsymbol{LA}(\boldsymbol{R}(\boldsymbol{P}_{s0,t}+\boldsymbol{P}_{k,t}-\boldsymbol{P}_{l,t})-\boldsymbol{X}(\boldsymbol{Q}_{k,t}-\boldsymbol{Q}_{l,t}))\end{cases}\tag{7-74}$$

采用 Soyster 鲁棒优化框架，将约束条件(式(7-73)和式(7-74))中的不确定性变量消去，分别转化为只含有确定性变量的鲁棒对等式(7-75)和式(7-76)。

$$\begin{cases}-\boldsymbol{\alpha}_t(i,:)\underline{\boldsymbol{\xi}}_t+\boldsymbol{\beta}_t(i,:)\overline{\boldsymbol{\xi}}_t\leqslant\overline{\boldsymbol{\Gamma}}_t(i,:)\\ -\boldsymbol{R}(i,:)-\boldsymbol{\alpha}_t(i,:)+\boldsymbol{\beta}_t(i,:)=\boldsymbol{0}\\ \boldsymbol{\alpha}_t(i,:)\geqslant\boldsymbol{0},\quad\boldsymbol{\beta}_t(i,:)\geqslant\boldsymbol{0}\\ \boldsymbol{\lambda}_t(i,:)\underline{\boldsymbol{\xi}}_t-\boldsymbol{\gamma}_t(i,:)\overline{\boldsymbol{\xi}}_t\geqslant\underline{\boldsymbol{\Gamma}}_t(i,:)\\ \boldsymbol{R}(i,:)-\boldsymbol{\lambda}_t(i,:)+\boldsymbol{\gamma}_t(i,:)=\boldsymbol{0}\\ \boldsymbol{\lambda}_t(i,:)\geqslant\boldsymbol{0},\quad\boldsymbol{\gamma}_t(i,:)\geqslant\boldsymbol{0}\end{cases}\tag{7-75}$$

式中，$\boldsymbol{\alpha}_t$、$\boldsymbol{\beta}_t$、$\boldsymbol{\lambda}_t$、$\boldsymbol{\gamma}_t$ 为时段 t 的对偶变量矩阵，均为 $n\times n$ 的矩阵；$\boldsymbol{\xi}_t$ 为 $n\times1$ 的列向量。

$$\begin{cases}-\boldsymbol{\alpha}_t'(i,:)\underline{\boldsymbol{\xi}}_t+\boldsymbol{\beta}_t'(i,:)\overline{\boldsymbol{\xi}}_t\leqslant\overline{\boldsymbol{\Omega}}_t(i,:)\\ -\boldsymbol{H}(i,:)-\boldsymbol{\alpha}_t'(i,:)+\boldsymbol{\beta}_t'(i,:)=\boldsymbol{0}\\ \boldsymbol{\alpha}_t'(i,:)\geqslant\boldsymbol{0},\quad\boldsymbol{\beta}_t'(i,:)\geqslant\boldsymbol{0}\\ \boldsymbol{\lambda}_t'(i,:)\underline{\boldsymbol{\xi}}_t-\boldsymbol{\gamma}_t'(i,:)\overline{\boldsymbol{\xi}}_t\geqslant\underline{\boldsymbol{\Omega}}_t(i,:)\\ \boldsymbol{H}(i,:)-\boldsymbol{\lambda}_t'(i,:)+\boldsymbol{\gamma}_t'(i,:)=\boldsymbol{0}\\ \boldsymbol{\lambda}_t'(i,:)\geqslant\boldsymbol{0},\quad\boldsymbol{\gamma}_t'(i,:)\geqslant\boldsymbol{0}\end{cases}\tag{7-76}$$

式中，$\boldsymbol{H}(=\boldsymbol{LAR})$ 为 $m\times n$ 的矩阵；$\boldsymbol{\alpha}_t'$、$\boldsymbol{\beta}_t'$、$\boldsymbol{\lambda}_t'$、$\boldsymbol{\gamma}_t'$ 为 t 时段的对偶变量矩阵。

至此，ADN 鲁棒优化调度模型(式(7-72))转化为不含不确定变量的鲁棒对等模型(式(7-77))。此模型为二次目标函数和线性约束条件的二次规划模型，可采用 CPLEX 求解器进行高效可靠求解。

$$\begin{cases}\text{obj. 式(7-63)～式(7-65)}\\ \text{s.t. 式(7-15)、式(7-16)、式(7-61)、式(7-68)、式(7-75)和式(7-76)}\end{cases} \tag{7-77}$$

7.3.3 鲁棒优化调度模型的分布式求解

上述 ADN 鲁棒优化调度模型(式(7-77))可以按照利益主体划分为配电网侧和各个可控资源侧两个部分。为了实现 ADN 鲁棒优化调度模型分布式优化求解，以可控资源接入节点 i 的注入功率作为耦合变量建立耦合约束。为此在可控资源接入节点 i 处，相对于配电网侧节点注入功率 $P_{i,t}$ 和 $Q_{i,t}$，增加一组表示可控资源侧的节点注入功率的虚拟变量：$x_{i,t}$、$y_{i,t}$，$i\in\Omega_k$。采用图 7-18 的解耦机制实现配电网侧和可控资源侧的解耦，则可以将集中式优化调度模型改写成以配电网侧和可控资源侧的分散形式，如式(7-78)所示。可控资源接入节点 i 的注入功率以 $P_{i,t}$、$Q_{i,t}$ 和 $x_{i,t}$、$y_{i,t}$ 分别在配电网侧模型和可控资源侧模型中求解，并在求解各自优化模型后将边界耦合变量优化后的值 $\hat{P}_{i,t}$、$\hat{Q}_{i,t}$ 或 $\hat{x}_{i,t}$、$\hat{y}_{i,t}$ 以参数形式传递给对方，再进入各自的下一次优化。

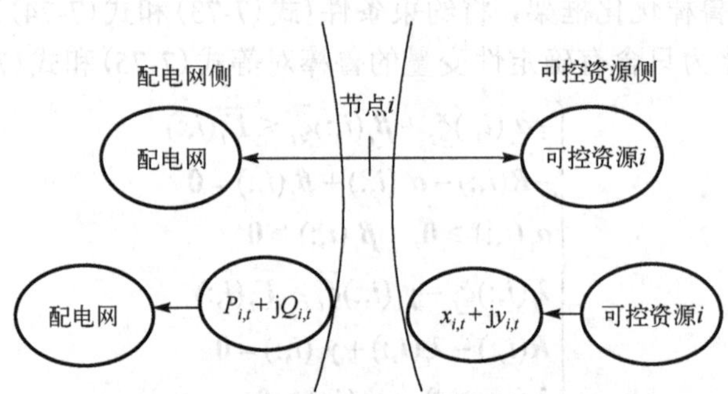

图 7-18　配电网侧与可控资源侧解耦机制

$$F=\min C_{\text{net}}(\boldsymbol{U})+\sum_{i\in\Omega_k}C_{\text{res},i}(P_g,P_c,P_d,P_x)$$

$$\text{s.t.}\begin{cases}\text{配电网侧约束：式(7-61)、式(7-75)和式(7-76)}\\ \text{可控资源侧约束：}\begin{cases}\text{式(7-15)、式(7-16)和式(7-68)}\\ x_{i,t}=P_{k,i,t}-P_{l,i,t},\quad i\in\Omega_k\\ y_{i,t}=Q_{k,i,t}-Q_{l,i,t}\end{cases}\\ \text{耦合约束：}P_{i,t}=x_{i,t},\quad Q_{i,t}=y_{i,t},\quad i\in\Omega_k\end{cases} \tag{7-78}$$

可见，优化模型式(7-78)为凸二次规划问题。分布式求解凸二次规划问题理论上可以找到全局最优解，本章通过 ADMM 对模型(7-78)进行分布式求解。配电网侧注入功率($P_{i,t}$, $Q_{i,t}$)和可控资源侧注入功率($x_{i,t}$, $y_{i,t}$)的协调一致，通过在目标函数中加入拉格朗日罚函数实现。配电网侧和可控资源 i 侧的子优化模型可以分别表示为式(7-79)和式(7-80)：

$$\begin{cases}\min\ C_{\text{net}}+\sum\limits_{i\in\Omega_k}\sum\limits_{t=1}^{N_T}(\omega_{i,t}(P_{i,t}-\hat{x}_{i,t})+\psi_{i,t}(Q_{i,t}-\hat{y}_{i,t}))+\dfrac{\rho}{2}\sum\limits_{i\in\Omega_k}\sum\limits_{t=1}^{N_T}((P_{i,t}-\hat{x}_{i,t})+(Q_{i,t}-\hat{y}_{i,t}))\\ \text{s.t.}\ \ 式(7\text{-}61)、式(7\text{-}75)和式(7\text{-}76)\end{cases} \tag{7-79}$$

$$\begin{cases}\min\ C_{\text{res},i}-\sum\limits_{t=1}^{N_T}(\omega_{i,t}(\hat{x}_{i,t}-P_{i,t})+\psi_{i,t}(\hat{y}_{i,t}-Q_{i,t}))+\dfrac{\rho}{2}\sum\limits_{t=1}^{N_T}((\hat{x}_{i,t}-P_{i,t})+(\hat{y}_{i,t}-Q_{i,t}))\\ \text{s.t.}\begin{cases}式(7\text{-}15)或式(7\text{-}16)或式(7\text{-}68)\\ x_{i,t}=P_{k,i,t}-P_{l,i,t},y_{i,t}=Q_{k,i,t}-Q_{l,i,t}\end{cases}\end{cases} \tag{7-80}$$

式中，$\omega_{i,t}$ 和 $\psi_{i,t}$ 为拉格朗日乘子；ρ 为 ADMM 算法的罚参数。式(7-80)约束条件的第一行中，可控资源 i 为燃气轮机，则采用式(7-68)约束；可控资源 i 为储能，则采用式(7-15)约束；可控资源 i 为 DR 负荷，则采用式(7-16)约束。

配电网侧和可控资源侧的子优化模型各自独立求解，交换边界变量信息，直到满足收敛条件：

$$\sum_{t=1}^{N_T}\sum_{i\in N_k}\left|\hat{P}_{i,t}(z)-\hat{x}_{i,t}(z)\right|^2+\left|\hat{Q}_{i,t}(z)-\hat{y}_{i,t}(z)\right|^2\leqslant\varepsilon \tag{7-81}$$

式中，ε 为收敛精度；z 为迭代次数。

ADMM 分布式优化求解的具体步骤如下：

(1)初始化变量 $\hat{P}_{i,t}(0)$、$\hat{Q}_{i,t}(0)$、$\hat{x}_{i,t}(0)$、$\hat{y}_{i,t}(0)$ 及拉格朗日乘子 $\omega_{i,t}(0)$ 和 $\psi_{i,t}(0)$；

(2)每个可控资源 i 各自求解自身优化模型，把优化得到的耦合变量 $\hat{x}_{i,t}(z)$、$\hat{y}_{i,t}(z)$ 传递给配电网子优化模型；

(3)配电网接收可控资源传递的信息后，求解自身优化模型，把优化得到的耦合变量 $\hat{P}_{i,t}(z)$、$\hat{Q}_{i,t}(z)$ 传递给可控资源 i 子优化模型；

(4)检查收敛判据(式(7-81))，若满足则迭代结束，输出调度结果；否则，根据式(7-82)更新拉格朗日乘子，置迭代次数 z=z+1；返回步骤(2)继续求解。

$$\begin{cases}\omega_{i,t}(z)=\omega_{i,t}(z-1)+\rho(\hat{P}_{i,t}(z)-\hat{x}_{i,t}(z))\\ \psi_{i,t}(z)=\psi_{i,t}(z-1)+\rho(\hat{Q}_{i,t}(z)-\hat{y}_{i,t}(z))\end{cases} \tag{7-82}$$

7.3.4　算例分析

1. 算例描述

修改的 IEEE 69 节点系统如图 7-19 所示，包含有节点 16 处的一个光伏电站、节点 49 处的一个风电场，节点 8 和节点 46 处的 2 台燃气轮机，节点 24、节点 44 和节点 50 处的三个蓄电池储能装置，以及节点 12 和节点 38 处的两个需求响应负荷，其余负荷均为不可控的常规负荷。功率因数都取为 0.95。可再生能源的出力预测曲线如图 7-20 所示，各时段可再生能源实际出力的波动范围为预测值的±30%。各节点负荷有功功率按照如图 7-21 所示的日负荷曲线变化。收敛条件中 ε 设置为 10^{-4}。ADMM 的罚参数 ρ 设置为 1.5。

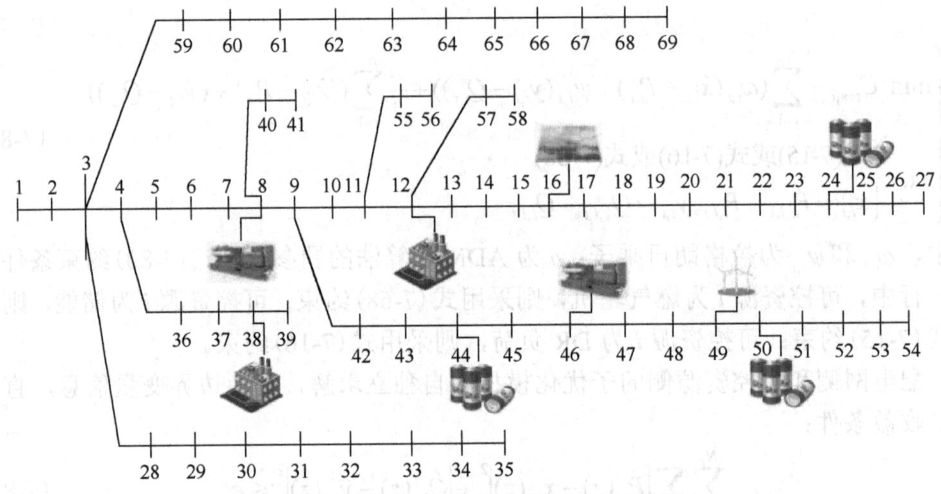

图 7-19　修改的 IEEE 69 节点配电网系统

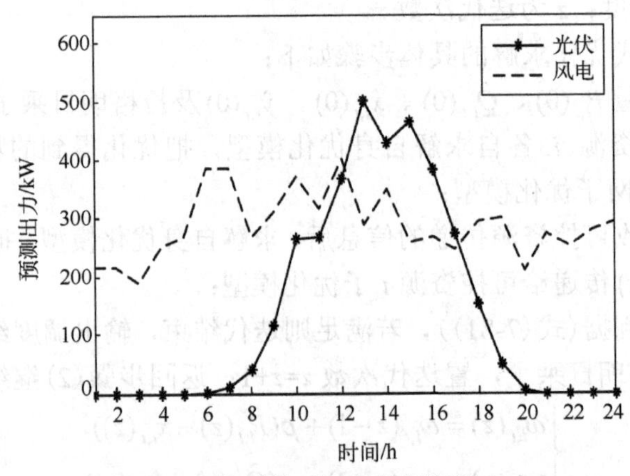

图 7-20　间歇性可再生能源预测出力

2. 分布式鲁棒优化调度算法的正确性分析

为了验证所提出的分布式鲁棒优化调度算法的正确性，将分布式鲁棒优化方法的控制效果与集中式鲁棒优化方法的在修改的 IEEE 69 系统中得到的优化效果进行对比。

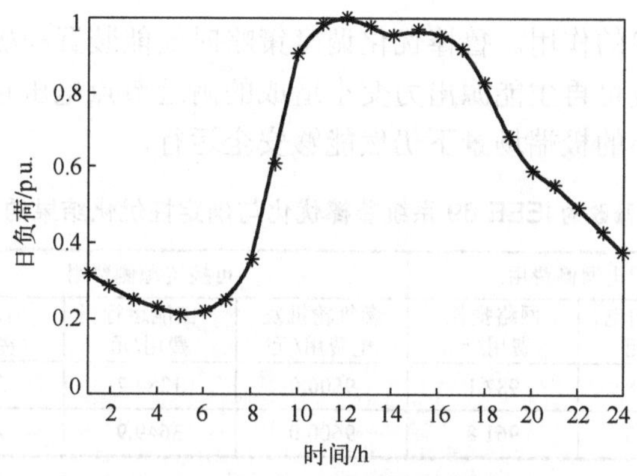

图 7-21　归一化日负荷变化曲线

所得到的费用对比如表 7-19 所示。可见，采用 ADMM 算法分布式求解 ADN 鲁棒优化调度模型与集中式求解 ADN 鲁棒优化调度模型的结果完全一致，一方面说明了分散式优化模型与集中式优化模型是等价的，另一方面也说明了分布式优化算法的正确性，能得到优化模型的全局最优解。

表 7-19　修改的 IEEE 69 系统分布式鲁棒优化与集中式鲁棒优化的费用对比

算法	配电网侧费用		可控资源侧费用			总费用/元
	从主网购电费用/元	网络损耗费用/元	燃气轮机发电费用/元	储能运行费用/元	需求响应费用/元	
分布式	28841.3	961.8	9600.0	3649.9	293.3	43346.3
集中式	28841.3	961.8	9600.0	3649.9	293.3	43346.3

3. 鲁棒性分析

对比鲁棒优化调度方案与确定性优化调度方案下配电网侧费用和可控资源侧费用，如表 7-20 所示。修改的 IEEE 69 节点系统在两种调度方案下得到的各可控资源出力方案分别如图 7-22 和图 7-23 所示。可见，鲁棒优化调度计算得到的配电网运行总费用均高于确定性优化调度计算得到的运行总费用，增加的费用主要来自于储能运行费用，而网络损耗费用、燃气轮机发电费用和需求响应费用则与确定性优化调度结果相近，鲁棒优化调度方案稍大。结合两种调度方案下的可控资源有功出力计划曲线进行分析，可见，鲁棒优化调度得到的燃气轮机组出力和 DR 负荷调度计划曲线与确定性优化调度得到的结果基本相近，但是，鲁棒优化调度得到的储能装置出力曲线与确定性优化得到的储能出力明显不同。确定性优化调度时，节点 24 和节点 44 的储能装置不参与调度，充放电功率为 0；但是鲁棒优化调度时，节点 24 和节点 44 的储能装置均在夜间 00:00～06:00 的用电低谷时段不断充电，在白天 10:00～17:00 的用电负荷高峰时段向电网放电，充放电功率都比较大，积极参与调度，起到了削峰填谷的作用。鲁棒优化调度策略时储能装置积极参与调度是为了避免用电负荷高峰时段可再生能源出力变小造成的附近节点电压越下限，保证系统在可再生能源出力最小的极端场景下仍然能够安全运行。

表 7-20　修改的 IEEE 69 系统鲁棒优化与确定性优化结果的费用对比

优化模型	配电网侧费用		可控资源侧费用			总费用/元
	从主网购电费用/元	网络损耗费用/元	燃气轮机发电费用/元	储能运行费用/元	需求响应费用/元	
确定性	30764.8	987.1	9600.0	1284.7	218.1	42854.7
鲁棒	28841.3	961.8	9600.0	3649.9	293.3	43346.3

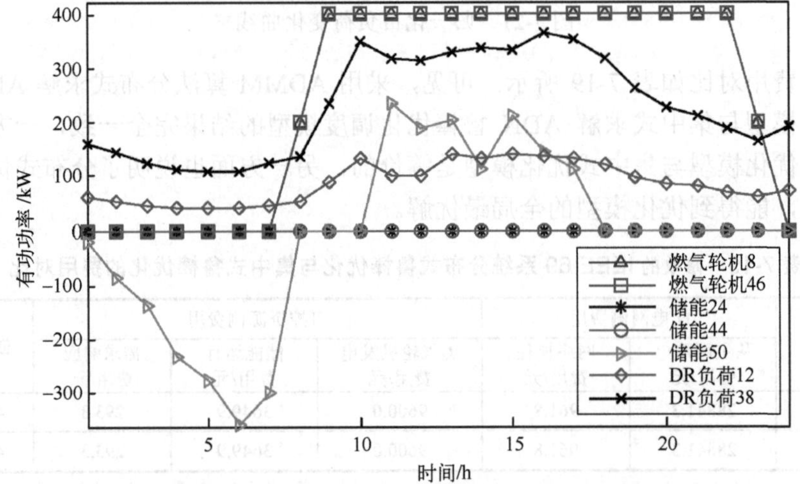

图 7-22　修改的 IEEE 69 系统确定性优化调度结果

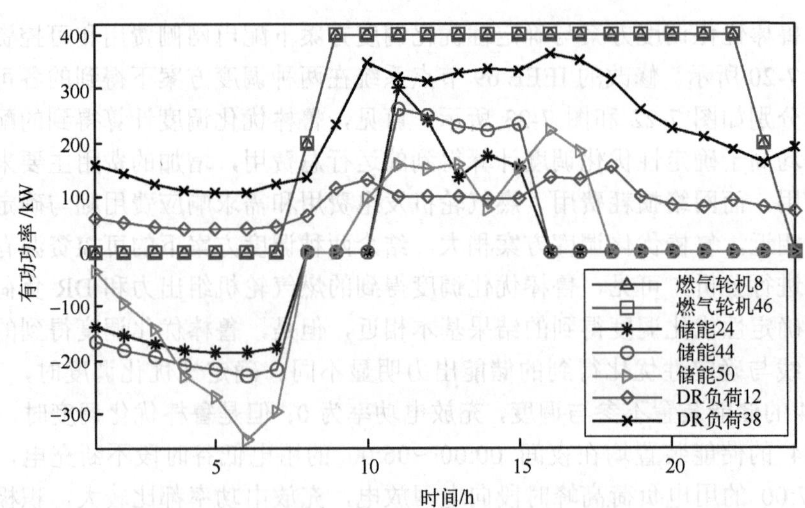

图 7-23　修改的 IEEE 69 系统鲁棒优化调度结果

为分析分布式鲁棒优化调度方案在应对可再生能源出力不确定性下的优势，在可再生能源出力最小极端场景下(即可再生能源出力为预测场景的 70%)，对比确定性优化调度和鲁棒优化调度下配电网中电压最低点的电压分布，如图 7-24 所示。可见，在可再生能源出力最小的极端恶劣场景下，系统在进行确定性优化调度时，在系统负荷高峰期时段出现了节点电压越下限的情况，危及系统的安全运行；而采用鲁棒优化调度方案时则能够保证系统在可再生能源出力的极端场景下，每一个时段都满足节点电压安全约束和线路电流安全约束，没有超过安全运行限制的上下限，ADN 保持安全稳定运行。从而验证了所提出方法获得的分布式鲁棒优化调度方案对于在可再生能源出力波动条件下维持 ADN 的安全运行方面具有良好的鲁棒性。

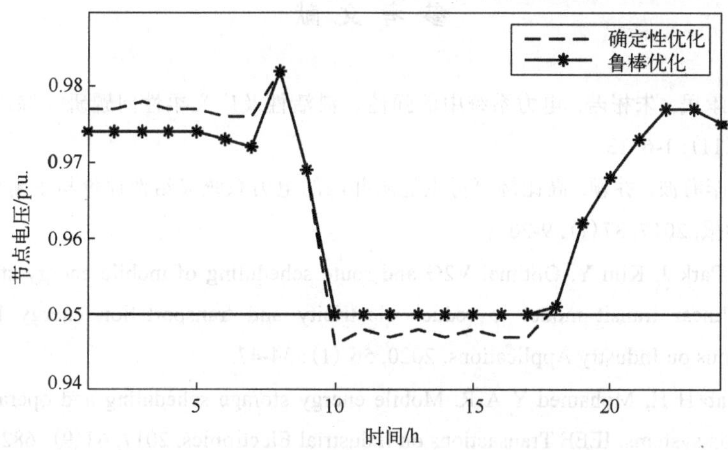

图 7-24　修改的 IEEE 69 系统极端场景下不同优化调度方案节点 54 电压对比

综上，所提出的分布式鲁棒优化调度方法虽然使得 ADN 的运行总费用增加，牺牲了 ADN 运行的部分经济性，但是显著增加了 ADN 在可再生能源波动下保持安全运行的鲁棒性，具有工程实用价值。随着 ADN 的不断发展和电力市场改革的推进，未来配电网势必会有更多的可再生能源和可控资源接入，ADN 调度除了要应对更大的可再生能源出力不确定性，还要面对不同利益主体的可控资源调度问题，而所提出的方法既能考虑 ADN 中可再生能源出力的随机性，又实现了不同利益主体之间的分布式优化调度，保证了它们之间信息的私密性。

7.4　小　结

主动配电网优化调度需要考虑如何调控配电网中的各种可控资源，以应对风电和光伏等可再生能源电站出力的不确定波动对系统安全运行的影响。针对可再生能源电站出力的强不确定波动特性导致的配电网因灵活性调控能力不足而出现切负荷或弃光问题，提出了考虑灵活性的含分布式光伏配电网双层优化调度方法，并通过实际配电网算例分析表明，采用直觉模糊规划方法求解得出的双层优化模型得到的优化调度方案，能保证在可再生能源电站出力波动范围内绝大多数场景的灵活性要求都能得到满足，更符合配电网实际运行的需求[7]。所提出的移动储能车多目标优化调度方法，能够降低配电网的有功损耗、消纳更多的可再生能源功率和减少负荷曲线峰值[8]。所提出的 ADN 鲁棒优化调度的分布式计算方法，既能使 ADN 在可再生能源波动条件下保持安全运行，又实现了不同利益主体之间的分布式优化调度，保证了它们之间信息的私密性[9]。

参 考 文 献

[1] 王简，王承民，朱彬若. 电力系统中的弹性、灵活性及广义柔性问题研究综述. 智慧电力, 2018, 46(11): 1-6, 13.

[2] 鲁宗相，李海波，乔颖. 高比例可再生能源并网的电力系统灵活性评价与平衡机理. 中国电机工程学报, 2017, 37(1): 9-20.

[3] Kwon S, Park J, Kim Y. Optimal V2G and route scheduling of mobile energy storage devices using a linear transit model to reduce electricity and transportation energy losses. IEEE Transactions on Industry Applications, 2020, 56 (1): 34-47.

[4] Abdeltawab H H, Mohamed Y A R. Mobile energy storage scheduling and operation in active distribution systems. IEEE Transactions on Industrial Electronics, 2017, 64(9): 6828-6840.

[5] 尤毅，刘东，钟清，等. 主动配电网优化调度策略研究. 电力系统自动化，2014，38(9): 177-183.

[6] Antoniadou-Plytaria K E，Kouveliotis-Lysikatos I N, Georgilakis P S, et al. Distributed and decentralized voltage control of smart distribution networks: Models, methods, and future research. IEEE Transactions on Smart Grid, 2017, 8(6): 2999-3008.

[7] 张新民，郭铭海，林亚培，等. 考虑灵活性的含分布式光伏配电网双层优化调度方法. 电力科学与技术学报, 2021, 36(3): 56-66.

[8] Liu J, Lin S J, He S, et al. Multi-objective optimal dispatch of mobile energy storage vehicles in active distribution networks. IEEE Systems Journal, 2023, 17(1): 804-815.

[9] 梁俊文，林舜江，刘明波，等. 主动配电网分布式鲁棒优化调度方法. 电网技术, 2019, 43(4): 1336-1344.

第 8 章　微电网优化调度

微电网通过将大量分散开发的风电和光伏等新能源发电融合起来给就近负荷供电，能够有效地促进风电和光伏等新能源的消纳，近年来得到了快速发展。尤其是在偏远山区供电和孤立海岛供电等应用场景，微电网和常规大电网供电相比具有明显的技术和经济优势[1,2]。微电网中风电和光伏等分布式电源出力具有强随机性，给微电网优化调度问题的建模和求解带来很大挑战。因此，对微电网随机优化调度问题的研究具有重要意义。本章对不含离散变量与含有离散变量的两类微电网随机优化调度问题展开研究，并采用值函数近似动态规划(VFADP)算法和状态空间近似动态规划(SSADP)算法求解这两类微电网随机优化调度问题。

8.1　微电网多目标随机优化调度算法

当不考虑离散变量时，针对含风机、光伏与蓄电池等分布式电源的微电网多目标随机优化调度问题，建立以微电源总运行费用和系统总网损为目标函数，同时以多个蓄电池剩余电量的和作为资源存储量的微电网多目标随机存储模型。模型中采用交流潮流(alternating current power flow，ACPF)模型准确描述配电线路的传输功率安全约束，并考虑了各种分布式电源的电压无功特性。结合自适应加权和[3](adaptive weighted sum，AWS)法和值函数近似动态规划(VFADP)法求解此多目标随机优化调度问题，先采用 AWS 法将多目标随机优化模型转化为一系列单目标随机优化模型，再采用 VFADP 法实现对单目标多时段随机优化模型的逐时段递推解耦求解，并通过对 AWS 法中分割段新增 Pareto 点对应权重的调整以得到均匀分布的 Pareto 前沿。通过对某一实际微电网的算例仿真，验证了所提出模型与算法的正确有效性。

8.1.1　多目标随机优化调度模型

1. 目标函数

选取包含柴油发电机组运行燃料成本、蓄电池运行折旧费用的微电源总运行费用和系统总网损建立两目标优化调度模型。第一个目标函数微电源总运行费用 F_1 如式(8-1)所示。

$$\begin{cases} C_{1,t} = \sum_{i \in \Omega_G} c_g P_{g,i,t} + \sum_{i \in \Omega_B} f(\mathrm{SOC}_{b,i,t}, P_{b,i,t}) \\ F_1 = \min E\left(\sum_{t=1}^{T} C_{1,t} \Delta T\right) \end{cases} \tag{8-1}$$

式中，T 为调度周期的总时段数；ΔT 为每个时段的时长，将全天划分为 24 个时段，则 $\Delta T = 1\mathrm{h}$；$C_{1,t}$ 为时段 t 微电源运行费用；$P_{g,i,t}$ 为时段 t 节点 i 柴油发电机组的有功出力；c_g 为机组运行燃料费用一次项系数；$f(\mathrm{SOC}_{b,i,t}, P_{b,i,t})$ 为时段 t 节点 i 蓄电池的运行折旧费用函数，其中 $\mathrm{SOC}_{b,i,t}$ 为时段 t 节点 i 蓄电池的荷电状态；$P_{b,i,t}$ 为时段 t 节点 i 蓄电池的有功出力，其中 $P_{b,i,t}$ 为正时表示蓄电池放电发出有功功率，为负时表示蓄电池充电吸收有功功率；Ω_G 为含柴油发电机组的节点集合；Ω_B 为含蓄电池的节点集合；$E(\cdot)$ 表示对具有随机性目标函数的数学期望运算。蓄电池单位折旧费用与充放电过程有关，如图 8-1 所示，是不同过程的折旧费用曲线。从图中可以看出，充电过程中，蓄电池 SOC 越高，单位蓄电量的折旧费用越高；放电过程中，蓄电池 SOC 越低，单位蓄电量的折旧费用越高。采用二次函数描述蓄电池运行折旧费用的变化特性，如式 (8-2) 所示。

$$f = \begin{cases} (a_2(\mathrm{SOC}_{b,i,t})^2 + a_1\mathrm{SOC}_{b,i,t} + a_0) \cdot P_{b,i,t}, & P_{b,i,t} < 0 \\ (b_2(\mathrm{SOC}_{b,i,t})^2 + b_1\mathrm{SOC}_{b,i,t} + b_0) \cdot P_{b,i,t}, & P_{b,i,t} > 0 \end{cases} \tag{8-2}$$

式中，a_2、a_1 和 a_0 为充电时折旧费用特性系数；b_2、b_1 和 b_0 为放电时折旧费用特性系数。

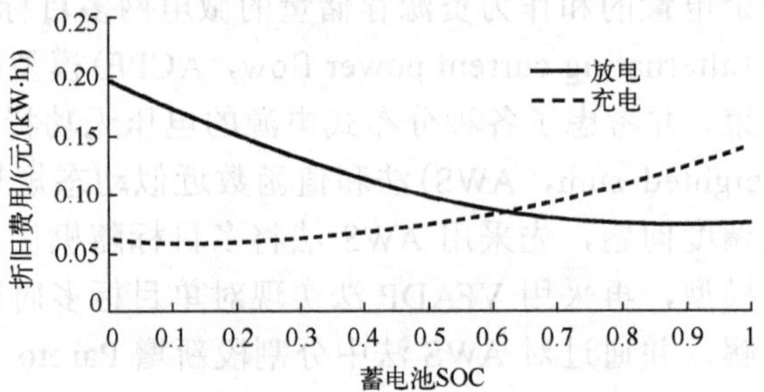

图 8-1　蓄电池充放电的折旧费用特性曲线

第二个目标函数系统总网损 F_2 如式 (8-3) 所示。

$$\begin{cases} C_{2,t} = \sum_{i=1}^{N} (P_{g,i,t} + P_{s,i,t} + P_{w,i,t} + P_{b,i,t} - P_{\mathrm{load},i,t}) \\ F_2 = \min E\left(\sum_{t=1}^{T} C_{2,t} \Delta T\right) \end{cases} \tag{8-3}$$

式中，$C_{2,t}$ 为时段 t 的系统网损；N 为微电网中节点总数；$P_{s,i,t}$ 为时段 t 节点 i 光伏电站的有功出力；$P_{w,i,t}$ 为时段 t 节点 i 风机的有功出力；$P_{\mathrm{load},i,t}$ 为时段 t 节点 i 负荷吸收的有功功率。

2. 约束条件

1) 网络安全约束

微电源的出力波动较大，造成微电网中配电线路传输功率波动频繁，其传输功率不能超过允许的安全限制，本书采用交流潮流模型准确描述网络安全约束，则各节点的有功和无功平衡方程见式(8-4)和式(8-5)。

$$P_{g,i,t}+P_{s,i,t}+P_{w,i,t}+P_{b,i,t}-P_{\text{load},i,t}-V_{i,t}\sum_{j=1}^{N}V_{j,t}(G_{ij}\cos\delta_{ij,t}+B_{ij}\sin\delta_{ij,t})=0 \tag{8-4}$$

$$Q_{g,i,t}+Q_{s,i,t}+Q_{w,i,t}+Q_{b,i,t}-Q_{\text{load},i,t}-V_{i,t}\sum_{j=1}^{N}V_{j,t}(G_{ij}\sin\delta_{ij,t}-B_{ij}\cos\delta_{ij,t})=0 \tag{8-5}$$

式中，$V_{i,t}$ 和 $V_{j,t}$ 分别为时段 t 节点 i 和节点 j 的电压幅值；$\delta_{ij,t}$ 为时段 t 节点 i 与节点 j 的电压相角差；G_{ij} 与 B_{ij} 为节点导纳矩阵对应元素；$Q_{g,i,t}$ 表示时段 t 节点 i 柴油发电机组的无功出力；$Q_{s,i,t}$ 为时段 t 节点 i 光伏电站的无功出力；$Q_{w,i,t}$ 为时段 t 节点 i 风机的无功出力；$Q_{\text{load},i,t}$ 为时段 t 节点 i 负荷吸收的无功功率。

配电线路传输功率的计算和安全约束见式(8-6)和式(8-7)。

$$P_{ij,t}=V_{i,t}V_{j,t}(G_{ij}\cos\delta_{ij,t}+B_{ij}\sin\delta_{ij,t})-V_{i,t}^2G_{ij} \tag{8-6}$$

$$-\overline{P}_{ij}\leqslant P_{ij,t}\leqslant\overline{P}_{ij} \tag{8-7}$$

式中，$P_{ij,t}$ 为时段 t 节点 i 与节点 j 之间线路的传输功率；$\overline{P}_{ij}$ 为该线路的传输功率上限。

由于采用交流潮流模型描述微电网配电线路传输功率安全约束，优化调度模型中除了包括各个分布式电源的有功出力约束外，还包括其无功出力和端电压约束。

2) 柴油发电机组运行约束

(1) 有功出力约束。

包括爬坡约束与上下限约束，见式(8-8)和式(8-9)。

$$-r_{d,i}\Delta T\leqslant P_{g,i,t}-P_{g,i,t-1}\leqslant r_{u,i}\Delta T \tag{8-8}$$

$$P_{g,i,\min}\leqslant P_{g,i,t}\leqslant P_{g,i,\max} \tag{8-9}$$

式中，$r_{u,i}$ 和 $r_{d,i}$ 分别为节点 i 机组的向上和向下爬坡率；$P_{g,i,\min}$ 和 $P_{g,i,\max}$ 分别为 $P_{g,i,t}$ 的下限和上限。

(2) 无功出力和端电压约束。

柴油发电机组的无功出力在正常范围内，依靠其励磁系统自动电压调节器(automatic voltage regulator，AVR)的调节作用，机端电压会保持在设定参考值附近，此时视为 PV 节点；而当柴油发电机组的无功出力到达极限时，端电压值可能会发生改变，此时节点类型由 PV 节点转变为 PQ 节点。因而，柴油发电机组无功出力和端电压约束见式(8-10)和式(8-11)。

$$Q_{g,i,\min}\leqslant Q_{g,i,t}\leqslant Q_{g,i,\max} \tag{8-10}$$

$$\begin{cases}(Q_{g,i,t}-Q_{g,i,\min})V_{ga,i,t}=0 & \text{(8-11a)}\\ (Q_{g,i,t}-Q_{g,i,\max})V_{gb,i,t}=0 & \text{(8-11b)}\\ V_{g,i,t}=V_{g,i,\mathrm{ref}}+V_{ga,i,t}-V_{gb,i,t} & \text{(8-11c)}\\ V_{ga,i,t},V_{gb,i,t}\geqslant 0 & \text{(8-11d)}\end{cases}$$

式中，$Q_{g,i,\max}$ 和 $Q_{g,i,\min}$ 分别为 $Q_{g,i,t}$ 的上下限；$V_{g,i,t}$ 为时段 t 节点 i 柴油发电机组的电压幅值；$V_{g,i,\mathrm{ref}}$ 为节点 i 柴油发电机组电压的参考设定值；$V_{ga,i,t}$ 和 $V_{gb,i,t}$ 为附加变量，表示时段 t 柴油发电机组 i 无功越限时节点电压的偏移量。

3) 蓄电池运行约束

(1) 有功出力约束。

包括每个蓄电池的充放电功率约束、荷电状态约束与调度周期的充放电平衡约束，如式(8-12)所示。

$$\begin{cases}P_{b,i,\min}\leqslant P_{b,i,t}\leqslant P_{b,i,\max}\\ \mathrm{SOC}_{b,i,\min}\leqslant \mathrm{SOC}_{b,i,t}\leqslant \mathrm{SOC}_{b,i,\max}\\ \mathrm{SOC}_{b,i,0}=\mathrm{SOC}_{b,i,T}\end{cases} \tag{8-12}$$

式中，$P_{b,i,\min}$ 和 $P_{b,i,\max}$ 分别为节点 i 蓄电池充电功率上限(为负值)和放电功率上限(为正值)；$\mathrm{SOC}_{b,i,\min}$ 和 $\mathrm{SOC}_{b,i,\max}$ 分别为节点 i 蓄电池荷电状态的下限和上限；$\mathrm{SOC}_{b,i,0}$ 和 $\mathrm{SOC}_{b,i,T}$ 为节点 i 蓄电池在调度周期开始和结束的荷电状态，即在调度周期开始和结束的荷电状态相等，以保持蓄电池的周期性工作。

(2) 无功出力约束。

由于蓄电池具有充电放电连续性，采用下垂控制特性对蓄电池无功出力进行控制，如式(8-13)所示。

$$V_{b,i,t}=V_{b,i,\mathrm{ref}}-n_b Q_{b,i,t} \tag{8-13}$$

式中，n_b 为下垂系数；$V_{b,i,t}$ 为时段 t 节点 i 蓄电池的电压幅值；$V_{b,i,\mathrm{ref}}$ 为蓄电池节点电压的参考设定值。

蓄电池无功出力除了满足下垂特性约束，还受其本身视在功率的约束，如式 (8-14)所示。

$$P_{b,i,t}^2+Q_{b,i,t}^2\leqslant S_{b,i,\max}^2 \tag{8-14}$$

式中，$S_{b,i,\max}$ 为节点 i 蓄电池的视在功率上限。

(3) 时段耦合约束。

蓄电池的荷电状态是某时段蓄电池剩余电量 $L_{b,i,t}$ 与额定电量 $L_{b,i,\max}$ 的比值，如式(8-15)所示。由于蓄电池的充放电对其剩余电量变化有直接影响，因此用剩余电量描述相邻时段耦合关系更直观，蓄电池相邻时段剩余电量转移关系如式(8-16)所示。

$$\mathrm{SOC}_{b,i,t}=L_{b,i,t}/L_{b,i,\max} \tag{8-15}$$

$$L_{b,i,t} = L_{b,i,t-1} + E\left(\frac{(1+\eta)+(1-\eta)\operatorname{sgn}(P_{b,i,t-1})}{2}\right)\cdot P_{b,i,t-1}\cdot \Delta T \tag{8-16}$$

式中，$\operatorname{sgn}(P_{b,i,t-1})$表示关于蓄电池有功出力 $P_{b,i,t-1}$ 的符号函数；假设蓄电池的放电效率为 100%，充电效率为 η。风机、光伏出力不确定性导致蓄电池充放电功率的相应变化，因此对于蓄电池剩余电量的计算存在数学期望 E 的计算。

4)风电场和光伏电站出力约束

(1)有功出力约束。

由于考虑的是孤岛微电网的调度，若风机、光伏功率需要系统全部消纳，则微电网在某些时段的功率难以平衡，因此假设系统中允许弃风弃光，则风机、光伏有功出力可由式(8-17)表示。

$$\begin{cases} P_{w,i,t} \leqslant P_{w,i,t}^{f} \\ P_{s,i,t} \leqslant P_{s,i,t}^{f} \end{cases} \tag{8-17}$$

式中，$P_{w,i,t}^{f}$ 为时段 t 风机节点 i 的最大可获得有功功率，为随机变量，其期望值即该风机节点在时段 t 有功出力的预测值；$P_{s,i,t}^{f}$ 的意义类似。

(2)无功出力约束。

在孤岛微电网中，风力发电、光伏发电具有明显的间歇性，若使用下垂控制，则需要配备较大容量的存储装置，降低系统经济性，因此更适合采用恒功率即 PQ 控制，如式(8-18)所示。

$$\begin{cases} Q_{w,i,t} = \tan\alpha_1 \cdot P_{w,i,t} \\ Q_{s,i,t} = \tan\alpha_2 \cdot P_{s,i,t} \end{cases} \tag{8-18}$$

式中，α_1 为风机功率因数角；α_2 为光伏功率因数角；在微电网中，风机常采用异步发电机，一般情况下吸收无功，而光伏一般情况下发出无功。

5)节点电压约束

除了平衡节点电压幅值为定值外，其他节点电压幅值应在符合微电网安全运行的允许范围内，如式(8-19)所示。

$$\underline{V} \leqslant V_{i,t} \leqslant \overline{V} \tag{8-19}$$

式中，$\underline{V}$ 为节点电压下限；$\overline{V}$ 为节点电压上限。

8.1.2　模型的求解

1. AWS 多目标优化算法的基本原理

在多目标优化计算的加权和法中，通过对归一化后的各个目标函数进行加权求和，并选取不同权重以得到一系列 Pareto 最优点集，对于上述的两目标优化调度模型，加权和法可写成如式(8-20)所示的紧缩形式。

$$\begin{cases} \min \quad \lambda \dfrac{F_1(\boldsymbol{x})-F_{1\min}}{F_{1\max}-F_{1\min}}+(1-\lambda)\dfrac{F_2(\boldsymbol{x})-F_{2\min}}{F_{2\max}-F_{2\min}} \\ \text{s.t.}\begin{cases} \boldsymbol{h}(\boldsymbol{x})=\boldsymbol{0} \\ \underline{\boldsymbol{g}} \leqslant \boldsymbol{g}(\boldsymbol{x}) \leqslant \overline{\boldsymbol{g}} \\ \lambda \in [0,\ 1/w,\ 2/w,\ \cdots,\ (w-1)/w,\ 1] \end{cases} \end{cases} \tag{8-20}$$

式中，$F_1(\boldsymbol{x})$和$F_2(\boldsymbol{x})$分别为与全时段变量相关的目标函数F_1和F_2；$F_{1\min}$和$F_{2\max}$为单独对F_1求最小化时得到的最优解所对应的F_1和F_2值；$F_{2\min}$和$F_{1\max}$为单独对F_2求最小化时得到的最优解所对应的F_2和F_1值；$\boldsymbol{h}(\boldsymbol{x})$表示等式约束，$\boldsymbol{g}(\boldsymbol{x})$表示不等式约束；$\lambda$为权重；相邻权重的间隔为$1/w$。

由于普通加权和法得到的 Pareto 最优解集的分布往往不够均匀，无法全面反映多个目标协调优化的完整信息。自适应加权和(AWS)法是对加权和法进行改进以得到均匀分布的 Pareto 最优解集，其基本思路是采用如式(8-20)所示的加权和法求解两目标优化问题，得到初始 Pareto 前沿；去除 Pareto 前沿上间距小于设定最小间距值d_{set}的点，即分布过于密集的点；接着在需要新增点的分割段之间通过设定间距δ_f、δ_x、δ_y限定可行域(δ_f为最终 Pareto 前沿上相邻两个 Pareto 点之间的距离，它将确定最终得到的 Pareto 最优解集分布的密集程度，一般取$\delta_f=2d_{\text{set}}$，δ_x和δ_y为δ_f对应的横坐标和纵坐标)，根据式(8-21)求解得到新增 Pareto 最优点；重复上述过程，直至所有相邻 Pareto 最优点的间距小于δ_f，最终得到分布均匀的 Pareto 前沿。以需要新增点的分割段P_1P_2为例，由式(8-21d)和式(8-21e)将新增 Pareto 点P_3和P_4的可行区域限定在图 8-2 中的灰色区域，按照式(8-21f)和式(8-21g)改变λ的取值即可获得待求点P_3和P_4。图 8-2 中，$\overline{F}_1$和$\overline{F}_2$分别表示归一化的目标函数F_1和F_2。由式(8-21)可以看出，可行域的约束条件是通过对两个与所有时段有关的目标函数$F_1(x)$和$F_2(x)$进行限定的。

$$\min \lambda \frac{F_1(\boldsymbol{x})-F_{1\min}}{F_{1\max}-F_{1\min}}+(1-\lambda)\frac{F_2(\boldsymbol{x})-F_{2\min}}{F_{2\max}-F_{2\min}} \tag{8-21a}$$

$$\text{s.t.}\begin{cases} \boldsymbol{h}(\boldsymbol{x})=\boldsymbol{0} & \text{(8-21b)} \\ \underline{\boldsymbol{g}} \leqslant \boldsymbol{g}(\boldsymbol{x}) \leqslant \overline{\boldsymbol{g}} & \text{(8-21c)} \\ \dfrac{F_1(\boldsymbol{x})-F_{1\min}}{F_{1\max}-F_{1\min}} \leqslant P_1^x-\delta_x & \text{(8-21d)} \\ \dfrac{F_2(\boldsymbol{x})-F_{2\min}}{F_{2\max}-F_{2\min}} \leqslant P_2^y-\delta_y & \text{(8-21e)} \\ \lambda \in [0,\ 1/w_i,\ 2/w_i,\ \cdots,\ (w_i-1)/w_i,\ 1] & \text{(8-21f)} \\ w_i=\operatorname{ceil}(d_i/\delta_f)-1 & \text{(8-21g)} \end{cases}$$

式中，P_1^x 与 P_2^y 分别为点 P_1 对应的横坐标与点 P_2 对应的纵坐标；d_i 为第 i 个分割段 P_1P_2 长度；ceil(·) 表示取大于或等于括号内数值的最小整数的运算；w_i 为分割段 P_1P_2 中需要新增的点数。

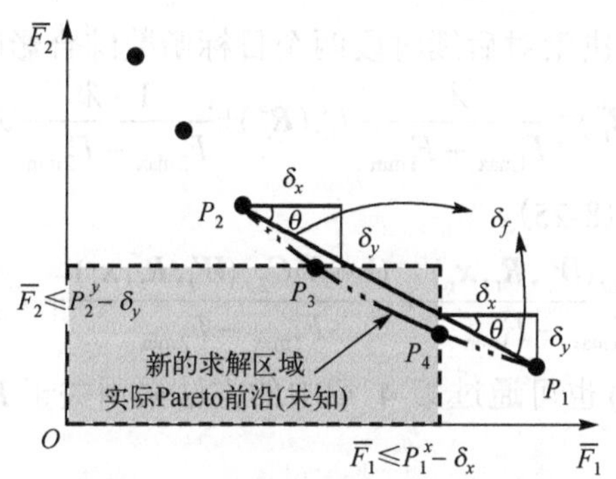

图 8-2　AWS 法求解 Pareto 前沿

2. 结合 AWS 和 VFADP 的多目标随机动态优化算法

VFADP 法的优势在于利用近似值函数，将多时段大规模随机优化问题转化为逐一时段小规模优化问题的递推求解，从而实现快速高效求解；而 AWS 法中是将多目标问题转化为一系列单目标问题，并通过加入含两个与所有时段有关的不等式限定可行域以计算新增 Pareto 最优点。将两种算法结合的主要困难是，ADP 法中通过近似值函数进行逐一时段求解，每时段目标函数仅与当前时段决策量有关，约束条件只与当前时段及前面时段的变量有关；而 AWS 法中目标函数为包含整个调度周期所有时段变量的函数值，且需要两个与所有时段有关的不等式约束来计算新增 Pareto 点，这使得式(8-20)的单目标优化问题无法直接采用 ADP 法实现逐一时段的递推求解，这是需要解决的主要问题。

在加权和法(式(8-20))的基础上，根据 Bellman 最优化原理，并结合第 4 章中引入的决策前状态 $\boldsymbol{S}_t=(\boldsymbol{W}_t,\boldsymbol{R}_t)$ 和决策后状态 $\boldsymbol{S}_t^u=(\boldsymbol{W}_t,\boldsymbol{R}_t^u)$ 的概念，可将式(8-20)中的目标函数写成如下分时段递推求解形式：

$$\min\left\{\frac{\lambda}{F_{1\max}-F_{1\min}}\left(F_{\mathrm{cost}_{1,t-1}}+C_{1,t}(\boldsymbol{W}_t,\boldsymbol{R}_t,\boldsymbol{x}_t)+J_{1,t}^u(\boldsymbol{R}_t^u)-F_{1\min}\right)\right.$$
$$\left.+\frac{1-\lambda}{F_{2\max}-F_{2\min}}\left(F_{\mathrm{cost}_{2,t-1}}+C_{2,t}(\boldsymbol{W}_t,\boldsymbol{R}_t,\boldsymbol{x}_t)+J_{2,t}^u(\boldsymbol{R}_t^u)-F_{2\min}\right)\right\} \tag{8-22}$$

式中，时段 t 为当前优化时段；$F_{\mathrm{cost}_{1,t-1}}$ 和 $F_{\mathrm{cost}_{2,t-1}}$ 为已经求解的时段 t 以前所有时段的即时成本之和，均为确定的常数。

去除式(8-22)目标函数中不会影响优化结果的常数项，则可将目标函数转化为式(8-23)表示。

$$\min\left\{\frac{\lambda(C_{1,t}(\boldsymbol{W}_t,\boldsymbol{R}_t,\boldsymbol{x}_t)+J_{1,t}^u(\boldsymbol{R}_t^u))}{F_{1\max}-F_{1\min}}+\frac{(1-\lambda)(C_{2,t}(\boldsymbol{W}_t,\boldsymbol{R}_t,\boldsymbol{x}_t)+J_{2,t}^u(\boldsymbol{R}_t^u))}{F_{2\max}-F_{2\min}}\right\} \tag{8-23}$$

构建反映当前时段决策对后续时段两个目标函数综合影响的值函数，即令

$$J_{\text{total},t}^u(\boldsymbol{R}_t^u)=\frac{\lambda}{F_{1\max}-F_{1\min}}J_{1,t}^u(\boldsymbol{R}_t^u)+\frac{1-\lambda}{F_{2\max}-F_{2\min}}J_{2,t}^u(\boldsymbol{R}_t^u) \tag{8-24}$$

则式(8-23)可转化为式(8-25)。

$$\min\left\{\frac{\lambda C_{1,t}(\boldsymbol{W}_t,\boldsymbol{R}_t,\boldsymbol{x}_t)}{F_{1\max}-F_{1\min}}+\frac{(1-\lambda)C_{2,t}(\boldsymbol{W}_t,\boldsymbol{R}_t,\boldsymbol{x}_t)}{F_{2\max}-F_{2\min}}+J_{\text{total},t}^u(\boldsymbol{R}_t^u)\right\} \tag{8-25}$$

式中，值函数 $J_{\text{total},t}^u(\boldsymbol{R}_t^u)$ 也可通过第 4 章中的方法采用关于 $\boldsymbol{R}_t^u$ 的分段线性函数来近似表示。

因此，对于式(8-20)的多时段优化调度模型，经过时段解耦后的单时段优化模型如式(8-26)所示。

$$\begin{cases}\min\left\{\dfrac{\lambda C_{1,t}(\boldsymbol{W}_t,\boldsymbol{R}_t,\boldsymbol{x}_t)}{F_{1\max}-F_{1\min}}+\dfrac{(1-\lambda)C_{2,t}(\boldsymbol{W}_t,\boldsymbol{R}_t,\boldsymbol{x}_t)}{F_{2\max}-F_{2\min}}+J_{\text{total},t}^u(\boldsymbol{R}_t^u)\right\}\\ \text{s.t.}\begin{cases}\boldsymbol{h}(\boldsymbol{x}_t)=\boldsymbol{0}\\ \underline{\boldsymbol{g}}\leqslant\boldsymbol{g}(\boldsymbol{x}_t)\leqslant\overline{\boldsymbol{g}}\\ \lambda\in[0,\ 1/w,\ 2/w,\ \cdots,\ (w-1)/w,\ 1]\end{cases}\end{cases} \tag{8-26}$$

为得到均匀分布的 Pareto 前沿，在计算分割段中新增的 Pareto 点优化时，本章结合 AWS 法的思想，在加权和法基础上，保留约束条件与原优化模型一致，如式(8-26)所示；并且，不是通过增加两个与整个调度周期所有时段变量有关的约束来限定可行区域，而是通过调整两个目标函数的权重 λ 值来计算分割段中需要新增的 Pareto 优化点。新增的 Pareto 优化点的权重 λ 可由分割段两个端点对应的 λ 值及其坐标值进行计算。如图 8-3 所示，P_1P_2 分割段中需要新增 2 个 Pareto 最优点，以计算距离 P_2 最近的 Pareto 最优点 P_3 为例：计算分割段中横坐标方向的权重平均变化值，即横坐标单位变化量对应的权重变化量，等于权重变化量($\lambda_{p1}-\lambda_{p2}$)与横坐标变化量($P_1^x-P_2^x$)的比值，再根据新增点 P_3 与点 P_2 之间的距离 δ_f 对应的横坐标差值 δ_x 可以确定点 P_3 的一个权重；同理，根据纵坐标变化量($P_2^y-P_1^y$)也可得到点 P_3 另一个权重；将求得的两个权重取算术平均，得到新增点 P_3 的权重。即新增点 P_3 的权重计算如下：

$$\begin{cases}\lambda_{p3}=\lambda_{p2}+\dfrac{1}{2}\left[\delta_x\cdot\left(\dfrac{\lambda_{p1}-\lambda_{p2}}{P_1^x-P_2^x}\right)+\delta_y\cdot\left(\dfrac{\lambda_{p1}-\lambda_{p2}}{P_2^y-P_1^y}\right)\right]\\ \delta_x=\dfrac{P_1^x-P_2^x}{w_i+1},\quad \delta_y=\dfrac{P_2^y-P_1^y}{w_i+1}\end{cases} \tag{8-27}$$

式中，λ_{p1}、λ_{p2}、λ_{p3} 分别为点 P_1、P_2、P_3 对应的权重；P_1^x、P_2^x 与 P_1^y、P_2^y 分别为点 P_1、P_2 对应的横纵坐标；δ_x 与 δ_y 为新增点 P_3 与已知点 P_2 之间的距离 δ_f 对应的横坐标差值和纵坐标差值，由式(8-27)中的第二个式子计算得到。

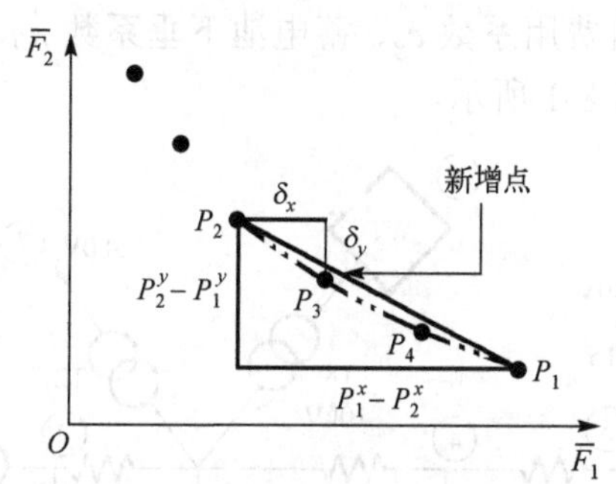

图 8-3　分割段中新增 Pareto 点的权重计算

得到新增点 P_3 后，同理，也可求解得到 P_1P_2 分割段中的新增点 P_4。上述方法可称为调节权重 AWS 法。

3. 多目标随机动态优化算法的步骤

求解所提出微电网多目标随机动态优化调度模型的多目标随机动态优化算法的具体步骤如下。

(1) 求解单独最小化 F_1 和单独最小化 F_2 的两个单目标随机动态优化模型，得到 Pareto 前沿的两个端点：抽样足够的误差场景，通过逐次投影近似路径(SPAR)算法分别对单独以 F_1 或 F_2 为目标函数的两个单目标随机动态优化模型进行逐一场景训练，得到收敛的值函数对应的斜率值与截距值，并代入预测场景求解获得单目标优化调度策略，从而得到式(8-20)多目标随机动态模型中的 $F_{1\max}$、$F_{1\min}$、$F_{2\max}$、$F_{2\min}$ 四个参数。

(2) 求解初始 Pareto 前沿：通过 SPAR 算法对式(8-20)中相隔 $1/w$ 的每个 λ 值分别采用与步骤(1)中相同的误差场景进行值函数训练，得到每个 λ 值下收敛的值函数 $J_{\text{total},t}^u(\boldsymbol{R}_t^u)$，并代入预测场景求解得到对应的优化调度策略，同时计算出该调度策略对应的两个目标函数 F_1 和 F_2 的值，形成初始 Pareto 前沿。

(3) 均匀化 Pareto 前沿：去除初始 Pareto 前沿上相邻点间距小于设定值 d_{set} 的点，在每个分割段 d_i 中根据调节权重 AWS 法计算新增 w_i 个 Pareto 最优点，当所有的相邻 Pareto 最优点之间的距离都小于 δ_f 时，得到分布较为均匀的更新的 Pareto 前沿，求解结束。

8.1.3 算例分析

为验证所提出的将 ADP 算法结合 AWS 算法求解多目标随机动态优化调度问题的有效性，对某一实际孤岛微电网进行建模与求解。该微电网如图 8-4 所示，包括

13 节点，分布式能源包括 2 个光伏 PV1 和 PV2、1 个风电 WT、2 台铅酸蓄电池储能装置 S1 和 S2，以及 1 台柴油发电机，蓄电池储能装置 S1、S2 的额定功率分别为 300kW、150kW，额定电量分别为 1300kW·h、500kW·h，柴油发电机组的额定功率为 600kW。柴油发电机组费用系数 c_g、蓄电池下垂系数 n_b、充电效率 η 及风机和光伏的功率因数等参数如表 8-1 所示。

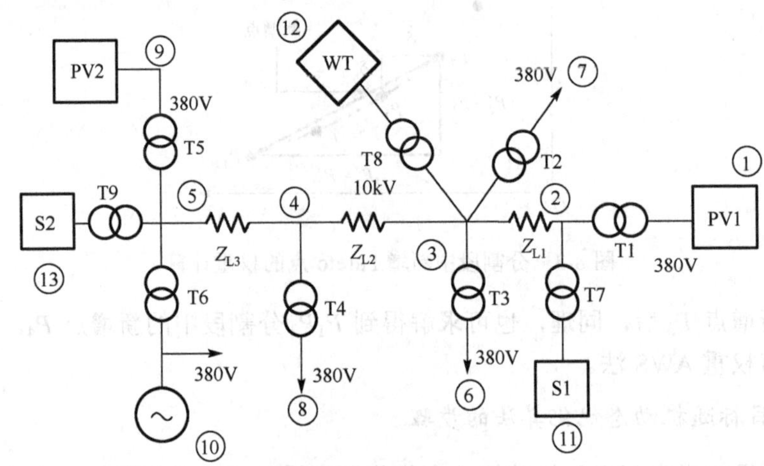

图 8-4　某实际微电网接线

①～⑬表示节点

表 8-1　微电网中主要参数选取

c_g	n_b	η	$\cos\alpha_1$	$\cos\alpha_2$
1.69 元/(kW·h)	0.2	0.85	–0.85	0.95

在该微电网中，风电、总光伏的预测出力曲线与总负荷变化曲线如图 8-5 所示。假设风机与光伏的出力预测误差服从正态分布，数学期望为各时段出力预测值，标准差为预测值的 20%，采用拉丁超立方抽样方法生成误差场景，以进行 VFADP 算法中近似值函数的斜率和截距的训练。对模型的求解采用在 MATLAB 软件与 GAMS 软件中进行交替计算，在 GAMS 中搭建单时段优化模型并采用 CONOPT 求解器求解，在 MATLAB 中调用 GAMS 单时段优化求解结果并进行斜率和截距的修正。

1. VFADP 求解多目标优化模型 Pareto 前沿的两个端点

当抽样的误差场景数分别为 20、40 和 60 时，采用 ADP 算法求解以 F_1 或 F_2 为目标函数的单目标随机动态优化模型，并与场景法进行比较，结果如表 8-2 和表 8-3 所示。其中场景法采用 GAMS 软件中的 CONOPT 求解器直接进行计算。由表 8-2 和表 8-3 中可以看出，不同场景数下，ADP 算法与场景法的计算结果十分接近，仅

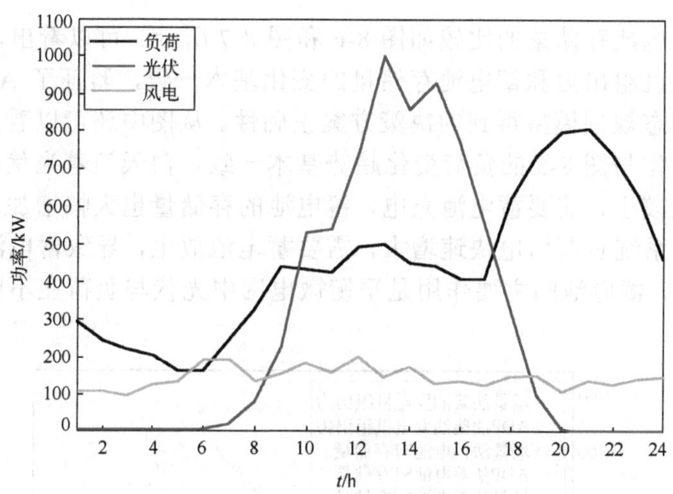

图 8-5　微电网中风电、光伏和负荷功率预测曲线

比场景法略大一点，这是由 ADP 算法中训练得到的近似值函数的误差引起的。对于计算时间而言，随着场景数的增加，场景法耗时大大增加，当场景数为 40 时，求解时间已接近 1h；而场景数为 60 时，即使有足够的求解时间也无法得到最优解。这是因为场景法优化模型的规模是场景数的倍数，而 CONOPT 求解器对于大规模非线性模型本身求解难度较大，在优化模型规模很大时不一定能得到最优解。ADP 算法实现随机动态优化模型各时段的解耦求解，有效减小了每次求解的优化模型的规模，因而随着场景数的增加，ADP 算法的计算时间增加缓慢，且计算耗时明显小于场景法。上述结果表明了 ADP 算法求解微电网随机动态优化模型的快速有效性。

表 8-2　优化目标为 F_1 时 ADP 与场景法目标函数值对比

比较项	场景数为 20		场景数为 40		场景数为 60	
	ADP	场景法	ADP	场景法	ADP	场景法
耗时/s	429	610	565	3143	837	—
F_1/元	4675.4	4638.5	4675.7	4639.6	4676.4	—
F_2/kW	132.50	128.45	132.30	131.179	132.88	—

表 8-3　优化目标为 F_2 时 ADP 与场景法目标函数值对比

比较项	场景数为 20		场景数为 40		场景数为 60	
	ADP	场景法	ADP	场景法	ADP	场景法
耗时/s	433	782	766	3426	967	—
F_1/元	11935.9	11862.2	11929.9	11867.1	11940.9	—
F_2/kW	72.21	71.95	72.27	71.97	72.29	—

ADP 算法与场景法在 20 个相同误差场景下的计算结果对应的柴油发电机组

出力对比与蓄电池存储量的比较如图 8-6 和图 8-7 所示。可以看出，两种算法得到的柴油发电机组出力和蓄电池存储量的变化基本一致，验证了 ADP 算法求解微电网随机动态规划模型得到的决策方案正确性。从图中还可以看出，柴油发电机组的出力变化与图 8-5 的负荷变化趋势基本一致。白天随着光伏出力的增加，系统负荷用电较小，需要蓄电池充电，蓄电池的存储量也大幅增加；夜晚光伏的出力较小，而系统负荷用电快速增大，需要蓄电池放电，导致蓄电池的存储量迅速降低。因此，蓄电池的主要作用是平衡微电网中光伏与负荷在不同时段的功率变化。

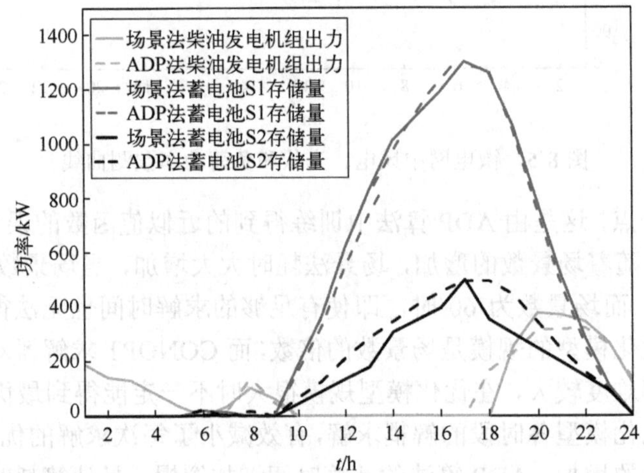

图 8-6　优化目标为 F_1 时 ADP 与场景法出力与存储量对比

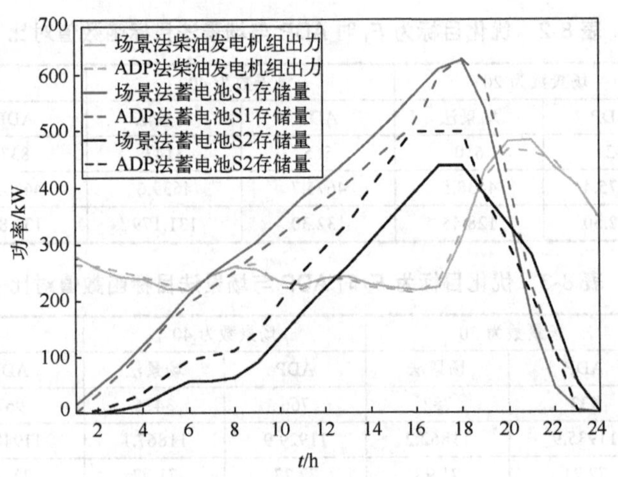

图 8-7　优化目标为 F_2 时 ADP 与场景法出力与存储量对比

2. 结合 AWS 和 ADP 算法求解多目标随机优化模型

将 ADP 算法在场景数为 20 时求解得到的目标函数值作为式(8-26)中对应的四个参数 $F_{1\max}$、$F_{1\min}$、$F_{2\max}$、$F_{2\min}$，采用普通加权和法逐一时段求解多目标随机动态模型(式(8-26))，以获得初始 Pareto 前沿。在 0～1 区间内每间隔 0.05 进行权重 λ 的取值，计算得到 21 个 Pareto 最优点，并得到归一化的 Pareto 前沿的分布，如图 8-8 所示。可以看出，普通加权和法求解的整个初始 Pareto 前沿上最优点的分布不够均匀；特别是当 $\bar{F}_1$ 取值在 0～0.15 和 0.8～0.9，Pareto 最优点较为密集；而当 $\bar{F}_1$ 取值在 0.5～0.7，Pareto 最优点较为稀疏。

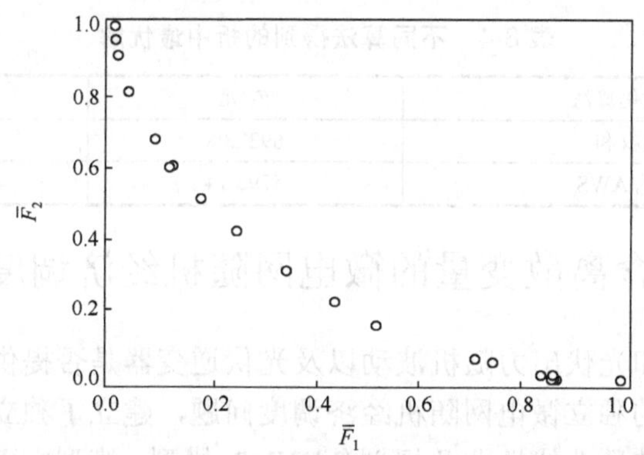

图 8-8　普通加权和法求解多目标随机动态优化调度的 Pareto 前沿

采用 8.1.2 节中提出的调节权重 AWS 法对初始 Pareto 前沿进行均匀化处理。去除初始 Pareto 前沿中分布密集的点；根据式(8-27)计算分布稀疏的分割段中新增 Pareto 最优点对应的 λ 数值；再根据式(8-26)逐一时段求解得到新增 Pareto 最优点；从而得到归一化的 Pareto 前沿，如图 8-9 所示。可以看出，整个 Pareto 前沿上最优点的分布比较均匀，能够反映两个目标协调优化的完整信息。

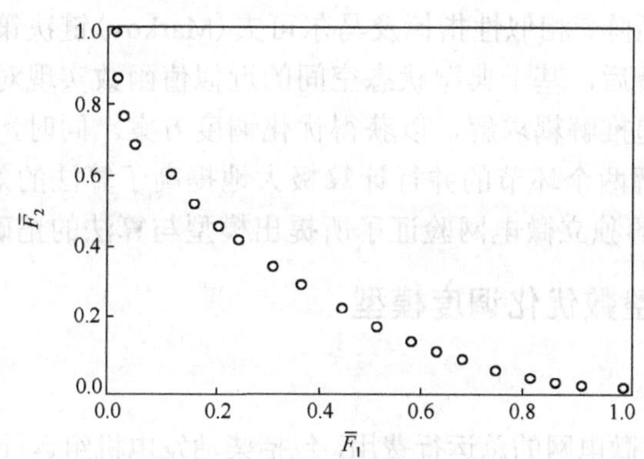

图 8-9　调节权重 AWS 法多目标随机动态 Pareto 前沿

3. 折中最优解对比

在得到普通加权和法与调节权重 AWS 算法的 Pareto 最优解集后，运行人员可以根据微电网不同的运行状态或不同的运行需求，在 Pareto 前沿上选择某个最优解作为优化调度方案。这里根据模糊隶属度和熵权法选出每个目标函数都比较优的折中最优解，两种算法得到折中最优解的目标函数比较如表 8-4 所示。可以看出，调节权重AWS算法得到的折中最优解对应的目标函数F_1即微电源一天总运行费用较普通加权和法减少 1126.94 元；而对应的目标函数F_2即一天总网损只比普通加权和法增大 10.61kW·h，差别很小。可见，AWS 算法得到的折中最优解的优化程度更高。

表 8-4　不同算法得到的折中最优解

多目标优化算法	F_1/元	F_2/(kW·h)
普通加权和	6922.08	92.78
调节权重 AWS	5795.14	103.39

8.2　含离散变量的微电网随机经济调度算法

针对考虑风电和光伏出力随机波动以及光伏逆变器是否提供辅助服务和机组启停状态等离散变量的独立微电网随机经济调度问题，建立了独立微电网经济调度的含随机变量的混合整数非线性非凸规划(MINNP)模型，模型中以包含柴油发电机组运行和启动费用、网损费用及光伏逆变器提供辅助服务费用的总运行费用为目标函数。通过对支路潮流模型的二阶锥松弛、大M法等效处理机组互补运行约束与光伏节点运行约束以及分段线性近似处理储能节点的下垂特性方程等方法，将随机 MINNP 模型转化为随机混合整数二阶锥规划(MISOCP)模型以降低模型的求解难度。采用状态空间近似动态规划(SSADP)算法对随机 MISOCP 模型进行求解，首先，通过对一系列随机场景的确定性优化模型的求解生成典型状态空间；其次，依据随机变量的转移概率矩阵、相似性指标及马尔可夫(Markov)链决策求取典型状态空间的值函数近似值；最后，基于典型状态空间的近似值函数实现对预测场景下优化调度问题的逐一时段递推解耦求解，以获得优化调度方案。同时，通过对状态空间生成及近似值函数求解两个环节的并行计算极大地提高了算法的效率。通过由 IEEE 33 节点系统修改成的独立微电网验证了所提出模型与算法的正确有效性。

8.2.1　随机混合整数优化调度模型

1. 目标函数

目标函数为独立微电网的总运行费用，包括柴油发电机组运行费用C_{EG}，柴油发电机组启动费用C_{SG}，网损费用C_{loss}，光伏辅助节点服务费用C_{as}，如式(8-28)所示。

$$\min_{x_t \in \chi_t} E\left(\sum_{t=1}^{T} C_{\mathrm{EG},t}+\sum_{t=1}^{T} C_{\mathrm{SG},t}+\sum_{t=1}^{T} C_{\mathrm{loss},t}+\sum_{t=1}^{T} C_{\mathrm{as},t}\right)$$

$$\begin{cases} C_{\mathrm{EG},t}=\sum\limits_{j\in\Omega_G} a_{1j}P_{g,j,t}+a_{2j}u_{g,j,t} \\ C_{\mathrm{SG},t}\geqslant\sum\limits_{j\in\Omega_G} b_j(u_{g,j,t}-u_{g,j,t-1}),\quad C_{\mathrm{SG},t}\geqslant 0 \\ C_{\mathrm{loss},t}=c\sum\limits_{j\in\Omega_l} I_{ij,t}^2 r_{ij} \\ C_{\mathrm{as},t}=d\sum\limits_{j\in\Omega_{\mathrm{PV}}} z_{j,t} \end{cases} \tag{8-28}$$

式中，T 为调度周期总的时段数；Ω_G 为柴油发电机节点集合；Ω_{PV} 为光伏节点集合；Ω_l 为支路集合；$\boldsymbol{x}_t$ 为决策变量向量；$\boldsymbol{\chi}_t$ 为决策变量的可行域；a_{1j} 和 a_{2j} 分别为柴油发电机组 j 发电燃料损耗费用的一次项系数和常数项系数；b_j 为柴油发电机组 j 的启动费用；c 为网损费用系数；d 为光伏辅助服务节点的费用系数；$P_{g,j,t}$ 为时段 t 柴油发电机组 j 的有功出力；$u_{g,j,t}$ 为二进制变量，表示时段 t 机组 j 的启停状态，“1”表示运行状态，“0”表示停机状态；$I_{ij,t}$ 为时段 t 流过支路 ij 的电流；r_{ij} 为支路 ij 的电阻；$z_{j,t}$ 为时段 t 光伏节点 j 是否提供辅助服务，“1”表示提供辅助服务，“0”表示不提供辅助服务。

2. 约束条件

1) 网络安全约束

风电和光伏等微电源出力的波动较大，造成微电网中配电线路的传输功率频繁波动，其节点电压与支路潮流都不能超过允许的安全运行限制。采用支路潮流模型(BFM)准确描述网络安全约束，其电压、电流与功率间的关系如图 8-10 所示，根据节点 j 注入的功率与流出的功率相等，BFM 的表达式如式(8-29)所示。

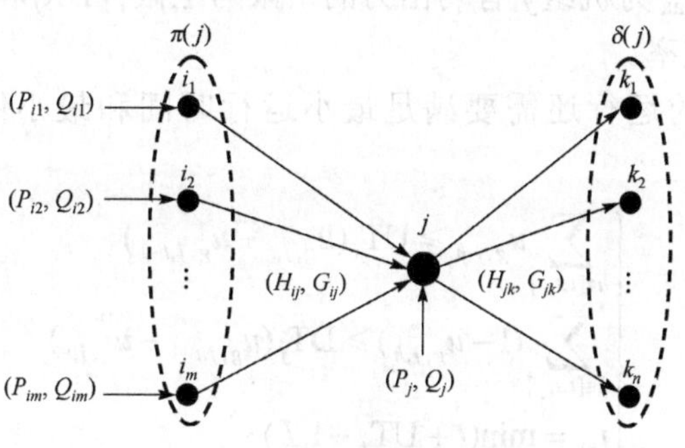

图 8-10　支路潮流模型示意图

$$
\begin{cases}
P_{j,t}=\sum_{k\in\delta(j)}H_{jk,t}-\sum_{i\in\pi(j)}(H_{ij,t}-\tilde{I}_{ij,t}r_{ij}), & \forall j\in\Omega_{\text{bus}} \quad (8\text{-}29\text{a})\\
Q_{j,t}=\sum_{k\in\delta(j)}G_{jk,t}-\sum_{i\in\pi(j)}(G_{ij,t}-\tilde{I}_{ij,t}x_{ij}), & \forall j\in\Omega_{\text{bus}} \quad (8\text{-}29\text{b})\\
\tilde{V}_{j,t}=\tilde{V}_{i,t}-2(H_{ij,t}r_{ij}+G_{ij,t}x_{ij})+\tilde{I}_{ij,t}(r_{ij}^2+x_{ij}^2), & \forall ij\in\Omega_l \quad (8\text{-}29\text{c})\\
H_{ij,t}^2+G_{ij,t}^2=\tilde{V}_{j,t}\tilde{I}_{ij,t}, & \forall ij\in\Omega_l \quad (8\text{-}29\text{d})
\end{cases}
$$

式中，Ω_{bus}为微电网的节点集合；$\tilde{I}_{ij,t}$为$I_{ij,t}$的平方，即$\tilde{I}_{ij,t}=I_{ij,t}^2$；$\tilde{V}_{j,t}$为时段$t$节点$j$电压幅值平方，即$\tilde{V}_{j,t}=V_{j,t}^2$；$P_{j,t}$和$Q_{j,t}$为时段$t$节点$j$注入的有功和无功功率；$\delta(j)$为以$j$为首端节点的支路末端节点集合；$\pi(j)$为以$j$为末端节点的支路首端节点集合；$H_{ij,t}$和$G_{ij,t}$为时段$t$从节点$i$流向节点$j$的支路首端有功和无功功率；$x_{ij}$为支路$ij$的电抗。

节点电压与支路电流需要满足的网络安全约束如式(8-30)所示。

$$
\begin{cases}
\tilde{I}_{ij,t}\leqslant\tilde{I}_{ij,\max}\\
\tilde{V}_{j,\min}\leqslant\tilde{V}_{j,t}\leqslant\tilde{V}_{j,\max}
\end{cases}
\tag{8-30}
$$

式中，$\tilde{I}_{ij,\max}$为$\tilde{I}_{ij,t}$的上限；$\tilde{V}_{j,\min}$和$\tilde{V}_{j,\max}$为$\tilde{V}_{j,t}$的下限与上限。

2)柴油发电机组节点约束

柴油发电机组运行约束包括机组的出力上下限约束、爬坡约束和滑坡约束，如式(8-31)所示。

$$
\begin{cases}
u_{g,j,t}P_{g,j,\min}\leqslant P_{g,j,t}\leqslant u_{g,j,t}P_{g,j,\max}\\
P_{g,j,t+1}-P_{g,j,t}\leqslant \text{UR}_j\cdot u_{g,j,t}+\alpha_{j,t}P_{g,j,\max}+P_{g,j,\max}(1-u_{g,j,t+1})\\
P_{g,j,t}-P_{g,j,t+1}\leqslant \text{DR}_j\cdot u_{g,j,t+1}-\alpha_{j,t}P_{g,j,\max}+P_{g,j,\max}(1-u_{g,j,t})\\
\alpha_{j,t}=u_{g,j,t+1}-u_{g,j,t}
\end{cases}
\tag{8-31}
$$

式中，$P_{gj,\min}$和$P_{gj,\max}$为机组j有功出力的下限与上限；DR_j和UR_j为机组j有功出力的向下和向上爬坡率。

柴油发电机组的运行还需要满足最小运行时间和最小停机时间约束[4]，如式(8-32)所示。

$$
\begin{cases}
\sum_{h\in[t,t_{h1}]}u_{g,j,h}\geqslant \text{UT}_j(u_{g,j,t}-u_{g,j,t-1})\\
\sum_{h\in[t,t_{h2}]}(1-u_{g,j,h})\geqslant \text{DT}_j(u_{g,j,t-1}-u_{g,j,t})\\
t_{h1}=\min(t+\text{UT}_j-1,T)\\
t_{h2}=\min(t+\text{DT}_j-1,T)
\end{cases}
\tag{8-32}
$$

式中，t_{h1}、t_{h2} 和 h 为统计辅助量；UT_j 和 DT_j 为机组 j 的最小运行和关停时间。

柴油发电机组的无功出力和端电压约束如式(8-10)和式(8-11)所示。由于采用的支路潮流模型中节点电压用其平方表示，故式(8-11c)中机组端电压及其参考设定值也采用其平方表示。

3)光伏节点运行约束

如果控制光伏电源的逆变器给微电网运行提供辅助服务，能够有效地改善微电网的安全运行水平。目前，光伏电源的逆变器有 5 种控制模式，包括定有功控制(constant active power control，CAC)、削减有功控制(active power curtailment，APC)、无功控制(reactive power control，RPC)、有功无功联合最优逆变器控制(optimal inverter dispatch with joint control of real and reactive power，OID-J)、含功率因数限制的最优逆变器控制(optimal inverter dispatch with a lower bound on power factor，OID-F)，如图 8-11 所示。在 5 种控制模式中，由于 OID-F 控制模式具有较大的调节范围，且当 OID-F 控制模式下的功率因数角取 π/2 时，即为 OID-J 控制模式，因此选用 OID-F 为提供辅助服务的光伏节点的控制模式。未被选为提供辅助服务的光伏节点则采用 CAC 模式。

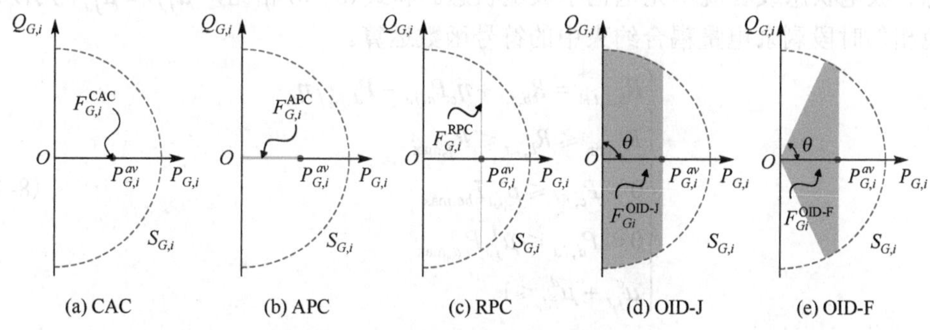

图 8-11　光伏逆变器的控制模式

考虑到实际运行调度的经济性，要求调度周期中每个时段中仅有小于等于 K 台的光伏逆变器为辅助服务节点，其余光伏节点不具有辅助服务。光伏节点运行约束主要包括有功出力约束、视在功率约束、功率因数限制范围内的无功出力约束、单个时段提供辅助服务的节点总数约束，如式(8-33)所示。

$$
\begin{cases}
P_{s,j,t}^{f}(1-z_{j,t}) \leqslant P_{s,j,t} \leqslant P_{s,j,t}^{f} & \text{(8-33a)} \\
(z_{j,t}P_{s,j,t})^2 + Q_{s,j,t}^2 \leqslant S_{s,j,\max}^2 & \text{(8-33b)} \\
-z_{j,t}P_{s,j,t}\tan\theta_{s,j} \leqslant Q_{s,j,t} \leqslant z_{j,t}P_{s,j,t}\tan\theta_{s,j} & \text{(8-33c)} \\
\sum_{j\in\Omega_{\mathrm{PV}}} z_{j,t} \leqslant K & \text{(8-33d)}
\end{cases}
$$

式中，时段 t 光伏节点 j 的最大可获得有功出力 $P_{s,j,t}^{f}$ 为随机变量；$S_{s,j,\max}$ 为光伏节点 j 输出的视在功率上限；$\theta_{s,j}$ 为光伏节点 j 的最大功率因数角；K 为每个时段被选为提供辅助服务节点的最大数目。

4) 风机节点运行约束

风机节点运行约束包括有功和无功出力约束，如式(8-34)所示。

$$\begin{cases} 0 \leqslant P_{w,j,t} \leqslant P_{w,j,t}^{f} \\ Q_{w,j,t} = P_{w,j,t} \tan\theta_{w,j} \end{cases} \tag{8-34}$$

式中，时段 t 风机节点 j 的最大可获得有功出力 $P_{w,j,t}^{f}$ 为随机变量；$\theta_{w,j}$ 为风机节点 j 运行的功率因数角。

5) 蓄电池储能节点运行约束

蓄电池储能的有功出力约束主要包括：相邻时段剩余电量的耦合约束、剩余电量的上下限约束和最大充放电功率约束，如式(8-35)所示。引入充放电状态指示的二进制变量 $\mu_{j,t}^{c}$ 和 $\mu_{j,t}^{d}$，并通过二者之和小于等于 1 限定时段 t 蓄电池只能处于充电状态、放电状态或者既不充电也不放电状态。和式(8-16)相比，$\mu_{j,t}^{c}$ 和 $\mu_{j,t}^{d}$ 的引入可避免相邻时段剩余电量耦合约束中的符号函数运算。

$$\begin{cases} R_{b,j,t+1} = R_{b,j,t} + \eta_c P_{c,j,t} - P_{d,j,t}/\eta_d \\ R_{j,\min} \leqslant R_{b,j,t} \leqslant R_{j,\max} \\ 0 \leqslant P_{c,j,t} \leqslant \mu_{j,t}^{c} P_{bc,\max} \\ 0 \leqslant P_{d,j,t} \leqslant \mu_{j,t}^{d} P_{bd,\max} \\ \mu_{j,t}^{c} + \mu_{j,t}^{d} \leqslant 1 \end{cases} \tag{8-35}$$

式中，$R_{b,j,t}$ 为时段 t 蓄电池节点 j 的剩余电量；$P_{c,j,t}$ 和 $P_{d,j,t}$ 为时段 t 蓄电池节点 j 的充电和放电功率；η_c 和 η_d 为蓄电池的充电和放电效率；$R_{j,\min}$ 和 $R_{j,\max}$ 分别为 $R_{b,j,t}$ 的下限和上限；$P_{bc,\max}$ 和 $P_{bd,\max}$ 分别为 $P_{c,j,t}$ 和 $P_{d,j,t}$ 的上限。

蓄电池一般采用下垂控制特性对其无功出力和电压进行控制，其节点无功出力与端电压的表达式如式(8-13)所示。当采用电压幅值平方的形式表示时，下垂控制可转化为如式(8-36)所示。

$$\tilde{V}_{b,j,t} = (V_{b,j,\mathrm{ref}} - n_b Q_{b,j,t})^2 \tag{8-36}$$

式中，$\tilde{V}_{b,j,t}$ 为时段 t 蓄电池节点 j 电压幅值的平方。蓄电池无功出力约束除了满足下垂特性，还受其本身视在功率的约束，如式(8-37)所示。

$$(P_{d,j,t} - P_{c,j,t})^2 + Q_{b,j,t}^2 \leqslant S_{b,j,\max}^2 \tag{8-37}$$

在式(8-29)中，如果节点 j 为柴油发电机节点，则 $P_{j,t}=P_{g,j,t}$，$Q_{j,t}=Q_{g,j,t}$；如果节点 j 为光伏节点，则 $P_{j,t}=P_{s,j,t}$，$Q_{j,t}=Q_{s,j,t}$；如果节点 j 为风机节点，则 $P_{j,t}=P_{w,j,t}$，$Q_{j,t}=Q_{w,j,t}$；如果节点 j 为蓄电池储能节点，则 $P_{j,t}=P_{d,j,t}-P_{c,j,t}$，$Q_{j,t}=Q_{b,j,t}$。

8.2.2 将混合整数非线性规划模型转化为混合整数凸规划模型

上述式(8-28)～式(8-37)和式(8-10)～式(8-11)描述的微电网随机优化调度模型为含随机变量的 MINNP，由于含有很多离散变量，采用 SBB 等常用的混合整数非线性规划求解器进行求解往往很难得到最优解且难以保证数学上的最优性。通过锥松弛、大 M 法及分段线性技术将 MINNP 转化为 MISOCP，则采用常规的二次约束规划求解器就能得到数学意义上的最优解。因此，上述 MINNP 模型中需要处理的有式(8-29d)含二次等式约束，式(8-11a)和式(8-11b)含连续变量与连续变量相乘约束，式(8-33b)和式(8-33c)含离散变量与连续变量相乘的约束，式(8-36)含二次等式约束。

1. 支路潮流模型的锥松弛

将支路潮流模型中的非凸约束进行二阶锥松弛，使非凸的可行区域扩大以搜寻最优解，在满足特定条件时得到的最优解就对应于原问题的最优解，并能大大降低问题求解的计算复杂性[5,6]。因此，支路潮流约束(式(8-29d)的二次非凸约束)可通过二阶锥松弛转化成式(8-38)。

$$\left\| \begin{matrix} 2H_{ij,t} \\ 2G_{ij,t} \\ \tilde{I}_{ij,t}-\tilde{V}_{j,t} \end{matrix} \right\|_2 \leqslant \tilde{I}_{ij,t}+\tilde{V}_{j,t}, \quad \forall ij \in \Omega_l \tag{8-38}$$

式中，$\|\cdot\|_2$ 表示向量的 2 范数。

2. 大 M 法等效处理柴油发电机组互补约束和光伏节点约束

在柴油发电机组节点互补约束(式(8-11))的第 1 个和第 2 个式子中含有连续变量与连续变量相乘的非凸约束，通过大 M 法进行处理将其转化为线性约束。例如，A 与 B 是两个连续变量相乘的形式，通过引入一个二进制变量 z_a 将其转化为线性约束，如式(8-39)所示。

$$\begin{cases} A\cdot B=0 \\ A\geqslant 0, B\geqslant 0 \end{cases} \rightarrow \begin{cases} 0\leqslant A\leqslant Mz_a \\ 0\leqslant B\leqslant M(1-z_a) \end{cases} \tag{8-39}$$

式中，M 是一个确定的很大常数。

因此，通过上述的引入二进制变量的大 M 法可以将柴油发电机组互补约束(式(8-11))转化为式(8-40)的形式。

$$\begin{cases} 0 \leqslant Q_{g,j,t} - Q_{g,j,\min} \leqslant Mz_{ga,j,t} \\ 0 \leqslant V_{ga,j,t} \leqslant M(1-z_{ga,j,t}), \quad z_{ga,j,t} \in \{0,1\} \\ 0 \leqslant Q_{g,j,t} - Q_{g,j,\max} \leqslant Mz_{gb,j,t} \\ 0 \leqslant V_{gb,j,t} \leqslant M(1-z_{gb,j,t}), \quad z_{gb,j,t} \in \{0,1\} \\ \tilde{V}_{g,j,t} = V_{g,j,\text{ref}}^2 + V_{ga,j,t} - V_{gb,j,t}, \quad V_{ga,j,t} \geqslant 0,\ V_{gb,j,t} \geqslant 0 \end{cases} \tag{8-40}$$

同理，在光伏节点约束(式(8-33))中存在非凸双线性项 $z_{j,t}P_{s,j,t}$，引入一个连续变量 $T_{s,j,t}$ 满足 $T_{s,j,t} = z_{j,t}P_{s,j,t}$，可采用大 M 法将其转化为如式(8-41)所示的混合整数线性约束。因此，式(8-33)可以转化为如式(8-42)所示的混合整数凸约束。

$$\begin{cases} -Mz_{j,t} \leqslant T_{s,j,t} \leqslant Mz_{j,t} \\ -M(1-z_{j,t}) + P_{s,j,t} \leqslant T_{s,j,t} \leqslant P_{s,j,t} + M(1-z_{j,t}) \end{cases} \tag{8-41}$$

$$\begin{cases} P_{s,j,t}^f(1-z_{j,t}) \leqslant P_{s,j,t} \leqslant P_{s,j,t}^f \\ (T_{s,j,t})^2 + Q_{s,j,t}^2 \leqslant S_j^2 \\ -T_{s,j,t}\tan\theta_{s,j} \leqslant Q_{s,j,t} \leqslant T_{s,j,t}\tan\theta_{s,j} \\ -Mz_{j,t} \leqslant T_{s,j,t} \leqslant Mz_{j,t} \\ -M(1-z_{j,t}) + P_{s,j,t} \leqslant T_{s,j,t} \leqslant P_{s,j,t} + M(1-z_{j,t}) \\ \sum\limits_{j \in \Omega_{\text{PV}}} z_{j,t} \leqslant K \end{cases} \tag{8-42}$$

3. 分段线性近似处理蓄电池储能节点下垂控制特性

蓄电池储能节点下垂控制特性(式(8-36))可通过采用分段线性化近似处理：将每个时段的二次函数分为 N_s 段来进行线性逼近，如图 8-12 所示，每一段中引入一个离散变量 $B_{i,t}$ 和一个连续变量 $L_{i,t}$，则储能节点电压和无功关系可转化为式(8-43)。

$$\begin{cases} \tilde{V}_{b,j,t} = \sum\limits_{i=1}^{N_s}(\alpha_i L_{i,t} + \beta_i B_{i,t}) & \text{(8-43a)} \\ Q_{b,j,t} = \sum\limits_{i=1}^{N_s} L_{i,t} & \text{(8-43b)} \\ \alpha_i = \dfrac{\tilde{V}_{b,j,t}(L_{i+1}) - \tilde{V}_{b,j,t}(L_i)}{L_{i+1} - L_i} & \text{(8-43c)} \\ \beta_i = \tilde{V}_{b,j,t}(L_i) - L_i\alpha_i & \text{(8-43d)} \\ L_i B_{i,t} \leqslant L_{i,t} \leqslant L_{i+1}B_{i,t} & \text{(8-43e)} \\ \sum\limits_{i=1}^{N_s} B_{i,t} = 1 & \text{(8-43f)} \end{cases}$$

式中，α_i 和 β_i 分别为第 i 个分段的斜率和截距；L_i 和 L_{i+1} 分别为第 i 个分段首端和末端的横坐标；$\widetilde{V}_{b,j,t}(L_i)$ 和 $\widetilde{V}_{b,j,t}(L_{i+1})$ 分别为第 i 个分段首端和末端的纵坐标。

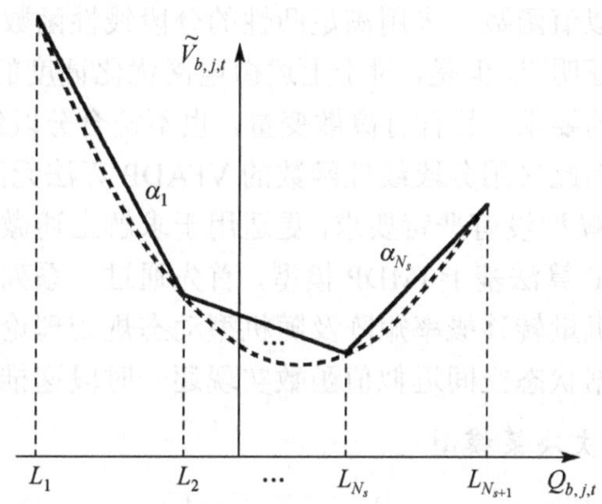

图 8-12　蓄电池储能的下垂特性的分段线性化

因此，微电网优化调度的随机 MINNP 模型可转化为随机 MISOCP 模型，包括：式(8-28)和式(8-29a)～式(8-29c)，式(8-30)～式(8-32)、式(8-10)、式(8-34)、式(8-35)、式(8-37)、式(8-38)、式(8-40)、式(8-42)和式(8-43)。在该模型中，决策变量 $\boldsymbol{x}_t$(每时段)包括柴油机组状态 $u_{j,t}$，光伏辅助节点 $z_{j,t}$，蓄电池的充电和放电功率 $P_{c,j,t}$ 和 $P_{d,j,t}$，柴油机组有功出力 $P_{g,j,t}$，光伏有功出力 $P_{s,j,t}$，风机有功出力 $P_{w,j,t}$。其中，相邻时段间的耦合变量：机组有功出力 $P_{g,j}$，蓄电池剩余电量 R_j。当不考虑离散变量时，采用锥松弛、大 M 法和分段线性处理后的模型是二阶锥规划，是一类凸规划模型。当考虑离散变量后，模型不再是严格的凸规划，是一个 MISOCP 模型，属于混合整数凸规划模型，可解性和最优性相比原来的 MINNP 模型有了明显提高，可采用现有商业优化软件 GAMS 中的 GUROBI 求解器直接进行求解。

8.2.3　状态空间近似动态规划算法

上述微电网优化调度的随机 MISOCP 模型可以看作一个分阶段马尔可夫决策过程(factored Markov decision process，fMDP)模型。

在确定型动态规划法逐时段决策过程中，每个时段除了计及当前时段的即时成本，还需要考虑当前决策对后续时段的状态与目标函数的影响，该影响的最优值称为值函数。在准确值函数的求解过程中，随着决策数、时段数、状态数等的增加，动态规划值函数的计算规模呈指数式增长，将面临“维数灾难”。在随机型动态规划法中，相邻时段的状态转移还会受到外部随机因素的影响，其中期望值的计算将会进一步增加准确值函数求解的难度。为了降低问题的复杂性，Powell 等采用近似值函数代替准确值函数[7,8]，通过对外部随机变量的逐一场景训练得到收敛的近似值函数，从而实现对每个时段优化问题的递推解耦求解。VFADP 算法有效地降低了随机动态规划中值函数的求解难度，避免了随机动态规划的“维数灾难”。VFADP 中采用 SPAR 算法训练近似值函数，采用满足凸性的分段线性函数来近似准确值函数，其收敛性已经得到了证明[9]。但是，对于上述微电网优化调度的随机 MISOCP 模型，不符合线性目标函数的要求，且含有离散变量，也不符合分段线性近似值函数 ADP 算法的收敛性要求，因此采用分段线性函数的 VFADP 算法无法采用。

SSADP 算法对于模型没有严苛要求，更适用于求解上述微电网优化调度的随机 MISOCP 模型。SSADP 算法基于 fMDP 模型，首先通过一系列随机场景生成典型的状态空间，再依据随机量转移概率矩阵及随机型动态规划理论求取典型状态空间的近似值函数，最后根据状态空间近似值函数实现逐一时段递推解耦的决策过程。

1. 分阶段马尔可夫决策模型

1) 状态空间

选取对微电网运行成本影响较大的状态量组成各个时段的状态空间 $\boldsymbol{s}_t$，包括机组启停状态 $\boldsymbol{u}_t$，光伏辅助节点状态 z_t，蓄电池剩余电量 $\boldsymbol{R}_t$，风光出力随机量 $\boldsymbol{y}_t$。

2) 动作量

fMDP 模型中动作量指影响系统状态变化的外界干预量，因此微电网优化调度的动作量 $\boldsymbol{a}_t$ 包括机组启停状态 $u_{j,t}$ 转移到 $u_{j,t+1}$ 对应的动作量 $\boldsymbol{a}_{t,1}$，光伏辅助节点状态 $z_{j,t}$ 转移到 $z_{j,t+1}$ 对应的动作量 $\boldsymbol{a}_{t,2}$，蓄电池存储量 $R_{j,t}$ 转移到 $R_{j,t+1}$ 对应的动作量 $\boldsymbol{a}_{t,3}$。

3) 状态转移函数

fMDP 模型中，转移函数指相邻时段的状态转移函数。当已知当前时段状态、动作量与状态转移函数，可以求得下一时段状态。若已知当前状态 $\boldsymbol{s}_t$ 即 $(\boldsymbol{u}_t, z_t, \boldsymbol{R}_t, \boldsymbol{y}_t)$，给定当前时段动作量 $\boldsymbol{a}_t$ 时，下一时段除随机量以外的相应的状态 $(\boldsymbol{u}_{t+1}, z_{t+1}, \boldsymbol{R}_{t+1})$ 也随之确定。而随机量的状态转移以概率的形式存在，因此表征光伏与风机随机量的转移概率 $\Pr(\boldsymbol{y}_{t+1}|\boldsymbol{y}_t)$ 需要通过概率转移矩阵来描述，其计算过程如下所述。

随机量的概率转移矩阵可通过历史数据统计得到。以风机出力为例，以预测场景出力为均值，生成一系列预测误差服从正态分布的风机出力样本作为历史数据，将每个时段历史出力的波动范围等间隔划分为 M_w 个区间。例如，时段 t 风机出力波动的范围为 $[P_{l,t}, P_{h,t}]$，将其划分为区间 $D_1, D_2, \cdots, D_{M_w,t}$，每个出力区间的长度为 ΔP_t，第 i 个出力区间 D_i 对应的出力范围如式(8-44)所示。

$$\begin{cases}\Delta P_t = (P_{h,t} - P_{l,t})/M_w \\ D_i = [P_{l,t} + \Delta P_t \cdot (i-1), P_{l,t} + \Delta P_t \cdot i]\end{cases} \tag{8-44}$$

在时段 t，根据已划分的风机出力区间找出所有属于区间 D_i 的样本数目，并在每个样本中找出满足时段 t 属于 D_i 且时段 t+1 属于区间 D_j 的样本总数目 N_{ij}，即风

机出力由时段 t 区间 D_i 向时段 t+1 区间 D_j 转移的次数为 N_{ij}，因此，可以得到时段 t 向时段 t+1 的转移频数矩阵 $\boldsymbol{Q}$，如式(8-45)所示。

$$\boldsymbol{Q}=\begin{bmatrix} N_{11} & N_{12} & \cdots & N_{1M_w} \\ N_{21} & N_{22} & \cdots & N_{2M_w} \\ \vdots & \vdots & & \vdots \\ N_{M_w1} & N_{M_w2} & \cdots & N_{M_wM_w} \end{bmatrix} \tag{8-45}$$

当历史数据足够多时，可以由转移频数矩阵得到概率转移矩阵，相邻时段各区间之间的转移概率为

$$p_{ij}=N_{ij}\Big/\sum_{j=1}^{M_w}N_{ij} \tag{8-46}$$

因此，可以得到如式(8-47)所示的时段 t 向时段 t+1 的概率转移矩阵。

$$\text{Prob}=(p_{ij})=\begin{bmatrix} p_{11} & p_{12} & \cdots & p_{1M_w} \\ p_{21} & p_{22} & \cdots & p_{2M_w} \\ \vdots & \vdots & & \vdots \\ p_{M_w1} & p_{M_w2} & \cdots & p_{M_wM_w} \end{bmatrix} \tag{8-47}$$

因此，若已知某时段 t 的风机出力处于区间 i，则可以利用概率转移矩阵的第 i 行元素 $p_{i1}\sim p_{iM_w}$ 得到下一时段 t+1 风机出力的概率分布。

当存在多个风机节点时，假设各风机节点概率转移符合相同的规律，因此采用相同的概率转移矩阵。对于风机与光伏总的概率转移矩阵处理方法如下：假设风机与光伏之间相互独立，将每个时段光伏历史出力的波动范围等间隔划分为 M_s 个区间，则每个时段共有 $M_w\times M_s$ 个区间数，矩阵中的转移概率相应地也为每个区间对应的转移概率乘积 $p_{ij,\text{wind}}\times p_{ij,\text{solar}}$ 的形式。因此，当得知当前时段风机与光伏出力，则可根据总转移概率矩阵得到下一时段各区间出力的概率。

4) 即时成本

在构建的 fMDP 模型中，给定当前时段系统状态 $\boldsymbol{s}_t$ 与动作量 $\boldsymbol{a}_t$，可得到即时成本如式(8-48)所示。

$$C_t(\boldsymbol{s}_t,\boldsymbol{x}_t)=C_{\text{EG},t}+C_{\text{SG},t}+C_{\text{loss},t}+C_{\text{as},t} \tag{8-48}$$

2. SSADP 算法求解 fMDP 模型

1) 生成典型状态空间

若求解并记录所有的状态空间，则值函数求解规模大大增加，因此采用以下方法生成具有代表性的典型状态空间。基于随机变量在预测场景下的数值，采用拉丁

超立方抽样生成的一系列均匀的随机场景(波动间隔为 λ(%)，最大波动为 20%的共 n_λ 组随机量场景，将预测场景计入，共 $L=n_\lambda+1$ 组随机量场景)，将每个随机场景对应的风电和光伏出力值代入确定性优化调度模型求得每个时段对应的系统状态及每个状态对应的值函数的样本值。因此，每个时段 t 有 L 个状态即($\boldsymbol{u}_{t,k}$, $\boldsymbol{z}_{t,k}$, $\boldsymbol{R}_{t,k}$, $\boldsymbol{y}_{t,k}$, $k\in L$)，同时得到时段 t 的 L 个状态对应的值函数的样本值为 $V_{t,k}$($k\in L$)。

2)状态空间近似值函数

采用随机动态规划算法求解 fMDP 模型，从后往前递推得到每个典型状态对应的值函数，即最小化时段 t 的即时成本与时段 t+1 各个状态的值函数加权和二者之和。值函数递推计算过程依据如式(8-49)所示的 Bellman 方程：

$$V_t(\boldsymbol{s}_t)=\min\left\{C_t(\boldsymbol{s}_t,\boldsymbol{x}_t)+\sum_{\boldsymbol{y}_{t+1}}\Pr(\boldsymbol{y}_{t+1}\mid\boldsymbol{y}_t)V_{t+1}(\boldsymbol{s}_{t+1})\right\} \tag{8-49}$$

式中，$V_t(\boldsymbol{s}_t)$ 为时段 t 状态 $\boldsymbol{s}_t$ 的值函数；$C_t(\boldsymbol{s}_t,\boldsymbol{x}_t)$ 为时段 t 状态 $\boldsymbol{s}_t$ 转移到下一时段的即时成本；求和计算为考虑随机性的下一时段值函数的数学期望值。

为提高求解效率，只需计算典型状态空间中每个时段的 L 个典型状态的值函数近似值。结合动态规划法的思想与状态空间的相似性衡量指标，从后往前递推，从而得到每个时段每个状态对应的值函数近似值，如图 8-13 所示。

$$\begin{bmatrix}V_{1,1}\\V_{1,2}\\\vdots\\V_{1,L}\end{bmatrix}\cdots\leftarrow\begin{bmatrix}V_{t,1}\\V_{t,2}\\\vdots\\V_{t,L}\end{bmatrix}\cdots\leftarrow\begin{bmatrix}V_{t+1,1}\\V_{t+1,2}\\\vdots\\V_{t+1,L}\end{bmatrix}\cdots\leftarrow\begin{bmatrix}V_{T,1}\\V_{T,2}\\\vdots\\V_{T,L}\end{bmatrix}$$

图 8-13　每个时段 L 个状态的近似值函数的递推计算过程

由于仅有 L 个典型状态的值函数近似值已知，下一时段 t+1 的状态 $\boldsymbol{s}_{t+1}$ 除了与当前时段的动作量有关，还与下一时段 t+1 随机量 $\boldsymbol{y}_{t+1}$ 有关，而 $\boldsymbol{y}_{t+1}$ 的取值具有不确定性，造成下一时段的状态可能不在典型状态空间中，因此无法直接求解式(8-49)得到时段 t 状态的值函数，需要通过遍历方式并引入相似性衡量指标来近似求解。如式(8-50)所示，令 $\boldsymbol{s}_{t,k1}^{\beta}=(\boldsymbol{u}_{t,k1},\boldsymbol{z}_{t,k1},\boldsymbol{R}_{t,k1},\boldsymbol{y}_{t,k1})$ 表示时段 t 典型状态空间中的第 k_1 个状态，同理，$\boldsymbol{s}_{t+1,k2}^{\beta}$ 表示时段 t+1 的第 k_2 个状态，该式为时段 t 状态 $\boldsymbol{s}_{t,k1}^{\beta}$ 值函数的求解式子。需要说明的是，$\boldsymbol{s}_{t+1}^{\beta'}$ 表示下一时段 t+1 的某一状态，它不一定属于时段 t+1 中已生成的 L 个典型状态空间。

$$\begin{cases}V_t(\boldsymbol{s}_{t,k1}^{\beta})=\min\limits_{\boldsymbol{x}_t}\{C_t(\boldsymbol{s}_{t,k1}^{\beta},\boldsymbol{x}_t)+\sum\limits_{\boldsymbol{y}_{t+1}}\Pr(\boldsymbol{y}_{t+1}\mid\boldsymbol{y}_{t,k1})V_{t+1}(\boldsymbol{s}_{t+1}^{\beta'})\}\\ \text{s.t.}\begin{cases}\text{式(8-28)、式(8-29a)}\sim\text{式(8-29c)、式(8-30)}\sim\text{式(8-32)}\\ \text{式(8-10)、式(8-34)、式(8-35)、式(8-37)、式(8-38)}\\ \text{式(8-40)、式(8-42)和式(8-43)}\end{cases}\end{cases} \tag{8-50}$$

值函数近似值的求解过程如下：首先，最后一个时段 T 的 L 个状态的值函数近似值都等于各个状态的值函数样本值；其次，从后往前逐一时段递推计算时段 $T-1$ 至时段 1 的各个状态对应的值函数的近似值，如式(8-50)所示。某一时段 t 的各个状态对应的值函数近似值求解的具体过程如下所示。

(1)当前状态为 $\boldsymbol{s}_{t,k1}^{\beta}$ 时，在时段 $t+1$ 已生成的 L 个状态中选取某个状态 $\boldsymbol{s}_{t+1,k2}^{\beta}$ 并得到对应的动作量 $\boldsymbol{a}_t^{\beta}$ 和转移后状态 $(\boldsymbol{u}_{t+1,k2},\boldsymbol{z}_{t+1,k2},\boldsymbol{R}_{t+1,k2})\in\boldsymbol{s}_{t+1,k2}^{\beta}$。

(2)为了保证该状态转移的可行性，在当前时段状态为 $\boldsymbol{s}_{t,k1}^{\beta}$，动作量为 $\boldsymbol{a}_t^{\beta}$ 的情况下，求解如式(8-51)所示的当前时段即时成本最优化模型，得到其余决策量：$P_{g,j,t}$、$P_{s,j,t}$、$P_{w,j,t}$（$\boldsymbol{x}_t^{\beta}$ 包括 $\boldsymbol{a}_t^{\beta}$ 和其余决策量）；如果无解，则表示所选取的状态 $\boldsymbol{s}_{t+1,k2}^{\beta}$ 不可行，返回步骤(1)。

$$\begin{cases} V_t(\boldsymbol{s}_{t,k1}^{\beta})=\min\limits_{\boldsymbol{x}_t}\{C_t(\boldsymbol{s}_{t,k1}^{\beta},\boldsymbol{x}_t^{\beta})\} \\ \text{s.t.}\begin{cases}\text{式(8-28)、式(8-29a)}\sim\text{式(8-29c)、式(8-30)}\sim\text{式(8-32)} \\ \text{式(8-10)、式(8-34)、式(8-35)、式(8-37)、式(8-38)} \\ \text{式(8-40)、式(8-42)和式(8-43)}\end{cases}\end{cases} \tag{8-51}$$

(3)结合转移概率矩阵进行计算，可以得到当前时段状态为 $\boldsymbol{s}_{t,k1}^{\beta}$，动作量为 $\boldsymbol{a}_t^{\beta}$ 时，下一时段随机量 $\boldsymbol{y}_{t+1}$ 不同取值下状态空间为 $\boldsymbol{s}_{t+1}^{\beta'}=(\boldsymbol{u}_{t+1,k2},\ \boldsymbol{z}_{t+1,k2},\ \boldsymbol{R}_{t+1,k2},\ \boldsymbol{y}_{t+1})$ 所对应的值函数近似值的加权和，即选取动作量为 $\boldsymbol{a}_t^{\beta}$ 后式(8-50)中目标函数的第二项。为了简化，取随机量 $\boldsymbol{y}_{t+1}$ 划分的每个区间的中点值来近似表示随机量取值。因此，$\boldsymbol{s}_{t+1}^{\beta'}$ 有可能不属于已有的时段 $t+1$ 典型状态空间 L 中的任意一个状态，需要根据相似性指标得到 $\boldsymbol{s}_{t+1}^{\beta'}$ 的值函数近似值。最终，得到选取动作量 $\boldsymbol{a}_t^{\beta}$ 后，即时成本与后一时段值函数加权和二者之和。

(4)返回步骤(1)，直至遍历时段 $t+1$ 中所有的状态 k_2，取即时成本与值函数加权和二者之和最小对应的值作为状态 $\boldsymbol{s}_{t,k1}^{\beta}$ 的值函数近似值，即以遍历形式得到式(8-50)的求解结果。

(5)选取时段 t 中已生成的 L 个典型状态中的另一个可能状态 $\boldsymbol{s}_{t,k1}^{\beta}$，返回步骤(1)，遍历时段 t 中所有典型状态 k_1，得到时段 t 各个典型状态的值函数近似值。

上述求解过程中，用相似性指标结合已有典型状态的值函数近似值如何求解下一时段 $t+1$ 随机量 $\boldsymbol{y}_{t+1}$ 某一取值对应的状态 $\boldsymbol{s}_{t+1}^{\beta'}$ 的值函数近似值是个重点。在相似性指标的选取中，由于 $\boldsymbol{u}_{t+1}$ 决定了时段 t 机组的启停成本，$\boldsymbol{R}_{t+1}$ 决定了时段 t 蓄电池的出力，从而影响时段 t 机组的燃料消耗费用，$\boldsymbol{y}_{t+1}$ 为下一时段随机量的波动情况，因此 $\boldsymbol{u}_{t+1},\boldsymbol{R}_{t+1},\boldsymbol{y}_{t+1}$ 均需要考虑。因此，采用含 $(\boldsymbol{u}_{t+1,k2},\boldsymbol{R}_{t+1,k2},\boldsymbol{y}_{t+1})$ 三个参数的指标量衡量状态 $\boldsymbol{s}_{t+1}^{\beta'}$ 与时段 $t+1$ 已有的 L 个典型状态的相似性，并用相似性指标最小的已有典型状态的值函数作为 $\boldsymbol{s}_{t+1}^{\beta'}$ 的值函数近似值。相似性指标 $\tau(s_1,s_2)$ 包括两个状态的柴油发电机组容量、柴油发电机组转移容量、蓄电池剩余电量和随机量的偏差，如式(8-52)所示。以此类推，可以得到每个随机量 $\boldsymbol{y}_{t+1}$ 对应的状态 $\boldsymbol{s}_{t+1}^{\beta'}$ 的近似值函数，从而进行加权和计算。

$$
\tau(s_1,s_2)=\gamma_1\mathrm{CCD}(s_1,s_2)+\gamma_2\mathrm{TC}(s_1,s_2)+\gamma_3\mathrm{RD}(s_1,s_2)+\gamma_4\mathrm{YD}(s_1,s_2)
$$

$$
\begin{cases}
\mathrm{CCD}(s_1,s_2)=\left|\sum\limits_{j\in\Omega_G}u_{s1,g,j}\overline{P}_{g,j}-\sum\limits_{j\in\Omega_G}u_{s2,g,j}\overline{P}_{g,j}\right| \\
\mathrm{TC}(s_1,s_2)=\sum\limits_{j\in\Omega_G}\overline{P}_{g,j},\quad u_{g,j,s1}+u_{g,j,s2}=1 \\
\mathrm{RD}(s_1,s_2)=\sum\limits_{j\in\Omega_B}\left|R_{s1,b,j}-R_{s2,b,j}\right| \\
\mathrm{YD}(s_1,s_2)=\sum\limits_{j\in\Omega_{\mathrm{PV}}}\left|P_{s1,s,j}-P_{s2,s,j}\right|+\sum\limits_{j\in\Omega_w}\left|P_{s1,w,j}-P_{s2,w,j}\right|
\end{cases}
\tag{8-52}
$$

上述方法从后往前逐一时段递推计算时段 T–1 至时段 1 的各个典型状态对应的值函数的近似值，流程图如图 8-14 所示。由上述计算方法可见，避免“维数灾难”

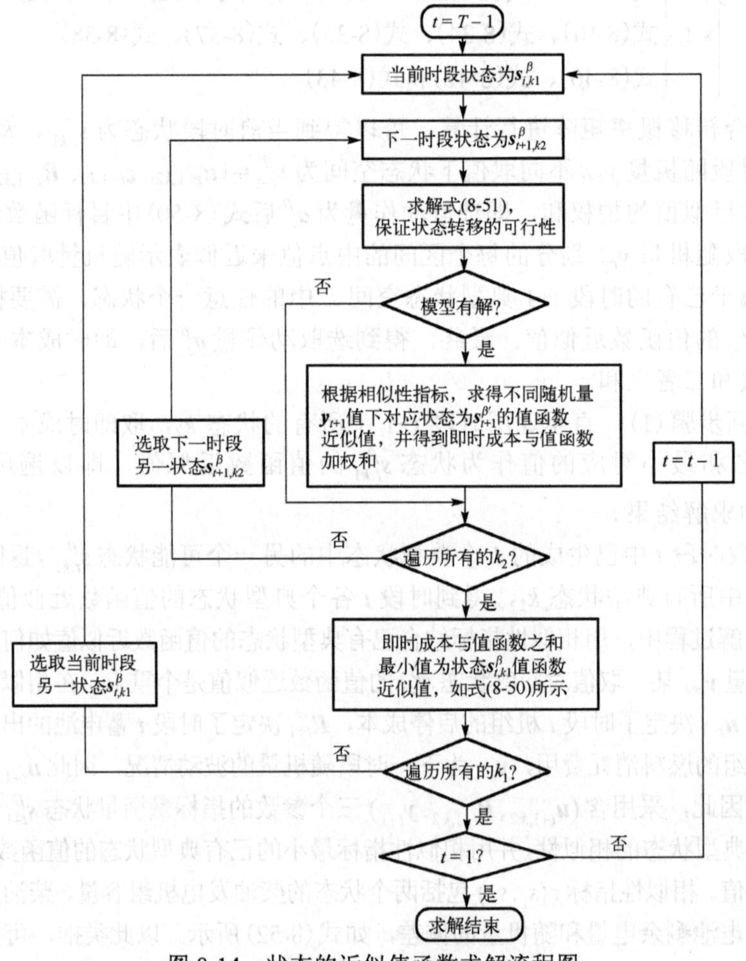

图 8-14　状态的近似值函数求解流程图

的主要方法是在状态空间中选取典型空间和动作，并根据相似性指标采用已知典型状态的值函数近似值表示可转移状态的值函数以求得下一时段值函数的加权和。

3. 最优决策方案

在得到了每个时段每个典型状态的近似值函数后，可根据式(8-53)进行逐时段决策，决策过程为由第一个时段开始从前往后递推，与值函数近似值的求解过程类似，以时段 t 与时段 t+1 为例，已知当前时段 t 的状态 $\boldsymbol{s}_t^{\beta}$，遍历下一时段 t+1 的所有动作量，得到最优目标函数值所对应的动作量与电源出力即为该时段的决策方案。

$$\begin{cases}\pi(\boldsymbol{s}_t^{\beta}) = \arg\min\left\{C_t(\boldsymbol{s}_t^{\beta}, \boldsymbol{x}_t) + \sum\limits_{\boldsymbol{y}_{t+1}} \Pr(\boldsymbol{y}_{t+1} \mid \boldsymbol{y}_t) V_{t+1}(\boldsymbol{s}_{t+1}^{\beta'})\right\} \\ \text{s.t.}\begin{cases}\text{式(8-28)、式(8-29a)} \sim \text{式(8-29c)、式(8-30)} \sim \text{式(8-32)、式(8-34)} \\ \text{式(8-35)、式(8-37)、式(8-38)、式(8-40)、式(8-42)和式(8-43)}\end{cases}\end{cases} \tag{8-53}$$

4. 并行计算

随着多核、集群和网格计算技术的快速发展，并行计算程序设计逐渐成为提高数值计算效率的主流技术之一。并行计算是当程序执行的先后顺序没有影响时，将顺序执行的计算任务分解成多个可以同时执行的子任务，并行执行这些子任务来完成整个计算。GAMS 软件通过网格计算工具可实现有序的彼此互不依赖模型的并行求解。在所提出的 SSADP 算法中，形成典型状态空间与典型状态空间值函数近似值的计算等均是多个完全独立的子任务，因此，可以对其进行独立并行计算，以提高算法的求解效率。关于算法中可以实现并行计算的部分可分为如下 3 个部分：

(1) 在形成典型状态空间时，各个随机场景的确定性优化模型的求解可以并行计算；

(2) 在计算近似值函数时，同一个时段的 L 个典型状态的近似值函数可以并行计算；

(3) 计算时段 t 状态 $\boldsymbol{s}_{t,k1}^{\beta}$ 的近似值函数时，选取时段 t+1 的状态空间的各个可转移状态，计算每个可转移状态的即时成本与下一时段随机因素影响下的各状态值函数加权和二者之和可以并行计算。

8.2.4 算例分析

根据 IEEE 33 节点标准配电系统修改构建的独立微电网如图 8-15 所示。其中，有 4 台柴油发电机组，2 个蓄电池储能，9 个深灰色实心圆的光伏接入节点，4 个浅灰色空心圆的风机接入节点，各负荷节点的位置与 IEEE 33 节点标准配电系统的负荷位置相同。优化模型中的重要参数见表 8-5 和表 8-6，总风机和光伏出力预测曲线及总负荷预测曲线见图 8-16。随机量划分的区间数量 M_{wind} 和 M_{solar} 均取为 5，每个时段光伏逆变器工作在 OID-F 模式的最大台数 K 取为 6。

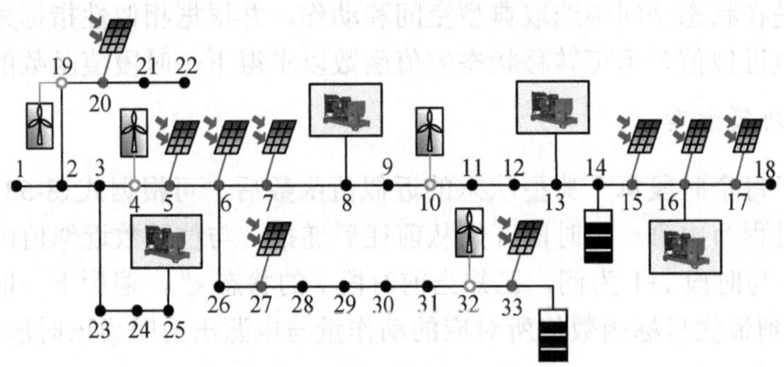

图 8-15　独立微电网的接线图

表 8-5　柴油发电机组运行参数

柴油机编号	节点编号	$P_{g,\max}$/kW	$P_{g,\min}$/kW	UR&DR/kW	UT&DT/h
1	8	910	200	360	2
2	13	780	150	300	1
3	25	780	150	300	1
4	16	1066	200	360	2

表 8-6　系统参数

$\cos\alpha$	$\cos\theta_s$	$\cos\theta_w$	η_c&η_d	$\tilde{V}_{\max}$ /p.u.	$\tilde{V}_{\min}$ /p.u.	$\tilde{I}_{\max}$ /p.u.
0.85	0.95	–0.85	0.9	1.1449	0.8649	0.1
n_b	$S_{s,j,\max}$/KV·A	$P_{bc,\max}$/kW	$P_{bd,\max}$/kW	$S_{b,j,\max}$/kV·A	$R_{\max}$/kW	$R_{\min}$/kW
0.2	300	240	240	340	160	720

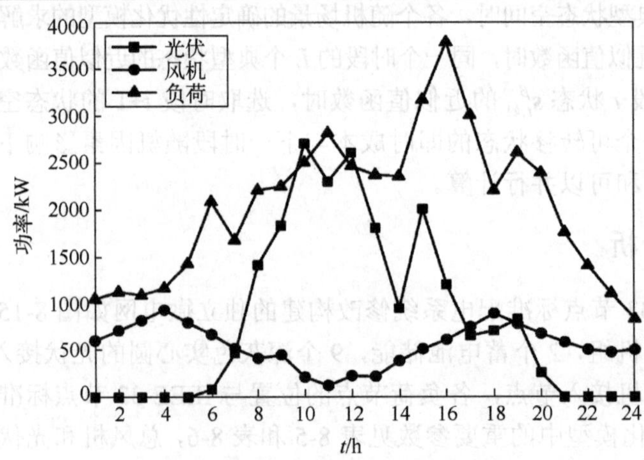

图 8-16　风机和光伏出力及负荷预测曲线

1. MINNP 模型与 MISOCP 模型对比

在 GAMS 软件中，MISOCP 模型采用 GUROBI 求解器求解，MINNP 模型采用 SBB 求解器求解。求解预测场景下的确定性优化模型的结果如表 8-7 所示。其中，gap 是收敛间隙，表示的是整数最优解与最优边界间的相对距离。可以看出，MINNP 模型的求解当 gap 在 0.03 左右就无法下降，此时得到的松弛解也大于 MISOCP 模型的求解结果。由于该模型求解过程中收敛间隙 gap 等于 0.03 左右时对于很多约束条件都是无法满足的，而此时已经无法使得 gap 继续减小，无法得到符合约束条件的整数解。而将 GUROBI 求解 MISOCP 模型得到的最优解中的整数变量值 $u_{j,t}$ 和 $z_{j,t}$ 作为已知量代入 MINNP 模型，再采用 SBB 求解器再次求解得到的目标函数为 30485.797 元，与 MISOCP 模型求解得到的目标函数值很接近，验证了所提出的 MISOCP 模型与 MINNP 模型比较的计算精度很高；并且，MISOCP 模型的计算速度大为提高，MISOCP 模型求解的计算时间为 28.70s，比 MINNP 模型求解的计算时间约 1000s 显著减少。

表 8-7　不同模型不同求解器结果对比

模型	目标函数/元	计算时间/s	求解状态	gap
MISOCP	30483.60	28.70	整数解	9.90×10^{-5}
MINNP	30710.29	1003.01	整数无法收敛	0.029

2. SSADP 生成典型状态空间和近似值函数的计算

将抽样得到的随机量的不同场景值，逐一场景求解确定性优化模型，生成典型状态空间。以 n_λ 取 10 为例，在随机量不同波动场景下生成的各个时段的 11 个典型状态(state1～state11)的值函数的样本值如图 8-17 所示。

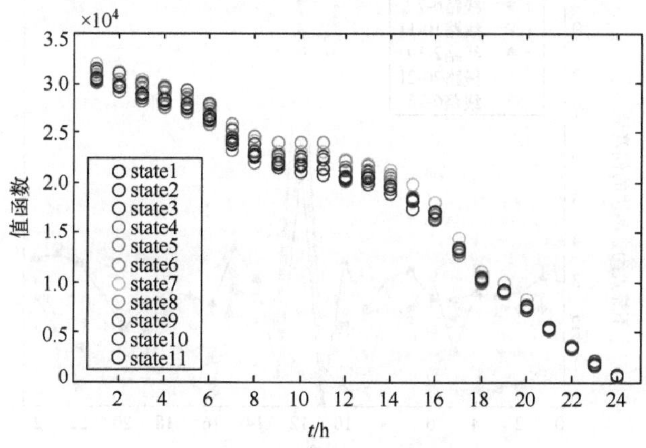

图 8-17　不同时段不同状态的值函数样本值(见彩图)

通过近似值函数的计算过程，由最后一个时段开始从后往前递推，得到每个时段每个状态的近似值函数，以 n_λ 取 10 为例，如图 8-18 所示。由于近似值函数计算时考虑了下一时段的所有可转移状态空间的最小化，因此，每个时段的近似值函数小于图 8-17 中的值函数样本值。

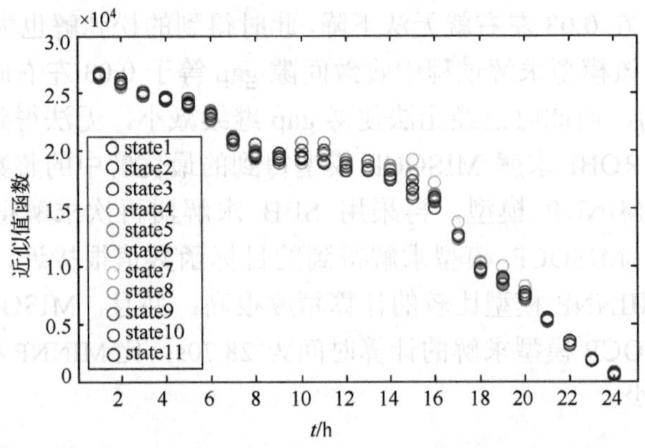

图 8-18　不同时段不同状态近似值函数(见彩图)

另外，对于 MISOCP 模型得到的最优解，计算每条线路对应的不等式(8-38)两边的偏差量，偏差最大的 5 条线路如图 8-19 所示。所有的线路中，最大偏差小于 10^{-6}，非常接近于 0。同时还计算了两个蓄电池分段线性近似(式(8-43a))与二次等式(8-36)两边的偏差，结果如图 8-20 所示。所有蓄电池的最大偏差均小于 10^{-5}，非常接近于 0。这可以证明所提出的 MISOCP 松弛模型可以准确地近似原来的 MINNP 模型。

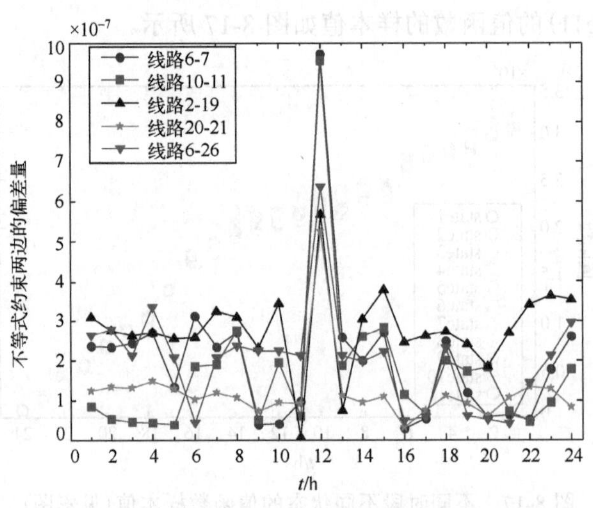

图 8-19　不等式(8-38)两边的偏差量

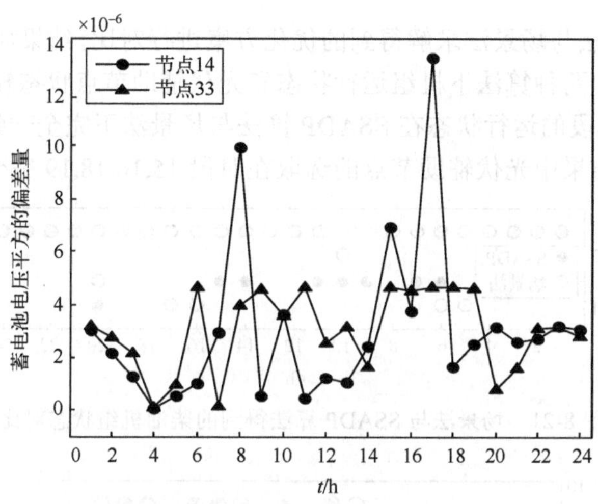

图 8-20　蓄电池电压平方的偏差量

3. SSADP 算法的计算性能分析

场景法是求解随机动态优化调度问题的常用方法，将场景数为 10 的 SSADP 算法串行计算与场景法的求解结果进行对比，验证所提算法的性能。在同一随机场景数下，进行两种算法求解结果的对比，如表 8-8 所示。当场景数为 10 时，场景法耗时 0.28h 左右，SSADP 算法整体耗时 0.31h 左右，略微大于场景法，其中逐时段决策过程的耗时仅 48.46s；当场景数为 20 时，场景法耗时迅速增加到 5.21h 左右，而 SSASP 算法仅耗时为 0.88h 左右，逐时段决策时间仅为 68.09s；当场景数为 40 时，场景法运行时间达到 67.78h 仍无法得到可行解，而 SSADP 耗时 3.85h 左右就得到满足要求的随机决策方案，其中逐时段决策时间仅为 160.07s；当场景数为 80 时，场景法由于运行时间过长而无法求解，而 SSADP 耗时 19.70h 左右就得到满足要求的随机决策方案，其中逐时段决策时间仅为 258.13s。综上，SSADP 算法较于场景法，在求解时间上占较大优势，并且逐时段决策时间迅速，可以为在线决策提供参考。对于相对差值，当场景数为 10 或 20 时，两种算法结果较为接近，可以看出 SSADP 算法决策安排的合理性。

表 8-8　场景法与串行 SSADP 算法对比

场景数	10		20		40		80	
算法	场景法	SSADP	场景法	SSADP	场景法	SSADP	场景法	SSADP
总耗时/s	1012.23	1099.49	18766.96	3161.25	243999.1	13849.36	—	70919.65
决策时间/s	1012.23	48.46	18766.96	68.09	243999.1	160.07	—	258.13
目标函数/元	31247.19	1060.46	31557.38	30947.15	—	30601.31	—	31204.67
相对差值/%	0.60		1.97		—		—	

将SSADP算法与场景法求解得到的优化方案进行对比，结果如图8-21～图8-23所示。可以看出，两种算法下机组运行状态和光伏辅助节点状态较为接近，并且第4台机组在所有时段的运行状态在SSADP算法与场景法下完全一致的结果，SSADP算法与场景法的结果中光伏辅助节点的选取在时段15,16,18,19完全一致。

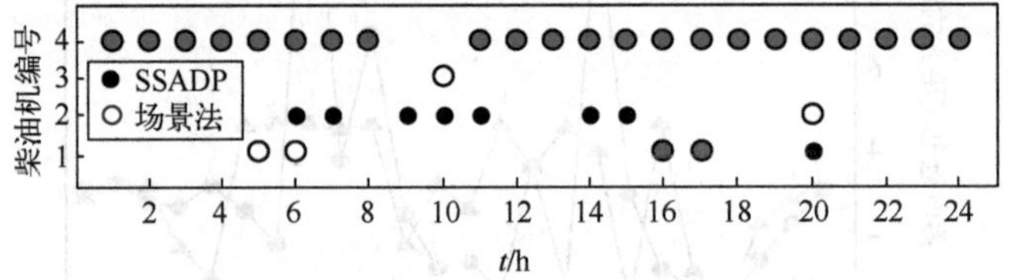

图 8-21　场景法与SSADP算法得到的柴油机组状态对比

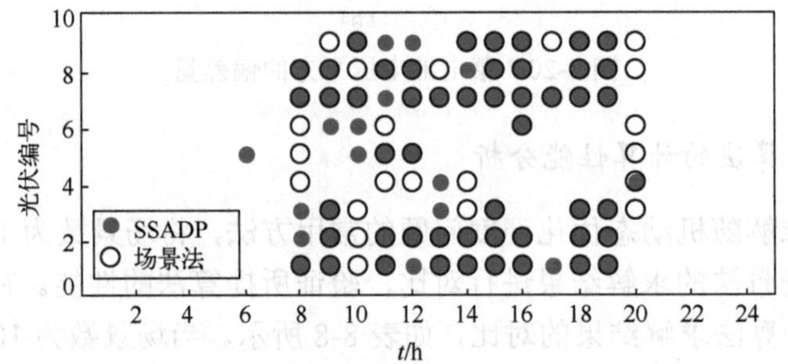

图 8-22　场景法与SSADP算法光伏辅助节点状态对比

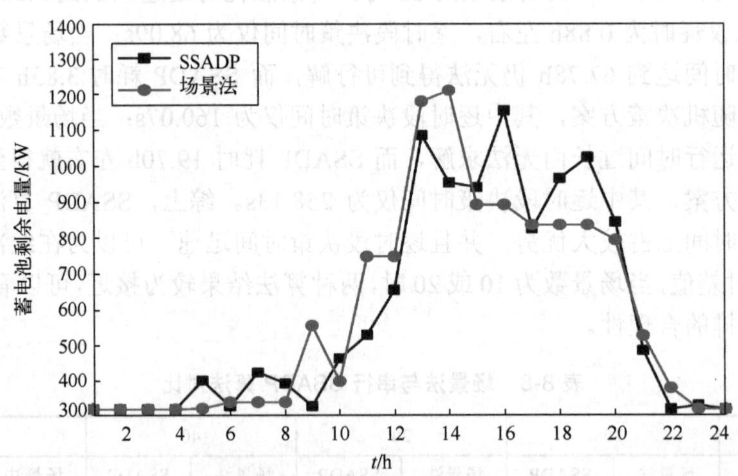

图 8-23　场景法与SSADP算法蓄电池总剩余电量对比

由图8-23可以看出，在时段1～12蓄电池整体呈现充电状态，时段12～20蓄电池剩余电量因状态空间的选取不同而存在波动，时段20～24蓄电池整体呈现出力状态。场景法与 SSADP 算法剩余电量趋势大体一致，也符合蓄电池剩余电量的整体趋势。如图 8-24 所示的机组出力颜色深度两种算法比较接近，使得煤耗费用差别很小。

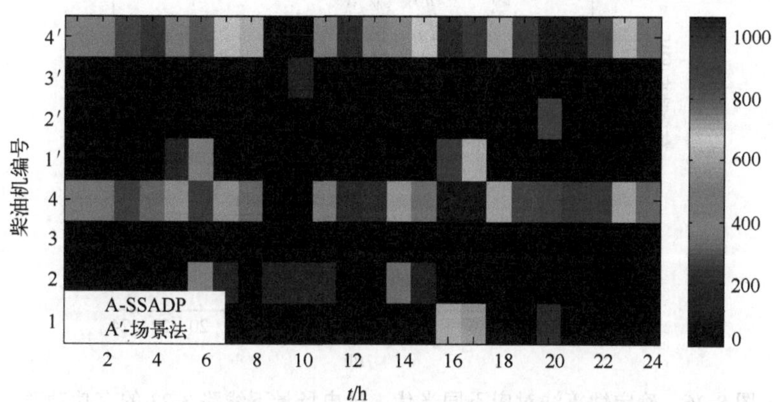

图 8-24　场景法与 SSADP 算法机组出力对比(见彩图)

4. 不确定性分析

当场景数为 10 时，根据 SSADP 算法得到的各时段不同典型状态的 AVF，除预测场景外，将其他 10 个随机场景一一代入式(8-53)，得到对应的最优调度方案。预测场景和 10 个随机场景的最优调度方案对应的线路 3-23 的有功功率如图 8-25 所示。另外，将预测场景和 10 个随机场景一一代入确定性 MISOCP 模型，得到对应的最优调度方案。而这 11 个解对应的线路 3-23 的有功功率如图 8-26 所示。可以看出，

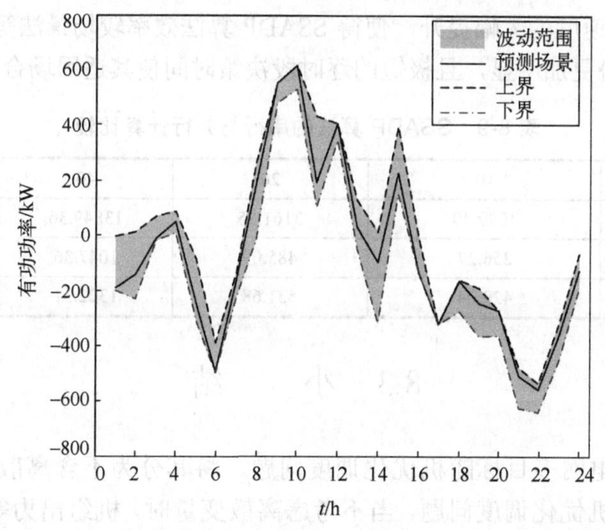

图 8-25　SSADP 算法对应不同光伏、风电场景下线路 3-23 有功功率

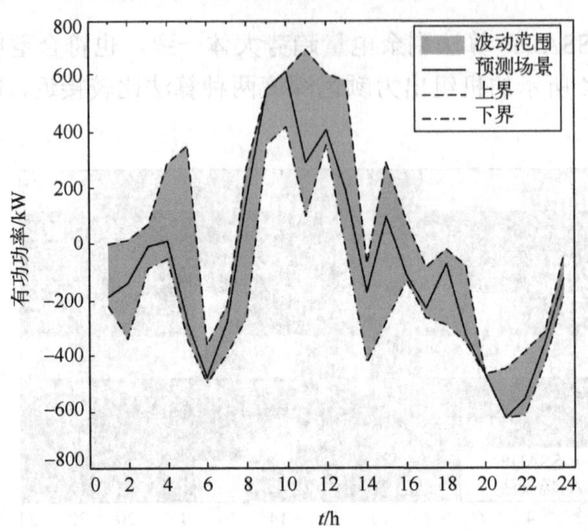

图 8-26　确定性算法对应不同光伏、风电场景下线路 3-23 的有功功率

通过 SSADP 算法得到的最优调度方案对光伏和风电出力的随机波动具有更强的鲁棒性，而确定性 MISOCP 模型得到的光伏、风电出力在不同随机场景对应的最优调度方案的波动相对较大。

5. ADP 算法并行计算

通过 GAMS 的网格计算，实现状态空间生成与值函数求解等的并行计算，如表 8-9 所示。从表中可以看出，并行计算大大提高了算法的求解速度，使得状态数为 10,20,40,80 时求解时间由 0.31h 降为 0.07h，0.88h 降为 0.13h，3.85h 降为 0.29h，19.70h 降为 0.75h。求解速度的大幅提升，使得 SSADP 算法效率较场景法等传统求解随机动态规划算法的优势更加明显，且极短的逐时段决策时间使其适用场合更为广泛。

表 8-9　SSADP 算法的串行与并行计算比较

场景数	10	20	40	80
串行耗时/s	1099.49	3161.25	13849.36	70919.647
并行耗时/s	256.27	485.09	1047.36	2691.42
加速比/%	429.04	651.68	1322.31	2635.03

8.3　小　　结

本章针对微电网多目标随机优化调度问题，将其分为不含离散变量与含离散变量两类微电网随机优化调度问题。当不考虑离散变量时，机组出力等均为连续变量，建立最小化总运行费用与总网损的微电网多目标随机动态优化调度模型，并结合

AWS 算法和 VFADP 算法求解多目标随机动态优化模型，得到分布均匀的 Pareto 前沿与优化程度较高的折中解[10]。当考虑柴油机组启停状态、光伏逆变器辅助服务等离散变量时，建立以含机组启停费用等总运行费用与总网损费用加权和为目标函数的微电网随机混合整数优化调度模型，并采用适用于求解含离散变量随机优化问题的 SSADP 算法求解该随机优化模型，并与场景法对比说明其正确有效性[11]。

参考文献

[1] 欧阳聪，刘明波，林舜江，等. 采用同步型交替方向乘子法的微电网分散式动态经济调度算法. 电工技术学报, 2017, 32(5): 134-142.

[2] Ding T, Li C, Yang Y H, et al. A two-stage robust optimization for centralized-optimal dispatch of photovoltaic inverters in active distribution networks. IEEE Transactions on Sustainable Energy, 2017, 8(2): 744-754.

[3] Kim I Y, Weck O L D. Adaptive weighted sum method for multi objective optimization：A new method for Pareto front generation. Structural and Multidisciplinary Optimization, 2006, 31(2): 105-116.

[4] Mazidi M, Monsef H, Siano P. Robust day-ahead scheduling of smart distribution networks considering demand response programs. Applied Energy, 2016, 178(15): 929-942.

[5] Farivar M, Low S H. Branch flow model: Relaxations and Convexification-Part I. IEEE Transactions on Power Systems, 2013, 28(3): 2554-2564.

[6] Low S H. Convex relaxation of optimal power flow-Part II: Exactness. IEEE Transactions on Control of Network Systems, 2014, 1(2): 177-189.

[7] Powell W B. What you should know about approximate dynamic programming. Princeton: Princeton University, 2008.

[8] Nascimento J, Powell W B. An optimal approximate dynamic programming algorithm for concave, scalar storage problems with vector-valued controls. IEEE Transactions on Automatic Control, 2013, 58(12): 2995-3005.

[9] Zhang W, Nikovski D. State-space approximate dynamic programming for stochastic unit commitment. Proceedings of the North American Power Symposium, Boston, 2011: 1-7.

[10] 王雅平，林舜江，杨智斌，等. 微电网多目标随机动态优化调度算法. 电工技术学报，2018, 33(10): 2196-2207.

[11] Lin S J, Wang Y P, Liu M B, et al. Stochastic optimal dispatch of PV/wind/diesel/battery microgrids using state-space approximate dynamic programming. IET Generation, Transmission & Distribution, 2019, 13(15): 3409-3420.

第 9 章　区域综合能源系统优化调度

本章主要研究区域综合能源系统优化调度问题，包括含可再生能源的气电冷热区域综合能源系统优化调度及考虑需求响应的热电联合区域综合能源系统优化调度。区域综合能源系统中气、电、冷、热等多种能源相互耦合、相互影响，多种能源的互联协调运行能够有效提高整个系统运行的经济和环境效益，实现能量的梯级利用和多种能源的互补运行。区域综合能源系统中包含有燃气发电机组、各种制冷/热设备和储能设备、分布式风/光电站，以及供电、供气和供冷/热网络。在区域综合能源系统中，能源站内部冷热电联供机组通过消耗天然气来产生冷、热和电多种能源，电制冷机和电热锅炉通过消耗电能来制冷和制热，燃气锅炉通过消耗天然气来制热，另外，供冷/热网中的循环水泵和供气网中的压缩机的运行需要消耗电能，这些多种能源耦合设备使得多种能源子系统的运行调度相互影响、相互制约，需要进行统一的协调优化运行调度。9.1 节主要介绍含可再生能源的气电冷热区域综合能源系统优化调度方法；9.2 节介绍考虑需求响应的热电联合区域综合能源系统优化调度方法。

9.1　气电冷热区域综合能源系统优化调度

9.1.1　气电冷热区域综合能源系统的结构

气电冷热区域综合能源系统的结构和能量转化如图 9-1 所示，包括天然气站、燃气发电机、制冷设备、制热设备、储能设备、分布式电源和供电、供气、供热和供冷网络。冷热电能量输出的能源站通过燃气轮机、内燃机等发电设备，将天然气燃烧产生的热能转化为机械能，并进一步转化为电能向用户供电，同时，通过收集发电余热，如高温烟气，缸套热水等，通过制冷设备(如烟气型和热水型的溴化锂吸收式制冷机)和制热设备(如换热机组)分别产生冷水和热水向用户供冷和供热，不足的冷负荷需求由电制冷机补充，不足的热负荷需求由电热锅炉和燃气锅炉补充。而富余的冷热电能量将分别储存到储冷罐、储热罐、蓄电池等对应的储能设备上，并在负荷高峰时段释放出来[1-5]。

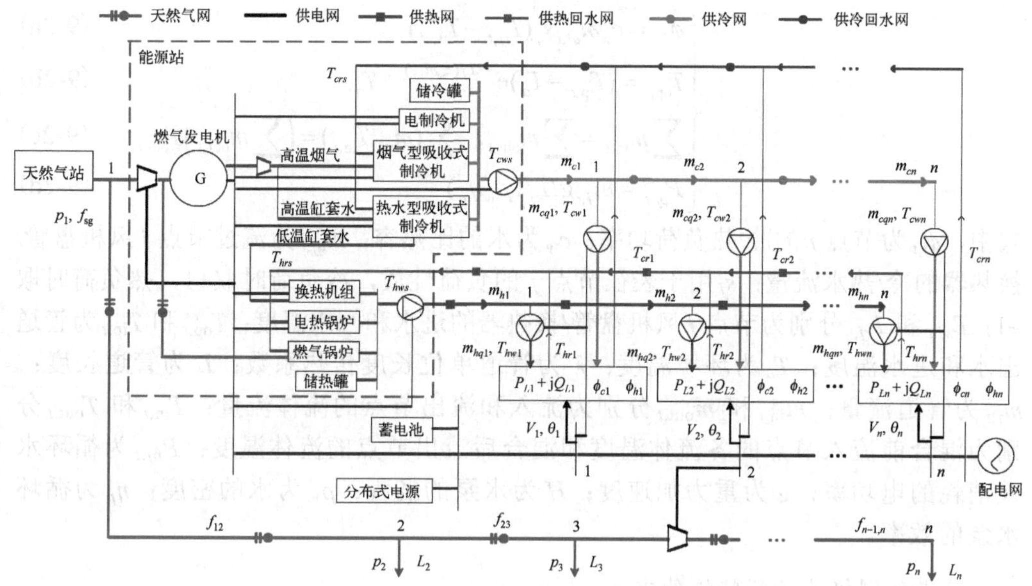

图 9-1　气电冷热区域综合能源系统的结构

9.1.2　区域综合能源系统优化调度

1．目标函数

以最小化一天中系统的总运行费用为目标函数，包括系统从天然气站的购气费用、从配电网的购电费用和储能装置的运行费用三者之和：

$$\begin{cases}\min f(x)=\sum_{t=1}^{T}c_{\text{gas}}f_{\text{sg},t}\Delta t+\sum_{t=1}^{T}c_{\text{gd}}P_{\text{gd},t}\Delta t+\sum_{t=1}^{T}c_{\text{es},t}\Delta t\\ c_{\text{es},t}=c_c(\phi_{\text{cd},t}+\phi_{\text{cc},t})+c_h(\phi_{\text{hd},t}+\phi_{\text{hc},t})+c_e(P_{\text{ed},t}+P_{\text{ec},t})\end{cases}\tag{9-1}$$

式中，c_{gas} 为天然气单价；$f_{\text{sg},t}$ 为天然气站注入的天然气流量；c_{gd} 为从配电网购电单价；$P_{\text{gd},t}$ 为配电网注入的有功功率；$c_{\text{es},t}$ 为储能装置的运行费用；c_c、c_h 和 c_e 分别为储冷罐、储热罐和蓄电池运行的循环损耗费用；$\phi_{\text{cc},t}$ 和 $\phi_{\text{cd},t}$ 为储冷罐的蓄冷和放冷功率，$\phi_{\text{hc},t}$ 和 $\phi_{\text{hd},t}$ 为储热罐的蓄热和放热功率；$P_{\text{ed},t}$ 和 $P_{\text{ec},t}$ 为蓄电池放电和充电功率。下标 t 表示 t 时段的相应变量，后面各式中变量也一样。

2．约束条件

1) 供冷/热网络的运行特性约束

包括供冷/热负荷节点功率模型、供水管道的温降温升模型、管道流体在节点的质量混合模型和温度混合模型，以及网络中循环水泵的耗电特性模型，如式(9-2)所示。

$$
\begin{cases}
\phi_{j,t} = c_w m_{qj,t} s_j (T_{rj,t} - T_{wj,t}) & \text{(9-2a)} \\
T_{\text{op},t} = (T_{\text{ip},t} - T_a)\mathrm{e}^{-\lambda L/(c_w m_{j,t})} + T_a & \text{(9-2b)} \\
\sum m_{\text{in},t} = \sum m_{\text{out},t},\ \sum (m_{\text{in},t} T_{\text{in},t}) = \left(\sum m_{\text{out},t}\right) T_{\text{out},t} & \text{(9-2c)} \\
P_{pj,t} = m_{j,t} gH / (\rho_w \eta_p) & \text{(9-2d)}
\end{cases}
$$

式中，$\phi_{j,t}$为节点j的冷/热负荷功率；c_w为水的比热容；$m_{qj,t}$为流过节点j风机盘管/换热器的冷/热水流量；s_j用于表征节点j的负荷性质，冷负荷时取+1，热负荷时取−1；$T_{wj,t}$和$T_{rj,t}$分别为节点j风机盘管/换热器的进水和回水温度；$T_{\text{op},t}$和$T_{\text{ip},t}$为管道出水和进水温度；T_a为环境温度；λ为管道单位长度传热系数；L为管道长度；$m_{j,t}$为管道流量；$m_{\text{in},t}$和$m_{\text{out},t}$分别为流入和流出节点的流体流量；$T_{\text{in},t}$和$T_{\text{out},t}$分别为混合前流入节点的各流体温度和混合后流出节点的流体温度；$P_{pj,t}$为循环水泵消耗的电功率；g为重力加速度；H为水泵的扬程；ρ_w为水的密度；η_p为循环水泵的效率。

2）供气网络的运行特性约束

包括稳态条件下天然气管道流量方程和网络中电驱动压缩机的耗电特性模型，如式(9-3)所示。

$$
\begin{cases}
f_{ij,t} = K_{ij} v_{ij,t} \sqrt{v_{ij,t}(p_{i,t}^2 - p_{j,t}^2)} \\
\text{HP}_t = B_k f_{\text{in},t}((p_{\text{out},t}/p_{\text{in},t})^{Z_k} - 1)
\end{cases} \tag{9-3}
$$

式中，$f_{ij,t}$为通过从节点i到j之间管道的流量；K_{ij}为管道常数；$p_{i,t}$和$p_{j,t}$为节点i和j的压力；$v_{ij,t}$用于表征天然气的流动方向，当$p_{i,t}>p_{j,t}$时取+1，否则取−1；HP_t为电驱动压缩机消耗的电功率；$p_{\text{in},t}$和$p_{\text{out},t}$分别为压缩机的入口和出口压力；$f_{\text{in},t}$为压缩机的入口流量；B_k为与压缩机k的效率、温度和天然气热值有关的常数；Z_k为与压缩机k的压缩因子和天然气热值有关的常数。

3）供电网络的运行特性约束

供电网络的运行特性模型中，各个电负荷节点消耗的功率计及供冷/热网负荷侧循环水泵和供气网负荷侧压缩机消耗的电功率，如式(9-4)所示；各个电负荷节点的有功和无功平衡方程如式(9-5)所示。

$$
P_{Li,t} + \mathrm{j}Q_{Li,t} = (P_{i,t} + P_{\text{pc}i,t} + P_{\text{ph}i,t} + \text{HP}_{i,t}) + \mathrm{j}(Q_{i,t} + P_{\text{pc}i,t}\tan\varphi_{ci} + P_{\text{ph}i,t}\tan\varphi_{hi} + \text{HP}_{i,t}\tan\varphi_{\text{hp}i}) \tag{9-4}
$$

式中，$P_{Li,t}$+j$Q_{Li,t}$为负荷节点j消耗的电功率；$P_{i,t}/Q_{i,t}$为未计入循环水泵和压缩机时负荷节点i的有功/无功功率；$P_{\text{pc}i,t}/P_{\text{ph}i,t}$为冷/热负荷侧循环水泵消耗的电功率；$\varphi_{ci}/\varphi_{hi}$为冷/热负荷侧循环水泵的功率因数角；$\varphi_{\text{hp}i}$为供气网中压缩机的功率因数角。

$$\begin{cases} P_{si,t} - P_{Li,t} - V_{i,t}\sum_{j=1}^{n} V_{j,t}(G_{ij}\cos\theta_{ij,t} + B_{ij}\sin\theta_{ij,t}) = 0 \\ Q_{si,t} - Q_{Li,t} - V_{i,t}\sum_{j=1}^{n} V_{j,t}(G_{ij}\sin\theta_{ij,t} - B_{ij}\cos\theta_{ij,t}) = 0 \end{cases} \tag{9-5}$$

式中，当 i 为配电网注入节点，则 $P_{si,t}=P_{\mathrm{gd},t}$，$Q_{si,t}=Q_{\mathrm{gd},t}$，$Q_{\mathrm{gd},t}$ 为配电网节点注入的无功功率；当 i 为蓄电池节点，假定蓄电池无功输出为零，则 $P_{si,t}=P_{\mathrm{ed},t}-P_{\mathrm{ec},t}$，$Q_{si,t}=0$；当 i 为光伏电站节点，假定光伏电站无功输出为零，则 $P_{si,t}=P_{\mathrm{PV},t}$，$Q_{si,t}=0$，$P_{\mathrm{PV},t}$ 为光伏电站有功出力；$V_{i,t}$ 为节点 i 的电压幅值；G_{ij}/B_{ij} 为节点 i 和 j 之间的互电导/互电纳；$\theta_{ij,t}$ 为节点 i 和 j 之间的电压相角差。

4) 能源站的运行特性约束

包括天然气冷热电联供机组、吸收式制冷机、电制冷机、换热机组、电热锅炉和燃气锅炉的能量转换模型，以及能源站内部的冷、热、电、气各种能量供应的平衡方程。

燃气发电机组的效率与其总有功出力之间关系采用三次模型，见式(9-6)：

$$\eta_{G,t} = a + bP_{G,t^{*}} + c(P_{G,t^{*}})^2 + d(P_{G,t^{*}})^3 \tag{9-6}$$

式中，$\eta_{G,t}$ 为燃气发电机组的效率；a、b、c 和 d 为燃气发电机组的效率系数；$P_{G,t^{*}}$ 为燃气发电机组的总有功出力 $P_{G,t}$ 与额定有功出力的比值。

根据发电效率和发电功率可计算燃气发电机组消耗的天然气的热功率 $\phi_{\mathrm{fu},t}$，见式(9-7)；扣除发电功率即为余热排放功率，进而可计算热水型和烟气型吸收式制冷机输入的余热功率 $\phi_{\mathrm{wa},t}$ 和 $\phi_{\mathrm{sm},t}$，见式(9-8)和式(9-9)。

$$\phi_{\mathrm{fu},t} = P_{G,t} / \eta_{G,t} \tag{9-7}$$

$$\phi_{\mathrm{wa},t} = \alpha_{\mathrm{wa}}(\phi_{\mathrm{fu},t} - P_{G,t}) \tag{9-8}$$

$$\phi_{\mathrm{sm},t} = \alpha_{\mathrm{sm}}(\phi_{\mathrm{fu},t} - P_{G,t}) \tag{9-9}$$

式中，α_{wa} 和 α_{sm} 为缸套水和烟气的余热因子。

供冷机组方面，热水型和烟气型吸收式制冷机分别利用高温缸套水和排烟制冷，电制冷机利用电能制冷，其制冷功率分别为

$$\begin{cases} \phi_{c1,t} = \mathrm{COP}_1 \cdot \phi_{\mathrm{wa},t} \cdot \eta_{\mathrm{hrs1}} \\ \phi_{c2,t} = \mathrm{COP}_2 \cdot \phi_{\mathrm{sm},t} \cdot \eta_{\mathrm{hrs2}} \\ \phi_{c3,t} = \mathrm{COP}_3 \cdot P_{C,t} \end{cases} \tag{9-10}$$

式中，$\phi_{c1,t}$、$\phi_{c2,t}$ 和 $\phi_{c3,t}$ 分别为热水型、烟气型制冷机和电制冷机的制冷功率；COP_1、COP_2 和 COP_3 为对应制冷机的热力系数；η_{hrs1} 和 η_{hrs2} 分别为热水和烟气回收的效率；

$P_{C,t}$为电制冷机消耗的电功率。

供热机组方面，换热机组通过回收热水型吸收式制冷机出来的低温缸套水进行供热，电热锅炉和燃气锅炉则利用电能和天然气制热水，其制热功率为

$$\begin{cases}\phi_{h1,t}=\eta_{\text{hrs3}}\phi_{\text{wa},t}(1-\eta_{\text{hrs1}})\\ \phi_{h2,t}=\eta_{H}\cdot P_{H,t}\\ \phi_{h3,t}=\eta_{g}\cdot f_{H,t}\cdot q_{\text{gas}}\end{cases} \tag{9-11}$$

式中，$\phi_{h1,t}$、$\phi_{h2,t}$和$\phi_{h3,t}$分别为换热机组、电热锅炉和燃气锅炉的制热功率；η_{hrs3}为换热机组的效率；η_H和η_g分别为电热锅炉和燃气锅炉的效率；$P_{H,t}$为电热锅炉供热消耗的电功率；$f_{H,t}$为燃气锅炉供热消耗的天然气流量；q_{gas}为天然气热值。

能源站内部的供冷/热平衡方程：

$$\begin{cases}N_{1,t}\phi_{c1,t}+N_{2,t}\phi_{c2,t}+\phi_{c3,t}+(\phi_{\text{cd},t}-\phi_{\text{cc},t})=\phi_{c\Sigma,t}\\ N_{w,t}\phi_{h1,t}+\phi_{h2,t}+\phi_{h3,t}+(\phi_{\text{hd},t}-\phi_{\text{hc},t})=\phi_{h\Sigma,t}\end{cases} \tag{9-12}$$

式中，$\phi_{c\Sigma,t}$和$\phi_{h\Sigma,t}$分别为总的冷负荷和热负荷需求；$N_{1,t}$和$N_{2,t}$分别为烟气型和热水型吸收式制冷机投入供冷的台数；$N_{w,t}$为换热机组投入供热的台数。

能源站内部供电侧的功率平衡，即燃气机组机端母线的功率平衡方程：

$$\begin{cases}P_{G,t}-(P_{\text{pcs},t}+P_{\text{phs},t}+\text{HP}_{s,t}+N_{1,t}P_{c1}+N_{2,t}P_{c2}+P_{C,t}+N_{w,t}P_{w}+P_{H,t})\\ \quad -V_{k,t}\sum\limits_{j=1}^{n}V_{j,t}(G_{kj}\cos\theta_{kj,t}+B_{kj}\sin\theta_{kj,t})=0\\ Q_{G,t}-(P_{\text{pcs},t}\tan\varphi_{\text{pcs}}+P_{\text{phs},t}\tan\varphi_{\text{phs}}+\text{HP}_{s,t}\tan\varphi_{\text{hps}})\\ \quad -V_{k,t}\sum\limits_{j=1}^{n}V_{j,t}(G_{kj}\sin\theta_{kj,t}-B_{kj}\cos\theta_{kj,t})=0\end{cases} \tag{9-13}$$

式中，$P_{\text{pcs},t}/P_{\text{phs},t}$和$\varphi_{\text{pcs}}/\varphi_{\text{phs}}$分别为能源站冷/热源侧循环水泵消耗的电功率和功率因数角；$\text{HP}_{s,t}$和φ_{hps}分别为能源站内部调节燃气机组输入气压的压缩机消耗的电功率和功率因数角；P_{c1}、P_{c2}和P_w分别为单台烟气型、热水型制冷机和换热机组消耗的电功率；$Q_{G,t}$为燃气发电机组的无功出力。

在能源站内部供气网侧，燃气发电机组和燃气锅炉消耗的天然气量共同构成天然气网在能源站处节点的气负荷L_t。

$$L_t=Q_{\text{fu},t}/q_{\text{gas}}+f_{H,t} \tag{9-14}$$

燃气机组发电出力的爬坡约束：

$$-r_{di}\Delta t\leqslant P_{G,t}-P_{G,t-1}\leqslant r_{ui}\Delta t \tag{9-15}$$

式中，r_{ui}和r_{di}为燃气发电机组在爬坡和滑坡速率。

5) 储能装置的运行特性约束

储能系统同时考虑了储冷罐、储热罐和蓄电池多种类型储能装置(ESD)，其运行特性模型如下：

$$\begin{cases} E_{\text{es},t+1} = E_{\text{es},t}(1-\delta_{\text{es}}) + (\phi_{\text{esc},t}\eta_{\text{esc}} - \phi_{\text{esd},t} / \eta_{\text{esd}})\Delta t \\ E_{\text{esmin}} \leqslant E_{\text{es},t} \leqslant E_{\text{esmax}} \\ 0 \leqslant \phi_{\text{esc},t} \leqslant \phi_{\text{escmax}}, \quad 0 \leqslant \phi_{\text{esd},t} \leqslant \phi_{\text{esdmax}} \\ \phi_{\text{esc},t} \cdot \phi_{\text{esd},t} = 0, \quad E_{\text{es},0} = E_{\text{es},T} \end{cases} \tag{9-16}$$

式中，$\phi_{\text{esc},t}/\phi_{\text{esd},t}$ 为 ESD 的蓄能/放能功率，分别对应蓄电池、储冷罐和储热罐的蓄能/放能功率 $P_{\text{ec},t}/P_{\text{ed},t}$、$\phi_{\text{cc},t}/\phi_{\text{cd},t}$ 和 $\phi_{\text{hc},t}/\phi_{\text{hd},t}$，下面所有变量都如 $\phi_{\text{esc},t}/\phi_{\text{esd},t}$ 一样分别对应蓄电池、储冷罐和储热罐三种类型 ESD 的相应变量；$E_{\text{es},t}$ 和 δ_{es} 为 ESD 存储的能量和能量损失率；$\eta_{\text{esc}}/\eta_{\text{esd}}$ 为蓄能/放能效率；$E_{\text{esmin}}/E_{\text{esmax}}$ 为 ESD 的最小/最大存储量；$\phi_{\text{escmax}}/\phi_{\text{esdmax}}$ 为蓄能/放能功率的上限；$E_{\text{es},0}/E_{\text{es},T}$ 为 ESD 在调度周期初始/末尾时段存储的能量。

6) 变量的上下限约束

包括供电网各节点电压幅值和各支路功率的上下限，供热/冷网各节点温度和各管道流量的上下限，天然气网各管道压力的上下限，能源站各设备变量(包括燃气发电机有功无功出力，吸收式制冷机和换热机组投入台数，电制冷机、电热锅炉和燃气锅炉的输入功率，储能设备的蓄/放能功率等)的上下限，即

$$\boldsymbol{x}_{\min} \leqslant \boldsymbol{x} \leqslant \boldsymbol{x}_{\max} \tag{9-17}$$

上述式(9-1)～式(9-17)组成的气电冷热区域综合能源系统优化调度模型中，决策变量为燃气发电机的有功和无功出力，吸收式制冷机和换热机组的投入台数，电制冷机、电热锅炉和燃气锅炉的输入功率，储能设备的蓄/放能功率；状态变量包括电网节点电压的幅值和相角，供冷/热网管道的流量和温度，天然气网管道的流量和压力。由于决策变量包含吸收式制冷机和换热机组投入台数的离散变量，优化模型为混合整数非线性规划(MINLP)模型，可采用 GAMS 软件中的 SBB 求解器进行求解[6]。

3. 算例分析

以某个气电冷热区域综合能源系统为例，其接线如图 9-2 所示。其中，供冷/热网包括 13 个节点和 12 段管道；供气网包括 9 个节点和 8 段管道；供电网包括 54 个节点和 78 个支路；能源站内部有燃气发电机、烟气型和热水型吸收式制冷机、电制冷机、电热锅炉、燃气锅炉、换热机组以及用于供冷和供热的循环水泵。接入系统的光伏电站容量为 15MW，出力预测曲线如图 9-3 所示。算例的基本参数见附录 C。优化计算采用的 GAMS 软件版本为 GAMS 24.5.3。

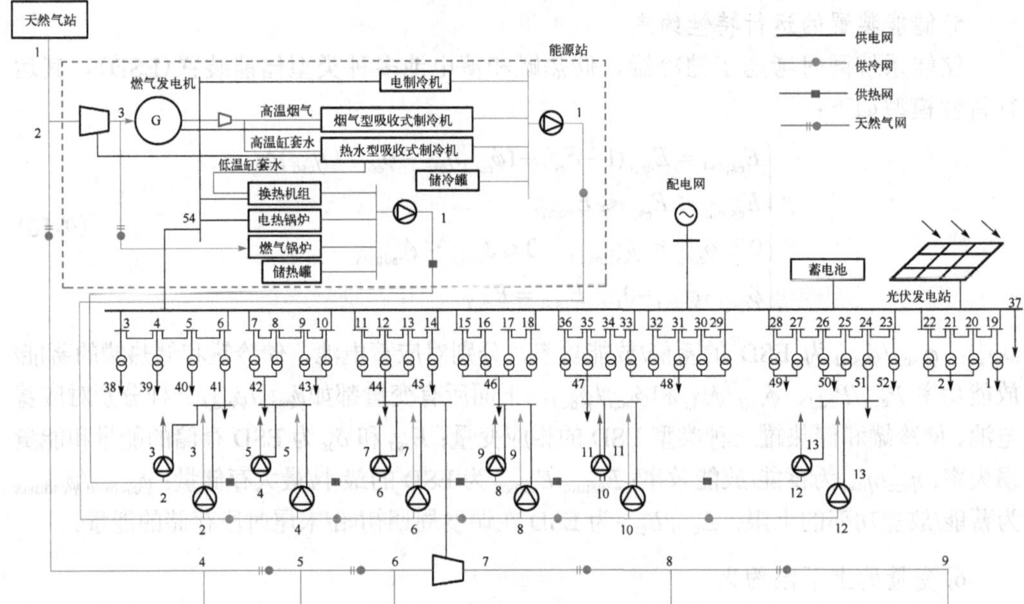

图 9-2　某园区型天然气电冷热联供微网结构图

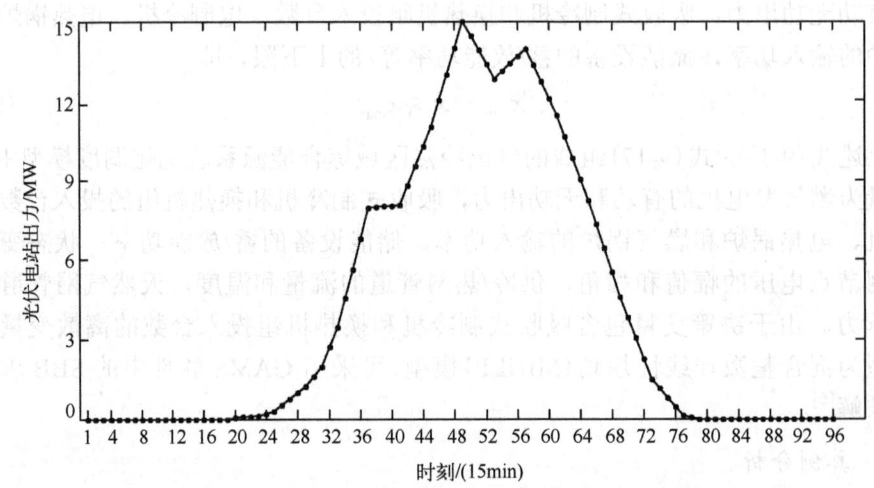

图 9-3　光伏电站出力预测曲线

在光伏电站预测出力下进行确定性优化调度计算。其中，供电侧的优化调度结果如图 9-4 所示，可以看到，系统中优先由燃气发电机组发电来供应电力负荷，这是由于能源站燃气机组以额定功率发电消耗天然气的单价(约为 0.810 元/(kW·h))明显比从配电网购电的单价(1.0228 元/(kW·h))要低。在夜间用电负荷低谷时段，配电网注入的有功功率维持在最小值，园区剩余供电负荷由燃气发电机组全部提供，同时在夜间利用蓄电池储电；而在白天用电负荷明显增大，在燃气发电机输出最大有功并且光伏发电全额消纳的情况下，剩余供电负荷才从配电网购电；而在两个用电负荷高峰的时段，利用蓄电池放电，起到削峰的作用，因此减少了从配电网购电，节省了系统的运行费用。

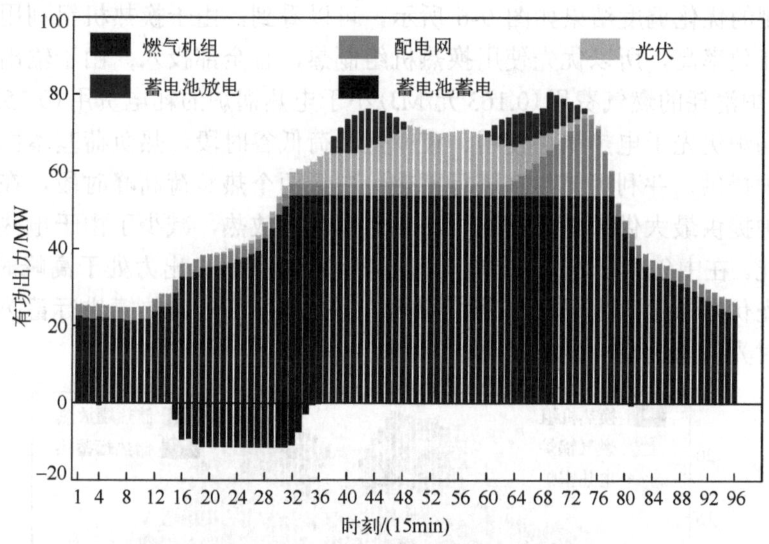

图 9-4　园区供电和储电优化调度结果(见彩图)

供冷侧的优化调度结果如图 9-5 所示，可以看到，由于烟气型和热水型制冷机利用发电余热制冷，用能效率高，所以优先使用两种吸收式制冷机制冷，其中烟气型制冷机的效率更高，因此优先级最高，全部投入。夜间用冷负荷低谷时段，冷负荷基本由两种吸收式制冷机提供，并利用储冷罐进行蓄冷；白天用冷负荷明显增大，

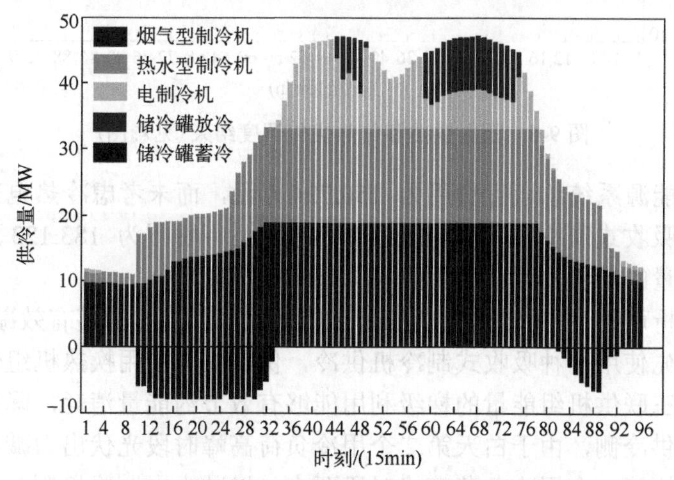

图 9-5　园区供冷和储冷优化调度结果(见彩图)

在两种吸收式制冷机提供最大供冷量的情况下，剩余冷负荷才由电制冷机承担；在两个用冷负荷高峰的时段，利用储冷罐放冷，起到削峰的作用，尤其是在第二个用冷负荷高峰时段，由于光伏发电出力明显下降，储冷罐的放冷功率更大，以减少由电制冷机制冷消耗的电能。

供热侧的优化调度结果如图 9-6 所示，可以看到，由于换热机组利用发电余热制热，用能效率高，所以优先使用换热机组制热，且全部投入；由于输出相同热量时，燃气锅炉消耗的燃气费用(0.163 元/MJ)小于电热锅炉的耗电费用(0.355 元/MJ)，因此燃气锅炉优先于电热锅炉使用。夜间热负荷低谷时段，热负荷基本由换热机组和燃气锅炉提供，并利用储热罐进行蓄热；白天两个热负荷高峰时段，在换热机组和燃气锅炉提供最大供热量的情况下，利用储热罐放热，减少了由于电热锅炉制热消耗的电能。在中午时段 51～54 热负荷下降时，光伏发电出力处于高峰时段，由于系统消纳光伏发电出力用于电热锅炉制热，多余热量通过储热罐进行蓄热，体现了储热装置对光伏出力有一定的消纳作用。

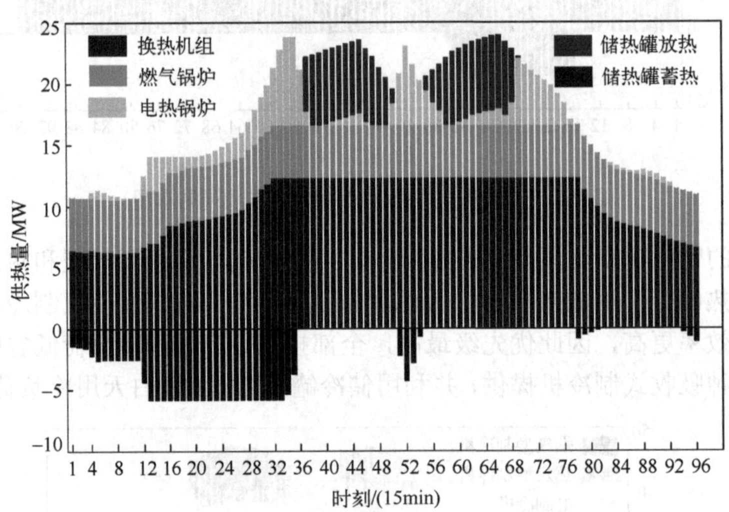

图 9-6　园区供热和储热优化调度结果(见彩图)

区域综合能源系统总运行费用为 150.724 万元，而未考虑冷热电三联供机组，即未考虑两种吸收式制冷机和换热机组的系统总运行费用为 183.123 万元，可见，三联供机组能量的梯级利用使运行费用降低了 17.7%。

由以上分析可知，利用燃气机组的余热进行制冷和制热能够有效减少电能消耗，因此，供冷优先使用两种吸收式制冷机供冷，供热优先使用换热机组供热。体现了天然气冷热电三联供机组能量的梯级利用能够有效节约能量消耗，降低系统运行费用。另外，在供冷侧，由于白天第二个用冷负荷高峰时段光伏出力减小，储冷罐的放冷功率明显比第一个用冷负荷高峰时段要大，以减少电制冷机制冷消耗的电能；

在供热侧，中午时段由于系统消纳光伏发电，并用于电热锅炉制热且通过储热罐进行蓄热；这说明区域综合能源系统的多能互补运行有利于降低运行费用和消纳光伏发电功率。

供冷网、供热网和供电网运行的网络损耗占对应供能负荷的百分比如图 9-7 所示。可以看到，三种网络的损耗占其供能负荷的比例都比较高，供冷网最高可占 3.12%，供热网最高可占 10.78%，供电网最高可占 7.05%，因此，各种能源系统的能量平衡中不能忽略其网络损耗特性。其中，供冷/热网的网络损耗随着用冷/热负荷的增长而下降，这是因为负荷增长使得管道流量增大，由管道温升温降模型即式 (9-2b) 可知，流量增大可以降低管道两端节点的温差，从而减少了热量的散失，使网络损耗降低。可见，考虑详细的网络特性约束可以计及系统中各种供能网络的能量损耗，得到的优化调度方案也更加合理。

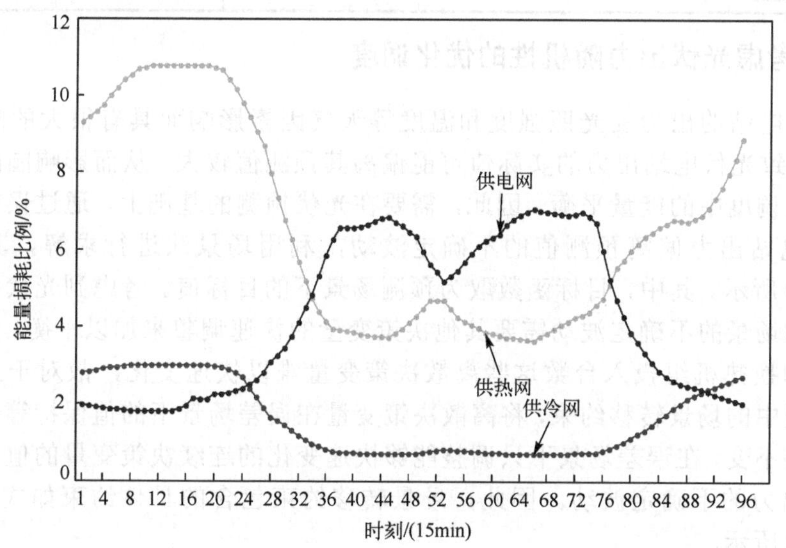

图 9-7　供冷、热和电网的网络损耗占对应供能负荷的百分比

为了比较冷热电三种类型储能的效益，对不加入储能、仅含单种储能和含多种类型储能的调度结果进行比较，如表 9-1 所示。可以看到，储热罐节省的费用在 3 个仅含单种储能情况下是最高的，蓄电池次之，储冷罐最低；另一方面，同时含冷热电 3 种类型储能所节省费用比 3 个仅含单种储能情况下所节省费用的总和要高，说明三种储能的协调运行起到了“1+1+1>3”的效果。引入储能装置后，在负荷低谷时候进行冷热电能量的储存，提高了燃气机组的运行效率，而在负荷高峰时段进行能量的输出，使得在保证燃气机组提供最大有功出力的情况下，从配电网输入的有功显著减少，因而起到了削峰填谷的作用，降低了系统运行费用。当采用多种类型储能时，冷/热/电负荷曲线都得到了削峰填谷；而当采用单种类型储能时，只有

同种类型负荷得到削峰填谷，另外两种类型负荷的削峰填谷效果很小，而冷热电联供机组供冷、供热和供电的功率是相互影响、相互制约的，影响到燃气机组运行在发电效率更高的点；因而，三种储能的联合运行的效果更好，能够起到“1+1+1>3”的效果。

表 9-1　不同储能设备下的优化调度结果对比

优化计算条件	购电费用/万元	购气费用/万元	储能运行费用/万元	总运行费用/万元	节约费用/万元
不含储能	26.586	127.001	0	153.587	—
仅含储冷罐	25.599	127.198	0.678	153.475	0.112
仅含蓄电池	23.410	129.044	0.775	153.229	0.358
仅含储热罐	21.403	128.958	1.052	151.413	2.174
含多类型储能	15.563	132.043	3.118	150.724	2.863

9.1.3　考虑光伏出力随机性的优化调度

光伏电站的出力受光照强度和温度等天气因素影响而具有很大的随机波动特性，导致光伏电站出力的实际值可能偏离其预测值较大，从而影响园区微网能量流优化调度中的能量平衡。因此，需要在光伏预测的基础上，通过误差场景模拟光伏电站出力偏离预测值的不确定波动，利用场景法进行求解，其模型如式 (1-10) 所示。其中，目标函数取为预测场景下的目标值。考虑到光伏电站出力偏离预测场景的不确定波动需要其他决策变量的快速调整来加以平衡，而吸收式制冷机和换热机组投入台数这些离散决策变量难以快速变化，故对于式 (1-10) 优化模型中的场景转移约束，将离散决策变量在误差场景下的值保持等于预测场景下的值不变，在误差场景下只调整能够快速变化的连续决策变量的值以平衡光伏电站出力的不确定波动。因此，场景转移约束包含的具体约束如式 (9-18) ～式 (9-21) 所示。

(1) 燃气发电机组有功出力和配电网注入有功功率的转移约束：

$$\begin{cases} \left| P_{G,t}^{s} - P_{G,t} \right| \leqslant \Delta e_{G} \\ \left| P_{\text{grid},t}^{s} - P_{\text{grid},t} \right| \leqslant \Delta e_{\text{grid}} \end{cases} \tag{9-18}$$

式中，上标 s 表示第 s 个误差场景下的相应变量，后面各式中的变量也一样；Δe_G 和 Δe_{grid} 为燃气发电机组和配电网在 15min 内可调整的最大有功功率。

(2) 天然气站购气量的转移约束：

$$\left| f_{\text{sg},t}^{s} - f_{\text{sg},t} \right| \leqslant \Delta f \tag{9-19}$$

式中，Δf 为天然气站在 15min 内可调整的最大天然气流量。

(3) 电制冷机、电热锅炉和燃气锅炉输入功率或流量的转移约束：

$$\begin{cases}\left|P_{C,t}^{s}-P_{C,t}\right|\leqslant \Delta P_{C}\\ \left|P_{H,t}^{s}-P_{H,t}\right|\leqslant \Delta P_{H}\\ \left|f_{H,t}^{s}-f_{H,t}\right|\leqslant \Delta f_{H}\end{cases} \tag{9-20}$$

式中，ΔP_C 和 ΔP_H 为电制冷机和电热锅炉在 15min 内可调整的最大输入电功率；Δf_H 为燃气锅炉在 15min 内可调整的天然气输入流量。

(4) 储能装置储放功率的转移约束：

$$\begin{cases}\left|\phi_{\mathrm{cc},t}^{s}-\phi_{\mathrm{cc},t}\right|\leqslant \Delta\phi_{\mathrm{cc}}, & \left|\phi_{\mathrm{cd},t}^{s}-\phi_{\mathrm{cd},t}\right|\leqslant \Delta\phi_{\mathrm{cd}}\\ \left|\phi_{\mathrm{hc},t}^{s}-\phi_{\mathrm{hc},t}\right|\leqslant \Delta\phi_{\mathrm{hc}}, & \left|\phi_{\mathrm{hd},t}^{s}-\phi_{\mathrm{hd},t}\right|\leqslant \Delta\phi_{\mathrm{hd}}\\ \left|P_{\mathrm{ec},t}^{s}-P_{\mathrm{ec},t}\right|\leqslant \Delta P_{\mathrm{ec}}, & \left|P_{\mathrm{ed},t}^{s}-P_{\mathrm{ed},t}\right|\leqslant \Delta P_{\mathrm{ed}}\end{cases} \tag{9-21}$$

式中，$\Delta\phi_{\mathrm{cc}}/\Delta\phi_{\mathrm{hc}}$ 和 $\Delta\phi_{\mathrm{cd}}/\Delta\phi_{\mathrm{hd}}$ 为蓄冷/热罐在 15min 内可调整的最大蓄冷/热和放冷/热功率；ΔP_{ec} 和 ΔP_{ed} 为蓄电池在 15min 内可调整的最大充电和放电功率。

以 9.1.2 节中相同的算例进行分析，当考虑光伏电站出力的随机波动，假定各时刻光伏电站的出力波动服从正态分布，期望值为图 9-3 中各时刻的预测值，标准差为预测值的 10%、15%、20%、25%和 30%，在每个标准差下采用拉丁超立方抽样方法生成 10 个光伏电站出力的误差场景进行场景法优化调度计算。场景转移约束中，在 15min 内燃气发电机组和配电网可调整的最大有功功率，以及天然气站可调整的最大天然气流量均为其上限的 20%；电制冷机、电热锅炉和燃气锅炉可调整的最大输入功率，以及储能装置可调整的最大蓄能和放能功率均为其上限的 30%。对比不同光伏出力波动下含多种类型储能和不含储能条件下的系统运行费用如表 9-2 所示，可以看到，随着光伏发电不确定波动的增大，系统运行费用增大，而储能装置的储/放能所能够节省的系统运行费用也增大。可见，储能装置的储/放能有利于平抑光伏出力的不确定波动，使得系统的运行费用随着光伏出力不确定波动增大而增加的值明显减小。

表 9-2　不同光伏波动下含储能和不含储能的优化调度结果对比

光伏波动/%	不含储能的运行费用/万元	含储能的运行费用/万元	含储能节省的费用/万元
10	154.577	150.824	3.753
15	155.064	150.923	4.141
20	155.588	151.151	4.437
25	156.267	151.563	4.704
30	156.824	151.901	4.923

9.2 考虑需求响应的区域综合能源系统优化调度

9.2.1 优化调度的混合整数非线性规划模型

本节先介绍所研究的热电联合区域综合能源系统的基本结构，再分别介绍电网系统和热网系统的相关约束，整个问题模型既包含二进制变量，又包含非线性约束，属于混合整数非线性规划(MINLP)问题。

1. 热电联合区域综合能源系统基本架构

热电联合区域综合能源系统的基本架构如图 9-8 所示，由能源供给单元、网络和用户构成。为了满足用户的电和热负荷需求，系统从上游机构购买电力和天然气，结合自身的能源转换或变换设备，再通过配网和区域供热网分别将电能和热能输送给用户。

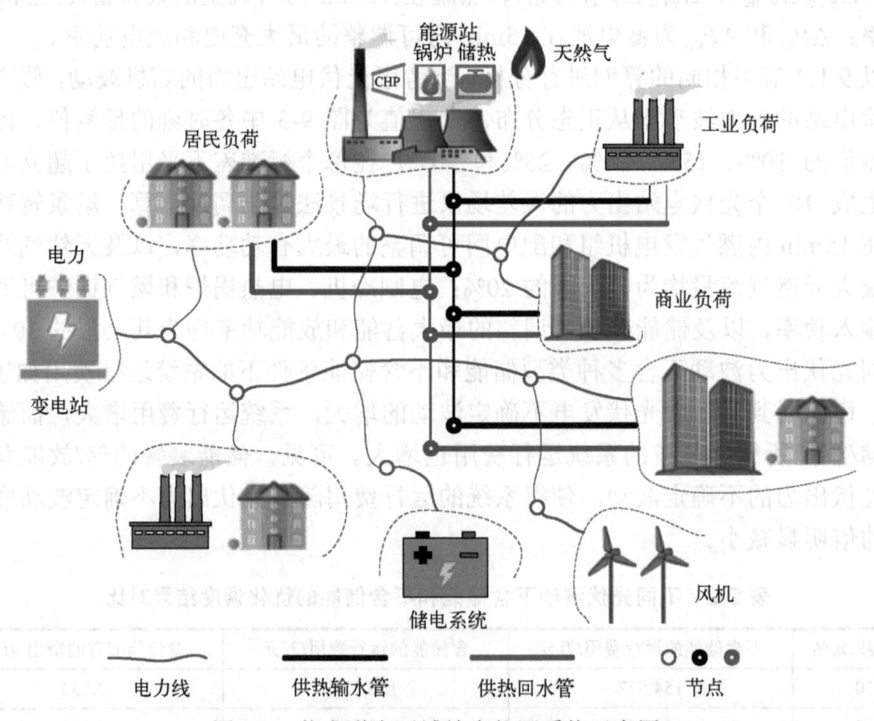

图 9-8 热电联合区域综合能源系统示意图

此系统中一个重要的组成元素就是能源枢纽中心(energy hub，EH)，该枢纽中心将天然气、电能和热能结合起来，是能源相互转化的枢纽，其结构和能源转化形式如图 9-9 所示，包括可以将天然气转化为电能和热能的热电联产(combined heat and power，CHP）机组，将天然气转化为热能的燃气锅炉，以及可以提高系统灵活性的储热装置。此外，综合能源系统自身还配备有风机等可再生能源发电和储电装置。对用户而言，各用户节点可以在不影响正常生产生活的前提下，将其一定比例的负荷需求提供给系统在日内调节，作为可调控的资源，从而参与需求响应项目。

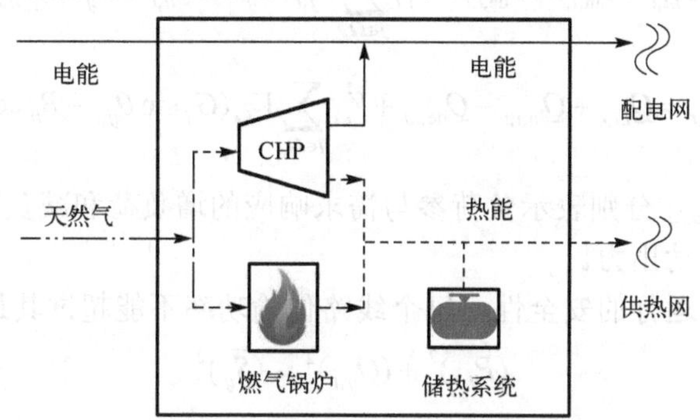

图 9-9　典型能源枢纽中心示意图

2. 优化目标

该区域综合能源系统优化调度的目标是使运行费用，包括能源枢纽中心从上游机构的购气费用和储热系统的运行费用，变电站处从上游机构的购电费用，储电系统的运行费用，需求响应的调控费用，以及系统的弃风惩罚费用最小化，即

$$\min \sum_{t\in\Omega_T}\left(\sum_{i\in\Omega_{\mathrm{EH}}}(c_{\mathrm{gas}}(f_{Gi,t}+f_{Hi,t})+c_h(\phi_{\mathrm{hd}i,t}+\phi_{\mathrm{hc}i,t}))+c_{\mathrm{gd},t}P_{\mathrm{gd}i,t}\right.$$
$$\left.+\sum_{i\in\Omega_{\mathrm{ES}}}c_e(P_{\mathrm{ed}i,t}+P_{\mathrm{ec}i,t})+\sum_{i\in\Omega_{\mathrm{DR}}}c_{\mathrm{DR}}(P_{\mathrm{in},i,t}+P_{\mathrm{de},i,t})+\sum_{i\in\Omega_W}c_W(\bar{P}_{Wi,t}-P_{Wi,t})\right)\Delta t \tag{9-22}$$

式中，t 表示时段；i 表示系统节点；Ω_T、Ω_{EH}、Ω_{ES}、Ω_{DR}、Ω_W 分别对应时段、枢纽中心节点、储电系统节点、需求响应节点、风机节点的集合；$f_{Gi,t}$ 表示热电联产机组消耗的天然气；c_{DR} 和 c_W 分别为需求响应调控和弃风惩罚的费用系数；$P_{\mathrm{in},i,t}$ 和 $P_{\mathrm{de},i,t}$ 分别表示负荷参与需求响应的增负荷和减负荷有功功率；$\bar{P}_{Wi,t}$ 和 $P_{Wi,t}$ 分别表示风机的预测和实际有功出力；其余变量与 9.1 节中相应变量的物理意义一致。下标 i 和 t 分别代表各变量在节点 i 和时段 t 的值，后面各式中变量也一样。

3. 配电网相关约束

系统的电功率来自变电站、热电联产机组、风机和储电系统。其中，变电站、热电联产机组和风机既可以提供有功功率也可以提供无功功率。此外，通过需求响应项目，可以调节有功和无功负荷。与配电网相关的约束如下。

1)网络运行约束

系统运行中需满足节点有功和无功功率平衡约束：

$$
\begin{aligned}
&P_{\mathrm{gd}i,t}+P_{Wi,t}+P_{Gi,t}+(P_{\mathrm{ed}i,t}-P_{\mathrm{ec}i,t})\\
&=P_{Li,t}+P_{\mathrm{in},i,t}-P_{\mathrm{de},i,t}+V_{i,t}\sum_{j\in\Omega_B}V_{j,t}(G_{ij}\cos\theta_{ij,t}+B_{ij}\sin\theta_{ij,t})
\end{aligned}
\tag{9-23a}
$$

$$
Q_{\mathrm{gd}i,t}+Q_{Wi,t}+Q_{Gi,t}=Q_{Li,t}+Q_{\mathrm{in},i,t}-Q_{\mathrm{de},i,t}+V_{i,t}\sum_{j\in\Omega_B}V_{j,t}(G_{ij}\sin\theta_{ij,t}-B_{ij}\cos\theta_{ij,t})
\tag{9-23b}
$$

式中，$Q_{\mathrm{in},i,t}$ 和 $Q_{\mathrm{de},i,t}$ 分别表示负荷参与需求响应的增负荷和减负荷无功功率；$Q_{Wi,t}$ 表示风机的实际无功出力。

为了维持系统运行的安全性，每个线路传输功率不能超过其最大限值：

$$
(P_{ij,t})^2+(Q_{ij,t})^2\leqslant(\overline{S}_{ij})^2
\tag{9-23c}
$$

式中，线路 ij 在时段 t 传输的有功和无功功率的表达式如下所示：

$$
P_{ij,t}=G_{ij}(V_{i,t}^2-V_{i,t}V_{j,t}\cos\theta_{ij,t})-B_{ij}V_{i,t}V_{j,t}\sin\theta_{ij,t}
\tag{9-23d}
$$

$$
Q_{ij,t}=-B_{ij}(V_{i,t}^2-V_{i,t}V_{j,t}\cos\theta_{ij,t})-G_{ij}V_{i,t}V_{j,t}\sin\theta_{ij,t}
\tag{9-23e}
$$

另外，节点电压的幅值需满足安全允许的上下限约束：

$$
V_{i,\min}\leqslant V_{i,t}\leqslant V_{i,\max}
\tag{9-23f}
$$

式中，$V_{i,\max}$ 和 $V_{i,\min}$ 分别为 V_i 安全允许的最大和最小值。

2)储电系统运行约束

储电系统的运行约束可以表示为

$$
\begin{cases}
E_{ei,t+1}=E_{ei,t}(1-\delta_{ei})+(P_{\mathrm{ec}i,t}\eta_{\mathrm{ec}i}-P_{\mathrm{ed}i,t}/\eta_{\mathrm{ed}i})\Delta t\\
E_{ei,\min}\leqslant E_{ei,t}\leqslant E_{ei,\max}\\
0\leqslant P_{\mathrm{ec}i,t}\leqslant u_{\mathrm{ec}i,t}P_{\mathrm{ec}i,\max},\quad 0\leqslant P_{\mathrm{ed}i,t}\leqslant u_{\mathrm{ed}i,t}P_{\mathrm{ed}i,\max}\\
u_{\mathrm{ec}i,t}+u_{\mathrm{ed}i,t}\leqslant 1,\quad E_{ei,0}=E_{ei,T}
\end{cases}
\tag{9-24a}
$$

式中，$u_{\mathrm{ec}i,t}$ 为充电状态的二进制变量，当储电系统充电时为 1，其余状态时为 0；$u_{\mathrm{ed}i,t}$ 为放电状态的二进制变量，当储电系统放电时为 1，其余状态时为 0。

此外，为了延长储电系统的使用寿命，增加了对其在每个调度周期内的最大充、放电切换次数限制：

$$
\sum_{t\in\Omega_T}\left|u_{\mathrm{ec}i,t}-u_{\mathrm{ec}i,t-1}\right|\leqslant N_{\mathrm{se}i}
\tag{9-24b}
$$

$$
\sum_{t\in\Omega_T}\left|u_{\mathrm{ed}i,t}-u_{\mathrm{ed}i,t-1}\right|\leqslant N_{\mathrm{se}i}
\tag{9-24c}
$$

式中，N_{sei} 为最大切换次数。以式(9-24b)为例，当储电系统从闲置状态变为充电状态、从放电状态变为充电状态，以及脱离充电状态时都属于切换了一次状态。

3) 需求响应项目约束

采用的是基于分时电价的需求响应项目机制。通过这一项目，部分负荷需求将从电价高的时段转移到电价低的时段，从而可以降低系统从外部购电的费用。参与需求响应的负荷可以在时段 t 增加或减少其负荷，增负荷和减负荷的调节范围限制如下所示[7,8]：

$$\underline{\alpha}_{\text{ine},i} P_{Li,t} \cdot I_{\text{in},i,t} \leqslant P_{\text{in},i,t} \leqslant \overline{\alpha}_{\text{ine},i} P_{Li,t} \cdot I_{\text{in},i,t} \tag{9-25a}$$

$$\underline{\alpha}_{\text{dee},i} P_{Li,t} \cdot I_{\text{de},i,t} \leqslant P_{\text{de},i,t} \leqslant \overline{\alpha}_{\text{dee},i} P_{Li,t} \cdot I_{\text{de},i,t} \tag{9-25b}$$

式中，$\underline{\alpha}_{\text{ine},i}$ 和 $\overline{\alpha}_{\text{ine},i}$ 为可调增负荷最小和最大值对应的比例系数；$\underline{\alpha}_{\text{dee},i}$ 和 $\overline{\alpha}_{\text{dee},i}$ 为可调减负荷最小和最大值对应的比例系数；$I_{\text{in},i,t}$ 为增负荷状态的二进制变量，当负荷响应为增加负荷时为 1，其余状态时为 0；$I_{\text{de},i,t}$ 为减负荷状态的二进制变量，当负荷响应为减少负荷时为 1，其余状态时为 0。节点负荷不能在同一时刻处于既增加又减少的状态，即两个二进制变量不能同时取 1，如式(9-25c)所示。

$$I_{\text{in},i,t} + I_{\text{de},i,t} \leqslant 1 \tag{9-25c}$$

为了不影响用户的正常负荷需求，在调度周期内需保证用户负荷需求的总量不变，也就是说，用户在调度周期内通过需求响应项目增加的总负荷量等于减少的总负荷量，如式(9-25d)所示。

$$\sum_{t \in \Omega_T} P_{\text{in},i,t} = \sum_{t \in \Omega_T} P_{\text{de},i,t} \tag{9-25d}$$

需求响应动作过于频繁，将导致负荷产生太多的波动，且有些生产过程中的负荷需保持连续性，不能时增时减，因此，需求响应项目被设计为需满足最小的增负荷和减负荷时间约束。当负荷被计划为增加/减少时，需维持这一增加/减少状态一段时间，在增加/减少负荷结束后也需相应停止响应操作一段时间，以减少波动：

$$I_{\text{in},i,t} - I_{\text{in},i,t-1} \leqslant I_{\text{in},i,\tau}, \quad \tau \in [t+1, \min(t + T_{o\min,i} - 1, T)] \tag{9-25e}$$

$$I_{\text{in},i,t-1} - I_{\text{in},i,t} \leqslant 1 - I_{\text{in},i,\tau}, \quad \tau \in [t+1, \min(t + T_{s\min,i} - 1, T)] \tag{9-25f}$$

$$I_{\text{de},i,t} - I_{\text{de},i,t-1} \leqslant I_{\text{de},i,\tau}, \quad \tau \in [t+1, \min(t + T_{o\min,i} - 1, T)] \tag{9-25g}$$

$$I_{\text{de},i,t-1} - I_{\text{de},i,t} \leqslant 1 - I_{\text{de},i,\tau}, \quad \tau \in [t+1, \min(t + T_{s\min,i} - 1, T)] \tag{9-25h}$$

式中，τ 也表示时段；$T_{\text{omin},i}$ 和 $T_{\text{smin},i}$ 为最小响应和停止时间。

4) 其他特性和无功功率约束

能源枢纽中心的热电联产机组供给的电能来自于天然气的转换，转换效率为 η_{Gi}：

$$P_{Gi,t}=\eta_{Gi}f_{Gi,t} \tag{9-26a}$$

热电联产机组的有功输出需要满足爬坡和滑坡约束：

$$-r_{di}\Delta t\leqslant P_{Gi,t}-P_{Gi,t-1}\leqslant r_{ui}\Delta t \tag{9-26b}$$

允许弃风的情况下，并网风机的实际有功出力约束见式(9-26c)。

$$0\leqslant P_{Wi,t}\leqslant \overline{P}_{Wi,t} \tag{9-26c}$$

配电网关口注入功率，也就是流过变电站的视在功率不能超过安全限值：

$$(P_{\mathrm{gd}i,t})^2+(Q_{\mathrm{gd}i,t})^2\leqslant(\overline{S}_{\mathrm{gd}i})^2 \tag{9-26d}$$

另外，假设无功功率在一定的功率因数范围内可调，则涉及无功功率的单元需满足如下关系式：

$$-P_{Gi,t}\tan\varphi_{Gi}\leqslant Q_{Gi,t}\leqslant P_{Gi,t}\tan\varphi_{Gi} \tag{9-26e}$$

$$-P_{Wi,t}\tan\varphi_{Wi}\leqslant Q_{Wi,t}\leqslant P_{Wi,t}\tan\varphi_{Wi} \tag{9-26f}$$

$$-P_{\mathrm{in},i,t}\tan\varphi_{\mathrm{in},i}\leqslant Q_{\mathrm{in},i,t}\leqslant P_{\mathrm{in},i,t}\tan\varphi_{\mathrm{in},i} \tag{9-26g}$$

$$-P_{\mathrm{de},i,t}\tan\varphi_{\mathrm{de},i}\leqslant Q_{\mathrm{de},i,t}\leqslant P_{\mathrm{de},i,t}\tan\varphi_{\mathrm{de},i} \tag{9-26h}$$

式中，φ_{Gi}, φ_{Wi}, $\varphi_{\mathrm{in},i}$, $\varphi_{\mathrm{de},i}$ 分别为热电联产机组、风机、需求响应的增负荷和减负荷的功率因数角。

4. 热网相关约束

热网系统由热源、供热网和热负荷组成。热源为能源枢纽中心的热电联产机组、燃气锅炉和储热系统。供热网以水流为载体，通过供水网将热能传递给用户，完成热量交换后经回水网收回至热电站，循环反复。与热网相关的约束如下所示。

1) 热源约束

热电联产机组和燃气锅炉的供热来自于对天然气的转换，表达式如下：

$$\phi_{\mathrm{Gh}i,t}=\eta_{\mathrm{Gh}i}f_{Gi,t} \tag{9-27a}$$

$$\phi_{Hi,t}=\eta_{Hi}f_{Hi,t} \tag{9-27b}$$

式中，$\phi_{\mathrm{Gh}i,t}$ 和 $\phi_{Hi,t}$ 分别表示在节点 i 的热电联产机组和燃气锅炉在时段 t 输出的热功率输出；$\eta_{\mathrm{Gh}i}$ 和 η_{Hi} 为对应的转换效率。

天然气的供给有最大容量 $f_{gi\max}$ 限制，见式(9-27c)。

$$f_{Gi,t}+f_{Hi,t}\leqslant f_{gi\max} \tag{9-27c}$$

燃气锅炉的供热功率有最大值$\phi_{Hi\max}$限制，见式(9-27d)。

$$\phi_{Hi,t} \leqslant \phi_{Hi\max} \tag{9-27d}$$

热电联产机组向热网供热，同时也向配网供电，因此，热电联产机组的供热和供电功率相互耦合且存在一个允许运行范围，如图 9-10 所示。其供热和供电功率之间的关系可通过对 4 个顶点的线性组合来表示[9]：

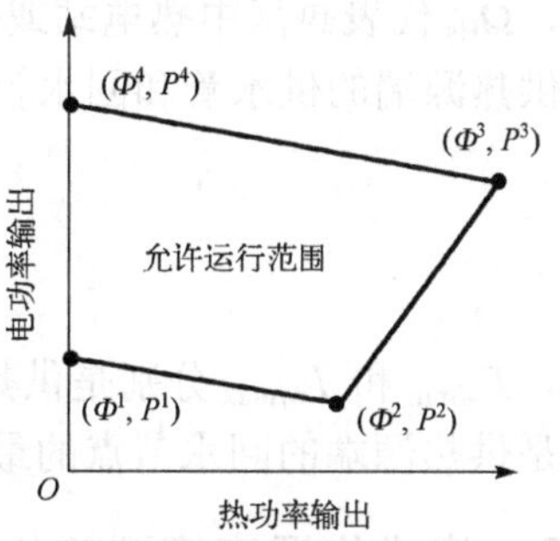

图 9-10　热电联产机组的允许操作范围

$$P_{Gi,t} = \sum_{k=1}^{4} \alpha_{i,t}^{k} P_i^k \tag{9-28a}$$

$$\phi_{\mathrm{Gh}i,t} = \sum_{k=1}^{4} \alpha_{i,t}^{k} \Phi_i^k \tag{9-28b}$$

$$\sum_{k=1}^{4} \alpha_{i,t}^{k} = 1 \tag{9-28c}$$

$$0 \leqslant \alpha_{i,t}^{k} \leqslant 1 \tag{9-28d}$$

式中，k 为顶点的索引；P_i^k 和 Φ_i^k 为第 k 个顶点对应的供电和供热功率；$\alpha_{i,t}^k$ 为线性组合的系数。

储热系统约束和储电系统约束类似，如式(9-24a)～式(9-24c)，只需把电功率换成热功率即可，即变量的下标 e 对应修改为 h，约束含义相同。

2) 管网约束

与 9.1.2 节中供冷/热网络的运行特性约束类似，热网的管网约束包括热负荷的功率模型，供水管道的温降温升模型，管道流体在节点的质量混合模型和温度混合模型，见式(9-29a)。

$$\begin{cases} \phi_{j,t} = c_w m_{qj,t} s_j (T_{rj,t} - T_{wj,t}) \\ T_{\mathrm{op},t} = (T_{\mathrm{ip},t} - T_a)\mathrm{e}^{-\lambda L/(c_w m_{j,t})} + T_a \\ \sum m_{\mathrm{in},t} = \sum m_{\mathrm{out},t} \\ \sum (m_{\mathrm{in},t} T_{\mathrm{in},t}) = \left(\sum m_{\mathrm{out},t}\right) T_{\mathrm{out},t} \end{cases} \tag{9-29a}$$

热网中代表热电站或热力资源的节点，其供热功率和水流温度的关系式可表达为

$$\phi_{\mathrm{Gh}i,t} + \phi_{Hi,t} + \phi_{\mathrm{hd}i,t} - \phi_{\mathrm{hc}i,t} = \sum_{j \in \Omega_{\mathrm{Hs}}} c_w m_{qj,t} (T_{wj,t} - T_{rj,t}) \tag{9-29b}$$

式中，Ω_{Hs}代表热网中热电站或热力资源节点的集合。

供热源端的供水管和回水管水温限定在一定的范围之内，以保障供热服务质量：

$$T_{wj\min} \leqslant T_{wj,t} \leqslant T_{wj\max} \tag{9-29c}$$

$$T_{rj\min} \leqslant T_{rj,t} \leqslant T_{rj\max} \tag{9-29d}$$

式中，$T_{wj\min}$和$T_{wj\max}$分别是供热源端的供水节点的最低和最高温度；$T_{rj\min}$和$T_{rj\max}$分别是供热源端的回水节点的最低和最高温度。

9.2.2　将优化调度模型转化为混合整数二阶锥规划模型

上述由式(9-22)～式(9-29)组成优化调度模型中，节点功率平衡方程式(9-23a)和式(9-23b)及线路传输功率方程式(9-23d)和式(9-23e)是非凸的，与储能切换次数相关的约束(式(9-24b)和式(9-24c))中包含绝对值计算，也是非凸的。从而，此优化模型是一个非凸的 MINLP 模型，很难求解。为了改善问题的求解，将原非凸的MINLP模型转换为混合整数二阶锥规划(MISOCP)模型，从而降低模型求解的计算复杂性[10]。

1. 按照支路描述的配网潮流方程

对于辐射状的配电网，可采用类似第 7 章中式(7-35)的支路潮流模型描述。基于该潮流模型，再运用二阶锥松弛技术，可以得到一个凸的模型表达。因此，与潮流有关的约束(式(9-23a)～式(9-23f))可以改写为如式(9-30a)～式(9-30g)所示的约束。

$$\begin{aligned}\sum_{k\in v(j)} P_{jk,t} = \sum_{i\in u(j)} (P_{ij,t} - r_{ij}L_{ij,t}) - (P_{L,j,t} + P_{\mathrm{in},j,t} - P_{\mathrm{de},j,t}) \\ + P_{\mathrm{gd}j,t} + P_{Wj,t} + P_{Gj,t} + (P_{\mathrm{ed}j,t} - P_{\mathrm{ec}j,t})\end{aligned} \tag{9-30a}$$

$$\sum_{k\in v(j)} Q_{jk,t} = \sum_{i\in u(j)} (Q_{ij,t} - x_{ij}L_{ij,t}) - (Q_{L,j,t} + Q_{\mathrm{in},j,t} - Q_{\mathrm{de},j,t}) + Q_{\mathrm{gd}j,t} + Q_{Wj,t} + Q_{Gj,t} \tag{9-30b}$$

$$U_{j,t} = U_{i,t} - 2(r_{ij}P_{ij,t} + x_{ij}Q_{ij,t}) + (r_{ij}^2 + x_{ij}^2)L_{ij,t} \tag{9-30c}$$

$$U_{i,\min} \leqslant U_{i,t} \leqslant U_{i,\max} \tag{9-30d}$$

$$L_{ij,t} \geqslant 0 \tag{9-30e}$$

$$(P_{ij,t})^2 + (Q_{ij,t})^2 \leqslant L_{ij,t}U_{i,t} \tag{9-30f}$$

$$(P_{ij,t})^2 + (Q_{ij,t})^2 \leqslant (\overline{S}_{ij})^2 \tag{9-30g}$$

式中，$L_{ij,t}$为时段 t 支路 ij 的电流幅值的平方；$U_{i,t}$为时段 t 节点 i 的电压幅值的平方。

二阶锥松弛发生在式(9-30f)，将原来的二次等式约束松弛为不等式约束，形成了二阶锥，是一个凸化处理，在辐射状的配网中有较好的效果。

2. 绝对值约束的处理

储电和储热系统中的最大切换次数限制约束与二进制变量有关，是一组非凸的纯整数约束。在许多含迭代计算步骤的方法中，这类约束的存在使得想要构建一个较简单的凸混合整数规划子问题成为不可能。可通过引入新的变量和不等式约束来代替含绝对值运算的约束。以储电系统中的约束(式(9-24b))为例，引入连续变量 $y_{\text{eci},t}$，将式(9-24b)可转换为如式(9-31a)～式(9-31c)所示的一组线性不等式约束。

$$y_{\text{eci},t} \geqslant u_{\text{eci},t} - u_{\text{eci},t-1} \tag{9-31a}$$

$$y_{\text{eci},t} \geqslant -(u_{\text{eci},t} - u_{\text{eci},t-1}) \tag{9-31b}$$

$$\sum_{t\in\Omega_T} y_{\text{eci},t} \leqslant N_{\text{sei}} \tag{9-31c}$$

式(9-31a)和式(9-31b)可以保证 $y_{\text{eci},t}$ 的取值不小于 $\pm(u_{\text{eci},t} - u_{\text{eci},t-1})$ 中的最大值，也就是不小于绝对值 $\left|u_{\text{eci},t} - u_{\text{eci},t-1}\right|$。再结合式(9-31c)，则保证了储电系统的切换次数不会超过预设的最大值，可以满足原约束的要求。同类型的其余约束也用这一方法来改写，从而将原含有绝对值计算的约束变成了线性约束。

至此，原本的 MINLP 模型就转换成了 MISOCP 模型。于是，在求解方法上，就可以选择直接调用求解器来计算这一问题。除此之外，本章还提供了另外一种方法，即部分代理割(partial surrogate cuts，PSC)方法，可以很好地利用此 MISOCP 模型的特点，来进一步提高求解效率，扩大问题的应用规模。

9.2.3 应用部分代理割算法求解优化调度模型

部分代理割(PSC)算法可以很好地利用优化问题中的线性约束，构造更紧的主问题，而上述热电联合区域综合能源系统优化调度模型为 MISOCP 模型，线性约束多，非常适合应用 PSC 算法求解[11]。下面详细介绍求解热电联合区域综合能源系统优化调度问题的 PSC 算法，以及对其的相应改进。

1. 变量和约束的分类

为方便起见，仍然采用模型紧凑型来表述 PSC 算法的原理，上述 MISOCP 模型可以表示为

$$\begin{cases} \min\ z = \boldsymbol{d}^{\mathrm{T}}\boldsymbol{x} \\ \text{s.t.} \begin{cases} \boldsymbol{g}(\boldsymbol{x}) + \boldsymbol{H}\boldsymbol{y} \leqslant \boldsymbol{0} \\ \boldsymbol{A}\boldsymbol{x} + \boldsymbol{E}\boldsymbol{y} \leqslant \boldsymbol{b} \\ \boldsymbol{x} \in \mathbf{R}, \quad \boldsymbol{y} \in \{0,1\} \end{cases} \end{cases} \tag{9-32}$$

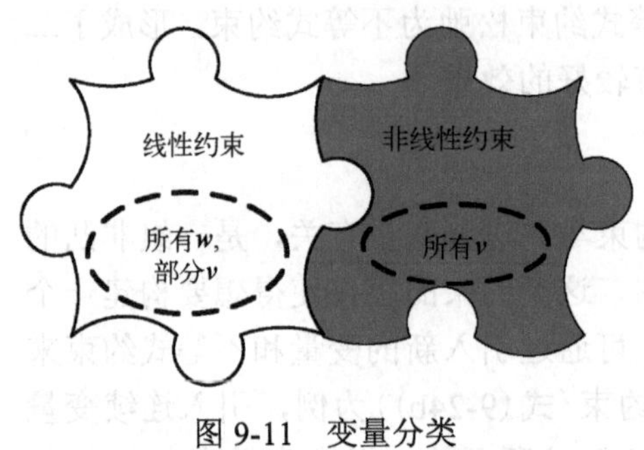

图 9-11　变量分类

式中，z 为目标函数值；$\boldsymbol{x}$ 表示连续变量；$\boldsymbol{y}$ 表示二进制变量；$\boldsymbol{g}(\cdot)$ 表示非线性函数；$\boldsymbol{d}$、$\boldsymbol{b}$ 为系数向量；$\boldsymbol{H}$、$\boldsymbol{A}$、$\boldsymbol{E}$ 为对应系数矩阵。根据变量在问题中出现的形式将其分为线性变量 $\boldsymbol{w}$ 和非线性变量 $\boldsymbol{v}$，线性变量只有线性形式，只要包括非线性形式的变量就是非线性变量，如图 9-11 所示，描述了线性变量、非线性变量、线性约束和非线性约束的相互关系。

在本章问题中，线性约束包括了所有的线性变量以及部分非线性变量的线性形式，非线性约束包括了所有的非线性变量，当然，非线性约束中的线性项可能是线性变量。根据这一规则，变量 $P_{ij,t}$、$Q_{ij,t}$、$P_{\mathrm{gd}i,t}$、$Q_{\mathrm{gd}i,t}$、$L_{ij,t}$ 和 $U_{i,t}$ 属于非线性变量 $\boldsymbol{v}$，其余连续变量属于线性变量 $\boldsymbol{w}$。二进制变量 $\boldsymbol{y}$ 包括储能系统的充放状态，以及需求响应负荷增减的状态。在变量划分后，原来的问题模型可以转化为

$$\begin{cases}\min\ z=\boldsymbol{d}^{\mathrm{T}}\boldsymbol{w}\\ \text{s.t.}\begin{cases}\boldsymbol{g}(\boldsymbol{v})+\boldsymbol{D}\boldsymbol{w}+\boldsymbol{H}\boldsymbol{y}\leqslant\boldsymbol{0}\\ \boldsymbol{A}_1\boldsymbol{v}+\boldsymbol{A}_2\boldsymbol{w}+\boldsymbol{E}\boldsymbol{y}\leqslant\boldsymbol{b}\\ [\boldsymbol{w};\boldsymbol{v}]\in\mathbf{R},\quad \boldsymbol{y}\in\{0,1\}\end{cases}\end{cases}\tag{9-33}$$

其中，$\boldsymbol{D}$、$\boldsymbol{A}_1$、$\boldsymbol{A}_2$ 是系数矩阵。第一行的目标函数式对应式(9-22)，第二行的非线性约束对应式(9-26d)、式(9-30f)和式(9-30g)，第三行的线性约束包括了剩余的其他约束。由此可见，此问题只有少量非线性约束，大部分都是线性约束，有运用部分代理割方法求解的有利条件。

在运用部分代理割方法求解的过程中，这一 MISOCP 问题将被分解为含有割的 MILP 主问题和固定了整数变量的 SOCP 子问题的交替迭代计算[12]。

2. 主问题

根据部分代理割方法的基本原理，直接基于割的组成构建主问题，第 k 次迭代的 MILP 主问题如下所示：

$$\min\ \alpha\tag{9-34a}$$

$$\text{s.t.}\quad \alpha\geqslant\boldsymbol{d}^{\mathrm{T}}\boldsymbol{w}+(\boldsymbol{\lambda}^k)^{\mathrm{T}}(\boldsymbol{g}(\boldsymbol{v}^k)+\boldsymbol{D}\boldsymbol{w}+\boldsymbol{H}\boldsymbol{y})-(\boldsymbol{\mu}^k)^{\mathrm{T}}\boldsymbol{A}_1(\boldsymbol{v}-\boldsymbol{v}^k),\quad k\in K^F\tag{9-34b}$$

$$\sum_{j\in B^k}y_j-\sum_{j\in\mathrm{NB}^k}y_j\leqslant\left|B^k\right|-1,\quad k\in K^{\mathrm{INF}}\tag{9-34c}$$

$$\boldsymbol{A}_1\boldsymbol{v}+\boldsymbol{A}_2\boldsymbol{w}+\boldsymbol{E}\boldsymbol{y}\leqslant\boldsymbol{b}\tag{9-34d}$$

$$[\boldsymbol{w};\boldsymbol{v}]\in \mathbf{R},\quad \boldsymbol{y}\in\{0,1\} \tag{9-34e}$$

式中，α对应着主问题的目标函数值；$\boldsymbol{\lambda}$是非线性约束对应的拉格朗日乘子；$\boldsymbol{\mu}$是线性约束对应的拉格朗日乘子；$\boldsymbol{\lambda}^k$、$\boldsymbol{\mu}^k$和$\boldsymbol{v}^k$代表从第k次迭代的子问题中得到的已知值；K^F和K^{INF}分别是迭代过程中子问题可行和不可行时关于k的集合。$B^k=\{j\mid y_j=1\}$表示整数解$\boldsymbol{y}$中二进制变量为 1 对应的下标集合，而$\mathrm{NB}^k=\{j|y_j=0\}$表示其中二进制变量为 0 对应的下标集合。也就是说，当第k次迭代子问题可行时，返回部分代理割至主问题，当第k次迭代子问题不可行时，返回整数割至主问题，整数割可以避免重复访问相同的整数解；且这些约束是前面所有迭代过程中返回的割的累积，数目随着迭代次数的增加而增加。主问题的目标函数值α是原 MISOCP 问题的一个下界(LB)。

部分代理割方法在主问题中保留了线性变量以及非线性变量的线性形式，从而保留了原问题的所有线性约束，即式(9-34d)，主问题的可行域更紧，最终将有利于计算收敛。特别是在经过如 9.2.2 节所述的模型凸化后，关于潮流的约束(式(9-30a)～式(9-30e))变成了线性形式，可以通过部分代理割的定义自然地被保留在主问题中。在构造主问题时避免了直接基于非线性约束的一阶线性化，主问题是一类相对简单的 MILP 问题。

热电联合区域综合能源系统优化调度问题的约束种类多，模型复杂，通过构造一个初始问题来启动算法求解。初始问题也是一个 MILP 问题，它除去了原问题(式(9-33))中的非线性约束，如下所示：

$$\begin{cases}\min\ z=\boldsymbol{d}^{\mathrm{T}}\boldsymbol{w}\\ \mathrm{s.t.}\begin{cases}\boldsymbol{A}_1\boldsymbol{v}+\boldsymbol{A}_2\boldsymbol{w}+\boldsymbol{E}\boldsymbol{y}\leqslant \boldsymbol{b}\\ [\boldsymbol{w};\boldsymbol{v}]\in\mathbf{R},\quad \boldsymbol{y}\in\{0,1\}\end{cases}\end{cases} \tag{9-35}$$

然而，在初始问题和常规的主问题中，配电网运行约束中的线路传输容量和变电站容量的限制约束因其非线性特征而被除去了，完全没有考虑。因此，通过初始问题和主问题求得的整数变量$\boldsymbol{y}$的值在子问题中固定后，可能造成较为严重的约束越限。为了改善这一情况，增加了一组简化松弛的约束至初始问题(式(9-35))和常规的主问题(式(9-33))中，属于其中的线性约束式，如下所示：

$$-\overline{S}_{ij}\leqslant P_{ij,t}\leqslant \overline{S}_{ij} \tag{9-36a}$$

$$-\overline{S}_{ij}\leqslant Q_{ij,t}\leqslant \overline{S}_{ij} \tag{9-36b}$$

$$P_{\mathrm{gd}i,t}\leqslant \overline{S}_{\mathrm{gd}i} \tag{9-36c}$$

3. 子问题

给定整数解后，第k次迭代的 SOCP 子问题如下所示：

$$\begin{cases} \min z_{\mathrm{nlp}} = \boldsymbol{d}^{\mathrm{T}} \boldsymbol{w} \\ \text{s.t.} \begin{cases} \boldsymbol{g}(\boldsymbol{v}) + \boldsymbol{D}\boldsymbol{w} + \boldsymbol{H}\boldsymbol{y}^k \leqslant \boldsymbol{0} \\ \boldsymbol{A}_1 \boldsymbol{v} + \boldsymbol{A}_2 \boldsymbol{w} + \boldsymbol{E}\boldsymbol{y}^k \leqslant \boldsymbol{b} \\ [\boldsymbol{w};\boldsymbol{v}] \in \mathbf{R} \end{cases} \end{cases} \tag{9-37}$$

其中，z_{nlp}对应着子问题的目标函数值；$\boldsymbol{y}^k$是固定的整数解。值得注意的是，由主问题得到的线性变量 $\boldsymbol{w}$ 的值并没有在子问题中固定，连续变量 $\boldsymbol{w}$ 和 $\boldsymbol{v}$ 都是经由子问题重新计算的，它们在子问题中是可以调节的，对比固定变量 $\boldsymbol{w}$ 值的做法，这样可以减少轻微越限的情况。子问题的目标函数值 z_{nlp} 是原 MISOCP 问题的一个上界(UB)。

固定主问题求得的整数解后，尽管连续变量在子问题中是待求的、可以调节，但是当子问题中的非线性约束比较严格时，仍然可能导致子问题不可行。为了防止这一不可行的情况发生，可以在约束中引入非负松弛变量。在本章的工作中，松弛变量添加在关键的线路传输安全约束(式(9-30g))中，如下所示：

$$(P_{ij,t})^2 + (Q_{ij,t})^2 - s_{ij,t}^{\mathrm{aux}} \leqslant (\overline{S}_{ij})^2 \tag{9-38}$$

式中，$s_{ij,t}^{\mathrm{aux}}$ 为非负松弛变量。

当松弛变量的值不为零时，说明约束是违反限制的，在最终希望松弛变量变为零。在目标函数中需要添加对松弛变量的惩罚，这样可以迫使在寻优过程中尽量使其为零，且避免出现实际可以不违反约束限制但是由成本低而导致松弛变量取了正值。修改后的目标函数式为

$$\min\ \text{cost} + \gamma \sum_{t \in \Omega_T} \sum_{ij \in \Omega_L} s_{ij,t}^{\mathrm{aux}} \tag{9-39}$$

式中，变量 cost 是原本的运行费用如式(9-22)所示；γ 是惩罚系数。

松弛变量在整个问题中属于线性变量一类，子问题和原问题的模型仍然可以用式(9-37)和式(9-33)来表达，不影响 PSC 算法的推导。

4. 计算流程

结合上述运用PSC算法求解区域综合能源系统优化调度问题时构建的主问题和子问题，相应的计算流程图如图 9-12 所示，其计算步骤如下。

(1)设置迭代次数 $k=1$，最大迭代次数 iter，初始上界 UB = $+\infty$，下界 LB = $-\infty$，以及算法的收敛间隙 ε。

(2)求解初始问题(式(9-35))，调用求解器 CPLEX 求解 MILP 问题，获取初始整数解 $\boldsymbol{y}^k$。

(3)求解子问题(式(9-37))，调用求解器 GUROBI 求解 SOCP 问题，获得解 $\boldsymbol{x}^k = (\boldsymbol{w}^k, \boldsymbol{v}^k)^{\mathrm{T}}$，目标函数值 z_{nlp}。如果所有的松弛变量均等于零，则更新上界 UB = min{UB,

$z_{\mathrm{nlp}}\}$，设置当前最优解为 $\boldsymbol{x}^*=\boldsymbol{x}^k$, $\boldsymbol{y}^*=\boldsymbol{y}^k$。形成部分代理割和整数割添加至主问题中。

(4) 求解主问题（式(9-34)），调用求解器 CPLEX，得到解 $(\alpha^k, \boldsymbol{x}', \boldsymbol{y}')$，并更新下界 LB $=\alpha^k$。其中 $\boldsymbol{y}'$ 是下一次迭代时子问题中要固定的整数解，而 $\boldsymbol{x}'$ 则没有进一步应用。

(5) 如果 $|\mathrm{UB}-\mathrm{LB}|/\mathrm{UB}\leqslant\varepsilon$，则求得了算法意义上的最优解 $(\boldsymbol{x}^*, \boldsymbol{y}^*)$，目标函数值就是当前上界 UB，停止计算。否则，设置迭代次数 $k=k+1$，整数解 $\boldsymbol{y}^k=\boldsymbol{y}'$，转至步骤(3)，继续执行直到满足收敛条件或达到最大迭代次数。

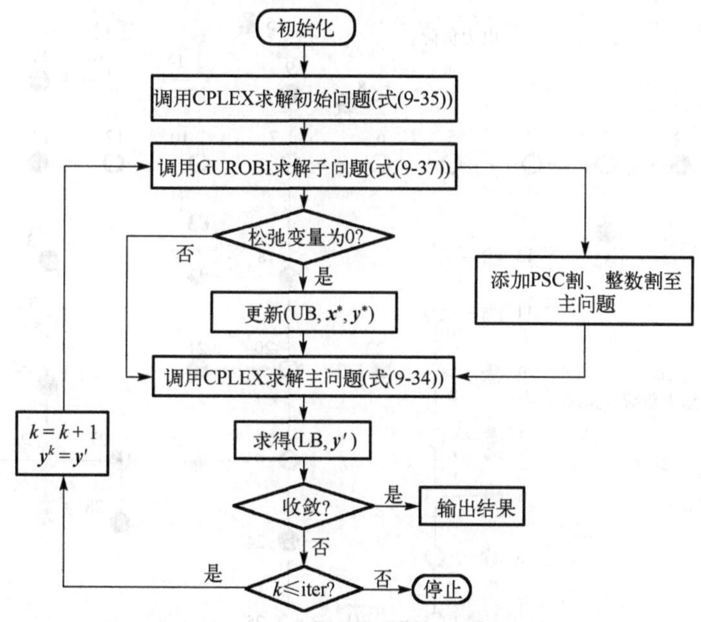

图 9-12　PSC 算法求解的计算流程图

9.2.4　算例分析

算例测试了两个修正的实际系统，在小规模系统中详细分析了问题的求解结果，在大规模系统中进一步论证了 PSC 算法的有效性。算例分析在 Dell Precision 工作站上完成，Intel Xeon E3 处理器，主频为 3.50GHz，内存为 32GB，优化软件为 GAMS 24.3.3，设定一天的调度周期包括 24 个时段。

1. 小规模系统仿真

测试系统基于某实际网络，由 35 节点的电网和 13 节点的热网组成。图 9-13 展示了系统接线图，黑色实心圆表示电力负荷，灰色实心圆表示热力负荷，空心圆圈为连接节点。能源枢纽中心(EH)位于供热网的首端，同时是配网的节点 25，风机配置在配电网节点 16 和 33，储电系统在节点 14 和 29。假设每一电力负荷节点都提供一定比例的可调量通过分时电价机制参与需求响应项目。表 9-3 给出了热电联产机组和锅炉的相关参数，表 9-4 列出了储电系统和储热系统的相关参数，需求响应的相关参数以及从上游机构购入资源的容量限制在表 9-5 中给出。图 9-14 是系统总的有功功率、无功功率、热负荷曲线，风电预测出力见图 9-15，分时电价在图 9-16 中绘出。在 GAMS 中将表示混合整数规划问题收敛判据的参数 optcr 设置为 0.001，PSC 方法的收敛间隙设为 $\varepsilon = 0.1\%$。

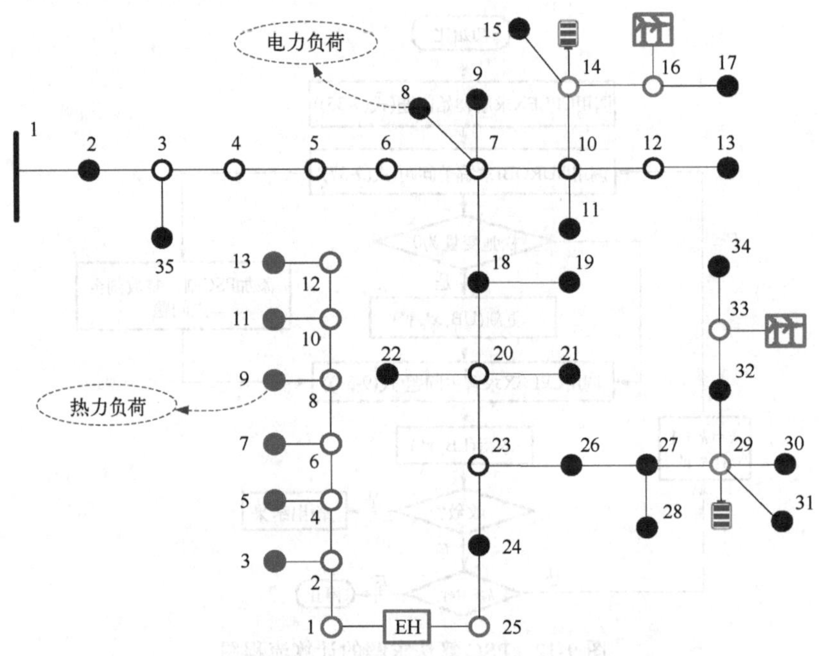

图 9-13　35 节点电网和 13 节点热网测试系统接线图

表 9-3　热电联产机组与锅炉的相关参数

η_G	η_{Gh}	η_H	$\bar{\phi}_H$ /kW	P^k /kW	Φ^k /kW
0.4	0.35	0.85	600	507.2; 480; 800; 880	0; 400; 760.8; 0

表 9-4　储能系统相关参数

η_{ec}, η_{hc}	η_{ed}, η_{hd}	$E_{e,\min}/E_{e,\max}$/ (kW·h)	$E_{h,\min}/E_{h,\max}$/ (kW·h)	δ_e, δ_h	N_{sei}, N_{shi}	$E_{e,0}/E_{h,0}$ / (kW·h)
0.9	0.9	15/300	10/200	0.2	6	180/120

表 9-5　需求响应和购入资源相关参数

$\bar{\alpha}_{\text{ine},i}$	$\underline{\alpha}_{\text{ine},i}$	$\bar{\alpha}_{\text{dee},i}$	$\underline{\alpha}_{\text{dee},i}$	$\bar{S}_{\text{gd}i}$ / (kV·A)	$f_{gi\max}$ /kW
0.08	0.01	0.08	0.01	3450	2800

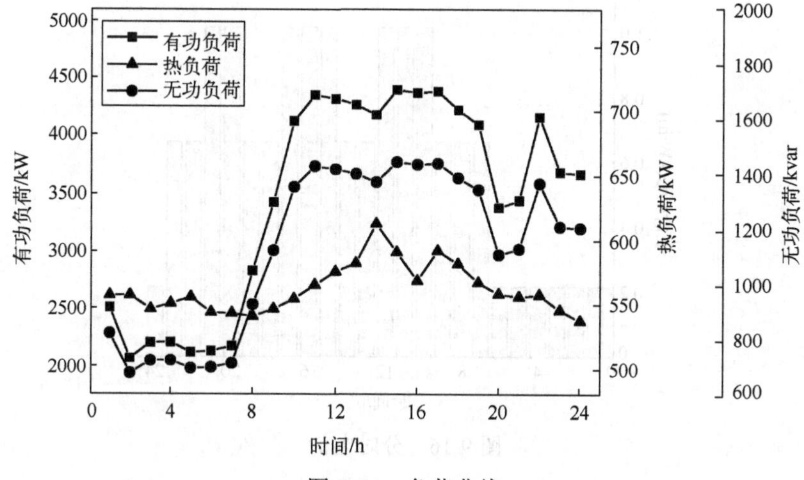

图 9-14　负荷曲线

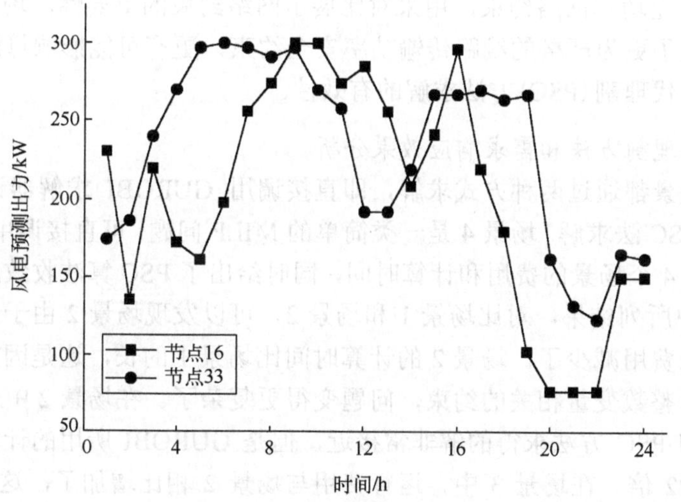

图 9-15　风电预测出力

1) 算例设置

为了研究需求响应的效果以及网络安全约束对调度结果的影响，在此系统优化调度问题的算例分析中设计了如下四个场景。

场景 1：考虑网络安全约束，但不启用需求响应项目。

场景 2：考虑网络安全约束，启用需求响应项目。

场景 3：考虑网络安全约束，启用需求响应项目，且缩小线路传输容量。

场景 4：不考虑网络安全约束，启用需求响应项目。

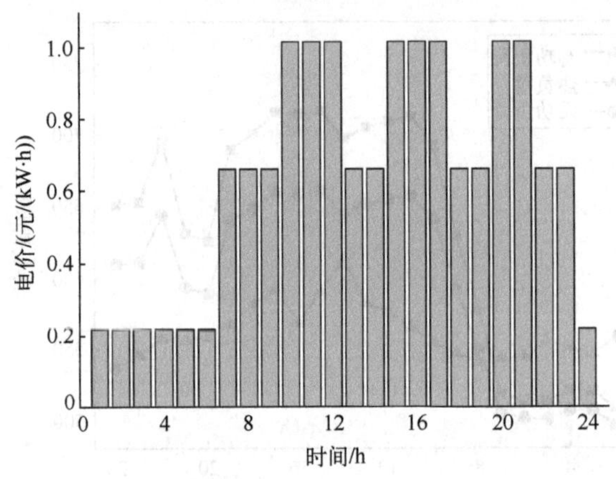

图 9-16　分时电价

四个场景中，场景 1 的设计是用来通过对比其他场景说明需求响应项目的优势，场景 4 忽略了无功和网络约束，用来对比展示网络约束的重要性。场景 3 在场景 2 的基础上设置了更为严格的线路传输功率安全约束，更有可能影响算法的收敛性，用来评估部分代理割(PSC)方法求解的有效性。

2)部分代理割方法和需求响应效果分析

前三个场景都通过两种方式求解，即直接调用 GUROBI 求解器计算 MISOCP 问题和采用 PSC 法求解。场景 4 是一类简单的 MILP 问题，可直接调用求解器计算。表 9-6 列出了 4 个场景的费用和计算时间，同时给出了 PSC 算法收敛所需的迭代次数。通过表中所列结果，对比场景 1 和场景 2，可以发现场景 2 由于启用了需求响应项目，其总费用减少了。场景 2 的计算时间比场景 1 的长，这是因为需求响应引入了大量的与整数变量相关的约束，问题变得更复杂了。在场景 2 中，GUROBI 直接求得的解和 PSC 方法求得的解非常接近，但是 GUROBI 所用的计算时间达到了 PSC 方法的 22 倍。在场景 3 中，运行费用与场景 2 相比增加了，这是由于场景 3 的约束条件比场景 2 更严苛。缩小的线路传输容量导致了 PSC 方法中主问题和子问题相互冲突，也就是说，从主问题求得的整数解原本将引起子问题的不可行。此时，子问题中引入的松弛变量就发挥了作用。

表 9-6　不同场景的计算结果

场景	算法	费用/元	计算时间/s	迭代次数
场景 1	GUROBI	59511.47	70.77	—
	PSC	59481.47	11.16	2
场景 2	GUROBI	58651.03	725.59	—
	PSC	58655.90	32.08	4

续表

场景	算法	费用/元	计算时间/s	迭代次数
场景 3	GUROBI	58670.86	232.26	—
	PSC	58668.97	102.53	2
场景 4	GUROBI	57791.86	13.70	—

图 9-17 画出了求解场景 3 过程中 PSC 算法的上界(UB)和下界(LB)的变化情况，同时给出了松弛变量的值之和。可以看到，在迭代步骤 1 时松弛变量值之和大于零，意味着通过初始问题求得的整数解引起了子问题中原约束的越限，此时子问题的解不能当作原问题的一个可行解，求得的费用也不能作为一个上界，因此在图中这个费用是用空心的方框标记的。不过，在紧接着的下次迭代中，松弛变量的值就变成了零，且上界和下界接近，满足收敛判据，计算很快完成。

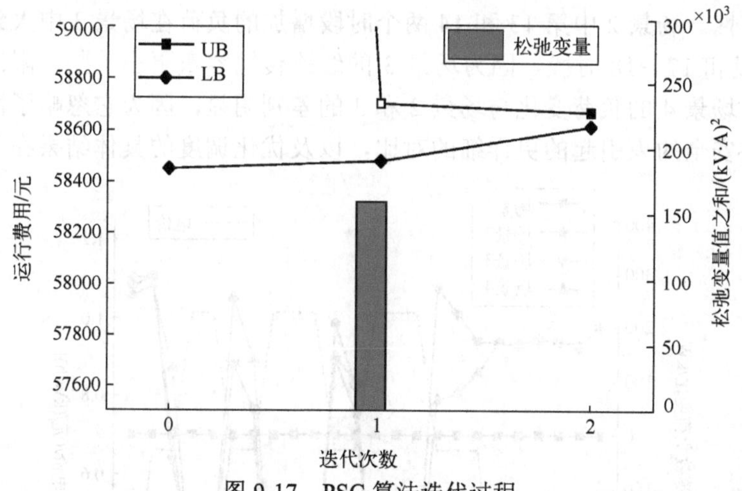

图 9-17　PSC 算法迭代过程

综合场景 1 到场景 3 的计算结果，可以发现 PSC 算法在求解这一问题中表现出了很好的性能。PSC 算法和 GUROBI 法的计算时间的比较以比例的形式在图 9-18 中给出，其中 GUROBI 法的计算时间表示为基准值 100%。结合表 9-6 和图 9-18 可以得出，这两种方法求得的目标费用都很相近，但是 PSC 算法的计算时间在三个场景中分别只有 GUROBI 法的 15.77%、4.42%和 44.14%。总而言之，PSC 算法能用更少的计算时间就提供一个质量良好的解。

图 9-19 展示了需求响应前后总的等效负荷变化，即等于需求响应后的等效负荷减去原始负荷，以说明需求响应项目的效果。场景 1 没有实施需求响应，因此其负荷变化为零。在实施了需求响应的场景中，可以看到负荷的变化基本跟随价格信号，负荷在电价较低的时段增加，在电价较高的时段减少，也就是负荷通过需求响应项目从电价较高的时段转移到了电价较低的时段，因此总的费用减少了，提高了系统

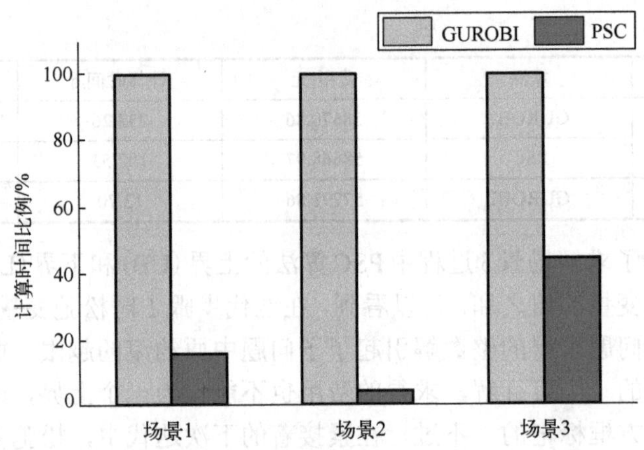

图 9-18　PSC 算法和 GUROBI 法的计算时间对比

运行的经济性。场景 2 中第 13 和 14 两个时段增加的负荷在场景 3 中大致分配到了 13～14 时段和 17～18 时段，因为场景 3 的线路传输容量更小一些，限制了负荷的增长速率。场景 4 的负荷变化与场景 2 和 3 的差别明显，因为它忽略了网络安全约束，由网络安全约束引起的更详细的对比，以及优化调度的具体结果在下面给出。

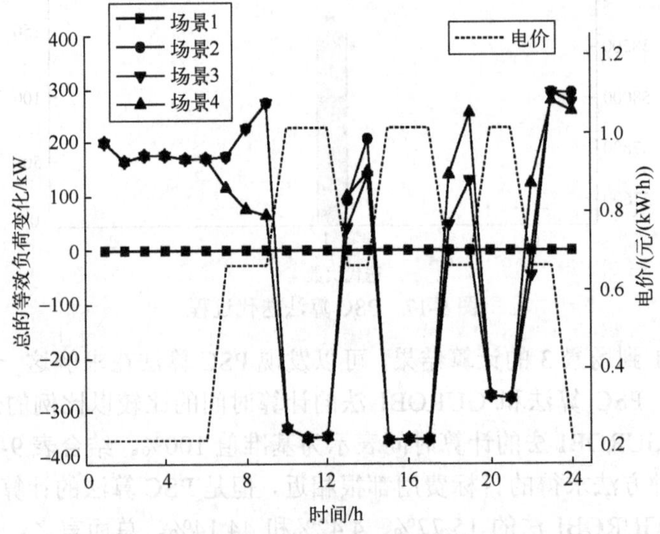

图 9-19　各场景的等效负荷变化

3) 网络安全约束的影响

从表 9-6 可见，场景 4 的问题求解得很快，这是由于它忽略了电网和热网所有的网络运行约束，得到的运行费用也是 4 个场景中最低的。但是与同样实施了需求响应的场景 2 和场景 3 比起来，其目标费用相差甚远，这反映出此问题中网络运行约束的影响很大从而不应该被忽略。否则，通过不考虑运行网络约束的模型得到的调度计划，与实际情况会存在较大区别，不能被应用于实际运行中。场景 3 考虑了较为严格的网络约束，而场景 4 完全忽略了这些约束，因此，通过对比场景 3 和场景 4 中的结果来进一步说明网络约束的影响，如图 9-20～图 9-27 所示。图 9-20 展示了热电联产机组供电功率的差别。图 9-21 展示了 14 节点储电系统的充放电功率的不同，正值代表充电，负值代表放电。从图 9-20 可以看到，不考虑网络安全约束后 CHP 机组的供电功率减小，因而配电网中的负荷将更多从首端节点 1 获得电能，整个配电网各线路的传输功率也会增大。设定的充电和放电的最大可切换次数均为

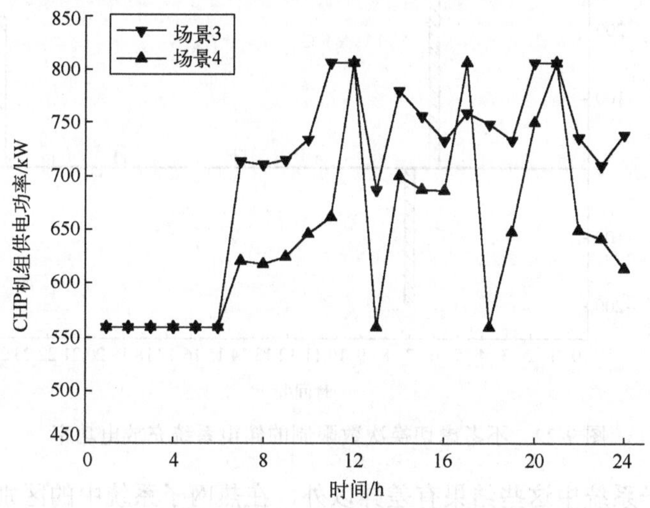

图 9-20　热电联产机组的供电功率

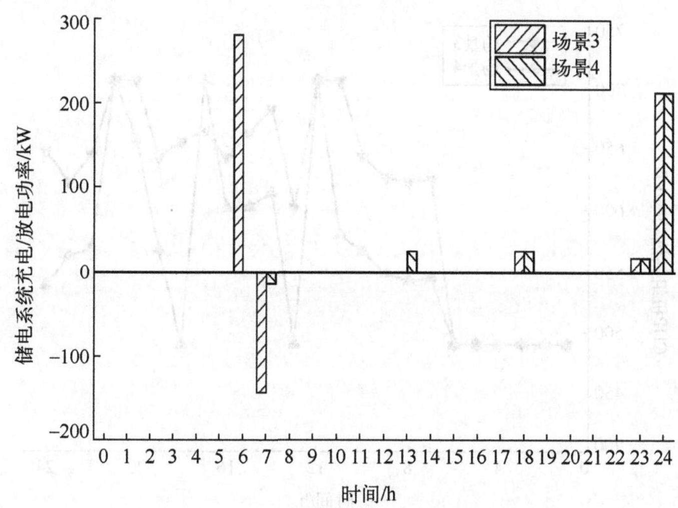

图 9-21　14 节点储电系统的充放电功率

6 次，意味着储电系统在一个调度周期内只能最多充电三次、放电三次。从图 9-21 可以看到，场景 3 和 4 中最大充电次数已经达到了上限值(时段 23～24 保持着充电状态是一次操作)。为了对比分析这一约束的作用，将最大可切换次数约束除去，图 9-22 给出了场景 3 中此时的储电系统充放电功率变化，可以看到其充电变为五次，也就是切换次数达到了十次。储电系统的操作变得更频繁，因而其使用寿命将受到影响。

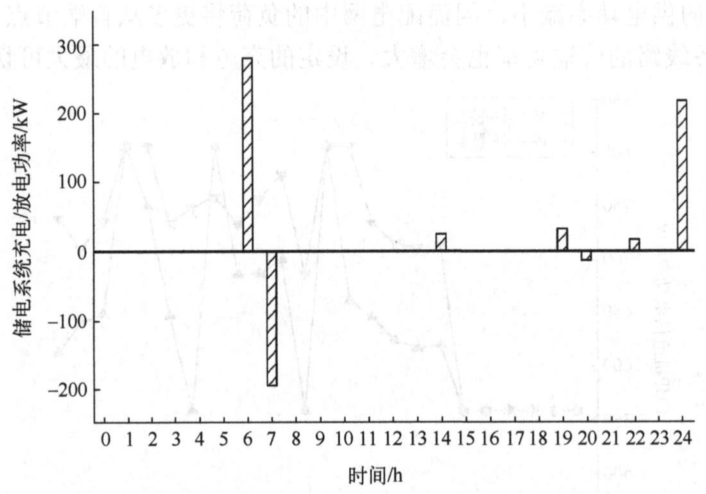

图 9-22　不考虑切换次数限制的储电系统充放电功率

除了电网子系统中这些结果有差异以外，在热网子系统中的区别也很明显。热电联产机组的供热功率见图 9-23，热电联产机组的供电和供热都是通过天然气以一

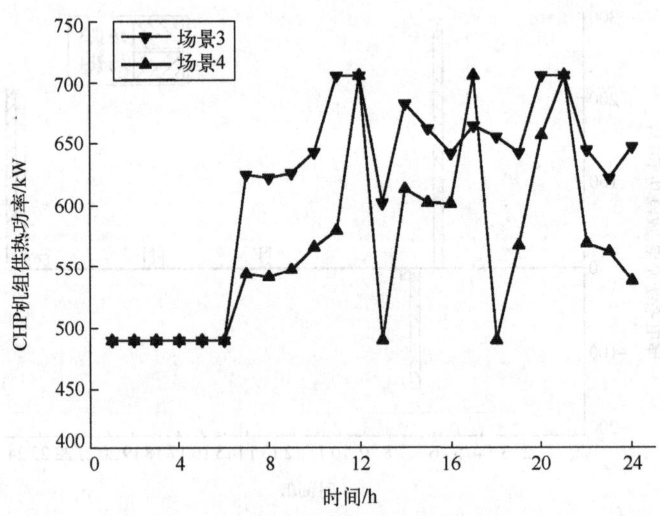

图 9-23　热电联产机组的供热功率

定效率转化而得，因此图 9-20 中电功率和图 9-23 中热功率的曲线形状是一致的。燃气锅炉的供热功率见图 9-24，燃气锅炉在凌晨时段供热，可以视为是对热电联产机组供热的一个补充。

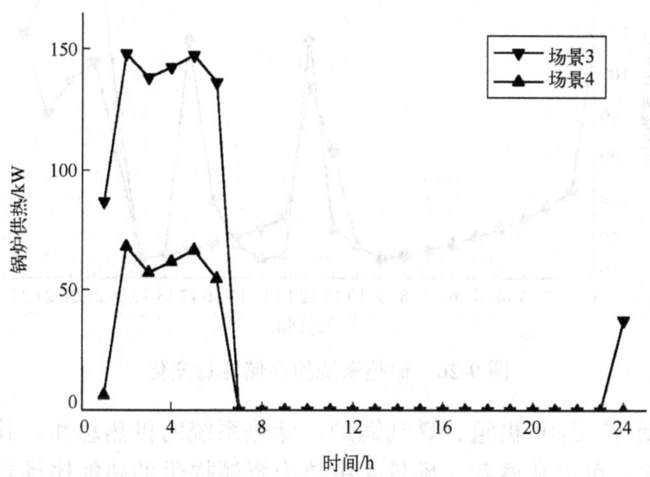

图 9-24　燃气锅炉的供热功率

图 9-25 展示了储热系统的充、放热功率，储热系统通过储热和放热来帮助实现整个系统的热功率平衡，且最大切换次数在预设值六次以内。此外，因为模型中考虑了储能的能量损耗，其充热行为有一部分是为了在调度结束时保持所储能量与调度开始时相等，以实现在后续调度期内的可持续调度。图 9-26 展示了储热系统存储的能量变化曲线，可以看到它的变化与充、放热功率的变化是同步的，且在时段 24 的热能与起始 0 时刻的值相等。

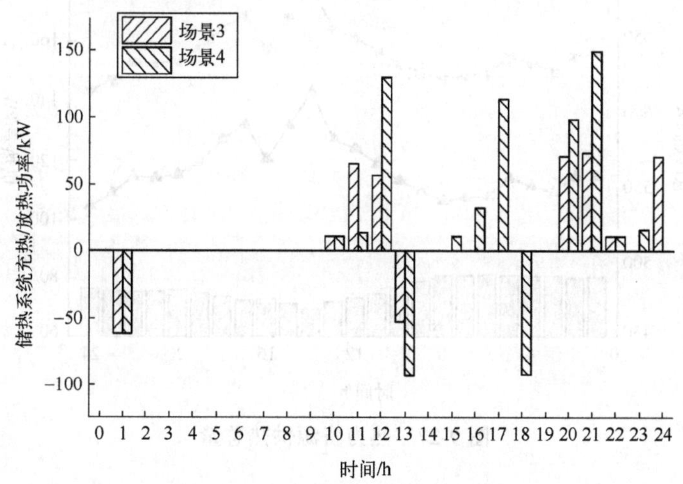

图 9-25　储热系统充放热功率

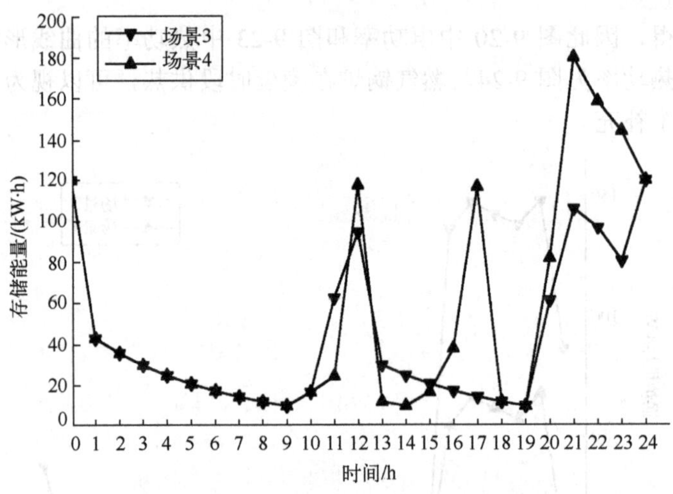

图 9-26　储热系统的存储能量变化

图 9-27 展示了 CHP 机组、燃气锅炉、储热系统的供热总和，其中灰色框图是两场景的供热差。可以观察到，场景 4 中热力资源提供的热能比场景 3 的要少，这是因为场景 4 没有考虑网络运行约束，在通过管道供热过程中水流与外部环境进行热交换导致的热量损耗也就未能计及。场景 3 考虑了这一情况，于是计划供热高于负荷值才能保证用户得到所需的热能，而如果根据场景 4 实施调度方案，用户将得不到原本所需的热能。场景 3 和场景 4 的结果差异明显，说明了网络运行约束带来的影响是较大的，不应该被忽略。

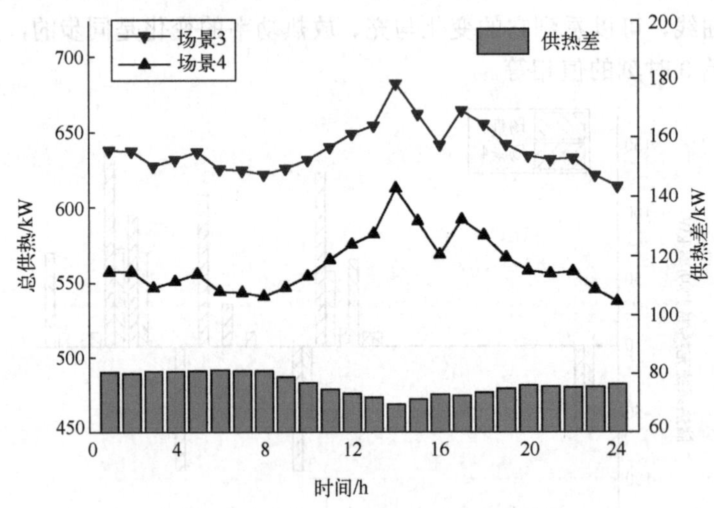

图 9-27　热力资源供热总量

2. 大规模系统仿真

为了进一步说明PSC算法在求解热电联合区域综合能源系统优化调度问题中的有效性，下面对一个较大规模的系统进行了测试。测试系统由一个 110 节点的配电网和一个 25 节点的热网组成，如图 9-28 所示，将一天中的优化时段设置为 48 个，每个时段代表半个小时，以模拟更精细化的调度管理，同时加大了优化调度模型的计算规模。此时，模型中共含有 10752 个二进制变量，256349 个约束。

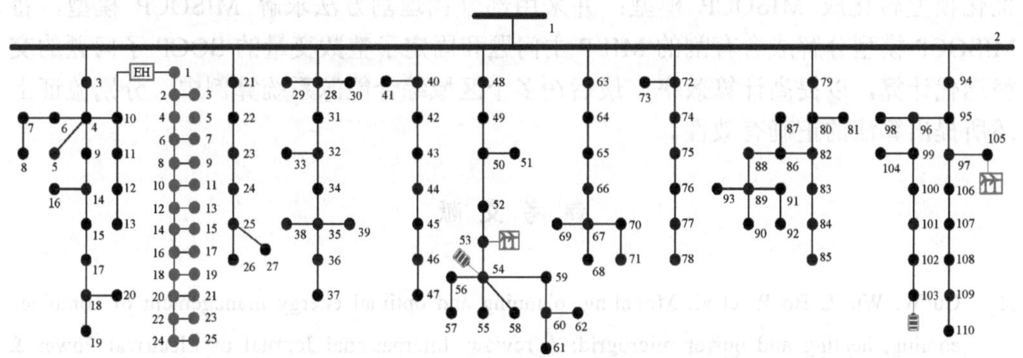

图 9-28　110 节点电网和 25 节点热网测试系统接线图

由于模型的规模较大，在 GAMS 中将表示混合整数问题收敛判据的参数 optcr 设置为 0.003，得到 GUROBI 法和 PSC 算法的计算性能比较如表 9-7 所示。可以看到，由于问题规模增大，GUROBI 求解器需要花费超过 12h 才能求解该问题，在其计算过程中共访问了 45774 个树节点，反映出其直接求解该大规模 MISOCP 问题的计算效率是比较低的。而 PSC 算法只用了不到 15min 便完成了计算，并且计算结果稍优。算例表明，当热电联合区域综合能源系统优化调度问题的计算规模较大时，直接调用求解器求解整个问题，计算效率可能不高，而所提出的 PSC 算法通过将 MISOCP 问题分解为含有割的 MILP 主问题和固定了整数变量的 SOCP 子问题的交替迭代计算，所需的计算时间更短。因此，所提出的 PSC 算法在这些应用场景中展现出了较大的优势。

表 9-7　GUROBI 和 PSC 算法的计算性能比较

方法	费用/元	计算时间	访问节点数
GUROBI	138675.85	12h18min	45774
PSC	138652.11	14min22s	2

9.3　小　结

本章以区域综合能源系统为研究对象，针对区域综合能源系统优化调度问题，主要研究含可再生能源的气冷热电区域综合能源系统优化调度方法以及考虑需求响应的热电联合区域综合能源系统优化调度方法。首先主要介绍了气电冷热区域综合能源系统优化调度模型的建立，包括供冷/热网络、供气网络、供电网络、能源站以及储能装置的运行特性模型；并基于场景法建立了考虑可再生能源不确定波动的气电冷热区域综合能源系统优化调度模型。然后介绍了考虑需求响应的热电联合区域综合能源系统优化调度方法，采用二阶锥凸松弛等方法，将原混合整数非凸非线性优化模型转化成 MISOCP 模型；并采用部分代理割方法求解 MISOCP 模型，将 MISOCP 模型分解成含有割的 MILP 主问题和固定了整数变量的 SOCP 子问题的交替迭代计算，以提高计算效率。最后在多个区域综合能源系统算例中，分别验证上述所提出算法的正确有效性。

参 考 文 献

[1] Gu W, Wu Z, Bo R, et al. Modeling, planning and optimal energy management of combined cooling, heating and power microgrid: A review. International Journal of Electrical Power & Energy Systems, 2014, 54: 26-37.

[2] 王成山，洪博文，郭力，等. 冷热电联供微网优化调度通用建模方法. 中国电机工程学报, 2013, 31(33): 26-33.

[3] 熊焰，吴杰康，王强，等. 风光气储互补发电的冷热电联供优化协调模型及求解方法. 中国电机工程学报, 2015, 35(14): 3616-3625.

[4] 王加龙. 基于内燃机余热梯级利用的冷热电联供系统特性及优化运行研究. 上海：上海交通大学, 2015.

[5] 顾伟，陆帅，王珺，等. 多区域综合能源系统热网建模及系统运行优化. 中国电机工程学报, 2017, (5): 34-45.

[6] 林舜江，杨智斌，卢苑，等. 天然气冷热电联供园区微网能量优化调度. 华南理工大学学报(自然科学版), 2019, 47(3): 9-19.

[7] Majidi M, Nojavan S, Zare K. A cost-emission framework for hub energy system under demand response program. Energy, 2017, 134: 157-166.

[8] Zhang X, Shahidehpour M, Alabdulwahab A, et al. Hourly electricity demand response in the stochastic day-ahead scheduling of coordinated electricity and natural gas networks. IEEE Transactions on Power Systems, 2016, 31(1): 592-601.

[9] Chen X, Kang C, Malley M O, et al. Increasing the flexibility of combined heat and power for wind power integration in China: Modeling and implications. IEEE Transactions on Power Systems, 2015, 30(4): 1848-1857.

[10] Fattahi S, Ashraphijuo M, Lavaei J, et al. Conic relaxations of the unit commitment problem. Energy, 2017, 134: 1079-1095.

[11] 赵文猛, 刘明波. 求解含风电场随机机组组合问题的动态削减多切割方法. 电力系统自动化, 2014, 38(9): 26-32.

[12] Chen H, Liu M, Liu Y, et al. Partial surrogate cuts method for network-constrained optimal scheduling of multi-carrier energy systems with demand response. Energy, 2020, 196: 117119.

第10章 考虑管道能量传输动态的综合能源系统优化调度

本章主要研究区域综合能源系统(regional integrated energy system，RIES)运行中的管道能量传输动态特性问题，以及考虑管道能量传输动态的 RIES 优化调度问题。在 RIES 的实际运行中，各个子能源系统有着不同的动态特性，其中电力系统的惯性最小，响应速度最快，一般是毫秒级；天然气系统的响应速度比电力系统慢，一般是分钟级；而冷/热系统的响应速度最慢，一般是小时级。供冷/热和供气网络传输能量的慢动态特性，使得冷/热和气的源端出力和负荷端需求无法实时平衡。因此，在 RIES 运行中，为了保证制定出的日前经济调度方案符合实际工程应用要求，只有电力系统适合采用稳态模型描述，冷/热系统和天然气系统都需要采用动态模型描述，通常采用偏微分方程(partial differential equation，PDE)模型描述。因此，在研究 RIES 的优化调度问题的求解算法时，需要将 PDE 约束转化成代数方程组并加入优化模型中才能求解。

RIES 中通常有光伏/光热等可再生能源接入，可再生能源出力的随机波动给 RIES 优化调度带来了很大挑战。现有的应对可再生能源出力随机性的方法主要有随机优化法和鲁棒优化法，随机优化法采用随机变量描述可再生能源出力的随机波动，并建立基于场景或机会约束的优化模型，通常模型的规模很大，求解速度较慢，而且由于可再生能源出力随机波动的精确概率分布难以获得，其决策结果将会面临一定的安全运行风险。鲁棒优化法利用不确定集描述可再生能源出力的随机波动，针对可再生能源出力不确定波动范围内的最恶劣情况进行最优决策，得到的决策结果总是过于保守，经济性较差。因此，如何求解考虑管道能量传输动态和可再生能源不确定性的 RIES 优化调度问题，需要进一步深入研究。

10.1 节主要介绍供冷/热和供气管道能量传输动态的偏微分方程模型；在此模型基础上，10.2 节介绍考虑管道能量传输动态的区域综合能源系统优化调度；10.3 节介绍考虑管道能量传输时滞的冷热电联供园区微网分布鲁棒优化(DRO)调度；10.4 节介绍考虑管道能量传输动态的 RIES 随机优化调度。

10.1 管道能量传输动态的偏微分方程模型

10.1.1 供冷/热管道能量传输动态的 PDE 模型

供冷/热管道中的冷/热水可看作一维不可压缩流体，且水在供冷/热管道的传输过程中，沿管道的流体热传导过程与热对流过程相比而言较弱，故可忽略热传导过程，从而可将供冷/热管道能量传输过程中的能量守恒方程写为式(10-1)[1]。

$$A_w\rho_w c_w\frac{\partial T(t,x)}{\partial t}+c_w m_w\frac{\partial T(t,x)}{\partial x}=\frac{1}{R}(T_a-T(t,x)) \tag{10-1}$$

式中，x 和 t 分别是与管道首端的距离和时间；ρ_w 和 c_w 分别是水的密度和比热容；A_w 和 R 分别是管道横截面积和热阻；T_a 是环境温度；m_w 是管道中流体的质量流量；$T(t, x)$ 是与管道首端距离为 x 位置处在时刻 t 的水的温度。式(10-1)中的三项分别表示水的内能、水的焓通量以及从周围环境到水的对流热传递。

10.1.2　供气管道能量传输动态的 PDE 模型

天然气在管道中的传输是一个复杂的动态过程，与气体的成分、温度、密度、压力等因素相关，本章侧重于考虑由负荷及气源波动引起的管道传输的动态过程，因此可假设气体沿管道的流动为恒温过程，忽略气体对流过程，且假设管道高度不变，则天然气在单根管道的动态传输过程可以用如下的动量方程、物质平衡方程和状态方程描述[2]：

$$\frac{\partial\rho(t,x)}{\partial t}+\frac{\partial m_g(t,x)}{A_g\partial x}=0 \tag{10-2}$$

$$\frac{\partial m_g(t,x)}{A_g\partial t}+\frac{\partial p(t,x)}{\partial x}+\frac{\lambda}{2D}\frac{m_g^2(t,x)}{\rho(t,x)A_g^2}=0 \tag{10-3}$$

$$p(t,x)=c^2\rho(t,x) \tag{10-4}$$

式中，$p(t, x)$ 表示与管道首端距离为 x 位置处在时刻 t 的气体压力；D 表示管道直径；λ 表示摩擦系数；$m_g(t,x)$ 表示与管道首端距离为 x 位置处在时刻 t 的质量流量；c 表示声速；A_g 表示管道横截面积；$\rho(t,x)$ 表示与管道首端距离为 x 位置处在时刻 t 的气体密度。

由于 $m_g=\rho\omega A_g$，故可以通过引入平均气体流速 $\bar{\omega}\approx m_g(t,x)/(\rho(t,x)A_g)$ 来消去式(10-3)中 $m_g(t,x)$ 的平方项[3]，同时将式(10-4)代入式(10-2)和式(10-3)中，则式(10-2)～式(10-4)可以写成式(10-5)。

$$\begin{cases}\dfrac{\partial p(t,x)}{\partial t}+\dfrac{c^2\partial m_g(t,x)}{A_g\partial x}=0 & \text{(10-5a)}\\[2ex] \dfrac{\partial m_g(t,x)}{A_g\partial t}+\dfrac{\partial p(t,x)}{\partial x}+\dfrac{\lambda\bar{\omega}}{2DA_g}m_g(t,x)=0 & \text{(10-5b)}\end{cases}$$

10.2 考虑管道能量传输动态的区域综合能源系统优化调度

10.2.1 区域综合能源系统优化调度模型

1. 目标函数

RIES 的结构图如图 10-1 所示。目标函数为一天中 RIES 的总运行费用最小，包括 RIES 从天然气站购气的费用和从配电网购电的费用之和，如式(10-6)所示。

$$\min F(x)=\sum_{t=1}^{T}c_{\text{gas}}f_{\text{sg},t}\Delta t+\sum_{t=1}^{T}c_{\text{gd}}P_{\text{gd},t}\Delta t \tag{10-6}$$

式中，T 为调度周期的总时间长度，对于日前调度为 24h；本小节中部分变量的物理意义可参见 9.1.2 节对应变量的物理意义。

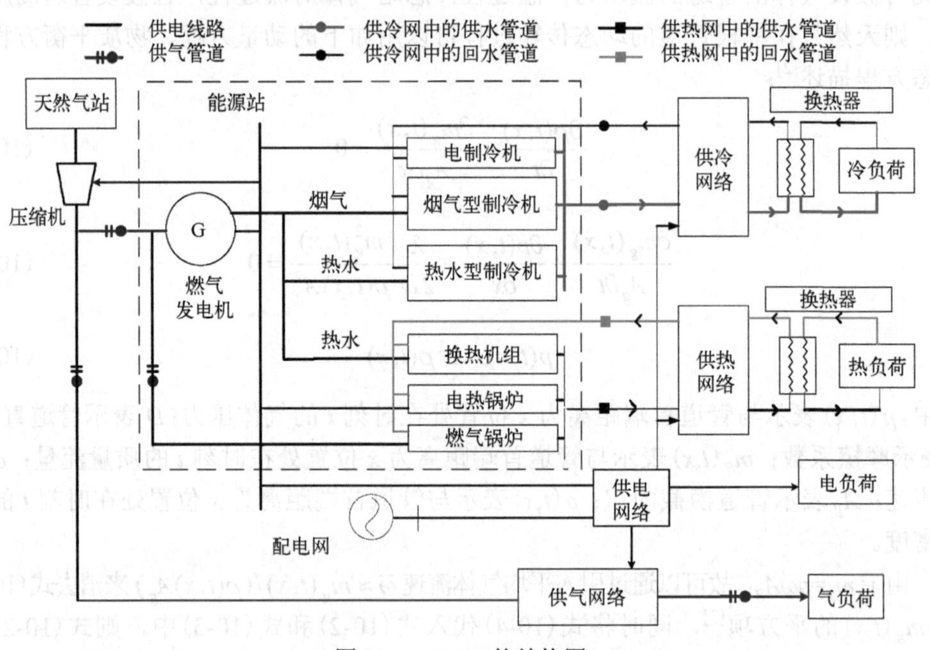

图 10-1 RIES 的结构图

2. 能源站运行特性约束

能源站中含有燃气发电机组和多种制冷/热设备等能源转换设备，考虑管道动态特性的 RIES 优化调度模型需要考虑这些设备的运行特性约束。其中，燃气发电机组的约束包括发电功率与其消耗天然气热功率的关系，发电出力的爬坡约束，以及烟气和热水的回收功率，以及热水回收功率的分配方程：

$$\begin{cases} Q_{\text{fu},t} = P_{G,t} \Big/ (a + bP_{G,t^{*}} + c(P_{G,t^{*}})^2 + d(P_{G,t^{*}})^3) & (10\text{-}7\text{a}) \\ -r_{di}\Delta t \leqslant P_{G,t} - P_{G,t-1} \leqslant r_{ui}\Delta t & (10\text{-}7\text{b}) \\ \phi_{\text{sm},t} = \alpha_{\text{sm}}(Q_{\text{fu},t} - P_{G,t}),\quad \phi_{\text{wa},t} = \alpha_{\text{wa}}(Q_{\text{fu},t} - P_{G,t}),\quad \phi_{\text{wah},t} + \phi_{\text{wac},t} = \phi_{\text{wa},t} & (10\text{-}7\text{c}) \end{cases}$$

式中，$\phi_{\text{wa},t}$ 和 $\phi_{\text{sm},t}$ 分别是烟气和热水的回收功率；$\phi_{\text{wah},t}$ 和 $\phi_{\text{wac},t}$ 分别是分配到换热机组和热水型制冷机的回收功率。

制冷方面，热水型和烟气型吸收式制冷机以及电制冷机的制冷功率 $\phi_{c1,t}$、$\phi_{c2,t}$ 和 $\phi_{c3,t}$ 分别为

$$\begin{cases} \phi_{c1,t} = \text{COP}_1 \cdot \eta_{\text{hrs1}} \cdot \phi_{\text{wac},t} \\ \phi_{c2,t} = \text{COP}_2 \cdot \eta_{\text{hrs2}} \cdot \phi_{\text{sm},t},\quad \phi_{c3,t} = \text{COP}_3 \cdot P_{c,t} \end{cases} \tag{10-8}$$

制热方面，换热机组、电热锅炉和燃气锅炉的制热功率 $\phi_{h1,t}$、$\phi_{h2,t}$ 和 $\phi_{h3,t}$ 分别为

$$\begin{cases} \phi_{h1,t} = \eta_{\text{hrs3}} \cdot \phi_{\text{wah},t} \\ \phi_{h2,t} = \eta_H \cdot P_{H,t},\quad \phi_{h3,t} = \eta_g \cdot f_{H,t} \cdot q_{\text{gas}} \end{cases} \tag{10-9}$$

燃气发电机组和燃气锅炉消耗的天然气量共同构成天然气网在能源站处节点的气负荷 $m_{gl,s,t}$ 的大小为

$$m_{gl,s,t} = (Q_{\text{fu},t} / q_{\text{gas}} + f_{H,t}) \cdot \rho_N \tag{10-10}$$

式中，ρ_N 为天然气在标准条件下的密度。

3. 天然气网络运行特性约束

1) 供气管道模型

采用式(10-5)所示的供气管道动态 PDE 模型。

2) 压缩机模型

压缩机的作用是提高天然气传输过程中部分网络节点的气压，以补偿管道的气压损耗，这过程需要原动机消耗额外的功率来驱动。对于电驱动压缩机模型，其消耗电功率为

$$\begin{cases} \text{HP}_t = \dfrac{p_{\text{in},t} f_{\text{in},t} \alpha}{\eta(\alpha - 1)}((\varepsilon_t)^{(\alpha-1)/\alpha} - 1) \\ \varepsilon_t = p_{\text{ou},t} / p_{\text{in},t},\quad \varepsilon_{\min} \leqslant \varepsilon_t \leqslant \varepsilon_{\max} \end{cases} \tag{10-11}$$

式中，η 和 α 为压缩机的效率和多变指数；ε_t 为加压比。

3) 天然气网络约束

天然气网络中某个节点 a 的流量平衡方程可以写成如下形式：

$$\sum_{i\in a} m_{g,ia}(t,L_{ia}) - \sum_{j\in a} m_{g,aj}(t,0) + m_{gs,a,t} - m_{gl,a,t} = 0 \tag{10-12}$$

式中，$i\in a$ 和 $j\in a$ 表示节点 i 或 j 与节点 a 之间存在相连的输气管道；ia 表示天然气由节点 i 沿管道流向节点 a；aj 的意义类似；L_{ia} 表示节点 i 和 a 之间的管道长度；$m_{gs,a,t}$ 和 $m_{gl,a,t}$ 分别表示节点 a 处气源出力或气负荷对应的质量流量。

此外，天然气网络中的各管道质量流量与各节点气压还应满足如下约束：

$$\underline{p}_i \leqslant p_{i,t} \leqslant \overline{p}_i \tag{10-13}$$

$$m_g(0,x) = m_{g0}(x), \quad p_g(0,x) = p_{g0}(x) \tag{10-14}$$

$$m_g(t,0) = m_{g\text{in}}(t), \quad m_g(t,L) = m_{g\text{out}}(t) \tag{10-15}$$

式中，$\underline{p}_i$ 和 $\overline{p}_i$ 分别是节点 i 的气体压力的下限和上限；$m_{g0}(x)$ 是管道初始质量流量；$m_{g\,\text{in}}(t)$ 和 $m_{g\,\text{out}}(t)$ 是管道进口注入和出口流出的质量流量。

4. 冷/热网络运行特性约束

冷/热网络运行特性的约束包括 10.1 节中如式(10-1)所示的供冷/热管道动态 PDE 模型。另外，根据管道水流量是否改变，供冷/热网络可分为两种调节模式，恒定质量流量调节模式和可变质量流量调节模式。本章采用的是目前应用广泛的恒流变温(constant flow and variable temperature，CF-VT)调节模式，在这种调节方式下，只需改变供冷/热源处网络的供水温度，而供冷/热网络的水力工况是稳定不变的，即管道水流量不变，所以只需考虑热力工况的相关约束，除上述供冷/热管道的动态 PDE 约束外，还应包括供冷/热负荷节点的负荷功率约束和温度混合约束、循环水泵耗电功率约束，如式(10-16)所示：

$$\begin{cases} \phi_{j,t} = c_w m_{qj,t} s_j (T_{rj,t} - T_{wj,t}) \\ \sum (m_{\text{in},t} T_{\text{in},t}) = \left(\sum m_{\text{out},t}\right) T_{\text{out},t} \\ P_{pj,t} = m_{j,t} gH / (\rho_w \eta_p) \end{cases} \tag{10-16}$$

供冷/热网的能源站节点总的供冷/热功率 $\phi_{c\Sigma,t}/\phi_{h\Sigma,t}$ 的表达式分别如下：

$$\begin{cases} \phi_{c\Sigma,t} = N_{1,t}\phi_{c1,t} + N_{2,t}\phi_{c2,t} + \phi_{c3,t} \\ \phi_{h\Sigma,t} = N_{w,t}\phi_{h1,t} + \phi_{h2,t} + \phi_{h3,t} \end{cases} \tag{10-17}$$

此外，为求解式(10-15)的 PDE 约束，供冷/热网络还需已知各管道初始温度分布 $T(0,x)$，见式(10-18)；冷/热负荷节点供/回水温度也需要满足上下限约束，以保证供冷/热质量，并防止蒸汽形成，见式(10-19)。

$$T(0,x) = T_0(x) \tag{10-18}$$

$$\underline{T}_{wj,t} \leqslant T_{wj,t} \leqslant \overline{T}_{wj,t}, \quad \underline{T}_{rj,t} \leqslant T_{rj,t} \leqslant \overline{T}_{rj,t} \tag{10-19}$$

5. 电力网络运行特性约束

供电网络中电负荷节点的有功和无功平衡方程以及交流潮流方程如下：

$$P_{Li,t} + \mathrm{j}Q_{Li,t} = (P_{i,t} + P_{\mathrm{pc}i,t} + P_{\mathrm{ph}i,t} + \mathrm{HP}_{i,t}) + \mathrm{j}(Q_{i,t} + P_{\mathrm{pc}i,t}\tan\varphi_{ci} + P_{\mathrm{ph}i,t}\tan\varphi_{hi} + \mathrm{HP}_{i,t}\tan\varphi_{\mathrm{hp}i}) \tag{10-20}$$

$$\begin{cases} P_{sj,t} - P_{Lj,t} - V_{j,t}\sum_{i=1}^{n} V_{i,t}(G_{ji}\cos\theta_{ji,t} + B_{ji}\sin\theta_{ji,t}) = 0 \\ Q_{sj,t} - Q_{Lj,t} - V_{j,t}\sum_{i=1}^{n} V_{i,t}(G_{ji}\sin\theta_{ji,t} - B_{ji}\cos\theta_{ji,t}) = 0 \end{cases} \tag{10-21}$$

上述式(10-1)、式(10-5)、式(10-6)～式(10-21)组成了考虑管道能量传输动态特性的 RIES 优化调度模型。由于模型中含有反映管道能量传输特性的 PDE 约束(式(10-1)和式(10-5))，同时能源站中吸收式制冷机和换热机组投入台数是离散决策变量，另外燃气发电机组效率与发电功率之间的三次方关系以及交流潮流约束都是非线性约束，因此，该模型是一个含 PDE 约束的混合整数非线性规划(MINLP)模型。要实现对此优化模型的高效可靠求解具有很大挑战。

10.2.2　二维域正交配置法处理 PDE 约束

为了实现对该考虑时滞特性的 RIES 优化调度模型的高效可靠求解，首先采用二维域上的有限元正交配置(orthogonal collocation on finite elements，OCFE)法将关于时间 t 和位置 x 的 PDE 约束转化为代数方程约束[4]，然后通过分段线性化和大 M 法等处理方法，将非线性约束条件进行凸化处理，从而将优化模型转化为容易求解的混合整数线性规划(MILP)模型。

1. 二维域上的 OCFE 法

由于 RIES 优化调度问题涉及的时间和空间跨度较大，为了保证模型求解的计算精度和计算效率，采用二维域上的OCFE法求解上述含PDE约束的优化调度模型。配置点的选取对算法的精度和计算速度影响很大，通常采用的是 Radau 配置点或 Gauss 配置点。假设在每个区间内的配置点数为 n，则采用 Radau 配置的插值多项式具有 $2n-2$ 阶精度，而采用 Gauss 配置的插值多项式具有 $2n-1$ 阶精度。虽然 Radau 配置法的精度比 Gauss 配置法少 1 阶，但是 Radau 配置法较 Gauss 配置法的实现要简单得多，Gauss 配置点位于每个区间的内部，而 Radau 配置点中有一个点是区间的端点，因此使用 Radau 配置点可以轻松地在每个区间的末尾设置约束，而不用在区间末尾引入状态值。因此，本章采用 Radau 配置点，K 阶的 Radau 配置点的选取

方案为第 K 个配置点的值为 1，其余 K–1 个配置点取值遵循正交性原则。为了保证一定的求解精度和求解速度，取 K=3，即 $n_\xi=n_\eta=3$。

对于任一区域 $t\in[t_{k-1},t_k]$ 和 $x\in[x_{s-1},x_s]$ 内的任一配置点(ξ_e, η_f)，管道的状态变量 z 在配置点(ξ_e, η_f)关于 ξ 和 η 的一阶偏导数可写为：

$$\begin{cases}\partial(z(\xi_e,\eta_f))/\partial\xi=\sum\limits_{i=0}^{n_\xi}l'_i(\xi_e)z_{ki,sf}\\ \partial(z(\xi_e,\eta_f))/\partial\eta=\sum\limits_{j=0}^{n_\eta}l'_j(\eta_f)z_{ke,sj}\end{cases} \tag{10-22}$$

式中，多项式 $l'_i(\xi)$ 和 $l'_j(\eta)$ 分别由 $l_i(\xi)$ 对 ξ 求导和 $l_j(\eta)$ 对 η 求导得到，$l_i(\xi)$ 和 $l_j(\eta)$ 均为拉格朗日插值多项式。

将式(10-22)代入式(10-1)和式(10-5)的 PDE 约束，则可转化为如式(10-23)和式(10-24)所示的代数方程约束。

$$\frac{A_w\rho_w c_w}{h_k}\sum_{i=0}^{n_\xi}l'_i(\xi_e)T_{ki,sf}+\frac{m_w c_w}{h_{ws}}\sum_{j=0}^{n_\eta}l'_j(\xi_f)T_{ke,sj}=\frac{1}{R}(T_a-T_{ke,sf}) \tag{10-23}$$

$$\begin{cases}\dfrac{1}{h_k}\sum\limits_{i=0}^{n_\xi}l'_i(\xi_e)p_{ki,sf}+\dfrac{c^2}{A_g h_{gs}}\sum\limits_{j=0}^{n_\eta}l'_j(\eta_f)m_{gke,sj}=0\\ \dfrac{1}{A_g h_k}\sum\limits_{i=0}^{n_\xi}l'_i(\xi_e)m_{gki,sf}+\dfrac{1}{h_{gs}}\sum\limits_{j=0}^{n_\eta}l'_j(\eta_f)p_{gke,sj}+\dfrac{\lambda\overline{\omega}}{2DA_g}m_{gke,sf}=0\end{cases} \tag{10-24}$$

式中，h_k 为第 k 个时间网格剖分的区间长度；h_{ws} 和 h_{gs} 分别为供冷/热管道和供气管道的第 s 个网格剖分的区间长度。剖分后管道的每一个子矩形区域的初始条件由与其相邻的子矩形区域的末尾配置点提供，如图 10-2 所示，对于 $k>1$，$s>1$ 有

$$z_{k,0,s,j}=z_{k-1,n_\xi,s,j},\quad j=1,2,\cdots,n_\eta \tag{10-25}$$

$$z_{k,i,s,0}=z_{k,i,s-1,n_\eta},\quad i=1,2,\cdots,n_\xi \tag{10-26}$$

$$z_{k,0,s,0}=z_{k-1,n_\xi,s-1,n_\eta} \tag{10-27}$$

另外，模型中所有的代数状态变量 $\boldsymbol{y}$ 和控制变量 $\boldsymbol{u}$ 在时间区间$[t_{k-1}, t_k]$上的值也可以用拉格朗日插值多项式近似表示：

$$\boldsymbol{y}^t=\sum_{i=1}^{n_\xi}l_i(\xi)\boldsymbol{y}_{k,i},\quad \boldsymbol{u}^t=\sum_{i=1}^{n_\xi}l_i(\xi)\boldsymbol{u}_{k,i} \tag{10-28}$$

通过二维域上的 OCFE 法将微分状态变量、代数状态变量和控制变量充分离散化，从而将含有管道动态 PDE 约束的 RIES 优化调度模型转化为纯代数优化模型。

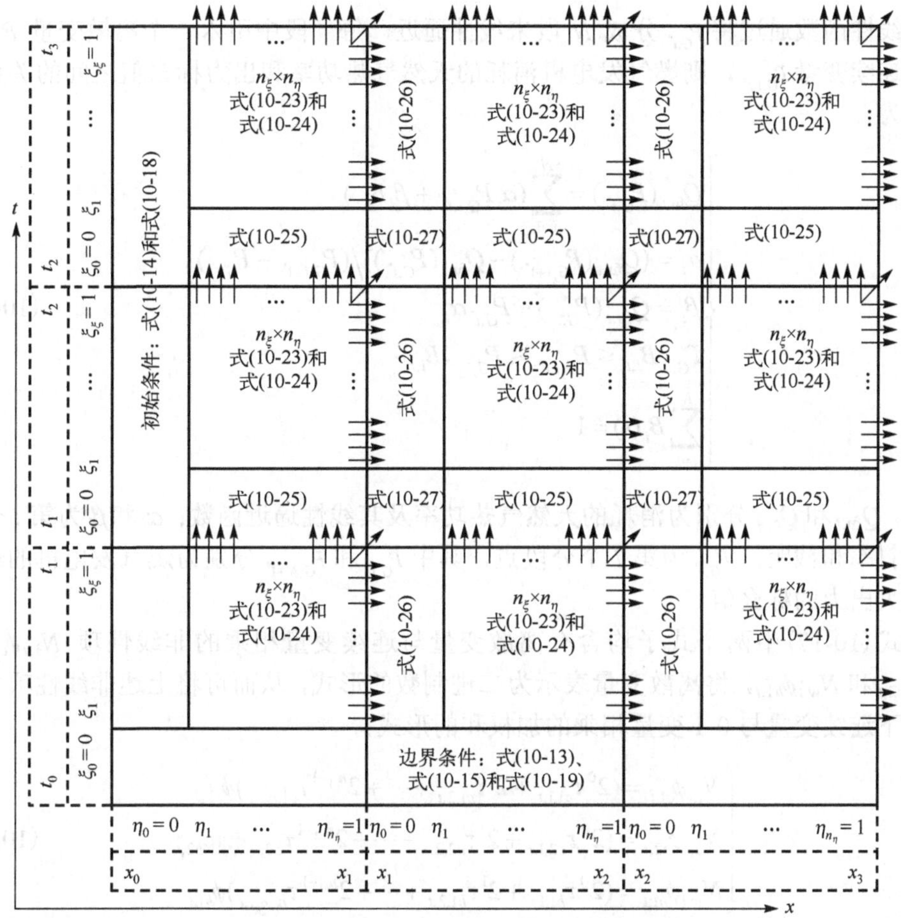

图 10-2　子矩形区域的初始条件的表示

2. 优化调度模型的线性化

在采用二维域上的 OCFE 法得到的考虑管道动态特性的 RIES 优化调度模型中，含有非线性约束(式(10-7)、式(10-11)、式(10-17)和式(10-21))，且含有吸收式制冷机和换热机组的投入台数等离散决策变量，因此，该优化模型属于混合整数非线性规划(MINLP)模型。如果采用 SBB 求解器直接对该模型求解，由于模型涉及一天中所有时段变量的联合求解，规模很大，不仅求解非常耗时，且经常无法得到优化问题的最优解。因此，通过分段线性化和大 M 法等方法对模型中的非线性约束线性化，从而将模型转化为易于求解的 MILP 模型。

1) 能源站的运行特性约束线性化

对式(10-7a)中非线性函数 $Q_{\mathrm{fu},t}(P_{G,t^*})$ 采用分段线性函数近似表示，将每个时段的非线性函数通过将 P_{G,t^*} 分成 N 段来线性逼近，每一段中引入一个离散变量 $B_{i,t}$ 和一个连续变量 P_{G,i,t^*}，则燃气发电机消耗的天然气热功率和出力标幺值之间的关系可转化为

$$\begin{cases}\hat{Q}_{\text{fu},t}(P_{G,t^*})=\sum_{i=1}^{N}(\alpha_i P_{G,i,t^*}+\beta_i B_{i,t})\\ \alpha_i=(Q_{\text{fu},t}(P_{G,i+1^*})-Q_{\text{fu},t}(P_{G,i^*}))\big/(P_{G,i+1^*}-P_{G,i^*})\\ \beta_i=Q_{\text{fu},t}(P_{G,i^*})-P_{G,i^*}\alpha_i\\ P_{G,i^*}B_{i,t}\leqslant P_{G,i,t^*}\leqslant P_{G,i+1^*}B_{i,t}\\ \sum_{i=1}^{N}B_i(t)=1\end{cases}\tag{10-29}$$

式中，$Q_{\text{fu},t}$ 和 $\hat{Q}_{\text{fu},t}$ 分别为消耗的天然气热功率及其线性逼近函数；α_i 和 β_i 为第 i 个分段的斜率和截距；P_{G,t^*} 为第 i 个分段点，其中 $P_{G,1^*}$ 和 $P_{G,N+1^*}$ 分别为燃气发电机的最小和最大出力的标幺值。

式(10-17)中两个式子均含有离散变量与连续变量相乘的非线性项 $N_{1,t}\phi_{c1,t}$、$N_{2,t}\phi_{c2,t}$ 和 $N_{w,t}\phi_{h1,t}$，将离散变量表示为二进制数的形式，从而可将上述非线性项表示为如下连续变量与 0-1 变量相乘的加权和的形式：

$$\begin{cases}N_{1,t}\phi_{c1,t}=(2^0\tau_{c1,1,t}+2^1\tau_{c1,2,t}+\cdots+2^{n_{c1}-1}\tau_{c1,n_{c1},t})\phi_{c1,t}\\ N_{2,t}\phi_{c2,t}=(2^0\tau_{c2,1,t}+2^1\tau_{c2,2,t}+\cdots+2^{n_{c2}-1}\tau_{c2,n_{c2},t})\phi_{c2,t}\\ N_{w,t}\phi_{h1,t}=(2^0\tau_{h1,1,t}+2^1\tau_{h1,2,t}+\cdots+2^{n_{h1}-1}\tau_{h_1,n_{h1},t})\phi_{h1,t}\end{cases}\tag{10-30}$$

对于式(10-30)中的连续变量与 0-1 变量相乘的非线性项，采用大 M 法将其线性化：对每一项引入一个连续变量满足 $T_{s,j,t}=\tau_{s,j,t}\phi_{s,t}$（$s\in\{c_1,c_2,h_1\}$，$j\in\{1,2,\cdots,n_{c1};1,2,\cdots,n_{c2};1,2,\cdots,n_{h1}\}$），并通过大 M 法将其转化为式(10-31)的线性约束。

$$\begin{cases}-M\tau_{s,j,t}\leqslant T_{s,j,t}\leqslant M\tau_{s,j,t}\\ -M(1-\tau_{s,j,t})+\phi_{s,t}\leqslant T_{s,j,t}\leqslant\phi_{s,t}+M(1-\tau_{s,j,t})\end{cases}\tag{10-31}$$

从而将式(10-30)转化为如下线性约束：

$$\begin{cases}N_{1,t}\phi_{c1,t}=2^0T_{c1,1,t}+2^1T_{c1,2,t}+\cdots+2^{n_{c1}-1}T_{c1,n_{c1},t}\\ N_{2,t}\phi_{c2,t}=2^0T_{c2,1,t}+2^1T_{c2,2,t}+\cdots+2^{n_{c2}-1}T_{c2,n_{c2},t}\\ N_{w,t}\phi_{h1,t}=2^0T_{w,1,t}+2^1T_{w,2,t}+\cdots+2^{n_w-1}T_{w,n_w,t}\end{cases}\tag{10-32}$$

2) 压缩机模型约束线性化

将 $m_{\text{in},t}=f_{\text{in},t}/\rho_{\text{in},t}=f_{\text{in},t,N}/\rho_{\text{in},t,N}$ 和式(10-4)代入式(10-11a)中，可得到

$$\mathrm{HP}_t=\frac{p_N m_{\text{in},t}\alpha}{\eta\rho_{\text{in},t,N}(\alpha-1)}\left((\varepsilon_t)^{\frac{(\alpha-1)}{\alpha}}-1\right) \tag{10-33}$$

式中，$p_N\approx0.1\text{MPa}$。

将ε_t离散化处理，则 $p_{\text{out},t}$ 和 HP_t 可表示如下：

$$\begin{cases}p_{\text{out},t}=p_{\text{in},t}\sum\limits_{i=1}^{N_\varepsilon}\gamma_{i,t}\varepsilon_{i,t}\\ \mathrm{HP}_t=\dfrac{\alpha m_{\text{in},t}}{\eta\rho_{\text{in},N}(\alpha-1)}\sum\limits_{i=1}^{N_\varepsilon}\gamma_{i,t}\left((\varepsilon_{i,t})^{\frac{(\alpha-1)}{\alpha}}-1\right)\end{cases} \tag{10-34}$$

式中，$\gamma_{i,t}$ 表示 t 时刻压缩机是否运行在第 i 个调压挡位的 0-1 变量；$\varepsilon_{i,t}$ 表示ε_t的第 i 个调压挡位值；N_ε为调压挡位总数。

令 $\delta_{i,t}=\gamma_{i,t}p_{\text{in},t}$ 和 $\rho_{i,t}=\gamma_{i,t}m_{\text{in},t}$，运用大 M 法将式(10-34)转化为线性约束如式(10-35)所示。同时，对于变量 $\delta_{i,t}$ 和 $\rho_{i,t}$ 都需要满足约束式(10-31)。

$$\begin{cases}p_{\text{out},t}=\sum\limits_{i=1}^{N_\varepsilon}\delta_{i,t}\varepsilon_{i,t}\\ \mathrm{HP}_t=\dfrac{c^2\alpha}{\eta(\alpha-1)}\sum\limits_{i=1}^{N_\varepsilon}\rho_{i,t}\left((\varepsilon_{i,t})^{\frac{(\alpha-1)}{\alpha}}-1\right)\end{cases} \tag{10-35}$$

3) 供电网络运行特性约束的线性化

对供电网络运行特性的交流潮流模型(式(10-21))，采用文献[5]的线性化处理方法，可将式(10-21)转化为如下线性形式：

$$\begin{cases}P_{sj,t}-P_{Lj,t}-\left(\sum\limits_{i=1}^{n}G_{ji}V_{i,t}-\sum\limits_{i=1}^{n}B'_{ji}\theta_{i,t}\right)=0\\ Q_{sj,t}-Q_{Lj,t}+\left(\sum\limits_{i=1}^{n}B_{ji}V_{i,t}+\sum\limits_{i=1}^{n}G_{ji}\theta_{i,t}\right)=0\end{cases} \tag{10-36}$$

式中，B'_{ji} 为忽略各节点对地电纳后形成的节点电纳矩阵的第 j 行 i 列元素。

3. 将优化调度模型转化为混合整数线性规划模型

通过上述二维域上的 Radau 配置法和各种线性化处理方法，考虑管道动态特性的 RIES 优化调度模型可转化为容易求解的 MILP 模型，如式(10-37)所示。

$$
\begin{cases}
\min F = c_{\text{gas}} \sum_{k=1}^{n_t} h_k \sum_{i=1}^{n_\xi} A_i f_{\text{sg},k,i} + c_{\text{gd}} \sum_{k=1}^{n_t} h_k \sum_{i=1}^{n_\xi} A_i P_{\text{gd},k,i} \\
\text{s.t.} \begin{cases}
G(\boldsymbol{z}_{k,i,s,n_\eta}, \boldsymbol{z}_{k,i,s,0}, \boldsymbol{y}_{k,i}, \boldsymbol{u}_{k,i}) = 0, \quad k=1,\cdots,n_t;\ i=1,\cdots,n_\xi;\ s=1,\cdots,n_x \\
H(\boldsymbol{z}_{k,i,s,n_\eta}, \boldsymbol{z}_{k,i,s,0}, \boldsymbol{y}_{k,i}, \boldsymbol{u}_{k,i}) \leqslant 0, \quad k=1,\cdots,n_t;\ i=1,\cdots,n_\xi;\ s=1,\cdots,n_x \\
\sum_{q=1}^{n_z} \frac{a_{1,q}}{h_k} \sum_{i=0}^{n_\xi} l_i'(\xi_e) z_{k,i,s,f} + \sum_{q=1}^{n_z} \frac{a_{2,q}}{h_{s,q}} \sum_{j=0}^{n_\eta} l_j'(\eta_f) z_{k,e,s,j} + \sum_{q=1}^{n_z} a_{3,q} z_{k,e,s,f} + a_4 = 0 \\
\quad k=1,\cdots,n_t;\ s=1,\cdots,n_x \\
\boldsymbol{z}_{\min} \leqslant \boldsymbol{z}_{k,i} \leqslant \boldsymbol{z}_{\max};\ \boldsymbol{y}_{\min} \leqslant \boldsymbol{y}_{k,i} \leqslant \boldsymbol{y}_{\max};\ \boldsymbol{u}_{\min} \leqslant \boldsymbol{u}_{k,i} \leqslant \boldsymbol{u}_{\max}
\end{cases}
\end{cases}
\tag{10-37}
$$

式中，n_x 为空间长度剖分的段数；$A_i = \int_0^1 l_i(t_{k-1} + \xi h_k)\mathrm{d}\xi$；函数 G 为等式约束，包括式(10-8)～式(10-10)、式(10-12)、式(10-14)～式(10-16)、式(10-18)、式(10-20)、式(10-25)～式(10-27)、式(10-29)、式(10-32)、式(10-35)；函数 H 为不等式约束，包括式(10-7b)、式(10-13)、式(10-19)和式(10-31)；$\boldsymbol{z}$、$\boldsymbol{y}$ 和 $\boldsymbol{u}$ 分别为微分状态变量、代数状态变量和控制变构成的列向量；$a_{1,q}$、$a_{2,q}$、$a_{3,q}$ 和 a_4 为 Radau 配置点的系数；n_z 为微分状态变量的数量。

对于式(10-37)的 MILP 模型，可调用成熟的商业优化软件 GAMS 中的 GUROBI 求解器对其实现高效可靠的求解。

10.2.3　算例分析

某个 RIES 的结构如图 10-3 所示，其中算例的基本参数见附录 C；将调度周期一天 24h 划分为 96 个区间，即 $n_t = 96$，则每个区间长度为 15min，在每个区间里插入三个配置点。优化计算采用的 GAMS 软件版本为 GAMS 24.5.6。

1. RIES 的优化调度结果

求解式(10-37)的考虑管道动态特性的 RIES 优化调度的 MILP 模型，得到各个子系统的优化调度方案分别如图 10-4～图 10-9 所示。图 10-4 为供热子系统中 1-2 号管道的出口和入口的供回水温度变化曲线，可以看出，供热侧的供回水管道的首端温度变化均超前于末端，存在明显的能量传输时滞特性；为了减少供热成本，在热负荷较低时，热源处供水温度持续升高，而热源处回水温度由于传输延迟，其响应滞后于供水温度，使得热源处的温度差大于负荷处的温度差，此时热源总出力大于热负荷功率，多余的热量由于管道的能量传输延迟而存储在管道中；而在负荷高峰时段，热源处供水温度下降，热源处的回水温度的响应依旧滞后于供水温度，使得此时热源总出力小于热负荷功率，多出的热负荷由存储在管道中的热量供应。由此可见，供热管网可以作为一种储热装置，热源处温度的上升和下降的过程是管道

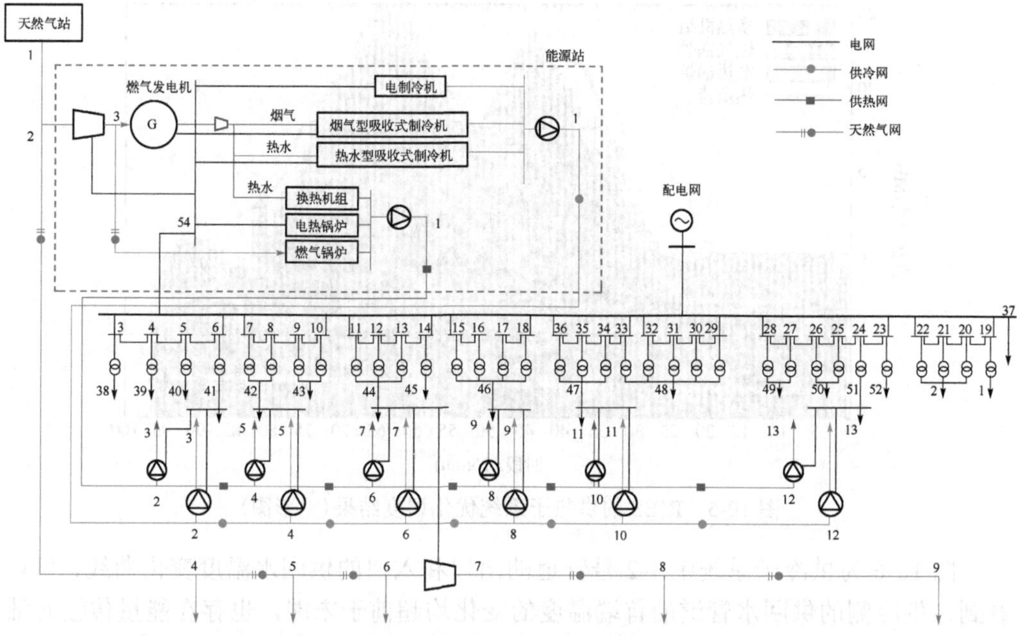

图 10-3　某个 RIES 的结构

存储和释放热量的过程。故由图 10-5 所示的供热子系统优化调度结果可以看到，温度上升的过程管道蓄能增加了制热价格低廉的换热机组和燃气锅炉在负荷低谷时段的出力，而温度下降的过程管道放能减少了负荷高峰时段制热最为昂贵的电热锅炉的出力，实现了热负荷的跨时段转移，使得热源出力和热负荷并不是实时平衡的。另外，由于管道传输能量过程中存在着温度损耗，热源出力峰值大于热负荷峰值，一天中供热网的热量损耗百分比为 2.198%。

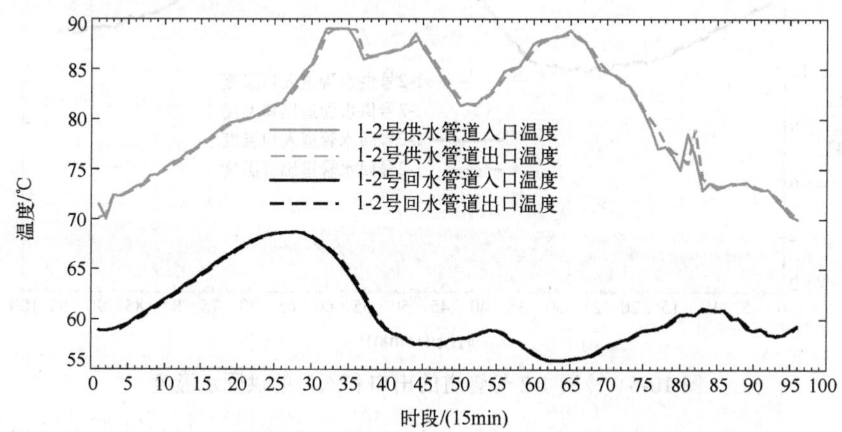

图 10-4　热网 1-2 号管道的出口和入口的供回水温度

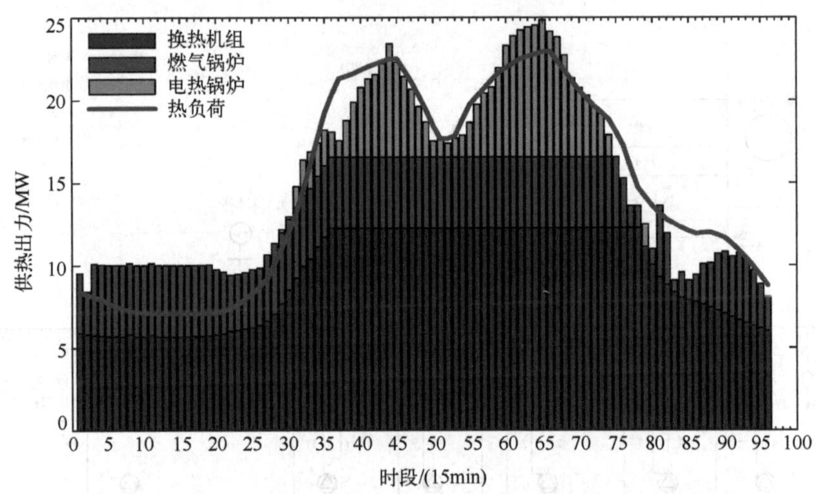

图 10-5　RIES 的供热子系统优化调度结果(见彩图)

图 10-6 为供冷子系统中 1-2 号管道的出口和入口的供回水温度变化曲线，可以看到，供冷侧的供回水管道的首端温度的变化均超前于末端，也存在能量传输时滞特性；冷源的回水温度下降和上升的过程均滞后于供水温度，使得供冷管道在负荷低谷时段储冷，负荷高峰时段放冷，同样增加了价格更低的吸收式制冷机在冷负荷低谷时的出力，减少了价格更高的电制冷机在负荷高峰时的出力，实现了冷负荷的跨时段转移，使得冷源出力与负荷不是实时平衡的。可见，供冷管网同样可以作为一种储冷装置。另外，由于管道传输能量过程中存在着温度损耗，所以图 10-7 中的冷源出力峰值也大于冷负荷峰值，一天中供冷网的冷量损耗百分比为 1.482%。

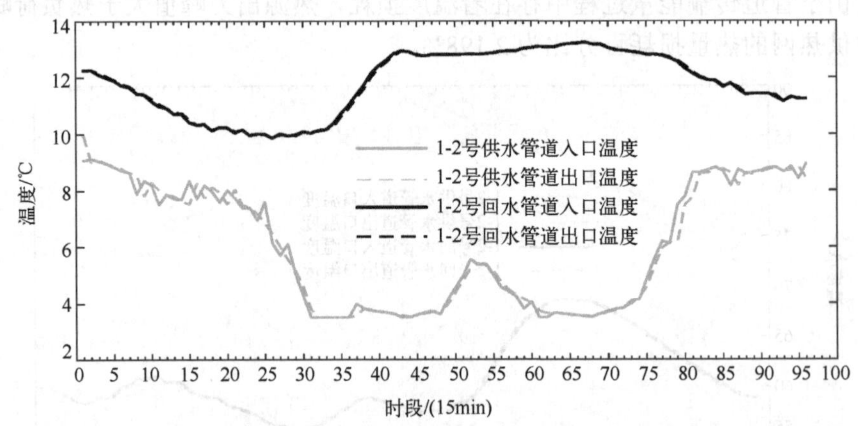

图 10-6　冷网 1-2 号管道的出口和入口的供回水温度

供气子系统优化调度结果如图 10-8 所示，其中气负荷为常规气负荷、燃气锅炉耗气量和燃气发电机组耗气量三者之和。可以看到，气源出力变化曲线与气负荷变

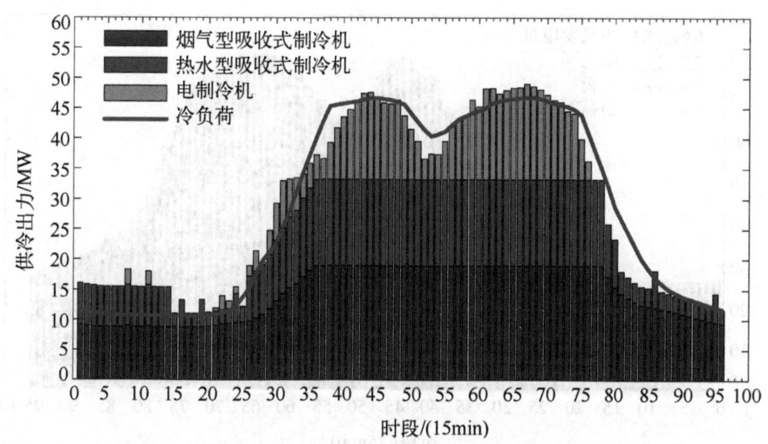

图 10-7　RIES 的供冷子系统优化调度结果(见彩图)

化曲线也不是同步的，这主要由于天然气传输速度较慢且具有压缩性，在管道中流动的天然气可以短暂存储在管道中，气源出力与气负荷无法保持实时平衡。

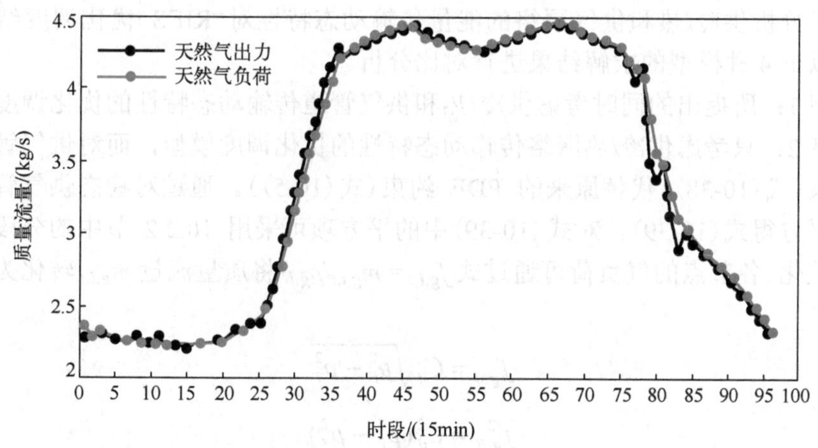

图 10-8　RIES 的供气子系统优化调度结果

供电子系统优化调度结果如图 10-9 所示，负荷 1 为常规用电负荷，负荷 2 除常规用电负荷外还包括供冷/热网络中的循环水泵和电制冷机、电热锅炉，以及天然气网络中压缩机的耗电功率。由图 10-9 可见，夜间用电负荷低谷时段，冷、热负荷也较低，制冷和制热设备投入较少，故负荷 2 与负荷 1 的曲线比较接近，配电网注入的有功功率基本维持在最小值，其余用电负荷由发电成本更低的燃气发电机组承担；到了白天用电高峰时段，燃气发电机组达到满发状态，此时由配电网来调峰供电，同时，白天冷、热负荷的增大导致了能源站内供冷、热设备的大量投入，也进一步增加了用电负荷，从而增大了配电网的注入功率。

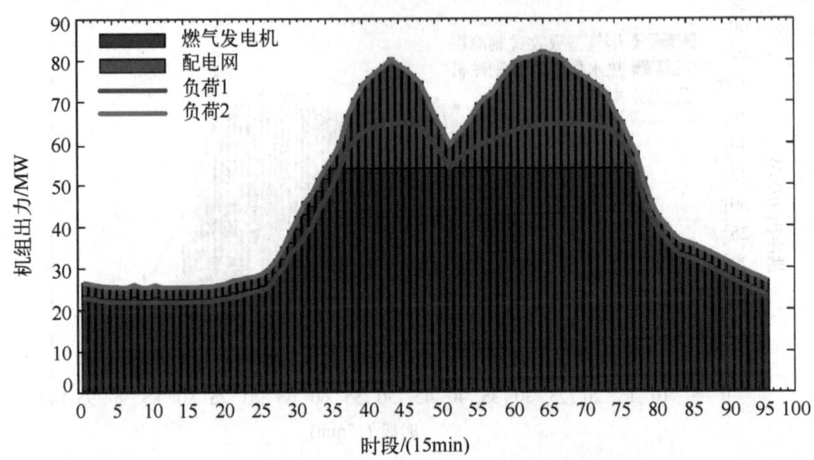

图 10-9　RIES 的供电侧优化调度结果(见彩图)

2. 不同优化调度模型求解结果的对比分析

为了分析供冷/热和供气网络的能量传输动态特性对 RIES 优化调度结果的影响，对以下 4 种模型的求解结果进行对比分析。

模型 1：所提出的同时考虑供冷/热和供气管道传输动态特性的优化调度模型。

模型 2：只考虑供冷/热网络传输动态特性的优化调度模型，而对供气管道采用稳态约束(式(10-38))代替原来的 PDE 约束(式(10-5))。通过对稳态供气管道约束式两边平方得式(10-39)，对式(10-39)中的平方项可采用 10.2.2 节中的分段线性法对其线性化。各节点的气负荷可通过式 $f_{g,i,t}=m_{g,i,t}/\rho_{g,N}$ 将质量流量 $m_{g,i,t}$ 转化为体积流量 $f_{g,i,t}$。

$$f_{g,ij}=C_{ij}\sqrt{p_i^2-p_j^2} \tag{10-38}$$

$$f_{g,ij}^2=C_{ij}^2(p_i^2-p_j^2) \tag{10-39}$$

式中，$f_{g,ij}$ 为气网管道的体积流量(m^3/s)；p_i 和 p_j 分别为输气管道的入口和出口气压；C_{ij} 为输气管道传输常数，与管道长度、直径、压力以及管道内壁粗糙度等有关。

模型 3：只考虑供气网传输动态特性的优化调度模型，而对供冷/热管道采用考虑温度损失的稳态约束(式(10-40))代替原来的 PDE 约束(式(10-1))。由于本章采用 CF-VT 调节方式，即 m_w 已知，故式(10-40)为线性约束。

$$T_{\mathrm{out},t}=(T_{\mathrm{in},t}-T_a)\mathrm{e}^{-\lambda L_w/(c_w m_{w,t})}+T_0 \tag{10-40}$$

式中，$T_{\mathrm{out},t}$ 和 $T_{\mathrm{in},t}$ 分别为供冷/热管道的出口和入口温度。

模型 4：不考虑供冷/热和供气管道传输动态特性的优化调度模型。

图 10-10～图 10-12 分别为四种模型计算结果对应的配电网注入功率、燃气发电

机出力以及天然气气源出力对比。由图 10-10 和图 10-11 可见，配电网注入功率和燃气发电机出力方面，考虑供冷/热网络传输动态的模型 1 和模型 2 的结果与不考虑供冷/热网络传输动态的模型 3 和模型 4 的结果相差较大，且模型 1 和模型 2 的配电网注入功率明显小于模型 3 和模型 4，表明供冷/热网络的能量传输动态特性对供电侧尤其是配电网注入功率的影响较大。主要是由于供冷和供热管网的储能特性能够有效地减少电制冷机和电热锅炉的出力和消耗电功率。由图 10-12 可以看到，由于冷/热负荷主要由燃气发电机组的发电余热以及燃气锅炉供应，且供冷/热管道传输能量的时滞较大，所以考虑供冷/热网络传输动态的模型 1 和模型 2 的气源出力曲线相对于模型 3 和模型 4 的要超前，以适应供冷/热网络的传输能量的延迟。而供气网络的传输动态也会影响气源出力曲线，导致模型 3 的气源出力曲线和模型 4 的存在一些偏差。

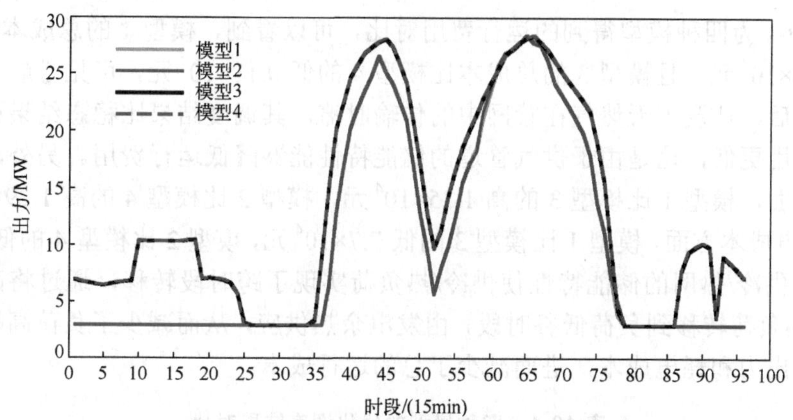

图 10-10　四种模型得到的配电网注入功率对比

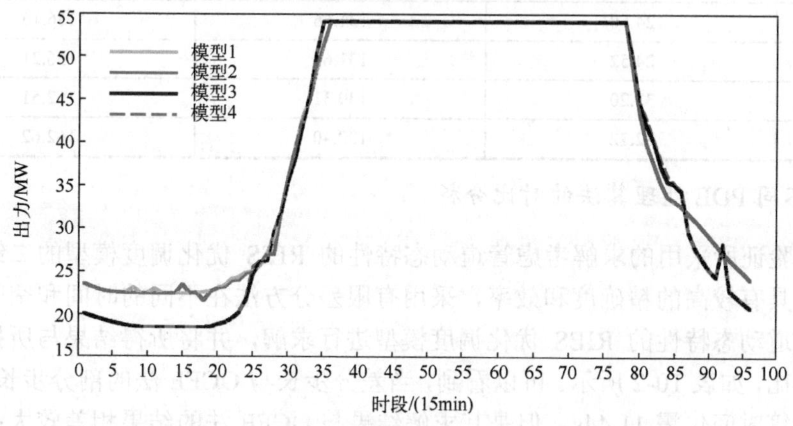

图 10-11　四种模型得到的燃气发电机出力对比

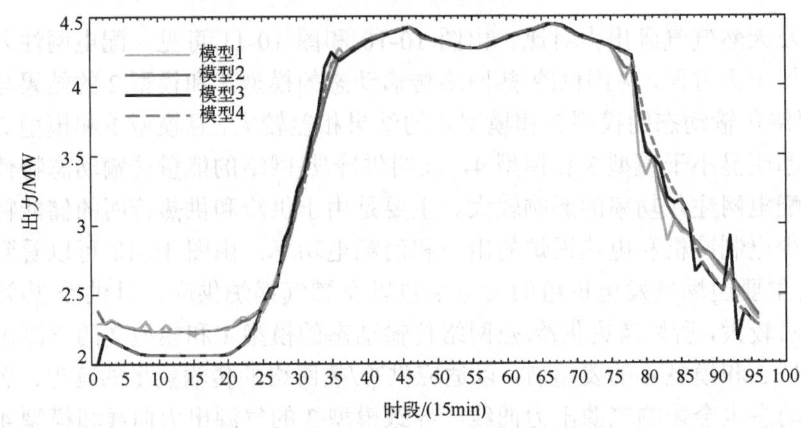

图 10-12 四种模型得到的气源出力对比

表 10-1 为四种模型得到的运行费用对比，可以看到，模型 1 的总成本比模型 2 的低 0.05×10^4 元，且模型 3 的总成本比模型 4 的低 0.11×10^4 元，可见考虑了气网动态过程以后，计及了天然气在管网中的传输时滞，其调度结果比稳态结果更为准确且运行费用更低，这是由于供气管道的储能特性能够降低运行费用。另外，虽然耗气成本方面，模型 1 比模型 3 的高 1.35×10^4 元，模型 2 比模型 4 的高 1.29×10^4 元，但是，耗电成本方面，模型 1 比模型 3 的低 7.7×10^4 元，模型 2 比模型 4 的低 7.7×10^4 元。说明供冷/热网的储能特性使供冷/热负荷实现了跨时段转移，通过将高峰时段的供冷/热负荷转移到负荷低谷时段，由发电余热供应，从而减少了负荷高峰时段电制冷机的出力和耗电成本，进而减少了总的运行成本。

表 10-1 四种模型的优化调度结果对比

模型	购电费用/(10^4 元)	购气费用/(10^4 元)	总成本/(10^4 元)
模型 1	24.50	131.66	156.16
模型 2	24.52	131.69	156.21
模型 3	32.20	130.31	162.51
模型 4	32.22	130.40	162.62

3. 不同 PDE 处理算法的对比分析

为了验证所采用的求解考虑管道动态特性的 RIES 优化调度模型的二维域上的 OCFE 法具有较高的精确度和效率，采用有限差分方法在不同的时间和空间步长下对考虑管道动态特性的 RIES 优化调度模型进行求解，并将所得结果与所提出方法的结果对比，如表 10-2 所示。可以看到，当差分步长与 OCFE 法的剖分步长一样时，差分法计算时间仅需 11.44s，但是其求解结果与 OCFE 法的结果相差较大；而当差分步长减小为 $h_t/3$ 和 $h_x/3$ 时，所求解得到的总费用和 OCFE 法的仅相差 0.06×10^4 元，但是购电费用和购气费用分别相差 0.09×10^4 元和 0.15×10^4 元，且其求解时间比 OCFE 法多了 260.42s；当差分步长减小为 $h_t/6$ 和 $h_x/6$ 时，差分法的各项费用均与 OCFE 法结果最为接近，但是由于对求解区域剖分过细，导致求解时间迅速增长，其求解时间比 OCFE 多 4461.72s。可见，OCFE 法相比有限差分法在求解的计算效率上具有较大的优势，同时也具有较好的计算精度。

表 10-2　采用不同时间和空间步长的有限差分法的优化调度结果对比

算法	步长	购电费用/(10^4 元)	购气费用/(10^4 元)	总费用/(10^4 元)	计算时间/s
有限差分法	h_t, h_x	25.33	128.61	153.94	11.44
	$h_t/3, h_x/3$	24.59	131.51	156.10	842.35
	$h_t/6, h_x/6$	24.57	131.61	156.18	5043.65
OCFE	h_t, h_x	24.50	131.66	156.16	581.93

4. 线性化的精度分析

为了分析所采用的线性化方法的计算精度，采用 GAMS 软件中的 SBB 求解器对线性化前的 MINLP 模型求解，并将计算结果与线性化后的 MILP 模型的计算结果进行对比。表 10-3 给出了两种模型下求解得到的 RIES 的运行费用以及求解时间的对比。可以看到，两种模型下得到的各项费用的偏差均比较小，而程序运行的耗费时间方面，MILP 模型的计算时间仅为 MINLP 模型的 1.05%，因此，所提出的 MILP 模型在具有较高的精确度的同时，还大大提高了计算速度。

表 10-3　线性模型和非线性模型的优化调度结果

模型	购电费用/(10^4 元)	购气费用/(10^4 元)	总费用/(10^4 元)	计算时间/s
MILP	24.86	131.45	156.31	581.93
MINLP	26.57	130.86	157.43	55181.23

图 10-13 和图 10-14 分别给出了将 MILP 模型求解得到的最优解代入原非线性燃气发电机热功率约束（式(10-7)）的第一个式子以及交流潮流约束（式(10-21)）所得到的偏差曲线图。可以看到，对各时刻的燃气发电机热功率约束式线性化所产生的最大相对偏差不超过 0.7%；而供电侧大多数节点交流潮流约束线性化产生的偏差在 10^{-4} 以下，最大不超过 10^{-3}。因此，所提出的 MILP 模型中对非线性约束（式 (10-7)）的第一个式子和式(10-21)的线性化方法均具有较高的计算精度。

5. 算例分析小结

RIES 中供冷/热管网中均存在明显的能量传输时滞特性。供冷/热管网中的能量传输时滞特性使得管网具有较强的储能能力，管网通过实现对冷/热负荷的跨时段转移，有效降低了购电成本以及购气成本，同时传输时滞的存在使得供冷/热

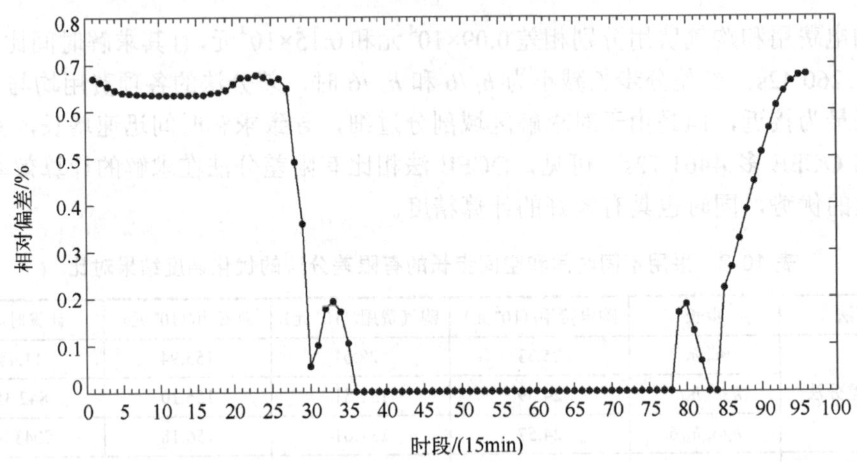

图 10-13　燃气发电机热功率方程线性化导致的相对偏差

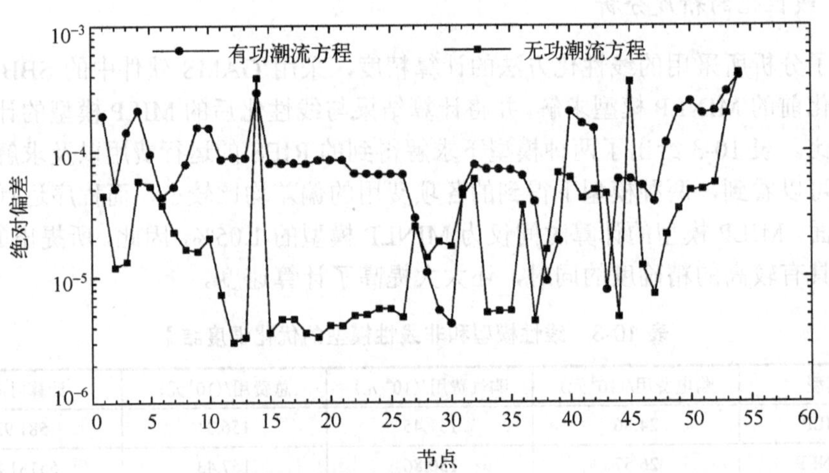

图 10-14　各节点的交流潮流约束线性化导致的偏差

网络中的供需无须实时平衡，有效提高了 RIES 运行的灵活性；而求解 RIES 优化调度策略时计及供气管网的能量传输动态特性则可保证天然气的可靠供应，避免出现由忽略供气管网传输动态而导致某些时段供气不足的情况，提高系统运行的可靠性。

采用不同的差分步长求解考虑时滞特性的 RIES 优化调度的 MILP 模型，并将所得结果与所提的 OCFE 法对比发现，差分法在步长较大时求解速度很快，但是精度较低，仅适用于精度要求不高时的粗略估计，而 OCFE 法则可在较大的剖分步长下获得高精度的优化调度策略，且计算效率更高。

10.3　考虑管道能量传输时滞的 CCHP 微网分布鲁棒优化调度

10.3.1　供冷/热管道传输能量动态模型的解析解

特征线法是一种求解双曲型 PDE 的常用方法，可求解出一阶线性双曲型 PDE 的精确解析解。供冷/热管道传输能量动态 PDE(式(10-1))及其边界条件可写成如下形式：

$$\begin{cases}\dfrac{\partial T(x,t)}{\partial x}+\dfrac{\rho_w A_w}{m_w}\dfrac{\partial T(x,t)}{\partial t}+\dfrac{T(x,t)-T_a}{m_w c_w R_w}=0\\ T(0,t)=T_s(t)\end{cases}\tag{10-41}$$

式中，$T_s(t)$ 为管道首端温度随时间变化的曲线，其中源端管道首端温度为决策变量，其余管道的首端温度等于前一段管道的末端温度。过初始条件上任一点(x_0, t_0)，可做 PDE(式(10-41))的特征方程如下：

$$\begin{cases}\mathrm{d}t/\mathrm{d}x=\rho_w A_w/m_w\\ t\,|_{x=x_0}=t_0\end{cases}\tag{10-42}$$

由式(10-42)所确定的积分曲线即为 PDE(式(10-41))的特征线，采用分离变量法求解式(10-42)，可得到特征线见式(10-43)：

$$t(x)=\rho_w A_w/m_w\cdot x+t_0\tag{10-43}$$

令 $U(x)=T(x,t(x))$，沿着该特征线(式(10-43))可将 PDE(式(10-41))转化为常微分方程(10-44)：

$$\begin{cases}\dfrac{\mathrm{d}U}{\mathrm{d}x}+\dfrac{U}{m_w c_w R_w}-\dfrac{T_a}{m_w c_w R_w}=0\\ U(0)=T(0,t(0))=T(0,t_0)=T_s(t_0)\end{cases}\tag{10-44}$$

可直接求解常微分方程(10-44)，得到

$$U(x)=(T_s(t_0)-T_a)\mathrm{e}^{-\frac{x}{m_w c_w R_w}}+T_a\tag{10-45}$$

将特征线(式(10-43))代入式(10-45)，即可得到原 PDE(式(10-41))的解析解如式(10-46)。

$$T(x,t)=(T_s(t-\rho_w A_w/m_w\cdot x)-T_a)\mathrm{e}^{-\frac{x}{m_w c_w R_w}}+T_a\tag{10-46}$$

由式(10-46)可以看出，在时间维度上，管道中流体的温度传递存在时间滞后特性，该时间滞后特性的大小与流体的密度、管道横截面积、管道中的位置和管道流

量有关。在空间维度上，由于供冷/热网管道能量传输过程中两端温度的升高/降低，管道中流体的能量传输存在损耗，该损耗大小与管道长度、管道流量、流体的比热容和管道热阻有关。

10.3.2　光伏/光热站出力不确定性的模糊集

光伏和光热站出力受光照强度和温度等天气因素的影响，每个时段光照强度具有不确定变化特性，造成了光伏和光热站出力具有不确定波动特性。光伏/光热站出力与光照强度 r_t 的关系如式(10-47)所示：

$$\begin{cases} P_{\mathrm{PV},t} = r_t A_{\mathrm{PV}} \eta_{\mathrm{PV}} \\ \phi_{\mathrm{PH},t} = r_t A_{\mathrm{PH}} \eta_{\mathrm{PH}} \end{cases} \tag{10-47}$$

式中，A_{PV} 和 A_{PH} 为光伏/光热板总面积；η_{PV} 和 η_{PH} 为光伏/光热板的功率转换效率。

采用分布鲁棒优化(DRO)方法考虑光伏/光热站出力的不确定性，首先需要构建不确定变量所有可能概率分布组成的模糊集合。由式(10-47)可知光伏/光热不确定出力均依赖于光照强度的不确定波动性，故只需要构建包含光照强度的概率分布信息的模糊集合。以冷热电联供(combined cooling, heating and power，CCHP)微网中的光照强度的大量实际历史数据进行统计分析来构建基于距离的包含概率分布信息的模糊集合，如式(10-48)所示：

$$\Omega = \{ p_{rt} \in D : \mathrm{dist}(p_{rt}, p_{0t}) \leqslant \lambda \} \tag{10-48}$$

式中，p_{rt} 表示考虑不确定波动特性的光照强度 r_t 所对应的概率分布，即真实概率分布；p_{0t} 表示根据 CCHP 微网中光照强度的实际历史数据统计得出的概率分布，即参考概率分布；D 表示所有可能的概率分布；λ 表示真实概率分布与参考概率分布的允许最大误差水平；$\mathrm{dist}(p_{rt}, p_{0t})$ 表示某种计算两个概率分布 p_{rt} 和 p_{0t} 之间距离的度量方法。

很多关于DRO方法的文献都采用KL散度作为距离度量来构建基于距离的包含概率分布信息的模糊集合。KL 散度是从信息论领域提出的，可以描述两个概率分布之间的非对称性差异程度[6]，表示如下：

$$D_{\mathrm{KL}}(p_{rt} \parallel p_{0t}) = \frac{1}{2} \sum p_{rt} \ln(p_{rt} / p_{0t}) \tag{10-49}$$

显然，KL 散度的取值范围是[0,+∞)，为了克服 KL 散度描述两个概率分布之间距离存在的不对称问题，更直观地调控 DRO 决策结果的保守性，提出了采用 JS 散度作为距离度量来构建基于距离的包含概率分布信息的模糊集合。JS 散度在 KL 散度的基础上提出，对 KL 散度公式进行变形处理，可以解决 KL 散度不对称的问题，且值域为[0,1]，能够更直观地反映两个概率分布之间的差异程度，表示如下：

$$
\begin{aligned}
D_{\mathrm{JS}}(p_{rt} \| p_{0t}) &= \frac{1}{2} D_{\mathrm{KL}}\left(p_{rt} \| \frac{p_{rt}+p_{0t}}{2}\right) + \frac{1}{2} D_{\mathrm{KL}}\left(p_{0t} \| \frac{p_{rt}+p_{0t}}{2}\right) \\
&= \frac{1}{2} \sum p_{rt} \ln\left(\frac{p_{rt}}{(p_{0t}+p_{rt})/2}\right) + \frac{1}{2} \sum p_{0t} \ln\left(\frac{p_{0t}}{(p_{0t}+p_{rt})/2}\right)
\end{aligned} \tag{10-50}
$$

故基于 JS 散度的包含所有可能概率分布的模糊集合 Ω 的构建方法如下：

$$
\begin{cases}
D_{\mathrm{JS}}(p_{rt} \| p_{0t}) \leqslant \lambda \\
\sum p_{rt} = 1, \quad p_{rt} \in [0,1]
\end{cases} \tag{10-51}
$$

参考概率分布 p_{0t} 可由历史数据采用统计方法得到：假定该园区光照强度实际历史数据样本在每个时段 t 的光照强度 r_t 有 A 个样本，对于某个时段 t 的光照强度，可以将 A 个样本的数值分布情况绘成频率直方图。假定频率直方图中把样本的取值范围共分为 N 个不同的取值区间，样本值属于每个取值区间的频数记为 $A_1, A_2, \cdots, A_N$，显然有

$$
A = \sum_{n=1}^{N} A_n \tag{10-52}
$$

当样本数量足够大时，可取各个可能取值的频率为概率，计算得到时段 t 光伏出力样本的离散概率分布作为参考概率分布 p_{0t}，表示如下：

$$
p_{0t}\{r_t = r_{tn}\} = A_n / A \tag{10-53}
$$

式中，r_{tn} 为 r_t 的第 n 个取值区间的中点值。

由式(10-50)～式(10-53)可构造出 CCHP 微网中 r_t 所有可能概率分布组成的模糊集合 Ω。JS 散度值决定了模糊集与历史数据样本集之间的误差水平，使模糊集包含了在一定误差水平之内 r_t 随机波动的所有可能的概率分布。在不超过 JS 散度阈值 λ 的范围内，每给定一个 JS 散度值，可以根据式(10-50)和式(10-51)确定出真实概率分布 p_{rt} 的可能变化范围。特别地，当 JS 散度值为 0 时，p_{rt} 与 p_{0t} 相等，即真实概率分布与参考概率分布相同。当 JS 散度值为 1 时，p_{rt} 与 p_{0t} 完全无关，即真实概率分布 p_{rt} 可为任意分布。

10.3.3 分布鲁棒优化调度模型

1. 目标函数

考虑 CCHP 园区微网中接入电网光伏站和接入热网光热站的出力不确定性，建立考虑管道能量传输时滞特性 CCHP 园区微网 DRO 调度模型。DRO 是在描述不确定变量概率分布的模糊集合中寻找使得某个指标最恶劣的概率分布，再针对此最恶劣概率分布进行优化决策。目标函数可写成 min-max 形式，为一天内微网从配电网的购电费用、从天

然气站的购气费用、从光伏/光热站购买电/热的费用和储能装置运行费用之和：

$$\begin{cases} \min\limits_{u}\max\limits_{r_t\in\Omega} E\left(\sum_{t=1}^{K_T}(c_{\text{gas}}f_{\text{sg},t}+c_{\text{gd}}P_{\text{gd},t}+c_{\text{PV}}P_{\text{PV},t}+c_{\text{PH}}\phi_{\text{PH},t}+c_{\text{es},t})\Delta t\right) \\ c_{\text{es},t}=c_c(\phi_{\text{cd},t}+\phi_{\text{cc},t})+c_h(\phi_{\text{hd},t}+\phi_{\text{hc},t})+c_e(P_{\text{ed},t}+P_{\text{ec},t}) \end{cases} \tag{10-54}$$

式中，$\boldsymbol{u}$ 代表决策变量即能源站各机组出力和多类型储能装置出力；r_t 为光照强度；Ω 为其不确定波动的所有可能概率分布组成的模糊集；K_T 为调度周期总的时段数，对于日前调度的调度周期为一天，如果每个时段 Δt 为 15min，则 $K_T=96$；c_{PV} 和 $P_{\text{PV},t}$ 分别为微网从光伏站购电的价格和光伏站注入功率；c_{PH} 和 $\phi_{\text{PH},t}$ 分别为微网从光热站购热的价格和光热站注入功率；$E(\cdot)$ 表示求数学期望值；变量中下标 t 均表示 t 时段的值。其他变量的物理意义可参见 9.1.2 节。

2. 供冷/热网运行约束

供冷/热网的运行约束包括负荷和光热站节点功率模型、管道流体在节点的混合模型、循环水泵耗电模型和供水管道传输能量动态模型。其中，供水管道传输能量动态模型根据式(10-46)可写成如式(10-55)和式(10-56)所示的节点方程，其余模型见式(10-16)。

$$T_{\text{out},w}(t)=(T_{\text{in},w}(t-\tau_w)-T_a)\mathrm{e}^{-\frac{L_w}{m_{w,t}c_wR_w}}+T_a \tag{10-55}$$

$$\tau_w=\rho_wA_w/m_w\cdot L_w \tag{10-56}$$

式中，$T_{\text{out},w}(t)$ 和 $T_{\text{in},w}(t)$ 为管道 w 的出水侧和进水侧节点温度；τ_w 为管道 w 的温度传输延时。

式(10-55)中包含了随时间变化的连续函数 $T_{\text{out},w}(t)$ 和 $T_{\text{in},w}(t)$。由于在以 15min 为一个时段的日前优化调度时间尺度上，连续函数 $T_{\text{out},w}(t)$ 和 $T_{\text{in},w}(t)$ 都是采用以 15min 为间隔的离散点表示，而管道中进水节点温度 $T_{\text{in},w}(t-\tau_w)$ 的时间自变量 $t-\tau_w$ 计算得到的结果不一定在以 15min 为间隔的离散点上，因而需要采用插值法对式(10-55)中的温度 $T_{\text{in},w}(t-\tau_w)$ 的值进行近似计算。采用三阶牛顿插值由与时间自变量 $t-\tau_w$ 相邻的 4 个离散时间点的温度值来对温度 $T_{\text{in},w}(t-\tau_w)$ 的值进行近似计算，表示如下：

$$\begin{aligned} & T_{\text{in},w}(t-\tau_w) \\ & =T_{\text{in},w}(t_0)+(T_{\text{in},w}(t_0)-T_{\text{in},w}(t_1))(t-\tau_w-t_0) \\ & \quad +\frac{1}{2}(T_{\text{in},w}(t_0)-2T_{\text{in},w}(t_1)+T_{\text{in},w}(t_2))(t-\tau_w-t_0)(t-\tau_w-t_1) \\ & \quad +\frac{1}{6}(T_{\text{in},w}(t_0)-3T_{\text{in},w}(t_1)+3T_{\text{in},w}(t_2)-T_{\text{in},w}(t_3))(t-\tau_w-t_0)(t-\tau_w-t_1)(t-\tau_w-t_2) \end{aligned} \tag{10-57}$$

式中，t_0,t_1,t_2,t_3 依次为与 $t-\tau_w$ 相邻的 4 个以 15min 为间隔的离散时间点，满足 $t_1\leqslant t-\tau_w\leqslant t_2$。

3. 储能装置运行约束

CCHP 微网中有蓄电池、储冷罐和储热罐三种类型储能装置(ESD)，其运行特性约束如式(10-58)所示：

$$\begin{cases} E_{\text{es},t+1}=E_{\text{es},t}(1-\delta_{\text{es}})+(\phi_{\text{esc},t}\eta_{\text{esc}}-\phi_{\text{esd},t}/\eta_{\text{esd}})\Delta t & \text{(10-58a)} \\ E_{\text{esmin}}\leqslant E_{\text{es},t}\leqslant E_{\text{esmax}} & \text{(10-58b)} \\ 0\leqslant\phi_{\text{esc},t}\leqslant u_{\text{esc},t}\phi_{\text{escmax}},\ 0\leqslant\phi_{\text{esd},t}\leqslant u_{\text{esd},t}\phi_{\text{esdmax}} & \text{(10-58c)} \\ u_{\text{esc},t}+u_{\text{esd},t}\leqslant 1,\ \ E_{\text{es},0}=E_{\text{es},T} & \text{(10-58d)} \end{cases}$$

能源站运行约束和供电网络运行约束如式(10-7)～式(10-10)和式(10-21)所示。

10.3.4 模型的求解方法

1. 分布鲁棒优化调度模型求解

上述 CCHP 微网 DRO 调度模型的目标函数如式(10-54)的 min-max 双层模型形式。当不确定变量 r_t 采用离散概率分布表示，根据数学期望的计算公式，内层 max 模型可描述如下：

$$\begin{aligned} &\max_{r_t\in\Omega} E\left(\sum_{t=1}^{K_T}(c_{\text{ng}}f_{\text{ng},t}+c_{\text{pg}}P_{\text{pg},t}+c_{\text{es},t}+c_{\text{PV}}P_{\text{PV},t}+c_{\text{PH}}\phi_{\text{PH},t})\Delta t\right) \\ &=\max_{r_t\in\Omega}\sum_{i=1}^{N}\sum_{t=1}^{K_T}p_{rt,i}\cdot(c_{\text{ng}}f_{\text{ng},t,i}+c_{\text{pg}}P_{\text{pg},t,i}+c_{\text{es},t,i}+c_{\text{PV}}P_{\text{PV},t,i}+c_{\text{PH}}\phi_{\text{PH},t,i})\cdot\Delta t \end{aligned} \tag{10-59}$$

式中，$p_{rt,i}$ 为不确定变量 r_t 取第 i 个离散值 r_{ti} 的概率；$f_{\text{ng},t,i}$、$P_{\text{pg},t,i}$、$c_{\text{es},t,i}$、$P_{\text{PV},t,i}$、$\phi_{\text{PH},t,i}$ 分别为 r_t 取 r_{ti} 时对应的 $f_{\text{ng},t}$、$P_{\text{pg},t}$、$c_{\text{es},t}$、$P_{\text{PV},t}$、$\phi_{\text{PH},t}$ 值。

上述 CCHP 微网 DRO 调度模型中，下层是在模糊集合中寻找使微网运行费用期望最大的光伏/光热站出力不确定变量的最恶劣分布。因此，在 min-max 双层问题中，上层以能源站各机组出力和多类型 ESD 出力为决策变量，r_t 为已知量，以最小化微网运行总费用为目标函数。下层以描述 r_t 不确定波动的概率分布 $p_{rt,i}$ 为决策变量，除电热锅炉外的能源站各机组出力、多类型储能装置出力为已知量，电热锅炉的出力和配电网注入功率为状态变量，以最大化微网运行总费用的数学期望为目标函数，下层优化计算得到的 r_t 不确定波动的概率分布定义为最恶劣分布，再将 r_t 最恶劣分布的数学期望传到上层作为已知量进行决策。最恶劣分布代表在集合 Ω 中的最恶劣出力分布，因而通过上层和下层优化模型的交替迭代计算，即可得到在不确定波动的模糊集合 Ω 内都能满足微网安全运行要求，同时使微网运行总费用最小的优化调度计划。

上述 CCHP 微网的 DRO 调度 min-max 双层优化模型可采用列与约束生成

(C&CG)算法进行求解。在求解内层优化模型时，对于某个时段的不确定变量 r_t，需要求解其最恶劣分布，由于 r_t 采用离散分布表示，可根据历史数据确定其波动范围$[r_{t\min}, r_{t\max}]$，并通过对波动范围划分为 N 个小区间以获得 N 个离散取值 r_{ti} $(i=1, 2,\cdots, N)$，采用小区间的中心值作为离散取值，则求解其最恶劣分布相当于求解各个离散取值 r_{ti} 的出现概率 $p_{rt,i}$ $(i=1, 2,\cdots, N)$，如图 10-15 所示。因此，内层优化模型的决策变量个数达到 $N\times K_T$。可见，相比于普通鲁棒优化内层优化模型寻找最恶劣场景的决策变量个数 K_T，DRO 内层优化模型寻找最恶劣分布的决策变量个数要大得多，因而使得内层优化模型求解的计算量大大增加，计算效率较低。

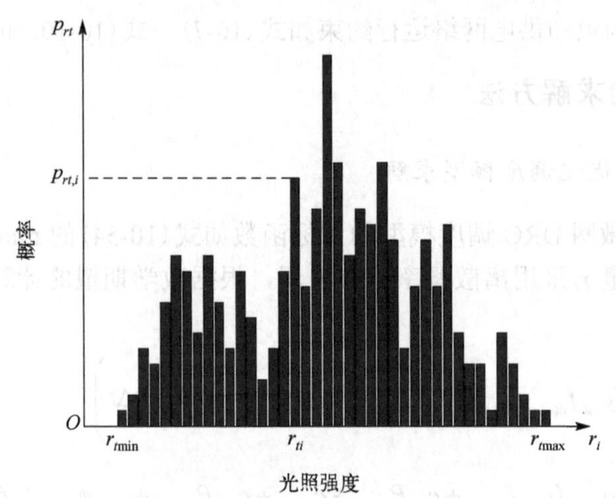

图 10-15 不确定变量 r_t 的概率分布特性

2. 内层优化模型重构

为了降低内层优化模型求解的计算量，提高计算效率，下面提出一种对内层优化模型的决策变量进行降维的重构方法：内层仍以 r_t 为决策变量，先在模糊集合中寻找使得 r_t 分布的期望值最大和最小的概率分布，将模糊集合转化为不确定集合；然后在不确定集合内寻找使微网运行总费用最大的 r_t 分布的期望值，将其定义为最恶劣场景，并将其对应的分布定义为最恶劣分布；最后将该 r_t 期望值传到外层决策。内层优化模型重构后将原来的一阶段优化计算转化为两阶段优化计算。由此，可以采用上述方法将内层优化模型进行重构，第一阶段优化计算即将模糊集合转化为不确定集合：给定 JS 散度值的阈值 λ 后，对模糊集 Ω 中每一个可能的概率分布 p_r 均计算其对应的不确定变量 r_t 的数学期望值，所求得期望的最小值/最大值作为 r_t 不确定波动的下限 $\underline{r_t}$ /上限 $\overline{r_t}$，如式(10-60)和式(10-61)所示。进而可将模糊集 Ω 转化成盒式不确定集 S，如式(10-62)所示。

$$\underline{r_t}=\begin{cases}\min\limits_{r_t\in\Omega}E(r_t)\\ \text{s.t. 式(10-50)}\sim\text{式(10-53)}\end{cases}\tag{10-60}$$

$$\overline{r_t}=\begin{cases}\max\limits_{r_t\in\Omega}E(r_t)\\ \text{s.t. 式(10-50)}\sim\text{式(10-53)}\end{cases}\tag{10-61}$$

$$S=\{r_t\mid \underline{r_t}\leqslant r_t\leqslant\overline{r_t}\}\tag{10-62}$$

因此，可将 CCHP 微网 DRO 调度模型的内层优化模型从直接寻找模糊集 Ω 中最恶劣的 r_t 概率分布转化为两阶段优化计算：第一阶段优化通过计算不确定变量 r_t 每一个可能概率分布的数学期望值以得到最小和最大数学期望值，将模糊集合转化为盒式不确定集合；第二阶段优化寻找使微网运行总费用最大的盒式不确定集 S 中 r_t 的最恶劣场景。因此，考虑管道能量传输时滞特性的 CCHP 微网 DRO 模型的目标函数将重构为：

$$\begin{cases}\min\limits_{u}\max\limits_{r_t\in S}\sum\limits_{t=1}^{K_T}(c_{\text{ng}}f_{\text{ng},t}+c_{\text{pg}}P_{\text{pg},t}+c_{\text{es},t}+c_{\text{PV}}P_{\text{PV},t}+c_{\text{PH}}\phi_{\text{PH},t})\Delta t\\ c_{\text{es},t}=c_c(\phi_{\text{cd},t}+\phi_{\text{cc},t})+c_h(\phi_{\text{hd},t}+\phi_{\text{hc},t})+c_e(P_{\text{ed},t}+P_{\text{ec},t})\end{cases}\tag{10-63}$$

可见，式(10-63)的计算规模和传统鲁棒优化模型相同。内层优化模型寻找 r_t 的最恶劣场景的决策变量个数 K_T，计算量大大降低。

与传统鲁棒优化方法中直接给定不确定变量的盒式不确定集的方式不同，内层模型重构后所构造的盒式不确定集是通过历史数据样本采用统计分析方法来构建基于 JS 散度模糊集合，再进行优化计算得到的。采用 C&CG 算法求解上述 CCHP 微网 DRO 调度 min-max 双层优化模型。

3. min-max 双层优化模型求解

上述式(10-54)或式(10-63)所示的 min-max 双层优化模型可采用 C&CG 算法求解。以式(10-63)所示的优化模型为例，C&CG 算法将双层优化模型分解为一个主问题和一个子问题进行交替迭代求解。子问题是在盒式不确定性集合 S 中搜索 r_t 的最恶劣场景，以使得 CCHP 微网的总运行成本最大化，目标函数为式(10-64)，约束条件包括式(10-21)、式(10-47)、式(10-55)～式(10-57)和式(10-62)。在获得子问题的最优解后，生成新的约束和如式(10-65)所示的变量并添加到主问题中。求解子问题得到的最优值用于更新上界 UB，并且通过求解子问题获得的 r_t 的最恶劣场景作为已知变量传递给主问题。子问题是一个连续非线性优化问题，可由 GAMS 软件中的 CONOPT 求解器求解。

$$F_{\mathrm{sub}}(r_t)=\max_{r_t\in S}\sum_{t=1}^{K_T}(c_{\mathrm{ng}}f_{\mathrm{ng},t}+c_{\mathrm{pg}}P_{\mathrm{pg},t}+c_{\mathrm{es},t}+c_{\mathrm{PV}}P_{\mathrm{PV},t}+c_{\mathrm{PH}}P_{\mathrm{PH},t})\Delta t \tag{10-64}$$

$$z_1\geqslant\sum_{t=1}^{K_T}(c_{\mathrm{ng}}f_{\mathrm{ng},t}^k+c_{\mathrm{pg}}P_{\mathrm{pg},t}^k+c_{\mathrm{es},t}^k+c_{\mathrm{PV}}P_{\mathrm{PV},t}^k+c_{\mathrm{PH}}P_{\mathrm{PH},t}^k)\Delta t,\ k=1,2,\cdots \tag{10-65}$$

式中，z_1是新增的辅助变量；k是迭代次数。

在r_t的最恶劣场景下，主问题是求解使 CCHP 微网总运行成本最小的最优调度方案 $\boldsymbol{u}$。目标函数为式(10-66)，约束条件为式(10-21)、式(10-47)、式(10-55)～式 (10-57)和式(10-65)。求解主问题得到的最优值用于更新下界 LB，将求解主问题得到的$\boldsymbol{u}$作为已知变量传递给子问题。主问题是一个混合整数非线性优化问题，可由 GAMS 软件中的 SBB 求解器求解。

$$F_{\mathrm{main}}(\boldsymbol{u})=\min_{\boldsymbol{u}} z_1 \tag{10-66}$$

采用 C&CG 算法求解上述 min-max 模型的具体步骤如下所述。

(1)设置目标函数的下界 LB 和上界 UB 分别为$-\infty$和$+\infty$，在不确定变量r_t的样本数据期望值场景下求解优化调度模型，得到决策变量初始值$\boldsymbol{u}^{(0)}$。

(2)将决策变量初始值$\boldsymbol{u}^{(0)}$代入子问题，求解子问题，得到不确定变量的当前值$r_t^{(0)}$，令k=0。

(3)将子问题求解得到的不确定变量$r_t^{(k)}$作为已知量代入主问题，求解主问题得到决策变量值$\boldsymbol{u}^{(k+1)}$，并按下面公式更新下界：

$$\mathrm{LB}=F_{\mathrm{main}}(\boldsymbol{u}^{(k+1)}) \tag{10-67}$$

(4)将主问题求解得到的决策变量$\boldsymbol{u}^{(k+1)}$作为已知量代入子问题，求解子问题得到不确定变量值$r_t^{(k+1)}$，并按下面公式更新上界：

$$\mathrm{UB}=F_{\mathrm{sub}}(r^{(k+1)}) \tag{10-68}$$

(5)当 UB–LB$\leqslant\delta$时迭代结束，输出最优解，否则令$k=k+1$，重复步骤(3)～(5)。

10.3.5　算例分析

以某个 CCHP 微网为例，接线图如图 10-16 所示。算例基本参数见附录 C。C&CG 算法的收敛判据δ取10^{-5}。优化计算采用的 GAMS 软件版本为 GAMS 24.5.6。

1. 与其他 PDE 模型处理方法的计算性能对比

先不考虑r_t的不确定波动，直接取一年样本数据的期望值场景作为r_t值，此时 CCHP 微网优化调度模型为确定性单层优化模型。本章采用特征线法和牛顿插值法求解供冷/热管道的 PDE 模型，与 Wendroff 差分法求解结果和直接采用供冷/热稳态模型求解结果进行对比，如表 10-4 所示。其中，Case 1 为特征线法结合二次牛顿插

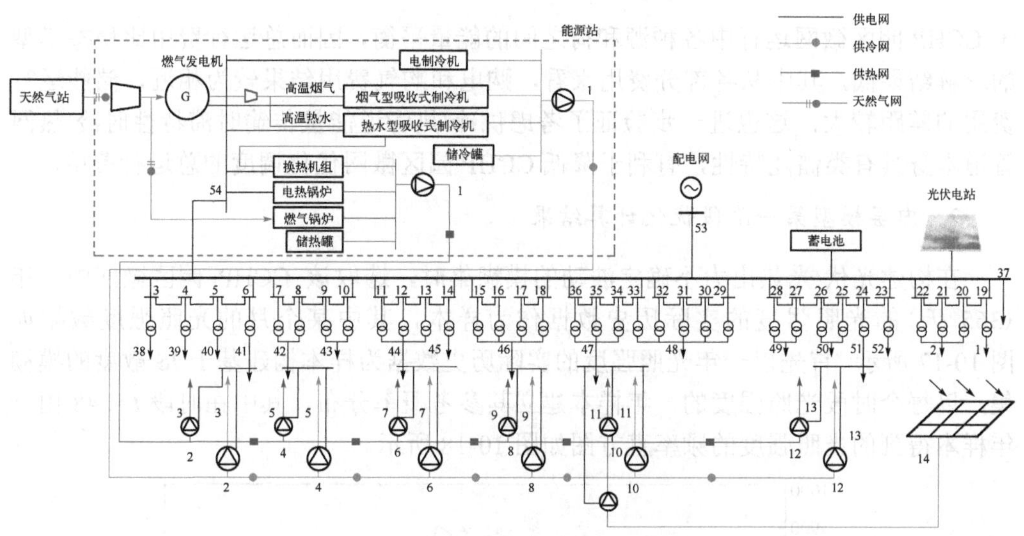

图 10-16　某个 CCHP 微网的接线图

值法；Case 2 为特征线法结合三次牛顿插值法；Case 3 为 Wendroff 差分法，剖分的时间步长为 15min，空间步长为 25m；Case 4 为 Wendroff 差分法，剖分的时间步长为 5min，空间步长为 15m；Case 5 为直接采用供冷/热管道的稳态模型，即式(10-40)。

表 10-4　不同 PDE 模型处理方法结果对比

计算方法	购电费用/元	购气费用/元	储能运行费用/元	光伏/光热购能费用/元	总运行费用/元	计算时间/s
Case 1	145773.19	868558.56	30698.69	34519.67	1079550.11	115
Case 2	146337.37	868200.61	30489.81	34519.67	1079547.46	130
Case 3	147215.60	867528.03	30192.43	34519.67	1079455.74	2887
Case 4	146519.04	868121.73	30329.15	34519.67	1079489.59	12315
Case 5	147249.97	867592.98	32894.33	34519.67	1082256.95	56

可以看到，所采用的特征线法结合三次牛顿插值法即 Case 2，与采用 Wendroff 差分法的 Case 3 和 Case 4 相比，计算用时分别从 2887s 和 12315s 降低至 130s，分别缩短到原来的 1/22 和 1/95 左右。所采用的特征线法结合牛顿插值法的求解结果均与 Wendroff 差分法的求解结果比较接近，当 Wendroff 差分法选取的时间/空间的剖分步长更小时，求解结果与所采用的特征线法结合牛顿插值求解结果更接近，但其运算时间大大增加。从各费用对比来看，特征线法结合三次牛顿插值法的求解结果比采用特征线法结合二次牛顿插值法即 Case 1 的求解结果更接近 Wendroff 差分法的结果，但计算时间只增加了 15s，这也验证了所采用方法的准确性和计算高效性。与不考虑供冷/热管道能量传输时滞特性的稳态模型求解结果相比，由于考虑能量传输时滞特性时冷/热网管道具有类储能特性，相当于充当了一部分储能的作用，有利

于 CCHP 园区微网运行中各种源和荷之间的能量平衡，因而总运行费用比稳态模型的求解结果低，其中从各部分费用来看，购电和购气费用结果较为相近，储能运行费用的差距较大，这也进一步验证了考虑供冷/热管道能量传输时滞特性时冷/热网管道本身具有类储能特性，有利于降低 CCHP 园区微网优化调度的总运行费用。

2. 内层模型第一阶段优化计算结果

在构建光伏/光热出力不确定波动的模糊集时，选取该 CCHP 园区微网中一年(365 天)的光照强度的实际历史数据作为样本，其中某个月的光照强度数据如图 10-17 所示。首先以一年光照强度的实际历史数据为样本构建基于 JS 散度的模糊集，以每个时段光照强度的一年样本建立其参考概率分布，其中在时段 $t = 48$ 由一年样本得到的光照强度的频率直方图如图 10-18 所示。

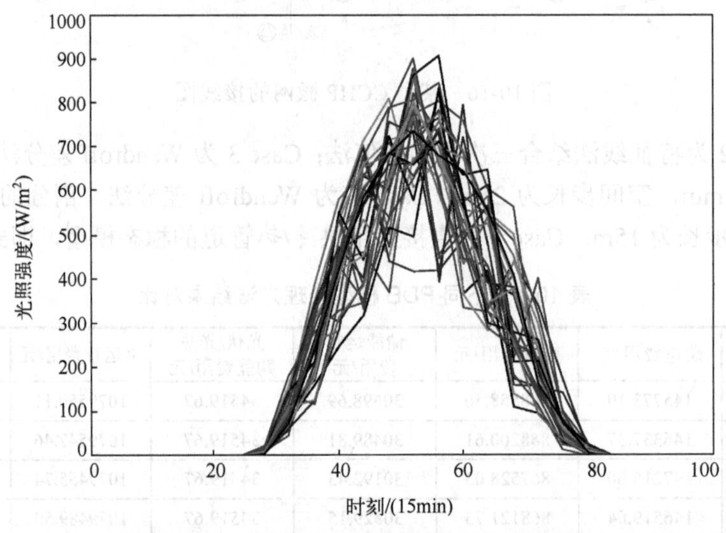

图 10-17　某月光照强度数据曲线(见彩图)

通过求解内层第一阶段优化模型即式(10-60)和式(10-61)，得到各时段光照强度 r_t 的不确定波动下限和上限及其在模糊集合中对应的期望最小和最大的概率分布，并将模糊集合重构为盒式不确定集合(式(10-62))。通过改变 JS 散度的阈值 λ，会影响 r_t 的不确定波动下限和上限的计算结果，其中在不同 JS 散度阈值下时段 $t = 48$ 和 $t = 49$ 的计算结果如表 10-5 所示。可以看出，当 JS 散度的阈值越大(越接近 1)时，得到的光照强度的上下限越接近一年样本数据中的最大和最小值；当 JS 散度的阈值越小(越接近 0)时，得到的光照强度的上下限越接近一年样本数据的期望值。因此，当 JS 散度值增大时，所构建的模糊集与样本集之间允许的误差水平越大，即包含样本集的概率分布信息就越少，决策计算的结果则越接近传统鲁棒优化计算采用的不确定变量范围，即一年样本数据中的最大/小值；相反，当 JS 散度值减少时，

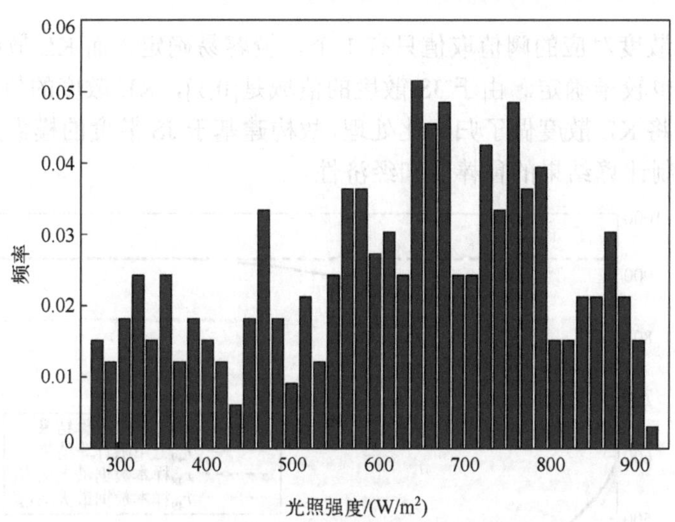

图 10-18　时段 t=48 一年样本得到光照强度频率直方图

所构建的模糊集与样本集之间允许的误差水平越小，决策计算的结果则越接近确定性优化计算采用的不确定变量值，即一年样本数据的期望值。

表 10-5　不同 JS 散度阈值 λ 对时段 $t = 48$ 和 $t = 49$ 光照强度不确定波动下限和上限计算结果的影响

λ	r_{48} 上限	r_{48} 下限	r_{49} 上限	r_{49} 下限
一年样本数据的期望值	626.5	626.5	584.9	584.9
0.01	673.0027	577.5443	627.9247	538.9536
0.1	766.3806	465.6940	710.6634	430.7752
0.2	818.8795	398.5617	753.7845	363.7792
0.3	856.7855	351.0219	782.4446	315.5759
0.4	885.2884	316.2627	802.3911	279.8397
0.5	905.7963	292.0068	815.4824	254.3747
0.6	918.8443	278.0096	822.3490	238.8754
0.7	923.4000	275.4000	823.2000	235.2000
一年样本数据中的最大/小值	923.4	275.4	823.2	235.2

与构建基于 KL 散度的含概率分布信息的模糊集合相比，JS 散度可以克服 KL 散度作为距离度量的不对称性的缺点。在不同 JS 散度和 KL 散度阈值下 r_{48} 和 r_{49} 不确定波动的下限和上限的计算结果如图 10-19 所示。可以看出，在 JS 散度下，r_{48} 和 r_{49} 都在 λ 为 0.7 时上下限的计算结果几乎等于样本数据中最大/小值；而在 KL 散度下，r_{48} 和 r_{49} 上限计算结果分别在 λ 为 6 和 4 时几乎等于样本数据中最大值，而下限计算结果都在 λ 为 5 时几乎等于样本数据中的最小值。因此，为覆盖历史数据

变化范围，JS 散度对应的阈值取值只有 1 个，较容易确定；而 KL 散度对应的阈值取值有 3 个，也较难确定。由于 JS 散度的值域是[0,1]，KL 散度的值域是[0,+∞)，JS 散度类似于将 KL 散度做了归一化处理，故构建基于 JS 散度的模糊集合可以更直观和方便地控制计算结果的鲁棒性和经济性。

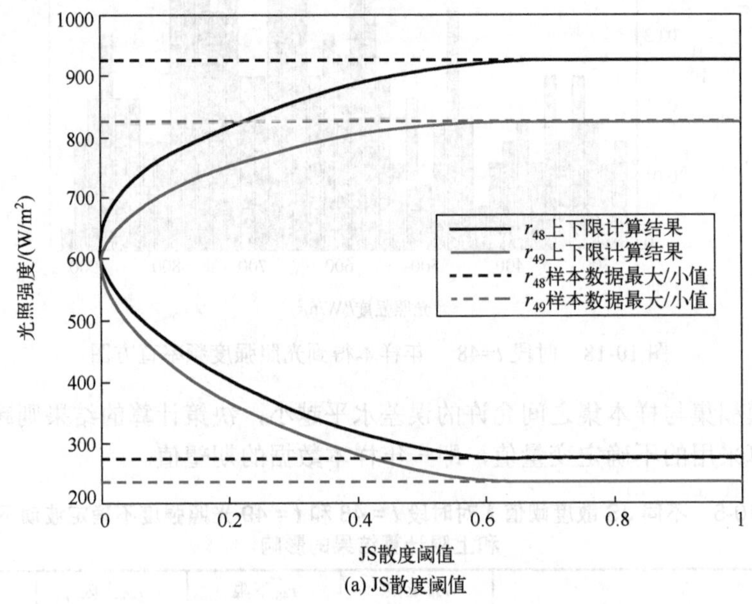

(a) JS散度阈值

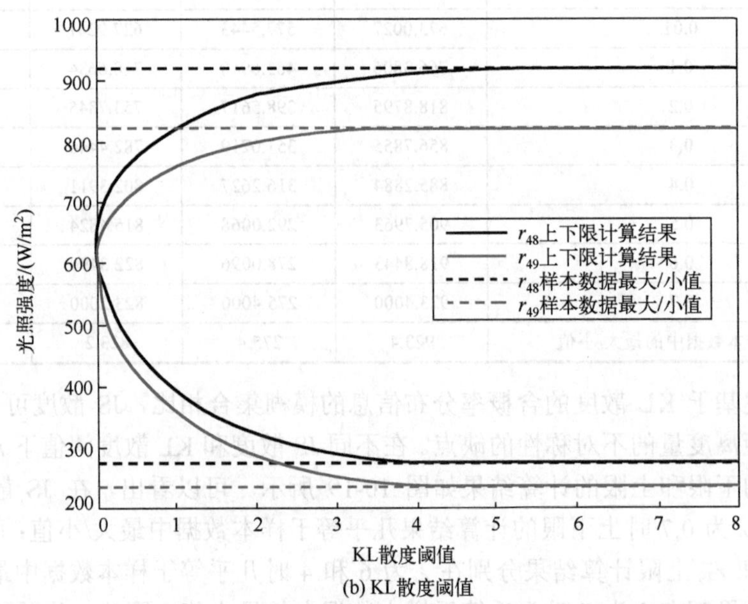

(b) KL散度阈值

图 10-19　JS 散度和 KL 散度的不同阈值下 r_{48} 和 r_{49} 不确定波动上下限的计算结果

3. 分布鲁棒优化调度结果分析

不同 JS 散度阈值下的 DRO 方法计算结果的对比如表 10-6 所示，表中还给出了确定性优化方法、传统鲁棒优化方法的计算结果，在传统鲁棒优化计算中，直接采用一年样本数据中的最大和最小值作为光伏/光热出力不确定波动的上限和下限，为双层优化模型，并采用 C&CG 算法求解。从表 10-6 中可以看出，DRO 方法计算结果的经济性和鲁棒性都介于确定性优化和传统鲁棒优化之间，可以通过调整 JS 散度阈值的大小来控制所得到调度方案的鲁棒性和经济性。当 JS 散度阈值越大时，DRO 的结果越接近于传统鲁棒优化结果，鲁棒性越强，调度方案也越保守；当 JS 散度阈值越小时，DRO 的结果越接近于确定性优化结果，经济性越好，但调度方案的鲁棒性越差，当遇到光伏/光热出力的不确定波动较大时难以保证 CCHP 园区微网运行的安全性。

表 10-6　不同 JS 散度阈值下优化计算结果对比

JS 散度阈值	购电费用/元	购气费用/元	储能运行费用/元	光伏/光热购买费用/元	总运行费用/元
确定性优化	146337.37	868200.61	30489.81	34519.67	1079547.46
λ=0.1	163215.70	877173.92	33986.59	24095.93	1098472.14
λ=0.2	170571.03	880272.82	35212.11	20054.86	1106110.82
λ=0.3	175878.63	882341.96	36040.86	17246.53	1111507.98
λ=0.4	179751.72	883795.95	36671.75	15216.35	1115435.77
λ=0.5	181854.89	885238.83	37272.57	13811.86	1118178.15
传统鲁棒优化	184070.37	885794.27	37490.23	12809.78	1120164.65

在不同 JS 散度阈值下与内层优化模型重构前和重构后的 DRO 计算结果对比如表 10-7 所示。其中，内层优化模型重构前的 DRO 模型如式(10-54)所示，仍采用 C&CG 算法求解。在同一个 JS 散度阈值下，内层优化模型重构前后的优化计算结果很接近，误差较小，验证了所提出内层优化模型重构方法的准确性。在不同 JS 散度阈值下，当 JS 散度阈值越大时，式(10-50)和式(10-51)中 JS 散度距离约束的作用越弱，即描述光伏/光热不确定出力的实际概率分布和参考概率分布之间的关联越小，内层优化模型重构前后的约束差异越小，优化结果误差越小；反之，当 JS 散度阈值越小时，式(10-50)和式(10-51)中 JS 散度距离约束的作用越强，内层优化模型重构前后的约束差异越大，优化结果误差越大。内层优化模型重构后，其第一阶段计算可在优化调度前完成，优化调度总计算时间约缩短到原来的 1/4，扣除外层优化模型的计算时间后，内层优化模型平均每次迭代运行时间约缩短到原来的 1/10，显著提高了计算效率。

表 10-7　不同 JS 散度阈值下内层模型重构前后的结果对比

λ值	内层模型处理方法	总运行费用/元	总运行时间/s	内层模型平均每次迭代时间/s
0.1	重构前	1099705.79	1132	294.5
	重构后	1098472.14	338	28.7
0.2	重构前	1105986.87	1183	319.6
	重构后	1106110.82	349	30.6
0.3	重构前	1111495.03	1221	322.3
	重构后	1111507.98	353	29.5
0.4	重构前	1115433.69	1297	346.5
	重构后	1115435.77	365	31.3
0.5	重构前	1118177.98	1165	302.3
	重构后	1118178.15	343	30.1

4. 算例分析小结

提出了一种考虑管道能量传输时滞特性和可再生能源不确定性的 CCHP 园区微网的 DRO 调度方法。提出了一种采用特征线法求解冷/热网管道传输能量的动态 PDE 模型的解析解，将 PDE 转化为代数方程以加入优化调度模型中。通过某个算例验证了该方法相比于差分化方法处理 PDE 模型的计算高效性，并验证了考虑解冷/热网管道传输能量动态特性后得到的调度方案更符合实际情况，且冷/热网管道类储能特性给 CCHP 微网的协调调度带来一定的经济效益。

提出了构建基于 JS 散度距离的含概率分布信息的模糊集合来描述可再生能源出力的不确定性，能够比 KL 散度更直观地调控优化调度结果的保守度，建立分布鲁棒优化调度的 min-max 双层模型，并在 min-max 模型求解时提出了一种将内层模型降维的重构方法进而降低内层模型求解的计算量。通过实际算例验证了该重构方法的可行性和计算高效性，也验证了 DRO 方法可以方便调控保守度，既保证了在光伏/光热站出力随机波动下 CCHP 微网的安全运行，又克服了鲁棒优化方法的保守性，使优化结果在鲁棒性和经济性之间达到良好的平衡。

10.4　考虑管道能量传输动态的区域综合能源系统随机优化调度

10.4.1　供气管道传输能量动态模型的解析解

特征线法是求解双曲型 PDE 的解析解的常用方法。由于如式(10-5b)所示 PDE 中存在与变量 m_g 成正比的应力偏张量这一项，属于双曲型和抛物型 PDE 杂糅形式，不符合双曲型 PDE 的形式要求。使得无法直接采用特征线法求得式(10-5)的解析解。

如果应力偏张量这一项为常数，PDE 模型(式(10-5))就是双曲型 PDE，可采用特征线法求得式(10-5)的近似解析解。因此，先假设式(10-5b)第三项中的 m_g 取稳态流量值 m_{g0}，并令 $k_0 = \lambda\bar{\omega}m_{g0}/(2DA_g)$，$k_0$ 为常数。则式(10-5)可写为式(10-69)～式 (10-70)。

$$\frac{\partial p}{\partial t}+\frac{c^2}{A_g}\frac{\partial m_g}{\partial x}=0 \tag{10-69}$$

$$\frac{1}{A_g}\frac{\partial m_g}{\partial t}+\frac{\partial p}{\partial x}+k_0=0 \tag{10-70}$$

令式(10-71)=式(10-69)−c×式(10-70)，式(10-72)=式(10-69)+c×式(10-70)，可得到式(10-71)和式(10-72)：

$$\left(\frac{\partial p}{\partial t}-\frac{c}{A_g}\frac{\partial m_g}{\partial t}\right)-c\left(\frac{\partial p}{\partial x}-\frac{c}{A_g}\frac{\partial m_g}{\partial x}\right)-ck_0=0 \tag{10-71}$$

$$\left(\frac{\partial p}{\partial t}+\frac{c}{A_g}\frac{\partial m_g}{\partial t}\right)+c\left(\frac{\partial p}{\partial x}+\frac{c}{A_g}\frac{\partial m_g}{\partial x}\right)+ck_0=0 \tag{10-72}$$

引入中间变量 u 和 v，满足

$$u=p-(c/A_g)m_g,\quad v=p+(c/A_g)m_g \tag{10-73}$$

再加入边界条件 $m_g(0,t)=m_s(t)$，$p(0,t)=p_s(t)$，则式(10-71)和式(10-72)可写成式 (10-74)和式(10-75)。

$$\begin{cases}\dfrac{\partial u}{\partial x}-\dfrac{1}{c}\dfrac{\partial u}{\partial t}+k_0=0\\ u(0,t)=u_s(t)=p_s(t)-(c/A_g)m_s(t)\end{cases} \tag{10-74}$$

$$\begin{cases}\dfrac{\partial v}{\partial x}+\dfrac{1}{c}\dfrac{\partial v}{\partial t}+k_0=0\\ v(0,t)=v_s(t)=p_s(t)+(c/A_g)m_s(t)\end{cases} \tag{10-75}$$

采用特征线法求解PDE边值问题(式(10-74))，过边界条件上一点(x_0, t_0)做PDE的特征方程：

$$\mathrm{d}t/\mathrm{d}x=-1/c,\quad t|_{x=x_0}=t_0 \tag{10-76}$$

得到特征线：

$$t=-x/c+t_0 \tag{10-77}$$

令 $U(x)=u(x,t(x))$，得到

$$\begin{cases}\dfrac{\mathrm{d}U}{\mathrm{d}x}+k_0=0\\U(0)=u(0,t(0))=u(0,t_0)=u_s(t_0)\end{cases}\tag{10-78}$$

直接求解常微分方程，并将特征线(式(10-77))代入，可得到 PDE 边值问题(式(10-74))的解析解，如式(10-79)所示。

$$u=-k_0x+u_s(t_0)=-k_0x+u_s(t+x/c)\tag{10-79}$$

同理，也可按特征线法求解 PDE 边值问题(式(10-75))，获得解析解如式(10-80)所示。

$$v=-k_0x+v_s(t_0)=-k_0x+v_s(t-x/c)\tag{10-80}$$

根据式(10-73)、式(10-79)和式(10-80)，可得到 PDE 模型(式(10-69)和式(10-70))的解析解如式(10-81)所示，这也是原 PDE 模型(式(10-5))的近似解析解。

$$\begin{cases}p(x,t)=-\dfrac{\lambda\bar{\omega}x}{2DA_g}m_{g0}+\dfrac{1}{2}\left(p_s\left(t-\dfrac{x}{c}\right)+\dfrac{c}{A_g}m_s\left(t-\dfrac{x}{c}\right)+p_s\left(t+\dfrac{x}{c}\right)-\dfrac{c}{A_g}m_s\left(t+\dfrac{x}{c}\right)\right)\\m_g(x,t)=\dfrac{A_g}{2c}\left(p_s\left(t-\dfrac{x}{c}\right)+\dfrac{c}{A_g}m_s\left(t-\dfrac{x}{c}\right)-p_s\left(t+\dfrac{x}{c}\right)+\dfrac{c}{A_g}m_s\left(t+\dfrac{x}{c}\right)\right)\end{cases}\tag{10-81}$$

求解式(10-5)时假设了式(10-5b)第三项里的流量 m_g 取 m_{g0} 保持恒定，而实际中流量 m_g 不是恒定值。为了减少这个假设引起的误差，将上述近似解析解中 m_{g0} 替换为原始变量 m_g，并引入四个参数 a_1、a_2、h_1、h_2 来修正每条管道的近似解析解，以获得原 PDE 模型(式(10-5))的精度更高的近似解析解，如式(10-82)所示。

$$\begin{cases}p(x,t)=-\dfrac{\lambda\bar{\omega}x}{2DA_g}m_g(x,t)\cdot(1+a_1)+a_2p_0+\dfrac{1}{2}\Bigg(p_s\left(t-\dfrac{x}{c}(1+h_1)\right)\\\qquad+\dfrac{c}{A_g}m_s\left(t-\dfrac{x}{c}(1+h_2)\right)+p_s\left(t+\dfrac{x}{c}(1+h_1)\right)-\dfrac{c}{A_g}m_s\left(t+\dfrac{x}{c}(1+h_2)\right)\Bigg)\\m_g(x,t)=\dfrac{A_g}{2c}\Bigg(p_s\left(t-\dfrac{x}{c}(1+h_1)\right)+\dfrac{c}{A_g}m_s\left(t-\dfrac{x}{c}(1+h_2)\right)\\\qquad-p_s\left(t+\dfrac{x}{c}(1+h_1)\right)+\dfrac{c}{A_g}m_s\left(t+\dfrac{x}{c}(1+h_2)\right)\Bigg)\end{cases}\tag{10-82}$$

式中，p_0 为标准大气压；参数 a_1 和 a_2 用于修正流量 m_g 所在一次项的斜率和截距；参数 h_1 和 h_2 用于修正流量管道首端压力和流量的动态传播时间，四个参数可采用数据驱动辨识方法获得。

采用数据驱动参数辨识方法，使近似解析解的管道首端流量 $m_g(0, t)$ 和末端压力

$p(L, t)$ 与实际解的均方误差最小，得到各管道的修正参数，表示如下：

$$\text{MSE} = \frac{1}{N}\sum_{i=1}^{N}\sum_{t}((m_{gi}(0,t)-\tilde{m}_{gi}(0,t))^2+(p_i(L,t)-\tilde{p}_i(L,t))^2) \tag{10-83}$$

式中，MSE 为近似解析解的 $m_g(0, t)$ 和 $p(L, t)$ 与实际解的 $\tilde{m}_g(0,t)$ 和 $\tilde{p}(L,t)$ 之间 N 个样本的均方误差。实际解的 $\tilde{m}_g(0,t)$ 和 $\tilde{p}(L,t)$ 的样本值可由实际工程运行数据得到。

10.4.2　随机优化调度模型

1. 目标函数

优化目标为 RIES 从天然气站购气、从配电网购电、从光伏站购电、从光热站购热的费用以及储能装置运行费用之和最小，由于光伏/光热站出力的随机性，目标函数应表示为光伏/光热站的各种可能出力场景下对应的总运行费用的期望值最小：

$$\begin{cases}\min\limits_{\boldsymbol{\pi}_t\in\boldsymbol{\Pi}_t} E\left(\sum\limits_{t=1}^{K_T} C_t(\boldsymbol{S}_t,\boldsymbol{\pi}_t)\Delta t\right)\\ C_t(\boldsymbol{S}_t,\boldsymbol{\pi}_t)=c_{\text{gas}}f_{\text{sg},t}+c_{\text{gd}}P_{\text{gd},t}+c_{\text{PV}}P_{\text{PV},t}+c_{\text{PH}}\phi_{\text{PH},t}+c_e(P_{\text{ed},t}+P_{\text{ec},t})\end{cases} \tag{10-84}$$

式中，$\boldsymbol{S}_t$ 表示 t 时段系统的状态；$\boldsymbol{\pi}_t$ 表示 t 时段的决策变量，包括供电网侧燃气机组、配电网、蓄电池，供热网侧换热机组、燃气锅炉、电热锅炉，供冷网侧吸收式制冷机组、电制冷机的出力，以及换热机组、吸收式制冷机组的投入台数，以及压缩机的运行挡位。

2. 供气网运行约束

供气网络运行约束包括式(10-82)，对于以 15 min 为间隔的 RIES 随机经济调度问题，式(10-82)中随时间变化的连续函数项 $p_s(t-x/c)$、$m_s(t-x/c)$、$p_s(t+x/c)$、$m_s(t+x/c)$ 可以采用牛顿三次插值法由以 15min 为间隔的离散点表示。例如，$p_s(t-x/c)$ 项可表示为

$$\begin{aligned}p_s(t-x/c)=&\,p_s(t_0)+(p_s(t_1)-p_s(t_0))(t-x/c-t_0)\\&+\frac{1}{2}(p_s(t_2)-2p_s(t_1)+p_s(t_0))(t-x/c-t_1)(t-x/c-t_0)\\&+\frac{1}{6}(p_s(t_3)-3p_s(t_2)+3p_s(t_1)-p_s(t_0))(t-x/c-t_2)(t-x/c-t_1)(t-x/c-t_0)\end{aligned} \tag{10-85}$$

式中，t_0, t_1, t_2, t_3 是与 $t-x/c$ 相邻的以 15min 为间隔的四个连续的离散时间点，其中 $t_0< t_1< t_2< t-x/c< t_3$。

供气网络的运行约束还包括节点流量平衡方程和压强上下限约束：

$$\begin{cases}\sum_{i\in a} m_{g,ia}(L_{ia},t)-\sum_{j\in a} m_{g,aj}(0,t)+m_{gsa}-m_{gla}=0\\ \overline{p}_i\leqslant p_{i,t}\leqslant \underline{p}_i\end{cases}\tag{10-86}$$

式中，$i\in a$ 表示节点 i 是与节点 a 之间有管道连接的节点；$m_{g,ia}$ 表示从节点 i 流向节点 a 的天然气流量；$\overline{p}_i$ 和 $\underline{p}_i$ 分别表示节点 i 压强的上限和下限。

此外，还包括压缩机的运行特性模型。

$$\begin{cases}\mathrm{HP}_{j,t}=\dfrac{c^2\alpha}{\eta(\alpha-1)}\cdot m_{\mathrm{in},j,t}\sum_{i=1}^{N_i}\xi_{i,t}((\varepsilon_i)^{(\alpha-1)/\alpha}-1)\\ p_{\mathrm{out},j,t}=p_{\mathrm{in},j,t}\sum_{i=1}^{N_i}\xi_{i,t}\varepsilon_i\end{cases}\tag{10-87}$$

采用大 M 法将式(10-85)转化为混合整数线性约束：

$$\begin{cases}-M\cdot\xi_{i,t}\leqslant\delta_{i,t}\leqslant M\cdot\xi_{i,t}\\ -M\cdot(1-\xi_{i,t})+m_{\mathrm{in},t}\leqslant\delta_{i,t}\leqslant M\cdot(1-\xi_{i,t})+m_{\mathrm{in},t}\\ \mathrm{HP}_t=\dfrac{c^2\alpha}{\eta(\alpha-1)}\cdot\sum_{i=1}^{N_i}\delta_{i,t}\cdot((\varepsilon_i)^{(\alpha-1)/\alpha}-1)\\ -M\cdot\xi_{i,t}\leqslant\varsigma_{i,t}\leqslant M\cdot\xi_{i,t}\\ -M\cdot(1-\xi_{i,t})+p_{\mathrm{in},t}\leqslant\varsigma_{i,t}\leqslant M\cdot(1-\xi_i)+p_{\mathrm{in},t}\\ p_{\mathrm{out},t}=\sum_{i=1}^{N_i}\varsigma_{i,t}\varepsilon_i,\quad \sum_{i=1}^{N_i}\xi_{i,t}=1\end{cases}\tag{10-88}$$

能源站运行约束、供电网络运行约束、光伏/光热站运行约束、供冷/热网运行约束和蓄电池储能装置运行约束如式(10-7)～式(10-10)、式(10-21)、式(10-47)和式(10-55)～式(10-58)所示。上述 RIES 随机经济调度模型是随机 MILP 模型，由于含有随机变量及数学期望计算，难以直接求解。

10.4.3 随机优化调度模型的求解

1. 随机经济调度的多类型随机存储器模型

根据式(10-55)，由于供冷/热管道两端温度的升高/降低，管道中能量传输存在损耗，能量损耗可计算如下。

$$\phi_{\mathrm{los},t}=\sum_{w=1}^{N_w}s_w c_w m_{w,t}(T_{ow}(t)-T_{iw}(t))\tag{10-89}$$

式中，N_w 表示供冷/热网中的管道总数；$\phi_{\mathrm{los},t}$ 表示 t 时段供冷/热网络的损耗能量。

根据能量守恒定律，可以推出 RIES 中所有供冷/热管道的类储能特性：

$$\phi_{s\Sigma,t}-\phi_{L\Sigma,t}-\phi_{\mathrm{los},t}+\Delta\phi_t=0 \tag{10-90}$$

式中，$\Delta\phi_t$ 表示管道的充/放能功率，$\Delta\phi_t>0$ 和 $\Delta\phi_t<0$ 分别表示管道放能/充能功率，与储能装置不同，管道的类储能作用依赖于网络的源端出力和负荷功率的变化。仿照储能装置的状态转移方程，写出所有供冷/热管道类储能作用的状态转移方程如下：

$$R_{h(c),t}=R_{h(c),t-1}-\Delta\phi_t\Delta t=R_{h(c),t-1}+(\phi_{s\Sigma,t}-\phi_{L\Sigma,t}-\phi_{\mathrm{los},t})\Delta t \tag{10-91}$$

式中，$R_{h(c),t}$ 表示 t 时段管道现存的冷/热能量，类比于蓄电池的剩余电量 $E_{\mathrm{es},t}$。

根据式(10-84)，供气网络传输能量过程中损耗特性体现在管道压强的降落，则 RIES 中所有供气管道的类储能特性：

$$q_{\mathrm{gas}}(m_{s\Sigma,t}-m_{L\Sigma,t}+\Delta m_t)/\rho_N=0 \tag{10-92}$$

式中，$m_{s\Sigma,t}$ 和 $m_{L\Sigma,t}$ 分别表示源端和负荷端的总质量流量；Δm_t 表示由于能量传输动态产生的管存。与供冷/热网管道类似，供气管道的类储能特性也是依赖于网络源端出力和负荷的变化。仿照储能装置写出所有供气管道类储能作用的状态转移方程：

$$R_{g,t}=R_{g,t-1}-q_g\Delta m_t\Delta t/\rho_N=R_{g,t-1}+q_g(m_{s\Sigma,t}-m_{L\Sigma,t})\Delta t/\rho_N \tag{10-93}$$

式中，$R_{g,t}$ 表示 t 时段管道现存的天然气能量，也类比于蓄电池的剩余电量 $E_{\mathrm{es},t}$。

综合式(10-58a)、式(10-91)和式(10-93)，描述电、冷、热、气网多种能源存储器的状态转移方程可统一描述成

$$\boldsymbol{R}_t=f(\boldsymbol{S}_{t-1},\boldsymbol{u}_t,\boldsymbol{P}_{rt})=\boldsymbol{R}_{t-1}+E(\Delta\boldsymbol{R}_t(\boldsymbol{u}_t)\,|\,\boldsymbol{P}_{rt}) \tag{10-94}$$

式中，$\boldsymbol{R}_t=(E_{\mathrm{es},t}, R_{h,t}, R_{c,t}, R_{g,t})$；$\boldsymbol{P}_{rt}=(P_{\mathrm{PV},t}, \phi_{\mathrm{PH},t})$ 表示光伏和光热出力的随机变量；$\boldsymbol{u}_t=(P_{\mathrm{pg},t}, P_{G,t}, P_{\mathrm{ec},t}/P_{\mathrm{ed},t}, \xi_{i,t}, \phi_{c1,t}, \phi_{c2,t}, \phi_{c3,t}, \phi_{h1,t}, \phi_{h2,t}, \phi_{h3,t}, N_{1,t}, N_{2,t}, N_{w,t})$。

对于上述模型，如果 $E_{\mathrm{es},t}$、$R_{h,t}$、$R_{c,t}$、$R_{g,t}$ 当作存储量 $\boldsymbol{R}_t$，$P_{\mathrm{PV},t}$、$\phi_{\mathrm{PH},t}$ 当作外部随机变量 $\boldsymbol{P}_{rt}$，那么系统状态向量可以定义为 $\boldsymbol{S}_t=(\boldsymbol{P}_{rt}, \boldsymbol{R}_t)$，决策向量为 $\boldsymbol{u}_t=(P_{\mathrm{pg},t}, P_{G,t}, P_{\mathrm{ec},t}/P_{\mathrm{ed},t}, \xi_{i,t}, \phi_{c1,t}, \phi_{c2,t}, \phi_{c3,t}, \phi_{h1,t}, \phi_{h2,t}, \phi_{h3,t}, N_{1,t}, N_{2,t}, N_{w,t})$。因此，RIES 的随机经济调度模型可以进一步看作一个随机存储模型，进而可以采用 ADP 算法求解。

2. 改进 ADP 算法求解 RIES 多类型随机存储器模型

Bellman 最优性原理可描述为如式(10-94)所示的递归等式，式中各个变量的意义可参见 4.2 节。

$$V_t(\boldsymbol{S}_t)=\min_{\boldsymbol{u}_t\in\psi_t}(C_t(\boldsymbol{S}_t,\boldsymbol{u}_t)+\gamma E(V_{t+1}(\boldsymbol{S}_{t+1})\big|\boldsymbol{S}_t)) \tag{10-95}$$

ADP 的思想就是通过采用近似值函数 $\overline{V}_t(\boldsymbol{S}_t)$ 来逼近描述时段 t 的值函数与状态 $\boldsymbol{S}_t$ 的关系，从而实现对多时段优化模型的时段解耦求解，进而可依次求得各时段的近似最优决策 $\boldsymbol{u}_t$[7]。当 ADP 算法用于求解上述 RIES 随机经济调度问题时，供冷/

热、供气网络的动态特性导致能量传输存在延时，当前时段的源出力需要经过一定延时才能到达供给负荷，源出力计划的制订必须超前于负荷变化做出改变，如果按照传统 ADP 的思想对模型进行单时段解耦求解，将会导致当前时段的机组出力决策因为无法预知后面时段的负荷变化而不会提前改变出力计划，导致单时段求解经济调度问题无法满足供冷/热和供气网的能量供需平衡，即求解式(10-95)的单时段优化模型时经常会出现无解。针对此问题，提出了一种考虑管道能量传输动态特性的改进 ADP 算法，将传统 ADP 算法对模型进行单时段解耦求解改进为解耦成若干连续时段联合求解，即将 Bellman 递归方程(10-95)改进，写为

$$\begin{aligned} V_t(\boldsymbol{S}_t) = \min_{\boldsymbol{u}_t \in \psi_t} \{ & C_t(\boldsymbol{S}_t, \boldsymbol{u}_t) + C_{t+1}(\boldsymbol{S}_{t+1}, \boldsymbol{u}_{t+1}) + \cdots + C_{t+n_t-1}(\boldsymbol{S}_{t+n_t-1}, \boldsymbol{u}_{t+n_t-1}) \\ & + \gamma E(V_{t+n_t}(\boldsymbol{S}_{t+n_t}) | \boldsymbol{S}_{t+n_t-1}) \} \end{aligned} \tag{10-96}$$

式中，n_t 表示解耦后的多时段联合求解需要的时段数，即当前时段需要和后续 n_t-1 个时段联合求解。可根据 RIES 中能量传输时延较大的供冷/热网络估算其最大能量传输延时来决定 n_t 的大小，如某个 RIES 中供冷/热网络最大传输延时约为 1h，则 $n_t=5$。

虽然解耦后的每次联合求解 n_t 个时段，但是，考虑到 $t+1$ 时段的源出力会受到 $t+n_t$ 时段负荷的影响，因此，只将求解式(10-96)的结果中 t 时段(第一个时段)的源出力计划作为决策结果，联合求解得到的后续 $t+1,t+2,\cdots,t+n_t-1$ 时段的源出力只是作为辅助 t 时段(第一个时段)进行考虑管道能量传输延迟的决策，不作为决策结果。而后续时段源出力计划的决策结果需要通过对式(10-96)进行滚动优化计算，即通过求解从后续时段开始的类似式(10-96)的多时段联合优化问题所获得的结果来确定。

为了方便应用改进 ADP 算法对 RIES 随机经济调度的多存储器模型进行求解，定义决策后状态 $(\boldsymbol{P}_{r,t-1}, \boldsymbol{R}_{t-1}^{\pi})$ 和决策前状态 $(\boldsymbol{P}_{rt}, \boldsymbol{R}_t)$，它们相应的值函数如下：

$$\begin{aligned} V_t^*(\boldsymbol{P}_{rt}, \boldsymbol{R}_t) = \min_{\boldsymbol{u}_t \in \psi_t} (& C_t(\boldsymbol{P}_{rt}, \boldsymbol{R}_t, \boldsymbol{u}_t) + C_{t+1}(\boldsymbol{P}_{r,t+1}, \boldsymbol{R}_{t+1}, \boldsymbol{u}_{t+1}) + \cdots \\ & + C_{t+n_t-1}(\boldsymbol{P}_{r,t+n_t-1}, \boldsymbol{R}_{t+n_t-1}, \boldsymbol{u}_{t+n_t-1}) + \gamma V_{t+n_t-1}^{\pi}(\boldsymbol{P}_{r,t+n_t-1}, \boldsymbol{R}_{t+n_t-1}^{\pi})) \end{aligned} \tag{10-97}$$

$$V_{t+n_t-1}^{\pi}(\boldsymbol{P}_{r,t+n_t-1}, \boldsymbol{R}_{t+n_t-1}^{\pi}) = E(V_{t+n_t}^*(\boldsymbol{P}_{r,t+n_t}, \boldsymbol{R}_{t+n_t}) | (\boldsymbol{P}_{r,t}, \boldsymbol{P}_{r,t+1}, \cdots, \boldsymbol{P}_{r,t+n_t-1}, \boldsymbol{R}_{t+n_t-1}^{\pi})) \tag{10-98}$$

式(10-98)表示 $t+n_t-1$ 时段的决策后状态值函数，从 $t+n_t-1$ 时段的决策后状态过渡到 $t+n_t$ 时段决策前状态这一过程中，由于供冷/热和供气网传输能量存在时滞特性，从 t 时段到 $t+n_t-1$ 时段的外部随机因素变化 $\boldsymbol{P}_{r,t}, \boldsymbol{P}_{r,t+1}, \cdots, \boldsymbol{P}_{r,t+n_t-1}$ 都会影响从 $t+n_t-1$ 时段的决策后状态转变到 $t+n_t$ 时段的决策前状态，此过程由于受到外部随机因素的作用，故值函数形式为数学期望值。另外，式(10-97)表示 t 时段决策前状态的值函数。

通过引入决策前与决策后状态，系统状态转移方程(10-94)转化为

$$\boldsymbol{R}_{t+n_t}=\boldsymbol{R}_{t+n_t-1}^{\pi}+\hat{\boldsymbol{R}}_{t+n_t}(\boldsymbol{P}_{r,t+1},\cdots,\boldsymbol{P}_{r,t+n_t-1},\boldsymbol{P}_{r,t+n_t}) \tag{10-99}$$

$$\boldsymbol{R}_{t+n_t}^{\pi}=f_s^{\pi}(\boldsymbol{S}_{t+n_t},\boldsymbol{u}_{t+n_t})=\boldsymbol{R}_{t+n_t}+\Delta\boldsymbol{R}_{t+n_t}(\boldsymbol{u}_{t+n_t})-\hat{\boldsymbol{R}}_{t+n_t}(\boldsymbol{P}_{r,t+1},\cdots,\boldsymbol{P}_{r,t+n_t-1},\boldsymbol{P}_{r,t+n_t}) \tag{10-100}$$

在 $t+n_t$ 时段，一旦观察从 $t+1$ 时段到 $t+n_t$ 时段的外界随机因素变化，假设该变化直接作用于多类型存储器，资源存储量即由 $\boldsymbol{R}_{t+n_t-1}^{\pi}$ 增加 $\hat{\boldsymbol{R}}_{t+n_t}$ 演化为 $\boldsymbol{R}_{t+n_t}$；做出决策 $\boldsymbol{u}_t$ 后，决策影响的存储量变化量为 $\Delta\boldsymbol{R}_{t+n_t}(\boldsymbol{u}_{t+n_t})$，同时扣除实际上并不产生作用的 $\hat{\boldsymbol{R}}_{t+n_t}$，存储量才变为 $\boldsymbol{R}_{t+n_t}^{\pi}$。

经数学证明，决策后状态值函数相对资源存储量呈现凸性的性质，可以采用分段线性函数对决策后状态值函数进行近似，而多存储器的近似值函数可以表示为每个存储器近似值函数的线性加权和。因此，可在 $\boldsymbol{R}_t^{\pi}$ 各分量的离散断点 $R_s=1,2,\cdots,B_s$ 处分段线性函数表示，令 $\boldsymbol{v}_{ts}(\boldsymbol{P}_{rt})=[v_{ts}(\boldsymbol{P}_{rt},1),v_{ts}(\boldsymbol{P}_{rt},2),\cdots,v_{ts}(\boldsymbol{P}_{rt},B_s)]^{\mathrm{T}}$ 表示近似值函数 $V_t^{\pi}(\boldsymbol{P}_{rt},\boldsymbol{R}_t^{\pi})$ 对 $\boldsymbol{R}_t^{\pi}$ 第 s 个分量 R_{ts}^{π} 的分段斜率向量，则近似值函数可表示为式(10-101)，并将式(10-95)转化为 MILP 模型(式(10-102))。

$$V_t^{\pi}(\boldsymbol{P}_{rt},\boldsymbol{R}_t^{\pi})=\sum_{s=1}^{N_s}\theta_s(V_{ts,0}+\boldsymbol{v}_{ts}^{\mathrm{T}}\boldsymbol{\mu}_{ts}) \tag{10-101}$$

$$\begin{cases}F_t^*(\boldsymbol{v}_t(\boldsymbol{P}_{rt}),\boldsymbol{S}_t)=\min\limits_{\boldsymbol{u}_t}\{C_t(\boldsymbol{S}_t,\boldsymbol{u}_t)+C_{t+1}(\boldsymbol{S}_{t+1},\boldsymbol{u}_{t+1})+\cdots+C_{t+n_t-1}(\boldsymbol{S}_{t+n_t-1},\boldsymbol{u}_{t+n_t-1})\\ \qquad +\gamma\sum\limits_{s=1}^{N_s}\theta_s(V_{t+n_t-1,s,0}+\boldsymbol{v}_{t+n_t-1,s}^{\mathrm{T}}\boldsymbol{\mu}_{t+n_t-1,s})\}\\ \text{s.t.}\begin{cases}\sum\limits_{r=1}^{B_s}\mu_{tsr}=f_s^{\pi}(\boldsymbol{S}_t,\boldsymbol{u}_t),\quad \mu_{tsr}\in[0,\rho_s],\forall s\in N_{\mathrm{PS}}\\ \boldsymbol{u}_t\in\boldsymbol{\psi}_t(\boldsymbol{P}_{rt},\boldsymbol{R}_t)\end{cases}\end{cases} \tag{10-102}$$

式中，$\boldsymbol{v}_{ts}$ 为第 s 个存储器的近似值函数的分段斜率向量(B_s 维)；$\boldsymbol{\mu}_{ts}$ 为各段存储量所组成的向量；μ_{tsr} 为 $\boldsymbol{\mu}_{ts}$ 的第 r 个分量；$V_{ts,0}$ 为第 s 个存储器的近似值函数的截距；ρ_s 为第 s 个存储器每段存储量的最大值；θ_s 为各存储器占总值函数的比例；N_s 为多类型存储器数量。

3. 模型求解的计算步骤

1) 初始化

在光伏/光热站出力的预测场景下求解确定性动态经济调度模型，得到每个时段的运行费用，根据改进 ADP 算法，t 时段决策后状态的近似值函数的初始值应为从 $t+1$ 时段到终时段 T 的运行费用之和，如式(10-103)所示。

$$V_t^0=\sum_{t'=t+1}^{T}C_{t'}(\boldsymbol{S}_{t'},\boldsymbol{u}_{t'}) \tag{10-103}$$

以预测场景下确定性模型求得的存储量 $\boldsymbol{R}_t^{\pi,0}$ 作为各存储器各时段的最优存储量，可按照目标函数及存储量的物理意义给定初始斜率 $\boldsymbol{v}_{ts0}$，再根据预测场景下确定性模型求解结果，由式(10-104)求得初始截距 $V_{ts,0}$。

$$V_{ts,0} = V_t^0 - \boldsymbol{v}_{ts0}^{\mathrm{T}} \boldsymbol{\mu}_{ts} \tag{10-104}$$

然后在预测场景下确定性模型中，根据初始斜率和初始截距，采用单纯形搜索法求解式(10-102)以得到 θ_s 的最优组合。

2) 近似值函数训练

基于光照强度的预测场景 $r_1^0,\cdots,r_T^0$，利用蒙特卡罗模拟法产生 N 个误差场景 $r_0^n,\cdots,r_T^n (n=1\sim N)$，每个误差场景的存储量初值 $R_{0s}^{\pi,n}$ 均与预测场景一致；逐一场景求解式(10-102)来进行 AVF 训练。

AVF 可通过逐次投影逼近法进行训练，根据其求解结果将近似斜率修正为 $\overline{\boldsymbol{v}}_{ts}^n(\boldsymbol{P}_{rt})$，使 AVF $\overline{V}_{ts}^n(\boldsymbol{P}_{rt},\boldsymbol{R}_t^{\pi})$ 逐步接近精确 $V_t^*(\boldsymbol{P}_{rt},\boldsymbol{R}_t^{\pi})$，当相邻两次迭代 AVF $\overline{V}_t^n(\boldsymbol{P}_{rt},\boldsymbol{R}_t^{\pi})$ 和 $\overline{V}_t^{n-1}(\boldsymbol{P}_{rt},\boldsymbol{R}_t^{\pi})$ 在所有时段的值都相差不大时，认为迭代收敛。

3) 逐时段决策

根据收敛的 AVF，再代入预测场景 $r_1^0,\cdots,r_T^0$ 逐时段求解式(10-102)，以获得最终的 RIES 经济调度方案 $\boldsymbol{u}_t$。

10.4.4 算例分析

以某个 RIES 为算例，接线如图 10-20 所示。算例基本参数见附录 C。优化计算采用的 GAMS 软件版本为 GAMS 24.5.6。

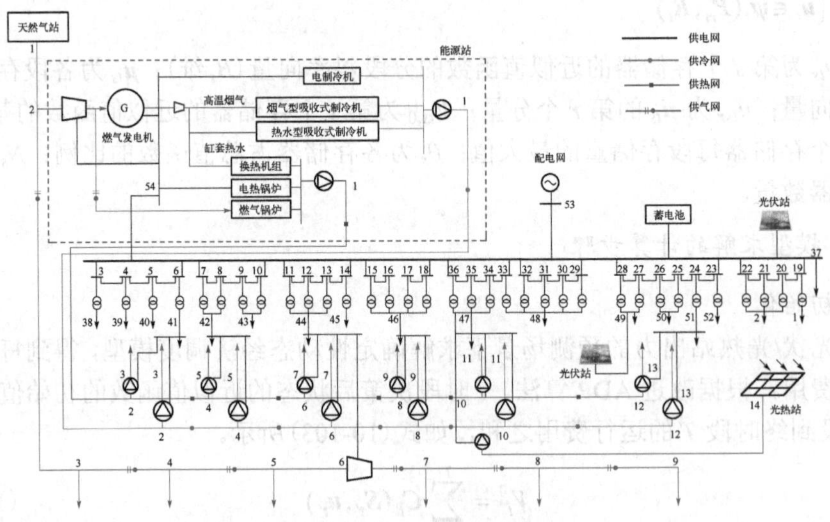

图 10-20　某个 RIES 接线图

1. 供气网管道近似解析解修正参数的计算结果

对于每个供气管道，采用单纯形搜索法求解其修正参数。在不同的日负荷曲线下，采用 96 个时段的 100 个管道首端质量流量和末端压力的样本来求解修正参数，结果如表 10-8 所示。其中，采用 Wendroff 差分法得到的数值解作为 PDE(式(10-5))的实际解，近似解析解式(10-81)和式(10-82)获得的管道压力和质量流量的误差比较如表 10-9 和表 10-10 所示。可以看出，近似解析解式(10-82)获得的每个输气管道 $p_n(L_n, t)$ 和 $m_{gn}(0, t)$ 更准确，误差仅为近似解析解式(10-81)误差的 1/5～1/40。此外，对于近似解析解式(10-82)，每个输气管道 $p_n(L_n, t)$ 的最大误差小于 0.26%，平均误差小于 0.08%，$m_{gn}(0, t)$ 的最大误差小于 1.35%，平均误差小于 0.4%，因而具有较高的计算精度。

表 10-8　各个管道的修正参数结果

管道	a_1	a_2	h_1	h_2
(1, 2)	1.0241×10^{-2}	4.831×10^{-4}	0.01268	0.02453
(2, 3)	9.1905×10^{-3}	7.2167×10^{-4}	−0.01542	−0.03433
(3, 4)	5.7718×10^{-3}	3.5945×10^{-4}	0.13911	0.10798
(4, 5)	3.2035×10^{-3}	2.44957×10^{-4}	0.13757	0.09837
(5, 7)	-5.8037×10^{-4}	1.6114×10^{-5}	0.11201	0.15825
(7, 8)	-1.3005×10^{-2}	-8.3370×10^{-4}	0.04892	0.10092
(8, 9)	-5.3674×10^{-2}	-2.0916×10^{-3}	0.01736	0.03485

表 10-9　两种近似解析解的 $p_n(L_n, t)$ 误差对比

$p_n(L_n, t)$	近似解析解式(10-81)		近似解析解式(10-82)	
	每个时段的最大误差/%	每个时段的平均误差/%	每个时段的最大误差/%	每个时段的平均误差/%
n=1	0.6714	0.4344	0.0220	0.0060
n=2	1.9130	1.2517	0.0435	0.0158
n=3	2.9426	1.9559	0.0549	0.0223
n=4	4.3087	2.9254	0.1043	0.0345
n=5	6.3902	4.3444	0.1202	0.0411
n=6	8.0688	5.4250	0.1639	0.0562
n=7	9.1790	6.1313	0.2557	0.0778

表 10-10　两种近似解析解的 $m_{gn}(0, t)$ 误差对比

$m_{gn}(0, t)$	近似解析解式(10-81)		近似解析解式(10-82)	
	每个时段的最大误差/%	每个时段的平均误差/%	每个时段的最大误差/%	每个时段的平均误差/%
n=1	4.0162	1.2979	1.0110	0.2726

续表

$m_{gn}(0,t)$	近似解析解式(10-81)		近似解析解式(10-82)	
	每个时段的最大误差/%	每个时段的平均误差/%	每个时段的最大误差/%	每个时段的平均误差/%
n=2	7.9518	2.5396	1.2121	0.3350
n=3	7.0461	2.3812	1.0360	0.3066
n=4	9.6749	3.2752	1.1593	0.2971
n=5	13.0478	3.8116	1.3064	0.3324
n=6	15.6851	4.3135	1.3216	0.3527
n=7	16.4283	4.4713	1.3481	0.3675

采用两种不同的处理方法在光照强度的预测场景下求解 RIES 确定性经济调度模型。所提出的特征线法求解结合数据驱动辨识修正参数方法获得供气管道 PDE 的近似解析解(方法 1)和采用 Wendroff 差分法直接处理供气和供冷/热网络 PDE 约束(方法 2)两种方法的求解结果对比，如表 10-11 所示。可以看出，与方法 2 相比，方法 1 的结果中购气费用有细微误差，其他费用几乎完全一致，但是运行时间仅为前者的约 1/400。表明所提出的得到 PDE 近似解析解的方法能够极大地提高 RIES 经济调度模型的计算效率。同时也验证了所得到供气管道 PDE 的近似解析解式(10-82)应用于 RIES 经济调度模型具有较高的计算精度。

表 10-11　不同方法求解 RIES 确定性经济调度模型的结果对比

方法	购电费用/元	购气费用/元	储能运行费用/元	光伏/光热费用/元	总运行成本/元	计算时间/s
1	180568.26	1616169.07	10814.21	35571.45	1843122.99	115.5
2	180566.71	1615894.28	10814.21	35571.45	1842846.65	46011.9

2. 改进 ADP 算法求解多类型存储器模型结果

求解光照强度的预测场景下的确定性经济调度模型后，采用单纯形搜索法寻找最佳存储器比例 θ_s。假定 θ_1、θ_2、θ_3 为自由变量，$\theta_4=1-(\theta_1+\theta_2+\theta_3)$，经过 23 次迭代后收敛，获得的最优的各存储器的权重为 θ_s=(0.3286, 0.1318, 0.3467, 0.1928)，每次迭代单纯形中目标函数最小的顶点的值随着迭代次数的变化如图 10-21 所示。

根据光照强度的预测场景下的求解结果可以估算出供气网和供冷/热网络能量传输总延时，RIES 中供热网的能量传输延时最大，达到 65min，可取需要联合求解时段数 n_t=5。假定光照强度误差服从正态分布 $N(0,0.2^2)$，并且与预测值的偏差限制在预测值的±30%内，抽样 100 个误差场景进行训练，其中斜率修正步长参数 λ=5, β=1。每个场景训练时间约 130s。训练中前 5 个场景和最后 5 个场景的各时段近似值函数变化如图 10-22 所示，总运行成本随训练场景数的变化如图 10-23 所示。可以看出，随着训练场景数的增加，各时段近似值函数越来越接近，趋于收敛，总运行成本也逐渐趋于稳定，收敛在约 1.867×10^6 元。

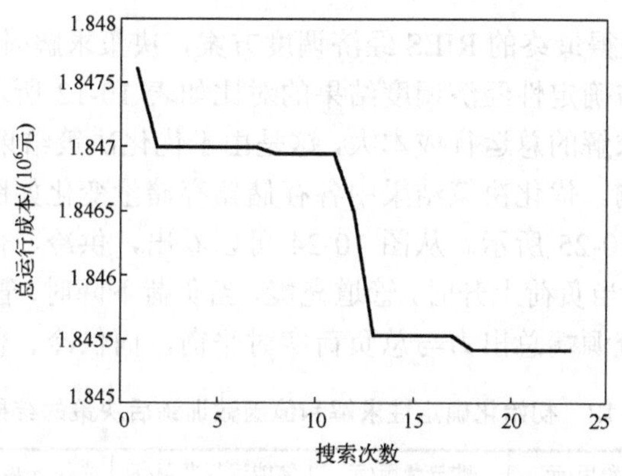

图 10-21　单纯形目标函数最小的顶点的值变化曲线

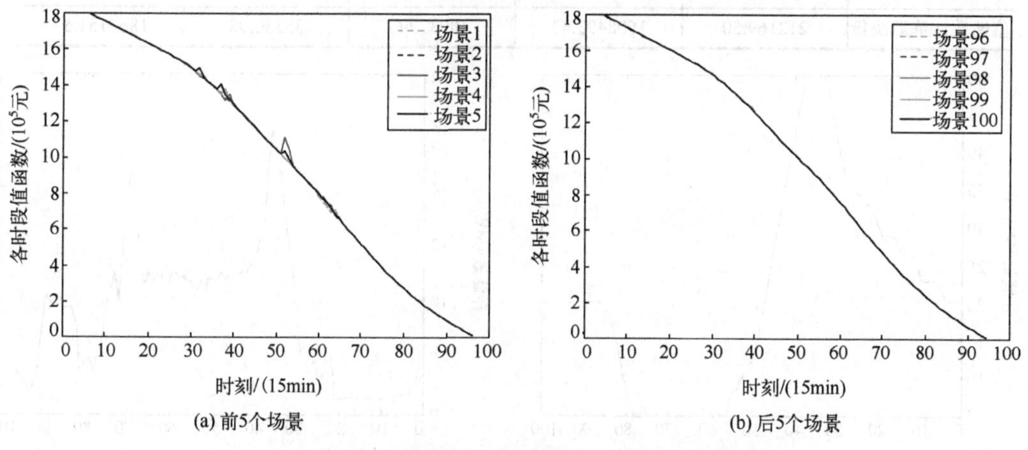

图 10-22　训练中各时段近似值函数的变化

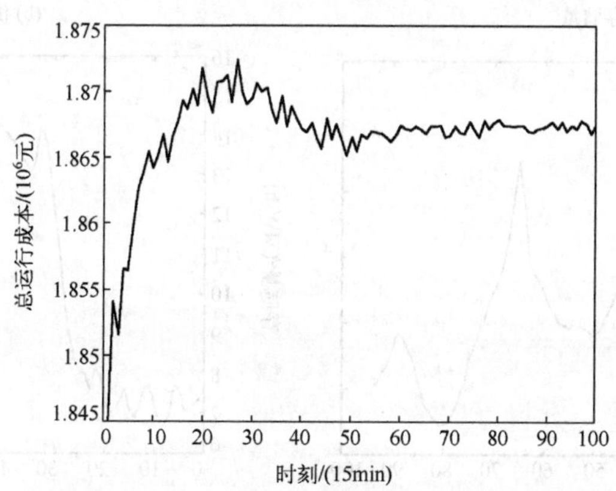

图 10-23　总运行成本随场景训练的变化曲线

AVF 训练完成后，将最终收敛的 AVF 再代入光照强度的预测场景逐一时段递推求解式(10-102)以获得最终的 RIES 经济调度方案，决策求解时间为 68s。优化决策结果的目标函数值与确定性经济调度结果的对比如表 10-12 所示，可以看到总运行成本比确定性模型求解的总运行成本大，这是由于优化决策结果考虑了光伏/光热站出力随机波动的影响。优化决策结果中各存储器存储量变化如图 10-24 所示，各子系统调度方案如图 10-25 所示。从图 10-24 可以看出，供冷、供热和供气管道发挥了很大的储能作用，当负荷上升时，管道充能，当负荷下降时，管道放能。从图 10-25 可以看出，供电系统源端总出力与总负荷实时平衡，而供冷、供热和供气系统的源

表 10-12　初始化确定性求解和值函数训练后决策的结果对比

求解方法	购电费用/元	购气费用/元	储能运行费用/元	光伏/光热费用/元	总运行成本/元
初始确定性优化	180568.26	1616169.07	10814.21	35571.45	1843122.99
值函数训练后决策	212169.50	1608493.43	10937.66	35550.98	1867151.57

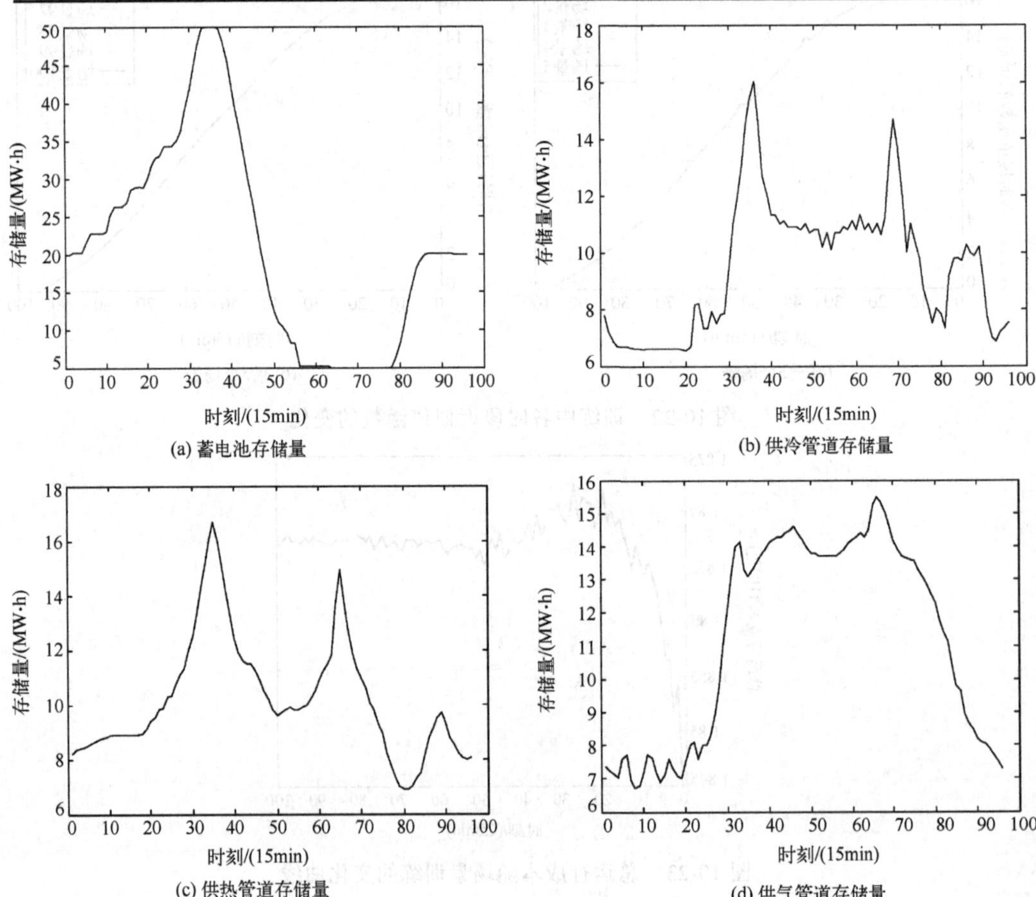

图 10-24　各个存储量变化曲线

端总出力与总负荷无法实时平衡，源端出力总是先于负荷上升或下降，能量传输存在时滞。相比较而言，供热网的时滞最大，供气网的时滞最小。

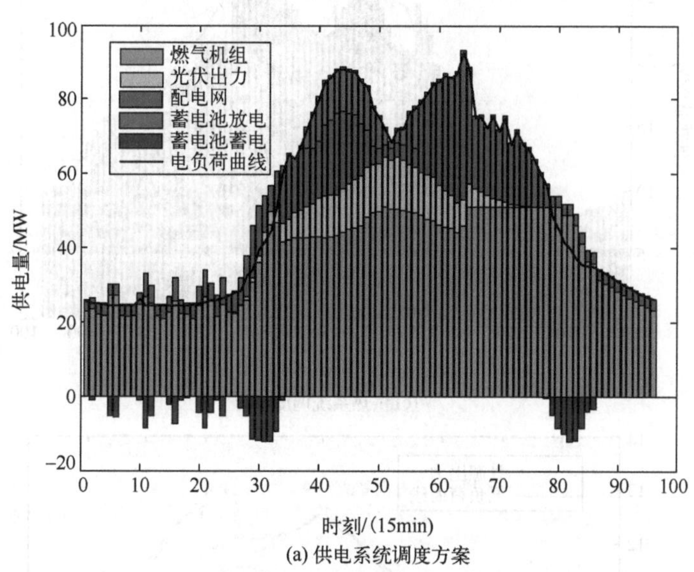

(a) 供电系统调度方案

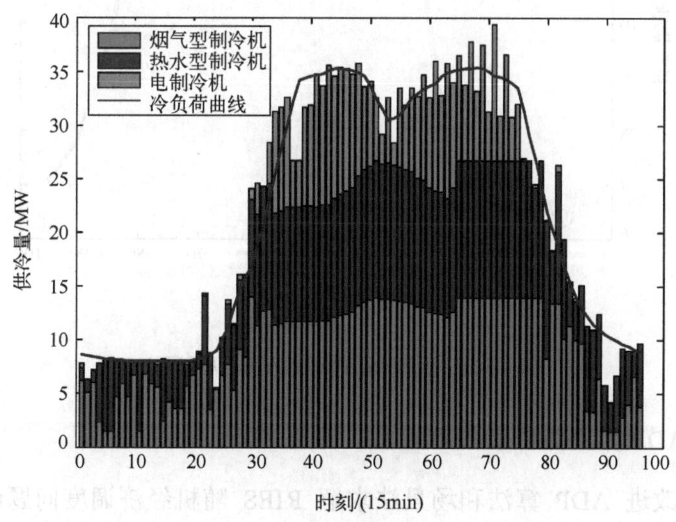

(b) 供冷系统调度方案

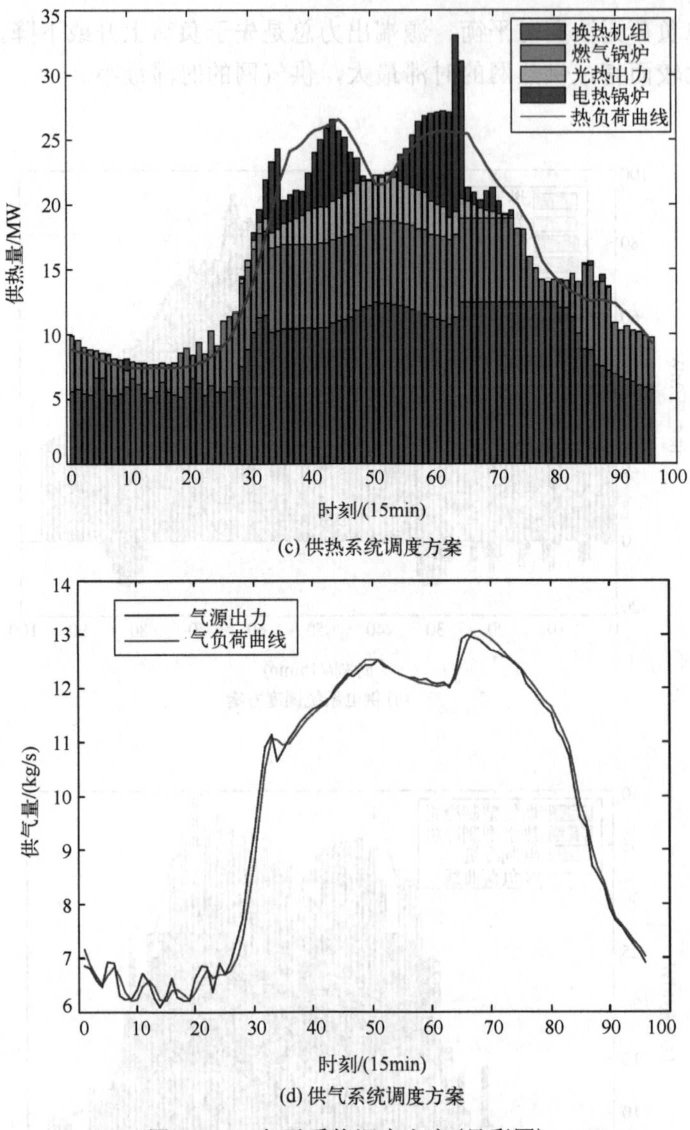

(c) 供热系统调度方案

(d) 供气系统调度方案

图 10-25　各子系统调度方案(见彩图)

3. 改进 ADP 算法与场景法的对比

所提出的改进 ADP 算法和场景法求解 RIES 随机经济调度问题的对比结果见表 10-13，可以看出，在相同场景数下，改进 ADP 算法与场景法求解结果较为接近，但是总计算时间显著缩短。随着场景数的增加，改进 ADP 算法每次训练计算的占用内存几乎不变，总计算时间的增加随场景数的增加几乎呈线性关系；而场景法求解的占用计算机内存不断增加，总计算时间的增加随场景数的增加而急剧增长。甚至在场景数很大时，场景法会出现由于优化模型规模太大造成无法求解的情况，而改进 ADP 算法在场景数很大时依然能够可靠地获得近似最优调度方案。这是由于改进 ADP 算法将多时段随机经济调度模型进行场景解耦和时段解耦求解，每次优化计算的模型规模大大减小，从而能够有效地提高计算效率。

表 10-13　改进 ADP 法和场景法求解结果对比

场景数	求解方法	总运行成本/元	每次求解优化占用内存/MB	总计算时间/s
10	改进 ADP	1864062.26	42	1472
	场景法	1862774.39	284	71936
20	改进 ADP	1867499.79	42	2773
	场景法	1864774.39	538	209595
30	改进 ADP	1866986.57	42	4077
	场景法	1865595.06	766	455035
50	改进 ADP	1867076.59	42	6721
	场景法	—	1089	—
100	改进 ADP	1867151.57	42	13156
	场景法	—	1996	—

4. 算例分析小结

考虑 RIES 中供冷/热和供气系统管道传输能量的慢动态特性，提出了一种特征线法与数据驱动辨识修正参数相结合求解出管道动态 PDE 的近似解析解，从而将 PDE 转化成代数方程组，通过某个实际 RIES 算例将计算结果与有限差分法对比，验证了该方法的高效性和准确性。考虑光伏/光热站出力的随机波动特性，提出了计及气、冷、热、电多类型储能的 RIES 随机经济调度的随机存储器模型，可以充分发挥 RIES 中供冷/热和供气系统慢动态特性下的管道存储功能。并提出了一种改进型 ADP 算法，解决了传统 ADP 算法无法求解考虑管道动态特性的 RIES 随机经济调度模型的问题。通过某个实际 RIES 算例验证了所提出方法的可行性，并且具有 ADP 算法的优良计算性能。

10.5　小　　结

本章以 RIES 为研究对象，针对 RIES 中的管道能量传输动态特性问题，研究考虑管道能量传输动态特性的 RIES 的优化调度问题。

首先主要介绍了 RIES 中供冷/热和供气管道能量传输动态的 PDE 模型，以此为基础先研究二维域正交配置法处理供冷/热和供气管道能量传输动态的 PDE 约束，建立考虑管道能量传输动态的 RIES 优化调度模型，并采用分段线性、大 M 法等方法将原混合整数非凸非线性优化模型转化成混合整数线性优化模型，以提高求解效率[8]。再次研究了采用特征线方法求解供冷/热管道能量传输动态的双曲型偏微分约束，得到其精确解析解，并建立基于 JS 散度距离的概率分布模糊集合来描述光伏/光热出力的不确定性，从而建立考虑管道能量传输动态的 CCHP 系统 DRO 调度模型，并采用 C&CG 算法进行求解[9]。然后研究了采用特征线法求解结合数据驱动训练修正参数的方法，求解出供气管道传输能量动态特性的 PDE 模型的近似解析解；利用供冷/热和供气管道的储能特性，提出了含电、冷、热、气多类型存储器的随机存储模型，以蓄电池剩余电量和冷、热、气管道的现存能量作为资源存储量，建立考虑管道传输能量动态特性的 RIES 随机经济调度模型；提出了一种能够计及多个相邻时段的源荷功率平衡相互耦合的改进 ADP 算法，将 96 时段的 MILP 模型解耦成一系列几个相邻耦合时段联合求解的小规模的 MILP 模型，解决了传统 ADP 算法无法逐一时段求解考虑管道能量传输动态特性的 RIES 随机经济调度模型的问题，同时也具有较高的计算效率[10]。最后在某个实际 RIES 算例中，分别验证上述所提算法的正确有效性。

参 考 文 献

[1] Duquette J, Rowe A, Wild P. Thermal performance of a steady state physical pipe model for simulating district heating grids with variable flow. Applied Energy, 2016, 178:383-393.

[2] Helgaker J F, Mueller B, Ytrehus T. Transient flow in natural gas pipelines using implicit finite difference schemes. Journal of Offshore Mechanics & Arctic Engineering, 2014, 136: 031701.

[3] Fang J, Zeng Q , Ai X, et al. Dynamic optimal energy flow in the integrated natural gas and electrical power systems. IEEE Transactions on Sustainable Energy, 2018, 9 (1): 188-198.

[4] Chen Y, Guo Q, Sun H, et al. A distributionally robust optimization model for unit commitment based on Kullback-Leibler divergence. IEEE Transactions on Power Systems, 2018, 33(5): 5147-5160.

[5] Yang J, Zhang N, Kang C, et al. A state-independent linear power flow model with accurate estimation of voltage magnitude. IEEE Transactions on Power Systems, 2016, 32(5): 3607-3617.

[6] Nova-Rincon A, Sochard S, Serra S, et al. Dynamic simulation and optimal operation of district cooling networks via 2D orthogonal collocation. Energy Conversion and Management, 2020, 207: 112505.

[7] Powell W B. Approximate Dynamic Programming, Solving the Curses of dimensionality. 2nd ed. Hoboken: John Wiley & Sons, 2011: 304-316, 447-452.

[8] Tang Z Q, Lin S J, Liang W K, et al. Optimal dispatch of integrated energy campus microgrids considering the time-delay of pipelines. IEEE Access, 2020, 8: 178782-178795.

[9] Liang W K, Lin S J, Lei S B, et al. Distributionally robust optimal dispatch of CCHP campus microgrids considering the time-delay of pipelines and the uncertainty of renewable energy. Energy, 2022, 239: 122200.

[10] Liang W K, Lin S J, Liu M B, et al. Stochastic economic dispatch of regional integrated energy system considering the pipeline dynamics using improved approximate dynamic programming. International Journal of Electrical Power & Energy Systems, 2022, 141: 108190.

第 11 章　区域综合能源系统最优能量流计算

本章主要介绍考虑新能源和负荷高阶不确定性(higer-order uncertainty，HOU)的区域综合能源系统(RIES)分析问题，包括 RIES 区间概率能量流(interval probabilistic energy flow，IPEF)计算和最优能量流(optimal energy flow，OEF)计算问题。在 RIES 运行中存在着各种不确定因素，例如，负荷功率以及新能源出力的随机波动，通常采用概率模型对不确定因素进行建模。但是，在实际分析计算中，难以获得不确定变量的准确概率模型。例如，在概率模型的构建过程中，概率模型的分布参数通常由大量的历史数据得到，但由于数据丢失、测量误差等原因，不确定变量概率密度函数中的分布参数可能存在不确定性。这种在一阶不确定性(即不确定变量自身的不确定性)基础上的、在不确定量描述过程中产生的不确定性称为 HOU(高阶指除了包括不确定量本体的不确定性，还包括对不确定量不确定规律掌握的不确定性)[1,2]。在概率能量流计算以及基于概率最优能量流计算中，不确定变量的概率模型是其数据基础，概率模型的准确性将影响其计算结果的准确性及决策的有效性。因此，考虑 HOU 下的区域综合能源系统的运行分析及优化计算问题，值得进一步深入研究。

11.1 节和 11.2 节主要介绍考虑 HOU 的 RIES 区间概率能量流计算方法；11.3 节介绍考虑 HOU 的 RIES 的最优能量流计算方法。

11.1　基于区间半不变量法的综合能源系统区间概率能量流计算

本节首先提出了考虑 HOU 的 CCHP 园区微网 IPEF 计算模型，采用参数化概率盒(probability box，p-box)模型描述 CCHP 园区微网中节点功率的 HOU。基于传统半不变量法，提出了基于区间算术与仿射算术的区间半不变量法(ICM based on AA and IA，ICM_AAIA)用于求解 IPEF 模型。在该算法中，引入仿射算术(affine arithmetic，AA)以解决区间算术(interval arithmetic，IA)所带来的区间扩张问题，从而提高计算精度。为了解决节点注入功率的相关性问题，通过构建相关性矩阵提出了考虑相关性的区间半不变量法(interval cumulant method，ICM)。最后在某 CCHP 园区微网中验证了所提出算法的正确有效性[3]。

11.1.1　考虑节点功率 HOU 的区间概率能量流计算模型

1. CCHP 园区微网能量流计算模型

所研究的 CCHP 园区微网能量流计算的数学模型主要包含三个部分，即供热/冷网络、供电网络以及耦合元件的稳态模型。

1)供热/冷网络

供热/冷网络的能量流状态变量有热/冷管道流量 $\boldsymbol{m}_{h/c}$、热/冷网节点的供水温度 $\boldsymbol{T}_{s.h/c}$ 和回水温度 $\boldsymbol{T}_{r.h/c}$，可由以下方程求得[4]

$$\boldsymbol{\Phi}_{h/c} = c_w \boldsymbol{m}_{q.h/c} s(\boldsymbol{T}_{s.h/c} - \boldsymbol{T}_{r.h/c}) \tag{11-1}$$

$$\boldsymbol{B}_{h/c} \boldsymbol{D} \boldsymbol{m}_{h/c} \left| \boldsymbol{m}_{q.h/c} \right| = \boldsymbol{0} \tag{11-2}$$

$$\boldsymbol{A}_{s.h/c} \boldsymbol{T}_{s.h/c} - \boldsymbol{b}_{s.h/c} = \boldsymbol{0} \tag{11-3}$$

$$\boldsymbol{A}_{r.h/c} \boldsymbol{T}_{r.h/c} - \boldsymbol{b}_{r.h/c} = \boldsymbol{0} \tag{11-4}$$

式中，$\boldsymbol{\Phi}_{h/c}$ 为热/冷节点功率，对于纯热/冷负荷节点，$\boldsymbol{\Phi}_{h/c}=\boldsymbol{\Phi}_{h/c.L}$，对于接入光热站的热负荷节点，$\boldsymbol{\Phi}_{h}=\boldsymbol{\Phi}_{h.L}-\boldsymbol{\Phi}_{\mathrm{PT}}$，$\boldsymbol{\Phi}_{h/c.L}$ 和 $\boldsymbol{\Phi}_{\mathrm{PT}}$ 分别为热/冷负荷功率和光热设备输出的热功率；c_w 为水的比热容；s 为冷/热网络的标识，供热/冷网络中分别取 1 和−1；$\boldsymbol{m}_{q.h/c}$ 为供热/冷网络节点流量向量；$\boldsymbol{B}_{h/c}$ 为供冷/热网络的回路−管道关联矩阵；$\boldsymbol{D}$ 为管道阻力系数；$\boldsymbol{A}_{s.h/c}/\boldsymbol{A}_{r.h/c}$ 为与热/冷网的供/回水网络的结构和流量相关的系数矩阵；$\boldsymbol{b}_{s.h/c}/\boldsymbol{b}_{r.h/c}$ 分别为与热/冷网的供/回水网络结构和源端供水温度/负荷端回水温度相关的向量。式(11-1)为热/冷节点功率平衡方程，式(11-2)为管道压降平衡方程，式(11-3)和式(11-4)为供回水温度计算方程。

2)供电网络

供电网络的状态变量为节点电压幅值 $\boldsymbol{V}$ 与相角 $\boldsymbol{\delta}$，可通过如下方程组求得：

$$\begin{cases} P_i = V_i \sum\limits_{j=1}^{n} V_j (G_{ij} \cos\delta_{ij} + B_{ij} \sin\delta_{ij}) \\ Q_i = V_i \sum\limits_{j=1}^{n} V_j (G_{ij} \sin\delta_{ij} - B_{ij} \cos\delta_{ij}) \end{cases} \tag{11-5}$$

式中，P_i 和 Q_i 分别为电网节点 i 注入的有功功率和无功功率，对于电负荷节点，$P_i=-P_{Li}$，$Q_i=-Q_{Li}$；对于接入光伏站的负荷节点，$P_i=-P_{Li}+P_{\mathrm{PV}i}$，$Q_i=-Q_{Li}+Q_{\mathrm{PV}i}$；$P_{Li}/Q_{Li}$ 和 $P_{\mathrm{PV}i}/Q_{\mathrm{PV}i}$ 分别为电网节点 i 负荷和光伏注入的有功/无功功率。

3)耦合元件的稳态模型

CCHP 机组常可分为背压式机组和抽凝式机组[4]，它们的余热输出量与发电量关系式分别如式(11-6)和式(11-7)所示：

$$C_{\mathrm{m}} = \Phi_{\mathrm{G}} / P_{\mathrm{E}} \tag{11-6}$$

$$Z = \Phi_{\mathrm{G}} / (P_{\mathrm{CON}} - P_{\mathrm{E}}) \tag{11-7}$$

式中，C_{m} 为热电比；Φ_{G} 和 P_{E} 分别为 CCHP 机组输出的总余热功率和电功率；Z 为抽

凝式机组输出热功率与电功率变化量的比值；P_{CON} 为纯凝工况下机组输出电功率。

余热功率再经由换热机组或吸收式制冷机等能源耦合元件则可转化为热能或冷能，通常采用效率系数进行转化，如式(11-8)所示。电制冷机、热泵等其他能源耦合元件的输入-输出关系同样可由式(11-8)描述。

$$\Phi_{out} = \eta_{EC}\Phi_{in} \tag{11-8}$$

式中，Φ_{in} 和 Φ_{out} 为其他能源耦合元件输入和输出的热/冷功率；η_{EC} 为转换效率。

上述关系可简写为如下形式：

$$\boldsymbol{F} = [\boldsymbol{G};\boldsymbol{0}] = \boldsymbol{f}(\boldsymbol{X}) \tag{11-9}$$

式中，$\boldsymbol{F}$ 为注入功率增广矩阵；$\boldsymbol{G}$ 为注入功率向量；$\boldsymbol{X}$ 为状态变量向量。

2. 节点功率的 HOU 与概率盒模型

主要针对不确定变量概率模型中分布参数的 HOU，采用概率盒(p-box)模型来描述考虑分布参数 HOU 的随机变量。在不确定性研究中，通常可采用概率模型和区间模型来描述不确定变量，但是上述两种模型均有其不足之处，概率模型的缺点在于需要知道不确定参数的精确值，需要大量的实验样本，而区间模型只能得到不确定量的区间边界，不能得到区间范围内不同取值的概率分布。概率盒理论则结合了概率理论和区间理论，通过随机变量的累积分布函数(CDF)曲线上下边界来定义随机变量的不确定性[5]。概率盒分为非参数化概率盒和参数化概率盒两种形式。对于非参数化概率盒，只给定了不确定变量的 CDF 曲线的上界和下界，是概率盒的一般形式，如图 11-1 所示灰色部分即为概率盒空间。而参数化概率盒模型则确定了随机变量的分布函数，但其分布参数是不精确的数值，而是采用区间数描述，因而参数化概率盒可以表示为[5]

$$X^P = \{F_X(x,[\boldsymbol{\theta}]) \,|\, [\boldsymbol{\theta}] = [\underline{\boldsymbol{\theta}}, \overline{\boldsymbol{\theta}}]\} \tag{11-10}$$

式中，X^P 为参数化概率盒；$[\boldsymbol{\theta}]$为分布参数区间向量；$\underline{\boldsymbol{\theta}}$ 和 $\overline{\boldsymbol{\theta}}$ 分别为$[\boldsymbol{\theta}]$的下、上界。

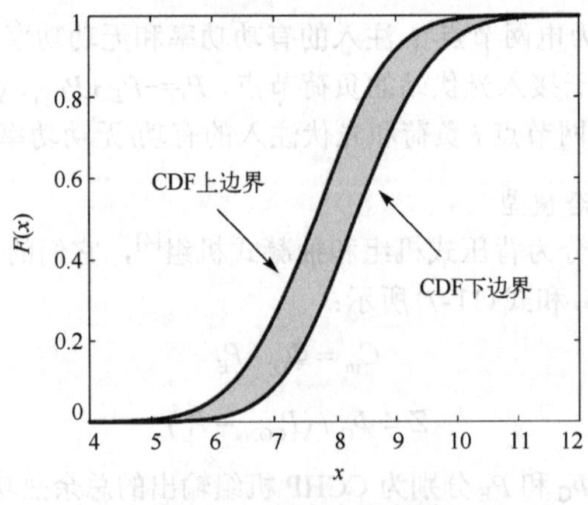

图 11-1　概率盒示意图

传统的概率能量流算法中，负荷功率、光伏/光热出力功率等随机变量的概率模型的分布参数均由历史数据统计得到，是一个确定值。但在实际情况中，由于数据丢失，测量误差等多方面的不确定因素，难以获得精确的概率模型分布参数。因而本章采用参数化概率盒来描述这种分布参数的不确定性。

给定系统输入随机变量向量为 $\boldsymbol{W}$，分别由冷/热/电节点负荷功率向量 $\boldsymbol{W}_{\mathrm{L}}$ 和太阳辐照度向量 $\boldsymbol{W}_{\mathrm{R}}$ 两部分组成，即 $\boldsymbol{W}=[\boldsymbol{W}_{\mathrm{L}};\boldsymbol{W}_{\mathrm{R}}]$，其中，$\boldsymbol{W}_{\mathrm{L}}=[\boldsymbol{P}_{\mathrm{L}};\boldsymbol{Q}_{\mathrm{L}};\boldsymbol{\Phi}_{\mathrm{L}.h};\boldsymbol{\Phi}_{\mathrm{L}.c}]$。

假设冷/热/电节点负荷功率 $\boldsymbol{W}_{\mathrm{L}}$ 服从正态分布，其概率密度函数如下：

$$f_{W_{\mathrm{L}}}(w_{\mathrm{L}})=\frac{1}{\sqrt{2\pi}\sigma_{\mathrm{L}}}\exp(-(w_{\mathrm{L}}-\mu_{\mathrm{L}})^2/(2\sigma_{\mathrm{L}}^2)) \tag{11-11}$$

式中，w_{L} 为负荷功率；μ_{L} 和 σ^2 分别为 w_{L} 的均值和方差。

若考虑均值和方差的不确定性，采用区间值来描述其分布参数，根据参数化概率盒模型，则负荷功率的概率盒可表示为

$$W_{\mathrm{L}}^{P}=\{F_{W_{\mathrm{L}}}(w_{\mathrm{L}},[\mu_{\mathrm{L}}],[\sigma_{\mathrm{L}}^2])\,|\,[\mu_{\mathrm{L}}]=[\underline{\mu}_{\mathrm{L}},\bar{\mu}_{\mathrm{L}}],[\sigma_{\mathrm{L}}^2]=[\underline{\sigma}_{\mathrm{L}}^2,\bar{\sigma}_{\mathrm{L}}^2]\} \tag{11-12}$$

式中，$F_{W_{\mathrm{L}}}$ 为服从正态分布的 w_{L} 的累积分布函数；$[\mu_{\mathrm{L}}]$为负荷功率期望值区间；$[\sigma_{\mathrm{L}}^2]$为负荷功率方差区间，后面内容相似。

对于服从正态分布的负荷功率概率盒，其概率盒可由式(11-13)和式(11-14)求得：

$$\begin{cases}\underline{F(x)}=\displaystyle\int_{-\infty}^{x}\frac{1}{\bar{\sigma}_{\mathrm{L}}\sqrt{2\pi}}\exp\left(-\frac{(t-\bar{\mu}_{\mathrm{L}})^2}{2\bar{\sigma}_{\mathrm{L}}^2}\right)\mathrm{d}t\\ \overline{F(x)}=\displaystyle\int_{-\infty}^{x}\frac{1}{\underline{\sigma}_{\mathrm{L}}\sqrt{2\pi}}\exp\left(-\frac{(t-\underline{\mu}_{\mathrm{L}})^2}{2\underline{\sigma}_{\mathrm{L}}^2}\right)\mathrm{d}t\end{cases},\quad F(x)\geqslant 0.5 \tag{11-13}$$

$$\begin{cases}\underline{F(x)}=\displaystyle\int_{-\infty}^{x}\frac{1}{\underline{\sigma}_{\mathrm{L}}\sqrt{2\pi}}\exp\left(-\frac{(t-\bar{\mu}_{\mathrm{L}})^2}{2\underline{\sigma}_{\mathrm{L}}^2}\right)\mathrm{d}t\\ \overline{F(x)}=\displaystyle\int_{-\infty}^{x}\frac{1}{\bar{\sigma}_{\mathrm{L}}\sqrt{2\pi}}\exp\left(-\frac{(t-\underline{\mu}_{\mathrm{L}})^2}{2\bar{\sigma}_{\mathrm{L}}^2}\right)\mathrm{d}t\end{cases},\quad F(x)<0.5 \tag{11-14}$$

式中，$\underline{F(x)}$和$\overline{F(x)}$分别表示 CDF 曲线的下界和上界。

假设太阳辐照度 $\boldsymbol{W}_{\mathrm{R}}$ 服从 Beta 分布，其概率密度函数如下式：

$$f_{W_{\mathrm{R}}}(w_{\mathrm{R}})=\frac{\Gamma(\alpha+\beta)}{\Gamma(\alpha)\Gamma(\beta)}\left(\frac{w_{\mathrm{R}}}{w_{\mathrm{R.max}}}\right)^{\alpha-1}\left(\frac{1-w_{\mathrm{R}}}{w_{\mathrm{R.max}}}\right)^{\beta-1} \tag{11-15}$$

式中，w_{R} 为太阳辐照度；$w_{\mathrm{R.max}}$ 为 w_{R} 的最大值；$\Gamma(x)$为 Gamma 函数；α 和 β 均为 Beta 分布的形状参数。

若考虑形状参数的不确定性，采用区间值来描述其形状参数，则根据参数化概

率盒模型，太阳辐照度的概率盒可表示为

$$W_{\mathrm{R}}^{P}=\{F_{W_{\mathrm{R}}}(w_{\mathrm{R}},[\alpha],[\beta])\,|\,[\alpha]=[\underline{\alpha},\overline{\alpha}],[\beta]=[\underline{\beta},\overline{\beta}]\} \tag{11-16}$$

式中，$F_{W_{\mathrm{R}}}$ 为服从 Beta 分布的 w_{R} 的累积分布函数。

对于服从 Beta 分布的太阳辐照度的概率盒，其概率盒可由式(11-17)求得：

$$\begin{cases}\underline{F(x)}=\dfrac{1}{B(\overline{\alpha},\underline{\beta})}\displaystyle\int_0^x t^{\overline{\alpha}-1}(1-t)^{\underline{\beta}-1}\mathrm{d}t\\ \overline{F(x)}=\dfrac{1}{B(\underline{\alpha},\overline{\beta})}\displaystyle\int_0^x t^{\underline{\alpha}-1}(1-t)^{\overline{\beta}-1}\mathrm{d}t\end{cases} \tag{11-17}$$

式中，$B(\cdot)$ 为 Beta 函数。

w_{R} 的均值区间与方差区间可由式(11-18)求得：

$$\begin{cases}[\mu_{\mathrm{R}}]=\dfrac{[\alpha]}{[\alpha]+[\beta]}\\ [\sigma_{\mathrm{R}}^2]=\dfrac{[\alpha][\beta]}{([\alpha]+[\beta])^2([\alpha]+[\beta]+1)}\end{cases} \tag{11-18}$$

则光伏和光热站的输出功率可由 w_{R} 计算求得：

$$\begin{cases}\text{光伏站: } P_{\mathrm{PV}}=w_{\mathrm{R}}A_{\mathrm{PV}}\eta_{\mathrm{PV}},\quad Q_{\mathrm{PV}}=P_{\mathrm{PV}}\tan\theta_{\mathrm{PV}}\\ \text{光热站: } \phi_{\mathrm{PT}}=w_{\mathrm{R}}A_{\mathrm{PT}}\eta_{\mathrm{PT}}\end{cases} \tag{11-19}$$

式中，A_{PV} 和 A_{PT} 分别为光伏板和光热板的面积；η_{PV} 和 η_{PT} 分别为光伏站和光热站的效率转换系数；θ_{PV} 为给定的光伏站的功率因数角。

当采用随机模型描述 CCHP 园区微网中注入功率的随机性时，常规稳态能量流计算方法不再适用，而需要采用概率能量流算法求解。通过概率能量流算法，可由已知的系统输入随机变量的概率信息，求得系统状态变量的概率信息。并且，若考虑注入功率的 HOU，则系统状态变量也存在 HOU，随机变量的概率模型中的分布参数为区间量，传统的概率能量流模型则转变为区间概率能量流模型，通过求解该模型可由已知系统输入随机变量的概率盒，求得状态变量的统计矩区间、概率密度函数波动区间、累积分布函数波动区间等概率信息。

11.1.2 基于 ICM 的区间概率能量流计算

1. 基于半不变量法的概率能量流算法

在概率能量流计算中，给定的节点功率和待求的状态变量都描述成随机变量。将式(11-9)进行泰勒级数展开，仅保留一次项，得到线性化的能量流方程：

$$\boldsymbol{F}_0+\Delta\boldsymbol{F}=[\boldsymbol{G}_0;\boldsymbol{0}]+[\Delta\boldsymbol{G};\boldsymbol{0}]=\boldsymbol{f}(\boldsymbol{X}_0+\Delta\boldsymbol{X})=\boldsymbol{f}(\boldsymbol{X}_0)+\boldsymbol{J}\Delta\boldsymbol{X} \tag{11-20}$$

式中，$\boldsymbol{G}_0$ 和 $\Delta\boldsymbol{G}$ 分别为 $\boldsymbol{G}$ 的期望值和随机波动；$\boldsymbol{X}_0$ 和 $\Delta\boldsymbol{X}$ 分别为 $\boldsymbol{X}$ 的期望值和随机波动；$\boldsymbol{F}_0$ 和 $\Delta\boldsymbol{F}$ 分别为 $\boldsymbol{F}$ 的期望值和随机波动；雅可比矩阵 $\boldsymbol{J}$ 的各元素为能量流方程对于状态变量的偏导数，即 $\boldsymbol{J}=\partial\boldsymbol{f}(\boldsymbol{X})/\partial\boldsymbol{X}$。

若已知能量流稳态基准值 $\boldsymbol{F}_0=\boldsymbol{f}(\boldsymbol{X}_0)$，代入式(11-20)则有

$$\Delta\boldsymbol{X}=\boldsymbol{J}^{-1}[\Delta\boldsymbol{G};\boldsymbol{0}]=\boldsymbol{S}[\Delta\boldsymbol{G};\boldsymbol{0}]=\boldsymbol{S}\Delta\boldsymbol{F} \tag{11-21}$$

式中，灵敏度矩阵为雅可比矩阵 $\boldsymbol{J}$ 的逆矩阵，即 $\boldsymbol{S}=\boldsymbol{J}^{-1}$。

将半不变量法应用于 CCHP 园区微网的概率能量流计算中，步骤如下：依据 $\Delta\boldsymbol{G}$ 的概率分布特点求得 $\Delta\boldsymbol{G}$ 的各阶半不变量，再代入式(11-22)中，求得 $\Delta\boldsymbol{X}$ 的各阶半不变量。最后，通过 Gram-Charlier 级数展开即可得到各个状态变量 $\boldsymbol{X}$ 的概率密度函数(PDF)曲线或 CDF 曲线。

$$\boldsymbol{\gamma}_{\Delta X}^{(k)}=\boldsymbol{S}^{<k>}[\boldsymbol{\gamma}_{\Delta G}^{(k)};\boldsymbol{0}] \tag{11-22}$$

式中，$\boldsymbol{\gamma}_{\Delta X}^{(k)}$ 和 $\boldsymbol{\gamma}_{\Delta G}^{(k)}$ 为 CCHP 园区微网状态变量和注入功率变化量的半不变量；$\boldsymbol{S}^{<k>}$ 为灵敏度矩阵 $\boldsymbol{S}$ 中各个元素 k 次幂形成的矩阵。

2. 注入功率和状态变量的区间半不变量的计算

在考虑分布参数不确定性的概率能量流算法中，注入功率随机变量的分布参数为区间数，则依据分布参数区间求得的注入功率的半不变量也为区间数，称为区间半不变量。根据式(11-22)关系可求得的状态变量波动量 $\Delta\boldsymbol{X}$ 的区间半不变量，最后通过所提出的区间 Gram-Charlier 级数展开法得到状态变量 $\boldsymbol{X}$ 的 PDF 曲线或 CDF 曲线的波动区间(即状态变量的概率盒)。上述区间计算过程均可采用 IA，由此提出了基于 IA 的区间半不变量法(ICM based on IA，ICM_IA)。具体过程如下。

根据 IA，已知区间数 $[x]=[\underline{x},\overline{x}]$ 和 $[y]=[\underline{y},\overline{y}]$，则区间数的四则运算定义如下[6]：

$$\text{加法：}[x]+[y]=[\underline{x}+\underline{y},\overline{x}+\overline{y}] \tag{11-23}$$

$$\text{减法：}[x]-[y]=[\underline{x}-\overline{y},\overline{x}-\underline{y}] \tag{11-24}$$

$$\text{乘法：}[x]\cdot[y]=[\min\{\underline{x}\underline{y},\underline{x}\overline{y},\overline{x}\underline{y},\overline{x}\overline{y}\},\max\{\underline{x}\underline{y},\underline{x}\overline{y},\overline{x}\underline{y},\overline{x}\overline{y}\}] \tag{11-25}$$

$$\text{除法：}[x]/[y]=[\min\{\underline{x}/\underline{y},\underline{x}/\overline{y},\overline{x}/\underline{y},\overline{x}/\overline{y}\},\max\{\underline{x}/\underline{y},\underline{x}/\overline{y},\overline{x}/\underline{y},\overline{x}/\overline{y}\}] \tag{11-26}$$

对于服从的正态分布的电/热/冷负荷功率，其一阶半不变量为其期望，二阶半不变量为其方差，大于二阶的半不变量均为 0，如式(11-27)所示：

$$\begin{cases}[\boldsymbol{\gamma}_{L.e/h/c}^{(1)}]=[\boldsymbol{\mu}_{\mathrm{L}}],\ [\boldsymbol{\gamma}_{L.e/h/c}^{(2)}]=[\boldsymbol{\sigma}_{\mathrm{L}}^2]\\ [\boldsymbol{\gamma}_{L.e/h/c}^{(k)}]=\boldsymbol{0},\quad k\geqslant 3\end{cases} \tag{11-27}$$

式中，$[\boldsymbol{\gamma}_{L.e/h/c}^{(k)}]$ 为电/热/冷负荷功率的 k 阶区间半不变量向量。

光伏/光热注入功率的半不变量可由太阳辐照度的半不变量求得，根据 Beta 分布的性质，太阳辐照度 w_{R} 的各阶区间原点矩递推公式如下：

$$\begin{cases}[M_{\mathrm{R}}^{(1)}]=\dfrac{[\alpha]}{[\alpha]+[\beta]}\\[M_{\mathrm{R}}^{(k)}]=\dfrac{[\alpha]+(k-1)}{[\alpha]+[\beta]+(k-1)}[M_{\mathrm{R}}^{(k-1)}],\quad k\geqslant 2\end{cases}\tag{11-28}$$

式中，$[M_{\mathrm{R}}^{(k)}]$ 为 w_{R} 的 k 阶原点矩区间。

求得各阶原点矩区间后，可由原点矩求得 w_{R} 的各阶区间半不变量，表示如下：

$$\begin{cases}[\gamma_{\mathrm{R}}^{(1)}]=[M_{\mathrm{R}}^{(1)}]\\[\gamma_{\mathrm{R}}^{(k)}]=[M_{\mathrm{R}}^{(k)}]+\sum\limits_{i=1}^{k-1}C_{k-1}^{i}[M_{\mathrm{R}}^{(i)}][\gamma_{\mathrm{R}}^{(k-i)}],\quad k\geqslant 2\end{cases}\tag{11-29}$$

式中，$[\gamma_{\mathrm{R}}^{(k)}]$为 w_{R} 的 k 阶区间半不变量。

根据光伏/光热站出力与太阳辐照度 w_{R} 的关系式(11-19)，由太阳辐照度比值 w_{R} 的 k 阶半不变量$[\gamma_{\mathrm{R}}^{(k)}]$，可计算光伏/光热站注入功率的 k 阶半不变量，表示如下：

$$\begin{cases}[\boldsymbol{\gamma}_{\mathrm{PPV}}^{(k)}]=(\boldsymbol{A}_{\mathrm{PV}}\boldsymbol{\eta}_{\mathrm{PV}})^{<k>}[\gamma_{\mathrm{R}}^{(k)}]\\[\boldsymbol{\gamma}_{\mathrm{QPV}}^{(k)}]=(\boldsymbol{A}_{\mathrm{PV}}\boldsymbol{\eta}_{\mathrm{PV}}\tan\theta_{\mathrm{PV}})^{<k>}[\gamma_{\mathrm{R}}^{(k)}]\\[\boldsymbol{\gamma}_{\mathrm{PT}}^{(k)}]=(\boldsymbol{A}_{\mathrm{PT}}\boldsymbol{\eta}_{\mathrm{PT}})^{<k>}[\gamma_{\mathrm{R}}^{(k)}]\end{cases}\tag{11-30}$$

式中，$[\boldsymbol{\gamma}_{\mathrm{PPV}}^{(k)}]$和$[\boldsymbol{\gamma}_{\mathrm{QPV}}^{(k)}]$分别为光伏电站输出有功功率和无功功率的 k 阶半不变量；$[\boldsymbol{\gamma}_{\mathrm{PT}}^{(k)}]$为光热站输出热功率的 k 阶半不变量。

以期望值为基准，则负荷和光伏/光热注入功率的波动量的区间半不变量可分别由式(11-31)计算：

$$\begin{cases}[\boldsymbol{\gamma}_{\Delta L.e/h/c}^{(1)}]=[\boldsymbol{\gamma}_{L.e/h/c}^{(1)}]-\mu_{\mathrm{L}},\quad[\boldsymbol{\gamma}_{\Delta L.e/h/c}^{(k)}]=[\boldsymbol{\gamma}_{L.e/h/c}^{(k)}],\quad k\geqslant 2\\[\boldsymbol{\gamma}_{\Delta\mathrm{PV}}^{(1)}]=[\boldsymbol{\gamma}_{\mathrm{PV}}^{(1)}]-\mu_{\mathrm{PV}},\quad[\boldsymbol{\gamma}_{\Delta\mathrm{PV}}^{(k)}]=[\boldsymbol{\gamma}_{\mathrm{PV}}^{(k)}],\quad k\geqslant 2\\[\boldsymbol{\gamma}_{\Delta\mathrm{PT}}^{(1)}]=[\boldsymbol{\gamma}_{\mathrm{PT}}^{(1)}]-\mu_{\mathrm{PT}},\quad[\boldsymbol{\gamma}_{\Delta\mathrm{PT}}^{(k)}]=[\boldsymbol{\gamma}_{\mathrm{PT}}^{(k)}],\quad k\geqslant 2\end{cases}\tag{11-31}$$

式中，$[\boldsymbol{\gamma}_{\mathrm{PV}}^{(k)}]=\left[[\boldsymbol{\gamma}_{\mathrm{PPV}}^{(k)}];[\boldsymbol{\gamma}_{\mathrm{QPV}}^{(k)}]\right]$；$[\boldsymbol{\gamma}_{\Delta L.e/h/c}^{(k)}]$是电/热/冷负荷功率波动量的 k 阶区间半不变量；$[\boldsymbol{\gamma}_{\Delta\mathrm{PV}}^{(k)}]$和$[\boldsymbol{\gamma}_{\Delta\mathrm{PT}}^{(k)}]$分别是光伏和光热出力波动量的 k 阶区间半不变量；μ_{PV} 和 μ_{PT} 是光伏和光热输出功率的均值。

基于 ICM，若将光伏站和光热站分别接入电网和热网，则 CCHP 园区微网的各节点注入功率的区间半不变量可由式(11-32)求得：

$$[\boldsymbol{\gamma}_{\Delta G.e}^{(k)}]=[\boldsymbol{\gamma}_{\Delta\mathrm{PV}}^{(k)}]-[\boldsymbol{\gamma}_{\Delta L.e}^{(k)}],\ [\boldsymbol{\gamma}_{\Delta G.h}^{(k)}]=[\boldsymbol{\gamma}_{\Delta\mathrm{PT}}^{(k)}]-[\boldsymbol{\gamma}_{\Delta L.h}^{(k)}],\quad[\boldsymbol{\gamma}_{\Delta G.c}^{(k)}]=-[\boldsymbol{\gamma}_{\Delta L.c}^{(k)}]\tag{11-32}$$

式中，$[\boldsymbol{\gamma}_{\Delta G.e/h/c}^{(k)}]$为电/热/冷网节点注入功率波动量的 k 阶区间半不变量向量。

CCHP 微网状态变量的波动量 ΔX 的区间半不变量可由式(11-33)求得：

$$[\gamma_{\Delta X}^{(k)}]=\boldsymbol{S}^{<k>}\begin{bmatrix}[\gamma_{\Delta G}^{(k)}]\\ \boldsymbol{0}\end{bmatrix} \tag{11-33}$$

式中，$[\gamma_{\Delta X}^{(k)}]$ 和 $[\gamma_{\Delta G}^{(k)}]$ 为 CCHP 园区微网状态变量和注入功率变化量的 k 阶区间半不变量向量；$[\gamma_{\Delta G}^{(k)}]=[[\gamma_{\Delta G.e}^{(k)}];[\gamma_{\Delta G.h}^{(k)}];[\gamma_{\Delta G.c}^{(k)}]]$。

以稳态能量流计算求得的状态变量稳态值 $\boldsymbol{X}_0$ 为基准值，可得到状态变量的 k 阶区间半不变量 $[\gamma_X^{(k)}]$ 如下：

$$\begin{cases}[\gamma_X^{(1)}]=[\gamma_{\Delta X}^{(1)}]+\boldsymbol{X}_0\\ [\gamma_X^{(k)}]=[\gamma_{\Delta X}^{(k)}], \quad k\geqslant 2\end{cases} \tag{11-34}$$

3. 区间 Gram-Charlier 级数展开法

求得状态变量 $\boldsymbol{X}$ 的区间半不变量后，可通过区间 Gram-Charlier 级数由 $\boldsymbol{X}$ 的区间半不变量展开得到 $\boldsymbol{X}$ 的 PDF 曲线或 CDF 曲线波动的区间范围。

若已知某一随机变量 X 的均值区间为 $[\mu]$，标准差区间为 $[\sigma]$，对该随机变量标准化：

$$[\tilde{x}]=(x-[\mu])/[\sigma] \tag{11-35}$$

式中，x 为随机变量 X 的取值；$[\tilde{x}]$ 为标准化随机变量 $\tilde{X}$ 的区间取值。

假设 $[y_{\tilde{X}}]$ 和 $[Y_{\tilde{X}}]$ 分别为标准化随机变量 $\tilde{X}$ 的概率密度函数区间和累积分布函数区间，则根据区间 Gram-Charlier 级数展开公式，可将其概率密度函数区间和累积分布函数区间展开为如下级数：

$$[y_{\tilde{X}}]=[\varphi([\tilde{x}])]+\frac{[g_1]}{1!}[\varphi^{(1)}([\tilde{x}])]+\frac{[g_2]}{2!}[\varphi^{(2)}([\tilde{x}])]+\cdots+\frac{[g_k]}{k!}[\varphi^{(k)}([\tilde{x}])] \tag{11-36}$$

$$[Y_{\tilde{X}}]=[\Phi([\tilde{x}])]+\frac{[g_1]}{1!}[\Phi^{(1)}([\tilde{x}])]+\frac{[g_2]}{2!}[\Phi^{(2)}([\tilde{x}])]+\cdots+\frac{[g_k]}{k!}[\Phi^{(k)}([\tilde{x}])] \tag{11-37}$$

式中，$[\varphi([\tilde{x}])]$ 和 $[\Phi([\tilde{x}])]$ 是根据标准正态分布的概率密度函数和累积分布函数所求得的区间值；$[\varphi^{(k)}([\tilde{x}])]$ 和 $[\Phi^{(k)}([\tilde{x}])]$ 分别是 $[\varphi([\tilde{x}])]$ 和 $[\Phi([\tilde{x}])]$ 的 k 阶导数，上述变量可由式(11-38)和式(11-39)计算得到：

$$\begin{cases}[\varphi([\tilde{x}])]=\dfrac{1}{\sqrt{2\pi}}\exp(-[\tilde{x}]^2/2), & k=1\\ [\varphi^{(k)}([\tilde{x}])]=(-1)^{(k)}[H_k([\tilde{x}])][\varphi([\tilde{x}])], & k\geqslant 2\end{cases} \tag{11-38}$$

$$\begin{cases}[\Phi([\tilde{x}])]=\dfrac{1}{\sqrt{2\pi}}\displaystyle\int_{-\infty}^{[\tilde{x}]}\exp(-t^2/2)\mathrm{d}t, & k=1\\ [\Phi^{(k)}([\tilde{x}])]=[\varphi^{(k-1)}([\tilde{x}])], & k\geqslant 2\end{cases} \tag{11-39}$$

式中，$[H_k([\tilde{x}])]$ 为 k 阶区间 Hermite 多项式，表达式为

$$\begin{cases}[H_0([\tilde{x}])]=1, \quad [H_1([\tilde{x}])]=[\tilde{x}], \quad [H_2([\tilde{x}])]=[\tilde{x}]^2-1 \\ [H_3([\tilde{x}])]=[\tilde{x}]^3-3[\tilde{x}], \quad [H_4([\tilde{x}])]=[\tilde{x}]^4-6[\tilde{x}]^2+3, \quad \cdots\end{cases} \tag{11-40}$$

而根据式(11-27)～式(11-34)，可得随机变量 X 的 k 阶区间半不变量$[\gamma_X^{(k)}]$，则区间 Gram-Charlier 级数展开式(11-36)和式(11-37)中标准化区间半不变量$[g_k]$可由式(11-41)求得：

$$[g_k]=[\gamma_X^{(k)}]/([\sigma_X])^k \tag{11-41}$$

最终，由式(11-42)和式(11-43)求得随机变量 X 的概率密度函数区间和累积分布函数区间。

$$[y_X]=[y_{\tilde{X}}]/[\sigma] \tag{11-42}$$

$$[Y_X]=[Y_{\tilde{X}}] \tag{11-43}$$

因此，式(11-36)、式(11-38)、式(11-40)、式(11-41)和式(11-42)构成了随机变量 X 的 PDF 区间的解析表达式，式(11-37)、式(11-39)、式(11-40)、式(11-41)和式(11-43)构成了随机变量 X 的 CDF 区间的解析表达式，上述式(11-35)～式(11-43)构成了所提出的区间 Gram-Charlier 级数展开法。

4. 基于 AA 和 IA 的 ICM

在上述计算过程中，IA 忽略了区间数之间的相互依赖性，因而采用 IA 会不可避免地存在区间扩张的问题[6]，导致计算结果大于真实区间范围。为了解决该问题，在 ICM_IA 算法基础上引入 AA，提出了基于 AA 和 IA 的 ICM（ICM_AAIA）。

根据 AA 定义，不确定量$x\in[\underline{x},\overline{x}]$的真值受到自身或环境的 k 种相互独立的噪声的影响，则不确定量 x 是一些噪声源的线性组合，可用 AA 形式表示为

$$\hat{x}=x_0+x_1\varepsilon_1+\cdots+x_k\varepsilon_k \tag{11-44}$$

式中，x_0 为中心值，即 $x_0=(\underline{x}+\overline{x})/2$；$\varepsilon_i\in[-1,1]$为第 i 个噪声源，对应系数 $x_i\in\mathbf{R}$ 为第 i 个偏增量。

不确定量的区间形式与 AA 形式可相互转换，对于式(11-44)，其区间数形式为

$$[\underline{x},\overline{x}]=[x_0-\xi,x_0+\xi], \quad \xi=\sum_{i=1}^{k}|x_i| \tag{11-45}$$

给定区间值$[x]=[\underline{x},\overline{x}]$，令 $a=(\underline{x}+\overline{x})/2$ 和 $b=(\overline{x}-\underline{x})/2$，则对应的 AA 形式为

$$\hat{x}=a+b\varepsilon_1 \tag{11-46}$$

对于任意给定的两个 AA 形式 $\hat{x}=x_0+x_1\varepsilon_1+\cdots+x_k\varepsilon_k$，$\hat{y}=y_0+y_1\varepsilon_1+\cdots+y_k\varepsilon_k$，且 $c\in\mathbf{R}$，则有如下运算：

$$\begin{cases}\hat{x}\pm\hat{y}=(x_0\pm y_0)+(x_1\pm y_1)\varepsilon_1+\cdots+(x_k\pm y_k)\varepsilon_k\\ c\hat{x}=(cx_0)+cx_1\varepsilon_1+\cdots+cx_k\varepsilon_k\\ \hat{x}\pm c=(x_0\pm c)+x_1\varepsilon_1+\cdots+x_k\varepsilon_k\\ \hat{x}\cdot\hat{y}=x_0y_0+\sum_{i=1}^{k}(x_0y_i+y_0x_i)\varepsilon_i+\left(\sum_{i=1}^{k}x_i\varepsilon_i\right)\cdot\left(\sum_{i=1}^{k}y_i\varepsilon_i\right)\\ \hat{x}/\hat{y}=\hat{x}\cdot(1/\hat{y})\end{cases} \tag{11-47}$$

相较于 IA，AA 考虑区间量的依赖性，可有效地避免区间扩张。但在实际仿真计算中，AA 较 IA 计算复杂，计算速度慢，给 IPEF 的求解带来不利影响。另外，采用 ICM_IA 进行 IPEF 计算时，只有部分环节会因为 IA 带来较大的区间扩张问题。具体主要有如下两个计算过程：①w_R 的区间半不变量计算中，式(11-28)分子分母都有同一个区间数$[\alpha]$，由于 IA 无法识别自身，会造成区间扩张，同时由 k–1 阶半不变量计算 k 阶半不变量时还存在着区间量的递推过程，区间扩张的误差会逐层累积，递推的层数越多，其扩张越严重；②区间 Gram-Charlier 级数展开过程中，式(11-40)计算过程中同样存在着区间数与自身的运算，也会导致区间扩张。

因此，对 ICM_IA 法进行改进，提出了基于 AA 与 IA 的区间概率能量流算法，该算法在 ICM_IA 的基础上，在太阳辐照度区间半不变量的计算以及区间 Gram-Charlier 级数的展开计算过程中引入 AA，而其他计算步骤仍然采用 IA 求解，即兼顾了 IA 计算速度快和 AA 计算精度高、区间扩张小的优点，以得到更准确的状态变量 $\boldsymbol{X}$ 的 PDF 曲线或 CDF 曲线波动的区间范围(即状态变量 $\boldsymbol{X}$ 的概率盒)。

11.1.3　节点功率相关性问题的处理

在实际 CCHP 园区微网的能量流运算中，由于分布式可再生能源间存在较大相关性，如不同光伏站、光热站间均受太阳辐照度影响，同时各节点的冷/热/电负荷也可能存在着一定的相关性，故 CCHP 园区微网 IPEF 计算需要考虑不同节点功率之间的相关性。因此，在 CCHP 园区微网 IPEF 计算中，本节将通过构建相关性转换矩阵，以处理不同节点的负荷功率以及不同可再生能源站出力的相关性问题。

1. 相关性转换矩阵

注入功率增广向量 $\boldsymbol{F}$ 中共有 n 个元素，假定其中的 m 个输入变量具有相关性，构成随机向量为 $\boldsymbol{V}$，其他注入功率量不相关，则相关性转换矩阵 $\boldsymbol{K}$ 的计算过程如下所述。

(1)若已知向量 $\boldsymbol{V}$ 中各元素的相关系数矩阵为 $\boldsymbol{C}_{\mathrm{r}}$ 及其标准差向量σ_{V}，则可由式(11-48)求得协方差矩阵 $\boldsymbol{C}_{\mathrm{v}}$：

$$\boldsymbol{C}_{\mathrm{v}}(i,j)=\boldsymbol{C}_{\mathrm{r}}(i,j)\cdot\sigma_{\mathrm{V}i}\cdot\sigma_{\mathrm{V}j} \tag{11-48}$$

式中，$C_{\mathrm{V}}(i,j)$ 和 $C_{\mathrm{r}}(i,j)$ 分别为矩阵 $\boldsymbol{C}_{\mathrm{V}}$ 和 $\boldsymbol{C}_{\mathrm{r}}$ 的第 i 行第 j 列元素；$\sigma_{\mathrm{V}i}$ 和 $\sigma_{\mathrm{V}j}$ 分别为向量 $\boldsymbol{V}$ 中第 i 个和第 j 个变量的标准差。

(2) 对协方差矩阵 $\boldsymbol{C}_{\mathrm{V}}$ 进行 Cholesky 分解，得到下三角矩阵 $\boldsymbol{L}$。

(3) 相关性转换矩阵 $\boldsymbol{K}$ 可由式(11-49)计算得到：

$$\begin{cases} ①(F_i \to V_k)\wedge(F_j \to V_l) \Rightarrow \begin{cases} K_{ii}=L_{kk},\ K_{jj}=L_{ll} \\ K_{ij}=L_{kl},\ K_{ji}=L_{lk} \end{cases} \\ ②\text{其他}\begin{cases} K_{ii}=1, \\ K_{ij}=K_{ji}=0 \end{cases} (\text{矩阵}\boldsymbol{K}\text{中除去①的元素}) \end{cases} \tag{11-49}$$

式中，$F_i \to V_k$ 和 $F_j \to V_l$ 指 $\boldsymbol{F}$ 中的第 i、j 个元素为相关性变量且分别对应于 $\boldsymbol{V}$ 中的第 k、l 个元素，显然，$k,l\in[1,2,\cdots,m]$，$i,j\in[1,2,\cdots,n]$。

由于注入变量的标准差为区间值，则求得的协方差矩阵也为区间矩阵$[\boldsymbol{C}_{\mathrm{V}}]$，由于区间矩阵的 Cholesky 分解只能求得区间矩阵$[\boldsymbol{L}]$使其满足式(11-50)：

$$[\boldsymbol{C}_{\mathrm{V}}]\subseteq[\boldsymbol{L}][\boldsymbol{L}]^{\mathrm{T}} \tag{11-50}$$

可见，式(11-50)为包含关系而非严格等式关系，因而区间矩阵$[\boldsymbol{L}]$会给后续的运算带来扩张问题。现有的改进方法均较复杂、运算时间长或不满足本章解法的要求。因此，本章考虑采用随机变量的方差区间的中心值来求取协方差矩阵 $\boldsymbol{C}_{\mathrm{V}}$，进一步构建相关性转换矩阵 $\boldsymbol{K}$，解决相关性问题，而在后面内容的算例分析中，引入该步骤简化得到的结果并未造成明显的计算误差。

2. 考虑节点功率相关性的区间 ICM

考虑节点功率相关性的 CCHP 园区微网概率能量流计算中，式(11-21)注入功率增广向量波动量 $\Delta\boldsymbol{F}$ 可分为如下两部分：

$$\Delta\boldsymbol{F}=\Delta\boldsymbol{F}_{\mathrm{S}}-\Delta\boldsymbol{F}_{\mathrm{L}} \tag{11-51}$$

式中，$\Delta\boldsymbol{F}_{\mathrm{L}}$ 和 $\Delta\boldsymbol{F}_{\mathrm{S}}$ 分别为具有相关性的负荷和光伏/光热功率波动量的增广向量。

$\Delta\boldsymbol{F}_{\mathrm{L}}$ 和 $\Delta\boldsymbol{F}_{\mathrm{S}}$ 有如下关系：

$$\begin{cases} \Delta\boldsymbol{F}_{\mathrm{L}}=\boldsymbol{K}_{\mathrm{L}}\Delta\boldsymbol{F}_{\mathrm{L}}' \\ \Delta\boldsymbol{F}_{\mathrm{S}}=\boldsymbol{K}_{\mathrm{S}}\Delta\boldsymbol{F}_{\mathrm{S}}' \end{cases} \tag{11-52}$$

式中，$\Delta\boldsymbol{F}_{\mathrm{L}}'$ 和 $\Delta\boldsymbol{F}_{\mathrm{S}}'$ 分别为去除相关性的负荷和光伏/光热功率波动量的增广向量；$\boldsymbol{K}_{\mathrm{L}}$ 和 $\boldsymbol{K}_{\mathrm{S}}$ 分别为负荷和光伏/光热功率对应的相关性转换矩阵。

若带有相关性的负荷和光伏/光热功率波动量的区间半不变量分别为 $[\gamma_{\Delta\mathrm{FL}}^{(k)}]$ 和 $[\gamma_{\Delta\mathrm{FS}}^{(k)}]$，则可由式(11-53)进行相关处理：

$$\begin{cases} [\gamma_{\Delta\mathrm{FL}}'^{(k)}]=(\boldsymbol{K}_{\mathrm{L}}^{<k>})^{-1}[\gamma_{\Delta\mathrm{FL}}^{(k)}] \\ [\gamma_{\Delta\mathrm{FS}}'^{(k)}]=(\boldsymbol{K}_{\mathrm{S}}^{<k>})^{-1}[\gamma_{\Delta\mathrm{FS}}^{(k)}] \end{cases} \tag{11-53}$$

式中，$\boldsymbol{K}_{\mathrm{L}}^{<k>}$ 和 $\boldsymbol{K}_{\mathrm{S}}^{<k>}$ 分别为矩阵 $\boldsymbol{K}_{\mathrm{L}}$ 和 $\boldsymbol{K}_{\mathrm{S}}$ 中各个元素 k 次幂形成的矩阵；$[\gamma_{\Delta\mathrm{FL}}^{\prime(k)}]$ 和 $[\gamma_{\Delta\mathrm{FS}}^{\prime(k)}]$ 分别为去除相关性后的负荷和光伏/光热功率波动量的区间半不变量。

将式(11-51)和式(11-52)代入式(11-21)得

$$\Delta\boldsymbol{X}=\boldsymbol{S}\Delta\boldsymbol{F}=\boldsymbol{S}(\Delta\boldsymbol{F}_{\mathrm{S}}-\Delta\boldsymbol{F}_{\mathrm{L}})=\boldsymbol{S}\boldsymbol{K}_{\mathrm{S}}\Delta\boldsymbol{F}_{\mathrm{S}}'-\boldsymbol{S}\boldsymbol{K}_{\mathrm{L}}\Delta\boldsymbol{F}_{\mathrm{L}}' \tag{11-54}$$

则状态变量波动量的各阶区间半不变量可由式(11-55)求得：

$$[\gamma_{\Delta X}^{(k)}]=(\boldsymbol{S}\boldsymbol{K}_{\mathrm{S}})^{<k>}[\gamma_{\Delta\mathrm{FS}}^{\prime(k)}]-(\boldsymbol{S}\boldsymbol{K}_{\mathrm{L}})^{<k>}[\gamma_{\Delta\mathrm{FL}}^{\prime(k)}] \tag{11-55}$$

式中，$(\boldsymbol{S}\boldsymbol{K}_{\mathrm{L}})^{<k>}$ 和 $(\boldsymbol{S}\boldsymbol{K}_{\mathrm{S}})^{<k>}$ 分别为矩阵 $\boldsymbol{S}\boldsymbol{K}_{\mathrm{L}}$ 和 $\boldsymbol{S}\boldsymbol{K}_{\mathrm{S}}$ 中各个元素的 k 次幂形成的矩阵。

因此，通过将式(11-33)替换为式(11-53)和式(11-55)，即可在原有的 ICM_AAIA 基础上，得到考虑节点功率相关性的 ICM_AAIA。

3. *算法的计算步骤*

考虑节点功率相关性的 CCHP 园区微网 IPEF 计算中 ICM_AAIA 的计算步骤如下所述。

(1) 初始化：确定冷/热/电负荷功率及太阳辐照度的概率分布模型，确定分布参数的区间值，以及具有相关性的节点的相关系数矩阵 $\boldsymbol{C}_{\mathrm{r}}$。

(2) 进行 CCHP 园区微网稳态能量流计算，所得结果作为概率能量流基准值。

(3) 采用 IA 计算负荷功率的区间半不变量；采用 AA 计算太阳辐照度的区间半不变量，以此为基础求解光伏/光热站注入功率的区间半不变量。

(4) 计算注入功率增广向量的随机波动 $\Delta\boldsymbol{F}_{\mathrm{L}}$ 和 $\Delta\boldsymbol{F}_{\mathrm{S}}$ 的区间半不变量。

(5) 求解负荷功率与可再生能源站注入功率的相关性转换矩阵 $\boldsymbol{K}_{\mathrm{L}}$ 和 $\boldsymbol{K}_{\mathrm{S}}$。

(6) 根据式(11-34)、式(11-53)和式(11-55)求解状态变量区间半不变量，并通过式(11-35)～式(11-43)的区间 Gram-Charlier 级数展开得到 PDF 曲线区间或 CDF 曲线区间。

11.1.4 算例分析

某 CCHP 园区微网的结构如图 11-2 所示，分为两个能源供应区域，共有三个能源站，算例基本参数[4]参考附录 C。能源站中有 CCHP 机组(天然气发电机、换热机组、吸收式制冷机)、热泵以及电制冷机等能源耦合元件。微网中供冷网和供热网的结构相同，均包含 49 个节点和 49 段管道。能源站Ⅰ、能源站Ⅱ和能源站Ⅲ分别位于管网的节点 49、节点 48 和节点 47，其中能源站Ⅰ设置为供热网的平衡节点，能源站Ⅱ为供冷网的平衡节点。微网中供电网包含 91 个节点，能源站Ⅰ、能源站Ⅱ和能源站Ⅲ分别位于电网节点 90、89 和 91，其中能源站Ⅰ、Ⅱ、Ⅲ则假定为 PV 节点，节点 88 为与公用配电网连接的节点为平衡节点，其余节点均为 PQ 节点。能源站Ⅰ、Ⅱ和Ⅲ中的 CCHP 机组均工作于“以热定电”模式。其中，能源站Ⅰ和能源站Ⅲ中的 CCHP 机组为背压式机组，能源站Ⅱ中的 CCHP 机组为抽凝式机组。

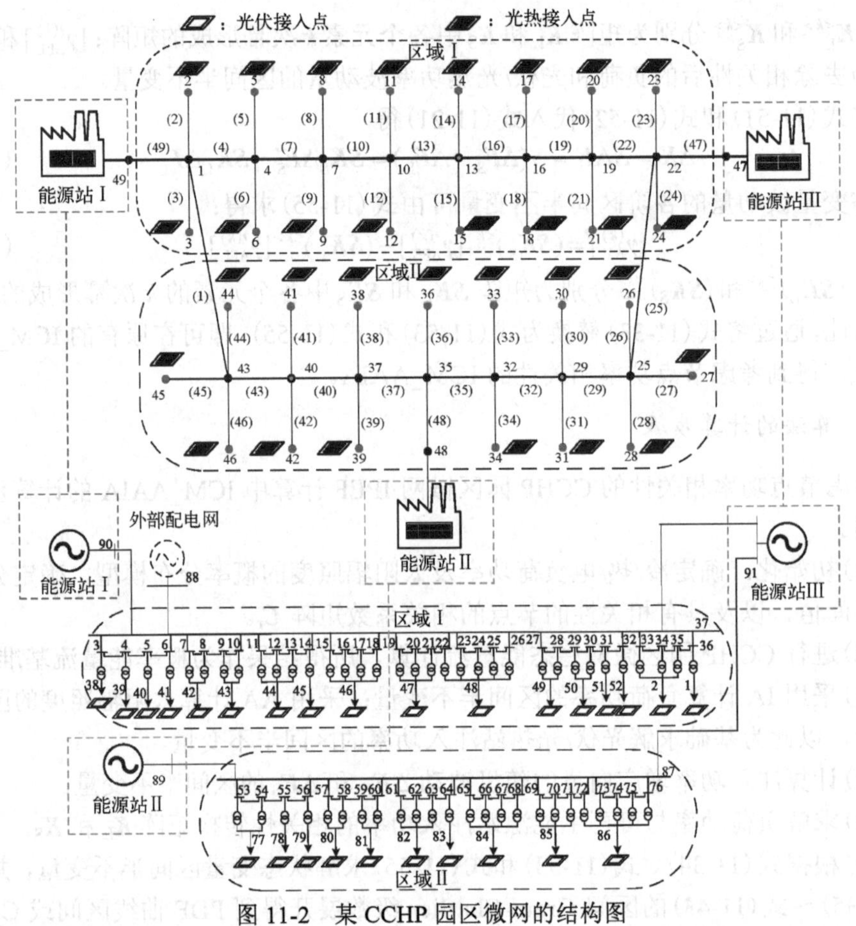

图 11-2　某 CCHP 园区微网的结构图

假设太阳辐照度服从 Beta 分布，并采用广州市(23°6′N,113°2′E)太阳辐照度历史数据，通过拟合得到太阳辐照度分布的 Beta 分布的形状参数区间$[\alpha]$和$[\beta]$的中心值分别取 0.6798 和 1.7788，区间半径取中心值的 0.1%。光伏站注入总功率占电负荷功率的 15%，光热站注入总功率占热负荷功率的 5%。此外，微网中的冷/热/电负荷均假定服从正态分布，期望值波动区间$[\mu]$的中心值取稳态潮流运行状态值，期望值波动区间半径取中心值的 0.1%，标准差波动区间$[\sigma]=0.1[\mu]$。

1. 计算结果分析

除了 AA，区间分割法也是一种常见的解决区间扩张问题的区间运算改进方法[6]。为了验证所提出的 ICM_AAIA 处理区间扩张问题的有效性，引入区间分割方法用于计算 w_R 的区间半不变量和区间 Gram-Charlier 级数展开的过程，提出了基于区间分割法和区间算术的区间半不变量法(ICM based on interval subdivision and IA，ICM_ISIA)与所提出的 ICM_AAIA 进行对比。

分别采用 ICM_AAIA(算法Ⅰ)、ICM_ISIA(算法Ⅱ)、ICM_IA(算法Ⅲ)以及双层蒙特卡罗(double-layer Monte Carlo，DMC)法进行 IPEF 计算。其中，DMC 法中，假设分布参数在波动区间中服从均匀分布，通过外层抽样得到节点功率随机变量的分布参数值，抽样数为 1000。确定分布参数的每组取值并获得每个节点功率概率分布函数后，由下层抽样抽取节点功率值，并将下层抽样得到的每个样本代入能量流计算程序求取状态变量值。下层仿真次数为 10000 次，即上下层组合的总抽样次数为 10^7 次。算法Ⅰ、Ⅱ、Ⅲ的计算过程中均求解 7 阶区间半不变量，以确保计算结果的准确性。在算法Ⅰ的区间分割运算中，所有待运算区间均被分割为 100 个子区间。以 DMC 法的计算结果为基准，对上述三种算法的计算精度进行对比。分别以电网节点 2 的电压相角和幅值、热网管道 2 流量和节点 2 供水温度为例，得到的这些状态变量的 PDF 或 CDF 区间的上边界和下边界(即状态变量的概率盒)的对比如图 11-3 所示。对于 DMC 法，分布参数的每个外层采样值均可绘制一条 CDF 曲线，通过分布参数区间内的多次抽样，即可获得 CDF 曲线簇，计算 CDF 曲线簇的上边

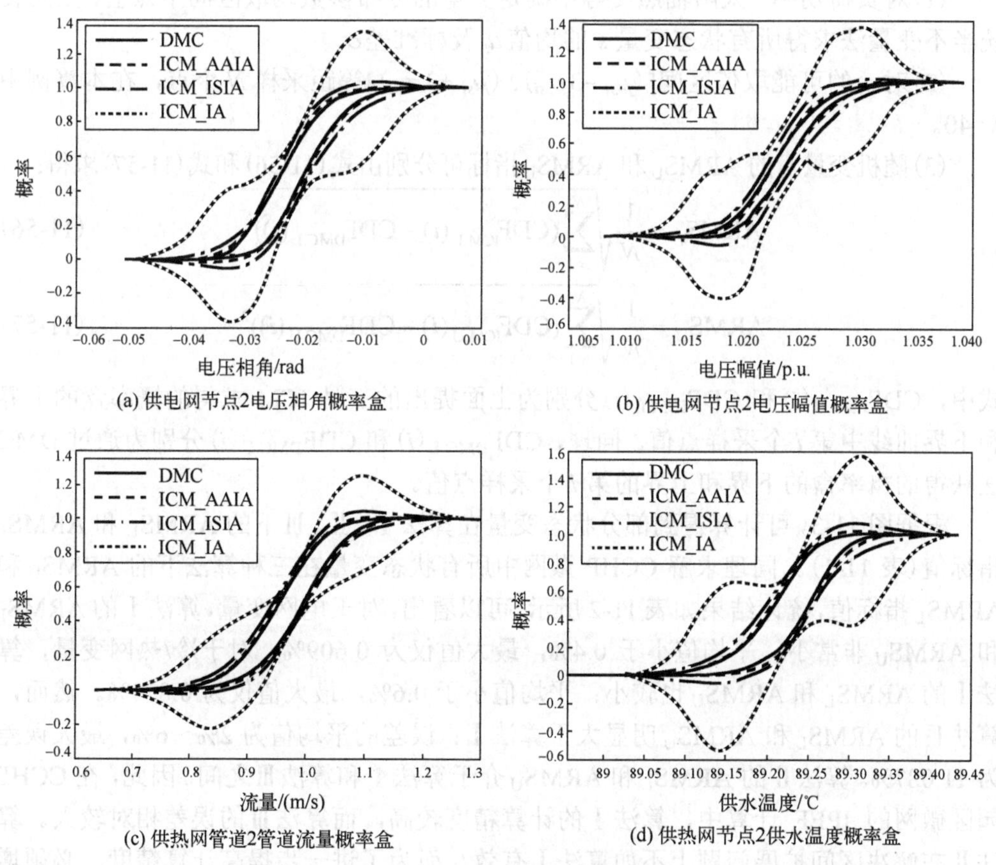

(a) 供电网节点2电压相角概率盒　(b) 供电网节点2电压幅值概率盒

(c) 供热网管道2管道流量概率盒　(d) 供热网节点2供水温度概率盒

图 11-3　状态变量的概率盒

界和下边界即得到状态变量的概率盒。图中，实线即为通过 DMC 法获得的概率盒。虚线、点画线和点线分别是通过算法Ⅰ、Ⅱ、Ⅲ获得的概率盒。可以看到，所提出的 ICM_AAIA 法得到的概率盒与 DMC 法的偏差明显要小于其他两种方法得到的结果。由于忽略了区间数之间的相互依赖性，算法Ⅲ得到的状态变量概率盒计算误差明显大于算法Ⅰ。算法Ⅱ的概率盒计算误差介于算法Ⅰ和算法Ⅲ之间。虽然算法Ⅱ也可以解决区间扩张问题，但效果不如算法Ⅰ，且需要分割区间进行多次重复计算，运算效率较低。由此可见，所提出的 ICM_AAIA 方法能够很好地解决 IPEF 计算中的区间扩张问题。

2. 平均均方根对比

为了量化计算所提出方法的准确性，对传统的平均均方根(average root mean square，ARMS)指标进行改进，提出了适用于区间算法的区间 ARMS 指标，分别为 ARMS 区间上界指标 $ARMS_U$ 和 ARMS 区间下界指标 $ARMS_L$，计算步骤如下所述。

(1)对负荷功率、太阳辐照度等不确定变量的分布参数均取区间中点值，采用传统半不变量法求得所有状态变量 $\boldsymbol{s}$ 的均值 μ_s 及标准差 σ_s。

(2)对 s_i 的可能取值区间 $[(\mu_{si}-3\sigma_{si}),(\mu_{si}+3\sigma_{si})]$ 等距采样 N 个点，在本算例中 N=40。

(3)随机变量 s_i 的 $ARMS_U$ 和 $ARMS_L$ 指标可分别由式(11-56)和式(11-57)求得：

$$\mathrm{ARMS_L}=\frac{1}{N}\sqrt{\sum_{i=1}^{N}(\mathrm{CDF_{ICM.L}}(i)-\mathrm{CDF_{DMC.L}}(i))^2} \tag{11-56}$$

$$\mathrm{ARMS_U}=\frac{1}{N}\sqrt{\sum_{i=1}^{N}(\mathrm{CDF_{ICM.U}}(i)-\mathrm{CDF_{DMC.U}}(i))^2} \tag{11-57}$$

式中，$\mathrm{CDF_{ICM.U}}(i)$ 和 $\mathrm{CDF_{ICM.L}}(i)$ 分别为上面提出的三种 ICM 求得的概率盒的上界和下界曲线中第 i 个采样点值。同理，$\mathrm{CDF_{DMC.L}}(i)$ 和 $\mathrm{CDF_{DMC.U}}(i)$ 分别为通过 DMC 法获得的概率盒的下界和上界的第 i 个采样点值。

根据图 11-3，可计算得到部分状态变量在算法Ⅰ、Ⅱ、Ⅲ下的 $ARMS_U$ 和 $ARMS_L$ 指标值(表 11-1)。同理求解 CCHP 微网中所有状态变量在三种算法下的 $ARMS_U$ 和 $ARMS_L$ 指标值，统计结果如表 11-2 所示。可以看出，对于电网变量，算法Ⅰ的 $ARMS_L$ 和 $ARMS_U$ 非常小：平均值小于 0.4%，最大值仅为 0.609%。对于冷/热网变量，算法Ⅰ的 $ARMS_L$ 和 $ARMS_U$ 也较小：平均值小于 0.6%，最大值仅为 0.879%。然而，算法Ⅲ的 $ARMS_L$ 和 $ARMS_U$ 明显大于算法Ⅰ：误差的平均值为 2%～6%，最大误差为 11.087%。算法Ⅱ的 $ARMS_L$ 和 $ARMS_U$ 介于算法Ⅰ和算法Ⅲ之间。因此，在 CCHP 园区微网的 IPEF 计算中，算法Ⅰ的计算精度较高，而算法Ⅲ的误差相对较大。算法Ⅱ在解决区间扩展问题上不如算法Ⅰ有效，而为了进一步提高计算精度，必须增加区间细分的数量，但这将大大增加计算负担。综上，相较于算法Ⅱ和算法Ⅲ，算法Ⅰ具有明显的计算精度优势。同时，从计算结果中可以看出，供冷/热网中各个状态变量的误差指标的均值和最大值均明显大于电网状态变量的误差指标，主要原因是供冷/热网的能量流方程比供电网的潮流方程更为复杂、非线性更强，因而计算区间半不变量的线性近似过程产生的误差更大。

表 11-1　部分状态变量的 $ARMS_L$ 指标与 $ARMS_U$ 指标

变量	指标	算法Ⅰ	算法Ⅱ	算法Ⅲ
δ_2	$ARMS_L$/%	0.332	0.807	1.821
	$ARMS_U$/%	0.093	0.759	1.292
V_2	$ARMS_L$/%	0.222	1.014	5.161
	$ARMS_U$/%	0.302	0.949	4.664
m_{h1}	$ARMS_L$/%	0.274	0.410	3.94
	$ARMS_U$/%	0.329	0.661	3.685
$T_{s.h2}$	$ARMS_L$/%	0.365	0.999	5.215
	$ARMS_U$/%	0.178	0.839	5.086

表 11-2　算法Ⅰ、Ⅱ和Ⅲ的区间 ARMS 指标统计结果

变量	算法	$ARMS_L$/%		$ARMS_U$/%	
		均值	最大值	均值	最大值
δ	Ⅰ	0.264	0.332	0.163	0.340
	Ⅱ	0.651	1.265	0.636	1.302
	Ⅲ	3.667	6.757	3.226	6.296
V	Ⅰ	0.384	0.609	0.272	0.499
	Ⅱ	0.637	1.109	0.452	0.950
	Ⅲ	3.198	6.003	2.558	5.495
m_h	Ⅰ	0.275	0.859	0.281	0.879
	Ⅱ	0.696	3.661	0.981	3.554
	Ⅲ	3.213	4.305	3.24	4.206
$T_{s.h}$	Ⅰ	0.469	0.784	0.237	0.476
	Ⅱ	1.759	4.933	1.723	4.799
	Ⅲ	5.591	11.087	5.61	11.03
$T_{r.h}$	Ⅰ	0.417	0.841	0.285	0.475
	Ⅱ	1.126	4.014	1.151	3.785
	Ⅲ	2.654	3.898	2.66	4.178
m_c	Ⅰ	0.226	0.862	0.295	0.855
	Ⅱ	0.583	4.473	0.598	5.196
	Ⅲ	2.023	7.034	2.143	7.068

续表

变量	算法	$ARMS_L$/%		$ARMS_U$/%	
		均值	最大值	均值	最大值
$T_{s.c}$	Ⅰ	0.407	0.826	0.292	0.727
	Ⅱ	1.497	5.578	1.696	6.071
	Ⅲ	3.912	7.182	3.487	6.564
$T_{r.c}$	Ⅰ	0.503	0.792	0.332	0.751
	Ⅱ	0.531	1.647	1.111	2.890
	Ⅲ	4.518	6.142	4.113	5.833

3. 考虑相关性的 IPEF 计算结果分析

下面对所提出的考虑相关性的 ICM_AAIA(即算法Ⅳ)进行仿真验证。假设不同节点负荷功率和不同节点太阳辐照度的相关系数分别为 0.6 和 0.8。分别应用算法Ⅰ、算法Ⅳ和 DMC 法进行 IPEF 运算，在 DMC 法的采样过程中，通过 Nataf 变换法生成具有相关性的样本。以 DMC 法计算结果为基准，计算算法Ⅰ和算法Ⅳ计算结果的误差如表 11-3 所示。可以看出，算法Ⅰ没有考虑节点功率的相关性，因而存在较大的计算误差，而算法Ⅳ的所有变量误差平均值均小于 0.5%，所有变量误差最大值仅为 1%左右。可见，考虑节点功率相关性的 ICM_AAIA 具有较高的计算精度。

表 11-3 算法Ⅳ和算法Ⅰ的计算结果的误差统计结果

变量	算法	$ARMS_L$/%		$ARMS_U$/%	
		均值	最大值	均值	最大值
δ	Ⅰ	2.497	3.566	1.658	2.104
	Ⅳ	0.122	0.159	0.191	0.249
V	Ⅰ	1.646	2.992	1.324	2.165
	Ⅳ	0.204	0.298	0.221	0.301
m_h	Ⅰ	1.074	4.970	1.360	4.558
	Ⅳ	0.195	0.739	0.241	0.770
$T_{s.h}$	Ⅰ	1.673	5.048	2.122	4.489
	Ⅳ	0.497	0.978	0.237	0.913
$T_{r.h}$	Ⅰ	2.359	4.731	2.560	3.630
	Ⅳ	0.470	1.064	0.255	0.768
m_c	Ⅰ	1.335	7.067	1.446	5.806
	Ⅳ	0.110	0.376	0.163	0.376
$T_{s.c}$	Ⅰ	2.843	6.082	2.635	6.134
	Ⅳ	0.278	0.453	0.351	0.599
$T_{r.c}$	Ⅰ	3.227	5.724	3.461	7.077
	Ⅳ	0.317	0.504	0.334	0.651

4. 不同光伏/光热渗透率对 ICM 计算精度的影响

以 DMC 法的计算结果为基准，以电网节点 2 的电压相角和幅值、热网管道 2 流量和节点 2 供水温度为例，应用算法Ⅳ在不同光伏/光热渗透率下进行 IPEF 计算，误差如表 11-4 和表 11-5 所示。可以看到，随着光伏/光热渗透率的增加，算法Ⅳ的计算误差也增加，但增加的幅度相对较小。当光伏渗透率达到 50%时，算法Ⅳ的计算误差仍小于 0.4%。误差增加的原因如下：①所提出的 IPEF 算法基于线性化的能量流方程，线性化误差将随着光伏/光热输出波动幅度的增加而增加；② Gram-Charlier 级数展开在计算光伏/光热输出功率的非正态分布随机变量时会产生一定误差，误差随着光伏/光热输出波动幅度的增加而增加。

表 11-4　不同光伏渗透率下获得结果的计算误差

光伏渗透率/%	变量	$ARMS_L$/%	$ARMS_U$/%
5	δ_2	0.061	0.056
	V_2	0.081	0.079
10	δ_2	0.124	0.215
	V_2	0.157	0.211
15	δ_2	0.168	0.195
	V_2	0.192	0.229
20	δ_2	0.215	0.295
	V_2	0.228	0.317
30	δ_2	0.135	0.268
	V_2	0.141	0.275
50	δ_2	0.385	0.368
	V_2	0.364	0.357

表 11-5　不同光热渗透率下获得结果的计算误差

光热渗透率/%	变量	$ARMS_L$/%	$ARMS_U$/%
5	m_{h2}	0.153	0.233
	$T_{s.h2}$	0.408	0.132
10	m_{h2}	0.374	0.432
	$T_{s.h2}$	0.542	0.181
15	m_{h2}	0.406	0.290
	$T_{s.h2}$	0.741	0.191
20	m_{h2}	0.397	0.371
	$T_{s.h2}$	0.886	0.475
25	m_{h2}	0.196	0.444
	$T_{s.h2}$	1.099	0.806
30	m_{h2}	0.266	0.568
	$T_{s.h2}$	1.163	1.032

5. 运算耗时对比

在不同光伏/光热渗透率以及不同节点功率相关性的算例中，统计算法Ⅰ、算法Ⅱ、算法Ⅲ和算法Ⅳ以及 DMC 法的平均运算耗时，其结果如表 11-6 所示。与算法Ⅲ相比，虽然算法Ⅰ的计算时间略有增加，但它可以有效地解决算法Ⅲ存在的区间扩张问题，具有更高的计算精度。算法Ⅱ的计算过程中需要将区间划分为多个子区间并重复区间计算过程，因而其计算时间明显高于算法Ⅰ、算法Ⅲ和算法Ⅳ，并且该方法在解决区间扩张问题时效果较差。由于算法Ⅳ考虑了节点功率的相关性，其运算耗时略多于算法Ⅰ。另外，从统计结果中可见，算法Ⅳ的计算时间仅为 DMC 法计算时间的 0.00081%，具有更高的计算效率，拥有显著的计算优势。

表 11-6 各种算法的平均运算耗时对比

算法	Ⅰ	Ⅱ	Ⅲ	Ⅳ	DMC
计算耗时/s	2.542	108.769	2.012	2.832	349386
耗时百分比/%	0.00073	0.03113	0.00058	0.00081	—

6. 算例分析小结

所提出的 CCHP 园区微网的 IPEF 计算的 ICM_AAIA 可以获得精确的状态变量概率盒。此算法通过引入 AA，可有效解决 IA 所带来的区间扩张问题，且比传统区间分割法的效果更好。此外，在运算耗时方面，所提出算法的运算耗时明显小于 DMC 法，具有更高的计算效率。相较于电网的潮流方程，供热/供冷网的能量流方程的非线性程度较高，因而在不确定变量波动较大的情况下，供热/供冷网的非线性问题会给本章所提算法带来一定的运算误差。因此，如何处理供热/供冷网络的高度非线性特性，以提高 CCHP 园区微网的 IPEF 计算精度值得进一步研究。

11.2 基于区间点估计法的综合能源系统区间概率能量流计算

11.1 节所提出的 ICM_AAIA 可有效求解 CCHP 园区微网中的 IPEF 计算问题，但该算法基于线性化的能量流方程进行运算，因而当节点功率波动较大时，此算法可能存在较大误差。针对此问题，基于传统的 $2m$+1 点估计法，提出了区间点估计法(interval point estimation method，IPEM)用于 CCHP 园区微网的 IPEF 计算问题。同样在计算过程中引入 AA 以解决 IA 所带来的区间扩张问题，并提出区间收缩方法以处理 AA 乘除运算所带来的额外噪声源累积问题，进一步减少了计算误差，由此提出了基于仿射算术的区间点估计法(AA-based IPEM，AIPEM)。此外，基于 Nataf 逆变换提出了考虑节点功率相关性的 AIPEM，该方法可求解 ICM 难以求解的考虑相关系数不确定性的 IPEF 计算问题，并在某算例中验证了 AIPEM 的正确有效性[3]。

11.2.1　基于区间点估计法的区间概率能量流计算

基于参数化概率盒模型描述节点注入功率的 HOU，提出了区间点估计法用于 CCHP 园区微网的 IPEF 计算，并引入 AA 与区间收缩方法以解决区间扩张问题。

1．传统 $2m+1$ 点估计法

已知随机变量的函数关系：

$$\boldsymbol{Z} = \boldsymbol{h}(\boldsymbol{T}) = \boldsymbol{h}(t_1, t_2, \cdots, t_k, \cdots, t_m) \tag{11-58}$$

式中，$\boldsymbol{T}$ 和 $\boldsymbol{Z}$ 分别为输入随机变量和输出随机变量构成的向量；$t_k(k=1, 2, \cdots, m)$ 为 $\boldsymbol{T}$ 中第 k 个元素。

根据 $2m+1$ 点估计法，若已知随机变量 v_k 的均值和标准差分别为 μ_k 和 σ_k，根据式(11-59)选取 v_k 的均值及其左右邻域内各一点，记为 $t_{k,1}$、$t_{k,2}$ 和 $t_{k,3}$：

$$t_{k,i} = \mu_k + \xi_{k,i}\sigma_k, \quad i = 1,2,3 \tag{11-59}$$

式中，位置系数 $\xi_{k,i}$ 可由式(11-60)求得[7]：

$$\begin{cases} \xi_{k,i} = \dfrac{\lambda_{k,3}}{2} + (-1)^{3-i}\sqrt{\lambda_{k,4} - \dfrac{3\lambda_{k,3}^2}{4}}, & i = 1,2 \\ \xi_{k,3} = 0 \end{cases} \tag{11-60}$$

式中，$\lambda_{k,i}$ 为 v_k 的第 i 阶中心距和标准差 σ_k 的 i 次方之比[7]：

$$\lambda_{k,i} = M_i(v_k)/\sigma_k^i, \quad i = 1,2,3,\cdots,n \tag{11-61}$$

式中，$M_i(v_k)$ 为随机变量 v_k 的 i 阶中心距：

$$M_i(v_k) = \int_{-\infty}^{+\infty} (v_k - \mu_k)^i f(v_k)\mathrm{d}v_k \tag{11-62}$$

式中，$f(v_k)$ 为随机变量 v_k 的 PDF。可知，$\lambda_{k,1}=0$，$\lambda_{k,2}=1$，$\lambda_{k,3}$ 为偏度系数，$\lambda_{k,4}$ 为峰度系数。则 $\boldsymbol{Z}$ 的 j 阶矩可表示为

$$E(\boldsymbol{Z}^j) = \sum_{k=1}^{m}\sum_{i=1}^{3} p_{k,i} \times (\boldsymbol{h}(\mu_{t1}, \mu_{t2}, \cdots, t_{k,i}, \cdots, \mu_{tm}))^j \tag{11-63}$$

式中，$\boldsymbol{h}(\mu_{t1}, \mu_{t2}, \cdots, t_{k,i}, \cdots, \mu_{tm})$ 表示第 k 个输入随机变量取 $t_{k,i}$，其他输入随机变量取均值时式(11-58)的输出值。

在式(11-63)中，权重系数 $p_{k,i}$ 可由式(11-64)求得：

$$\begin{cases} p_{k,i} = \dfrac{(-1)^{3-i}}{\xi_{k,i}(\xi_{k,1} - \xi_{k,2})}, & i = 1,2 \\ p_{k,3} = \dfrac{1}{m} - p_{k,1} - p_{k,2} \end{cases} \tag{11-64}$$

2. 区间概率能量流计算的区间点估计法

基于 $2m+1$ 点估计法，采用区间数描述输入随机变量分布参数的不确定性，提出了区间点估计法求解考虑 HOU 的 CCHP 园区微网 IPEF 问题。

CCHP 园区微网稳态能量流计算可表述为状态变量 $\boldsymbol{X}$ 与输入变量 $\boldsymbol{W}$ 的关系：

$$\boldsymbol{X}=\boldsymbol{g}(\boldsymbol{W})=\boldsymbol{g}(\boldsymbol{W}_{\mathrm{L}};\boldsymbol{W}_{\mathrm{R}})=\boldsymbol{g}(w_1,w_2,\cdots,w_k,\cdots,w_m) \tag{11-65}$$

式中，$w_k(k=1,2,\cdots,m)$ 表示 $\boldsymbol{W}$ 的第 k 个元素。

负荷功率向量 $\boldsymbol{W}_{\mathrm{L}}$ 和太阳辐照度向量 $\boldsymbol{W}_{\mathrm{R}}$ 的区间均值和区间标准差分别由式(11-12)和式(11-18)求得。假设 w_k 的区间均值和区间标准差分别为$[\sigma_k]$和$[\mu_k]$，则根据式(11-66)可选取 w_k 的均值及其左右邻域内三个采样区间，记为$[w_{k,1}]$、$[w_{k,2}]$和$[w_{k,3}]$：

$$[w_{k,i}]=[\mu_{wk}]+[\xi_{k,i}][\sigma_{wk}],\quad i=1,2,3 \tag{11-66}$$

式中，位置系数区间$[\xi_{k,i}]$可由式(11-67)求得：

$$\begin{cases}[\xi_{k,i}]=[\lambda_{k,3}]/2+(-1)^{3-i}\sqrt{[\lambda_{k,4}]-3[\lambda_{k,3}^2]/4}, & i=1,2\\ [\xi_{k,3}]=0\end{cases} \tag{11-67}$$

其中，$[\lambda_{k,3}]$为偏度系数区间；$[\lambda_{k,4}]$为峰度系数区间。对于服从正态分布的负荷功率向量 $\boldsymbol{W}_{\mathrm{L}}$，$[\lambda_{k,3}]=0$ 且$[\lambda_{k,4}]=3$。对于服从 Beta 分布的太阳辐照度向量 $\boldsymbol{W}_{\mathrm{R}}$，其偏度系数区间$[\lambda_{k,3}]$和峰度系数区间$[\lambda_{k,4}]$可由式(11-68)求得：

$$\begin{cases}[\lambda_{k,3}]=\dfrac{2([\beta]-[\alpha])\sqrt{[\alpha]+[\beta]+1}}{([\alpha]+[\beta]+2)\sqrt{[\alpha][\beta]}}\\ [\lambda_{k,4}]=\dfrac{6(([\alpha]-[\beta])^2([\alpha]+[\beta]+1)-[\alpha][\beta]([\alpha]+[\beta]+2))}{[\alpha][\beta]([\alpha]+[\beta]+2)([\alpha]+[\beta]+3)}+3\end{cases} \tag{11-68}$$

则 CCHP 园区微网输出随机变量的 j 阶矩区间可表示为

$$[E(\boldsymbol{X}^j)]=\sum_{k=1}^{m}\sum_{i=1}^{3}[p_{k,i}]\times(\boldsymbol{g}([\mu_{w1}],[\mu_{w2}],\cdots,[w_{k,i}],\cdots,[\mu_{wm}]))^j \tag{11-69}$$

式中，$\boldsymbol{g}([\mu_{w1}],[\mu_{w2}],\cdots,[w_{k,i}],\cdots,[\mu_{wm}])$ 表示第 k 个输入随机变量采样区间取$[w_{k,i}]$，其他输入随机变量采样区间取均值区间时，通过 CCHP 园区微网区间能量流计算求得的各状态变量的区间值。

式(11-69)中，权重系数区间$[p_{k,i}]$可由式(11-70)求得：

$$\begin{cases}[p_{k,i}]=\dfrac{(-1)^{3-i}}{[\xi_{k,i}]([\xi_{k,1}]-[\xi_{k,2}])}, & i=1,2\\ [p_{k,3}]=\dfrac{1}{m}-[p_{k,1}]-[p_{k,2}]\end{cases} \tag{11-70}$$

在式(11-69)中，需要将区间位置向量($[\mu_{w1}], [\mu_{w2}],\cdots, [w_{k,i}],\cdots, [\mu_{wm}]$)作为输入变量，通过 CCHP 园区微网区间能量流计算求得其对应的各状态变量的区间值。区间能量流计算模型是一组复杂的区间非线性方程，通常采用区间迭代法求解。但是常用的区间迭代法计算复杂，且存在区间扩张问题，特别是当输入变量区间宽度较大时，区间迭代法可能出现无解情况。因此，基于区间 Taylor 级数展开法提出了非迭代的区间能量流算法，以提高区间能量流计算的精度并降低计算复杂度，具体如下。

对于如式(11-58)所示的函数关系，区间函数 $\boldsymbol{h}([\boldsymbol{T}])$ 在区间$[\boldsymbol{T}]$的区间中点 $\boldsymbol{T}_c$ 处的区间 Taylor 级数展开如下：

$$\boldsymbol{h}([\boldsymbol{T}])=\boldsymbol{h}(\boldsymbol{T}_c)+\sum_{k=1}^{m}\left.\frac{\partial \boldsymbol{h}(\boldsymbol{T})}{\partial t_k}\right|_{\boldsymbol{T}=\boldsymbol{T}_c}\cdot([t_k]-t_{ck})+\cdots \tag{11-71}$$

式中，t_{ck} 是 $\boldsymbol{T}_c$ 中的第 k 个元素。

已知输入随机变量区间$[\boldsymbol{W}]$，根据式(11-1)、式(11-5)、式(11-9)、式(11-11)和式(11-19)，可将$[\boldsymbol{W}]$转换为注入功率增广向量区间$[\boldsymbol{F}]$。随后可由$[\boldsymbol{W}]$和$[\boldsymbol{F}]$求得状态变量区间值$[\boldsymbol{X}]$：

$$[\boldsymbol{X}]=\boldsymbol{X}_c+[\boldsymbol{X}_{\mathrm{flu}}] \tag{11-72}$$

可见，该方法将状态变量区间值的计算分解为状态变量区间中点值 $\boldsymbol{X}_c$ 和区间波动区间$[\boldsymbol{X}_{\mathrm{flu}}]$两部分分别计算。

$\boldsymbol{X}_c$ 可采用牛拉法求解确定性 CCHP 园区微网能量流方程得到，表示如下：

$$\boldsymbol{X}_c=\boldsymbol{g}(\boldsymbol{W}_c) \tag{11-73}$$

式中，$\boldsymbol{W}_c$ 为输入随机变量 $\boldsymbol{W}$ 的区间中点值。

根据式(11-9)，$[\boldsymbol{X}_{\mathrm{flu}}]$可由式(11-74)求得：

$$[\boldsymbol{X}_{\mathrm{flu}}]=(\partial \boldsymbol{f}/\partial \boldsymbol{X})^{-1}\Big|_{\boldsymbol{X}=\boldsymbol{X}_c}([\boldsymbol{F}]-\boldsymbol{F}_c) \tag{11-74}$$

式中，$\partial \boldsymbol{f}/\partial \boldsymbol{X}$ 为能量流方程对各状态变量的偏导数组成的雅可比矩阵；$\boldsymbol{F}_c$ 为$[\boldsymbol{F}]$的区间中心值向量。

3. 基于 AA 的区间点估计法

传统的 IA 忽略了区间数之间的依赖性，所求得区间值可能明显大于实际区间，即为区间扩张问题[6]。为了解决 IPEM 计算中存在的区间扩张问题，在基于 IPEM 的 IPEF 算法中采用 AA 进行区间计算，以减少计算结果的区间扩张问题，提高计算结果的精度。

AA 通过引入噪声源解决区间的依赖性问题，但是在采用 AA 进行计算的过程中，每次乘法或除法运算都会引入新的噪声源，表示如下：

$$
\begin{cases}
\hat{x}\hat{y} = x_0 y_0 + \sum_{i=1}^{n}(x_0 y_i + y_0 x_i)\varepsilon_i + \left(\sum_{i=1}^{n} x_i\varepsilon_i\right)\left(\sum_{i=1}^{n} y_i\varepsilon_i\right) \approx z_0 + \sum_{i=1}^{n} z_i\varepsilon_i + z_k\varepsilon_k \\
\hat{x}/\hat{y} = \hat{x}(1/\hat{y})
\end{cases}
\tag{11-75}
$$

式中，$z_0 = x_0y_0$，$z_i = x_0y_i+y_0x_i$，则 $z_k\varepsilon_k$ 是原噪声源非线性项的近似值。

AA 乘法或除法运算产生新的噪声源 ε_k 依赖于输入变量的原始噪声源，但该噪声源却被作为独立噪声源参与后续的 AA 计算过程，在 AA 计算中无法抵消。因而在 AA 的计算过程中，这些由 AA 乘法或除法运算产生的新噪声源会不断累积，带来较为明显的区间扩张问题。例如，由区间能量流计算求得的状态变量 x 的矩区间可以用 AA 形式表示为式(11-76)的形式。

$$
\begin{aligned}
\hat{x} &= x_0 + x_1\varepsilon_1 + \cdots + x_p\varepsilon_p + x_{p+1}\varepsilon_{p+1} + \cdots + x_{p+q}\varepsilon_{p+q} \\
&= x_0 + [x_1,\cdots,x_p][\varepsilon_1,\cdots,\varepsilon_p]^{\mathrm{T}} + [x_{p+1},\cdots,x_{p+q}][\varepsilon_{p+1},\cdots,\varepsilon_{p+q}]^{\mathrm{T}} \\
&= x_0 + \boldsymbol{x}_{\mathrm{in}}\boldsymbol{\varepsilon}_{\mathrm{in}}^{\mathrm{T}} + \boldsymbol{x}_{\mathrm{ex}}\boldsymbol{\varepsilon}_{\mathrm{ex}}^{\mathrm{T}}
\end{aligned}
\tag{11-76}
$$

由此可见，该 AA 形式可以分为三个部分。第一部分 x_0 是区间的中心值。第二部分是不确定输入变量带来的噪声项，$\boldsymbol{\varepsilon}_{\mathrm{in}}$ 和 $\boldsymbol{x}_{\mathrm{in}}$ 分别是不确定输入变量带来的原始噪声源向量及其偏增量向量，各包含有 p 个元素。第三部分是额外噪声项，$\boldsymbol{\varepsilon}_{\mathrm{ex}}$ 和 $\boldsymbol{x}_{\mathrm{ex}}$ 分别是由 AA 乘/除运算产生的额外噪声源向量及其偏增量向量，各包含有 q 个元素。

在实际计算中，$\boldsymbol{\varepsilon}_{\mathrm{ex}}$ 通常远小于 $\boldsymbol{\varepsilon}_{\mathrm{in}}$，即输出变量的区间主要受到输入变量的原始噪声源影响。每次 AA 乘法/除法运算都会产生新的额外噪声源，导致额外噪声源数量 q 远大于输入变量原始噪声源数量 p，大量微小的额外噪声源累积，最终导致区间计算结果出现区间扩张问题。为了解决上述问题，基于 AA 的特点提出了如下区间收缩方法：在计算状态变量的 AA 形式的矩区间时，略去 AA 乘法/除法运算所带来的额外噪声项部分，仅保留输入变量的中点值和原始噪声项部分。在后面的算例仿真中可见，通过该改进方法，可得到更为准确的 AA 区间计算结果。

4. 算法计算步骤

所提出的 AIPEM 的具体计算步骤如下所述。

(1) 给定 w_{L} 和 w_{R} 的 p-box 模型，并由历史数据获得 p-box 模型中的概率分布参数的区间值。

(2) 由式(11-67)和式(11-68)计算位置系数区间$[\xi_{k,i}]$，由式(11-70)计算权重系数区间$[p_{k,i}]$。

(3) 根据式(11-66)计算每个输入随机变量的采样区间$[w_{k,i}]$。

(4) 根据式(11-72)～式(11-74)，对于输入变量的每个采样区间应用非迭代区间能量流运算，计算得到相应的状态变量区间。

(5) 根据式(11-69)计算得到 CCHP 园区微网中状态变量的各阶矩区间$[E(\boldsymbol{X}^j)]$。

由于步骤(3)和(5)中的 AA 乘/除运算将产生许多额外的噪声项，因此采用步骤(3)中提出的区间收缩方法来提高计算精度。

11.2.2　节点功率相关性问题的处理

由于 CCHP 园区微网中各个节点的负荷功率和新能源出力通常存在一定的相关性，会对 IPEF 计算结果的准确性带来影响。针对该问题，本节基于 Nataf 逆变换和 p-box 模型，提出了一种考虑节点注入功率相关性的 AIPEM。

Nataf 逆变换可以实现从独立标准正态空间到具有相关性的原始变量空间的转换，可用于处理 AIPEM 中的输入变量采样点的相关性问题。在传统的基于 Nataf 逆变换的 PEM 中[8]，首先需要计算独立标准正态空间中的采样矩阵 $\boldsymbol{E}_{\mathrm{S}}$，再将 $\boldsymbol{E}_{\mathrm{S}}$ 变换到具有相关性的标准正态空间 $\boldsymbol{V}$ 中，得到采样矩阵的 $\boldsymbol{V}_{\mathrm{S}}$。最后将 $\boldsymbol{V}_{\mathrm{S}}$ 转换至具有相关性的原始变量空间中，得到输入随机变量 $\boldsymbol{W}$ 的采样矩阵 $\boldsymbol{W}_{\mathrm{S}}$。该转换过程具体如式(11-77)～式(11-80)所示。给定输入变量 $\boldsymbol{W}$ 的相关系数矩阵 $\boldsymbol{C}_{\mathrm{W}}$，则具有相关性的标准正态随机变量 $\boldsymbol{V}$ 的相关系数矩阵 $\boldsymbol{C}_{\mathrm{V}}$ 可由式(11-77)求得：

$$\rho_{w_i w_j} = \int_{-\infty}^{+\infty}\int_{-\infty}^{+\infty} \frac{w_i - \mu_{wi}}{\sigma_{wi}} \frac{w_j - \mu_{wj}}{\sigma_{wj}} \varphi_2(v_i, v_j, \rho_{v_i v_j}) \mathrm{d}v_i \mathrm{d}v_j \tag{11-77}$$

式中，w_i 和 w_j 分别是 $\boldsymbol{W}$ 第 i 和第 j 个元素；v_i 和 v_j 分别是 $\boldsymbol{V}$ 的第 i 和第 j 个元素；$\rho_{w_i w_j}/\rho_{v_i v_j}$ 为相关系数矩阵 $\boldsymbol{C}_{\mathrm{W}}/\boldsymbol{C}_{\mathrm{V}}$ 的第 i 行 j 列元素；μ_{wi}/μ_{wj} 和 σ_{wi}/σ_{wj} 分别是 w_i/w_j 的均值和标准差；$\varphi_2(\cdot)$ 是二维标准正态分布的 PDF。

由于难以直接由式(11-77)得到 $\rho_{v_i v_j}$ 的解析解，因此，在目前的研究中通常采用半经验公式或数值分析方法[9]，由给定的 $\rho_{w_i w_j}$ 求得 $\rho_{v_i v_j}$ 的值。特别地，如果 $\boldsymbol{W}$ 服从正态分布，则 $\rho_{v_i v_j} = \rho_{w_i w_j}$。

再根据式(11-78)对 $\boldsymbol{C}_{\mathrm{V}}$ 进行 Cholesky 分解求得下三角矩阵 $\boldsymbol{L}_{\mathrm{V}}$。

$$\boldsymbol{C}_{\mathrm{V}} = \boldsymbol{L}_{\mathrm{V}} \boldsymbol{L}_{\mathrm{V}}^{\mathrm{T}} \tag{11-78}$$

将 $\boldsymbol{L}_{\mathrm{V}}$ 代入式(11-79)，可得到采样矩阵 $\boldsymbol{V}_{\mathrm{S}}$。

$$\boldsymbol{V}_{\mathrm{S}} = \boldsymbol{L}_{\mathrm{V}} \boldsymbol{E}_{\mathrm{S}} \tag{11-79}$$

最后根据等概率原则[8]，将 $\boldsymbol{V}_{\mathrm{S}}$ 转换到原始变量空间中，得到输入随机变量的采样矩阵 $\boldsymbol{W}_{\mathrm{S}}$，如式(11-80)所示。

$$\boldsymbol{W}_{\mathrm{S}} = F_{\mathrm{W}}^{-1}(\boldsymbol{\Phi}(\boldsymbol{V}_{\mathrm{S}})) \tag{11-80}$$

式中，$\boldsymbol{\Phi}(\cdot)$ 是标准正态分布的 CDF；$F_{\mathrm{W}}(\cdot)$ 是输入随机变量 $\boldsymbol{W}$ 的 CDF。当计算负荷功率的采样矩阵时 $F_{\mathrm{W}} = F_{\mathrm{WL}}$，当计算太阳辐照度的采样矩阵时 $F_{\mathrm{W}} = F_{\mathrm{WR}}$。

在本章提出的 IPEF 计算模型中，输入变量 $\boldsymbol{W}$ 的均值和方差均为区间值，因而根据式(11-77)计算得到的相关系数矩阵$[\boldsymbol{C}_{\mathrm{V}}]$应为区间矩阵。在式(11-77)中，$\rho_{w_i w_j}$ 与

$\rho_{v_iv_j}$为严格单调增关系[9]。因此，若$\rho_{w_iw_j}$为确定数值且保持不变，则变量μ_{wi}、μ_{wj}、σ_{wi}、σ_{wj}会随着$\rho_{v_iv_j}$的增加而增加。假设[$\rho_{v_iv_j}$]为矩阵[$\boldsymbol{C}_{\mathrm{V}}$]的第$i$行$j$列元素，则其上边界$\overline{\rho}_{v_iv_j}$和下边界$\underline{\rho}_{v_iv_j}$可由式(11-81)求得：

$$\begin{cases}\rho_{w_iw_j}=\int_{-\infty}^{+\infty}\int_{-\infty}^{+\infty}\dfrac{w_i-\overline{\mu}_{wi}}{\overline{\sigma}_{wi}}\dfrac{w_j-\overline{\mu}_{wj}}{\overline{\sigma}_{wj}}\varphi_2(v_i,v_j,\overline{\rho}_{v_iv_j})\mathrm{d}v_i\mathrm{d}v_j\\ \rho_{w_iw_j}=\int_{-\infty}^{+\infty}\int_{-\infty}^{+\infty}\dfrac{w_i-\underline{\mu}_{wi}}{\underline{\sigma}_{wi}}\dfrac{w_j-\underline{\mu}_{wj}}{\underline{\sigma}_{wj}}\varphi_2(v_i,v_j,\underline{\rho}_{v_iv_j})\mathrm{d}v_i\mathrm{d}v_j\end{cases}\tag{11-81}$$

由于不同节点注入功率之间的相关系数也是其概率分布模型中的分布参数，因此它们也可能具有不确定性。因此，采用区间数来描述相关系数的不确定性，即给定的相关系数$\rho_{w_iw_j}$变为区间值[$\rho_{w_iw_j}$]，相关系数矩阵$\boldsymbol{C}_{\mathrm{W}}$也变为区间矩阵[$\boldsymbol{C}_{\mathrm{W}}$]。则[$\boldsymbol{C}_{\mathrm{V}}$]中的[$\rho_{v_iv_j}$]可由式(11-82)求得：

$$[\rho_{w_iw_j}]=\int_{-\infty}^{+\infty}\int_{-\infty}^{+\infty}\frac{w_i-[\mu_{wi}]}{[\sigma_{wi}]}\frac{w_j-[\mu_{wj}]}{[\sigma_{wj}]}\varphi_2(v_i,v_j,[\rho_{v_iv_j}])\mathrm{d}v_i\mathrm{d}v_j\tag{11-82}$$

根据单调性关系，[$\rho_{v_iv_j}$]的上下边界可由式(11-83)求得：

$$\begin{cases}\overline{\rho}_{w_iw_j}=\int_{-\infty}^{+\infty}\int_{-\infty}^{+\infty}\dfrac{w_i-\overline{\mu}_{wi}}{\overline{\sigma}_{wi}}\dfrac{w_j-\overline{\mu}_{wj}}{\overline{\sigma}_{wj}}\varphi_2(v_i,v_j,\overline{\rho}_{v_iv_j})\mathrm{d}v_i\mathrm{d}v_j\\ \underline{\rho}_{w_iw_j}=\int_{-\infty}^{+\infty}\int_{-\infty}^{+\infty}\dfrac{w_i-\underline{\mu}_{wi}}{\underline{\sigma}_{wi}}\dfrac{w_j-\underline{\mu}_{wj}}{\underline{\sigma}_{wj}}\varphi_2(v_i,v_j,\underline{\rho}_{v_iv_j})\mathrm{d}v_i\mathrm{d}v_j\end{cases}\tag{11-83}$$

式中，$\underline{\rho}_{w_iw_j}$和$\overline{\rho}_{w_iw_j}$分别为[$\rho_{w_iw_j}$]的下边界和上边界。

在式(11-78)和式(11-79)的计算中，当前还没有有效的方法用于区间矩阵的Cholesky分解，而区间矩阵的乘法运算也会导致区间扩张问题。因而本章对区间矩阵[$\boldsymbol{C}_{\mathrm{V}}$]进行随机抽样以确定区间采样矩阵[$\boldsymbol{V}_{\mathrm{S}}$]。首先对[$\boldsymbol{C}_{\mathrm{V}}$]进行$N_{\mathrm{V}}$次随机抽样，假设第$k$次采样得到的确定性相关系数矩阵为$\boldsymbol{C}_{\mathrm{V}}^k$，再将$\boldsymbol{C}_{\mathrm{V}}^k$代入式(11-78)和式(11-79)中得到对应的采样矩阵$\boldsymbol{V}_{\mathrm{S}}^k, k=1, 2,\cdots, N_{\mathrm{V}}$。最后计算所有的$\boldsymbol{V}_{\mathrm{S}}^k$中各个元素的上下边界得到区间采样矩阵[$\boldsymbol{V}_{\mathrm{S}}$]。

根据式(11-80)，可将[$\boldsymbol{V}_{\mathrm{S}}$]中的采样区间转换到$w_{\mathrm{L}}$的p-box空间$\boldsymbol{W}_{\mathrm{L}}^P$和$w_{\mathrm{R}}$的p-box空间$\boldsymbol{W}_{\mathrm{R}}^P$中，由此得到采样矩阵[$\boldsymbol{W}_{\mathrm{S}}$]。具体转换过程如式(11-84)和图11-4所示：

$$\begin{cases}\underline{\boldsymbol{W}_{\mathrm{S}}}=F_{\mathrm{W}}^{-1}(\Phi(\underline{\boldsymbol{V}_{\mathrm{S}}}))\\ \overline{\boldsymbol{W}_{\mathrm{S}}}=F_{\mathrm{W}}^{-1}(\Phi(\overline{\boldsymbol{V}_{\mathrm{S}}}))\end{cases}\tag{11-84}$$

式中，$\overline{\boldsymbol{W}_{\mathrm{S}}}$和$\underline{\boldsymbol{W}_{\mathrm{S}}}$分别是$\boldsymbol{W}_{\mathrm{S}}$的上下边界。

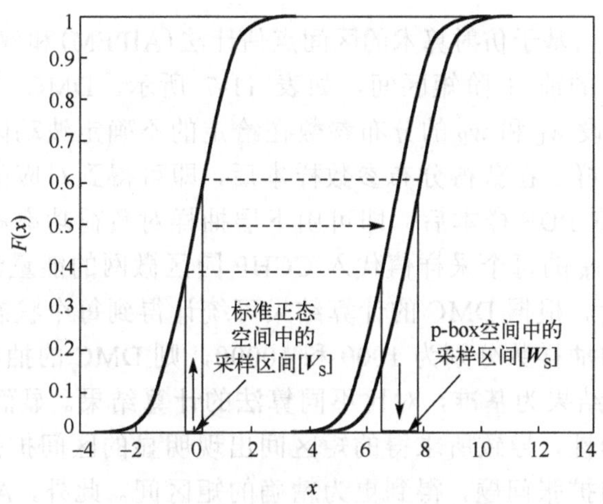

图 11-4　采样区间转换

由此，所提出的考虑注入功率相关性的 AIPEM 的计算步骤如下所示。

(1) 给定 w_L 和 w_R 的 p-box 模型，并由历史数据获得 p-box 模型中概率分布参数的区间值。

(2) 在标准正态空间 $\boldsymbol{E}$ 中计算采样矩阵 $\boldsymbol{E}_S$ 以及其对应的权重系数矩阵 $\boldsymbol{p}$。

(3) 根据式(11-78)、式(11-79)、式(11-81)和式(11-83)，将 $\boldsymbol{E}_S$ 转换至具有相关性的标准正态空间 $\boldsymbol{V}$ 中，并通过 N_V 次随机抽样得到采样矩阵 $\boldsymbol{V}_S$。

(4) 根据式(11-84)，将 $\boldsymbol{V}_S$ 转换到负荷功率的 p-box 空间 $\boldsymbol{W}_L^P$ 以及太阳辐照度的 p-box 空间 $\boldsymbol{W}_R^P$ 中，求得采样矩阵[$\boldsymbol{W}_S$]。

(5) 根据 11.2.1 节中步骤(4)和(5)计算得到状态变量的各阶矩区间。

11.2.3　算例分析

以 11.1 节中的相同系统为算例验证所提出算法的正确性。假设太阳辐照度服从 Beta 分布，并采用广州市(23°6′N, 113°2′E)的太阳辐照度历史数据，通过拟合得到太阳辐照度分布形状参数区间[α]和[β]的中心值分别为 0.6798 和 1.7788，假定区间半径取中心值的 0.1%。此外，微网中冷/热/电负荷均假定服从正态分布，期望值波动区间[μ]的中心值取稳态潮流运行状态值，期望值波动区间半径取中心值的 1 %，假定负荷标准差波动区间[σ]=0.15[μ]。考虑新能源渗透率较大的情况，光伏/光热站注入总功率占电负荷/热负荷功率的 50%。区间运算采用 MATLAB 中的 INTLAB 工具箱。

1. 区间扩张问题分析

在所提出的 IPEM 中，分别采用 IA 和 AA 进行区间计算，以体现 AA 的区间收缩效果。以热网管道 1 的流量值为例，基于区间算术的区间点估计法(interval arithmetic-based IPEM，IIPEM)、基于仿射算术的区间点估计法(AIPEM)和双层蒙特卡罗(DMC)法求得该状态变量的前 3 阶矩区间，如表 11-7 所示。DMC 方法的计算过程与 11.1.4 节相同。假设 w_L 和 w_R 的分布参数在给定的不确定波动区间内服从均匀分布，并进行上层采样。在获得分布参数样本后，即可得到对应的 w_L 和 w_R 的一系列 PDF 样本。得到 PDF 样本后，即可由下层抽样对负荷功率和太阳辐照度多次采样，并将 w_L 和 w_R 的每个采样值代入 CCHP 园区微网的能量流计算模型中，求得相应的状态变量。根据 DMC 的计算结果可统计得到每个状态变量的各阶矩区间。上层和下层的抽样数分别为 1000 和 10000，则 DMC 的抽样总数为 10^7 个。以 DMC 法获得的结果为基准，对比不同算法的计算结果。显而易见，IA 忽略了区间数之间的依赖性，导致所求得的矩区间出现明显的区间扩张问题。而 AA 可以有效地解决区间扩张问题，得到更为精确的矩区间。此外，AIPEM 应用 11.2.1 节所提出的区间收缩方法后，在计算中忽略了 AA 乘/除运算产生的额外噪声项，进一步提高了计算的精确性。

表 11-7 管道 1 流量值的矩区间

算法	一阶矩	二阶矩	三阶矩
IIPEM	[−30.74, 56.04]	[−676.29, 997.73]	$[-1.22, 1.63]\times10^4$
AIPEM	[12.33, 12.97]	[150.72, 170.57]	$[1.77, 2.32]\times10^3$
AIPEM (区间收缩)	[12.48, 12.82]	[156.16, 165.03]	$[1.96, 2.13]\times10^3$
DMC	[12.47, 12.82]	[156.05, 165.01]	$[1.96, 2.13]\times10^3$

通过 AIPEM 可以求得以 AA 形式表示管道 1 流量值的各阶矩区间，上述矩区间可按照式(11-76)进行分解，如表 11-8 所示。由表中可见，同阶矩区间中 $\boldsymbol{x}_{\text{in}}$ 的均值均显著大于 $\boldsymbol{x}_{\text{ex}}$ 的均值，矩区间的区间范围最主要受到输入噪声源的影响。而同一阶矩区间 $\boldsymbol{\varepsilon}_{\text{in}}$ 的个数又远小于 $\boldsymbol{\varepsilon}_{\text{ex}}$ 的个数，大量的额外噪声源相互独立，不断累积最终导致了区间的过度扩张，带来计算误差。由上述结果可以验证 11.2.1 节所提的区间收缩方法在解决区间扩张问题上的有效性。

表 11-8 热网管道 1 流量值各阶矩 AA 形式的分解结果

阶数	中心值	$\boldsymbol{\varepsilon}_{\text{in}}$ 的个数	$\boldsymbol{x}_{\text{in}}$ 的均值	$\boldsymbol{\varepsilon}_{\text{ex}}$ 的个数	$\boldsymbol{x}_{\text{ex}}$ 的均值
一阶	12.65	28	0.0062	1040	8.63×10^{-5}
二阶	160.65	28	0.1566	1580	0.0037
三阶	2047.20	28	2.9861	2120	0.0622

2. 不同算法的计算结果分析

为了验证所提出算法的有效性，分别采用 DMC 法(算法Ⅰ)、所提的仿射算术的区间点估计法(AIPEM)(算法Ⅱ)和 11.1 节所提的区间半不变量法(ICM)(算法Ⅲ)

进行 CCHP 园区微网的 IPEF 计算，以 DMC 法求得结果为基准，比较 AIPEM 和 ICM 的计算准确性。以供电网节点 1 处电压幅值 V_1、供热网管道 2 的管道流量 m_{h2}，供热节点 2 处的供水温度 $T_{s.h2}$ 和节点 1 处回水温度 $T_{r.h1}$ 为例，不同算法所求的各阶矩区间对比如表 11-9 所示。

表 11-9　不同算法计算结果对比

变量	算法	一阶矩区间	二阶矩区间	三阶矩区间
V_1/p.u.	Ⅰ	[1.0087,1.0099]	[1.0174,1.0199]	[1.0264,1.0300]
	Ⅱ	[1.0087,1.0099]	[1.0175,1.0199]	[1.0265,1.0301]
	Ⅲ	[1.0088,1.0100]	[1.0178,1.0202]	[1.0269,1.0305]
m_{h2}/(kg/s)	Ⅰ	[0.9540,0.9803]	[0.9563,1.0059]	[0.9984,1.0722]
	Ⅱ	[0.9554,0.9822]	[0.9580,1.0104]	[1.0010,1.0818]
	Ⅲ	[0.9554,0.9821]	[0.9582,1.0105]	[1.0041,1.0845]
$T_{s.h2}$/℃	Ⅰ	[89.315,89.345]	$[7.977,7.982]\times10^3$	$[7.125,7.131]\times10^5$
	Ⅱ	[89.324,89.345]	$[7.977,7.982]\times10^3$	$[7.127,7.132]\times10^5$
	Ⅲ	[89.357,89.374]	$[7.984,7.987]\times10^3$	$[7.135,7.139]\times10^5$
$T_{r.h1}$/℃	Ⅰ	[39.862,39.866]	[1589.02,1589.32]	[63342.2,63360.1]
	Ⅱ	[39.862,39.866]	[1589.02,1589.32]	[63342.6,63360.1]
	Ⅲ	[39.863,39.867]	[1589.06,1589.35]	[63347.7,63365.8]

以 DMC 法(算法Ⅰ)得到的矩区间为基准，计算了其他两种算法得到的矩区间的上下限的相对误差。为了对比不同算法的计算精度，本章以 DMC 方法得到的矩区间为基准，计算了其他两种算法得到的矩区间的上下限的平均相对误差 ε_{av}，表示如下：

$$\varepsilon_{av} = (\varepsilon_L + \varepsilon_U)/2 \tag{11-85}$$

式中，ε_L 和 ε_U 分别为各阶矩区间的下界和上界误差，分别由式(11-86)和式(11-87)计算：

$$\varepsilon_L = \left| \frac{\inf([E(X^i)]_{Ⅱ/Ⅲ}) - \inf([E(X^i)]_Ⅰ)}{\inf([E(X^i)]_Ⅰ)} \right| \tag{11-86}$$

$$\varepsilon_U = \left| \frac{\sup([E(X^i)]_{Ⅱ/Ⅲ}) - \sup([E(X^i)]_Ⅰ)}{\sup([E(X^i)]_Ⅰ)} \right| \tag{11-87}$$

式中，$[E(X^i)]$表示第 i 阶矩区间，其下标Ⅰ/Ⅱ/Ⅲ表示求得该矩区间所采用的算法；inf(·)和 sup(·)分别指取区间数的下界和上界。

统计各类型变量的矩区间计算误差均值，如表 11-10 所示。可以看到，随着矩区间的阶数的增加，两种算法的计算误差也增加，但所提出的 AIPEM(算法Ⅱ)的误差基本上都小于 ICM(算法Ⅲ)的误差。特别是在电压幅值、供水温度和回水温度的矩区间计算中，ICM 计算过程中基于线性化的能量流方程，导致 ICM 的误差明显大于 AIPEM。因此，所提出的 AIPEM 比 ICM 具有更高的计算精度。

表 11-10 不同算法的平均相对误差

变量	算法	一阶矩误差/%	二阶矩误差/%	三阶矩误差/%
δ	Ⅱ	0.0764	0.1132	0.2235
	Ⅲ	0.1331	0.2326	0.2830
V	Ⅱ	0.0021	0.0041	0.0062
	Ⅲ	0.0082	0.0160	0.0235
m_h	Ⅱ	0.1149	0.2145	0.3457
	Ⅲ	0.1144	0.2219	0.4833
$T_{s.h}$	Ⅱ	0.0029	0.0054	0.0078
	Ⅲ	0.0168	0.0333	0.0497
$T_{r.h}$	Ⅱ	0.0004	0.0009	0.0013
	Ⅲ	0.0046	0.0091	0.0137
m_c	Ⅱ	0.0482	0.0941	0.1429
	Ⅲ	0.2752	0.5456	0.8120
$T_{s.c}$	Ⅱ	0.0005	0.0009	0.0014
	Ⅲ	0.0061	0.0122	0.0183
$T_{r.c}$	Ⅱ	0.0002	0.0003	0.0005
	Ⅲ	0.0018	0.0036	0.0054

3. 光伏/光热渗透率和负荷波动幅度的影响

光伏/光热渗透率和负荷波动幅度，均会影响节点功率的波动幅度。下面分析不同的光伏/光热渗透率和负荷波动幅度下，所提出的 AIPEM 计算精度的变化情况。负荷波动幅度可由负荷波动率 k_L 衡量，表示如下：

$$\mathrm{mid}([\delta])=k_{\mathrm{L}}\cdot\mathrm{mid}([\mu]) \tag{11-88}$$

式中，mid(·)表示取区间数的中心值。

以电网的电压幅值 V、热网管道流量 m_h 和供水温度 $T_{s.h}$ 为例，对比 AIPEM 和 ICM 两种算法的平均相对误差。图 11-5 和图 11-6 分别展示了不同光伏/光热渗透率和不同负荷波动幅度下，不同算法的计算结果。图中实线和虚线分别为所提出的 AIPEM 和 11.1 节所提出的 ICM 的计算误差曲线，黑色、灰色、浅灰色线分别为一阶、二阶和三阶矩区间的误差曲线。由图中可见，对各个状态变量，所提出的 AIPEM 的计算精度都比 ICM 更高。随着光伏/光热渗透率和负荷波动幅度的增加，ICM 的计算误差显著增加，而 AIPEM 的相对误差增加较慢且更为稳定。对于管道流量值，由于流量值的计算过程线性程度更高，两种算法的误差差别较小。而在电压幅值和供水温度的相关计算中，由于其计算过程非线性较强，所提出的 AIPEM 比 ICM 具有更高的计算精度，优势更明显。

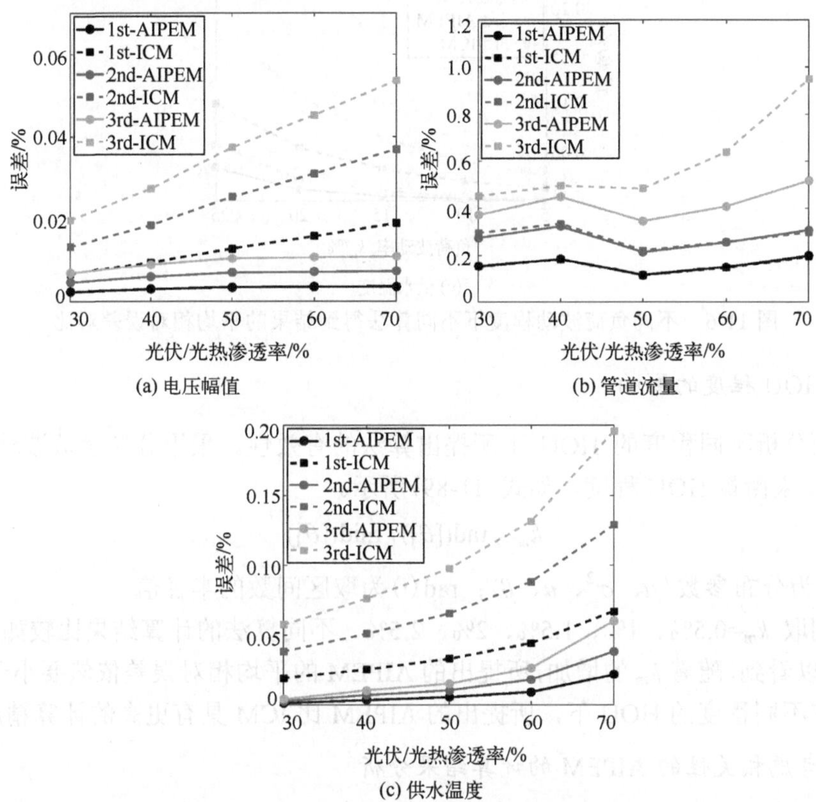

图 11-5　不同光伏/光热渗透率下不同算法得到结果的平均相对误差对比

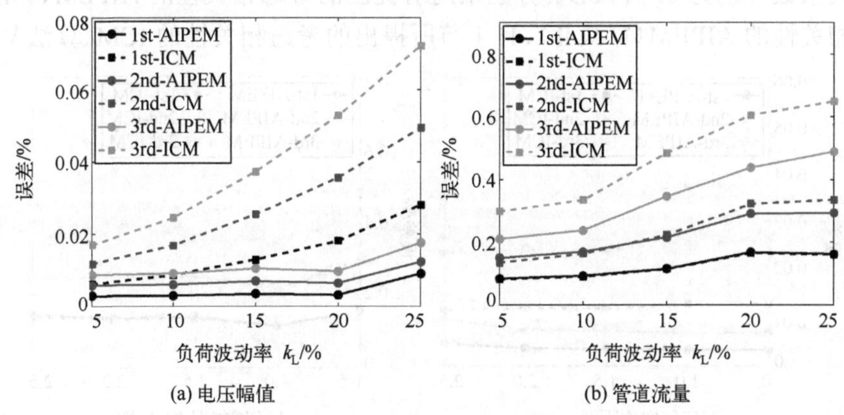

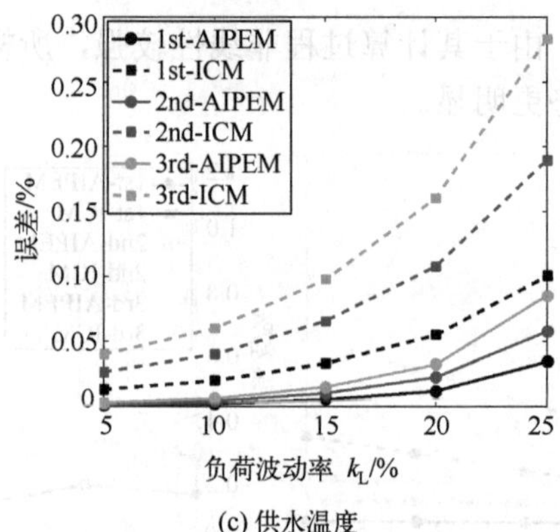

(c) 供水温度

图 11-6　不同负荷波动程度下不同算法得到结果的平均相对误差对比

4. HOU 程度的影响

下面分析不同程度的 HOU 下所提出算法的有效性。采用分布参数波动区间宽度比例 k_m 来衡量 HOU 程度，如式(11-89)所示。

$$k_m = \mathrm{rad}([\theta]) / \mathrm{mid}([\theta]) \tag{11-89}$$

式中，θ 为分布参数(μ、σ^2、α、β)；rad(·)为取区间数的半径值。

分别取 k_m=0.5%、1%、1.5%、2%、2.5%，不同算法的计算结果比较如图 11-7 所示。可以看到，随着 k_m 的增加，所提出的 AIPEM 的平均相对误差依然要小于 ICM。因此，在不同程度的 HOU 下，所提出的 AIPEM 比 ICM 具有更高的计算精度。

5. 考虑相关性的 AIPEM 的计算结果分析

在不考虑相关系数的不确定性的情况下，假设不同节点的负荷功率和太阳辐照度的相关系数分别为 0.7 和 0.9。分别采用所提出的考虑相关性的 AIPEM(算法Ⅳ)、不考虑相关性的 AIPEM(算法Ⅱ)、11.1 节所提出的考虑相关性的 ICM(算法Ⅴ)和考

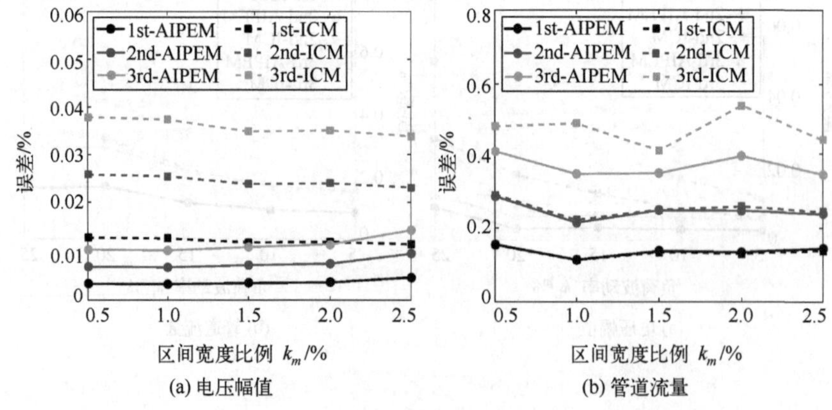

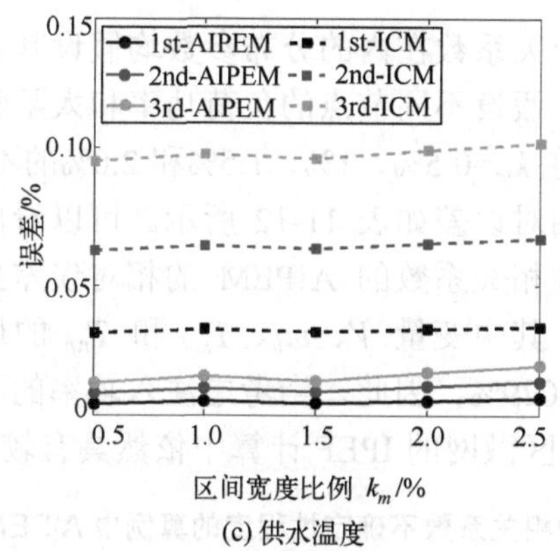

(c) 供水温度

图 11-7　不同 HOU 程度下不同算法得到结果的平均相对误差对比

虑相关性的 DMC 法求解 IPEF 问题。在算法Ⅳ中，求解采样矩阵[V_S]时随机抽样数 N_V 为 1000。与 11.1 节的算例仿真相同，考虑相关性的 DMC 法中，同样采用 Nataf 法生成具有相关性的样本。以 DMC 法所得计算结果为基准，其他三种方法的平均相对误差如表 11-11 所示。由表中结果可见，在考虑相关性的 IPEF 计算中，不考虑注入功率相关性的 AIPEM 存在明显的误差，而考虑注入功率相关性的 AIPEM 则可得到更准确的结果。此外，与考虑相关性的 ICM 相比，考虑相关性的 AIPEM 的计算精度也有明显提高。

表 11-11　考虑相关性的 IPEF 计算中不同算法的平均相对误差

变量	算法	一阶矩误差/%	二阶矩误差/%	三阶矩误差/%
V	Ⅱ	0.4895	0.9806	1.4733
	Ⅳ	0.0095	0.0192	0.0290
	Ⅴ	0.0316	0.0599	0.0848
m_h	Ⅱ	1.2249	2.3782	3.4871
	Ⅳ	0.1033	0.2034	0.2867
	Ⅴ	0.1013	0.2190	0.3569
$T_{s.h}$	Ⅱ	0.0089	0.0179	0.0268
	Ⅳ	0.0014	0.0028	0.0042
	Ⅴ	0.0171	0.0342	0.0513
$T_{r.h}$	Ⅱ	0.0038	0.0076	0.0115
	Ⅳ	3.84×10^{-4}	7.64×10^{-4}	1.14×10^{-3}
	Ⅴ	0.0056	0.0112	0.0168

在考虑相关系数不确定性的 IPEF 计算中，若采用考虑相关性的 ICM，难以求得区间矩阵[$\boldsymbol{K}$]，且在后续计算中需要重复使用大规模的区间矩阵[$\boldsymbol{K}$]进行复杂运算，会导致明显的区间扩张问题。显然 ICM 难以处理考虑相关系数的 HOU 的 IPEF 问题。因而本节只对比考虑不确定相关系数的 AIPEM 和 DMC 法的计算结果。在 DMC

法的双层抽样中，包括相关系数在内的分布参数均假设其在波动区间内均匀分布，并在上层抽样进行抽样。假设不同节点的负荷功率和太阳辐照度相关系数区间的中心值分别为 0.7 和 0.9。在 k_m=0.5%、1%、1.5%和 2.0%的不同算例中，AIPEM 计算结果中部分变量的平均相对误差如表 11-12 所示。可以看出，随着相关系数不确定性的增加，考虑不确定性相关系数的 AIPEM 的相对误差虽有所增加，但其误差值均控制在较小的范围内。其中变量 V、m_h、$T_{s.h}$ 和 $T_{r.h}$ 的最大误差仅为 0.0446%、0.8502%、0.0070%和 0.0029%。因此，当考虑注入功率的不确定相关系数时，所提出的 AIPEM 在 CCHP 园区微网的 IPEF 计算中依然具有较高的计算精度。

表 11-12 不同的相关系数不确定性程度的算例中 AIPEM 的平均相对误差

k_m/%	变量	一阶矩误差/%	二阶矩误差/%	三阶矩误差/%
0.5	V	0.0144	0.0296	0.0423
	m_h	0.1944	0.3970	0.5685
	$T_{s.h}$	0.0006	0.0011	0.0017
	$T_{r.h}$	8.42×10^{-5}	1.69×10^{-4}	2.55×10^{-4}
1.0	V	0.0142	0.0290	0.0444
	m_h	0.2516	0.5103	0.7200
	$T_{s.h}$	0.0013	0.0027	0.0040
	$T_{r.h}$	6.04×10^{-4}	1.21×10^{-3}	1.81×10^{-3}
1.5	V	0.0145	0.0294	0.0446
	m_h	0.2528	0.4917	0.7111
	$T_{s.h}$	0.0017	0.0034	0.0051
	$T_{r.h}$	7.63×10^{-4}	1.53×10^{-3}	2.29×10^{-3}
2.0	V	0.0133	0.0272	0.0416
	m_h	0.3076	0.6045	0.8502
	$T_{s.h}$	0.0023	0.0047	0.0070
	$T_{r.h}$	9.62×10^{-4}	1.92×10^{-3}	2.89×10^{-3}

6. 算例分析小结

算例分析结果显示，AA 以及所提出的区间收缩方法可以很好地解决 IA 所带来的区间扩张问题。在考虑不同光伏/光热渗透率、负荷波动范围和高阶不确定程度的算例中，所提出的 AIPEM 比 11.1 节提出的 ICM 具有更高的计算精度，且 AIPEM 更适合负荷功率和可再生能源出力波动较大的情况。特别是在供水温度和回水温度的计算中 AIPEM 的计算优势更为明显，例如，表 11-10 的计算结果中所提出的 AIPEM 获得结果的最大误差仅为 0.0078%，而 ICM 获得结果的最大误差为 0.0497%。此外，AIPEM 在进行 IPEF 计算中，还可以考虑不同节点注入功率的相关系数的不确定性，仿真结果的最大误差仅为 0.85%，而 11.1 节所提出的 ICM 目前难以处理该问题。

11.3　考虑新能源不确定性的综合能源系统最优能量流计算

在传统的 CCHP 园区微网的最优能量流(OEF)计算中，可在满足系统安全约束的情况下，寻找使微网运行成本达到最优的运行点。但在该最优运行点下，如果考虑负荷功率、光伏/光热出力等系统注入功率的 HOU，CCHP 园区微网中节点电压幅值、管道流量等状态变量仍然存在安全越限风险。因而，本节在传统 OEF 计算的基础上，提出了考虑注入功率 HOU 的 OEF 计算模型，模型中采用概率盒机会约束描述考虑 HOU 下微网中状态变量的安全限制，并引入方差约束以减小状态变量概率盒(p-box)的随机波动范围[10]。为了求解该模型，基于 p-有效点理论和区间 Cornish-Fisher 级数将状态变量概率盒机会约束和方差约束转化为关于各状态变量的区间半不变量的约束，并将区间 ICM 与 AA 运算应用到优化模型的转化中，从而将所提出的 OEF 计算模型转化为确定性的非线性优化模型。最终调用 GAMS 软件中的 CONOPT 求解器实现模型的求解。

11.3.1　基于概率盒机会约束和方差约束的 CCHP 园区微网 OEF 计算

1. 目标函数

以系统运行成本最优为优化目标，表示如下：

$$\min\ (C_{\text{CCHP}} + C_{\text{DN}}) \tag{11-90}$$

式中，C_{CCHP} 为 CCHP 机组的运行成本；C_{DN} 为微网从外部公用配电网购电的成本。

CCHP 机组的运行成本如下所示：

$$C_{\text{CCHP}} = \sum_{i \in S_G} (a_{5i} P_{Gi} \Phi_{Gi} + a_{4i} P_{Gi}^2 + a_{3i} P_{Gi} + a_{2i} \Phi_{Gi}^2 + a_{1i} \Phi_{Gi} + a_{0i}) \tag{11-91}$$

式中，P_{Gi} 和 Φ_{Gi} 为 CCHP 机组输出的电功率与余热功率；a_{5i}、a_{4i}、a_{3i}、a_{2i}、a_{1i}、a_{0i} 为 CCHP 机组运行成本的成本系数；S_G 为 CCHP 机组接入节点集合。

系统由外部配电网购电成本可由式(11-92)计算：

$$C_{\text{DN}} = c_{\text{DN}} P_{\text{DN}} \tag{11-92}$$

式中，c_{DN} 为外购电成本单价；P_{DN} 为配电网注入系统的有功功率。

2. 普通约束条件

1) 供冷/热网络运行特性约束

(1) 水力模型。

约束包括式(11-1)和式(11-2)，以及节点流量连续方程：

$$\boldsymbol{A}_{h/c}\boldsymbol{m}_{h/c}=\boldsymbol{m}_{q.h/c} \tag{11-93}$$

(2) 热力模型。

对于每个管道，均有温降方程：

$$T_{\text{end}}=(T_{\text{start}}-T_a)\mathrm{e}^{-L/(c_w mR)}+T_a \tag{11-94}$$

式中，$T_{\text{start/end}}$ 为流入/流出管道的水流温度；T_a 为环境温度；L 为管道长度；R 为管道传热系数。

对于每个节点，有节点温度混合方程：

$$\sum(m_{\text{in}}T_{\text{in}})=\left(\sum m_{\text{out}}\right)T_{\text{out}} \tag{11-95}$$

式中，$T_{\text{in/out}}$ 为流入/流出节点的水流温度；$m_{\text{in/out}}$ 为流入/流出该节点的管道流量。

(3) 机组热/冷出力约束。

$$\boldsymbol{\Phi}_{Gi.h/c,\min}\leqslant\boldsymbol{\Phi}_{Gi.h/c}\leqslant\boldsymbol{\Phi}_{Gi.h/c,\max} \tag{11-96}$$

式中，$\Phi_{Gi.h/c,\min/\max}$ 为 CCHP 机组的热/冷功率出力的下限值/上限值。

(4) 机组输出供水温度约束。

$$T_{Gsi.h/c,\min}\leqslant T_{Gsi.h/c}\leqslant T_{Gsi.h/c,\max} \tag{11-97}$$

式中，$T_{Gsi.h/c,\min/\max}$ 分别为 CCHP 机组输出供热/冷温度的下限值/上限值。

2) 供电网络运行特性约束

(1) 有功和无功平衡方程。

$$\begin{cases}P_{Gi}-P_{\text{HP}i}-P_{\text{EC}i}-P_{Li}+P_{\text{PV}i}=V_i\sum\limits_{j=1}^{n}V_j(G_{ij}\cos\delta_{ij}+B_{ij}\sin\delta_{ij})\\Q_{Gi}-Q_{Li}+Q_{\text{PV}i}=V_i\sum\limits_{j=1}^{n}V_j(G_{ij}\sin\delta_{ij}-B_{ij}\cos\delta_{ij})\end{cases} \tag{11-98}$$

(2) 机组出力约束。

$$\begin{cases}P_{Gi,\min}\leqslant P_{Gi}\leqslant P_{Gi,\max}\\Q_{Gi,\min}\leqslant Q_{Gi}\leqslant Q_{Gi,\max}\end{cases} \tag{11-99}$$

式中，$P_{Gi,\min}/Q_{Gi,\min}$ 和 $P_{Gi,\max}/Q_{Gi,\max}$ 分别为 CCHP 机组有功/无功出力的下限和上限。

3) 能源站运行特性约束

CCHP 机组的余热输出量与发电量关系如式(11-6)所示，电余热功率分别经由换热机组和吸收式制冷机分别转化为热能和冷能，其能源转换关系可由式(11-100)表示。

$$\begin{cases}\boldsymbol{\Phi}_G = \boldsymbol{\Phi}_H + \boldsymbol{\Phi}_C \\ \boldsymbol{\Phi}_{G.h} = \boldsymbol{\eta}_{\mathrm{HE}}\boldsymbol{\Phi}_H \\ \boldsymbol{\Phi}_{G.c} = \boldsymbol{\eta}_{\mathrm{AC}}\boldsymbol{\Phi}_C\end{cases} \tag{11-100}$$

式中，$\boldsymbol{\Phi}_{H/C}$ 为 CCHP 机组用于制热/制冷的余热功率；$\boldsymbol{\eta}_{\mathrm{HE}}$ 和 $\boldsymbol{\eta}_{\mathrm{AC}}$ 分别为换热机组和吸收式制冷机能源转换效率。

同理，热泵或电制冷机等其他耦合元件的能源转换关系可由效率系数表示。

$$\begin{cases}\boldsymbol{\Phi}_{\mathrm{HP}} = \boldsymbol{\eta}_{\mathrm{HP}}\boldsymbol{P}_{\mathrm{HP}} \\ \boldsymbol{\Phi}_{\mathrm{EC}} = \boldsymbol{\eta}_{\mathrm{EC}}\boldsymbol{P}_{\mathrm{EC}}\end{cases} \tag{11-101}$$

式中，$\boldsymbol{\eta}_{\mathrm{HP}}$ 和 $\boldsymbol{\eta}_{\mathrm{EC}}$ 分别为热泵和电制冷机能源转换效率。

上述公式中的其他变量含义可参考 11.1.1 节所提计算模型中的变量含义。

3. 概率盒的机会约束

采用 11.1.2 节所述概率盒模型描述 CCHP 微网中注入功率的 HOU，则电压幅值、管道流量、供水温度等状态变量也存在 HOU。若将注入功率的 HOU 考虑到 OEF 计算中，则可将状态变量 $\boldsymbol{s}$（电压幅值、冷网和热网的管道流量、冷热网的负荷节点供水温度）的安全约束表示为如下概率盒机会约束：

$$\begin{cases}\inf(\Pr\{\boldsymbol{s} \leqslant \boldsymbol{s}_{\max}\}) \geqslant \alpha_{s,\max} \\ \inf(\Pr\{\boldsymbol{s}_{\min} \leqslant \boldsymbol{s}\}) \geqslant \alpha_{s,\min}\end{cases} \tag{11-102}$$

式中，$\boldsymbol{s}=[V_i; m_{hi}; m_{ci}; T_{si.h}; T_{si.c}]$；$\Pr\{\boldsymbol{s}\leqslant \boldsymbol{s}_{\max}\}$ 和 $\Pr\{\boldsymbol{s}_{\min}\leqslant \boldsymbol{s}\}$ 分别为 $\boldsymbol{s}$ 中各分量满足上限和下限约束的概率；$\alpha_{s,\max}$ 和 $\alpha_{s,\min}$ 为各分量满足上、下限约束的置信水平；$\boldsymbol{s}_{\min}$ 和 $\boldsymbol{s}_{\max}$ 分别为各分量的下限值和上限值；$\inf(\cdot)$ 表示取区间下边界值。

以电压幅值 V_i 为例，由于采用概率盒来描述其 HOU，因而概率 $\Pr\{V_i\leqslant V_{i,\max}\}$ 为区间值。如图 11-8 所示，假设电压幅值概率盒约束的上限值 $V_{i,\max}=1.050$，则图中黑色箭头所示区间即为 $\Pr\{V_i\leqslant V_{i,\max}\}$ 所表示的区间，计算可得 $\Pr\{V_i\leqslant V_{i,\max}\}=[0.84,0.98]$。为了保证电压幅值的概率盒均满足安全约束，需要使得 $\Pr\{V_i\leqslant V_{i,\max}\}$ 的区间下界（即图中的 A 点所对应的概率值）要大于某一给定置信水平 $\alpha_{V,\max}$（如 0.8）。显然图中该电压幅值的概率盒能够满足安全约束。

同理可得，概率 $\Pr\{V_{i,\min}\leqslant V_i\}$ 也为一区间值，且概率盒约束要求该区间值的下界大于某一给定置信水平 $\alpha_{V,\min}$。

4. 概率盒的方差约束

进一步地，不仅要状态变量的概率盒能满足安全约束，还要尽可能地减少状态变量概率盒的随机波动范围。对于状态变量的概率盒而言，其随机波动性最主要体现在其方差区间上，因而在上述 OEF 计算模型中增加概率盒的方差约束。对电网电

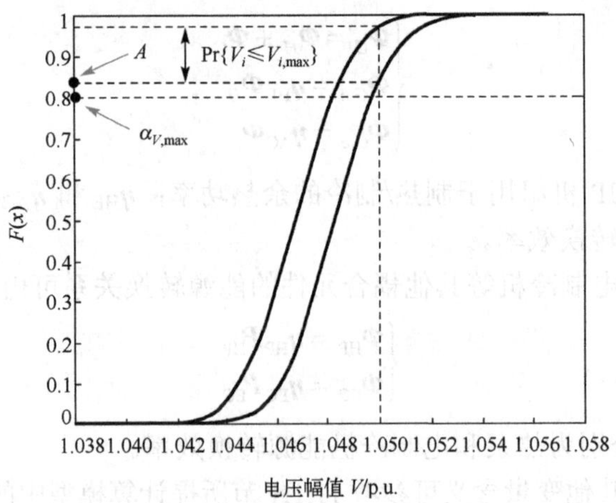

图 11-8　概率盒机会约束示意图

压幅值、热/冷网管道流量的方差区间中心值增加的方差约束分别如下：

$$0 \leqslant \operatorname{mid}([\boldsymbol{\sigma}_s^2]) \leqslant \boldsymbol{\sigma}_{s,\max}^2 \tag{11-103}$$

式中，$[\boldsymbol{\sigma}_s^2]$为 $\boldsymbol{s}$ 中各分量的方差区间值；$[\boldsymbol{\sigma}_s^2]=[[\sigma_{Vi}^2];[\sigma_{mhi}^2];[\sigma_{mci}^2];[\sigma_{Tsi.h}^2];[\sigma_{Tsi.c}^2]]$；$\boldsymbol{\sigma}_{s,\max}^2$ 为 $\boldsymbol{s}$ 中各分量的方差中心值上限。

5. 优化模型的紧凑形式

结合前面内容所述，基于概率盒机会约束和方差约束的最优能量流计算模型可整理为如下形式：

$$\begin{aligned}&\min C_{\mathrm{CCHP}}+C_{\mathrm{DN}}\\&\text{s.t.}\begin{cases}\text{式(11-98)和式(11-99)}\\\text{式(11-1)、式(11-2)、式(11-93)～式(11-97)}\\\text{式(11-6)、式(11-100)和式(11-101)}\\\text{式(11-102)和式(11-103)}\end{cases}\end{aligned} \tag{11-104}$$

式中，约束条件的第一和第二行分别为与供电网、供热/冷网相关的基本约束；第三行为能源站耦合约束；第四行为概率盒机会约束和方差约束。

11.3.2　优化模型的求解

1. 概率盒机会约束与方差约束的处理

1) 基于 p-有效点理论的概率盒机会约束转换

p-有效点理论可用于处理随机规划中的机会约束，可将机会约束转化为确定性约束。给定一类含机会约束的随机规划模型如下所示：

$$\begin{cases}\min\limits_{x} f(\boldsymbol{x}) \\ \text{s.t.}\begin{cases}\Pr\{\boldsymbol{g}(\boldsymbol{x})\geqslant \boldsymbol{Z}\}\geqslant p \\ \boldsymbol{x}\in X\end{cases}\end{cases} \tag{11-105}$$

式中，$\boldsymbol{x}$ 为确定性变量；$X\subset \mathbf{R}^n$；$\boldsymbol{Z}$ 为 m 维随机变量；f: $\mathbf{R}^n\to\mathbf{R}$；$\boldsymbol{g}$: $\mathbf{R}^n\to\mathbf{R}^m$。

给定随机变量 $\boldsymbol{Z}$ 的累积分布函数为 $F_Z(\boldsymbol{z})=\Pr\{\boldsymbol{Z}\leqslant \boldsymbol{z}\}$，则定义 p 水平集(p-level set)为 $Z_p=\{\boldsymbol{z}\in\mathbf{R}^m: F_Z(\boldsymbol{z})\geqslant p\}$，从而式(11-105)的约束可等价为 $\boldsymbol{g}(\boldsymbol{x})\in Z_p$。令 $p\in(0,1)$，若点 $\boldsymbol{v}\in\mathbf{R}^m$ 满足 $F_Z(\boldsymbol{v})\geqslant p$，且不存在任一点 $\boldsymbol{z}\leqslant\boldsymbol{v}$，$\boldsymbol{z}\neq\boldsymbol{v}$ 使 $F_Z(\boldsymbol{z})\geqslant p$，则称 $\boldsymbol{v}$ 为累积分布函数 F_Z 的 p-有效点。若求得累积分布函数 F_Z 的 p-有效点并记为 $\boldsymbol{z}_p$，则可将式(11-105)的约束进一步转换为确定性约束。转化后模型如下所示：

$$\begin{cases}\min\limits_{x} f(\boldsymbol{x}) \\ \text{s.t.}\begin{cases}\boldsymbol{g}(\boldsymbol{x})\geqslant \boldsymbol{z}_p \\ \boldsymbol{x}\in X\end{cases}\end{cases} \tag{11-106}$$

若随机变量 $\boldsymbol{Z}$ 为单随机变量(m=1)，p-有效点 z_p 是唯一的，其值为 $z_p=F_Z^{-1}(p)$，则基于 p-有效点理论，可将原状态变量的概率盒机会约束转换为如下形式：

$$\begin{cases}\inf(\Pr\{\boldsymbol{s}\leqslant\boldsymbol{s}_{\max}\})\geqslant\alpha_{s,\max} \\ \inf(\Pr\{\boldsymbol{s}_{\min}\leqslant\boldsymbol{s}\})\geqslant\alpha_{s,\min}\end{cases}\Rightarrow\begin{cases}\sup(\boldsymbol{F}_{si}^{-1}(\alpha_{s,\max}))\leqslant\boldsymbol{s}_{\max} \\ \inf(\boldsymbol{F}_{si}^{-1}(1-\alpha_{s,\min}))\geqslant\boldsymbol{s}_{\min}\end{cases} \tag{11-107}$$

式中，$\boldsymbol{F}_{si}^{-1}(\cdot)=[F_{Vi}^{-1}(\cdot);F_{mhi}^{-1}(\cdot);F_{mci}^{-1}(\cdot);F_{Tsi.h}^{-1}(\cdot);F_{Tsi.c}^{-1}(\cdot)]$，为 $\boldsymbol{s}$ 中各分量的累积分布函数的逆函数取值。

以电压幅值 V_i 为例，由于考虑了电压幅值 HOU，并采用概率盒来描述电压幅值的随机波动，随机变量累积分布函数的逆函数取值 $F_{Vi}^{-1}(\alpha_{V,\max})$ 不是一个确定值，而是一个区间值。而式(11-107)中的转换后的概率盒上限约束要求，随机变量取值 $F_{Vi}^{-1}(\alpha_{V,\max})$ 的区间上限(即图 11-9 中的 B 点所对应的电压幅值的取值)须小于电压幅值的上限约束 $V_{i,\max}$。同理，式(11-107)中的转换后的概率盒下限约束中，要求随机变量取值 $F_{Vi}^{-1}(1-\alpha_{V,\min})$ 的区间下限需大于电压幅值的下限约束 $V_{i,\min}$。

2) 基于区间 Cornish-Fisher 级数的概率盒机会约束和方差约束转换

在基于 p-有效点理论转换后的概率盒机会约束(式(11-107))中，管道流量、电压幅值等状态变量的累积分布函数的逆函数 $\boldsymbol{F}_{si}^{-1}(\cdot)$ 的计算存在困难。由于在 OEF 计算中考虑光伏、光热等可再生能源，其概率分布模型均为非高斯分布，因而状态变量均无确定的分布类型，无法直接得到状态变量的累积分布函数及其逆函数的解析表达式。为解决该问题，本章采用区间 Cornish-Fisher 级数展开实现上述累积分布函数的逆函数的计算。Cornish-Fisher 级数可求得给定分位数下对应的随机变量取值，

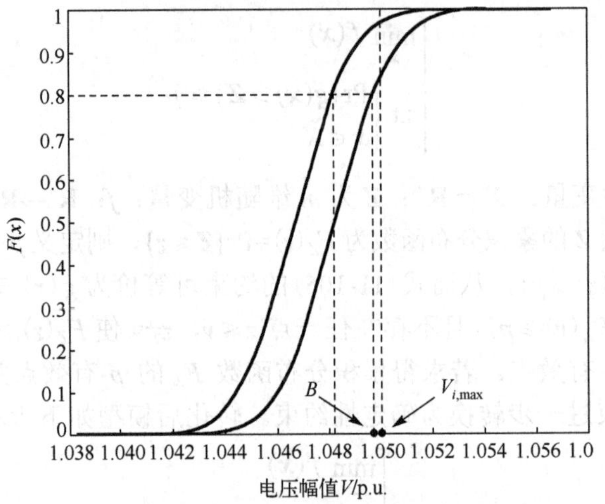

图 11-9 概率盒机会约束转换示意图

也就是概率盒机会约束中状态变量的累积分布函数的逆函数 $\boldsymbol{F}_s^{-1}(\cdot)$ 计算过程。但在概率盒计算模型中，它们的计算结果为区间值，因而需要将 Cornish-Fisher 级数展开法推广至如式(11-108)所示的区间 Cornish-Fisher 级数展开法，以应用于概率盒约束的转换。设输出随机变量区间[x]的分位数为$\alpha(0<\alpha<1)$，则对应的随机变量区间的取值[x]可表示为

$$[x]=[z(\alpha)]=[\gamma_x^{(1)}]+([\gamma_x^{(2)}])^{1/2}\cdot\left[\zeta(\alpha)+\frac{\zeta^2(\alpha)-1}{6}[g_3]+\frac{\zeta^3(\alpha)-3\zeta(\alpha)}{24}[g_4]\right.$$
$$\left.-\frac{2\zeta^3(\alpha)-5\zeta(\alpha)}{36}[g_3^2]+\frac{\zeta^4(\alpha)-6\zeta^2(\alpha)+3}{120}[g_5]+\cdots\right] \tag{11-108}$$

式中，$[z(\cdot)]$为区间 Cornish-Fisher 级数展开过程；$\zeta(\cdot)$为标准正态分布的 CDF 函数的逆函数；$[g_k]$为输出随机变量 x 的第 k 阶标准化区间半不变量，可由式(11-109)求得：

$$[g_k]=[\gamma_X^{(k)}]/([\sigma_X])^k=[\gamma_X^{(k)}]/([\gamma_X^{(2)}])^{k/2} \tag{11-109}$$

式中，$[\gamma_X^{(k)}]$为输出随机变量的 k 阶区间半不变量；$[\sigma_X]$为输出随机变量的标准差。

由此，通过区间 Cornish-Fisher 级数展开，可将式(11-107)的概率盒约束转换为如下形式。

$$\begin{cases}\sup(\boldsymbol{F}_s^{-1}(\alpha_{s,\max}))\leqslant\boldsymbol{s}_{\max}\\ \inf(\boldsymbol{F}_s^{-1}(1-\alpha_{s,\min}))\geqslant\boldsymbol{s}_{\min}\end{cases}\Rightarrow\begin{cases}\sup([z(\alpha_{s,\max})])\leqslant\boldsymbol{s}_{\max}\\ \inf([z(1-\alpha_{s,\min})])\geqslant\boldsymbol{s}_{\min}\end{cases} \tag{11-110}$$

在上述优化模型中，随机变量的 2 阶区间半不变量即为方差区间值，因而式(11-103)中的方差约束可转化为对 2 阶区间半不变量的中心值的约束。

$$0\leqslant\text{mid}([\boldsymbol{\sigma}^2])\leqslant\boldsymbol{\sigma}_{\max}^2\Rightarrow0\leqslant\text{mid}([\boldsymbol{\gamma}^{(2)}])\leqslant\boldsymbol{\sigma}_{\max}^2 \tag{11-111}$$

式中，$[\gamma^{(2)}]$表示 V_i、m_{hi}、m_{ci}、$T_{si.h}$ 和 $T_{si.c}$ 的 2 阶区间半不变量。

2. 区间半不变量的求解与区间优化

前面通过基于 p-有效点理论和区间 Cornish-Fisher 级数展开实现了概率盒机会约束转换，但在上述区间 Cornish-Fisher 级数及方差约束中，需要得到状态变量的各阶区间半不变量$[\gamma_s^{(k)}]$。根据 ICM 的相关知识可知，状态变量的半不变量区间可由注入功率的半不变量区间和运行点的灵敏度矩阵求得，表示如下：

$$[\gamma_{\Delta s}^{(k)}] = \boldsymbol{S}^{<k>}[\gamma_{\Delta P/Q/\Phi}^{(k)}], \quad k = 1,2,3,\cdots \tag{11-112}$$

式中，$[\gamma_{\Delta s}^{(k)}] = [[\gamma_{\Delta V}^{(k)}];[\gamma_{\Delta mh}^{(k)}];[\gamma_{\Delta mc}^{(k)}];[\gamma_{\Delta Ts.h}^{(k)}];[\gamma_{\Delta Ts.c}^{(k)}]]$，为状态变量的波动量的 k 阶区间半不变量向量；$[\gamma_{\Delta P/Q/\Phi}^{(k)}] = [[\gamma_{\Delta Pe}^{(k)}];[\gamma_{\Delta Qe}^{(k)}];[\gamma_{\Delta \Phi h}^{(k)}];[\gamma_{\Delta \Phi c}^{(k)}]]$，为注入功率的波动量的 k 阶区间半不变量向量，可参考 11.1.2 节由注入功率的概率模型和分布参数计算得到；$\boldsymbol{S}$ 为注入功率对状态变量的灵敏度矩阵，$\boldsymbol{S}^{<k>}$则表示对灵敏度矩阵中的各元素求 k 次幂所得矩阵。灵敏度矩阵 $\boldsymbol{S}$ 可先由能量流方程对状态变量求偏导数并代入最优运行点的状态变量值求得雅可比矩阵，再由雅可比矩阵求逆得到，也可由摄动法计算得到。以最优能量流计算模型中各状态变量稳态值 $\boldsymbol{s}_0=[\boldsymbol{V};\boldsymbol{m}_h;\boldsymbol{m}_c;\boldsymbol{T}_{s.h};\boldsymbol{T}_{s.c}]$为基准值，可由式(11-34)得到状态变量的 k 阶区间半不变量$[\gamma_s^{(k)}] = [[\gamma_V^{(k)}];[\gamma_{mh}^{(k)}];[\gamma_{mc}^{(k)}];[\gamma_{Ts.h}^{(k)}];[\gamma_{Ts.c}^{(k)}]]$。

上述优化模型在状态变量的区间半不变量和区间 Cornish-Fisher 级数展开计算中，存在大量区间数运算，该优化模型为区间优化模型，将区间值表示为 AA 形式进行优化计算。由给定的状态变量区间值可得到其对应的一阶 AA 形式，表示如下：

$$[\boldsymbol{s}] \Rightarrow \hat{\boldsymbol{s}} = \boldsymbol{s}_0 + \boldsymbol{s}_1\varepsilon_1, \quad \varepsilon_1 \in [-1,1] \tag{11-113}$$

式中，$\hat{\boldsymbol{s}}$ 为区间变量$[\boldsymbol{s}]$的 AA 形式；$\boldsymbol{s}_0$ 为 AA 形式的中心值，即状态变量各分量区间的中心值；$\boldsymbol{s}_1$ 为 AA 形式的一阶偏增量，即状态变量各分量区间的半径值；ε_1 为 AA 形式的一阶噪声源。

对于状态变量各分量的各阶区间半不变量，同样表示为一阶 AA 形式：

$$[\gamma_s^{(k)}] \Rightarrow \hat{\gamma}_s^{(k)} = \gamma_{s,0}^{(k)} + \gamma_{s,1}^{(k)}\varepsilon_1, \quad \varepsilon_1 \in [-1,1] \tag{11-114}$$

式中，$\gamma_{s,0}^{(k)}$ 和 $\gamma_{s,1}^{(k)}$ 为状态变量各分量的区间半不变量的中心值和一阶偏增量。

AA 运算处理线性关系时，参考式(11-47)的 AA 运算规则。AA 运算处理非线性关系时，每次乘除法都要生成新的噪声源，且偏增量需要通过切比雪夫近似或最小范围近似确定，本身存在近似误差，另外额外噪声源累积可能导致区间扩张，并带来巨大的计算量。此外，对于优化模型还需要确定优化的变量，而额外噪声源的引入给编程带来困难。因而对于含 AA 的非线性运算的函数关系，按如下规则进行求解。

(1)若函数关系具有单调性，则根据单调性计算其中心值及一阶偏增量。例如，状态变量的标准差计算过程：

$$\hat{\boldsymbol{\sigma}}_s = \boldsymbol{\sigma}_{s,0} + \boldsymbol{\sigma}_{s,1}\varepsilon_1 = \sqrt{\hat{\boldsymbol{\gamma}}_s^{(2)}} \tag{11-115}$$

开方运算为单调增关系，因而标准差的 AA 形式的中心值和一阶偏增量可由式(11-116)计算求得：

$$\begin{cases} \boldsymbol{\sigma}_{s,0} = \left(\sqrt{(\boldsymbol{\gamma}_{s,0}^{(2)} + \boldsymbol{\gamma}_{s,1}^{(2)})} + \sqrt{(\boldsymbol{\gamma}_{s,0}^{(2)} - \boldsymbol{\gamma}_{s,1}^{(2)})}\right)/2 \\ \boldsymbol{\sigma}_{s,1} = \left(\sqrt{(\boldsymbol{\gamma}_{s,0}^{(2)} + \boldsymbol{\gamma}_{s,1}^{(2)})} - \sqrt{(\boldsymbol{\gamma}_{s,0}^{(2)} - \boldsymbol{\gamma}_{s,1}^{(2)})}\right)/2 \end{cases} \tag{11-116}$$

(2)若函数关系不具备单调性，则基于 11.2.1 节所提出的区间 Taylor 级数展开法计算得到输出区间数的中心值及一阶偏增量。

3. 转化后的确定性优化模型

综合上述过程，可将模型式(11-104)转化为如式(11-117)所示的确定性非线性优化模型：

$$\min(C_{\text{CCHP}} + C_{\text{DN}})$$

$$\text{s.t.}\begin{cases} \text{式(11-98)和式(11-99)} \\ \text{式(11-1)、式(11-2)、式(11-93)} \sim \text{式(11-97)} \\ \text{式(11-6)、式(11-100)和式(11-101)} \\ \text{式(11-110)和式(11-111)} \\ \hat{\boldsymbol{\gamma}}_s^{(1)} = \hat{\boldsymbol{\gamma}}_{\Delta s}^{(1)} + \boldsymbol{s}_0;\ \hat{\boldsymbol{\gamma}}_s^{(k)} = \hat{\boldsymbol{\gamma}}_{\Delta s}^{(k)},\quad k \geqslant 2 \\ \sup\left(\hat{\boldsymbol{\gamma}}_s^{(1)} + (\hat{\boldsymbol{\gamma}}_s^{(2)})^{1/2} \cdot \left(\zeta(\alpha_{s,\max}) + \dfrac{\zeta^2(\alpha_{s,\max}) - 1}{6} \cdot \dfrac{\hat{\boldsymbol{\gamma}}_s^{(3)}}{(\hat{\boldsymbol{\gamma}}_s^{(2)})^{3/2}} + \cdots\right)\right) \leqslant \boldsymbol{s}_{\max} \\ \inf\left(\hat{\boldsymbol{\gamma}}_s^{(1)} + (\hat{\boldsymbol{\gamma}}_s^{(2)})^{1/2} \cdot \left(\zeta(1-\alpha_{s,\min}) + \dfrac{\zeta^2(1-\alpha_{s,\min}) - 1}{6} \cdot \dfrac{\hat{\boldsymbol{\gamma}}_s^{(3)}}{(\hat{\boldsymbol{\gamma}}_s^{(2)})^{3/2}} + \cdots\right)\right) \geqslant \boldsymbol{s}_{\min} \end{cases} \tag{11-117}$$

式(11-117)中，约束条件中第 4 行为转化后概率盒机会约束和方差约束。上述模型中，将所有区间变量均转化为 AA 形式进行优化运算，从而将考虑概率盒的不确定优化模型转化为确定性的非线性优化模型。

11.3.3 算例分析

1. 算例结构及主要仿真参数

以 11.1.4 节和 11.2.3 节的 CCHP 园区微网为例验证本节所提算法的有效性。其中，供电网 89、90、91 节点为能源站接入节点，88 节点为外部配电网接入节点，作为供电网平衡节点，固定节点电压为 1.05p.u.。供电网中负荷节点为 1～2、38～52、77～86。供热网和供冷网中 47、48、49 节点为能源站接入节点，其中供热网的

48 节点为供热网平衡节点，供冷网的 47 节点为供冷网平衡节点。能源站中的 CCHP 机组均工作于“以热定电”模式。供热网和供冷网中负荷节点为 5-6、2-3、8-9、11-12、14-15、17-18、20-21、23-24、26-28、30-31、33-34、36、38-39、41-42、44-46。供电网和供热网负荷节点处分别接入 PV 和 PT 站。假设太阳辐照度服从 Beta 分布，形状参数区间$[\alpha]$、$[\beta]$的中心值分别取 0.6798 和 1.7788，区间半径取中心值的 1.5%，光伏/光热站渗透率为 20%。冷/热/电负荷均假定服从正态分布，期望值波动区间$[\mu]$的中心值取稳态能量流运行状态值，期望值波动区间半径取中心值的 1.5%，选取负荷标准差波动区间$[\sigma]=0.05\times[\mu]$。

CCHP 机端电压调节范围为 1.05～1.10p.u.，CCHP 机组供热温度调节范围为 80～90℃，CCHP 机组供冷温度调节范围为 4～8℃，给定电网负荷节点的电压幅值约束范围为 0.95～1.05p.u.，热网管道流量值约束范围为−15～15kg/s，冷网管道流量值约束范围为−150～150kg/s，热网负荷节点温度的下限约束为 80℃，冷网负荷节点温度的上限约束为 10℃。在概率盒机会约束中，上限和下限约束的置信度均取 0.95。

优化模型采用 GAMS 软件中的 CONOPT 求解器进行求解，GAMS 软件版本为 GAMS 23.9.5。

2. 传统机会约束方法的不足

在传统的基于机会约束的最优能量流计算中，采用确定参数的概率密度模型来描述负荷功率、光伏/光热出力等不确定量，忽略了概率模型的 HOU。由此计算得到的最优运行点下，若考虑由数据丢失或测量误差导致的概率模型误差，则系统的状态变量仍有可能存在安全风险。本节将通过算例仿真，具体分析传统机会约束方法的不足，验证引入所提概率盒机会约束的必要性。

在上述算例中，应用传统的基于机会约束的最优能量流算法进行优化计算，即在前面算法中，负荷功率、光伏/光热出力的概率模型参数均取区间中心值，其他模型结构不变。在所得最优运行点下，计算该系统中各状态变量的波动上下边界，以及考虑高阶不确定下各状态变量的概率盒的上下边界。

1) 供热网和供冷网

在供热网和供冷网的分析中，由于网络特性，能源站的输出管道的管道流量会明显大于其他管道的管道流量，越限风险较大。因而在后面内容将重点分析能源站输出管道，即管道(47)、(48)和(49)。能源站供热及供冷输出管道的管道流量值计算结果如表 11-13 所示。

表 11-13 中，供热网的管道(48)所对应的能源站为供热网平衡节点，承担了负荷功率以及光伏/光热出力的波动所带来的不平衡功率，因而其对应管道流量值存在波动区间，而在管道(47)和(49)所对应的能源站为供热网普通源节点，其供热功率

为控制变量，在考虑不确定波动的分析中保持不变，进而导致其对应管道流量也保持不变。同理，供冷网中对应于供冷网平衡节点的管道(47)流量存在波动区间，而对应于供冷网普通源节点的管道(48)和(49)在不确定性分析中保持不变。

表 11-13　能源站供热及供冷输出管道流量的机会约束边界与概率盒边界（单位：kg/s）

网络类型	供热网			供冷网		
变量	m_{h47}	m_{h48}	m_{h49}	m_{c47}	m_{c48}	m_{c49}
机会约束上界	10.52	15.00	11.48	150.00	65.01	72.05
概率盒上界		15.70		153.80		
机会约束下界		11.54		142.33		
概率盒下界		10.83		138.53		

由表 11-13 可见，在传统的机会约束方法下，其能源站供热及供冷输出管道的流量值均满足安全约束要求。但是若考虑 HOU，则供热网管道(48)的流量概率盒上限为 15.70kg/s，超过上限约束；供冷网管道(47)的流量概率盒上限为 153.80kg/s，超过上限约束。显然上述变量均存在安全越限的风险。

2)供电网

同理，供电网中的重负荷节点 47 和 49 的电压幅值 V_{47} 和 V_{49} 越限风险较大，因而以 V_{47} 和 V_{49} 为例，在传统的基于机会约束的 OEF 模型所得的最优运行点下，分别计算 V_{47} 和 V_{49} 的电压幅值波动区间，以及考虑高阶不确定(HOU)下对应概率盒的波动边界，如表 11-14 所示。可以看到，传统的基于机会约束的 OEF 所得最优运行点下，V_{47} 和 V_{49} 的波动边界均满足安全约束，但若考虑 HOU，则 V_{47} 和 V_{49} 的概率盒下界分别为 0.9481 和 0.9490，超过安全下限，存在安全越限风险。

表 11-14　电压幅值的传统机会约束边界与概率盒边界

变量	V_{47}	V_{49}
机会约束边界	[0.9500,0.9738]	[0.9509,0.9642]
概率盒边界	[0.9481,0.9756]	[0.9490,0.9769]

显然，传统的基于机会约束的 OEF 模型中，忽略了不确定量的概率模型中的 HOU，因而在求得的最优运行点下，当考虑随机变量分布参数不确定性的情况下，状态变量仍可能存在越限风险，存在一定的局限性。因此，在考虑不确定性的 CCHP 园区微网的 OEF 计算中，考虑注入功率的 HOU 是十分有必要的，值得深入研究。

3. 考虑 HOU 的 OEF 计算方法的结果分析

给定各负荷节点电压幅值的方差区间中心值的上限约束 $\sigma^2_{V,\max}$ 为 5.0×10^{-5}，供热和供冷管道流量的方差区间中心值的上限 $\sigma^2_{mh,\max}$、$\sigma^2_{mc,\max}$ 分别为 1.000 和 3.000。通过所提出考虑 HOU 的 OEF 计算得到优化运行点，与传统确定性 OEF 计算(不考虑节点注入功率的不确定性)所得优化运行点进行对比，以体现概率盒的机会约束与方差约束的控制效果。

1) 状态变量

(1) 供热网和供冷网。

以冷网管道流量 m_{c47} 为例，两种方法所得概率盒如图 11-10 所示，算法Ⅰ和算法Ⅱ分别表示所提出的考虑 HOU 的 OEF 和确定性 OEF。可见，在算法Ⅱ所得最优运行点下，m_{c47} 的概率盒存在明显越限情况；算法Ⅰ所得 m_{c47} 的概率盒均在安全约束范围内且概率盒的面积和波动范围有明显减小，即 m_{c47} 概率盒的随机波动程度减小。

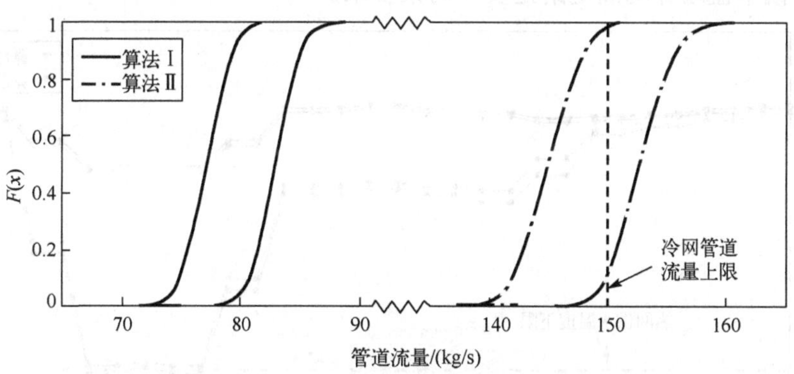

图 11-10　不同算法所得最优运行点下的 m_{c47} 的概率盒

同理，在算法Ⅰ和算法Ⅱ得到的最优运行点在考虑节点功率 HOU 条件下，能源站输出管道的流量值的概率盒边界见表 11-15，其方差区间$[\sigma^2_{mh48}]$和$[\sigma^2_{mc47}]$的中心值和半径值如表 11-16 所示。可见，算法Ⅱ所得结果中，m_{h48} 和 m_{c47} 的概率盒上界分别为 16.20kg/s 和 156.55kg/s，均存在越上限的情况。算法Ⅰ通过概率盒的机会约束，使上述变量的概率盒边界值均满足约束要求，且其他管道流量值均在安全约束内。此外，通过方差约束，m_{h48} 和 m_{c47} 的方差区间中心值和半径值均明显减小，且满足约束要求。

表 11-15　不同方法所得最优运行点下能源站供热及供冷输出管道流量的概率盒边界(单位：kg/s)

网络类型		供热网			供冷网		
变量		m_{h47}	m_{h48}	m_{h49}	m_{c47}	m_{c48}	m_{c49}
算法Ⅰ	概率盒上界	10.19	12.87	12.53	108.50	41.58	69.03
	概率盒下界		8.23		97.03		
算法Ⅱ	概率盒上界	11.24	16.20	10.88	156.55	64.90	72.47
	概率盒下界		11.23		141.13		

表 11-16　不同方法所得最优运行点下 m_{h48} 和 m_{c47} 的方差区间中心值和半径值(单位：kg/s)

算法	$[\sigma_{mh48}^2]$		$[\sigma_{mc47}^2]$	
	中心值	半径值	中心值	半径值
Ⅰ	1.000	0.019	3.000	0.045
Ⅱ	1.149	0.022	5.543	0.083

此外，在算法Ⅰ和算法Ⅱ所得最优运行点下，供热/冷网负荷节点的供水温度值的概率盒边界对比分别如图 11-11 和图 11-12 所示。可见，算法Ⅱ所得结果中热网节点 33、34、38、39 的供水温度概率盒均存在越下限风险，而算法Ⅰ所得供热和供冷温度的概率盒边界均满足给定安全约束要求。

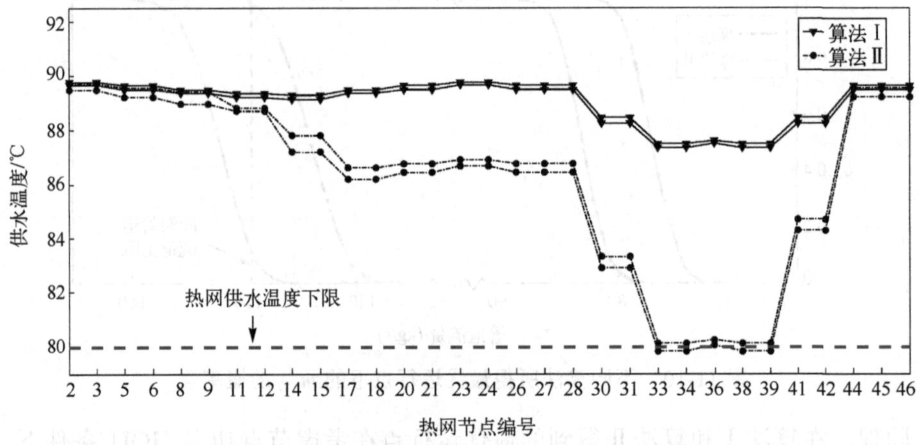

图 11-11　不同方法所得最优运行点下热负荷节点供水温度的概率盒边界

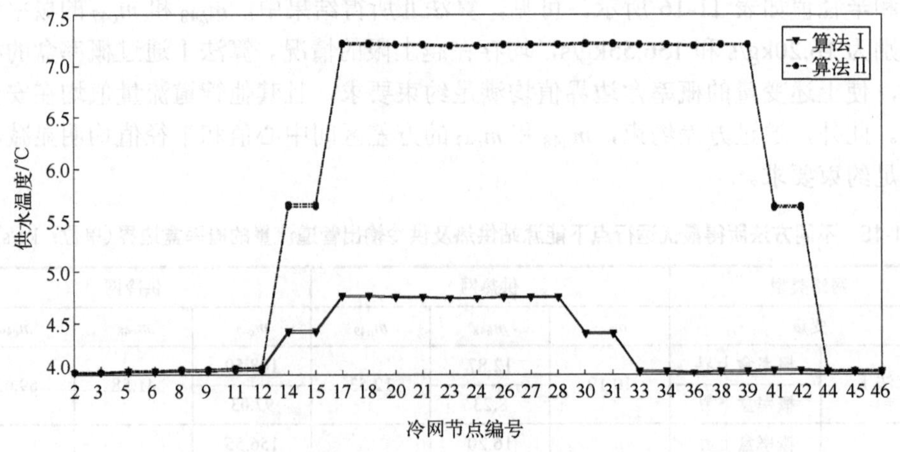

图 11-12　不同方法所得最优运行点下冷负荷节点供水温度的概率盒边界

(2)供电网。

在算法Ⅰ和算法Ⅱ得到的最优运行点下，各个负荷节点电压幅值概率盒波动范围的上下边界见图 11-13，其方差区间中心值及半径值变化如图 11-14 和图 11-15 所示。可见，算法Ⅱ所得最优运行点对应的 V_{47} 和 V_{49} 概率盒下界存在越安全下限的情况。而算法Ⅰ得到的最优运行点则提高了供电网中各节点的电压幅值的概率盒边界，V_{47} 和 V_{49} 概率盒波动范围的下界分别为 0.9638p.u. 和 0.9646p.u.，均满足安全约束要求。此外，优化后的电压幅值概率盒上界的最大值为 1.0467p.u.，满足节点电压安全上限的要求。另外，节点电压幅值的方差区间中心值和半径值均有所减小，V_{47} 和 V_{49} 概率盒的方差区间中心值分别由 5.10×10^{-5} 和 5.27×10^{-5} 降至 4.84×10^{-5} 和 5.00×10^{-5}，满足方差约束要求；方差区间半径值分别由 7.45×10^{-7} 和 7.67×10^{-7} 降至 6.94×10^{-7} 和 7.17×10^{-7}。

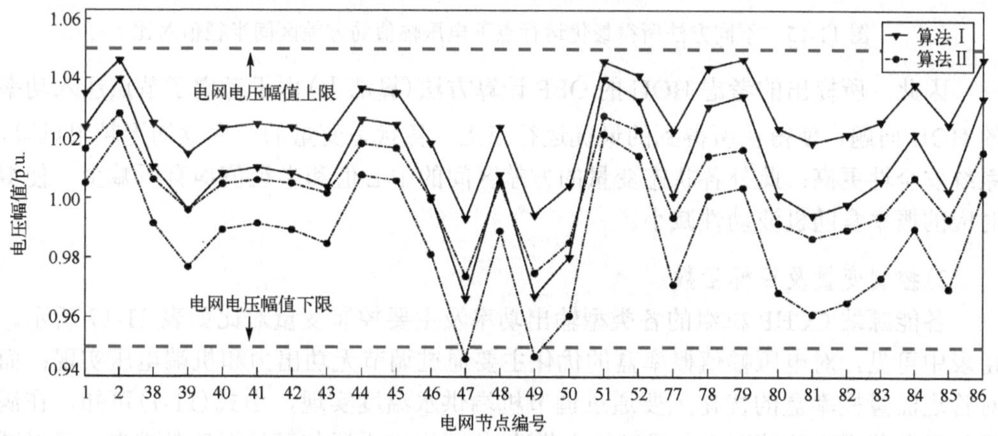

图 11-13　不同方法所得最优运行点下供电网负荷节点电压幅值的概率盒边界

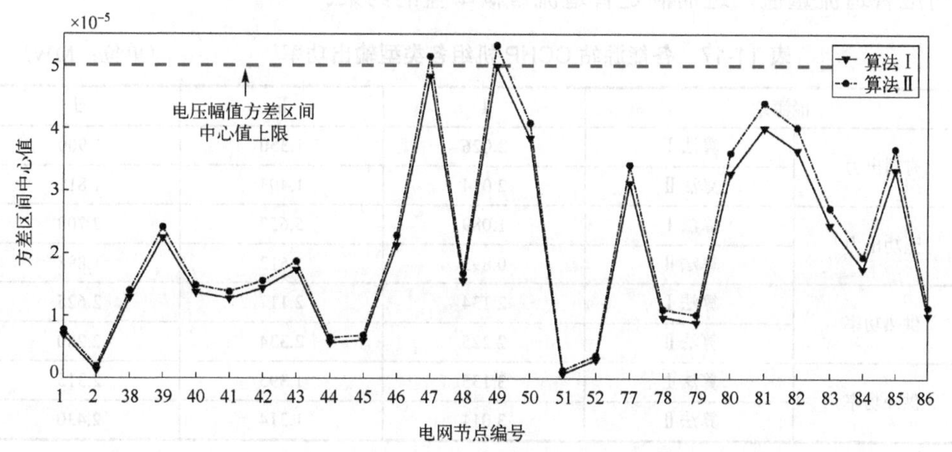

图 11-14　不同方法所得最优运行点下电压幅值的方差区间中点值对比

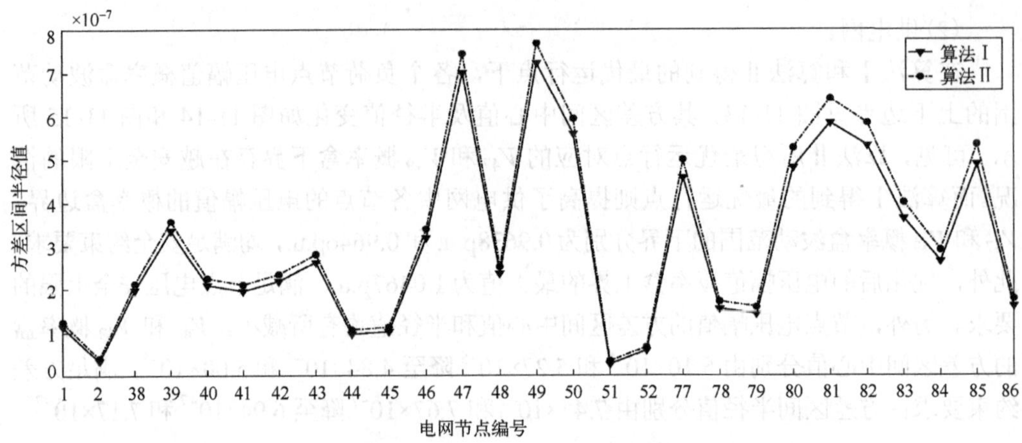

图 11-15　不同方法所得最优运行点下电压幅值的方差区间半径值对比

因此，所提出的考虑 HOU 的 OEF 计算方法(算法Ⅰ)由于考虑了节点注入功率的 HOU 问题，使得在所得到的最优运行点上，各状态变量的概率盒均无越限风险，系统安全性更高；此外各状态变量的方差区间的中心值和半径值均有所减少，使得对应的概率盒随机波动性减小。

2)控制变量及目标函数

各能源站 CCHP 机组的各类型输出功率及主要控制变量对比如表 11-17 所示。由表中可见，对电压幅值概率盒的优化主要通过调节无功出力和机端电压实现；而对管道流量概率盒的优化主要通过调节机端供水温度实现，由式(11-1)可知，在满足相同负荷需求的情况下，通过增大供冷/热网络中水温与环境温度的温差，可以减小对应管道流量值，进而满足管道流量概率盒的约束。

表 11-17　各能源站 CCHP 机组各类型输出功率　　(单位：MW)

能源站		Ⅰ	Ⅱ	Ⅲ
有功出力	算法Ⅰ	2.026	1.350	1.900
	算法Ⅱ	2.014	1.403	1.812
无功出力	算法Ⅰ	1.089	5.657	2.700
	算法Ⅱ	0.893	1.612	1.898
供热功率	算法Ⅰ	2.134	2.117	2.625
	算法Ⅱ	2.225	2.334	2.280
供冷功率	算法Ⅰ	3.135	1.395	2.315
	算法Ⅱ	3.011	1.314	2.430

不同方法得到的 CCHP 机组机端电压幅值、供热温度和供冷温度如表 11-18 所示。

表 11-18　能源站 CCHP 机组的各类型控制变量

能源站		Ⅰ	Ⅱ	Ⅲ
机端电压幅值/p.u.	算法Ⅰ	1.089	1.082	1.086
	算法Ⅱ	1.058	1.051	1.055
机端供热温度/℃	算法Ⅰ	90.000	87.832	90.000
	算法Ⅱ	87.184	80.528	90.000
机端供冷温度/℃	算法Ⅰ	4.723	4.000	4.000
	算法Ⅱ	7.180	7.180	4.000

不同方法所得目标函数值及考虑 HOU 下的越限状态变量个数对比见表 11-19。由表中可见，确定性 OEF 所得最优运行点下，若考虑注入功率的 HOU，仍有部分状态变量存在越限风险，存在一定的局限性。而相较于确定性 OEF 的优化结果，虽然本章所提 OEF 算法求得的最优运行成本值略有增加，但在考虑注入功率 HOU 的情况下，各状态变量均无越限风险。所提算法付出了极小的控制代价，使得优化后的 CCHP 园区微网的安全性更高。

表 11-19　不同方法所得目标函数值与所得结果中的越限状态变量个数对比

算法	目标函数值/(元/h)	越限状态变量个数
Ⅰ	26567.61	0
Ⅱ	26558.20	8

4. 不同程度 HOU 算例的计算结果对比

在不同程度的 HOU 的算例对比不同算法的计算结果，进一步验证本章所提算法的可行性。与 11.2.3 节类似，采用区间宽度比例 k_m 来衡量 HOU 的程度。分别取 k_m=0.5%、1%、1.5%、2.0%、2.5%，其他计算过程同 11.3.2 节。分别以越限最为明显的电网 47、49 节点电压幅值的概率盒下界 $V_{p.47,\inf}$ 和 $V_{p.49,\inf}$、热网 48 管道流量和冷网 47 管道流量的概率盒上界 $m_{p.h48,\sup}$ 和 $m_{p.c47,\sup}$ 为例，在三种算法所得最优运行点下，考虑不同程度的 HOU 所得各变量的计算结果如表 11-20 所示，对应的方差区间半径值如表 11-21 所示，表中算法Ⅲ表示传统的基于机会约束的 OEF 算法。

表 11-20　不同程度 HOU 下的状态变量概率盒边界计算结果对比

k_m/%	算法	$V_{p.47,\inf}$	$V_{p.49,\inf}$	$m_{p.h48,\sup}$	$m_{p.c47,\sup}$
0.5	Ⅰ	0.9673	0.9681	12.41	106.56
	Ⅱ	0.9472	0.9480	15.86	153.97
	Ⅲ	0.9494	0.9502	15.24	151.27

续表

k_m/%	算法	$V_{p.47,\inf}$	$V_{p.49,\inf}$	$m_{p.h48,\sup}$	$m_{p.c47,\sup}$
1	Ⅰ	0.9662	0.9670	12.87	108.50
	Ⅱ	0.9460	0.9468	16.20	156.55
	Ⅲ	0.9481	0.9490	15.71	153.80
1.5	Ⅰ	0.9662	0.9670	12.87	108.50
	Ⅱ	0.9460	0.9468	16.20	156.55
	Ⅲ	0.9481	0.9490	15.71	153.80
2.0	Ⅰ	0.9656	0.9664	13.10	109.48
	Ⅱ	0.9454	0.9462	16.60	157.97
	Ⅲ	0.9475	0.9483	15.95	155.07
2.5	Ⅰ	0.9651	0.9659	13.33	110.45
	Ⅱ	0.9448	0.9456	16.86	159.12
	Ⅲ	0.9469	0.9477	16.18	156.34

表 11-21　不同程度 HOU 下的状态变量方差区间半径值对比

k_m/%	算法	rad([σ_{V47}])	rad([σ_{V49}])	rad([σ_{m_h48}])	rad([σ_{m_c47}])
1	Ⅰ	2.221×10^{-7}	2.292×10^{-7}	0.0061	0.0150
	Ⅱ	2.341×10^{-7}	2.416×10^{-7}	0.0070	0.0277
	Ⅲ	2.327×10^{-7}	2.402×10^{-7}	0.0067	0.0272
2	Ⅰ	7.064×10^{-7}	7.293×10^{-7}	0.0193	0.0450
	Ⅱ	7.447×10^{-7}	7.686×10^{-7}	0.0220	0.0831
	Ⅲ	7.405×10^{-7}	7.643×10^{-7}	0.0212	0.0814
3	Ⅰ	7.064×10^{-7}	7.293×10^{-7}	0.0193	0.0450
	Ⅱ	7.447×10^{-7}	7.686×10^{-7}	0.0220	0.0831
	Ⅲ	7.405×10^{-7}	7.643×10^{-7}	0.0212	0.0814
4	Ⅰ	9.693×10^{-7}	1.001×10^{-6}	0.0263	0.0600
	Ⅱ	1.022×10^{-6}	1.055×10^{-6}	0.0303	0.1298
	Ⅲ	1.016×10^{-6}	1.049×10^{-6}	0.0291	0.1086
5	Ⅰ	1.246×10^{-6}	1.287×10^{-6}	0.0337	0.0750
	Ⅱ	1.314×10^{-6}	1.356×10^{-6}	0.0389	0.1386
	Ⅲ	1.307×10^{-6}	1.349×10^{-6}	0.0372	0.1357

由计算结果可见，在不同程度的 HOU 算例中，算法Ⅱ和算法Ⅲ所得最优运行点下的状态变量的概率盒边界均有越限情况，且随着 HOU 程度的增大，越限程度增大；所提出的考虑 HOU 的 OEF 的计算结果中均不存在越限情况。此外，不同算例中算法Ⅰ的所得结果中状态变量的方差区间半径值均小于算法Ⅱ和算法Ⅲ所得结果。可见，在不同程度的 HOU 算例中，所提算法均有较好的控制效果。

5. 算例分析小结

由算例分析结果可见，若考虑 HOU，传统的基于机会约束的 CCHP 园区微网最优能量流算法所得到的最优运行点仍然有安全越限风险，存在一定的局限性。所提出的算法能充分考虑注入功率的 HOU，通过引入状态变量概率盒的机会约束，可有效解决各个状态变量概率盒可能存在的安全越限问题；此外，通过引入状态变量概率盒方差约束，可减小各个状态变量概率盒的随机波动程度。

11.4 小　结

本章在考虑区域综合能源系统中节点功率的 HOU 的背景下，针对区域综合能源系统的能量流计算与最优能量流计算问题展开研究。首先采用参数化概率盒描述节点功率随机变量的分布参数的 HOU，以此为基础构建了考虑 HOU 的区域综合能源系统 IPEF 计算模型，并分别基于传统半不变量法和 $2m$+1 点估计法提出了区间半不变量法和区间点估计法用于该模型的求解。在区间半不变量法中，引入 AA 与 IA 用于区间运算，在保证计算效率的基础上解决区间扩张问题，以提升计算精度，并通过构造相关性转换矩阵以处理 IPEF 计算中节点功率的相关性问题。在区间点估计法中，通过 AA 和所提出的区间收缩方法解决区间扩张问题，并基于 Nataf 逆变换和概率盒模型提出了考虑节点功率相关性的区间点估计法。最后，针对区域综合能源系统最优能量流计算中的 HOU 问题，提出了基于概率盒机会约束和方差约束的最优能量流算法。该算法通过构建概率盒机会约束以实现对状态变量概率盒的安全约束，并引入方差约束以减小状态变量概率盒的随机波动范围。为了求解该模型，基于 p-有效点理论和区间 Cornish-Fisher 级数展开实现了概率盒机会约束和方差约束的转换，并将区间半不变量法与 AA 运算应用于优化计算中，最终将提出的最优能量流计算模型转化为确定性非线性优化模型。在某个 CCHP 园区微网算例中，分别验证了上述所提算法的正确有效性。

参 考 文 献

[1] 周安平，杨明，赵斌，等. 电力系统运行调度中的高阶不确定性及其对策评述. 电力系统自动化, 2018, 42(12): 11.

[2] Weinstein J, Yildiz M. Impact of higher-order uncertainty. Games and Economic Behavior, 2007, 60(1): 200-212.

[3] Xie Y Q, Lin S J, Liang W K, et al. Interval probabilistic energy flow calculation of CCHP campus microgrid considering interval uncertainties of distribution parameters. IEEE Access,

2020, 16(4): 6219-6230.

[4] Liu X Z, Jenkins N, Wu J Z, et al. Combined analysis of electricity and heat networks. Energy Procedia, 2014, 61: 155-159.

[5] Xiao Z, Han X, Jiang C, et al. An efficient uncertainty propagation method for parameterized probability boxes. Acta Mechanica, 2016, 227(3): 633-649.

[6] Moore R E, Kearfott R B , Cloud M J. Introduction to Interval Analysis. Philadelphia: Society for Industrial and Applied Mathematics, 2009.

[7] Morales J M, Perez-Ruiz J. Point estimate schemes to solve the probabilistic power flow. IEEE Transactions on Power Systems, 2007, 22(4): 1594-1601.

[8] Chen C, Wu W C, Zhang B M, et al. Correlated probabilistic load flow using a point estimate method with Nataf transformation. International Journal of Electrical Power and Energy Systems, 2015, 65: 325-333.

[9] Qing X. Evaluating correlation coefficient for Nataf transformation. Probabilistic Engineering Mechanics, 2014, 37: 1-6.

[10] Lin S J, Sheng X, Xie Y Q, et al. An optimal energy flow algorithm for CCHP campus microgrid considering the higher-order uncertainty of renewables and loads. Journal of Modern Power Systems and Clean Energy, 2023, 14(13): 1618-1633.

第 12 章　输配系统安全约束随机经济调度

近年来，随着分布式可再生能源发电大量接入配电网，配电网由从输电网接收电能向与输电网双向交换电能转变，输电网与配电网之间的互动日益紧密。传统的经济调度往往只针对输电网，将配电网视作给定功率的负荷。这不仅会导致配电网中分布式电源的发电能力无法得到充分的利用，影响调度决策结果的经济性；甚至还有可能导致输配电网边界节点出现功率不平衡，影响电力系统的安全运行[1]。理论上，输配电网优化调度可以采用集中式的方式进行求解，但实际上，由于配电网中电源分布较为分散，数量多但单台机组发电容量小，因此，很难在输电网侧对其进行协调调度。此外，由于输电网和各个配电网往往分属于不同的调度机构管辖，出于信息私密性的需要，各自的网络与机组参数也难以做到互相透明[2]。因此，在当前电力系统的发展情况下，输配电网集中式优化调度很难实现。此外，调度决策机构在进行含可再生能源电力系统经济调度时，除了需要考虑调度决策结果的经济性，还需要考虑可再生能源出力不确定波动场景下系统的安全运行要求。随机优化调度方法是当前广泛应用的应对可再生能源出力不确定波动的方法。因此，有必要针对含可再生能源的输配电网分布式随机经济调度问题展开研究。

12.1　输电网和配电网的凸化潮流模型

基于当前我国大部分电网的网架结构发展情况，将输电网与配电网的分界点定在 110/10kV 变电站的 110kV 侧母线。考虑到输电网中 110kV 线路电抗和电阻比值(X/R)较小，应用直流潮流(DCPF)模型计算线路有功功率时的误差较大，因此，基于对交流潮流模型的简化，提出了含 110kV 线路的输电网的二次有功潮流(quadratic active power flow，QAPF)模型，并利用凸包松弛理论对 QAPF 模型进行凸化处理。并且，为了降低配电网优化调度问题的求解难度，结合 Taylor 级数展开技术[3]提出了配电网线性化潮流(LPF)模型。

12.1.1　输电网与配电网的分界点

传统上，输电网与配电网往往在 220/110kV 变电站的 110kV 侧母线处进行划分，而 110kV 电压等级线路则归属于配电网管理。然而，随着我国电网的网架结构的发展，出现了越来越多的 110/10kV 变电站同时与多个 220/110kV 变电站相连的情况，使得含 110kV 电压等级线路的配电网不再始终保持放射状结构，因而大大增加了配电网潮流计算的难度。如图 12-1 所示，当输电网与配电网的分界点选在 220/110kV 变电站的 110kV 侧母线，如节点 B 与节点 D 时，由于节点 B 与节点 D 都与同一个 110/10kV 变电站 DAMENP 相连，很难区分出变电站 DAMENP 究竟属于哪一个 220/110kV 变电站管辖，导致配电网架构划分不明确，即节点 B 下辖配电网与节点 D 下辖配电网各自包含哪些线路和变电站，难以确定；并且，这种划分方法还破坏了配电网放射状结构，降低了潮流模型求解的计算效率。因此，有必要重新划定输电网与配电网的分界点。

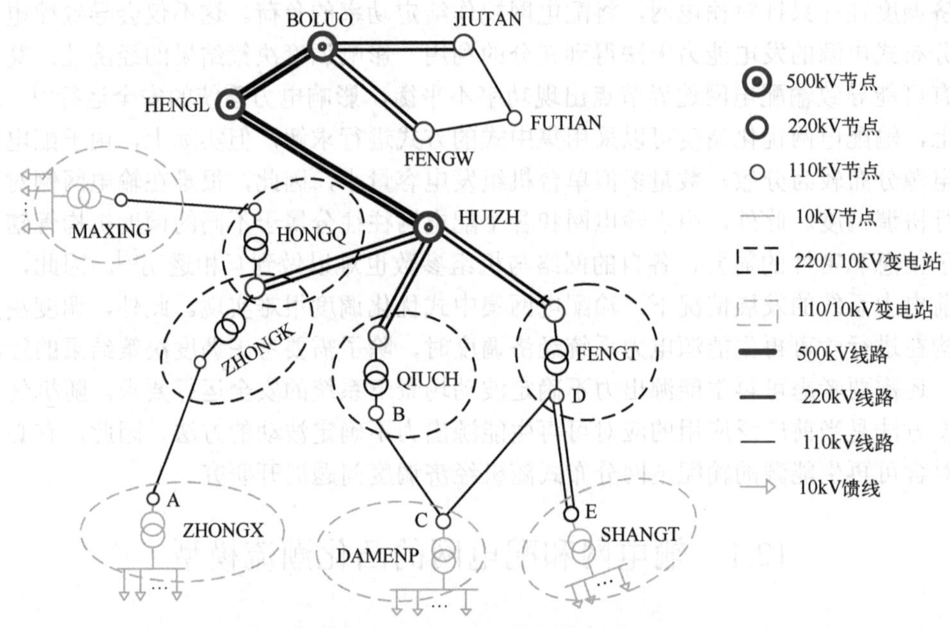

图 12-1　某个实际电网的部分接线图

当分界点选在 110/10kV 变电站的 110kV 侧母线，如图 12-1 所示的节点 A、节点 C 和节点 E 时，则 110kV 电压等级线路将归属于输电网。此时，由于 110/10kV 变电站下面的各个 10kV 馈电线路都是放射状结构，节点 A、节点 C 和节点 E 各自下辖的配电网仍具备辐射状结构。因此，将输电网与配电网分界点选在 110/10kV 变电站的 110kV 侧母线。

12.1.2　输电网凸化有功潮流模型

1. 含 110kV 线路的输电网二次有功潮流模型

目前，出于提高计算效率考虑，输电网潮流模型主要采用 DCPF 模型，即假设输电网线路上不产生有功功率损耗，且线路两端电压相角差比较小。然而，当输电线路的电抗与电阻之比 X/R 小于 10 时，采用 DCPF 模型计算得到的支路功率的最大误差将超过 20%，对于大型电力系统来说，其累积误差尤为严重。因此，有必要在保证较高的计算效率的基础上寻找具有更高计算精度的输电网潮流计算模型。

由于 110kV 电压等级输电线路的 X/R 值较小，若仍在输电网中采用传统的忽略线路电阻的 DCPF 模型，将会导致计算结果中线路功率的误差较大[4]。同时，若改用传统的非凸非线性交流潮流(ACPF)模型，由于实际输电网规模往往比较大，节点数目众多，会严重降低经济调度模型求解的计算效率。因此，为了能够提高含 110kV 线路的输电网支路有功功率的计算精度，同时避免过度牺牲计算效率，下面提出一种输电网 QAPF 模型。

当忽略电网中的对地支路时，支路有功功率计算公式如式(12-1)所示：

$$P_{ij} = g_{ij}(v_i^2 - v_i v_j \cos\theta_{ij}) - b_{ij} v_i v_j \sin\theta_{ij} \tag{12-1}$$

式中，P_{ij} 为支路 ij 有功功率；v_i 为节点 i 电压幅值；$\theta_{ij}=\theta_i-\theta_j$ 为节点 i、j 电压相角差；g_{ij} 与 b_{ij} 分别为支路 ij 的电导与电纳。

假设 $v_i\approx1, v_j\approx1, \sin(\theta_{ij}/2)\approx\theta_{ij}/2, \cos(\theta_{ij}/2)\approx1$，则式(12-1)可以简化如下：

$$\begin{aligned}P_{ij} &= v_i v_j(-g_{ij}\cos\theta_{ij} - b_{ij}\sin\theta_{ij}) + v_i^2 g_{ij} \approx -(g_{ij}\cos\theta_{ij} + b_{ij}\sin\theta_{ij}) + g_{ij}\\ &= -g_{ij}(\cos\theta_{ij} - 1) - b_{ij}\sin\theta_{ij} = 2\sin(\theta_{ij}/2)(g_{ij}\sin(\theta_{ij}/2) - b_{ij}\cos(\theta_{ij}/2))\\ &\approx \theta_{ij}(g_{ij}\theta_{ij}/2 - b_{ij}) = g_{ij}\theta_{ij}^2/2 - b_{ij}\theta_{ij}\end{aligned} \tag{12-2}$$

负荷节点的无功功率目前仍难以准确预测，因此在实际电网日前发电调度中往往没有考虑无功的影响。同时，输电网的无功调度与电压控制通常在日前有功出力调度计划制订好后进行。因此，此处仅考虑输电网的有功日前调度。

2. 输电网二次有功潮流模型凸松弛处理

式(12-2)考虑了线路电阻对其有功功率的影响，然而，上述表达式为非凸的二次等式，使得优化调度问题无法利用凸优化求解器计算，仅能通过传统非线性非凸规划求解器计算，无法保证所求得的解为全局最优。因此，需要对式(12-2)进行凸松弛处理，将其转换为凸约束，从而使得优化调度问题可以利用 GUROBI 等凸优化求解器快速求解。

凸包松弛为非凸集合的最紧凸松弛，且能够保证松弛后凸集合的边界点仍属于原非凸集合。单调目标函数在凸集合内的最优解常常位于集合边界点处，因此凸包松弛能够大大提高获得全局最优解的可能性[5]。采用 3.1.2 节中将一个二次等式约束凸包松弛为一个线性不等式和一个凸二次不等式联合的凸约束形式的方法。对于如式(12-2)所示的二次等式约束，通常可以根据电网运行实际与系统安全约束限制，给定线路两端电压相角值 θ_{ij} 的上界 $\theta_{ij,\max}$ 与下界 $\theta_{ij,\min}$，因而可得到凸包松弛后的

QAPF(relaxed QAPF，RQAPF)模型，如式(12-3)所示。

$$\begin{cases} P_{ij} \geqslant g_{ij}\,\theta_{ij}^2/2 - b_{ij}\theta_{ij} \\ P_{ij} \leqslant P_{ij,\min} + \dfrac{P_{ij,\max} - P_{ij,\min}}{\theta_{ij,\max} - \theta_{ij,\min}}(\theta_{ij} - \theta_{ij,\min}) \\ \theta_{ij,\min} \leqslant \theta_{ij} \leqslant \theta_{ij,\max} \end{cases} \tag{12-3}$$

12.1.3 配电网线性潮流模型

1. 配电网支路潮流模型

与输电网不同，配电网的网架结构为辐射状，因此可以根据基尔霍夫电流电压定律得到支路潮流模型[6]，如式(12-4)所示。然而，式(12-4)所表征的方程中含有支路有功功率 P_{ij}、无功功率 Q_{ij} 与节点电压 v_i 的平方形式，为非凸非线性约束，在大规模优化调度问题中会显著增加模型求解的难度。为此，需要考虑对式(12-4)进行一定的处理[7,8]。

$$\begin{cases} \sum\limits_{i:i\to j}(P_{ij} - P_{ij,lo}) + P_j = \sum\limits_{l:j\to l} P_{jl} & \text{(12-4a)} \\ \sum\limits_{i:i\to j}(Q_{ij} - Q_{ij,lo}) + Q_j = \sum\limits_{l:j\to l} Q_{jl} & \text{(12-4b)} \\ P_{ij,lo} = (P_{ij}^2 + Q_{ij}^2)r_{ij} / v_i^2, \quad Q_{ij,lo} = (P_{ij}^2 + Q_{ij}^2)x_{ij} / v_i^2 & \text{(12-4c)} \\ v_j^2 = v_i^2 - 2(r_{ij}P_{ij} + x_{ij}Q_{ij}) + (r_{ij}^2 + x_{ij}^2)(P_{ij}^2 + Q_{ij}^2) / v_i^2 & \text{(12-4d)} \end{cases}$$

式中，r_{ij} 和 x_{ij} 分别为支路 ij 的电阻和电抗；$P_{ij,lo}$ 和 $Q_{ij,lo}$ 分别为支路 ij 的有功和无功损耗；P_j 和 Q_j 分别为节点 j 注入的有功和无功功率。

2. 配电网线性潮流模型

首先，支路功率 P_{ij} 和 Q_{ij} 可以表示为式(12-5)的形式：

$$\begin{cases} P_{ij} = g_{ij}(v_i^2 - v_i v_j \cos\theta_{ij}) - b_{ij} v_i v_j \sin\theta_{ij} \\ Q_{ij} = -b_{ij}(v_i^2 - v_i v_j \cos\theta_{ij}) - g_{ij} v_i v_j \sin\theta_{ij} \end{cases} \tag{12-5}$$

假设 $v_i \approx 1, v_j \approx 1, \sin\theta_{ij} \approx \theta_{ij}, \cos\theta_{ij} \approx 1$，经过化简可以得到式(12-6)：

$$\begin{cases} P_{ij} = g_{ij} v_{ij} - b_{ij}\theta_{ij} \\ Q_{ij} = -b_{ij} v_{ij} - g_{ij}\theta_{ij} \end{cases} \tag{12-6}$$

式中，$v_{ij}=v_i-v_j$ 为节点 i, j 之间的电压幅值差。

通过将式(12-6)分别代入式(12-4c)和式(12-4d)中，并假设 $\cos\theta_{ij} \approx 1-0.5\theta_{ij}^2$，可以得到 $P_{ij,lo}$ 和 $Q_{ij,lo}$，如式(12-7)所示：

$$\begin{cases} P_{ij,lo} = g_{ij}(v_i^2 + v_j^2 - 2v_iv_j\cos\theta_{ij}) \approx g_{ij}((v_i - v_j)^2 + v_iv_j\theta_{ij}^2) = g_{ij}(v_{ij}^2 + v_iv_j\theta_{ij}^2) \\ Q_{ij,lo} = -b_{ij}(v_i^2 + v_j^2 - 2v_iv_j\cos\theta_{ij}) \approx -b_{ij}((v_i - v_j)^2 + v_iv_j\theta_{ij}^2) = -b_{ij}(v_{ij}^2 + v_iv_j\theta_{ij}^2) \end{cases} \tag{12-7}$$

由于上述表达式包含有非线性项，分别对其在典型运行点$(v_{i,0}, v_{j,0}, \theta_{i,0}, \theta_{j,0})$处进行一阶 Taylor 级数展开，如式(12-8)所示：

$$\begin{cases} v_{ij}^2 \approx v_{ij,0}^2 + 2v_{ij,0}(v_{ij} - v_{ij,0}) \\ v_iv_j\theta_{ij}^2 \approx v_{i,0}v_{j,0}\theta_{ij}^2 \approx v_{i,0}v_{j,0}(\theta_{ij,0}^2 + 2\theta_{ij,0}(\theta_{ij} - \theta_{ij,0})) = v_{i,0}v_{j,0}(-\theta_{ij,0}^2 + 2\theta_{ij,0}\theta_{ij}) \end{cases} \tag{12-8}$$

因此，式(12-7)可以化简为式(12-9)：

$$\begin{cases} P_{ij,lo} = g_{ij}(v_{ij,0}^2 + 2v_{ij,0}(v_{ij} - v_{ij,0}) + v_{i,0}v_{j,0}(-\theta_{ij,0}^2 + 2\theta_{ij,0}\theta_{ij})) \\ Q_{ij,lo} = -b_{ij}(v_{ij,0}^2 + 2v_{ij,0}(v_{ij} - v_{ij,0}) + v_{i,0}v_{j,0}(-\theta_{ij,0}^2 + 2\theta_{ij,0}\theta_{ij})) \end{cases} \tag{12-9}$$

最后，将式(12-6)和式(12-9)代入式(12-4)中，可以得到配电网的线性潮流模型如式(12-10)所示：

$$\begin{cases} \sum\limits_{i:i\to j} g_{ij}v_{ij} - b_{ij}\theta_{ij} - g_{ij}(v_{ij,0}^2 + 2v_{ij,0}(v_{ij} - v_{ij,0}) + v_{i,0}v_{j,0}(-\theta_{ij,0}^2 + 2\theta_{ij,0}\theta_{ij})) + P_j \\ = \sum\limits_{l:j\to l}(g_{jl}v_{jl} - b_{jl}\theta_{jl}) \\ \sum\limits_{i:i\to j} -b_{ij}v_{ij} - g_{ij}\theta_{ij} + b_{ij}(v_{ij,0}^2 + 2v_{ij,0}(v_{ij} - v_{ij,0}) + v_{i,0}v_{j,0}(-\theta_{ij,0}^2 + 2\theta_{ij,0}\theta_{ij})) + Q_j \\ = \sum\limits_{l:j\to l}(-b_{jl}v_{jl} - g_{jl}\theta_{jl}) \end{cases} \tag{12-10}$$

对于配电网而言，可以假设与输电网相连的边界耦合节点电压幅值 v_{cp}=1，电压相角 θ_{cp}=0。则典型运行点$(v_{i,0}, v_{j,0}, \theta_{i,0}, \theta_{j,0})$可以通过对配电网典型运行方式进行潮流计算得到。

12.2　输配系统随机经济调度模型

所考虑的输电网中主要包括燃煤发电机组、抽水蓄能(PSH)电站和风电场(WF)，而所考虑的配电网中则包括燃气发电机组、蓄电池储能(BS)电站和光伏电站。由于风电场和光伏电站的出力具有随机波动性，在功率平衡方程的约束下其他机组的出力也需要进行相应的调整，因而输配电网的发电费用也具有随机波动性。

12.2.1　目标函数

为了进一步促进可再生能源的消纳，将可再生能源削减的惩罚费用添加到优化问题的目标函数中予以考虑，因此，输配电网集中式随机经济调度模型的目标函数可以表示为输、配电网发电费用与弃风、弃光惩罚费用之和，如式(12-11)所示。

$$\min E\left\{\sum_{t\in N_T}\left(\sum_{g\in N_{g,T}}F_{g,t}+c_w\sum_{w\in N_w}(P_{w,t}^f-P_{w,t})+\sum_{d\in N_d}\left(\sum_{g\in N_{g,d}}F_{g,t}+c_q\sum_{q\in N_{q,d}}(P_{q,t}^f-P_{q,t})\right)\right)\right\} \tag{12-11}$$

式中，E 为数学期望运算符号；N_T为时段总数；$N_{g,T}$为输电网燃煤发电机组总数；N_w为风电场总数；N_d为配电网总数；$N_{g,d}$为配电网 d 中燃气发电机组总数；$N_{q,d}$为配电网 d 中光伏电站总数；c_w与 c_q 分别为弃风、弃光惩罚费用系数，其取值通常远大于发电机组的发电燃料费用系数；$P_{w,t}^f$ 与 $P_{w,t}$ 分别为时段 t 风电场 w 的预测出力与实际出力；$P_{q,t}^f$ 与 $P_{q,t}$ 分别为时段 t 光伏电站 q 的预测出力与实际出力；$F_{g,t}$ 为时段 t 内发电机组 g 的发电费用，表达式如式(12-12)所示：

$$F_{g,t}=a_g+b_gP_{g,t}+c_gP_{g,t}^2 \tag{12-12}$$

式中，a_g、b_g 与 c_g 分别为发电机组 g 成本函数的常数项、一次项与二次项系数；$P_{g,t}$ 为时段 t 发电机组 g 的有功出力。

可以对式(12-12)进行分段线性化近似处理，如式(12-13)所示：

$$F_{g,t}\geqslant k_{l_g}P_{g,t}+I_{l_g},\quad l_g=1,2,\cdots,M \tag{12-13}$$

式中，k_{l_g} 与 I_{l_g} 为第 l_g 分段线性函数的斜率与截距。

12.2.2 输电网约束条件

输电网的约束条件主要包括燃煤发电机组运行约束、风电场运行约束、PSH 电站运行约束与线路有功功率约束等。

(1) 燃煤发电机组运行约束：

$$\begin{cases}P_{g,\min}\leqslant P_{g,t}\leqslant P_{g,\max}\\ P_{g,t}-P_{g,t-1}\leqslant r_{g,u}\Delta T, & t>1\\ P_{g,t-1}-P_{g,t}\leqslant r_{g,d}\Delta T, & t>1\end{cases} \tag{12-14}$$

式中，$P_{g,\min}$ 与 $P_{g,\max}$ 分别为发电机组 g 有功出力下限与上限；$r_{g,u}$ 与 $r_{g,d}$ 分别为发电机组 g 的爬坡率与滑坡率；ΔT 为每个时段的长度，即 1h。

(2) 风电场出力约束：

$$0\leqslant P_{w,t}\leqslant P_{w,t}^f \tag{12-15}$$

(3) PSH 电站运行约束。

主要包括 PSH 电站上水库存储能量约束、调度周期开始后各相邻时段间上水库存储能量转移约束和各时段 PSH 电站运行状态约束。

$$\begin{cases} R_{p,\min} \leqslant R_{p,t} \leqslant R_{p,\max} \\ R_{p,T} = R_{p,0} \end{cases} \tag{12-16}$$

$$R_{p,t} = R_{p,t-1} + P_{p,p,t}\eta_p \Delta T - P_{p,g,t}\Delta T, \quad t>1 \tag{12-17}$$

$$\begin{cases} y_{p,p,t} + y_{p,g,t} \leqslant 1, \quad y_{p,p,t}, y_{p,g,t} \in [0,1] & \text{(12-18a)} \\ 0 \leqslant P_{p,p,t} \leqslant y_{p,p,t} P_{p,p,\max} & \text{(12-18b)} \\ 0 \leqslant P_{p,g,t} \leqslant y_{p,g,t} P_{p,g,\max} & \text{(12-18c)} \end{cases}$$

式中，$R_{p,t}$ 为时段 t 时 PSH 电站上水库存储能量；$R_{p,\min}$ 和 $R_{p,\max}$ 分别为 $R_{p,t}$ 的下限和上限；$R_{p,0}$ 为调度周期开始 $R_{p,t}$ 的值；$P_{p,p,t}$ 和 $P_{p,g,t}$ 分别为 PSH 电站时段 t 的抽水和发电功率；η_p 为 PSH 电站运行效率(总发电功率/总抽水功率)；$y_{p,p,t}$ 与 $y_{p,g,t}$ 分别为表征 PSH 电站时段 t 抽水和发电状态的 0-1 离散变量，1 为处于该状态，0 为不处于该状态；$P_{p,p,\max}$ 和 $P_{p,g,\max}$ 分别为 PSH 电站最大抽水和发电功率。

式(12-18)包含描述 PSH 电站运行状态的 0-1 变量，使得优化调度模型为混合整数规划模型，增加了问题的求解难度。为此，对式(12-18)进行连续线性化处理。首先，根据式(12-18a)，$y_{p,p,t}$ 可以表示为关于 $y_{p,g,t}$ 的不等式：

$$y_{p,p,t} \leqslant 1 - y_{p,g,t} \tag{12-19}$$

将式(12-19)代入式(12-18b)中，并和式(12-18c)一起写成以下表达式：

$$0 \leqslant P_{p,p,t} \leqslant (1 - y_{p,g,t}) P_{p,p,\max} \tag{12-20}$$

$$0 \leqslant P_{p,g,t} \leqslant y_{p,g,t} P_{p,g,\max} \tag{12-21}$$

接着，将式(12-20)和式(12-21)进行相加，可以得到如下不等式：

$$0 \leqslant P_{p,p,t} + P_{p,g,t} \leqslant P_{p,p,\max} + y_{p,g,t}(P_{p,g,\max} - P_{p,p,\max}) \tag{12-22}$$

由于 $y_{p,g,t}$ 仅有 0 和 1 两个取值，因此，令式(12-22)中的 $y_{p,g,t}$ 分别等于 0 和 1，则可以得到不等式如式(12-23)和式(12-24)所示：

$$0 \leqslant P_{p,p,t} + P_{p,g,t} \leqslant P_{p,p,\max} \tag{12-23}$$

$$0 \leqslant P_{p,p,t} + P_{p,g,t} \leqslant P_{p,g,\max} \tag{12-24}$$

在式(12-23)两端同时乘以 $P_{p,g,\max}$，在式(12-24)两端同时乘以 $P_{p,p,\max}$，可以得到不等式(12-25)：

$$\begin{cases} 0 \leqslant P_{p,p,t} P_{p,g,\max} + P_{p,g,t} P_{p,g,\max} \leqslant P_{p,p,\max} P_{p,g,\max} \\ 0 \leqslant P_{p,p,t} P_{p,p,\max} + P_{p,g,t} P_{p,p,\max} \leqslant P_{p,g,\max} P_{p,p,\max} \end{cases} \tag{12-25}$$

经过对式(12-25)进行简单的整理，最终可以得到式(12-26)的表达式，从而实现将含 0-1 离散变量的式(12-21)转化为连续线性化的约束：

$$0 \leqslant P_{p,g,t} + P_{p,p,t} \leqslant \frac{2P_{p,p,\max}P_{p,g,\max}}{P_{p,g,\max} + P_{p,p,\max}} \tag{12-26}$$

(4)线路有功功率约束：

$$\begin{cases} P_{ij,t} \geqslant g_{ij}\,\theta_{ij,t}^2 \big/ 2 - b_{ij}\theta_{ij,t} \\ P_{ij,t} \leqslant P_{ij,\min} + \dfrac{P_{ij,\max} - P_{ij,\min}}{\theta_{ij,\max} - \theta_{ij,\min}}(\theta_{ij,t} - \theta_{ij,\min}) \\ P_{i,t} = \sum\limits_{i \to j} P_{ij,t} \\ P_{ij,\min} \leqslant P_{ij,t} \leqslant P_{ij,\max},\quad \theta_{ij,\min} \leqslant \theta_{ij,t} \leqslant \theta_{ij,\max} \end{cases} \tag{12-27}$$

式中，若节点 i 与燃煤发电机组 g 相连，则 $P_{i,t}=P_{g,t}$；若与风电场 w 相连，则 $P_{i,t}=P_{w,t}$；若与 PSH 电站 p 相连，则 $P_{i,t}=P_{p,g,t}-P_{p,p,t}$。

12.2.3 配电网约束条件

配电网的约束条件主要包括燃气发电机组运行约束、光伏电站运行约束、BS 电站运行约束和网络安全运行约束等，与输电网约束条件基本一致，如下所示。

(1)燃气发电机组运行约束：

$$\begin{cases} P_{g,\min} \leqslant P_{g,t} \leqslant P_{g,\max},\quad g \in N_{g,d} \\ Q_{g,\min} \leqslant Q_{g,t} \leqslant Q_{g,\max},\quad g \in N_{g,d} \\ P_{g,t} - P_{g,t-1} \leqslant r_{g,u}\Delta T,\quad t > 1 \\ P_{g,t-1} - P_{g,t} \leqslant r_{g,d}\Delta T,\quad t > 1 \end{cases} \tag{12-28}$$

式中，$Q_{g,t}$ 为燃气发电机组 g 时段 t 的无功出力；$Q_{g,\min}$ 和 $Q_{g,\max}$ 分别为 $Q_{g,t}$ 的下限和上限。

(2)光伏电站运行约束：

$$0 \leqslant P_{q,t} \leqslant P_{q,t}^f \tag{12-29}$$

(3)BS 电站运行约束，包括 BS 电站存储能量约束、各时段之间存储能量转移约束和各时段的运行状态及功率约束。

$$\begin{cases} R_{b,\min} \leqslant R_{b,t} \leqslant R_{b,\max} \\ R_{b,T} = R_{b,0} \end{cases} \tag{12-30}$$

$$R_{b,t} = R_{b,t-1} + P_{b,c,t}\eta_b \Delta T - P_{b,d,t}\Delta T,\quad t > 1 \tag{12-31}$$

$$\begin{cases} y_{b,c,t} + y_{b,d,t} \leqslant 1,\quad y_{b,c,t}, y_{b,d,t} \in [0,1] \\ 0 \leqslant P_{b,c,t} \leqslant y_{b,c,t}P_{b,c,\max} \\ 0 \leqslant P_{b,d,t} \leqslant y_{b,d,t}P_{b,d,\max} \end{cases} \tag{12-32}$$

式中，$R_{b,t}$ 为 BS 电站在时段 t 的存储能量；$R_{b,\min}$ 和 $R_{b,\max}$ 分别为 $R_{b,t}$ 的下限与上限；$R_{b,0}$ 为调度周期开始 BS 电站的存储能量；$P_{b,c,t}$ 和 $P_{b,d,t}$ 分别为 BS 电站时段 t 的充电和放电功率；η_b 为 BS 电站的运行效率(总放电功率/总充电功率)；$y_{b,c,t}$ 和 $y_{b,d,t}$ 分别为表征 BS 电站在时段 t 的充电与放电状态的 0-1 离散变量，1 为处于该状态，0 为不处于该状态；$P_{b,c,\max}$ 和 $P_{b,d,\max}$ 分别为 BS 电站最大充电和放电功率。

与式(12-18)类似，经过同样的化简过程，可将含有 0-1 离散变量的式(12-32)转换为连续线性化的不等式约束，表示如下：

$$0 \leqslant P_{b,d,t} + P_{b,c,t} \leqslant \frac{2P_{b,c,\max}P_{b,d,\max}}{P_{b,c,\max} + P_{b,d,\max}} \tag{12-33}$$

(4) 网络安全运行约束：

$$\begin{cases} \sum\limits_{i:i\to j} g_{ij}v_{ij,t} - b_{ij}\theta_{ij,t} - g_{ij}(v_{ij,0}^2 + 2v_{ij,0}(v_{ij,t} - v_{ij,0}) + v_{i,0}v_{j,0}(-\theta_{ij,0}^2 + 2\theta_{ij,0}\theta_{ij,t})) + P_{j,t} \\ = \sum\limits_{l:j\to l} (g_{jl}v_{jl,t} - b_{jl}\theta_{jl,t}) \\ \sum\limits_{i:i\to j} -b_{ij}v_{ij,t} - g_{ij}\theta_{ij,t} + b_{ij}(v_{ij,0}^2 + 2v_{ij,0}(v_{ij,t} - v_{ij,0}) + v_{i,0}v_{j,0}(-\theta_{ij,0}^2 + 2\theta_{ij,0}\theta_{ij,t})) + Q_{j,t} \\ = \sum\limits_{l:j\to l} (-b_{jl}v_{jl,t} - g_{jl}\theta_{jl,t}) \end{cases} \tag{12-34}$$

$$\begin{cases} P_{ij\min} \leqslant g_{ij}v_{ij,t} - b_{ij}\theta_{ij,t} \leqslant P_{ij\max} \\ Q_{ij\min} \leqslant -b_{ij}v_{ij,t} - g_{ij}\theta_{ij,t} \leqslant Q_{ij\max} \\ v_{\min} \leqslant v_{i,t} \leqslant v_{\max}, \quad \theta_{\min} \leqslant \theta_{ij,t} \leqslant \theta_{\max} \\ v_{cp,t} = 1.0, \quad \theta_{cp,t} = 0 \end{cases} \tag{12-35}$$

式中，若节点 j 与燃气发电机组 g 相连，则 $P_{j,t}=P_{g,t}$，$Q_{j,t}=Q_{g,t}$；若节点 j 与光伏电站 q 相连，则 $P_{j,t}=P_{q,t}$，$Q_{j,t}=0$；若节点 j 与 BS 电站 b 相连，则 $P_{j,t}=P_{b,d,t}-P_{b,c,t}$，$Q_{j,t}=0$。

因此，可以得到输配电网集中式随机经济调度模型如式(12-36)所示：

$$\begin{cases} \min E\left\{\sum\limits_{t\in N_T}(C_{T,t} + \sum\limits_{d\in N_d} C_{d,t})\right\} \\ C_{T,t} = \sum\limits_{g\in N_{g,T}} F_{g,t} + c_w \sum\limits_{w\in N_w} (P_{w,t}^f - P_{w,t}), \quad C_{d,t} = \sum\limits_{g\in N_{g,d}} F_{g,t} + c_q \sum\limits_{q\in N_{q,k}} (P_{q,t}^f - P_{q,t}) \\ \text{s.t.} \begin{cases} \text{式(12-13)} \sim \text{式(12-17)}, \text{式(12-26)和式(12-27)}, \text{式(12-28)} \sim \text{式(12-31)} \\ \text{式(12-33)} \sim \text{式(12-35)} \end{cases} \end{cases} \tag{12-36}$$

式中，$C_{T,t}$ 为时段 t 输电网的运行成本；$C_{d,t}$ 为时段 t 第 d 个配电网的运行成本。

12.3　输配系统随机经济调度模型的分布式求解

对于可再生能源出力的随机波动特性，通常采用大量随机场景进行描述。由于随机经济调度模型包含多场景、多时间段(T=24 或 96)与多区域(输、配电网)，其变量数与方程数都很大，在应用于实际大规模输配电网随机经济调度问题时，直接求解的难度很大，因此本节提出结合 ADP 算法与同步型 ADMM 法，将原大规模优化模型分解为多个小规模优化模型以便于求解。

12.3.1　应用 ADP 算法将随机经济调度模型转化为确定性优化模型

根据 Bellman 最优性原理[9]，优化调度问题在未来时段的最优决策，仅与当前时段 t 的决策和状态有关，而与时段 t 前面的决策和状态无关，以最小化调度成本问题为例，可以用下述等式描述：

$$V_t(\boldsymbol{S}_t)=\min_{\boldsymbol{x}_t\in\boldsymbol{\psi}_t}(C_t(\boldsymbol{S}_t,\boldsymbol{x}_t)+\gamma E(V_{t+1}(\boldsymbol{S}_{t+1})\,|\,\boldsymbol{S}_t)) \tag{12-37}$$

式中，$V_t(\cdot)$为时段 t 的值函数；$\boldsymbol{S}_t$为原问题在时段 t 的状态变量集合；γ为衰减系数，即考虑当前时段决策对后续时段决策的影响程度，本章中取 1；$C_t(\cdot)$为时段 t 内即时成本；$\boldsymbol{x}_t$为时段 t 的决策变量集合；$\boldsymbol{\psi}_t$为时段 t 内决策变量的可行域。

由于式(12-37)以数学期望项的形式考虑下一时段随机场景，实际问题的求解难度将显著增加，因此往往通过值函数近似的方法对数学期望项进行处理。类似第 4 章中的处理方法，可应用存储模型理论[10]，将储能装置的存储能量 $\boldsymbol{R}_t$ 视作描述系统运行状态的状态变量，将随机因素 $\boldsymbol{W}_t$ 视作外部变量，则 $\boldsymbol{S}_t$=($\boldsymbol{W}_t$, $\boldsymbol{R}_t$)。同时，定义时段 t 内决策后状态 $\boldsymbol{S}_t^x(\boldsymbol{W}_t,\boldsymbol{R}_t^x)$为完成当前时段决策，且尚未观测到下一时段外部变量时的过渡状态，对应的决策后值函数为 $V_t^x(\boldsymbol{S}_t^x)$，则式(12-37)可以分解为

$$V_t(\boldsymbol{S}_t)=V_t(\boldsymbol{W}_t,\boldsymbol{R}_t)=\min_{\boldsymbol{x}_t\in\boldsymbol{\psi}_t}\{C_t(\boldsymbol{W}_t,\boldsymbol{R}_t,\boldsymbol{x}_t)+\gamma V_t^x(\boldsymbol{W}_t,\boldsymbol{R}_t^x)\} \tag{12-38}$$

$$V_{t-1}^x(\boldsymbol{W}_{t-1},\boldsymbol{R}_{t-1}^x)=E(V_t(\boldsymbol{W}_t,\boldsymbol{R}_t)\,|\,(\boldsymbol{W}_{t-1},\boldsymbol{R}_{t-1}^x)) \tag{12-39}$$

在 t−1 时段内决策结束后，一旦 $\boldsymbol{W}_t$ 已知，则假设 $\boldsymbol{R}_{t-1}^x$ 将马上产生一个相对应的虚拟存储能量增量 $\Delta\boldsymbol{R}_t^x(\boldsymbol{W}_t)$，过渡到 $\boldsymbol{R}_t$。当时段 t 的决策完成后，$\Delta\boldsymbol{R}_t^x(\boldsymbol{W}_t)$将从存储能量中扣除，则 $\boldsymbol{R}_t^x$ 的状态转移方程可以表示为以下形式：

$$\boldsymbol{R}_t=\boldsymbol{R}_{t-1}^x+\Delta\boldsymbol{R}_t^x(\boldsymbol{W}_t) \tag{12-40}$$

$$\boldsymbol{R}_t^x=\boldsymbol{R}^x(\boldsymbol{S}_t,\boldsymbol{x}_t)=\boldsymbol{R}_t+f(\boldsymbol{P}_t)-\Delta\boldsymbol{R}_t^x(\boldsymbol{W}_t) \tag{12-41}$$

式中，$f(\boldsymbol{P}_t)$统一表示了储能装置不同决策出力 $\boldsymbol{P}_t$ 作用于 $\boldsymbol{R}_t$ 上的影响。

式(12-39)的决策后值函数关于 $\boldsymbol{R}_t^x$ 呈现凸性，因此可以采用式(12-42)所示的分段线性函数进行描述。

$$V_t^x(\boldsymbol{W}_t,\boldsymbol{R}_t^x)=\sum_{s=1}^{N_{\rm ps}+N_{\rm bs}}(V_{ts,0}+\boldsymbol{v}_{ts}^{\rm T}\boldsymbol{\mu}_{ts}) \tag{12-42}$$

式中，$N_{\rm ps}$ 和 $N_{\rm bs}$ 分别为输电网中 PSH 电站和配电网中 BS 储能站的总数量；$\boldsymbol{v}_{ts}=(v_{ts,1}, v_{ts,2},\cdots, v_{ts,l},\cdots, v_{ts,L})$，$\boldsymbol{\mu}_{ts}=(\mu_{ts,1}, \mu_{ts,2},\cdots, \mu_{ts,l},\cdots, \mu_{ts,L})$，$L$ 为分段线性函数的分段数；$v_{ts,l}$ 与 $V_{ts,0}$ 分别为时段 t 储能装置 s 的近似值函数的第 l 个分段斜率和截距；$\mu_{ts,l}$ 为第 l 个分段的存储能量。

因此，结合近似值函数(式(12-42))，可以将式(12-38)转化为式(12-43)。

$$V_t(\boldsymbol{W}_t,\boldsymbol{R}_t)=\min_{\boldsymbol{x}_t\in\psi_t}\left\{C_t(\boldsymbol{W}_t,\boldsymbol{R}_t,\boldsymbol{x}_t)+\gamma\sum_{s=1}^{N_{\rm ps}+N_{\rm bs}}(V_{ts,0}+\boldsymbol{v}_{ts}^{\rm T}\boldsymbol{\mu}_{ts})\right\} \tag{12-43}$$

为了考虑可再生能源出力随机波动的影响，需要利用大量随机场景对近似值函数进行训练，并在训练过程中不断更新其斜率与截距，以使得每一次训练后得到的近似值函数都更加接近最优值函数[11]。常采用逐次投影近似路径(SPAR)算法对近似值函数的斜率进行调整，其具体步骤可参见 4.2.3 节。在完成近似值函数的训练后，即可利用得到的近似值函数根据式(12-43)逐时段对预测场景进行优化调度求解，以获得日前随机经济调度方案。

可以看到，采用 ADP 算法，可将求解多时段随机经济调度模型转化为逐时段求解如式(12-43)所示的确定性单时段经济调度模型。对于如式(12-36)所示的输配电网集中式随机经济调度模型，可以将 $R_{p,t}$ 和 $R_{b,t}$ 作为存储能量 $\boldsymbol{R}_t$，$P_{w,t}^f$ 与 $P_{q,t}^f$ 作为外部变量 $\boldsymbol{W}_t$，$\boldsymbol{x}_t$=$(P_{g,t}, P_{p,p,t}, P_{p,g,t}, P_{b,c,t}, P_{b,d,t}, P_{w,t}, P_{q,t})$ 作为决策变量，则转化后的确定性单时段经济调度模型可写成式(12-44)的形式。

$$\begin{cases}\min\limits_{\boldsymbol{x}_{T,t},\boldsymbol{x}_{d,t}}\ C_{T,t}(\boldsymbol{S}_{T,t},\boldsymbol{x}_{T,t})+\sum\limits_{d\in N_d}C_{d,t}(\boldsymbol{S}_{d,t},\boldsymbol{x}_{d,t})+\gamma\sum\limits_{s=1}^{N_{\rm ps}+N_{\rm bs}}(V_{ts,0}+\boldsymbol{v}_{ts}^{\rm T}\boldsymbol{\mu}_{ts})\\ C_{T,t}=\sum\limits_{g\in N_{g,T}}F_{g,t}+c_w\sum\limits_{w\in N_w}(P_{w,t}^f-P_{w,t}),\quad C_{d,t}=\sum\limits_{g\in N_{g,d}}F_{g,t}+c_q\sum\limits_{q\in N_{q,d}}(P_{q,t}^f-P_{q,t})\\ \text{s.t.}\begin{cases}\text{式(12-13)}\sim\text{式(12-17)},\ \text{式(12-26)和式(12-27)},\ \text{式(12-28)}\sim\text{式(12-31)},\\ \text{式(12-33)}\sim\text{式(12-35)}\\ \sum\limits_{l=1}^{L}\mu_{ts,l}=R_{ts}^x,\quad \mu_{ts,l}\in[0,\rho_s],\quad \rho_s=R_{s,\max}/L,\quad s=1,2,\cdots,(N_{\rm ps}+N_{\rm bs})\end{cases}\end{cases} \tag{12-44}$$

式中，R_{ts}^x 为时段 t 储能装置 s 的决策后状态；ρ_s=$R_{s,\max}/L$ 为储能装置 s 的近似值函数每个分段存储能量的最大值。

12.3.2　基于同步型 ADMM 法的输配电网分布式经济调度算法

对于如式(12-44)所示的输配电网确定性单时段经济调度模型，考虑到实际电力系统中配电网数目众多造成整个输配电网规模巨大，可采用将整个输配电网分解成输电网和每个配电网的方法以降低每次求解的优化模型的规模。采用同步型 ADMM 法实现对式(12-44)的完全分布式求解。

以两区域优化问题为例，其紧凑形式如式(12-45)所示：

$$\begin{cases}\min\limits_{\boldsymbol{x}_1,\boldsymbol{x}_2} c_1(\boldsymbol{x}_1)+c_2(\boldsymbol{x}_2)\\ \text{s.t.}\begin{cases}\boldsymbol{x}_1\in\psi_{1,t}, \quad \boldsymbol{x}_2\in\psi_{2,t}\\ x_{1,bc}=x_{2,bc}\end{cases}\end{cases} \tag{12-45}$$

式中，$\boldsymbol{x}_1$ 和 $\boldsymbol{x}_2$ 分别为区域 1 和区域 2 中所有变量；$c_1(\boldsymbol{x}_1)$ 和 $c_2(\boldsymbol{x}_2)$ 分别为区域 1 和区域 2 的费用函数；$\psi_{1,t}$ 和 $\psi_{2,t}$ 分别为区域 1 和区域 2 各变量的可行域；$x_{1,bc}$ 和 $x_{2,bc}$ 分别为区域 1 和区域 2 的边界耦合变量。

同步型 ADMM 法的推导过程可参见 1.4.3 节，最终得到的 $\boldsymbol{x}_1,\boldsymbol{x}_2$ 与乘子 λ_1,λ_2 的迭代更新过程如式(12-46)～式(12-48)所示[12]。

$$\begin{cases}\boldsymbol{x}_1^{k+1}=\arg\min\limits_{\boldsymbol{x}_1}\left\{c_1(\boldsymbol{x}_1)+\lambda_1^k(x_{1,bc}^k-z_1^k)+\dfrac{\rho}{2}\left\|x_{1,bc}^k-z_1^k\right\|_2^2\right\}\\ \boldsymbol{x}_2^{k+1}=\arg\min\limits_{\boldsymbol{x}_2}\left\{c_2(\boldsymbol{x}_2)+\lambda_2^k(x_{2,bc}^k-z_2^k)+\dfrac{\rho}{2}\left\|x_{2,bc}^k-z_2^k\right\|_2^2\right\}\end{cases} \tag{12-46}$$

$$z_1^{k+1}=z_2^{k+1}=(x_{1,bc}^{k+1}+x_{2,bc}^{k+1})/2 \tag{12-47}$$

$$\begin{cases}\lambda_1^{k+1}=\lambda_1^k+\rho(x_{1,bc}^{k+1}-z_1^{k+1})\\ \lambda_2^{k+1}=\lambda_2^k+\rho(x_{2,bc}^{k+1}-z_2^{k+1})\end{cases} \tag{12-48}$$

式中，ρ 为惩罚因子。

迭代终止的条件如下：

$$\varDelta_{cv}=\left\|[(x_{1,bc}^{k+1}-x_{1,bc}^k)/x_{1,bc}^k;\ (x_{2,bc}^{k+1}-x_{2,bc}^k)/x_{2,bc}^k]\right\|_2^2\leqslant\varepsilon \tag{12-49}$$

式中，$\varDelta_{cv}$ 为边界耦合变量的相对偏差的 2 范数；$\varepsilon>0$ 为给定收敛标准值，本章中取 $\varepsilon=5\times10^{-4}$。

在输配电网确定性单时段经济调度模型(式(12-44))中，输电网和第 d 个配电网通过边界联络母线 cd 实现耦合。采用节点撕裂法[13]将输电网和配电网分开，如图 12-2 所示。因此，可将边界联络母线 cd 上传输的有功功率作为边界耦合变量，并引入如式(12-50)所示的边界耦合约束来确保分布式优化计算结果中输电网和第 d 个配电网边界耦合变量的一致性。

$$P_{D,cd,t}=P_{T,cd,t}, \quad cd\in N_{\text{con}} \tag{12-50}$$

式中，$P_{D,cd,t}$ 与 $P_{T,cd,t}$ 分别为时段 t 内第 d 个配电网与输电网边界联络母线 cd 上传输的有功功率；N_{con} 为边界联络母线的数目。

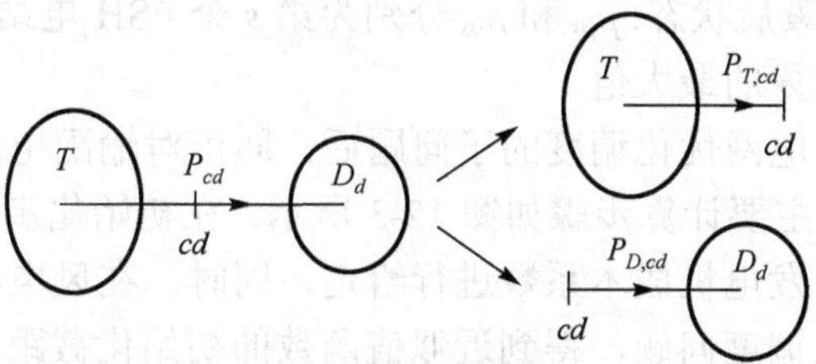

图 12-2　通过节点撕裂对输配电网进行解耦

式(12-44)中的近似值函数关于各个储能装置是线性可分的，因此在定义边界耦合变量后，即可得到输电网与配电网调度单时段经济子问题分别如下所示。

输电网子问题：

$$\begin{cases}\min\left\{C_{T,t}(\boldsymbol{S}_{T,t},\boldsymbol{x}_{T,t})+\gamma\sum_{s=1}^{N_{\text{ps}}}(V_{tps,0}+\boldsymbol{v}_{tps}^{\text{T}}\boldsymbol{\mu}_{tps})+\sum_{d\in N_d}\left(\lambda_{1,d}(P_{T,cd,t}-z_{T,cd,t})+\dfrac{\rho}{2}\left\|P_{T,cd,t}-z_{T,cd,t}\right\|_2^2\right)\right\}\\ C_{T,t}=\sum_{g\in N_{g,T}}F_{g,t}+c_w\sum_{w\in N_w}(P_{w,t}^f-P_{w,t})\\ \text{s.t.}\begin{cases}\text{式(12-13)}\sim\text{式(12-17)},\text{式(12-26)和式(12-27)}\\ \sum_{l=1}^{L}\mu_{tps,l}=R_{tps}^x,\quad \mu_{tps,l}\in[0,\rho_{ps}],\quad \rho_{ps}=R_{ps,\max}/L,\quad s=1,2,\cdots,N_{\text{ps}}\end{cases}\end{cases}\tag{12-51}$$

配电网 d 子问题：

$$\begin{cases}\min\left\{C_{d,t}(\boldsymbol{S}_{d,t},\boldsymbol{x}_{d,t})+\gamma\sum_{s=1}^{N_{\text{bs}}}(V_{tbs,0}+\boldsymbol{v}_{tbs}^{\text{T}}\boldsymbol{\mu}_{tbs})+\lambda_{2,d}(P_{D,cd,t}-z_{D,cd,t})+\dfrac{\rho}{2}\left\|P_{D,cd,t}-z_{D,cd,t}\right\|_2^2\right\}\\ C_{d,t}=\sum_{g\in N_{g,d}}F_{g,t}+c_q\sum_{q\in N_{q,d}}(P_{q,t}^f-P_{q,t})\\ \text{s.t.}\begin{cases}\text{式(12-13)},\text{式(12-28)}\sim\text{式(12-31)},\text{式(12-33)}\sim\text{式(12-35)}\\ \sum_{l=1}^{L}\mu_{tbs,l}=R_{tbs}^x,\quad \mu_{tbs,l}\in[0,\rho_{bs}],\quad \rho_{bs}=R_{bs,\max}/L,\quad s=1,2,\cdots,N_{\text{bs},d}\end{cases}\end{cases}\tag{12-52}$$

式中，$z_{T,cd,t}=z_{D,cd,t}=(P_{T,cd,t}+P_{D,cd,t})/2$；$V_{tps,0}$ 和 $V_{tbs,0}$ 分别为时段 t 第 s 个 PSH 电站和 BS 电站的近似值函数的截距；$\boldsymbol{v}_{tps}$ 和 $\boldsymbol{v}_{tbs}$ 分别为时段 t 第 s 个 PSH 电站和 BS 电站的

近似值函数中各分段斜率组成的向量；$\boldsymbol{\mu}_{tps}$ 和 $\boldsymbol{\mu}_{tbs}$ 分别为时段 t 第 s 个 PSH 电站和 BS 电站的近似值函数中各分段存储量组成的向量；R_{tps}^{x} 和 R_{tbs}^{x} 分别为时段 t 第 s 个 PSH 电站和 BS 电站的决策后状态；ρ_{ps} 和 ρ_{bs} 分别为第 s 个 PSH 电站和 BS 电站的近似值函数中每个分段存储量的最大值。

在构造得到输配电网优化调度的子问题后，即可对输配电网随机经济调度模型进行分布式求解，其主要计算步骤如图 12-3 所示。在初始化步骤中，对模型的相关参数如发电机容量、发电机成本系数进行给定，同时，在风电、光伏预测场景下，通过求解确定性优化调度问题，得到近似值函数的初始化截距与斜率。结合 SPAR 算法，利用每一个误差场景对近似值函数进行训练并对斜率与截距进行修正。当所有误差场景均已遍历且已达到收敛标准时，训练结束。最后，利用获得的近似值函数即可逐时段进行优化调度决策。与传统输配电网经济调度模型的分布式求解不同，本章将同步型 ADMM 法内嵌于各时段近似值函数训练与求解中，不仅使得迭代子问题的规模大大减小，而且其收敛要求也不再要求所有时段边界耦合变量的一致性约束同时满足，降低分布式计算收敛的难度。

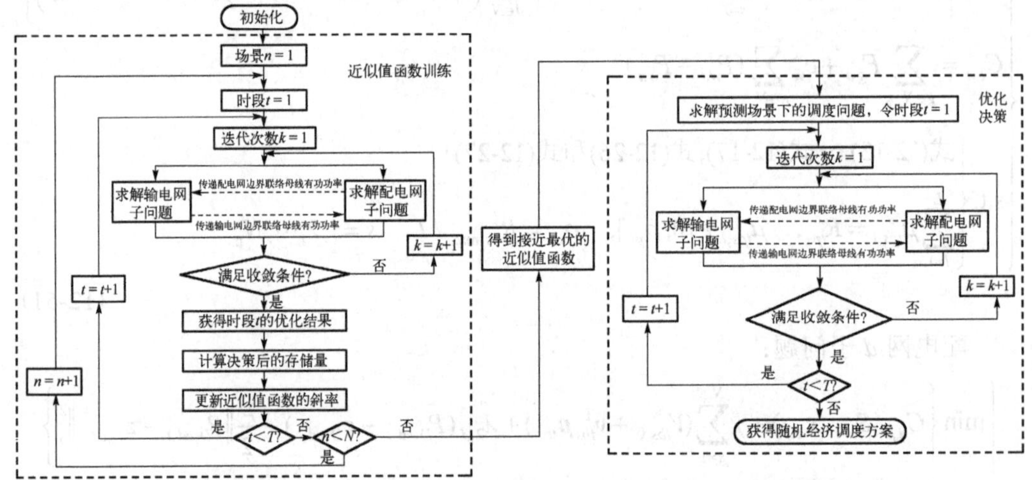

图 12-3　基于同步型 ADMM 法的输配电网分布式随机经济调度算法流程图

12.4　算 例 分 析

12.4.1　输电网凸化潮流计算模型的精度验证

本节通过修改的 IEEE 9 节点系统算例和含 110kV 线路的某实际中心城市输电网算例，来验证所提出的输电网 QAPF 模型及其凸包松弛方法的有效性[14]。

1. 修改的 IEEE 9 节点算例

修改的 IEEE 9 节点系统结构如图 12-4 所示，线路参数如表 12-1 所示，设定其 X/R 值接近于实际的 110kV 输电线路。分别采用 ACPF 模型、DCPF 模型、QAPF 模型与 RQAPF 模型分别进行潮流求解，结果如表 12-2 所示。为了避免由于线路有功功率过小而带来较大误差，将线路有功功率小于线路功率最大值 10%的数据予以剔除。可以看到，DCPF 模型的结果中部分线路出现了相对误差超过 20%的情况，而所提出的 QAPF 模型的结果中所有线路误差均不超过 5%。因此，相比 DCPF 模型，所提出的 QAPF 模型更适用于含 110kV 线路输电网。此外，RQAPF 模型求解得到的结果与 QAPF 模型完全一致，表明所提凸包松弛方法的计算精确度较高。

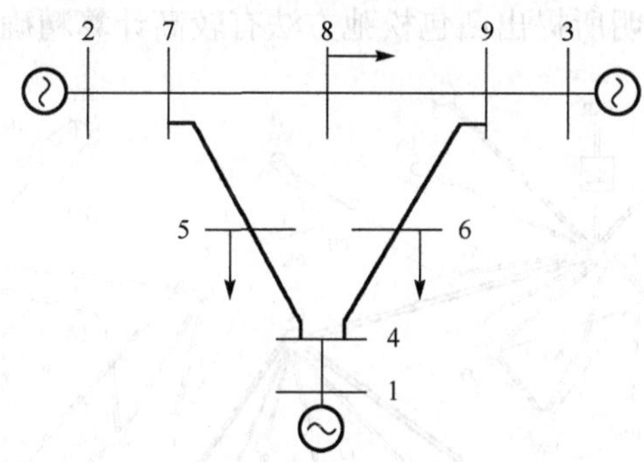

图 12-4　修改的 IEEE 9 节点结构图

表 12-1　修改的 IEEE 9 节点系统线路参数

线路	电阻 R/Ω	电抗 X/Ω	X/R	$P_{ij,\max}$/MW
节点 8—节点 7	10.1171	85.6980	8.47	250
节点 8—节点 9	14.1640	119.9772	8.47	150
节点 5—节点 7	38.0880	191.6303	5.03	120
节点 6—节点 9	46.4198	202.3425	4.36	150
节点 4—节点 5	11.9025	101.1723	8.50	250
节点 4—节点 6	20.2343	109.5030	5.41	250

表 12-2　不同潮流模型的计算结果

线路	线路功率/p.u.				线路功率相对误差/%		
	DCPF	QAPF	RQAPF	ACPF	DCPF	QAPF	RQAPF
节点 4—节点 6	0.24	0.19	0.19	0.19	25.18	4.54	4.54
节点 5—节点 7	1.36	1.30	1.30	1.29	5.16	0.72	0.72
节点 6—节点 9	1.14	1.09	1.09	1.10	4.38	0.85	0.85
节点 8—节点 7	0.64	0.64	0.64	0.65	0.60	1.36	1.36
节点 8—节点 9	0.36	0.36	0.36	0.35	1.11	2.51	2.51

2. 含 110kV 线路的某实际中心城市输电网算例

为了进一步验证提出的 QAPF 模型在实际大规模电网中的计算精度，在含 110kV 线路的某中心城市输电网中进行算例验证。算例系统包括 1560 个节点与 1757 条支路，其结构图如图 12-5 所示。此系统中，110kV 线路的 X/R 值大致分布在 1.59～7.50。分别采用 ACPF 模型、DCPF 模型、QAPF 模型和 RQAPF 模型进行潮流计算验证，部分线路计算结果如表 12-3 所示。同样地，可以看到，DCPF 模型下部分线路出现了相对误差超过 20%的情况，而所提出的 QAPF 模型下所有线路误差均不超过 5%，与修改的 IEEE 9 节点算例具有相同的结论，即相比 DCPF 模型，所提出的 QAPF 模型更适用于含 110kV 线路输电网。此外，RQAPF 模型求解得到的结果与 QAPF 模型很接近，表明所提出凸包松弛方法有较高计算精确度。

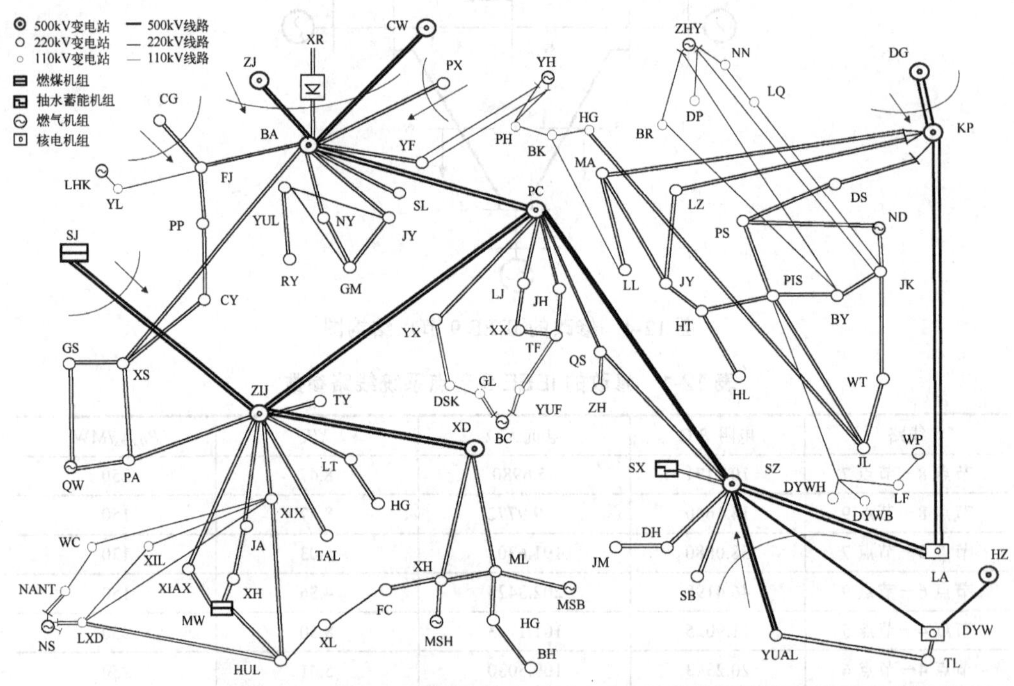

图 12-5　含 110kV 线路的某中心城市输电网结构图

表 12-3　不同潮流模型的潮流求解结果

线路	线路功率/p.u.				线路功率相对误差/%		
	DCPF	QAPF	RQAPF	ACPF	DCPF	QAPF	RQAPF
PC-SZ	3.91	4.31	4.30	4.29	8.77	0.48	0.23
SZ-SX	4.10	4.09	4.09	4.09	0.22	0.05	0.05
ZIJ-XIX	0.21	0.28	0.28	0.27	22.19	2.39	2.40

续表

线路	线路功率/p.u.				线路功率相对误差/%		
	DCPF	QAPF	RQAPF	ACPF	DCPF	QAPF	RQAPF
BA-PC	18.86	20.71	20.70	20.96	9.99	1.16	1.24
MA-JY	0.97	1.07	1.07	1.13	13.75	4.80	4.96
FJ-PP	3.34	3.45	3.44	3.50	4.89	1.50	1.71
XIX-WC	0.08	0.07	0.07	0.07	14.95	0.65	0.66
HL-XL	2.99	3.01	3.01	3.01	0.61	0.04	0.05

12.4.2　配电网线性潮流计算模型的精度验证

以 IEEE 33 节点系统为例，其结构如图 12-6 所示。为验证所提出的配电网 LPF 模型的计算精度和效率，将所提出的配电网 LPF 模型与 ACPF 模型、SOCP 模型和线性化支路潮流模型(LBFM)的潮流计算结果进行比较[15]，其中，ACPF 模型和 SOCP 模型分别采用 GAMS 软件上集成的 CONOPT 求解器和 GUROBI 求解器进行求解，LPF 模型 Taylor 级数展开所需的典型状态选为 ACPF 模型的计算结果，得到的计算结果如表 12-4 所示。通过比较支路有功功率 P_{ij} 的最大偏差与平均偏差(以 ACPF 模型的计算结果为基准)可以看出，所提出的配电网 LPF 模型的计算精度远远高于 LBFM 模型，与 SOCP 模型很接近，但其求解所耗费的计算时间要比 SOCP 模型少很多。

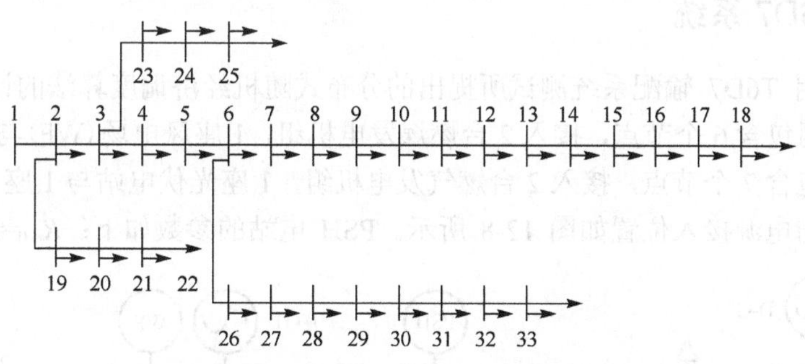

图 12-6　IEEE 33 节点系统网架结构图

表 12-4　不同潮流模型下的潮流计算结果对比

潮流模型	P_{ij} 最大偏差/%	P_{ij} 平均偏差/%	求解时间/ms
ACPF 模型	—	—	86.67
SOCP 模型	0	0	75.02
LBFM 模型	5.49	1.30	28.33
LPF 模型	0.50	0.12	38.75

此外，比较所提出的配电网 LPF 模型与 ACPF 模型潮流计算结果的各个节点电压幅值与相角，如图 12-7 所示。可以看到，两种模型的计算结果非常接近，这进一步表明所提出的配电网 LPF 模型具有较高的计算精度。

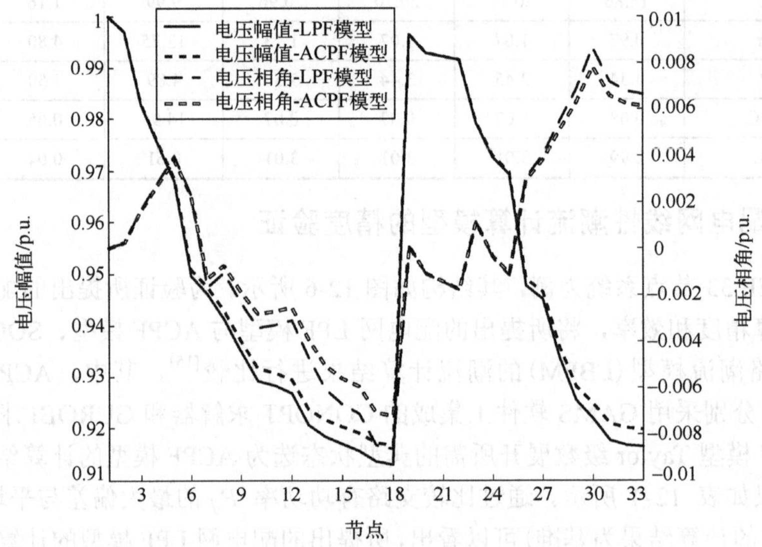

图 12-7　各节点电压幅值与相角计算结果比较

12.4.3　T6D7 系统

下面采用 T6D7 输配系统测试所提出的分布式随机经济调度算法的计算性能[15]。其中，输电网包含 6 个节点，接入 2 台燃煤发电机组，1 座风电场(WF)与 1 座 PSH 电站；配电网包含 7 个节点，接入 2 台燃气发电机组，1 座光伏电站与 1 座 BS 电站，具体网架结构与电源接入位置如图 12-8 所示。PSH 电站的参数如下：$R_{p,0}$=2000MW·h，

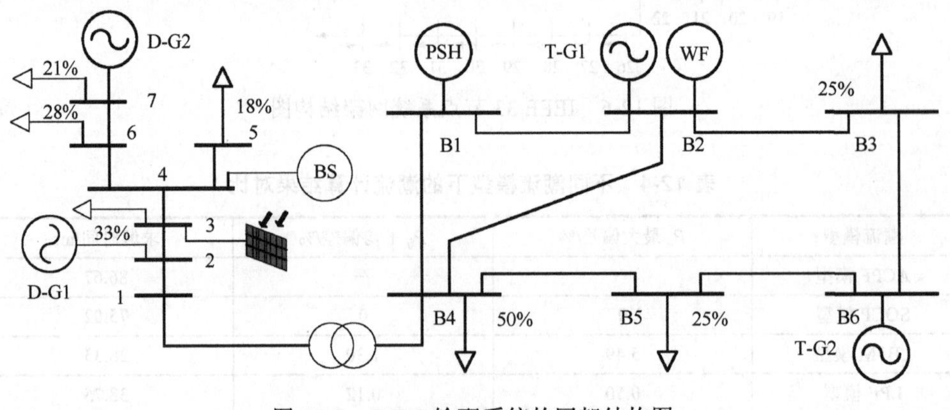

图 12-8　T6D7 输配系统的网架结构图

$R_{p,\max}$=4000MW·h，$P_{p,p,\max}$=$P_{p,g,\max}$=40MW；BS 电站的参数如下：$R_{b,0}$=1000MW·h，$R_{b,\max}$=2000MW·h，$P_{b,c,\max}$=$P_{b,d,\max}$=30MW。各个发电机组的相关参数如表 12-5 所示。弃风、弃光惩罚费用系数 c_w=c_q=200 元/MW。

表 12-5　输配电网中各个发电机的相关参数

序号	a_g/(元/h)	b_g/(元/(MW·h))	c_g/(元/(MW·h^2))	$P_{\max}/P_{\min}$/MW	$r_{g,u}/r_{g,d}$/(MW/h)
T-G1	104	20	0.3	100/30	50
T-G2	110	8	0.3	70/30	40
D-G1	75	3	0.3	70/20	40
D-G2	70	25	0.3	76/20	45

输电网中风电场和配电网中光伏电站出力的预测场景变化曲线如图 12-9 所示。基于蒙特卡罗法，在预测场景出力曲线的基础上产生满足$(\mu,\sigma^2)=(0,0.15)$的正态分布且最大误差小于 20%发电装机容量的误差场景，用于近似值函数的训练。输电网和配电网的总有功负荷曲线如图 12-10 所示，配电网的无功负荷与有功负荷之间的功率因数固定为 0.85。输配电网各节点负荷按照图 12-8 中的负荷比例系数结合总负荷曲线进行分配得到。

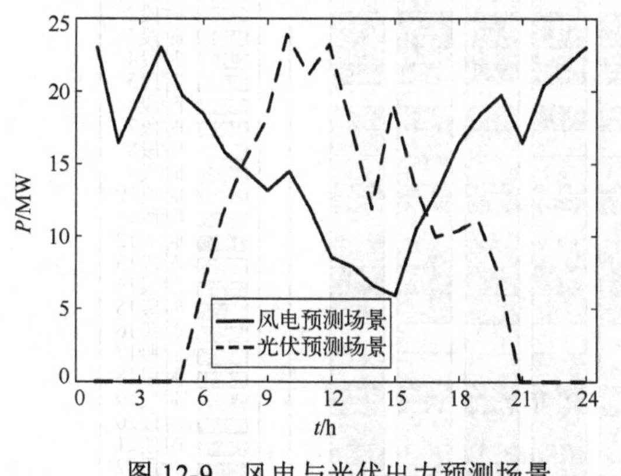

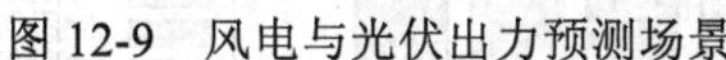

图 12-9　风电与光伏出力预测场景

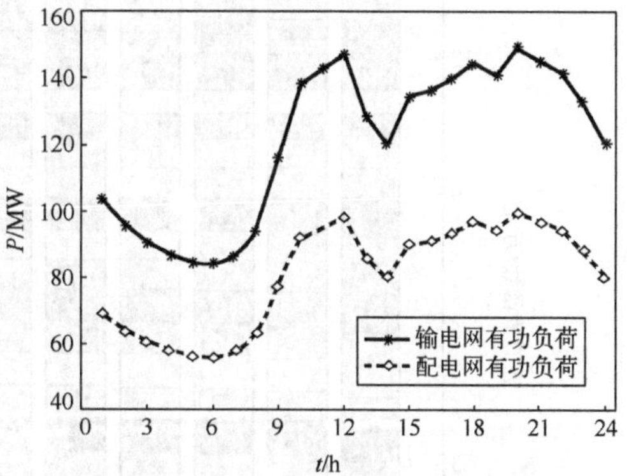

图 12-10　输配电网总有功负荷曲线

1. 验证 PSH 电站与 BS 电站运行约束连续线性化的效果

在 12.2 节中，通过一些变换，将式(12-18)和式(12-32)的含 0-1 变量的约束转化为不含 0-1 变量的连续线性约束(式(12-26)和式(12-33))。为了验证转化后约束加入优化模型后的计算精度，分别在两种约束下，利用集中式与分布式算法对预测场景下的确定性优化调度模型进行求解，得到的发电成本与计算时间比较如表 12-6 所示。可以看出，采用连续线性化约束后优化模型的求解结果与采用离散约束所求得的输电网成本、配电网成本和总成本都基本一致，但求解时间有较大的减少。表明所提出的连续线性约束能够在保证原模型求解的计算精度的同时，大大提高模型求解的计算效率。因此，所提出的储能电站运行的连续线性约束能够很好地替代原来的含 0-1 变量的离散约束，应用于优化调度模型的求解。

表 12-6　采用连续线性储能约束前后分布式与集中式优化调度结果比较

类型	输电网成本/元	配电网成本/元	总成本/元	求解时间/s
集中式-离散	142114	95127	237241	1.40
集中式-连续	142114	95127	237241	0.67
分布式-离散	142136	95185	237321	459.98
分布式-连续	142136	95185	237321	242.16

2. 分布式 ADP 算法近似值函数训练过程

图 12-11 与图 12-12 分别展示了所提出的分布式 ADP 算法近似值函数训练过程中，各训练误差场景求解后的输电网和配电网近似值函数的变化情况。可以看出，在场景数为 20 时，近似值函数已基本趋于收敛。

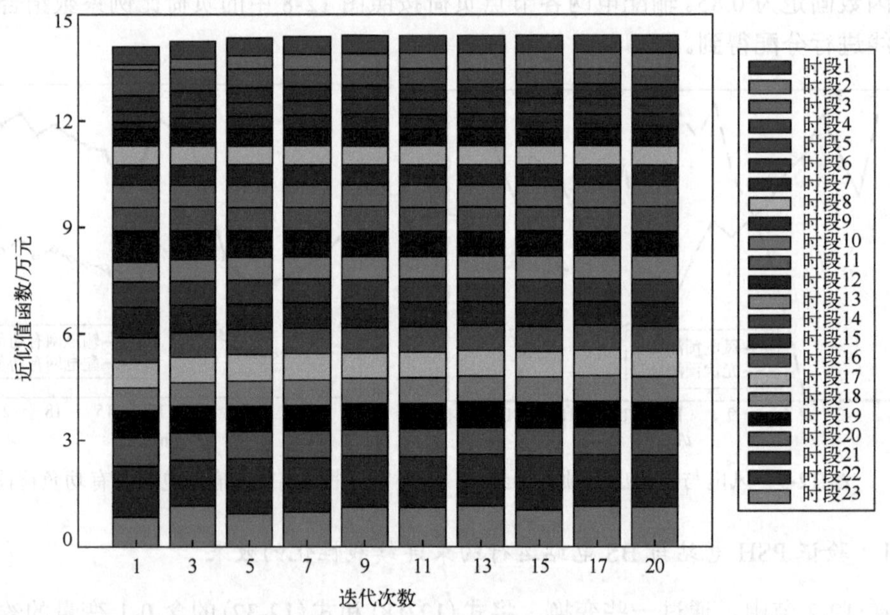

图 12-11　输电网近似值函数的训练过程(见彩图)

3. 不同算法的计算性能比较

在 T6D7 输配系统算例中，分别基于集中式场景法、集中式 ADP 算法、分布式场景法与分布式 ADP 算法，对不同误差场景数的输配电网随机经济调度模型进行求

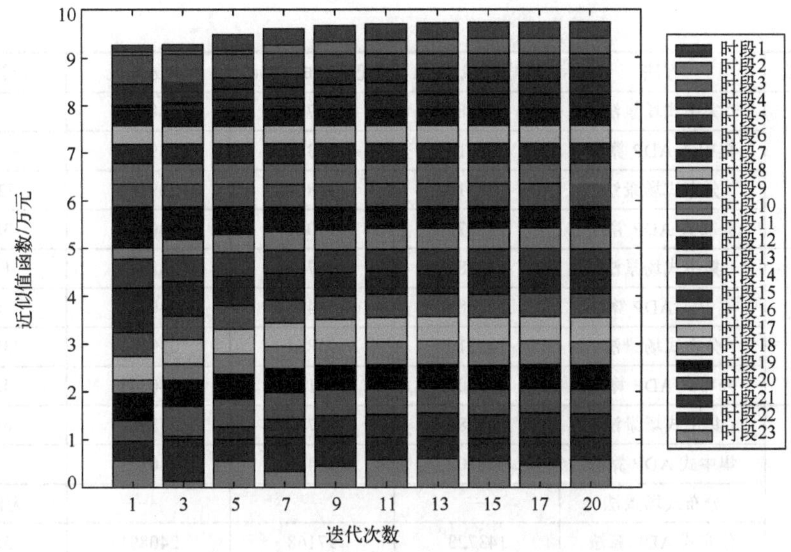

图 12-12　配电网近似值函数的训练过程(见彩图)

解。通过比较四种算法求解得到的输电网成本、配电网成本、总成本与计算时间，验证所提出的分布式 ADP 算法的性能，结果如表 12-7 所示。可以看出，首先，无论对于场景法还是 ADP 算法，集中式和分布式求解得到的成本均非常接近，最大相对偏差不到 0.5%，这表明采用基于 ADMM 算法的分布式场景法和分布式 ADP 算法求解输配系统随机经济调度问题具有较高的计算精度。同时，场景法和 ADP 算法得到的成本均大于表 12-6 中的预测场景下的确定性优化调度模型求解得到的成本，这是因为场景法和 ADP 算法同时考虑了可再生能源出力的预测场景和多个误差场景的运行约束，而确定性优化调度方法只考虑了预测场景的运行约束。此外，尽管在场景数为 10 时，场景法与 ADP 算法的计算时间比较接近，但随着场景数的增加，场景法求解所需要的计算时间的增长远远快于 ADP 算法，这是因为场景法需要对所有时段下的优化调度问题进行联合求解，且变量数与方程数均随着场景数的增加呈指数级别增加，使问题的求解难度迅速增大。而在 ADP 算法中，尽管场景数增加同样会导致变量数与方程数增加，但由于已经将多时段问题解耦为多个单时段问题，因此各子问题的规模依然较小，能够实现快速求解。

表 12-7　四种方法在不同场景数下的求解结果对比

误差场景数	方法	输电网成本/元	配电网成本/元	总成本/元	计算时间/s
10	集中式场景法	143282	95702	238984	4.39
	集中式 ADP 算法	143566	96299	239865	4.75
	分布式场景法	143310	95854	239164	337.13
	分布式 ADP 算法	143589	96971	240560	363.23

续表

误差场景数	方法	输电网成本/元	配电网成本/元	总成本/元	计算时间/s
30	集中式场景法	143282	95702	238984	34.39
	集中式 ADP 算法	143613	96356	239969	5.86
	分布式场景法	143310	95854	239164	5273.37
	分布式 ADP 算法	143674	97021	240695	380.13
50	集中式场景法	143282	95702	238984	112.71
	集中式 ADP 算法	143681	96401	240082	6.23
	分布式场景法	143310	95854	239164	23367.91
	分布式 ADP 算法	143702	97139	240841	425.29
100	集中式场景法	143282	95702	238984	683.99
	集中式 ADP 算法	143702	96459	240161	7.50
	分布式场景法	—	—	—	无法求解
	分布式 ADP 算法	143723	97168	240891	557.13

此外，分布式算法的求解时间均大于集中式算法，这是因为分布式算法虽然把输配电网一体的大规模优化问题解耦成输电网和配电网各自的小规模优化问题，但是需要在输电网与配电网之间交替迭代计算直至满足边界耦合变量一致性约束的要求；且由于此小规模输配系统中只含有一个配电网，分布式算法降低优化计算模型规模的优势没有充分体现出来。尽管在此小规模输配系统中集中式算法的计算速度优于分布式算法，但由于集中式算法存在无法保障输电网与配电网之间的信息私密性，且数目众多的配电网的参数难以集中获取等问题，集中式算法在实际应用中难以实施，而分布式算法更能满足实际应用需求。

在两种分布式算法中，每次迭代计算中输电网与配电网分别求解自身子问题，并通过交换边界耦合变量信息以实现满足一致性约束。在分布式场景法中，各区域子问题需要对所有时段进行联合求解，需要满足所有时段的边界耦合变量一致性约束；而在分布式 ADP 算法中，各区域子问题实现了时段解耦，进一步分解为规模更小的单时段子问题，只需满足单个时段的边界耦合变量一致性约束。表 12-8 展示了不同误差场景数目下，分布式 ADP 算法与分布式场景法的迭代次数与迭代时间。可以看出，尽管分布式 ADP 算法总体的迭代次数较多，但单时段的平均迭代次数较小；反之分布式场景法每次迭代均需要考虑所有时段，因此每次计算迭代次数大于分布式 ADP 算法。此外，分布式 ADP 算法的单次迭代时间也远远小于分布式场景法，进而使得在总迭代时间上，分布式 ADP 算法要明显少于分布式场景法。

当误差场景数为 50 时，对采用分布式 ADP 算法和分布式场景法求解得到的不同时段下的迭代终止条件满足情况进行比较。随着迭代次数的增加，Δ_{cv} 呈现近似反比例下降的趋势，在迭代次数较大时 Δ_{cv} 变化的展示效果不明显，为了更好地区分不同时段达到迭代终止条件所需的迭代次数，令 $\Delta^*=\varepsilon/\Delta_{cv}$，则 $\Delta^*\geqslant 1$(即 $\Delta_{cv}\leqslant\varepsilon$)时即为收敛，比较结果如图 12-13 所示。可以看出，尽管分布式 ADP 算法在部分时段求解中收敛所需的迭代次数较多，但在其余大部分时段的求解中收敛所需的迭代次数均非常小，表明某些特殊时段求解得到的结果为后续时段提供了较好的初值，且各时段一旦达到收敛标准即终止迭代，进入下一时段的求解。反观分布式场景法，由于需要所有时段联合求解，尽管最大迭代次数较少，但往往由于部分时段始终无法满足收敛标准，一些已达到收敛要求的时段需要在后续迭代中再次予以考虑，这将导致大量计算资源的浪费，同时分布式场景法下每次迭代的计算规模均远远大于分布式 ADP 算法，因而求解的计算效率较低。

表 12-8　分布式 ADP 算法与分布式场景法迭代次数与迭代时间

误差场景数	迭代次数		迭代总时间/s		平均迭代时间/s	
	ADP 法/单时段平均	场景法	ADP 法	场景法	ADP 法	场景法
10	664/27.7	193	363.23	337.13	0.55	1.75
30	664/27.7	189	380.13	5273.37	0.57	27.90
50	663/27.6	179	425.29	23367.91	0.64	130.55
100	665/27.7	—	557.13	—	0.84	—

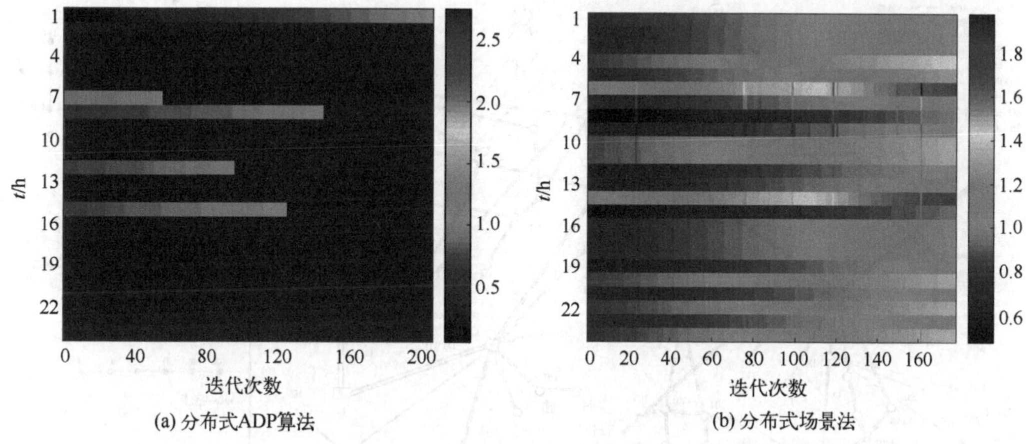

(a) 分布式ADP算法　(b) 分布式场景法

图 12-13　两种分布式算法各时段 Δ^*随迭代次数的变化收敛情况比较(见彩图)

由上面的分析可以看出，分布式 ADP 算法每次迭代计算中边界耦合变量只有单个场景单个时段的边界节点有功功率，而分布式场景法需要所有场景所有时段的边界节点有功功率，可见所提出的分布式 ADP 算法边界耦合变量的数目比分布式场景法要少很多。因此，分布式 ADP 算法的边界耦合变量一致性约束更容易满足，比分布式场景法更容易收敛，计算效率也更高。从表 12-7 和表 12-8 可以看出，当误差场景数为 100 时，分布式场景法由于边界耦合变量的数目太多无法收敛，而分布式

ADP 算法仍然能够可靠地收敛到一个优化解。因此，所提出的分布式 ADP 算法比分布式场景法更适合应用于求解实际大规模输配系统的随机经济调度问题。

12.4.4 实际输配一体电网

此实际输配一体电网为含有四个配电网的某实际中心城市电网，其网架结构如图 12-14 所示[15]。其中，含 110kV 网架的输电网共包括 1559 个节点，所接入的 4 个含分布式电源的配电网，分别为 102 节点梅沙站配电网，266 节点王家站配电网，127 节点坂田站配电网与 180 节点南投站配电网，其余不含分布式电源的配电网视作等值负荷接入，不单独考虑。输电网中共含有 38 台火电机组(包括 6 台燃煤机组与 32 台燃气机组)，4 台核电机组与 2 台 PSH 机组。部分机组的参数如表 12-9 所示。2 台 PSH 机组在同一个 PSH 电站，其最大上水库存储能量 $R_{p,\max}$ 为 8000MW·h。输电网中含有 2 个风电场，其最大风电出力分别为 7MW 与 6MW，分别接入变电站 HG 和变电站 DH。4 个配电网分别接有 1 个光伏电站与 1 个 BS 电站，其接入位置与接入容量如表 12-10 所示。输电网风电场与配电网光伏电站预测场景如图 12-15 所示。各节点负荷变化趋势与图 12-10 的负荷曲线相同，各节点负荷预测曲线根据 2017 年夏季大负荷典型运行方式下的功率占比对总负荷预测曲线进行分配。

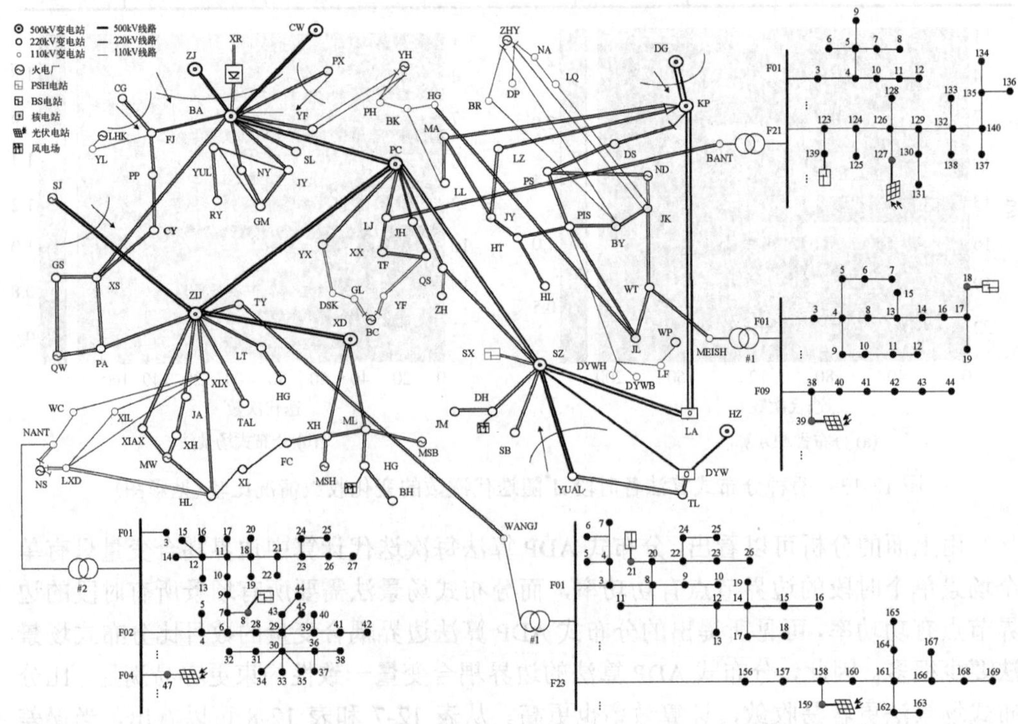

图 12-14　含四个配电网的某实际中心城市电网的网架结构图

表 12-9　含 110kV 线路的某实际中心城市输电网部分机组参数

类型	节点名称	P_{max}/P_{min}/MW	爬/滑坡率/(MW/min)	燃料费用系数			最小连续运行/停机时段数	启动/停机费用/万元
				$A_{i,2}$/(元/(MW^2·h))	$A_{i,1}$/(元/(MW·h))	$A_{i,0}$/(元/h)		
PSH	SXg1	306/−324	999	—	—	—	1/1	8/4
	SXg2	306/−324	999	—	—	—	1/1	8/4
燃煤	MAW1	320/180	4.5	0.027	270	9198	96/12	80/18
	MAW3	330/180	4.5	0.027	279	9198	96/12	80/18
	MAW6	330/180	4.5	0.027	279	9198	96/12	80/18
燃气	QIW1	370/240	16.7	—	582.35	—	2/2	15/5
	MSH7	120/100	16.7	—	722.99	—	2/2	10/5
	NED1	370/240	16.7	—	582.35	—	2/2	10.5/3.4
	NSg1	120/95	5.715	—	722.99	—	2/1	10/5
	BCg5	132/100	10	—	722.99	—	2/1	10.5/5.5
	ZHYg4	156/120	10	—	722.99	—	2/1	3/2.5
	YHg1	124/95	10	—	722.99	—	2/1	10/3

表 12-10　配电网部分参数

配电网	光伏电站节点	最大光伏出力/MW	储能电站节点	最大储能容量/(MW·h)
梅沙站	39	1.6	18	1000
王家站	159	1.2	21	1000
坂田站	127	1.4	139	1000
南投站	47	8	8	1000

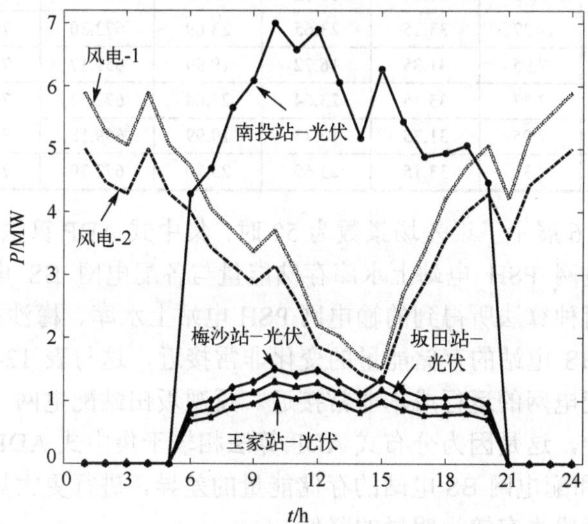

图 12-15　风电场与光伏电站预测场景

场景法应用于这个实际大规模输配系统中优化模型的规模过于庞大，导致目前常用的计算机无法求解，因此本算例将仅考虑 ADP 算法。在不同的误差场景数下，分布式 ADP 算法和集中式 ADP 算法求解得到的最优解对应的输电网成本、各个配电网成本与求解时间如表 12-11 所示。可以看出，集中式 ADP 算法求解结果与分布式 ADP 算法结果差别较大，原因在于，各配电网的规模与输电网相比较为悬殊，导致各配电网的运行费用与输电网相差较大。集中式 ADP 算法在进行近似值函数训练的过程中，各时段配电网 BS 电站存储能量发生变化对总运行成本所产生的影响很小，因此训练得到的近似值函数主要由输电网 PSH 电站上水库存储能量决定，而训练后得到的配电网 BS 电站存储能量的近似值函数并不算近似最优的，最终导致利用训练后近似值函数求解预测场景得到的决策结果中，配电网出现大量弃光，其运行费用出现较大偏差。此外，尽管集中式 ADP 算法在场景数较小时，求解计算时间要优于分布式 ADP 算法，但当场景数增加时，由于单时段优化计算模型的规模差异，分布式 ADP 算法的求解计算时间要优于集中式 ADP 算法。可以预见，随着实际电网中越来越多的配电网接入分布式光伏电站和 BS 电站，需要考虑这些配电网的拓扑连接才能准确反映分布式光伏电站和 BS 电站对于电网运行调度的影响，分布式 ADP 算法与集中式 ADP 算法相比在求解时间上的优势将更加明显。

表 12-11　分布式 ADP 算法与集中式 ADP 算法对比

场景数	算法	运行成本/万元						求解时间/s
		梅沙站	王家站	坂田站	南投站	输电网	总计	
10	分布式 ADP	7.95	31.34	16.72	19.99	659.15	735.15	2113.24
	集中式 ADP	7.33	31.35	18.97	24.45	672.56	754.66	1201.33
30	分布式 ADP	7.95	31.34	16.72	19.99	659.16	735.16	3396.78
	集中式 ADP	7.37	33.15	23.65	23.69	672.30	760.16	2103.23
50	分布式 ADP	7.95	31.35	16.72	19.99	659.17	735.18	5928.18
	集中式 ADP	7.37	33.15	23.64	23.64	672.52	760.32	5832.43
100	分布式 ADP	7.95	31.35	16.73	19.99	659.18	735.20	8013.21
	集中式 ADP	7.37	33.15	23.65	23.70	672.70	760.57	10032.97

最后，图 12-16 展示了误差场景数为 50 时，集中式 ADP 算法和分布式 ADP 算法计算得到的输电网 PSH 电站上水库存储能量与各配电网 BS 电站存储能量的对比。可以看出，两种算法所得到的输电网 PSH 电站上水库、梅沙站配电网 BS 电站与王家站配电网 BS 电站的存储能量的变化非常接近，这与表 12-11 中两种算法下输电网和这两个配电网的运行成本非常接近。反观坂田站配电网 BS 电站的存储能量则具有一定差异，这是因为分布式 ADP 算法相较于集中式 ADP 算法，能够体现输电网 PSH 电站和配电网 BS 电站的存储能量的差异，进行更大规模的存储能量调度，进而使得运行成本有较为明显的降低。

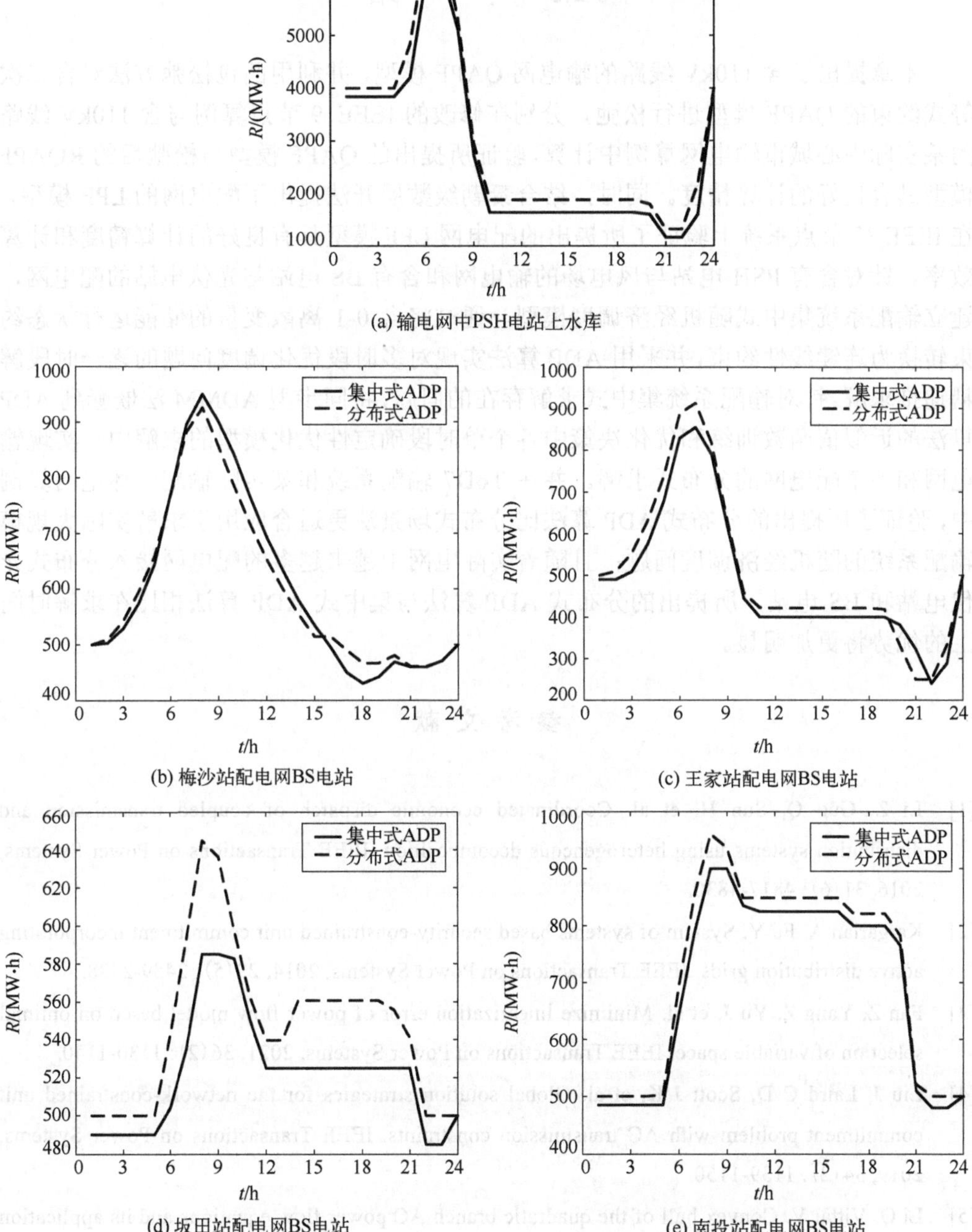

图 12-16　集中 ADP 与分布式 ADP 求解得到的存储能量

12.5 小 结

本章提出了含 110kV 线路的输电网 QAPF 模型，并利用凸包松弛方法对含二次等式约束的 QAPF 模型进行松弛，分别在修改的 IEEE 9 节点算例与含 110kV 线路的某实际中心城市输电网算例中计算，验证所提出的 QAPF 模型与松弛后的 RQAPF 模型具有良好的计算精度。同时，结合泰勒级数展开法提出了配电网的 LPF 模型，在 IEEE 33 节点系统上验证了所提出的配电网 LPF 模型具有良好的计算精度和计算效率。针对含有 PSH 电站与风电场的输电网和含有 BS 电站与光伏电站的配电网，建立输配系统集中式随机经济调度模型，通过将含 0-1 离散变量的储能运行状态约束转换为连续线性约束，并采用 ADP 算法实现对多时段优化调度问题的逐一时段解耦递推求解。针对输配系统集中式求解存在的问题，将同步型 ADMM 法嵌套到 ADP 算法的近似值函数训练和优化决策中各个单时段确定性优化模型的求解中，实现输电网和多个配电网的分布式求解。并在 T6D7 输配系统和某实际输配一体电网算例中，验证了所提出的分布式 ADP 算法比分布式场景法更适合应用于求解实际大规模输配系统的随机经济调度问题；且随着实际电网中越来越多的配电网接入分布式光伏电站和 BS 电站，所提出的分布式 ADP 算法与集中式 ADP 算法相比在求解时间上的优势将更加明显。

参 考 文 献

[1] Li Z, Guo Q, Sun H, et al. Coordinated economic dispatch of coupled transmission and distribution systems using heterogeneous decomposition. IEEE Transactions on Power Systems, 2016, 31(6): 4817-4830.

[2] Kargarian A, Fu Y. System of systems based security-constrained unit commitment incorporating active distribution grids. IEEE Transactions on Power Systems, 2014, 29(5): 2489-2498.

[3] Fan Z, Yang Z, Yu J, et al. Minimize linearization error of power flow model based on optimal selection of variable space. IEEE Transactions on Power Systems, 2021, 36(2): 1130-1140.

[4] Liu J, Laird C D, Scott J K, et al. Global solution strategies for the network-constrained unit commitment problem with AC transmission constraints. IEEE Transactions on Power Systems, 2019, 34(2): 1139-1150.

[5] Li Q, Vittal V. Convex hull of the quadratic branch AC power flow equations and its application in radial distribution networks. IEEE Transactions on Power Systems, 2018, 33(1): 839-850.

[6] Baran M, Wu F F. Optimal sizing of capacitors placed on a radial distribution system. IEEE Transactions on Power Delivery, 1989, 4(1): 735-743.

[7] Farivar M, Low S H. Branch flow model: Relaxations and convexification-Part I. IEEE Transactions on Power Systems, 2013, 28(3): 2554-2564.

[8] Lavaei J, Low S H. Zero duality gap in optimal power flow problem. IEEE Transactions on Power Systems, 2012, 27(1): 92-107.

[9] Shewhart W A, Wilks S S. Approximate Dynamic Programming: Solving the Curses of Dimensionality. 2nd ed. New York: John Wiley & Sons, 2011.

[10] Nascimento J, Powell W B. An optimal approximate dynamic programming algorithm for concave, scalar storage problems with vector-valued controls. IEEE Transactions on Automatic Control, 2013, 58(12): 2995-3010.

[11] Nascimento J M. An optimal approximate dynamic programming algorithm for the energy dispatch problem with grid-level storage. Princeton: Princeton University, 2009.

[12] Wang Y, Wu L, Wang S. A fully-decentralized consensus-based ADMM approach for DC-OPF with demand response. IEEE Transactions on Smart Grid, 2017, 8(6): 2637-2647.

[13] Ahmadi-Khatir A, Conejo A J, Cherkaoui R. Multi-area energy and reserve dispatch under wind uncertainty and equipment failures. IEEE Transactions on Power Systems, 2013, 28(4): 4373-4383.

[14] Lin S, Fan G, Lu Y, et al. A mixed-integer convex programming algorithm for security-constrained unit commitment of power system with 110-kV network and pumped-storage hydro units. Energies, 2019, 12(19): 3646.

[15] Fan G, Lin S, Feng X, et al. Stochastic economic dispatch of integrated transmission and distribution networks using distributed approximate dynamic programming. IEEE Systems Journal, 2022, 16(4): 5985-5996.

附录A 修改的10机39节点系统参数

A.1 系统接线图

修改后的IEEE 39节点系统由10台火电机组、2个风电场(WF)($\overline{W}_1 = 250\text{MW}$, $\overline{W}_2 = 400\text{MW}$)和2个PSH站($\overline{z}_1 = \underline{z}_1 = \overline{z}_2 = \underline{z}_2 = 240\text{MW}$, $\overline{R}_1 = \overline{R}_2 = 1600\text{MW·h}$, $R_{01} = R_{02} = 600\ \text{MW·h}$, $\eta_1 = \eta_2 = 75\%$)组成，如图A-1所示。

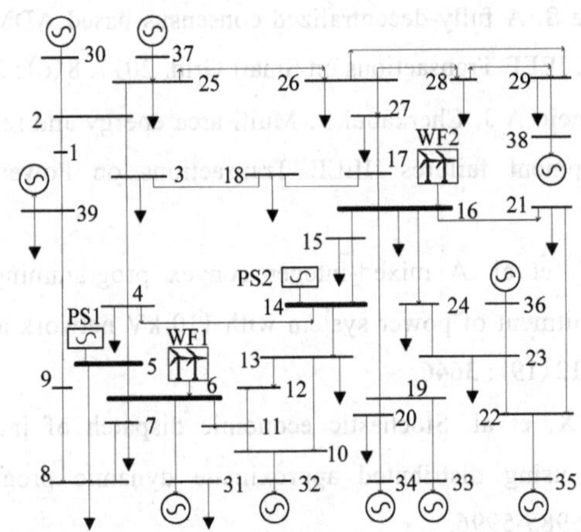

图A-1 含有风电场和抽水蓄能电站的修改的IEEE 39节点系统

A.2 基 本 参 数

系统的基本参数如表A-1～表A-4所示。

表A-1 修改的IEEE 39节点系统节点数据

节点编号	发电机输出功率		负荷吸收功率		节点编号	发电机输出功率		负荷吸收功率	
	P_g/MW	Q_g/Mvar	P_l/MW	Q_l/Mvar		P_g/MW	Q_g/Mvar	P_l/MW	Q_l/Mvar
1	0	0	97.6	44.2	4	0	0	500	184
2	0	0	0	0	5	0	0	0	0
3	0	0	322	2.4	6	0	0	0	0

续表

节点编号	发电机输出功率		负荷吸收功率		节点编号	发电机输出功率		负荷吸收功率	
	P_g /MW	Q_g/Mvar	P_l /MW	Q_l/Mvar		P_g/MW	Q_g/Mvar	P_l/MW	Q_l/Mvar
7	0	0	233.8	84	24	0	0	308.6	−92.2
8	0	0	522	176.6	25	0	0	224	47.2
9	0	0	6.5	−66.6	26	0	0	139	17
10	0	0	0	0	27	0	0	281	75.5
11	0	0	0	0	28	0	0	206	27.6
12	0	0	8.53	88	29	0	0	283.5	26.9
13	0	0	0	0	30	250	161.762	0	0
14	0	0	0	0	31	677.871	221.574	9.2	4.6
15	0	0	320	153	32	650	206.965	0	0
16	0	0	329	32.3	33	632	108.293	0	0
17	0	0	0	0	34	508	166.688	0	0
18	0	0	158	30	35	650	210.661	0	0
19	0	0	0	0	36	560	100.165	0	0
20	0	0	680	103	37	540	−1.36945	0	0
21	0	0	274	115	38	830	21.7327	0	0
22	0	0	0	0	39	1000	78.4674	1104	250
23	0	0	247.5	84.6					

表A-2 修改的IEEE 39节点系统支路数据(以100MV·A为容量基准值的标幺值)

首端节点	末端节点	电阻 R	电抗 X	电纳 B	首端节点	末端节点	电阻 R	电抗 X	电纳 B
1	2	0.0035	0.0411	0.6987	16	24	0.0003	0.0059	0.068
1	39	0.001	0.025	0.75	17	18	0.0007	0.0082	0.1319
2	3	0.0013	0.0151	0.2572	17	27	0.0013	0.0173	0.3216
2	25	0.007	0.0086	0.146	21	22	0.0008	0.014	0.2565
3	4	0.0013	0.0213	0.2214	22	23	0.0006	0.0096	0.1846
3	18	0.0011	0.0133	0.2138	23	24	0.0022	0.035	0.361
4	5	0.0008	0.0128	0.1342	25	26	0.0032	0.0323	0.513
4	14	0.0008	0.0129	0.1382	26	27	0.0014	0.0147	0.2396
5	6	0.0002	0.0026	0.0434	26	28	0.0043	0.0474	0.7802
5	8	0.0008	0.0112	0.1476	26	29	0.0057	0.0625	1.029
6	7	0.0006	0.0092	0.113	28	29	0.0014	0.0151	0.249
6	11	0.0007	0.0082	0.1389	12	11	0.0016	0.0435	0
7	8	0.0004	0.0046	0.078	12	13	0.0016	0.0435	0

续表

首端节点	末端节点	电阻 R	电抗 X	电纳 B	首端节点	末端节点	电阻 R	电抗 X	电纳 B
8	9	0.0023	0.0363	0.3804	6	31	0	0.025	0
9	39	0.001	0.025	1.2	10	32	0	0.02	0
10	11	0.0004	0.0043	0.0729	19	33	0.0007	0.0142	0
10	13	0.0004	0.0043	0.0729	20	34	0.0009	0.018	0
13	14	0.0009	0.0101	0.1723	22	35	0	0.0143	0
14	15	0.0018	0.0217	0.366	23	36	0.0005	0.0272	0
15	16	0.0009	0.0094	0.171	25	37	0.0006	0.0232	0
16	17	0.0007	0.0089	0.1342	2	30	0	0.0181	0
16	19	0.0016	0.0195	0.304	29	38	0.0008	0.0156	0
16	21	0.0008	0.0135	0.2548	19	20	0.0007	0.0138	0

表 A-3 修改的 IEEE 39 节点系统 10 台发电机出力参数

发电机类型	节点	$Q_{\max}$ /Mvar	$Q_{\min}$ /Mvar	$P_{\max}$ /MW	$P_{\min}$ /MW
燃煤	31	300	–100	646	0
	32	300	150	725	0
	33	250	0	652	0
	34	167	0	508	0
燃气	30	400	140	1040	0
	35	300	–100	687	0
	36	240	0	580	0
	37	250	0	564	0
	38	300	–150	865	0
	39	300	–100	1100	0

表 A-4 修改的 IEEE 39 节点系统 10 台发电机费用参数

发电机类型	节点	燃料消耗系数			排放系数			购电价 /(元/(MW·h))
		$A_{i,2}$ /(t/(MW²·h))	$A_{i,1}$ /(t/(MW·h))	$A_{i,0}$ /(t/h)	$B_{i,2}$ /(t/(MW²·h))	$B_{i,1}$ /(t/(MW·h))	$B_{i,0}$ /(t/h)	
燃煤	31	0.00003	0.30	10	0.001125	0.6	18.77	510
	32	0.00003	0.30	10	0.001125	0.6	18.77	510
	33	0.00001	0.28	19	0.000574	0.29	10.54	483
	34	0.00001	0.28	18	0.000574	0.29	10.54	483
燃气	30	0.00022	0.48	1.99	0	0	0	597
	35	0.0001	0.48	3.795	0	0	0	597
	36	0.00022	0.48	1.997	0	0	0	597
	37	0.00011	0.48	3.795	0	0	0	597
	38	0.00022	0.48	1.997	0	0	0	597
	39	0.00003	0.24	10	0	0	0	597

附录B　实际省级电网系统参数

B.1　系统接线图

所研究的实际省级电网系统高压输电网部分(只包括500kV和220kV两个电压等级，更低电压等级的节点已被等值处理)共有2149个节点，2340条支路(其中并联等效线路686条，变压器等效支路1654条)。高压输电线路相对于低压配电线路而言，网损率低很多，而且一般在经验值附近，本书中网损率取为σ=1.0%。由于系统中的节点和线路众多，图B-1只画出了所研究系统的500kV主网以及风电场附近的220kV部分输电网的网络拓扑。系统中一共包含了2个风电场(容量分别为$\overline{W}_1$=1000MW，$\overline{W}_2$=500MW)，2个抽水蓄能电站(抽水功率和发电功率上限$\overline{z}_1=\underline{z}_1=\overline{z}_2=\underline{z}_2$=2400MW；水库容量上限$\overline{R}_1$=16456MW·h，$\overline{R}_2$=27252MW·h；储量初值$R_{01}=0.5\overline{R}_1$，$R_{02}=0.5\overline{R}_2$；循环效率$\eta_1$=77.1%，$\eta_2$=76.0%)。

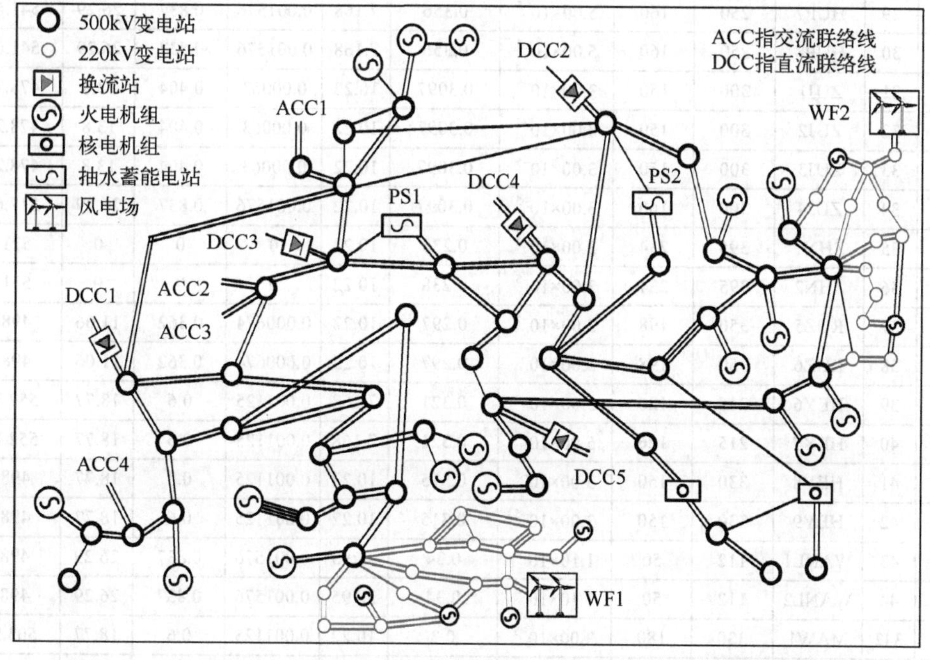

图B-1　系统500kV主网和风电场附近的220kV(灰色部分)输电网拓扑关系

B.2 基本参数

某省级电网系统基本参数如表 B-1 所示。

表 B-1　实际省级电网系统的发电机参数

发电机编号	节点编号	发电机名称	P_{max}/MW	P_{min}/MW	燃料消耗系数			排放系数			购电价/(元/(MW·h))
					$a_{i,2}$/(t/(MW²·h))	$a_{i,1}$/(t/(MW·h))	$a_{i,0}$/(t/h)	$b_{i,2}$/(t/(MW²·h))	$b_{i,1}$/(t/(MW·h))	$b_{i,0}$/(t/h)	
1	6	ALY1	632	300	1.00×10^{-5}	0.294	19.04	0.000574	0.29	10.54	498
2	15	YAX1	633	300	1.00×10^{-5}	0.2829	19.04	0.000574	0.29	10.54	498
3	16	LYJ1	315	150	3.00×10^{-5}	0.31	10.22	0.001125	0.6	18.77	498
4	17	LYJ2	315	150	3.00×10^{-5}	0.31	10.22	0.001125	0.6	18.77	498
5	18	QIAOK1	660	300	1.00×10^{-5}	0.299	19.04	0.000574	0.29	10.54	516.8
6	19	QIAOK2	660	300	1.00×10^{-5}	0.299	19.04	0.000574	0.29	10.54	516.8
7	25	HUP1	400	200	3.00×10^{-5}	0.3	10.22	0.001125	0.6	18.77	498
8	26	HUP2	400	200	3.00×10^{-5}	0.3	10.22	0.001125	0.6	18.77	498
9	27	HUP5	300	150	3.00×10^{-5}	0.31	10.22	0.001125	0.6	18.77	498
10	28	HUP6	300	150	3.00×10^{-5}	0.31	10.22	0.001125	0.6	18.77	498
11	29	HUP7	250	160	5.00×10^{-5}	0.356	7.168	0.001576	0.837	26.29	541.6
12	30	HUP8	250	160	5.00×10^{-5}	0.356	7.168	0.001576	0.837	26.29	541.6
13	31	ZUJ1	300	150	3.00×10^{-5}	0.3097	10.22	0.00063	0.404	13.8	478.2
14	32	ZUJ2	300	150	3.00×10^{-5}	0.3097	10.22	0.00063	0.404	13.8	478.2
15	33	ZUJ3	300	150	3.00×10^{-5}	0.3097	10.22	0.00063	0.404	13.8	478.2
16	34	ZUJ4	300	160	3.00×10^{-5}	0.3097	10.22	0.001576	0.837	26.29	517.6
17	35	ZHN1	395	234	3.00×10^{-5}	0.238	10.22	0	0	0	571
18	36	ZHN2	395	234	3.00×10^{-5}	0.238	10.22	0	0	0	571
19	37	RUZ5	350	198	3.00×10^{-5}	0.297	10.22	0.000674	0.362	11.06	498
20	38	RUZ6	350	198	3.00×10^{-5}	0.297	10.22	0.000674	0.362	11.06	498
21	39	HEY6	215	126	5.00×10^{-5}	0.321	7.168	0.001125	0.6	18.77	552.1
22	40	HEY7	215	126	5.00×10^{-5}	0.321	7.168	0.001125	0.6	18.77	552.1
23	41	HEY8	330	150	3.00×10^{-5}	0.315	10.22	0.001125	0.6	18.77	498
24	42	HEY9	330	150	3.00×10^{-5}	0.315	10.22	0.001125	0.6	18.77	498
25	43	WANL1	112	50	1.10×10^{-4}	0.34	3.795	0.001576	0.837	26.29	498
26	44	WANL2	112	50	1.10×10^{-4}	0.34	3.795	0.001576	0.837	26.29	498
27	342	MAW1	330	180	3.00×10^{-5}	0.3	10.22	0.001125	0.6	18.77	503.9
28	343	MAW2	330	180	3.00×10^{-5}	0.3	10.22	0.001125	0.6	18.77	503.9
29	344	MAW3	330	180	3.00×10^{-5}	0.305	10.22	0.000574	0.29	10.54	503.9

续表

发电机编号	节点编号	发电机名称	P_{max}/MW	P_{min}/MW	燃料消耗系数			排放系数			购电价/(元/(MW·h))
					$a_{i,2}$/(t/(MW²·h))	$a_{i,1}$/(t/(MW·h))	$a_{i,0}$/(t/h)	$b_{i,2}$ (t/(MW²h))	$b_{i,1}$ (t/(MW·h))	$b_{i,0}$ (t/h)	
30	345	MAW4	330	180	3.00×10^{-5}	0.305	10.22	0.000574	0.29	10.54	503.9
31	346	MAW5	330	180	3.00×10^{-5}	0.295	10.22	0.000574	0.29	10.54	503.9
32	347	MAW6	330	180	3.00×10^{-5}	0.295	10.22	0.000574	0.29	10.54	503.9
33	348	QIW1	390	134	3.00×10^{-5}	0.238	10.22	0	0	0	571
34	349	QIW2	390	134	3.00×10^{-5}	0.238	10.22	0	0	0	571
35	350	QIW3	390	134	3.00×10^{-5}	0.238	10.22	0	0	0	571
36	351	MSH7	120	80	1.10×10^{-4}	0.238	3.795	0	0	0	571
37	352	MSH8	60	40	2.20×10^{-4}	0.238	1.997	0	0	0	571
38	353	MSH9	120	80	1.10×10^{-4}	0.238	3.795	0	0	0	571
39	354	MSH10	60	40	2.20×10^{-4}	0.238	1.997	0	0	0	571
40	355	NED1	390	234	3.00×10^{-5}	0.238	10.22	0	0	0	571
41	356	NED2	390	234	3.00×10^{-5}	0.238	10.22	0	0	0	571
42	357	NED3	390	234	3.00×10^{-5}	0.238	10.22	0	0	0	571
43	586	SJA1	210	110	5.00×10^{-5}	0.316	7.168	0.000574	0.29	10.54	498
44	587	SJA2	210	110	5.00×10^{-5}	0.316	7.168	0.000574	0.29	10.54	498
45	588	SJA3	210	110	5.00×10^{-5}	0.316	7.168	0.000574	0.29	10.54	498
46	589	SJA4	325	150	3.00×10^{-5}	0.31	10.22	0.000574	0.29	10.54	498
47	590	SJA5	325	150	3.00×10^{-5}	0.31	10.22	0.000574	0.29	10.54	498
48	591	SJB1	350	120	3.00×10^{-5}	0.287	10.22	0.000674	0.362	11.06	468.8
49	592	SJB2	350	120	3.00×10^{-5}	0.287	10.22	0.000674	0.362	11.06	468.8
50	593	SJC1	660	300	1.00×10^{-5}	0.299	19.04	0.000574	0.29	10.54	516.8
51	594	SJC2	660	300	1.00×10^{-5}	0.299	19.04	0.000574	0.29	10.54	516.8
52	595	SJC3	660	300	1.00×10^{-5}	0.299	19.04	0.000574	0.29	10.54	516.8
53	596	GAOB1	120	80	1.10×10^{-4}	0.238	3.795	0	0	0	597
54	597	GAOB2	60	40	2.20×10^{-4}	0.238	1.997	0	0	0	597
55	598	GAOB3	120	80	1.10×10^{-4}	0.238	3.795	0	0	0	597
56	599	GAOB4	60	40	2.20×10^{-4}	0.238	1.997	0	0	0	597
57	600	ZAY1	390	200	3.00×10^{-5}	0.238	10.22	0	0	0	571
58	601	ZAY2	390	200	3.00×10^{-5}	0.238	10.22	0	0	0	571
59	602	ZAY3	390	200	3.00×10^{-5}	0.238	10.22	0	0	0	571
60	603	XIC1	350	160	3.00×10^{-5}	0.3	10.22	0.000674	0.362	11.06	509.6292
61	604	XIC2	350	160	3.00×10^{-5}	0.3	10.22	0.000674	0.362	11.06	509.6292
62	613	XIT1	215	100	5.00×10^{-5}	0.329	7.168	0.000574	0.29	10.54	498

续表

发电机编号	节点编号	发电机名称	P_{max}/MW	P_{min}/MW	燃料消耗系数			排放系数			购电价/(元/(MW·h))
					$a_{i,2}$/(t/(MW²·h))	$a_{i,1}$/(t/(MW·h))	$a_{i,0}$/(t/h)	$b_{i,2}$/(t/(MW²·h))	$b_{i,1}$/(t/(MW·h))	$b_{i,0}$/(t/h)	
63	614	XIT2	215	100	5.00×10^{-5}	0.329	7.168	0.000574	0.29	10.54	498
64	615	XIT3	358	165	3.00×10^{-5}	0.297	10.22	0.000574	0.29	10.54	498
65	616	XIT4	358	165	3.00×10^{-5}	0.297	10.22	0.000574	0.29	10.54	498
66	617	FUN4	120	100	1.10×10^{-4}	0.476	3.795	0	0	0	597
67	618	FUN5	60	50	2.20×10^{-4}	0.476	1.997	0	0	0	597
68	619	FUN6	120	100	1.10×10^{-4}	0.476	3.795	0	0	0	597
69	620	FUN7	60	50	2.20×10^{-4}	0.476	1.997	0	0	0	597
70	621	DES1	330	140	0.00003	0.298	10.22	0.001125	0.6	18.77	509.63
71	622	DES2	330	140	3.00×10^{-5}	0.298	10.22	0.001125	0.6	18.77	509.63
72	623	HEYI1	600	300	1.00×10^{-5}	0.2845	19.04	0.000574	0.29	10.54	483
73	624	HEYI2	600	300	1.00×10^{-5}	0.2845	19.04	0.000574	0.29	10.54	483
74	625	NAL1	120	100	1.10×10^{-4}	0.476	3.795	0	0	0	597
75	626	NAL2	60	50	2.20×10^{-4}	0.476	1.997	0	0	0	597
76	627	YOA1	120	100	1.10×10^{-4}	0.476	3.795	0	0	0	597
77	628	YOA2	60	50	2.20×10^{-4}	0.476	1.997	0	0	0	597
78	629	HEM3	390	230	3.00×10^{-5}	0.238	10.22	0	0	0	673.6
79	630	HEM4	390	230	3.00×10^{-5}	0.238	10.22	0	0	0	673.6
80	631	ZUH1	700	260	1.00×10^{-5}	0.294	19.04	0.000574	0.29	10.54	658
81	632	ZUH2	700	260	1.00×10^{-5}	0.294	19.04	0.000574	0.29	10.54	658
82	633	ZUH3	632.9	300	1.00×10^{-5}	0.286	19.04	0.000574	0.29	10.54	498
83	634	ZUH4	632.9	300	1.00×10^{-5}	0.286	19.04	0.000574	0.29	10.54	498
84	635	TOG1	638	240	1.00×10^{-5}	0.297	19.04	0.000574	0.29	10.54	498
85	636	TOG2	638	240	1.00×10^{-5}	0.297	19.04	0.000574	0.29	10.54	498
86	637	TOG3	632	300	1.00×10^{-5}	0.294	19.04	0.000574	0.29	10.54	498
87	638	TOG4	632	300	1.00×10^{-5}	0.294	19.04	0.000574	0.29	10.54	498
88	639	TOG5	632	300	1.00×10^{-5}	0.294	19.04	0.000574	0.29	10.54	498
89	640	TOG6	1000	500	8.00×10^{-6}	0.27	29.96	0.000574	0.29	10.54	498
90	641	HOW4	120	80	1.10×10^{-4}	0.238	3.795	0	0	0	597
91	642	HOW5	60	40	2.20×10^{-4}	0.238	1.997	0	0	0	597
92	643	HOW6	120	80	1.10×10^{-4}	0.238	3.795	0	0	0	597
93	644	HOW7	60	40	2.20×10^{-4}	0.238	1.997	0	0	0	597
94	645	SUS5	150	80	1.10×10^{-4}	0.3228	3.795	0.001576	0.837	26.29	498
95	646	SUS6	150	80	1.10×10^{-4}	0.3228	3.795	0.001576	0.837	26.29	498

续表

发电机编号	节点编号	发电机名称	P_{max}/MW	P_{min}/MW	燃料消耗系数			排放系数			购电价/(元/(MW·h))
					$a_{i,2}$/(t/(MW²·h))	$a_{i,1}$/(t/(MW·h))	$a_{i,0}$/(t/h)	$b_{i,2}$/(t/(MW²·h))	$b_{i,1}$/(t/(MW·h))	$b_{i,0}$/(t/h)	
96	647	GLG1	370	160	3.00×10^{-5}	0.298	10.22	0.001125	0.6	18.77	509.63
97	648	GLG2	370	160	3.00×10^{-5}	0.298	10.22	0.001125	0.6	18.77	509.63
98	649	HQR1	370	160	3.00×10^{-5}	0.298	10.22	0.001125	0.6	18.77	509.63
99	650	HQR2	370	160	3.00×10^{-5}	0.298	10.22	0.001125	0.6	18.77	509.63
100	651	SAG10	330	150	3.00×10^{-5}	0.312	10.22	0.001125	0.6	18.77	563.9
101	652	SAG11	330	150	3.00×10^{-5}	0.312	10.22	0.001125	0.6	18.77	563.9
102	653	PIS3	131	98	1.10×10^{-5}	0.35	3.795	0.003375	1.8	56.25	524.3
103	654	PIS4	340	120	3.00×10^{-5}	0.299	10.22	0.001125	0.6	18.77	498
104	655	PIS5	340	120	3.00×10^{-5}	0.299	10.22	0.001125	0.6	18.77	498
105	656	CAH1	36	20	0	0	0	0	0	0	329.6
106	657	CAH2	40	25	0	0	0	0	0	0	329.6
107	658	LCX1	44	10	0	0	0	0	0	0	339.6
108	659	LCX2	44	10	0	0	0	0	0	0	339.6
109	660	LCX3	44	10	0	0	0	0	0	0	339.6
110	661	FELX1	35	10	0	0	0	0	0	0	472.45
111	662	FELX2	35	10	0	0	0	0	0	0	472.45
112	663	FELX3	35	10	0	0	0	0	0	0	472.45
113	664	FELX4	35	10	0	0	0	0	0	0	472.45
114	665	MAM5	200	157	5.00×10^{-5}	0.336	7.168	0.001125	0.6	18.77	498
115	666	MAM6	300	180	3.00×10^{-5}	0.324	10.22	0.001125	0.6	18.77	498
116	667	ZAJ1	330	180	3.00×10^{-5}	0.31	10.22	0.000574	0.29	10.54	517.6
117	668	ZAJ2	330	180	3.00×10^{-5}	0.31	10.22	0.000574	0.29	10.54	517.6
118	669	ZAJ3	330	180	3.00×10^{-5}	0.31	10.22	0.000574	0.29	10.54	517.6
119	670	DINN1	135	80	1.10×10^{-5}	0.336	3.795	0.001576	0.837	26.29	509.63
120	671	DINN2	135	80	1.10×10^{-5}	0.336	3.795	0.001576	0.837	26.29	509.63
121	672	YUF1	125	62.5	1.10×10^{-4}	0.336	3.795	0.001576	0.837	26.29	511.4
122	673	YUF2	125	62.5	1.10×10^{-4}	0.336	3.795	0.001576	0.837	26.29	511.4
123	674	YUF3	135	67.5	1.10×10^{-4}	0.336	3.795	0.001576	0.837	26.29	534.7
124	675	YUF4	135	67.5	1.10×10^{-4}	0.336	3.795	0.001576	0.837	26.29	534.7
125	676	YUF5	330	150	3.00×10^{-5}	0.303	10.22	0.001125	0.6	18.77	498
126	677	YUF6	330	150	3.00×10^{-5}	0.303	10.22	0.001125	0.6	18.77	498
127	678	JT1	370	160	3.00×10^{-5}	0.298	10.22	0.001125	0.6	18.77	509.63
128	679	SAT1	315	150	3.00×10^{-5}	0.3	10.22	0.001125	0.6	18.77	542.5

续表

发电机编号	节点编号	发电机名称	$P_{\max}$/MW	$P_{\min}$/MW	燃料消耗系数			排放系数			购电价/(元/(MW·h))
					$a_{i,2}$/(t/(MW²·h))	$a_{i,1}$/(t/(MW·h))	$a_{i,0}$/(t/h)	$b_{i,2}$/(t/(MW²·h))	$b_{i,1}$/(t/(MW·h))	$b_{i,0}$/(t/h)	
129	680	SAT2	315	150	3.00×10^{-5}	0.3	10.22	0.001125	0.6	18.77	542.5
130	681	SAT3	641.6	300	1.00×10^{-5}	0.28	19.04	0.001125	0.6	18.77	498
131	682	ZEL1	638.5	300	1.00×10^{-5}	0.283	19.04	0.000574	0.29	10.54	498
132	683	ZEL3	1000	400	8.00×10^{-6}	0.272	29.96	0.000574	0.29	10.54	498
133	684	ZEL4	1000	400	8.00×10^{-6}	0.272	29.96	0.000574	0.29	10.54	498
134	685	JIH1	600	300	1.00×10^{-5}	0.284	19.04	0.000574	0.29	10.54	498
135	686	JIH2	600	300	1.00×10^{-5}	0.284	19.04	0.000574	0.29	10.54	498
136	687	JIH3	1000	500	8.00×10^{-6}	0.284	29.96	0.000574	0.29	10.54	498
137	688	HOHW1	600	300	1.00×10^{-5}	0.2845	19.04	0.000574	0.29	10.54	498
138	689	HOHW2	600	300	1.00×10^{-5}	0.2845	19.04	0.000574	0.29	10.54	498
139	690	HOHW3	660	300	1.00×10^{-5}	0.2845	19.04	0.000574	0.29	10.54	498
140	691	HAIM1	1036	500	8.00×10^{-6}	0.27	29.96	0.000574	0.29	10.54	498
141	692	HAIM2	1036	500	8.00×10^{-6}	0.27	29.96	0.000574	0.29	10.54	498
142	693	HAIM3	1000	500	8.00×10^{-6}	0.27	29.96	0.000574	0.29	10.54	498
143	694	PIH1	1057.214	400	8.00×10^{-6}	0.271	29.96	0.000574	0.29	10.54	483
144	695	PIH2	1057.214	400	8.00×10^{-6}	0.271	29.96	0.000574	0.29	10.54	483
145	696	MEX5	135	80	1.10×10^{-4}	0.322	3.795	0.001576	0.837	26.29	511.2
146	697	MEX6	135	80	1.10×10^{-4}	0.322	3.795	0.001576	0.837	26.29	511.2
147	698	HSY1	140	80	1.10×10^{-4}	0.41	3.795	0.000574	0.29	10.54	628
148	699	HSY2	140	80	1.10×10^{-4}	0.41	3.795	0.000574	0.29	10.54	628
149	700	HSYB1	334	150	3.00×10^{-5}	0.38	10.22	0.000574	0.29	10.54	628
150	701	HSYB2	334	150	3.00×10^{-5}	0.38	10.22	0.000574	0.29	10.54	628
151	702	HSYB3	334	150	3.00×10^{-5}	0.38	10.22	0.000574	0.29	10.54	628
152	703	HSYB4	334	150	3.00×10^{-5}	0.38	10.22	0.000574	0.29	10.54	628
153	704	DAX1	145	80	1.10×10^{-4}	0.3293	3.795	0.001576	0.837	26.29	531.2
154	705	DAX2	145	80	1.10×10^{-4}	0.3293	3.795	0.001576	0.837	26.29	531.2
155	706	QIX1	36	10	0	0	0	0	0	0	339.6
156	707	QIX2	36	10	0	0	0	0	0	0	339.6
157	708	QIX3	36	10	0	0	0	0	0	0	339.6
158	709	QIX4	36	10	0	0	0	0	0	0	339.6

续表

发电机编号	节点编号	发电机名称	P_{max}/MW	P_{min}/MW	燃料消耗系数			排放系数			购电价/(元/(MW·h))
					$a_{i,2}$/(t/(MW^2·h))	$a_{i,1}$/(t/(MW·h))	$a_{i,0}$/(t/h)	$b_{i,2}$/(t/(MW^2·h))	$b_{i,1}$/(t/(MW·h))	$b_{i,0}$/(t/h)	
159	710	FSB1	100	10	0	0	0	0	0	0	329.6
160	711	FSB2	80	10	0	0	0	0	0	0	329.6
161	712	XFJ1	92.5	10	0	0	0	0	0	0	329.6
162	713	XFJ2	72.5	10	0	0	0	0	0	0	329.6
163	714	XFJ3	85	10	0	0	0	0	0	0	329.6
164	715	XFJ4	85	10	0	0	0	0	0	0	329.6
165	716	YHC1	645.3	300	1.00×10^{-5}	0.2788	19.04	0.000574	0.29	10.54	628

附录C 某区域综合能源系统优化调度的原始参数

C.1 系统接线图

系统接线图如图 C-1 所示。

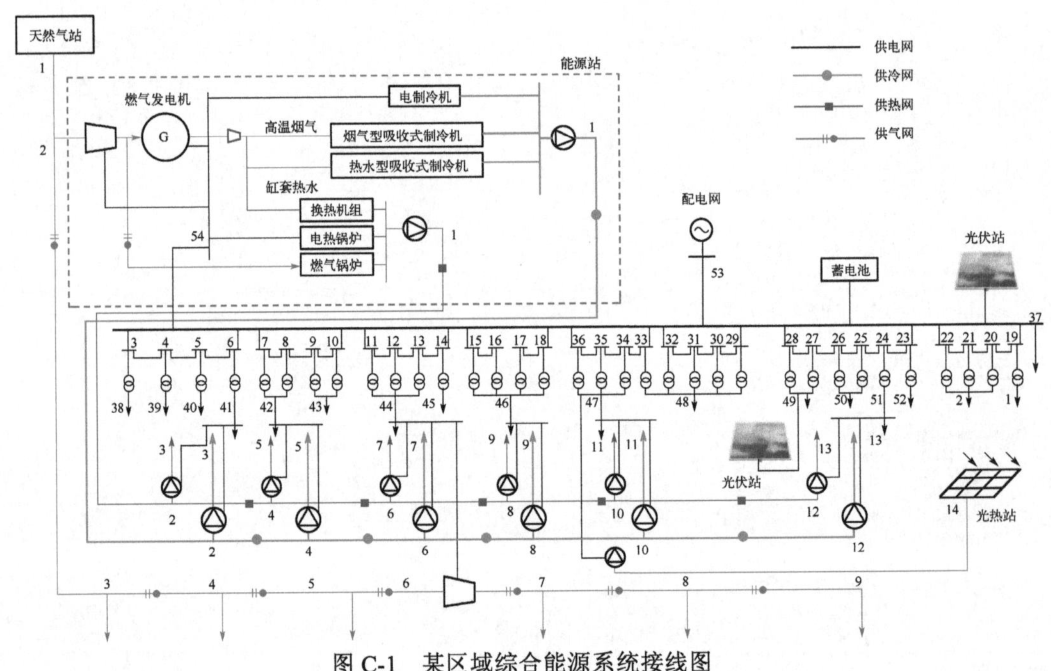

图 C-1 某区域综合能源系统接线图

C.2 基 本 参 数

系统总负荷如图 C-2 和图 C-3 所示，系统基本参数如表 C-1～表 C-9 所示。

注意：供电/冷/热/气各个节点负荷的其他时段功率均基于图 C-2 和图 C-3 的总负荷曲线按照表 C-4～表 C-6 中取值的相对大小进行分配即可。

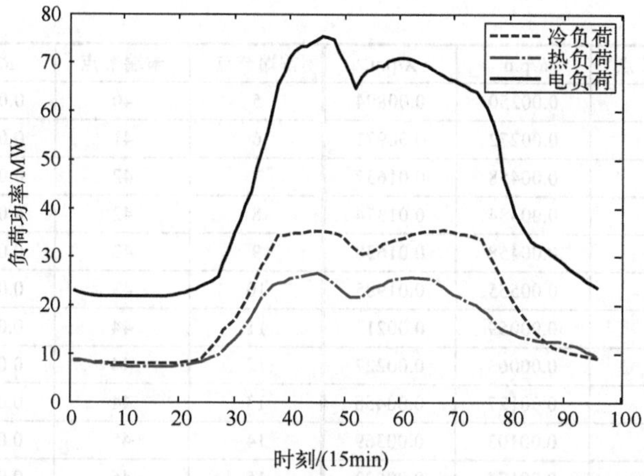

图 C-2　某区域综合能源系统冷、热、电总负荷曲线图

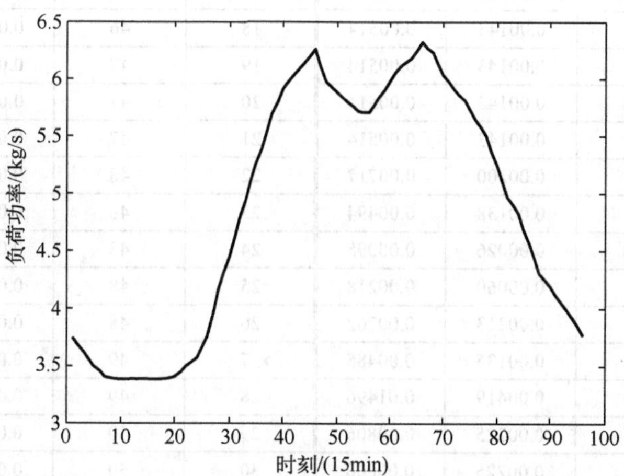

图 C-3　某区域综合能源系统天然气总负荷曲线图

表 C-1　电网网架参数(以 10MW 为容量基准值的标幺值)

首端节点	末端节点	R/p.u.	X/p.u.	首端节点	末端节点	R/p.u.	X/p.u.
54	37	0.00197	0.00703	30	31	0.00118	0.00423
53	37	0.00106	0.00382	31	32	0.00141	0.00505
37	3	0.00328	0.01174	33	34	0.07493	0.51679
37	6	0.00553	0.01977	34	35	0.07493	0.51679
37	7	0.00687	0.02459	35	36	0.07493	0.51679
37	10	0.00360	0.01290	3	38	0.07493	0.51679
37	11	0.00392	0.01404	4	39	0.07493	0.51679

续表

首端节点	末端节点	R/p.u.	X/p.u.	首端节点	末端节点	R/p.u.	X/p.u.
37	14	0.00250	0.00894	5	40	0.07493	0.51679
37	15	0.00272	0.00971	6	41	0.07493	0.51679
37	18	0.00458	0.01637	7	42	0.07493	0.51679
37	19	0.00384	0.01374	8	42	0.07493	0.51679
37	22	0.00458	0.01638	9	43	0.07493	0.51679
37	23	0.00555	0.01985	10	43	0.07493	0.51679
37	26	0.00059	0.00213	11	44	0.07493	0.51679
37	27	0.00063	0.00227	12	44	0.07493	0.51679
37	32	0.00127	0.00458	13	44	0.07493	0.51679
37	33	0.00103	0.00369	14	45	0.07493	0.51679
37	36	0.00174	0.00623	15	46	0.07493	0.51679
3	4	0.00143	0.00514	16	46	0.07493	0.51679
4	5	0.00143	0.00514	17	46	0.07493	0.51679
5	6	0.00143	0.00514	18	46	0.07493	0.51679
7	8	0.00143	0.00514	19	47	0.07493	0.51679
8	9	0.00143	0.00514	20	47	0.07493	0.51679
9	10	0.00143	0.00514	21	47	0.07493	0.51679
11	12	0.00200	0.00717	22	48	0.07493	0.51679
12	13	0.00138	0.00494	23	48	0.07493	0.51679
13	14	0.00026	0.00095	24	48	0.07493	0.51679
15	16	0.00060	0.00218	25	48	0.07493	0.51679
16	17	0.00213	0.00762	26	48	0.07493	0.51679
17	18	0.00135	0.00485	27	49	0.07493	0.51679
19	20	0.00419	0.01496	28	49	0.07493	0.51679
20	21	0.00225	0.00806	29	50	0.07493	0.51679
21	22	0.00225	0.00806	30	50	0.07493	0.51679
23	24	0.00225	0.00806	31	51	0.07493	0.51679
24	25	0.00173	0.00620	32	52	0.07493	0.51679
25	26	0.00124	0.00445	33	2	0.07493	0.51679
27	28	0.00124	0.00445	34	2	0.07493	0.51679
28	29	0.00307	0.01102	35	2	0.07493	0.51679
29	30	0.00121	0.00435	36	1	0.07493	0.51679

表 C-2 天然气管道参数

管道	1-2	2-3	2-4	4-5	5-6	6-7	7-8	8-9
L/km	12	8	8	8	4	4	8	8
D/m	0.6	0.6	0.6	0.5	0.4	0.4	0.4	0.4
λ	0.013	0.012	0.013	0.012	0.013	0.011	0.012	0.012

表 C-3　供冷/热管道参数

管道	1-2	2-3	2-4	4-5	4-6	6-7	6-8	8-9	8-10	10-11	10-12	12-13
L/km	0.9/0.9	0.3/0.3	0.9/0.9	0.3/0.3	0.9/0.9	0.3/0.3	0.9/0.9	0.3/0.3	0.9/0.9	0.3/0.3	0.9/0.9	0.3/0.3
D/m	0.5/0.4	0.4/0.3	0.5/0.4	0.4/0.3	0.5/0.4	0.4/0.3	0.5/0.4	0.4/0.3	0.5/0.4	0.4/0.3	0.5/0.4	0.4/0.3
R_m/(m·°C/W)	2.0/1.5	2.0/1.5	2.0/1.5	2.0/1.5	2.0/1.5	2.0/1.5	2.0/1.5	2.0/1.5	2.0/1.5	2.0/1.5	2.0/1.5	2.0/1.5

表 C-4　供电负荷参数(第 48 时段)

负荷节点编号	1	2	37	38	39	40	41	42	43	44	45	46	47	48	49	50	51	52
有功功率 P/MW	1.19	5.30	11.55	1.60	2.10	1.95	1.45	3.30	3.55	5.25	1.35	6.90	5.70	7.75	2.20	2.00	0.95	1.15
无功功率 Q/MW	0.45	2.00	4.37	0.60	0.79	0.73	0.54	1.25	1.34	1.99	0.51	2.61	2.16	2.93	0.83	0.75	0.36	0.43

表 C-5　供冷/热负荷参数(第 48 时段)

负荷节点编号	3	5	7	9	11	13
冷功率ϕ/MW	4.32	2.63	11.32	9.08	2.27	6.22
热功率ϕ/MW	2.85	3.55	4.35	4.70	2.10	2.85

表 C-6　供气负荷参数(第 48 时段)

负荷节点编号	3	4	5	7	8	9
流量 m_g/(kg/s)	1.28	1.28	1.09	0.93	0.75	0.75

表 C-7　各种能源的费用参数以及光伏和光热板参数

参数	c_{pg}/(元/(kW·h))	c_{PV}/(元/(kW·h))	c_{ng}/(元/m^3)	c_{PH}/(元/(kW·h))	η_{PV}/%	η_{PH}/%	A_{PV}/m^2	A_{PH}/m^2
值	1.12	0.35	3.5	0.35	15	40	1.2×10^5	1.2×10^4

表 C-8　能源站参数

K_1	K_2	α_{sm}	α_{wa}	COP_1	COP_2	COP_3	η_{hrs1}	η_{hrs2}	η_{hrs3}
0.005	0	0.32	0.58	0.95	0.72	3	0.6	0.8	0.7
$r_{di}\Delta t$	$r_{ui}\Delta t$	η_g	η_H	$P_{C\max}$	$P_{H\max}$	$P_{G\max}$	$N_{1\max}$	$N_{2\max}$	$N_{w\max}$
5.4MW	5.4MW	0.6	0.8	6MW	9MW	54MW	5	5	5

表 C-9　蓄电池参数

参数	$E_{e.\min}$/(MW·h)	$E_{e.\max}$/(MW·h)	P_{ecmax}/MW	P_{edmax}/MW	c_e/(元/(kW·h))	η_{ch}	η_{ed}	δ_{es}
值	2	50	12	12	0.12	0.95	0.95	0.005

彩　　图

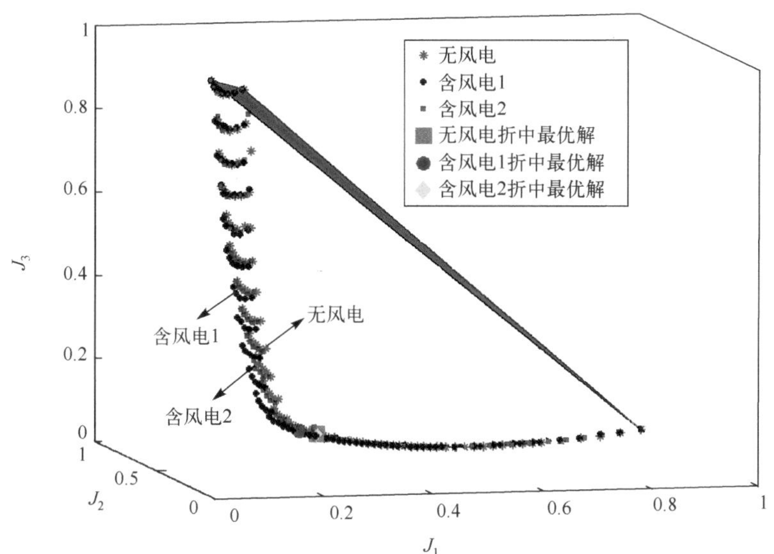

图 2-6　得到的 Pareto 前沿曲面

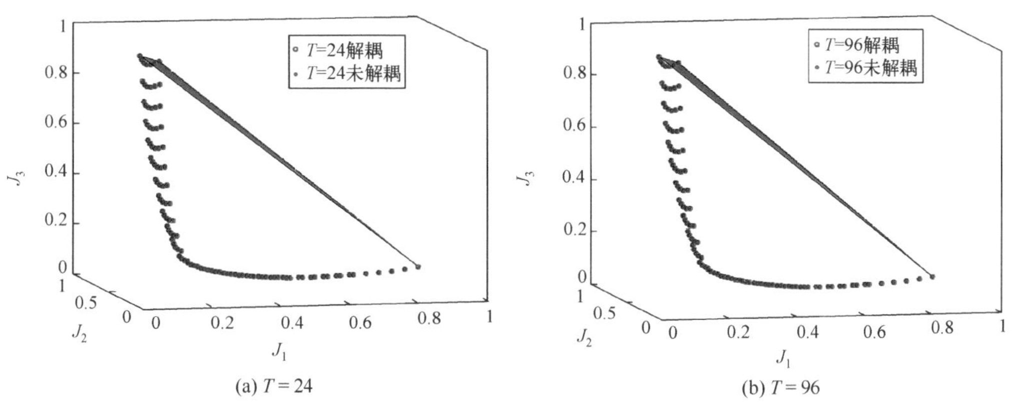

(a) $T=24$　　(b) $T=96$

图 2-8　解耦与未解耦算法得到的 Pareto 前沿比较

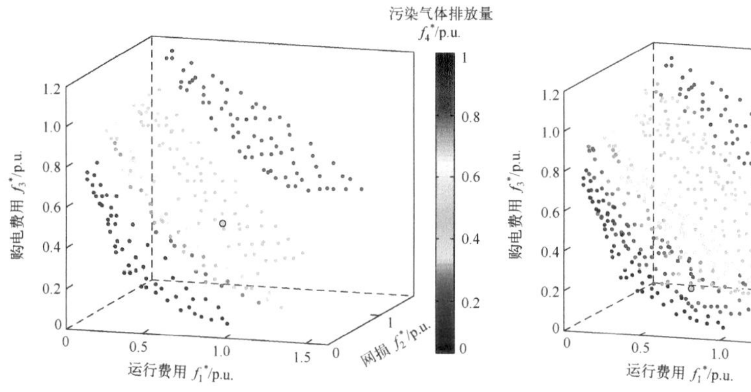

图 3-4 q=3 时得到的 Pareto 前沿曲面簇

图 3-5 q=6 时得到的 Pareto 前沿曲面簇

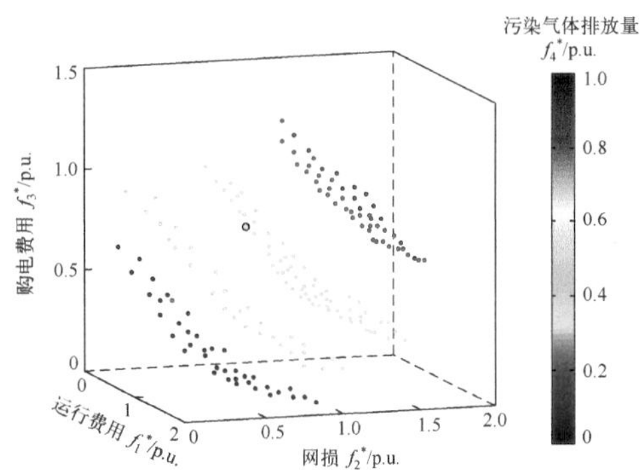

图 3-10 四目标优化的 Pareto 前沿曲面簇

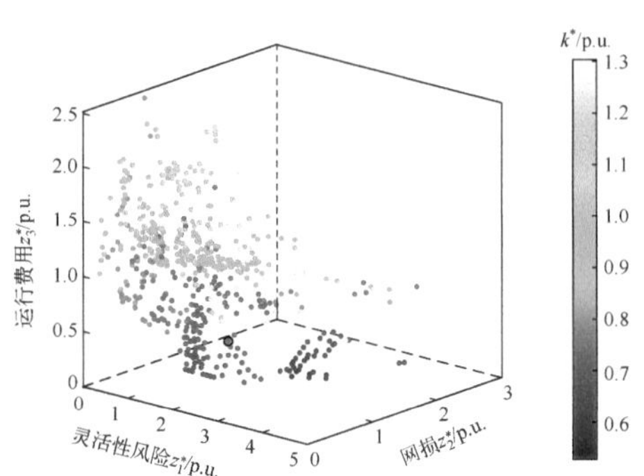

图 3-12 基于网格的 ε-约束法求解的 Pareto 前沿曲面簇

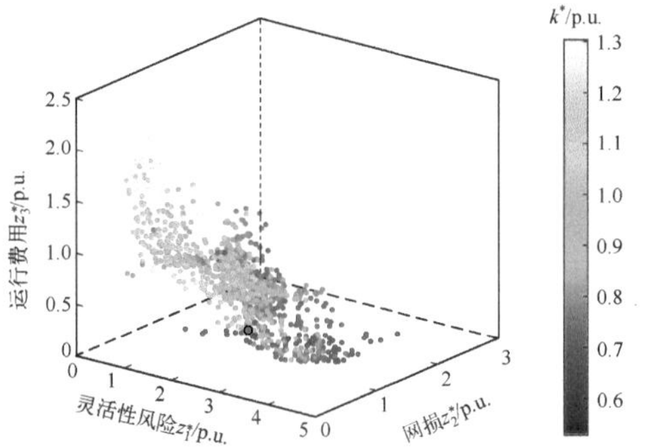

图 3-14 基于曲线的 ε-约束法求解的 Pareto 前沿曲面簇

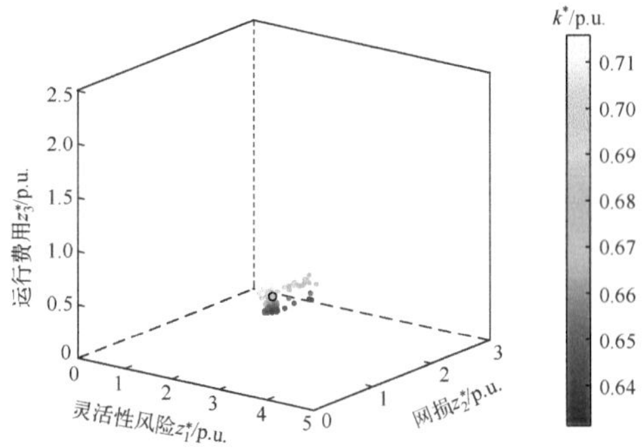

图 3-15 NSGA-II 求解的 Pareto 前沿曲面簇

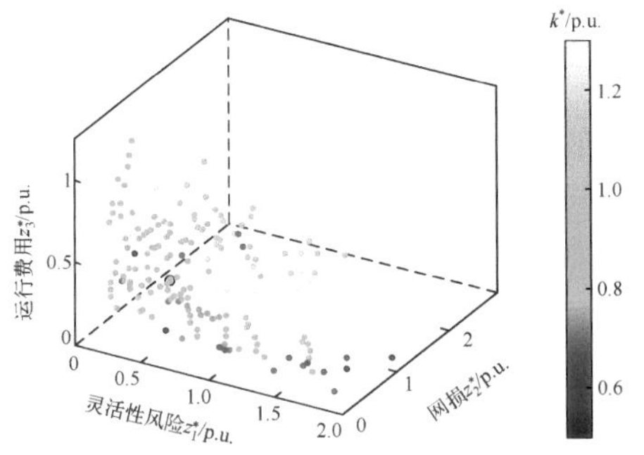

图 3-17　基于网格的 ε-约束法求解的 Pareto 前沿曲面簇

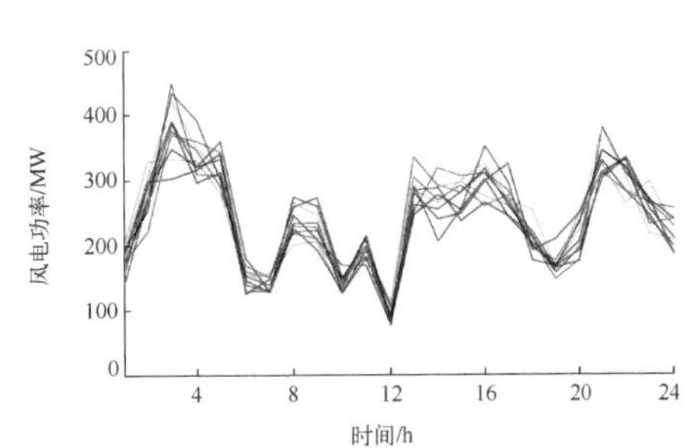

图 5-6　风电场 1 误差场景出力曲线

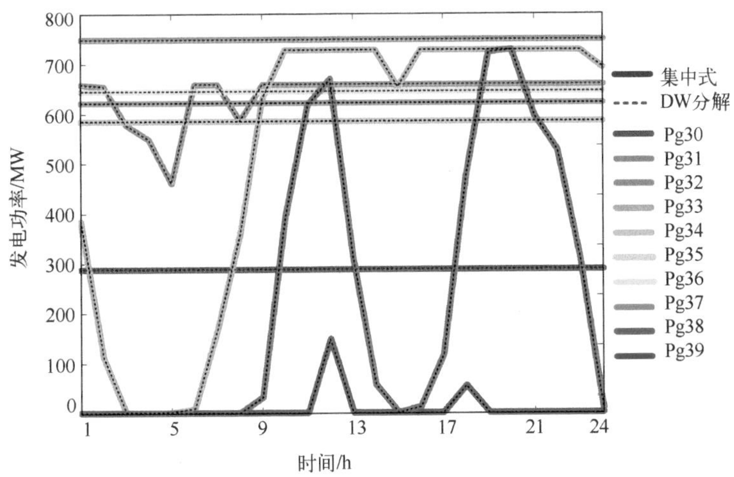

图 5-7　常规机组出力对比

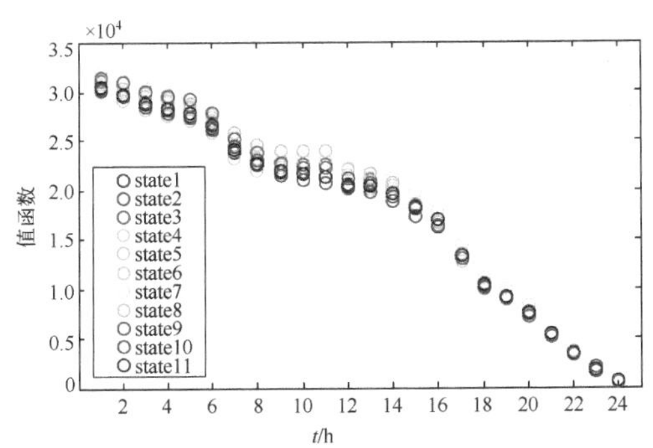

图 8-17　不同时段不同状态的值函数样本值

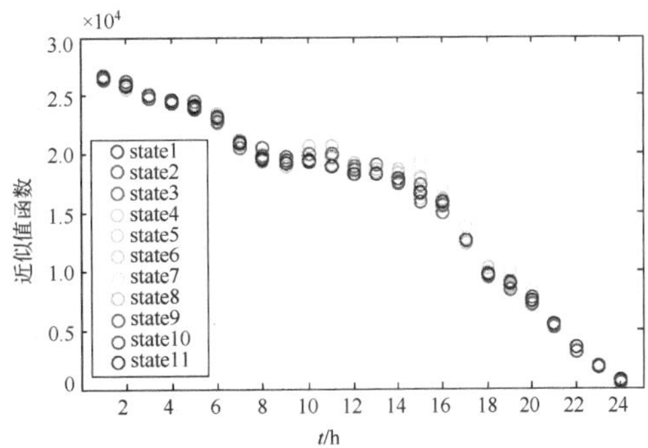

图 8-18　不同时段不同状态近似值函数

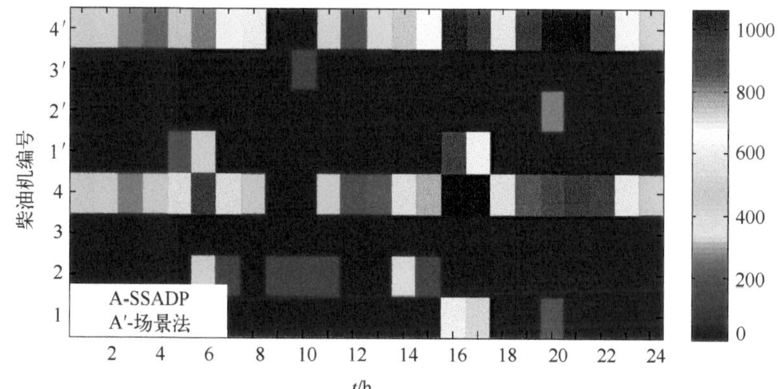

图 8-24　场景法与 SSADP 算法机组出力对比

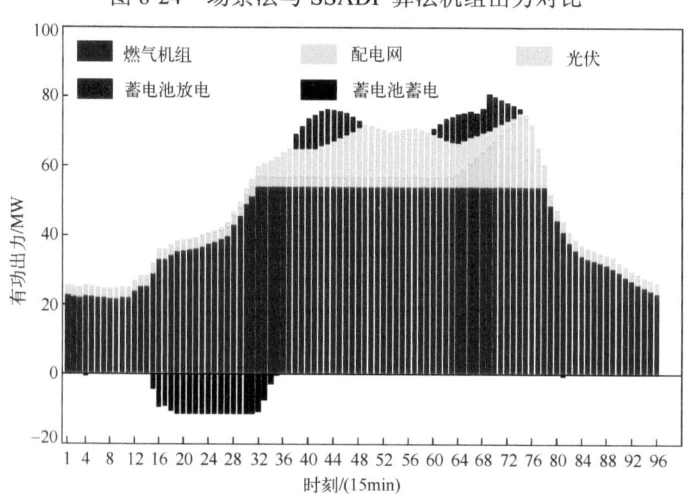

图 9-4　园区供电和储电优化调度结果

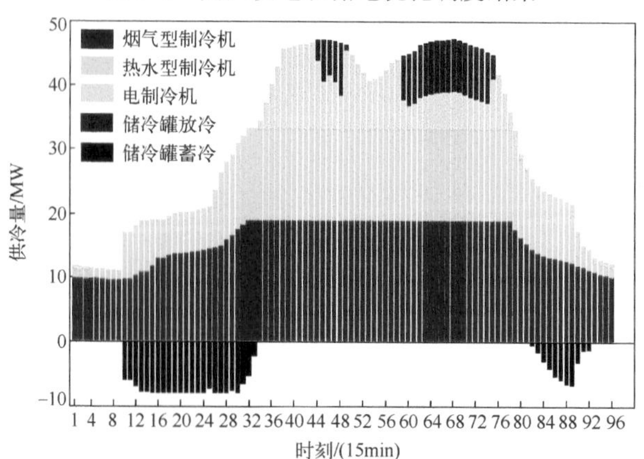

图 9-5　园区供冷和储冷优化调度结果

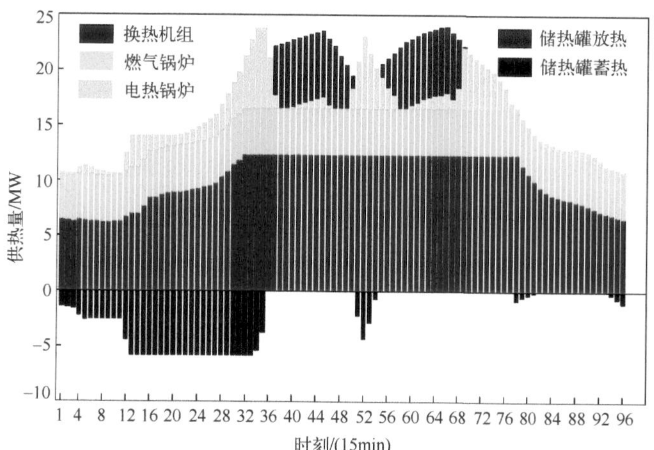

图 9-6　园区供热和储热优化调度结果

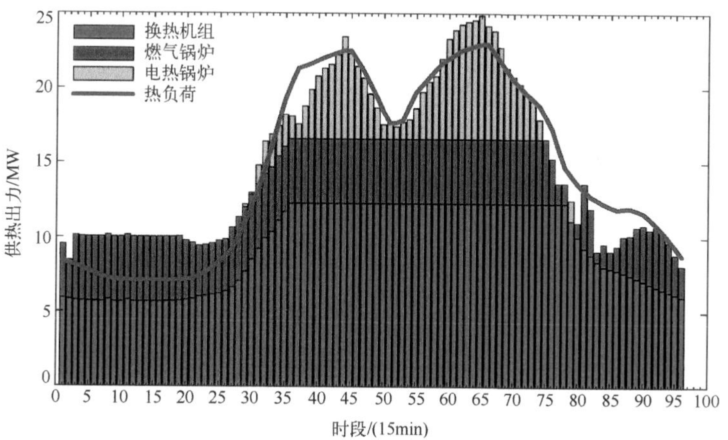

图 10-5　RIES 的供热子系统优化调度结果

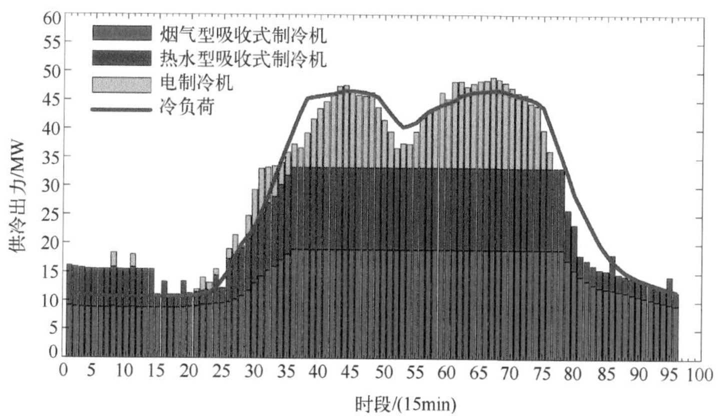

图 10-7　RIES 的供冷子系统优化调度结果

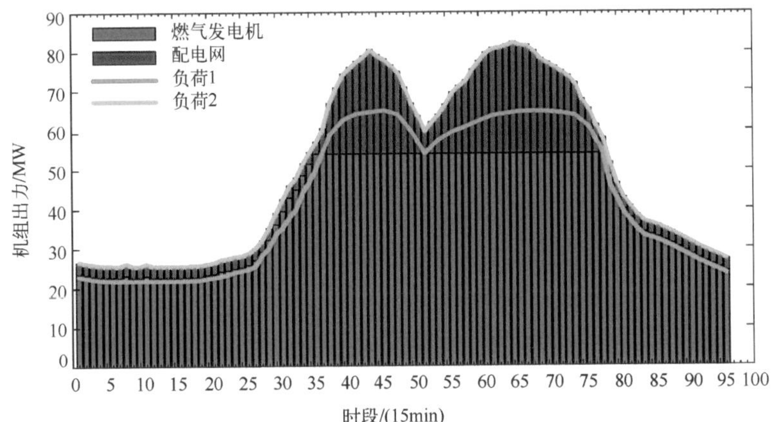

图 10-9　RIES 的供电侧优化调度结果

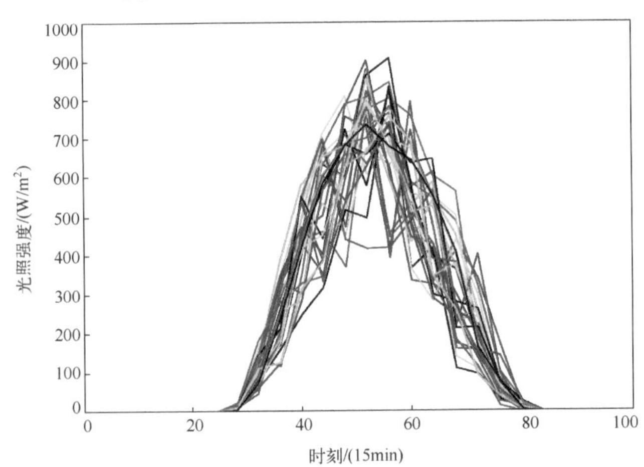

图 10-17　某月光照强度数据曲线

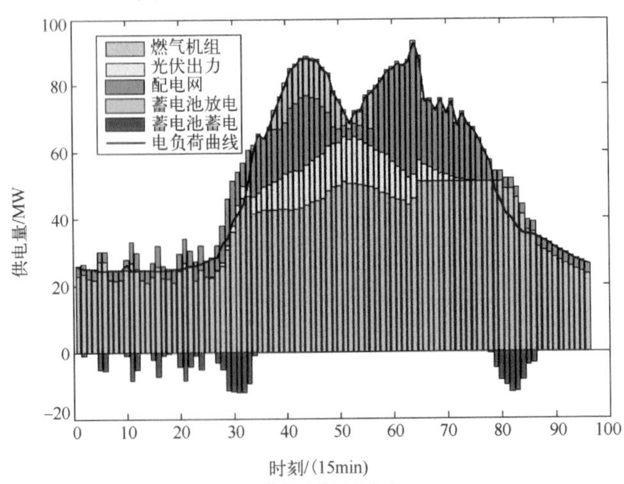

(a) 供电系统调度方案

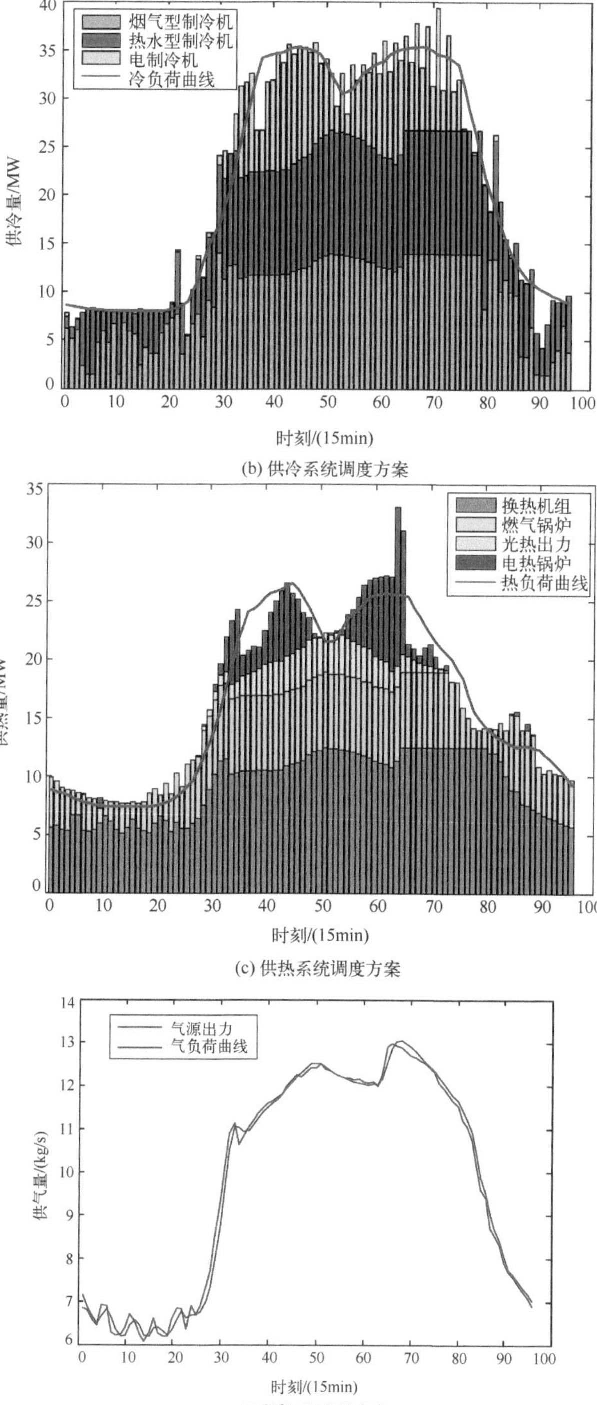

(b) 供冷系统调度方案

(c) 供热系统调度方案

(d) 供气系统调度方案

图 10-25　各子系统调度方案

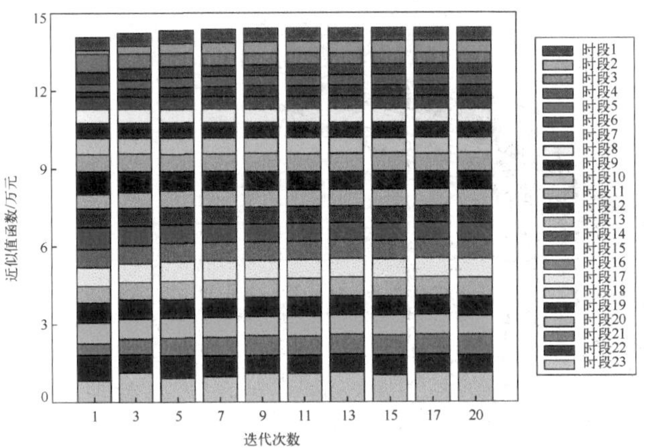

图 12-11　输电网近似值函数的训练过程

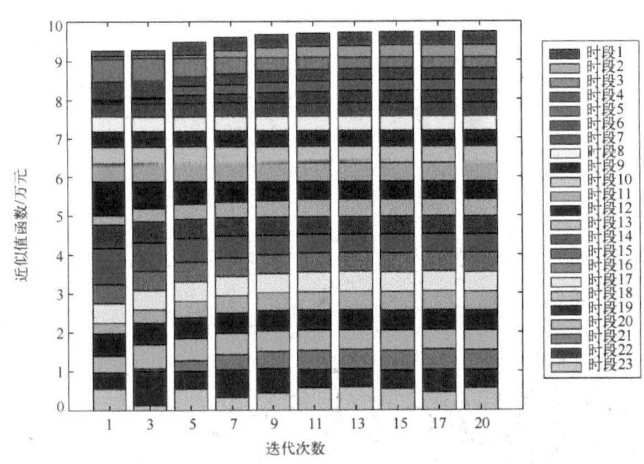

图 12-12　配电网近似值函数的训练过程

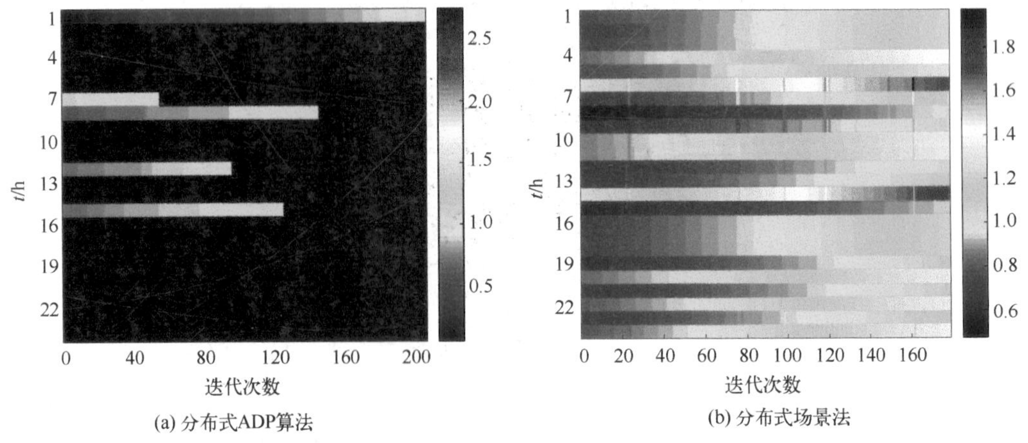

图 12-13　两种分布式算法各时段 Δ^* 随迭代次数的变化收敛情况比较